건설경영과
의사결정전략

김 인 호

技文堂

| 책머리에 |

건설경영자의 전략적 의사결정을 위하여

필자가 건설과 경영의 접목을 통한 '건설경영 의사결정전략'의 구현을 목표로 공부를 시작한 지 벌써 20년 가까운 세월이 흘렀다. '건설경영'이라는 새로운 개념의 학문을 정착시켜 보겠다는 야심 찬 각오로 공부를 시작했지만, 현 시점에서 지나온 궤적을 돌이켜 보니, 부족함과 아쉬움으로 점철된 시간의 연속이었다. 깊이 있는 성과를 거두지 못한 채, 더 이상 새로운 아이디어도 창출해 내지 못하면서 다가오는 시간을 허비한다면, 그 동안 공부한 미력한 내용마저도 흐르는 세월 속에 묻혀 그냥 사라져 버릴 수 있다는 위기의식이 마음 깊은 곳에서 싹트기 시작하면서 이 책을 저술하게 되었다.

이러한 관점에서 쓰게 된 이 책의 목적은 그 동안 필자가 공부한 내용을 총체적으로 정리하여 하나의 일관된 틀 속에 응축시킴으로써 탁월한 후학들이 보다 발전적인 단계로 진출하기 위해 필수적인 교두보를 제공하는 것이다.

이를 위한 첫 번째 시도로 이루어진 것이 '07. 4월에 출간되어 독자 여러분의 과분한 사랑을 받은 졸저 '**변화경영전략**'이다. 변화경영전략이 건설경영자를 포함하는 모든 유형의 경영자에게 요구되는 총체적 경영전략을 언급한 것이라면, 후속적으로 출간되는 이 책 '**건설경영과 의사결정전략**'은 건설사업의 추진과정에서 다양한 업무를 실질적으로 주도하는 건설경영 의사결정자가 변화경영전략을 실무적으로 전개해 나갈 수 있도록 하기 위한 방법론을 제시하고 있다.

변화경영전략이 의사결정자의 사고체계와 행동전략 속에서 효과적으로 발휘되도록 하기 위해 제1부에서는 동태적으로 변화하는 건설경영상황을 구조적으로 분석하여 의사결정의 개념적 틀을 정립하였다. 건설경영 의사결정의 개념적 틀에서 필자는 의사결정과정에서 사실적 자료에 대한 계량적 분석결과의 중요성을 언급함과 아울러 그 결과에 대한 가치적 해석의 필요성도 강조하였다. 또한 경영자와 전문가의 경험적 노하우와 직관적 판단이 의사결정과정에서 갖는 의미도 설명하였다. 특히 건설경영 의사결정의 개념적 틀에 시간과 변화의 개념을 반영하기 위한 연결통로(channel)로서 '미래예측과 변화의 인식'에 관한 내용을 수록하여 변화를 인식한 건설경영 의사결정자가 사실적 자료의 분석모델을 효과적으로 활용하면서도 의사결정과정에 참여하는 다양한 사람들의 편견과 선입관을 제거하여 미래의 변화를 바람직한 방향으로 수용하도록 하기 위한 방법론으로써 '의사결정자－모델의 상호작용' 이론과 기법을 구체적으로 설명하였다.

제2부에서는 제1부에서 구조적으로 분석된 건설경영 의사결정상황을 체계적으로 공략하기 위해 강력함과 유연성을 함께 갖춘 접근방법론을 제시하였고, 아울러 그 방법론을 현실 속에서 구현하도록 하기 위한 평가전략으로써 장기생존성평가, 수명주기비용평가, 성능평가 방법론을 제시하였다.

제3부에서는 제2부에서 제시된 평가결과를 수용하면서 건설경영 의사결정상황에 존재하는 위험성과 불확실성에 체계적으로 대처하기 위해 필수적인 리스크관리전략을 제안하였다.

끝으로 제4부에서는 건설경영의 개념이 제도적인 형태로 표현된 것이 CM(Construction Management)이라는 관점에서 '건설업과 CM'이라는 제목으로 CM의 의미와 적용사례, 그리고 궁극적 의미를 담아 낼 수 있는 개념적 틀을 제시하였다.

한없는 부족함과 두려움을 느끼며 저술한 이 책이 변화상황에서 생존과 번영을 위해 분투하는 경영자, 의사결정자, 다양한 전문가들에게 조금이나마 보탬이 되기를 간절히 바라마지 않는다.

2008. 9

雲江 金 仁 浩

차 례

책머리에
–건설경영자의 전략적 의사결정을 지원하기 위하여

I 건설경영 의사결정상황
–의사결정차원의 상황 조명–

1 건설경영 의사결정시스템 ······ 11
2 사실적 자료의 분석모델 ······ 19
3 집단 · 조직의 가치체계 ······ 29
4 주관적 판단과 경험 ······ 43
5 편견의 감소전략 ······ 57
6 미래 예측과 변화인식 : 이론 ······ 67
7 미래 예측과 변화인식 : 실무 ······ 89
8 의사결정자와 모델의 상호작용 ······ 115
9 의사결정전략과 모델의 조합 ······ 139

II 건설경영 의사결정전략
–건설경영 의사결정상황의 공략방법론–

10 전략적 접근방법론 ······ 169
11 의사결정모델 ······ 187
12 분석과 종합 ······ 209

13 장기생존성 평가 ······223
14 수명주기 의사결정 ······257
15 가정, 평가기법 및 비용자료 ······279
16 수명주기비용평가 모델 ······295
17 의사결정자-모델의 상호작용기법 ······409
18 성능평가 ······427

III 리스크관리 전략

-미래의 불확실성에 대한 전략적 관리 방법론-

19 왜, 리스크관리 전략인가? ······457
20 리스크관리 개념 정립 ······463
21 건설사업의 특성과 리스크 ······479
22 건설사업의 리스크관리 시스템 ······489
23 리스크 인자의 식별 ······497
24 리스크 분석 ······525
25 리스크의 주관적 평가기법 ······587
26 리스크 대응 ······627
27 리스크 분석 사례 ······637
27.1 공사비 계획과 리스크 분석 ······638
27.2 수명주기 투자리스크의 주관적 평가 ······655
27.3 공조시스템 선정과 리스크 분석 ······657
27.4 설계단계에서의 환경 리스크 분석 ······666
27.5 SOC 민간투자사업의 재무적 리스크 분석 ······684
27.6 산사태 리스크관리 ······695

Ⅳ 건설업과 CM

-건설경영의 제도적 표현-

28 왜 CM인가? ······711
29 CM의 기본정신 ······723
30 CM의 개념 ······735
31 CM의 적용과 평가 ······749
32 CM 시스템 정립 ······761
33 CMr 위상과 역할 ······775

I

건설경영 의사결정상황

-의사결정 차원의 상황 조명-

제I부 | 건설경영 의사결정상황

-의사결정 차원의 상황 조명-

1. 건설경영 의사결정시스템

-건설경영상황의 구조적 분석

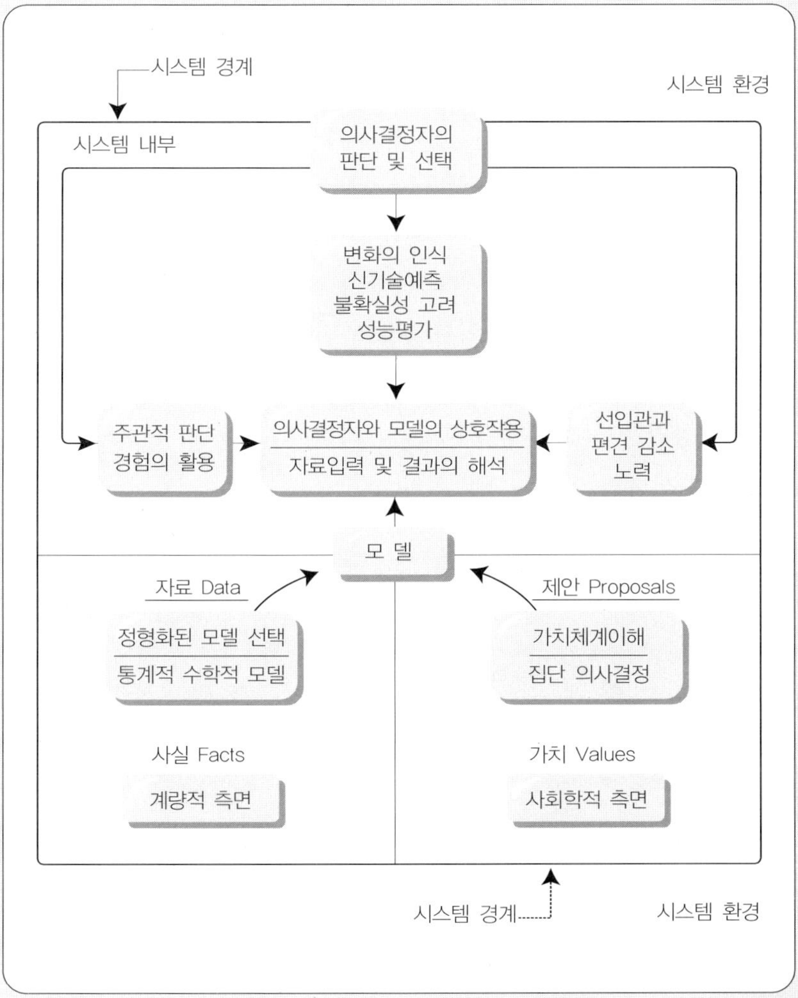

1. 건설경영 의사결정시스템

– 건설경영상황의 구조적 분석

시스템은 부분적 요소가 모여 상호작용하는 유기적 조직체이다. 의사결정의 관점에서 시스템이란 결정에 대한 주요 영향인자만으로 구성된 실제상황의 한 부분이다. 시스템적 사고는 부분보다 전체를 먼저 보고, 아울러 부분과 전체의 조화와 균형도 추구하는 접근법이다.

건설경영상황을 의사결정 차원에서 조명하기 위해서는 시스템적 사고가 필수적이다. 시스템은 부분적인 요소가 결합하여 상호작용하는 유기적인 조직체이다. 의사결정 측면에서 시스템은 실제상황의 부분으로서 결정에 중요한 영향을 미치는 인자만으로 구성된 것이다. 실제상황은 시스템 외부환경을 말한다. 시스템과 시스템 환경의 관계를 예시하면 그림 1.1과 같다.

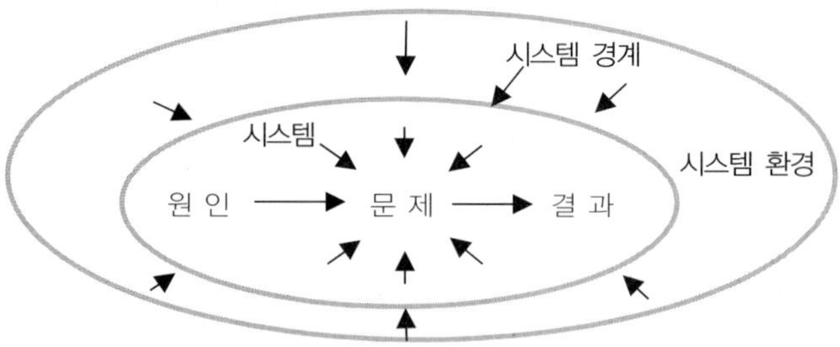

그림 1.1 시스템과 시스템 환경

건설경영 의사결정시스템을 설정하기 위해 의사결정자는 시스템에 영향을 미치는 시스템 환경의 변화를 인식해야 한다. 시스템 경계(system boundary)는 의사결정자의 능력에 따라 시스템 환경의 어느 범위까지 시스템에 포함시킬 것인가를 고려하여 설정해야 한다.

시스템적 사고는 부분보다 전체를 먼저 보고, 아울러 부분과 전체의 조화와 균형도 추구하는 접근법이다. 시스템 환경의 변화를 먼저 고려하는 한편, 환경변화에 적극적으로 대응하기 위해 시스템 내부 상황의 변화도 추구하는 사고방식이다.

과학적 사고는 대상을 보다 작은 요소로 세분하고, 각 요소에 대한 별도의 세밀한 분석과 검증을 통해 얻어진 새로운 원리를 기존의 지식체계에 단계적으로 추가하는 방법으로 무생물을 연구대상으로 하는 물리 · 화학 분야에서 가장 큰 위력을 발휘하였다. 그러나 살아 움직이는 유기체로서의 특성을 보유한 조직(집단)의 행태적 특성을 파악하기 위해서는 시스템적 사고가 필수적이다. 시스템적 사고가 살아있는 것을 다루는 생물학 분야에서 비롯된 것은 결코 우연이 아니다.

건설경영상황의 의사결정과정에서 시스템적 사고의 도입이 필수적인 이유는 무엇인가? 첫째, 계획 · 설계 · 시공 · 유지관리 등의 부분 업무와 전체 건설사업이 조화와 균형을 이루도록 하기 위해서이다. 시공단계에서 직면하는 문제의 대부분은 계획단계에서 재원 및 공기의 판단이 잘못 이루어졌거나, 설계과정에서 구체적인 시방서가 마련되지 않았기 때문에 발생한다. 반면에 계획 · 설계가 합리적으로 이루어졌다 할지라도 시공단계에서 공사가 비효율적으로 추진된다면 건설사업의 효과성은 떨어질 것이 분명하다. 따라서 시스템적 사고를 통해 건설사업 전체의 효과성과 건설과정 각 단계별 부분업무의 효율성이 체계적인 연계성을 갖도록 해야 한다.

둘째, 건물(시설)의 생산 · 운영 과정에서 직면하는 건설경영 의사결정상황을 보다 쉽게 이해하기 위해서 시스템적 사고가 필요하다. 의사결정상황은 외부환경 변화의 영향을 지속적으로 받으면서도, 내부적으로는 구체적 파악이 어려운 주관적 판단과 편견, 그리고 인간적 갈등을 포함하고 있다. 이러한 복잡한 상황에서 의사결정자는 시스템적 접근을 통해 실제상황을 가장 잘 반영하는 특정 상황을 설정하고, 그 상황에서 결정에 미미한 영향을 미치는 인자를 제거하는 한편, 보다 중요한 요소에 선택적으로 관심을 집중시킬 수 있다.

건설경영 의사결정에 시스템적 사고를 반영하기 위해서는 두 가지의 근본적 관점이 필요하다. 첫째는 결과적 산물 또는 그 산물의 직접적 구성요소에 중점을 두는 것이고, 둘째는 결과적 산물의 생산과정에 관심을 갖는 것이다. 이러한 구분은 대단히 중요한 의미를 갖는다. 왜냐하면 우리의 건설 풍토는 계획안, 설계도서, 건물, 설비, 교량, 도로 등과 같은 결과적 실체를 근거로 건설사업 전체를 평가하는 경향이 강한 반면, 필자는 이 책에서 건설과정에 중점을 두고 다양한 개념을 전개해 나갈 것이기 때문이다.

예를 들어 건물을 하나의 시스템으로 고려하면, 건물을 구성하는 지하구조, 상부구조, 창호, 설비 등은 건물의 하위시스템인 동시에, 이 하위시스템을 구성하는 기둥, 보, 내 · 외부 마감, 전기설비, 통신설비, 소방설비, 운송설비 등의 상위시스템이다. 결과적 시스템은 사전에 구체화될 수 있지만 건설과정의 상황변화나 인적 상호작용은 쉽게 파악되지 않는다.

다양한 사람들이 건설에 참여하여 특정 역할을 수행하는 과정에서 당초 계획된 역할과 책임은 수정될 수 있다. 또한 실제 역할을 수행하는 과정에서 각 구성원들은 사전에 합의된 것과 달리 행동할 수 있고, 긍정적 역할 못지않게 부정적 행동도 할 수 있다.

예를 들어 벽돌 조적공은 자재관리자가 바쁠 경우 벽돌 하차작업을 돕는 긍정적 행동을 할 수도 있으나, 다른 사람을 선동하여 파업을 일으켜 갈등과 분쟁을 야기할 수도 있다. 그러나 결과적 산물인 건물과 이를 구성하는 벽돌, 보, 기둥, 배관설비 등은 결코 이러한 방식으로 작용하지 않는다.

건설경영 과정의 의사결정은 불확실한 제반조건이 극히 유동적이고 복잡하게 얽혀있는 다음과 같은 상황에서 이루어진다.

① **한정된 자원** : 목표 달성에 필요한 소요자원에 비해 가용 자원이 부족한 경우가 대부분이다. 따라서 제한된 시간과 예산의 효율적 활용방안의 강구가 필수적이다.

② **동태적 상황** : 시간흐름에 따라 제반 조건과 문제가 지속적으로 변화하면서 건설목표와 그 목표 달성을 위한 수단의 명확한 구별이 어렵다.

③ **불확실한 상황** : 현재 및 미래에 대한 지식체계가 불완전하여 장차 어떤 일이 발생할지 정확히 알 수 없다.

④ **갈등의 상존** : 결정의 과정 및 결과에 대한 인식의 차이로 인해 인적 갈등이 끊임없이 유발될 수 있다.

⑤ **주관적 판단의 불가피** : 계량화 불가능한 불확실성, 질적요소 등에 대한 주관적 고려가 불가피하다.

위에서 제시된 처음 두 가지 상황에 대응하기 위해서는 다음 사항을 고려해야 한다.

- 가용재원의 경제적 활용을 위한 계량모델의 설정 및 운용
- 변화를 수용할 수 있는 유연한 접근방법론 정립

나머지 세 가지 상황 때문에 건설경영 의사결정자는 다음과 같은 관점을 수용하지 않으면 안 된다.

- 관련분야 전문가들의 경험적 · 직관적 능력과 주관적 가치판단도 의사결정을 위해 필수적인 것임을 이해해야 한다.
- 개인, 집단, 조직 사이에서 발생하는 갈등을 자연스러운 것으로 이해하고, 갈등의 부정적 영향을 줄이면서 긍정적 측면을 효과적으로 활용할 수 있어야 한다.
- 계량분석 결과의 배경과 의미를 이해하고, 그 결과를 주관적으로 평가하여 의사결정상황에 맞도록 조정할 수 있어야 한다.

따라서 건설경영 의사결정을 위해서는 다양한 분야의 여러 가지 개념을 종합적으로 파악해야 한다. 특정 분야의 지식에 근거한 단편적 접근방법으로는 건설과정에서 직면하는 복잡한 문제를 해결할 수 없기 때문이다. 따라서 필자는 다양한 개념의 제휴를 통한 학제적 접근법(interdisciplinary approach)의 활용을 강조한다. 그림 1.2는 건설경영 의사결정상황을 학제적으로 표현한 것이다.

건설과정에서 이루어지는 기존의 의사결정방식은 의사결정자 또는 모델의 어느 한쪽에만 집착한 결과 그림 1.2의 학제적 틀이 제시하는 종합적 시각을 결여하고 있다.

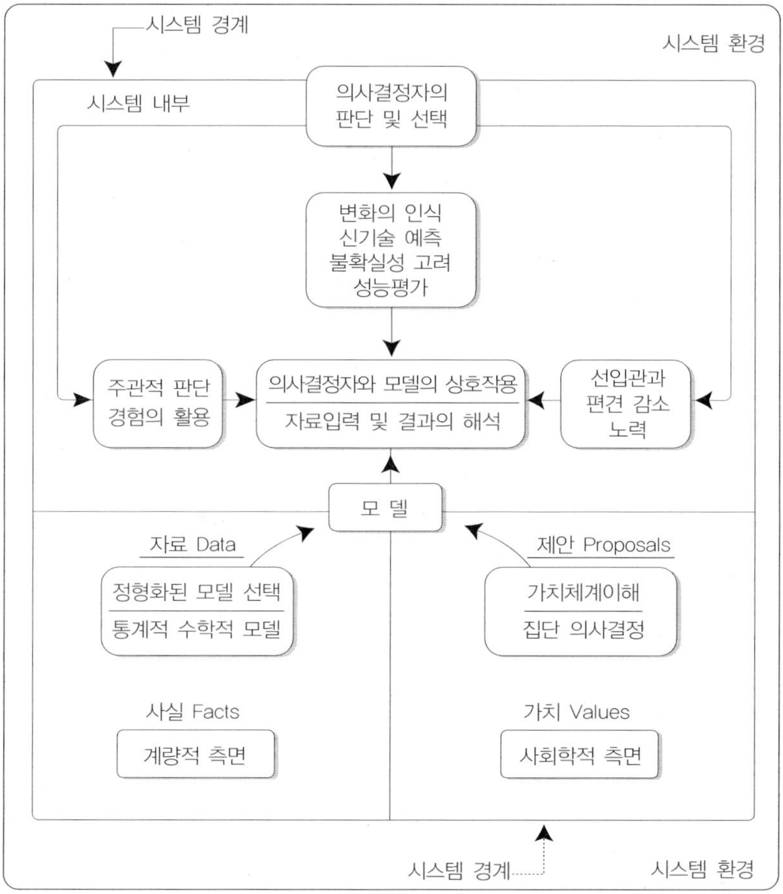

그림 1.2 건설경영 의사결정상황의 학제적 표현

상기 학제적 모델에서 특히 유념해야 할 사항은 의사결정자의 존재 위치이다. 의사결정자는 시스템 경계에서 외부환경 변화에 대응하기 위해 시스템 내부상황의 지속적인 변화를 추구해야 한다. 보다 적극적으로는 시스템 내부의 목표와 방향을 먼저 수정하여 시스템 환경을 보다 유리한 방향으로 주도해 나가는 변신의 노력을 해야 한다.

다음 장에서부터는 상기 학제적 틀을 구성하는 다양한 측면을 심층적으로 분석한다. 우선 '의사결정의 계량적 측면'에 대하여 언급하고, 이어서 사회 · 심리학적 측면에서 조명할 수 있는 '가치체계'와 '판단 및 경험'에 관련된 주제를 설명한다. 그리고 시스템 환경변화에 대처하기 위한 '미래예측과 변화인식' 문제를 다루고, 끝으로 효과적 의사결정방법론 구축의 일환으로 제시된 '의사결정자-모델의 상호작용' 방안을 소개한다.

제I부 건설경영 의사결정상황

-의사결정 차원의 상황 조명-

2. 사실적 자료의 분석모델

-건설경영상황의 계량적 해석수단

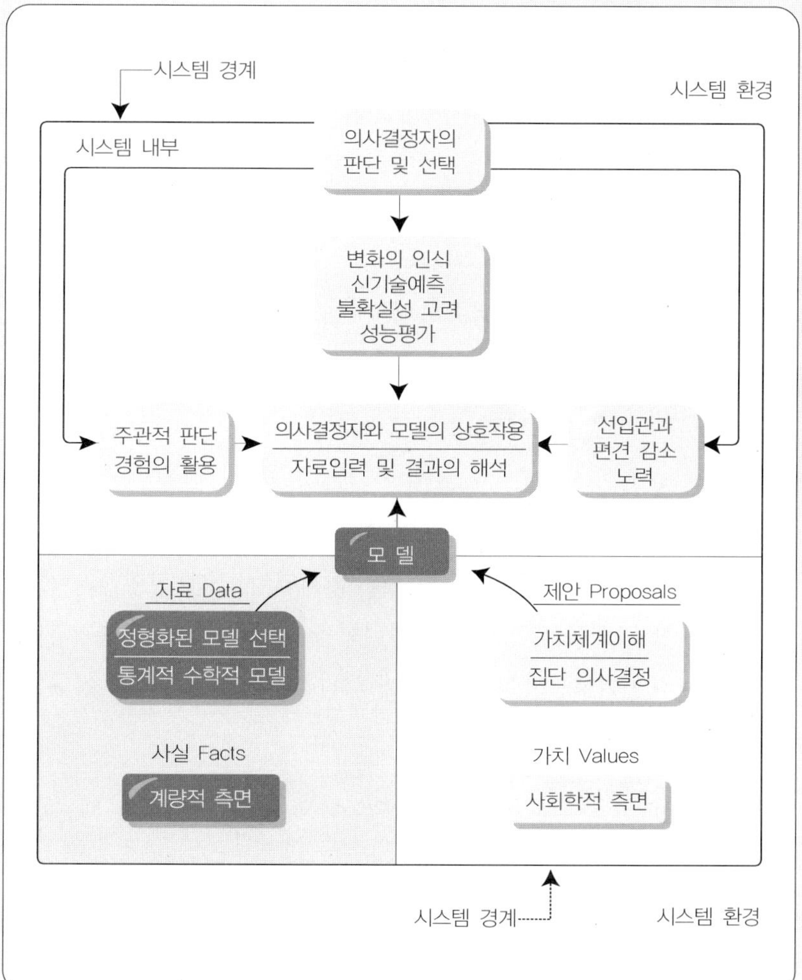

2. 사실적 자료의 분석모델

– 건설경영상황의 계량적 해석수단

과학적 방법은 객관적 자료에 근거하여 설정된 가설을 실험적 방법으로 검증하여 새로운 원리를 발견하는 것이다. 과학적 방법은 실험과 유사한 개념으로 고려되기도 한다. 그러나 의사결정과 같이 실험이 불가능한 경우는 인위적으로 통제된 시스템(상황)을 기호적으로 표현한 "모델"을 사용하여 모의실험을 실시한다.

과학적 방법은 (1)객관적 자료에 근거하여 가설을 설정하고, (2)실험적인 방법으로 가설을 검증하여 (3)새로운 원리를 발견하는 것이다. 발견된 원리는 과학적 법칙으로서 기존 지식체계에 새롭게 추가된다.[1)]

과학적 방법은 "실험(experimentation)"과 유사한 개념으로 고려되기도 한다. 그러나 천문학, 의학, 의사결정 등과 같이 실험이 극히 제한되거나 불가능한 경우는 인위적으로 통제된 시스템(상황)을 기호적으로 표현한 모델을 설정하여 모의실험을 실시한다.[2)] 모델은 과학적 방법에 따라 수집된 사실적 정보와 객관적 자료를 근거로 설정되어

1) Ellington, H., The Nature of Scientific Method, An Introduction to the Ideas of Sir Karl Popper, The Association for Scientific Education, College Lane, Hartfield, Herts, 1983
2) Ackoff, R. L., Scientific Method, Optimising Applied Research Decisions, John Wiley & Sons, Inc., London, 1968.

야 한다.

모델이란 무엇인가? 모델은 "실체를 단순화시켜 표현한 것"이다. "모델을 설정하는 것"은 (1)실제상황을 단순화시켜 표현하고, (2)그 상황에서 결정에 중요영향을 미치는 인자를 관찰 · 측정하여, (3)상황 변화를 예측 · 통제하는 것이다.

모델을 설정하기 위해서는 의사결정의 효과성이 저해되지 않는 범위에서 시스템 내부 상황을 단순화시켜야 한다. 상황을 단순화하기 위해 의사결정자는 의사결정상황을 정확히 이해해야 한다. 그러나 상황의 이해과정에서 의사결정에 직 · 간접적 영향을 미치는 양적 · 질적 인자 모두를 완벽하게 파악할 수는 없기 때문에 모델을 설정하기 위해서는 의사결정에 주요영향을 미치는 인자만을 선별해야 한다.

의사결정에 대한 주요 영향인자의 선정은 인자선택의 주체인 의사결정자가 누구인가에 따라 달라진다. 수집 · 분석되는 정보와 자료 또한 의사결정자의 가치판단에 따라 달라지고, 모델의 운용결과 역시 의사결정자가 누구인가에 따라 차이가 난다. 따라서 모델은 의사결정자와 분리되어 별도로 고려될 수 없고, 의사결정자 또한 모델의 속성과 한계점에 유념해야 한다.[3)]

1) 모델은 의사결정상황의 주관적 단순화 과정을 통해 설정된다. 특히 계량적 분석이 가능하도록 하기 위해서는 의사결정상황을 대폭적으로 단순화시켜야 한다. 따라서 주관적 단순화 과정의 산물인 모델의 운용결과가 항상 만족스러운 것이라고 확신할 수는 없다.

---

3) Bierman, H., and Bonini, C. P., and Hausman, W. H., Quantitative Analysis for Business Decisions, 3rd Edition, Homewood, I11. : Irwin, 1969.

2) 모델은 의사결정상황을 반영하는 상징적 변수를 다룬다. 유용한 결과를 얻기 위해서는 이러한 변수를 계량적으로 처리할 수 있는 능력이 필요하다. 그러나 의사결정자 모두가 이러한 능력을 갖추고 있다고 볼 수는 없다.

3) 모델은 의사결정의 수단이지 결코 목적이 아니다. 그럼에도 의사결정자는 모델을 설정하고 운용한다는 매력에 빠져 이러한 사실을 등한시하는 경향이 있다.

이러한 한계점이 극복될 수 있을 때 다양한 종류의 모델은 건설경영 의사결정에 도입되어 효과적으로 활용될 수 있다.[4)]

모델은 형상모델(iconic model), 유사모델(analogue model), 기호모델(symbolic model)의 3가지로 분류된다.[5)]

형상모델은 실체를 일정한 비율로 축소시킨 것으로 그 대표적인 예는 항공기, 배, 자동차 등의 축소모델이다. 형상모델의 장점은 관찰을 통해 상호 의견을 교환하면서 쉽게 실체를 이해할 수 있다는 것이다. 그러나 최근의 의사결정상황은 복잡 · 다양하고 모델 설정 대상도 추상화되어 가고 있어 형상모델과 같은 물리적 모델의 사용 추세는 점차 감소되고 있는 반면, 언어적 표현(컴퓨터 프로그램언어, 인공지능언어 등)이나 수학적 방법에 의한 추상모델(abstract model)의 사용이 증가되고 있다.[6)] 추상모델은 형상모델에 비해 훨씬 조작이 용이하고 의사결정상황을 정밀하게 분석할 수 있는 수단이기 때문이다.

---

4) Raftery, J., The State of Cost/Price Modelling in the UK Construction Industry : A Multicriteria Approach, in Brandon, P. S.(Ed.), Building Cost Techniques : New Directions, London, Spon, 1984, pp.49-51.

5) Tate, B., and Jones, L., System Modelling : Systems, Models and Decisions, The Open University Press, 1975

6) Starr, M. K., Management : A Modern Approach, New York : Harcourt Brace Jovanovich, 1971.

추상모델의 일종으로 실체의 대표적 특성을 단순화 · 기호화시킨 것이 유사모델(analogue model)이다. 예로써 특정 지역의 고저(高低) 상황을 표현하는 등고선, 수량의 대소와 변동상황을 기하학적으로 표시하는 그래프, 지역교통망, 생산공정 등을 표시하는 네트워크도(network diagram) 등을 생각할 수 있다. 유사모델은 형상모델에 비해 덜 구체적이지만 사용 및 조작이 훨씬 용이하다는 장점을 가지고 있다.

추상모델의 또 다른 형태로 실체의 구조를 수학적으로 표현하여 실험적 조작이 가능하도록 한 기호모델(symbolic model)이 있다. 기호모델은 복잡 · 다양한 의사결정상황의 체계적 분석에 적합하여 가장 보편적으로 사용되고 있다.

위와 같이 모델은 실체의 표현방식에 따라 분류될 수 있는 것인 반면, 접근방식에 따라 규범적 모델(normative model)과 기술적 모델(descriptive model)로 구분될 수도 있다.

규범적 모델은 수학적 방법에 의존하여 최적해를 추구한다. 따라서 규범적 모델에는 의사결정자의 직관(intuition)이나 주관적 판단(subjective judgement)이 스며들 여지가 거의 없다. 또한 모델을 구성하는 기술적 언어(technical language)의 복잡성과 최적해를 추구하는 이상적 성격으로 인해 의사결정자는 문제해결 과정과 분리된 상태에서 결과를 확신하지 못하고 좌절할 우려가 있다.

반면에 기술적 모델은 "......하면 어떻게 될 것인가?(what if?)"라는 질문에 지속적으로 대응하는 방식으로 객관적 사실관계를 묘사한다. 기술적(記述的) 모델은 최적해를 추구하는 과정에서 매우 유익한 역할을 하지만 반드시 의사결정자의 판단을 전제로 하기 때문에 실제

상황을 구체적으로 묘사해 주지만 상황의 이해과정에서 의사결정자에게 큰 부담을 안겨준다.

의사결정자는 건설경영상황의 특성에 따라 규범적 모델과 기술적 모델 어느 것이든 사용할 수 있다. 규범적 모델이 제시하는 명확한 결과를 선호하기도 하지만, 기술적 모델을 선정하여 실제상황의 정확한 파악을 위한 노력과 부담을 감수하더라도 결과에 이르는 과정에 깊숙이 관여하기도 한다.

실체의 표현방식에 시간의 개념이 부가되는가의 여부에 따라 정태적 모델(static model)과 동태적 모델(dynamic model)로 구분된다. 유사모델(analogue model)에 시간적 의미가 부여되면 시뮬레이션 모델(simulation model)이 된다. 이 모델은 의사결정상황에서 정보의 흐름을 구체적으로 묘사할 수 있으나, 상호 연관된 문제들 사이의 복잡한 인과관계를 표현하지 못하는 단점을 갖는다. 시뮬레이션 모델은 관련 정보의 부족, 다양한 목표들의 상충, 무작위 변수의 비정형적 출현 등으로 인해 최적조건(optimal conditions)의 결정이 불가능한 경우에 주로 사용된다.[7)]

의사결정의 개념과 절차를 명확히 하기 위해 몇 가지 개념을 하나의 틀(framework) 속에 통합하는 경우가 있다. 이러한 틀을 개념적 모델(conceptual model)이라고 한다. 예로서 제1장의 그림 1.2에서 제시된 학제적 틀을 생각할 수 있다.

건설경영 의사결정상황에서 계량적 모델을 활용하는 방법에는 (1) 수학적 · 통계적 모델을 설정하여 예측에 활용하는 방식과 (2)설정된

---

7) Starr, M. K., Management : A Modern Approach, New York : Harcourt Brace Jovanovich, 1971.

계량적 모델을 활용하여 실제상황을 묘사하는 시뮬레이션 방안이 있다. 계량적 모델은 최소한 다음의 6단계를 거쳐 설정된다.

1) 문제를 설정하고 그 해결대안(즉, 종속변수)으로부터 기대되는 결과를 결정한다. 결과는 수치로 표현되어야 한다.
2) 결과(독립변수)에 영향을 주는 문제의 원인을 결정한다. 문제의 원인 역시 계량적으로 표현되어야 한다.
3) 문제원인과 해결대안 사이의 인과관계를 규명한다.
4) 독립변수(원인)와 종속변수(결과)를 활용하여 상기의 인과관계를 정확히 표현해 주는 수치방정식을 작성한다.
5) 수치방정식(즉, 모델)에 독립변수로 모델의 작성을 위해 활용되지 않은 최근 자료를 입력하여 산정된 결과와 이미 알려져 있는 결과 사이의 차이를 파악하여 모델의 신뢰도를 검증한다.
6) 신뢰도가 만족스럽지 못할 경우 모델을 적절히 수정하여 실제결과와 모델의 제시결과가 가능한 일치되도록 한다.

신뢰도가 일단 만족스러운 것으로 확인되면 모델은 결과 예측의 목적은 물론 시뮬레이션 용도로도 활용될 수 있다. 시뮬레이션 모델은 시간의 경과에 따라 지속적으로 변화하는 상황에서 정확한 결과를 제공한다고 볼 수는 없는 반면, 의사결정에 영향을 주는 수많은 변수의 상호작용 결과를 개략적으로 표현하여 복잡한 의사결정상황을 전반적으로 파악할 수 있도록 해 준다.[8] Davis(1969)는 시뮬레이션의 목적을 다음과 같이 언급한다.[9]

---

8) Rowe, A. J., Computer Simulation : A Solution Technique for Management Problems, in Rappaport, A., Information for Decision-Making : Quantitative and Behavioural Dimensions, Englwood Cliffs, N. J : Prentice-Hall, 1970.

9) Davis, G. B., Ambil, H., and Whitecraft, H., Simulation of Finance Company Operations for Decision-Making, in Greenwood, W. T.(Ed.), Decision Theory and Information Systems, Cincinnati : South-Western, 1969.

1) 최소의 시간과 비용으로 새로운 전략의 성공 가능성을 판단하기 위해 독립변수의 변화에 따른 결과(종속변수)를 실험 · 평가 · 예측한다.
2) 보다 나은 대안을 선택하기 위해 의사결정상황을 명확히 이해한다.

시뮬레이션 모델에는 (1)입력변수에 대한 단일 결과치를 제공하는 결정적 모델(deterministic model)과 (2)입력변수가 어떤 평균값 주변에 분포되고 출력결과치 역시 단일값이 아닌 빈도분포의 형태를 취하는 확률적 모델(probabilistic model)의 두 종류가 있다.

건설경영 의사결정과정에서 모델을 설정하거나, 설정된 모델을 시뮬레이션 용도로 활용하는 목적은 다음과 같다.

1) 계획의 초기단계에서 극히 제한적인 정보를 효과적으로 활용하여 투자의 타당성을 검토하고 설계과정에서는 다양한 유형의 설계대안을 찾아낸다.
2) 최소 노력으로 대안을 비교 · 평가하여 최적안을 결정한다.
3) 실행된 결정의 예상결과 산출 여부를 확인 · 검증한다.

모델은 의사결정자가 적절한 대안을 선택할 수 있도록 해주는 의사결정의 보조수단으로써, 사실적 자료에 근거하여 "가치가 배제된(value-free)" 결과를 제공한다. 그러나 사실적 자료(factual data)에 근거한다고 해서 모델운용 결과가 완전히 가치가 배제된 것이라고 볼 수는 없다. 자료의 수집 및 처리과정에서 의사결정자가 어떠한 판단을 하는가에 따라 모델운용 결과는 달라질 수 있다. 수집할 자료의 유형을 결정하고, 처리결과를 해석하는 과정에서 의사결정자의 가치(value)가 반영될 수밖에 없기 때문이다.

모델은 가치가 배제된 사실에 근접하는 결과를 제공해 주는 것인 반면, 의사결정자는 집단(조직)의 관점에서 모델의 제시결과에 가치(value)와 신념(beliefs)을 더하여 무엇이 가장 적절한 대안인가를 판단하고 결정한다. 판단 및 결정과정에서 의사결정자는 오랜 기간에 걸쳐 축적한 경험과 직관(intuition)을 사용한다.

의사결정상황에서 모델만으로는 바람직한 의사결정을 수행할 수 없다. 의사결정상황의 한 부분에 불과한 모델을 결코 완벽한 것으로 볼 수 없기 때문이다. 의사결정자는 모델에 경험과 직관을 추가하여 합리적인 결정에 도달해야 한다.

결코 완벽하다고 볼 수 없는 모델과 더불어 의사결정자 역시 불완전한 존재이기 때문에 효과적인 의사결정은 의사결정자의 직관적·경험적 판단과 계량적 모델의 분석결과를 밀접하게 접목시켜 이루어질 수 있다. 의사결정자의 판단력은 오랜 기간에 걸쳐 수많은 시행착오를 겪으면서 축적된 것으로[10) 다른 사람에게 쉽게 넘겨줄 수 없는 귀중한 능력이다.

계량적 모델이 의사결정자의 판단을 대체할 수 없고, 의사결정자의 판단만으로는 상황의 복잡성에 효과적으로 대처할 수 없다. 따라서 의사결정자의 판단력과 수학적·통계적 모델의 논리성을 효과적으로 접목시킬 수 있는 체계적 방법론의 정립이 필수적이다.

10) Beeston, D. T., Statistical Methods for Building Price Data, London, E.& F. N. Spon Ltd., 1983.

제I부 건설경영 의사결정상황

-의사결정 차원의 상황 조명-

3. 집단 · 조직의 가치체계

-변화상황의 가치적 이해

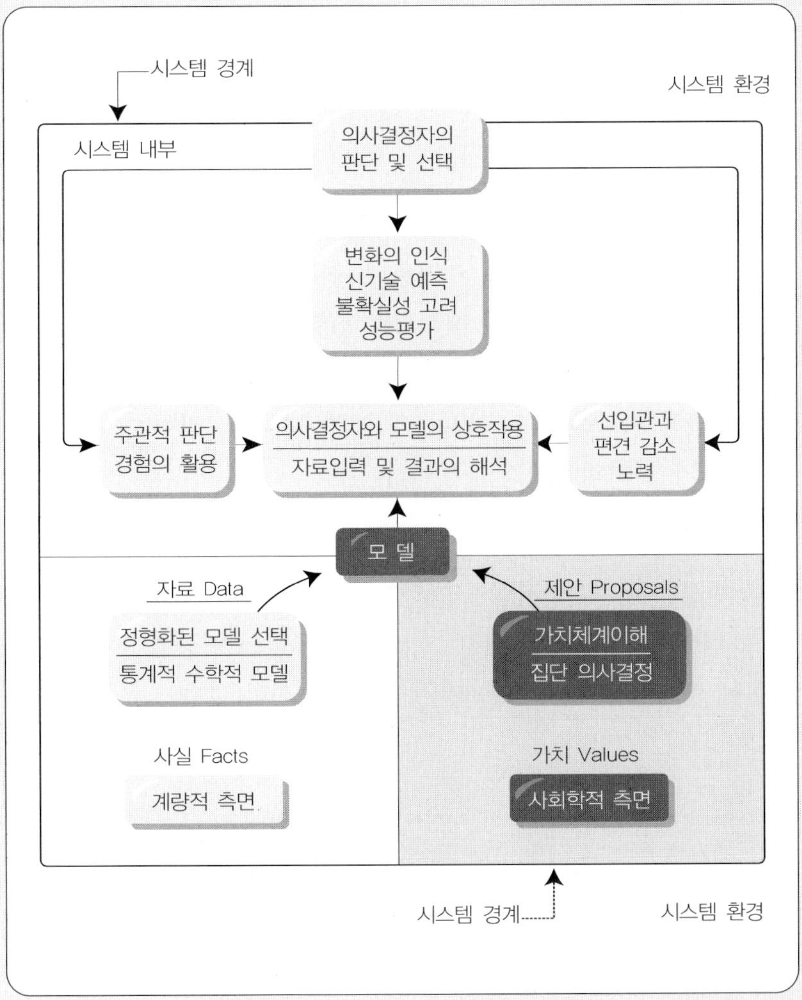

3. 집단 · 조직의 가치체계

– 변화상황의 가치적 이해

가치체계는 (1)상황파악과 문제인식 (2)대안의 선택과정 (3)개인의 유대관계 (4)목표달성 및 성공 정도 인식 (5)압력에 대한 저항이나 수락 여부에 직접적 영향을 미친다. 의사결정상황에서 가치체계는 목표 설정, 대안의 탐색 및 평가, 선택 및 실행 시점의 결정, 결정사항의 통제 · 조정에 광범위한 영향을 미친다.

건설사업은 집단에 의해 추진된다. 복잡화 · 전문화 · 대형화 되어 가는 건설상황에 전문화된 지식으로 집합적 접근을 할 필요성이 제기되었기 때문이다. 또한 대안을 선택하는 과정에서 건설에 의해 직 · 간접적 영향을 받는 사람들의 이해관계를 고려하기 위해 집단의 참여가 불가피해졌기 때문이다.

집단은 "어떤 시간 동안에 걸쳐 마주 앉아 서로 의견을 교환할 수 있을 만큼 적은 수의 사람들"이라고 정의되어 의사소통(communication)의 측면이 강조되기도 하는[11] 한편 "한 사람의 행동이 다른 사람의 행동에 영향을 줌으로써 구성원들이 이해 · 신념 · 가치 · 목적 등을 공

11) Homans(1950)는 집단(group)의 의미를 다음과 같이 정의한다.
"a number of persons who communicate with one another often over a span of time, and who are few enough so that each person is able to communicate with all the others through face-to-face."
Homans, G. C., The Human Group, New York, Harcourt Brace, 1950, p.1.

유하는 관계"라고 정의되어 집단구성원 사이의 "상호작용(interaction)"이 부각되기도 한다.[12)]

상호작용은 집단구성원들 사이의 공통적 이해관계를 형성하기 위해 필요한 의사소통을 통해 이루어진다는 점에서 상기 두 가지의 개념정의는 일맥상통한다. 집단의 필수요소인 의사소통과 상호작용을 위해 필요한 사람의 수는 적은 경우 7인 이내이고, 대규모 집단의 경우는 약 25인 정도이다.[13)]

개인의사결정과 비교해서 집단적 의사결정은 표 3.1에서 요약된 내용의 장 · 단점을 갖는다.[14)]

집단적 의사결정은 개인의 의사결정에 비해 더 많은 시간이 소요된다. 또한 리스크 회피경향이 있는 개인의사결정에 비해 선택결과에 따르는 책임을 집단구성원들이 분담하기 때문에 집단구성원 각자의 입장에서는 큰 부담을 느끼지 않고 의사결정에 참여하게 되면, 결과적으로 더 많은 리스크를 내포하는 대안을 선택할 수 있다. 그러나 집단의사결정을 통해 최소의 리스크를 갖는 대안이 선택되었다는 합의에 도달하고자 한다면 상황에 따라 더욱 더 보수적인 분위기로 흐를 수도 있다.[15)]

---

12) Lawless (1972)는 다음과 같이 "의사결정집단 구성원간의 상호작용"을 강조한다.
"...that the behaviour of each group member influences the behaviour of other member and that the members share some common perceptions, beliefs, values, and objectives."
Lawless, D. J., Effective Management : A Social Psychological Approach, Englewood Cliffs, N. J. : Prentice-Hall, 1972, p.106.

13) Kolasa, B. J., Introduction to Behavioural Science for Business, New York, Wiley, 1969, p.446.

14) Maier, N. R. F., Assets and Liabilities in Group Problem Solving : The Need for an Integrative Function, in Bernard, L. H., and Reitz, H. J., Groups and Organizations : Integrated Readings in the Analysis of Social Behaviour, Belmont, Calif. : Wadsworth, 1971, pp.279-280.

표 3.1 집단의사결정의 장 · 단점

장 점	단 점
1. 개인의사결정에 비해 훨씬 풍부한 지식과 정보의 활용이 가능하다.	1. 의견불일치를 느껴도 합의를 추구하기 위해 침묵하여 바람직한 집단구성원이 되어야 한다는 부담을 갖는다.
2. 구성원의 상호작용에 의한 다양한 접근방식은 새로운 방식의 도입 및 대안창출에 효과적이다.	2. 보다 나은 수준의 해결안은 나중에 제시되는 경향이 있는 반면, 첫 번째 제시되는 대안이 받아들여지는 경향이 있다.
3. 다수의 참여로 결정에 대한 총괄적 수락이 이루어진다.	3. 가장 영향력이 있는 개인이 선택한 대안이 결정을 지배하는 경향이 있다.
4. 다수의 참여로 결정을 보다 잘 이해할 수 있다.	4. 선례를 추종하는 경향으로 인해 낮은 수준의 타협안을 산출하는 결과를 초래할 수 있다.

이와 같은 상반된 특성을 표출할 수 있음에도 집단의사결정 과정의 제기되는 다양한 견해는 개인적인 편견이나 선입관을 중화시킬 수 있다.

건설경영 과정에서 집단의사결정은 불확실한 미래상황에 대처하기 위해 다양한 관점의 의견을 수렴해야 하는 사업의 초기단계에서 주로 요구된다. 이러한 의사결정은 주로 조직(집단)의 중 · 상위급 수준에서 이루어지는 전략적 의미를 갖는 경우가 많은 반면, 개인의사결정은 어느 정도 확실성을 보장할 수 있는 상황에서 정밀한 계산이나 반복적인 선택이 요구되는 설계 · 시공 단계에 적합하다.

의뢰자(특히 사업수행 경험이 부족한 의뢰자)는 초기단계에서 사업목표를 명확하게 표현하지 못하는 경우가 많다. 초기에는 목표를 명확히 제시하지 못하다가, 계획 · 설계과정에서 설계자와 다양한 접

---

15) Kast, F. E., and Rosenzweig, J. E., Organization and Management : A Systems Approach, 2nd Edition, New York : McGraw-Hill, 1974, p.421.

촉을 거치면서 요구조건을 구체화시킨다.[16][17] 이러한 경우 건설경영 의사결정자는 "사실"과 "가치"의 두 가지 관점에서 의뢰자가 대안선택의 범위를 인식할 수 있도록 도와주어야 한다.

"사실"은 현상에 관한 객관적 진술로서 참(true)과 거짓(false)의 판명이 가능한 것으로[18], 전형적인 표현형식은 "X는 Y이다(X is Y)"이다. 반면, 가치적 표현은 윤리, 기호, 기준, 목적, 목표 등의 진술과 관련된다. 가치표현의 형식과 예는 표 3.2와 같다.

표 3.2 가치의 유형별 표현형식

가치의 유형	표현형식	표현의 예
윤리적 가치의 진술	X는 Y이어야 한다. (X ought to Y.)	시설의 장기소요비용과 초기투자비는 균형을 이루어야 한다.
기호적 가치의 진술	X는 Y보다 바람직하다. (X is preferred to Y.)	외벽용 조립식 벽체는 조적벽체보다 바람직하다.
기준적 가치의 진술	X와 Y중의 선택에 상충이 생기면 기준 M을 적용한다. (When confronted with a choice between X and Y, apply rule M.)	여러 가지 유형의 냉난방 시스템 중에서 대안을 선택할 경우 가격과 크기가 동일하다면 에너지 효율이 높은 것을 선택한다.
목적 또는 목표적 가치의 진술	X는 추구되어야 할 목적상태이다.	장기소요비용과 다른 성능조건 사이에 적절한 균형을 고려하는 것은 건설목표 중의 하나이다.

건설경영 의사결정은 불확실한 미래상황을 대상으로 "어떠한 미래가 가장 바람직한 것인가?"에 관한 판단을 해야 하기 때문에 불가피

16) Thomas, J. C., and Carroll, J. M., The Psychological Study of Design, Design Studies 1(1), July, 1979.

17) NEDO, Before You Build, London, Building Economic Development Committee, Second Impression, 1979.

18) Simon, H. A., Administrative Behaviour, 3rd Edition, New York : Free Press, 1978

하게 가치에 의존하지 않으면 안 된다.

사실과 가치는 다음과 같이 밀접하게 연관되어 있어서 명확히 구분하기 어렵다.[19]

1) 사실의 진술 및 분석과정에서 분석자의 가치가 반영된다.
2) 가치는 다른 경험에 근거한 사실로 왜곡될 수 있다.
3) 가치에 대한 사실적 주장을 할 수도 있고, 사실에 대한 가치적 주장도 할 수 있다.

가치는 상황에 따라 달리 해석되기 때문에 집단(조직)의 가치분석은 결코 쉬운 일이 아니다. 표 3.3의 가치의 개념에 대한 서로 다른 관점을 시사해 준다.[20]

건설경영 과정에서 가치는 혜택(benefit)[21], 선택의 근거(a basis for

---

19) Davidoff, P., and Reiner, T. A., A Choice Theory of Planning, Public Administration Review, 1967, 27, pp.385-392.

20) 각 저자들이 정의한 가치개념은 다음과 같다.
normative standards by which human beings are influenced in their choice among alternative courses of action.
Philip, E. J., James, J. F., and Hedvah, L. S., Values and their Function in Decision-Making, American Behavioural Scientist, May, 1962, pp.10-14.
conceptions of desirable states of affairs for preference, choice, or justifications for proposed behaviour.
Williams, R. M., Individual and Group Values, Annals of the American Academy of Political and Social Science, May, 1967, p.23.
beliefs that guide actions and judgments across specific objects and situations.
Rokeach, M., The Nature of Human Values, New York, Free Press, 1973.
a stated or implied conception of what an individual, group, organisation finds desirable.
Kluckhohn, C. K. M., Values and Value Orientations in the Theory of Action, in Parsons, T., and Shils, E. A.(Eds.), Toward a General Theory of Action, Cambridge, Mass. : Havard University Press, 1951, pp.388-433.
a kind of guidance system used by individuals faced with a choice among alternatives.
Guth, W. D., and Taguiri, R., Personal Values and Corporate Strategy, Harvard Business Review, Sep.-Oct., 1965, pp.124-125.

choice)[22], 성능(performance)[23], 효율의 척도(a measure of efficiency)[24], 그리고 품질과 가격의 관계(the relationship between quality and price) 등으로 이해되기도 한다.

표 3.3 가치의 개념

저 자 명	가치의 정의
Philip et.al (1962)	대안의 선택에 영향을 주는 규범적 기준
Williams (1967)	기호, 선택에 대한 바람직한 상태를 나타내거나 제안된 행동을 정당화시켜 주는 개념
Rokeach (1968)	특정 목적을 이루거나 상황에 대처하기 위한 행동과 판단을 주관하는 신념
Kluckhohn (1951)	개인, 집단, 조직의 입장에서 "무엇이 바람직한 것인가?"를 구분해 주는 함축적 개념
Guth & Taguiri (1965)	대안선택 과정에서 개인이 사용하는 일종의 안내체계

가치는 "바람직한 상태에 대한 개인의 신념"으로 특정 목적이나 상황에 국한되지 않는 추상적 개념이다. 그러나 바람직한 의사결정을 위해서는 가치가 갖는 의미를 이해해야 한다. 이를 위해 Bernthal (1962)이 제기한 다음 사항을 유념해야 한다.[25]

1) 가치는 주관적으로 형성된다. 따라서 각자의 가치 사이에 현저

21) Stone, P. A., Building Design Evaluation : Costs-in-Use, 3rd Edition, London, Spon Ltd, 1980.

22) Fleming, M. C., Building Decisions and Economic Appraisal Techniques, in Hutton, G. H., and Devonald, A. D. G.(Eds.), Value in Building, London, Applied Science Publishers Ltd., 1973.

23) Markus, T. A., The Role of Building Performance Measurement and Appraisal in Design Method, in Broadbent, G., and Ward, A.(Eds.), Design Methods in Architecture, Lund Humphries, London, 1969, pp.109-117.

24) Dunstone, P., Value Analysis in Building, in Hutton, G. H., and Devonald, A. D. G.(Eds.), Value in Building, London, Applied Science Publishers Ltd., 1973.

25) Bernthal, W. F., Value Perspectives in Management Decisions, Academy of Management Journal, December, 1962, p.191.

한 차이가 발생될 수 있다.

2) 의견상의 불일치는 서로 다른 가치 때문에 발생한다.
3) 가치의 정확한 해석 없이 자동적 의사소통은 불가능하다.
4) 각 개인은 자신의 가치가 정상적인 것이므로 다른 사람들은 그 가치를 받아들여야 한다고 생각하는 경향이 있다.
5) 사람들은 자신의 가치판단을 잘 인식하지 못하는 경향이 있다. 전문분야에 관한 사항인 경우 특히 그러하다.

가치체계(value system)는 상대적 중요도에 따라 서열화된 가치의 유형이며[26] 대안의 선택과정에서 갈등을 조정하여 결정에 이르도록 하는 원칙과 규정의 조합이다.[27] 가치체계는 의사결정과정에서 (1)상황파악과 문제인식, (2)선택과정, (3)개인과 개인의 유대관계, (4)목표달성 및 성공 정도의 인식, (5)압력에 대한 저항이나 수락 여부에 직접적인 영향을 미친다. 의사결정상황에서 가치체계는 목표설정, 대안의 탐색 및 평가, 선택 및 실행 시점의 결정, 결정사항 이행의 통제 및 조정에 광범위한 영향을 미친다.

건설분야의 가치체계에 관한 연구에 따르면 설계요구 조건은 참여자의 업무영역에 따라 달리 작성된다고 한다. 건축가의 요구조건은 형태나 미적 우수성에 치우치는 반면, 예산 담당자는 책정된 비용범위 내로 지출을 한정시키기 위해 노력하는 경향이 있다.[28] 표 3.4는 건설에 참여하는 주요 집단의 가치체계를 반영하는 어휘들이다.[29]

26) Slkula, A. F., Values and Value Systems : Importance and Relationship to Managerial and Organizational Behaviour, Journal of Psychology, 78, 1971, p.281.
27) Rokeach, M., The Nature of Human Values, New York, Free Press, 1973.
28) Higgin, G., and Jessop, N., Communications in the Building Industry : The Report of a Pilot Study, Tavistock Publications, London, 1966.
29) Chandler, I., Building Technology 3, Design, Production, and Maintenance, London, Mitchell, 1987.

표 3.4 건설계획 참여집단의 가치

집단의 유형	가 치
의뢰자(client)	투자, 생산성, 내구성, 시장성, 유지관리비, 위신 및 명성
설계자(Designer)	창조성, 명성, 성능, 시공 용이성
건설업자(Builder)	품질확보, 이윤, 작업의 계속성
일반대중(Public)	오염방지, 미관, 붕괴 또는 분열의 방지

건설과정에서 참여집단의 가치체계가 균형을 이루도록 해야 한다. 가치체계의 균형이 깨어지면 특정 집단이 다른 집단의 희생을 근거로 혜택을 얻는 결과가 생긴다. 예로써, 공사비가 과다 지불된 사실을 알게 된 건축주는 몹시 분개하겠지만, 덤으로 추가이익을 확보한 건설업자는 은행을 향해 활기찬 발걸음을 옮길 수 있을 것이다. 반면, 건설업자가 적정수준의 공사비를 지급받지 못한 상태에서 무리한 공사추진을 강요받게 되면 공사의 품질저하는 불가피할 것이다.

가치의 의미는 개인 · 집단 · 조직의 입장에 따라 차이가 나기도 하지만 시간과 장소에 따라서도 달라진다. 예를 들어 미국이나 유럽의 건설상황에서 바람직한 해결대안이 사회적 · 경제적 · 기술적 · 정치적으로 상이한 가치체계를 갖는 한국에서도 반드시 유효할 수는 없다. 그럼에도 각 나라는 시멘트 · 철근 · 벽돌 등 동일한 자원을 사용한다.

의사결정자는 이러한 상황에 어떻게 대처해야 하는가? 문제에 대한 해결대안의 제시에 앞서 상황의 인식과 문제의 파악에 도움을 줄 수 있는 정확한 질문을 던질 수 있어야 한다.

건설사업 초기의 소요 작성단계에서 각 이해관계 집단은 예산의 한계를 고려하지 않고 요구사항을 극대화하는 경향이 있다.[30] 또 건설목표를 명확히 설정하지 않고 사업계획을 진행시키는 경우도 있다.[31] 이러한 초기단계의 오류로 인해 건설사업 시행과정에서 각 참여집단은 예기치 못한 문제에 직면하여 심각한 갈등을 경험하기도 한다.

갈등은 집단과 집단 사이에서만 발생하는 것이 아니라 단일 집단(조직) 내에서도 발생한다. 각 구성원의 경험 · 목적 · 이해관계에 근거한 요구조건은 다양한 유형으로 제기되어 문제의 해결에 적합한 기준을 설정하기 어려운 경우가 많다.[32] 또한 기술의 복잡화 · 전문화에 따라 전문가의 영역이 점차 세분화되면서 전문가는 특정 분야의 전문지식을 제공하여 문제해결을 수월하게도 하지만, 전문지식 사이에서 갈등을 유발하여 의사결정을 더욱 어렵게 하기도 한다.

의사결정과정에서 발생하는 가치의 갈등은 긍정적인 시각으로 조명되기도 한다. 문제에 대한 상충적 관점이 오히려 바람직한 해결대안의 창출에 도움이 되기 때문에[33] 만장일치적 합의가 이루어질 경우, 토론을 활성화하기 위해 구성원 중의 몇 사람을 지정하여 갈등을 조장할 필요가 있다.[34][35]

바람직한 의사결정을 위해서는 다양한 유형의 정보를 효과적으로 확보하여 활용해야 한다. 정보의 확보 및 활용 과정에서 상충적 관점의 토론을 통해 대안의 의미를 심층적으로 파악하여 질적으로 보다

---

30) Kelly, J. R., and Male, S. P., A Study of Value Management and Quantity Surveying Practice, Rics Occasional Paper, RICS, 1988.
31) Jones, J. C., Design Methods, Wiley, 1980.
32) O'Reilly, J. J. N., A Case Study of a Design Commission : Problems highlighted ; initiatives proposed, Building Research Establishment Current Paper CP 27/73, Building Research Establishment, Watford, 1973.
33) Maier, N., Problem Solving and Creativity, Brooks-Cole, Belmont, C. A., 1970.
34) Janis, I. L., and Mann, L., Decision-Making, Free Press, NY, 1977.
35) Janis, I. L., Victims of Group-think, Boston, Houghton Mifflin, 1972.

높은 수준의 결정에 도달할 수 있다.[36] 갈등은 문제상황을 다각적으로 검토하게 하여 이미 설정된 가정도 재고하게 함으로써 결과적으로 더 효과적인 정보활용의 기회를 얻을 수 있다.[37]

대안의 창출 및 선택 또한 의사결정의 필수요소이다. 대안의 창출 및 선택과정에서 갈등조정의 단계를 거칠 경우 더 많은 전략적 대안이 창출된다.[38]

최선의 대안선택을 위해서는 효과적인 평가기준을 적용해야 한다. 갈등을 거쳐 설정된 평가기준을 적용하면 질적으로 훨씬 더 우수한 대안을 선택할 수 있다.[39]

한편, 가치의 갈등은 그 부정적 측면으로 인해 회피의 대상이 되기도 한다. 응집력이 있는 집단 내에서는 갈등이 생기지 않도록 하기 위해 억압적 분위기가 조성되는 경향이 있다. 결속력이 강한 집단이 경쟁과 위협에 직면하면 집단을 와해시킬 수도 있는 불일치 현상은 혐오의 대상이 될 수도 있다. 또한 결정의 질적 수준을 개선하기 위해 합의가 필요하다는 분위기가 조장되기도 한다.[40]

가치상 갈등은 의사결정에 긍정적 효과를 주든 부정적 영향을 미치든 불가피하게 존재한다. 의사결정자로서 유념해야 할 것은 가치

---

36) Tjosvold, D., Implications of Controversy Research for Management, Journal of Management, 11, 1985, pp.21-37.

37) Nemeth, C., Differential Contributions of Majority and Minority Influence, Psychological Review, 93, 1986, pp.23-32.

38) Schwenk, C., Effects of Planning Aids and Presentation Media on Performance and Affective Responses in Strategic Decision-Making, Management Science, 30, 1984, pp.263-272.

39) Schweiger, D. W. S., and Ragan, J., Group Approaches to Improving Strategic Decision-Making, Acad. Management Journal, 29, 1986, pp.51-71.

40) Bourgeois, L., Strategic Goals, Perceived Uncertainty and Economic Performance in Volatile Environments, Acad. Management Journal, 28, 1985, pp.548-573.

의 갈등은 긍정적 · 부정적 측면 모두를 내포하고 있기 때문에 부정적 측면을 최소화시키는 것이 중요한 반면, 긍정적 측면을 극대화하는 것 역시 필수적이라는 관점을 갖는 것이다.

가치의 갈등은 의사결정과정에서 (1)목적을 재고하게 하고, (2)새로운 정보를 신속하게 받아들이도록 하고, (3)대안을 재검토하게 하고, (4)기존 대안을 수정하게 하고, (5)절박한 상황에서 불가피하게 수락한 대안을 재고하게 하며, (6)다수 영역에 부정적 영향을 미치는 결정의 이행에 저항하게 하는 역할을 한다.

가치는 측정 및 계량화가 불가능하다. 가치의 불일치는 사실에 근거해서 해결될 수 없다.[41] 그렇다면 가치는 어떻게 평가될 수 있을까?

가치의 계층구조를 설정하여[42] 평가하면 특정 목표는 다른 목표에 비해 더 우위에 있는 것으로 고려될 수 있다. 가치는 수단가치(means value)와 목적가치(end value)로 구분되고, 수단가치는 독자적으로 존재하는 목적가치를 실현하기 위해 존재한다.[43] 이는 "수단과 목적의 상호연계(means-end chain link)"로 설명된다.[44] 수단과 목적의 상호연계는

41) Churchman, C. W., Prediction and Optimal Decision, Englewood Cliffs, PrenticeHall, 1961, Chapters 4-6.

42) Davidoff, P., and Reiner, T. A., A Choice Theory of Planning, Public Administration Review, 1967, 27, pp.385-392.

43) Bahm (1974)의 설명내용을 원저에서 발췌하면 다음과 같다.
"means value" or "instrumental value" is any value which depends for its existence as a value upon its serving as a means to the bringing into existence an intrinsic value. and "end value" or "intrinsic value" is a value which is self-contained in the sense that it is not required to serve any other value in order for it to be a value.
Bahm, A. J., Ethics as a Behavioural Science, Springfield, 111 : Charles C. Thomas Publisher, 1974, p.81.

44) Cook, S., and Slack, N., Making Management Decisions, London, Prentice-Hall International, 1984, p.64.

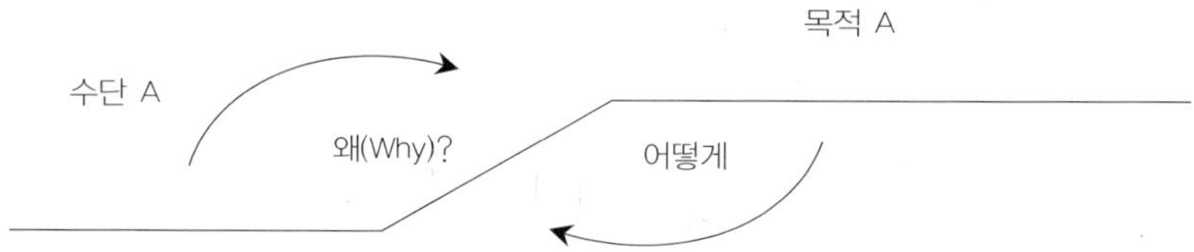

그림 3.1 목적과 수단의 상호연계성

그림 3.1에 의해 설명된 바와 같이 수단 A의 도입은 목적 A를 얻는 것으로 정당화된다.

수단과 목적의 상호연계 개념을 활용하면 의사결정자는 상충되는 목표를 몇 단계로 구분하여 수단과 목적의 관계를 도식화하고, 이를 근거로 토론과 협상을 추진하여 의사결정상황에 대한 오해를 현저히 줄여 나갈 수 있다.

수단과 목적의 연계 개념을 가장 구체적으로 도입하여 괄목할 만한 성과를 거둔 것이 바로 Saaty(1980)의 AHP(analytic hierarchy process) 기법이다. AHP 기법은 목적에 근거하여 가치를 평가할 수 있도록 하여 상충되는 대안의 서열을 정할 수 있도록 하였다. 이에 대한 구체적인 개념과 사례는 이 책의 후반부에서 별도로 언급한다.

정보가 부족한 상황에서 건설경영 의사결정자는 불가피하게 사실보다는 가치에 근거하여 이루어지는 특수한 평가유형인 가치판단에 의존하게 된다. 가치판단 자체가 곧 평가이기 때문에 선택결과의 질은 이 평가적 판단이 의사결정자의 기호를 얼마나 정확히 반영하는가에 달려있다.[45] 따라서 가치판단은 선택에 앞서 대안을 비교 · 평

45) Hogarth, R. M., Judgment and Choice : The Psychology of Decisions, New York, John Wiley & Sons, 1987.

가하는 과정에서 중요한 역할을 한다. 이러한 관점에서 가치판단은 결과(outcomes)에 효용(utility)을 배분한 결과, 특정 결과가 다른 결과보다 더 낫다고 말할 수 있는 준거가 된다.[46)]

의사결정자는 사실적 정보와 자료가 부족한 경우 편견을 내포할 수도 있는 주관적 가치판단에 근거하여 대안의 우선순위를 결정한다. 주관성이 내포하고 있음에도 불구하고 가치판단은 의사결정과정에서 (1)목적을 설정하고, (2)대안을 창출하고, (3)대안을 선택하고, (4)선택을 실행에 옮기고, (5)선택된 대안의 실행결과가 당초의 목적에 부합될 수 있도록 시정조치를 취하는 주요수단이 된다. 따라서 가치판단이 내포하는 편견의 속성을 파악하여 의사결정의 질을 향상시킬 수 있는 방안을 강구해야 한다. 이러한 사항은 다음 장에서 구체적으로 언급된다.

---

46) Mack (1971)에 의해서 언급된 내용은 다음과 같다.
"Value judgements imply an appreciative system, a basis for distributing utility to outcomes. What is desirable must be defined in a fashion that makes it possible to say that this outcome is preferable to that outcome."
Mack, R. P., Planning on Uncertainty, New York, Wiley-Interscience, 1971, p.195.

제I부 건설경영 의사결정상황

-의사결정 차원의 상황 조명-

4. 주관적 판단과 경험

-편견의 의미와 유형 탐색

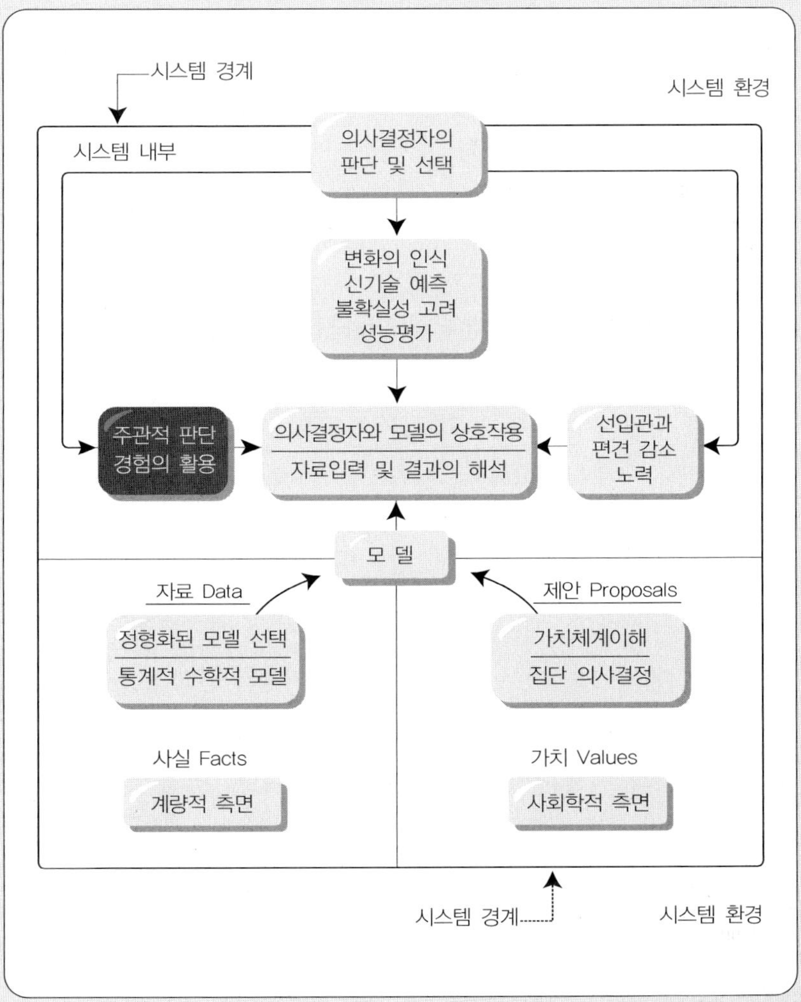

4. 주관적 판단과 경험

– 편견의 의미와 유형 탐색

논리적 접근법은 주관적 판단과 경험에 근거한 방법의 오류를 피할 수 있는 유용한 방법이다. 그러나 논리적 방법을 따른다고 반드시 문제가 올바로 해결된다고 확신할 수는 없다. 주관적 판단과 경험도 논리적 분석의 결점을 보완하여 의사결정과정에서 나름대로의 위치를 확보할 수 있다고 보기 때문이다.

의사결정과정에서 활용할 수 있는 접근방법은 직관, 경험 그리고 논리적 분석의 3가지로 구분된다.[47] 직관(intuition)은 특정 상황에서 취해야 할 행동에 대한 직감(直感, gut feel) 또는 느낌으로 실체의 명확한 정의가 어렵다. 경험(experience)은 오랫동안 일한 결과 얻어진 특정 환경에 대한 이해능력이다. 의사결정을 위해서는 개인 또는 다수의 경험적 지식을 공유해야 한다는 점에서 경험은 어느 정도 정당화될 수 있는 반면, 직관을 정당화 한다는 것은 결코 쉽지 않다. 논리적 분석(logical analysis)은 계량모델이나 논리원칙 등에 입각한 방법으로 경험적 · 직관적 접근의 오류를 제거하기 위해 판단과정을 논리적으로 체계화한 것이다. 이 두 가지 접근법이 상호 대립적이기 때문에 비용이 많이 들지 않지만 신뢰성이 낮은 직관적 방법과 적지 않은

47) Dewhurst, F. W., and Gwinnett, E. A., Artificial Intelligence and Decision Analysis, Journal of the Operational Research Society, 41, No.8, August 1990.

비용이 소요되지만 신뢰성이 높은 논리적 접근 사이에서 의사결정자는 선택의 갈등을 느끼게 된다.[48] 따라서 논리적 접근과 직관적 방법을 상호보완적 관계로 인식하여 활용할 필요성이 제기된다.

물론 논리적 접근법은 주관적 판단과 경험에 근거한 방법의 오류를 피할 수 있는 유용한 방법이다. 그러나 논리적 방법에 근거한다고 해서 반드시 문제가 올바르게 해결된다고 확신할 수는 없다. 주관적 판단과 경험도 논리적 분석의 결점을 보완하여 의사결정과정에서 나름대로의 위치를 확보할 수 있다고 보기 때문이다.[49] 그럼에도 직관과 경험은 쉽게 파악되지 않는 편견을 내포하고 있음에 유념해야 한다.

편견이란 무엇인가? 편견(bias)은 "왜곡되거나 편향된(skewing) 사고"이다. 왜곡되거나 편향되지 않은 것, 즉 실체(實體 : reality)의 반대개념이다. 사람은 "마음"이라는 모델(mental model) 또는 "여과체계(filtering system)"를 통해 실체를 간접적으로 인식한다.[50] 따라서 과거의 기억과 현재의 인식, 그리고 미래의 예측은 상황에 따라 주관적으로 이루어진다. 사실 편견에 사로잡혀 있는지의 여부도 객관적으로 명확히 구분되지 않는다. 의사결정과정에는 주관성이 개입되지 않을 수 없기 때문에, 무엇이 보다 바람직한 것이고 또 무엇이 더 객관적인 것인지의 구분조차도 가치판단에 의존하지 않으면 안 된다.

편견의 정의가 가치 의존적이라는 이유 때문에 필자는 본 장에서

48) Simon, H. A., The New Science of Management Decision, London, Harper and Row, 1960.

49) Saaty, T. L., The Analytic Hierarchy Process, New York : McGraw-Hill, 1980.

50) Bateson, G., Mind and Nature : A Necessary Unity, New York, Bantam Books, 1979.
*"bias"란 말은 인식심리학(cognitive psychology)에서 "선입관", "편견", "편파성"등의 용어로 표현된다. 필자는 의사결정 측면의 논리전개를 위해 "편견"이란 말을 사용한다.

“편견이란 무엇인가?”에 대하여 언급하기보다는 의사결정과정에서 편견이 갖는 의미를 파악하고, 편견의 부정적 영향을 최소화하여 궁극적으로는 의사결정의 질을 높일 수 있는 방안을 강구하고자 한다.

편견에 관한 연구를 통해 주관적 판단이 합리적 관점에서 어떻게 벗어나게 되는가를 이해하면 판단의 질을 향상시킬 수 있다고 한다.[51)] “사람이 가설의 입증에 어느 정도 관심을 갖는가?”에 관한 문제를 다루는 과학적 추론에 관한 연구성과에[52)] 따르면 새로운 이론의 도입과정은 (1)사고의 형성과 (2)실험적 과정을 통한 반증의 단계로 구분되어야 한다고 한다.[53)] 그러나 실제는 사람들이 반증의 기회를 오히려 최소화시키는 방향으로 가설을 검증하는 경향이 있다고 한다.[54)]

건설과정(특히 계획/설계과정)의 중요한 특징 중 하나도 많은 시간을 필요로 하는 “반증(refutation)과 입증(falsification)”보다는 가설의 “추측(conjecturing)과 확증(confirmations)”에 중점을 두는 경향이 있다고 한다.[55)] 이러한 주장을 받아들인다면 건설경영 과정에서 의사결정자는 다양한 편견에 사로잡힐 수 있을 것으로 사료된다.

---

51) Kahneman, D., and Tversky, A., Intuitive Prediction : Bias and Corrective Procedures, in Kahneman, D., Slovic, P., anf Tversky, A.(Eds.), Judgment under Uncertainty : Heuristics and Biases, Cambridge, Cambridge University Press, 1982a, pp.415-421.

52) Popper(1969)는 이 개념을 가설의 입증과 반증(falsification and disconfirmation of their hypotheses)으로서 설명한다.
Popper, K., The Logic of Scientific Discovery, London, Hutchinson & Co. Ltd., 1969.

53) Popper(1972)는 conjecturing(generation of ideas)과 refutation(attempting to disprove them through experimentation)이란 말로 이 개념을 표현한다.
Popper, K., Conjectures and Refutations, Routledge & Kegan Paul, London, 1972.

54) Evans, J. St. B. T., Beliefs and Expectations as Causes of Judgmental Bias, in Judgmental Forecasting, Wright, G., and Ayton, P.(Eds.), New York, John Wiley & Sons Ltd., 1987, pp.31-47.

55) Powell, J. A., Is Architectural Design A Trivial Pursuit?, Portsmouth Polytechnic, Portsmouth, 1987.

심리학적 연구에 의하면 연역적 추론과정은 그림 4.1에서 보이는 바와 같이 (1)문제해결에 관련된 정보를 경험으로부터 추출하는 "휴리스틱(heuristic) 단계[56]"와 (2)추출된 정보에 근거하여 판단을 하는 "분석단계(analytic stage)"로 구분된다고 한다.[57] 이러한 개념에 따르면 사람은 (1)문제인식, (2)관련정보 도출, (3)판단의 3단계 사고과정을 거쳐 문제를 해결한다고 볼 수 있다.

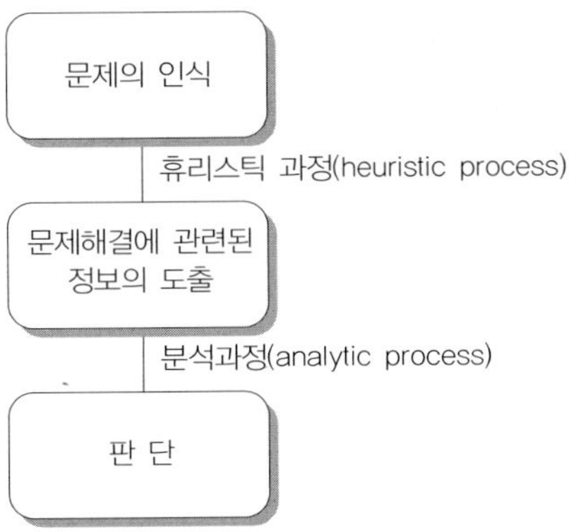

그림 4.1 추론과정

첫 번째 단계의 "문제인식"은 문제의 맥락을 파악하여 해결이 가능한 범위를 설정하는 것, 즉 분석의 틀을 설정하는 것이다.

---

56) "휴리스틱 과정(heuristic process)"은 제한된 시간과 예산의 범위 내에서 해결대안을 강구하기 위해 관련정보를 선별적으로 추출하는 과정이다. 이는 복잡한 의사결정상황을 단순화하여 문제를 해결하고자 하는 의사결정자의 마음속에서 자연스럽게 이루어지는 심리적 과정이다.
Braunstein, M. L., Perception of Rotation in Depth : A Process Model, Psychological Review, 1972, 79, pp.510-524.
* "heuristic"은 인지심리학(cognitive psychology)에서 "발견법" 또는 "추단법(推斷法)"이란 용어로 표현된다. 그러나 이러한 말들이 필자가 추구하는 의도를 정확히 반영한다고 생각되지 않아 불가피하게 "휴리스틱"이란 말을 그대로 사용한다.

57) Evans, J. St. B. T., Bias in Human Reasoning : Causes and Consequences, London, Lawrence Erlbaum Associates Ltd., 1989, p.25.

두 번째 단계인 “관련정보의 도출”을 위해서는 정보를 미리 기억 속에 저장해 두었어야 한다. 그러나 사람은 인식능력상의 한계로 인해 필요한 정보 모두를 기억해 둘 수는 없기 때문에, 스스로 설정한 가설의 입증에 도움이 되는 자료에만 선택적으로 관심을 집중하고, 그 가설과 상충되는 자료는 등한시하는 경향이 있다.[58] 또한 기억된 정보를 활용하는 과정에서 문제의 특징과 발생시기 등을 착각하기도 한다.

세 번째 “판단”과정에서 사람은 정보의 통합 및 처리에 필요한 시간적 · 정신적 부담을 덜기 위해 문제해결 영역을 선택적으로 제한하는 “휴리스틱(heuristic)이라는 단순화 과정”을 따른다.[59][60] 휴리스틱은 사람의 문제해결 과정에서 보이는 가장 중요한 특징으로 고려될 수 있다.[61][62]

건설과정에 참여하는 분야별 전문가의 문제해결 능력은 축적된 지식에서 비롯되는 것이기도 하지만, 휴리스틱의 사용결과이기도 하다.[63] 휴리스틱의 영향으로 인해 건설과정에서 설계자는 주어진 문제의 분석에 앞서 특정 해결대안을 염두에 두고 한 가지 대안만을 고려하는 편협한 경향이 있다.[64]

---

58) Armstrong, J. S., What to ask about Managements' Forecasts, Directors and Boards, 6, 1981, pp.20-26.

59) Tiversky, A., and Kahneman, D., Judgment under Uncertainty : Heuristics and Biases, Science, 1974, 185, pp.1124-1131.

60) Hogarth, R. M., Judgment and Choice : The Psychology of Decision, Chicago, Illinois : Wiley-Interscience, 1980.

61) Simon, H. A., and Newell, A., Human Problem Solving : The State of The Theory in 1970, American Psychologist, 1971, 26, pp.145-149.

62) Simon, H. A., The Logic of Heuristic Decision-Making, in Resher, N.(Ed.), The Logic of Decision and Action, Pittsburgh, University of Pittsburgh, 1966.

63) Stockley, J. E., Knowledge Acquisition for Expert Systems, in Brandon, P. S.(Ed.), Building Cost Modelling and Computers, Spon, London, 1987, pp.477-489.

64) Harper, D. R., Building : The Process and The Product, Construction Press, Lancaster,

휴리스틱은 상황에 따라 유용한 것일 수도 있으나 문제의 성격이 복잡할 경우 휴리스틱에 의존하는 의사결정자는 합리적 관점에서 벗어나 유익한 정보마저도 등한시하게 되어[65] 의사결정에 부정적 영향을 미치는 편견에 사로잡힐 수도 있다.

건설경영 의사결정자는 (1)대표성(representativeness) (2)유효성(availability) (3)기준점 설정 및 조정(anchorage and adjustment)이라는 3가지 휴리스틱의 영향을 받아 편견에 사로잡히는 경향이 있다.[66]

"대표성(representativeness)의 휴리스틱"은 문제의 대표적 특성에 의해 전체 성격을 규정하게 한다. 물론 대표적인 특성의 고려를 통해 올바른 판단에 이를 수도 있다. 그러나 최근의 복잡 · 다양한 의사결정상황에서 휴리스틱에 의존하는 의사결정자는 결과에 중대한 영향을 미치면서도 쉽게 나타나지 않는 인자들을 고려대상에서 배제하는 오류를 범할 수 있다.

대표성의 휴리스틱은 특정 정보(case-specific information)와 기본자료(base-rate data)를 수시로 종합하여 활용하는 의사결정상황과 관련이 있다.[67] 예를 들어 건물공사비 예측의 경우 의사결정자는 유사 건물들

1978.

65) Slovic, P., and Lichtenstein, S., Comparison of Bayesian and Regression Approaches to the Study of Interaction Processing in Judgment, Organizational Behavior and Human Performance, 1971, 6, pp.649-744.

66) Tiversky, A., and Kahneman, D., Judgment under Uncertainty : Heuristics and Biases, Science, 1974, 185, pp.1124-1131. 1974.

67) 기본자료(base-rate data) 또는 분포정보(distributional information)는 유사한 상황에서 얻어진 결과 분포에 관한 지식을 말하는 반면, 특정 정보(case-specific information) 또는 단일자료(singular data)는 특정 사안에 관한 개별자료를 말한다. 이 두 가지 유형의 자료 모두가 의사결정상황에서 전문가에 의해 사용된다. Kahneman과 Tiversky (1982a)는 기초자료 또는 분포정보의 중요성을 간과하는 의사결정자들의 일반적 경향을 경고한다.
Kahneman, D., and Tiversky, A., Intuitive Prediction : Bias and Corrective Procedures, in Kahneman, D., Slovic, P., and Tversky, A.(Eds.), Judgment under

의 집행실적에서 추출된 기본적인 공사비 자료와 해당 건물의 특수성으로 인해 기존 건물과 별도로 고려해야 할 특정 자료 모두를 종합적으로 다루어야 한다. 그러나 의사결정자는 특정 정보를 고려할 수 있을 때는 물론 특정 정보가 제공되지 않을 때마저도 기본자료(base-rate data)를 등한시하는 경향이 있다.[68][69]

유효성(availability)의 휴리스틱에 의하면 사람은 마음속에 쉽게 떠오르는 문제에 더 높은 발생 가능성과 빈도를 부여한다고 한다. 유효성의 휴리스틱은 발생빈도가 높은 문제 상황에서 그 효력을 발휘하지만, 의사결정자의 마음에 쉽게 떠오르지 않는 중요인자들도 있다는 사실에 유념해야 한다.

예를 들어 특정 건물의 종합적 성능을 평가할 경우 주거 쾌적성, 미래기술 변화, 입주자 취향 등과 같은 기준은 건물의 궁극적 성능에 지대한 영향을 미치면서도, 추상적 특성 때문에 마음속에 쉽게 떠오르지 않는 경향이 있다. 반면, 당장의 현안문제로 대두되는 초기투자비, 법규상 규제, 건물외관 등의 관심사항은 더 중요시 되는 경우가 많다. 이러한 경우 의사결정자는 종합적 시각을 상실하고 유효성의 휴리스틱이 이끄는 편견의 제물이 될 수 있다.

기준점 설정 및 조정(anchorage and adjustment) 휴리스틱은 의사결정자가 정보처리상의 부담을 줄이기 위해 판단의 출발점이 되는 기준값을 설정하고, 추가정보를 획득할 때마다 그 값을 조정하여 최종결

Uncertainty : Heuristics and Biases, Cambridge, Cambridge University Press, 1982a, pp.415-421.

68) kahneman, D., and Tiversky, A., Subjective Probability : A Judgment of Representativeness, Cognitive Psychology 3, 1972, pp.430-454.

69) Kahneman, D., and Tversky, A., On the Psychology of Prediction, Psychological Review, 80, 1973, pp.237-251.

과에 이르는 과정에서 발생한다. 조정과정에서 최종결과는 당초 설정된 초기값 쪽으로 치우치게 되어 동일한 내용의 예측이라도 기준값이 달리 주어지면 예측결과도 달라지게 된다.[70] 즉 조정과정의 불완전성으로 인해 기준값이 높은 경우는 낮은 기준값이 설정된 경우보다 더 높은 예측값이 산출된다. 이는 추가정보의 양에 비례해서 예측결과가 세련될 수는 없다는 것을 의미한다.

건설과정에서 공사비, 공기, 기술, 설비용량 등에 대한 예측이 이루어진다. 이 경우 기준점 설정 및 조정의 휴리스틱을 염두에 둔다면 시간의 경과에 따라 점점 더 구체적인 정보가 제공된다고 해서 보다 정확한 결과치가 산정된다고 볼 수는 없다. 특히 시간의 경과에 따라 증가하는 정보량에 비례해서 공사비 예측의 오차가 감소되는 것은 아니라는 지적이 있다는 사실에 유념해야 한다.[71][72]

지금까지 의사결정자의 마음속에서 이루어지는 인지적 편견(cognitive bias)에 관하여 언급하였다. 이러한 편견 외에도 분석결과의 보고과정에서 발생하는 동기의 편견(motivational bias)에 사로잡힐 수도 있다. (1)전문가는 도출된 대안이나 사고과정을 보고하지 않는 경우가 있고, (2)의사결정자는 전문가의 지식을 잘못 이해하거나, (3)전문가 보고를 달리 해석하는 경우도 있다.

따라서 주관적 판단과정에서 다양한 유형의 편견을 제거하고 의

---

70) Slovic, P., and Lichtenstein, S., Comparison of Bayesian and Regression Approaches to the Study of Interaction Processing in Judgment, Organizational Behaviour and Human Performance, 1971, 6, pp.649-744.

71) Skitmore, R. M., The Effect of Project Information on the Accuracy of Building Price Forecasts, in Brandon, P. S.(Ed.), Building Cost Modelling and Computers, Spon, London, 1987, pp.327-336.

72) Skitmore, R. M., The Influence of Professional Expertise in Construction Price Forecasts, Report on a Science and Engineering Research Council-Funded Project, Department of Civil Engineering, University of Salford, Salford, 1985.

사결정의 질적 수준을 향상시키기 위해서는 편견의 감소전략이 필요하다. 이에 관한 구체적 내용은 "제5장 편견의 감소전략"에서 다루어진다.

이제 의사결정에 대한 경험의 의미를 생각해 보자. 우리가 과거의 경험에 관심을 갖는 이유는 (1)즐거웠던 추억을 회상하고, (2)집단(또는 국가)의 동질성을 추구하고, (3)사람이 할 수 있는 일의 범위를 파악하고, (4)미래를 예측하고 통제하기 위한 체계적 지식을 확보하기 위해서이다.[73] 건설경영 의사결정을 탐구하는 필자는 당연히 마지막 이유에 관심을 집중한다.

건설과정에서 설계자와 시공자는 문제해결에 필요한 정보를 문헌자료에서 찾기보다는 경험이나 기억 속의 지식을 우선적으로 활용하는 경향이 있다.[74] 특히 설계과정에서 활용되는 경험적 지식은 다음 3종류로 구분된다.

1) **의사결정과정에 참여한 경험** : 앞으로 어떤 문제가 발생하고, 또 어떤 정보가 필요할 것인지를 예측할 수 있다.
2) **건설시공 경험** : 설계과정에서 현장여건에 적합한 대안이 무엇인가를 판단할 수 있다.

---

73) 이 말은 Benson에 의해서 언급된 것으로 Fischhoff(1982)가 인용한 것을 필자가 재인용한 것이다. 이 내용을 발췌하면 다음과 같다.
"Four major reasons for studying the past : to entertain, to creat a group(or national) identity, to reveal the extent of human possibility, and to develop systematic knowledge about our world, knowledge that may eventually improve our ability to predict and control."
Fischhoff, B., For those condemned to study tha past : Heuristics and Biases in Hindsight, in Kahneman, D., Slovic, P., and Tversky, A.(Eds.), Judgment under Uncertainty : Heuristics and Biases, Cambridge, Cambridge University Press, 1982, pp.335-351.

74) Mackinder, M., and Marvin, H., Design Decision-Making in Architectural Practice, Research Paper 19, Institute of Advanced Architectural Studies, York, 1982.

3) 과거에 시행된 결정의 질에 관한 경험 : 현재 이루어지는 의사결정의 문제점을 예측하고 보완하여 의사결정의 질을 높일 수 있다.

경험은 기억 속에서 쉽게 끄집어내어 활용할 수 있는 귀중한 지식이다.[75] 우리나라 건설분야의 연구는 지금까지 도면, 건물, 설비시스템, 비용과 같은 결과적 산물 위주로 이루어졌기 때문에 이러한 추상적 지식에 대한 연구는 거의 없는 실정이다.

경험을 통해 배우는 과정은 본질적으로 귀납적(inductive) 특징을 갖는다.[76] 특정 문제에 대한 경험을 보다 일반적인 문제를 다룰 수 있는 보편적 법칙으로 확대시켜 나가기 때문이다. 이러한 일반화 과정에서 의사결정자는 특정 문제의 해결에 국한된 지식을 지나치게 확대 적용하여[77] 부분적 관계와 전체적 맥락을 착각하는 중대한 오류를 범할 수 있다. 특정 조건에서 이루어진 결정을 다른 모든 조건에 동일하게 적용하는 과잉 일반화(overgeneralizations) 현상이 발생될 수 있기 때문이다.

"경험을 통해 무엇을 배울 수 있는가?" 하는 문제는 경험적 지식과 최적원칙(optimal rules)의 비교를 통해 알 수 있다. 경험적 지식은 특정 상황의 문제해결을 통해 얻어지는 부분적인 것인 반면, 최적원칙(optimal rules)은 보편적인 개념이고 보편적인 지식은 연역적인 성격(deductive nature)을 갖는다. 과학적 법칙, 논리원칙, 수학적 · 통계적 원리 등은 추상적이고 "상황과 무관한(context-independent)" 지식으로 학

---

75) Brandon, P. S., Models, Mortality and the Ghost in the Machine, Brandon, P. S.(Ed.), Building Cost Modelling and Computers, Spon, London, 1987, pp.3-14.

76) Einhorn, H. J., Learning from Experience and Suboptimal Rules in DecisionMaking, in Walsten, T.S.(Ed.), cognitive Process in Choice and Decision Behaviour, Hillsdale, New Jersey : Lawrence Erlbaum Associates, 1980.

77) Emory, C.W., and Niland, P., Making Management Decisions, New York, Houghton Mifflin company, 1968.

습을 통해 얻어진다. 이러한 추상적 성격으로 인해 의사결정자는 특정 상황에서 최적원리들을 기억 속에서 쉽게 도출해 내지 못하는 경향을 보인다.[78] 직접 설계과정에 참여한 건물, 잠시 전에 만나 대화한 이해관계자, 특정 시스템의 성능 등에 관한 경험은 최적화 이론이나 수학적 · 통계적 원리 등과 같은 추상적 지식에 비해 훨씬 더 쉽게 기억 속에서 도출되기 때문이다.

최적화 원리는 어느 정도 절대적 의미를 갖는 보편적 지식인 반면 경험을 통해 배우는 지식은 "부분적 최적원리(suboptimal rules)"로 특정 상황에 국한된 특수 해를 찾는 지식이다.

따라서 의사결정에 대한 경험적 지식의 효과가 반드시 유익한 것은 아니다. 의사결정자는 문제를 새로운 것으로 인식하지 않고, 과거의 경험에 비추어 오늘의 문제와 어제의 문제에 대한 해결안이 동일하다는 결론을 마음속으로 미리 내려놓는 경향이 있기 때문이다.

특히 설계과정에서 특정 건물이 제안되면 설계자의 마음속에는 이 제안을 설계 · 시공여건, 규모, 배치개념이 유사한 다른 건물과 자동적으로 연관시키는 심리적인 틀(mental frame)이 형성된다.[79][80][81]

---

78) Nisbett, R. E., Borgida, E., Crandall, R., and Reed, H., Popular Induction : Information is not necessarily informative, Carrol, J. S., Payne, J. W.(Eds.), Cognition and Social Behaviour, Hillsdale, N. J. : Lawrence Erlbaum Associates, 1976, pp.113-134.

79) Russel, B., Frame of Reference (Is architecture what architects do?), Design Methods and Theories, Vol.11, No.1, 1977, pp.2-10.

80) Russel, B., and Powell, J. A., Model Blindness in Design, Powell, J. A. et al. (Eds.), Designing for Building Utilisation, Spon, London, 1984, pp.146-168.

81) 이는 Emory와 Niland(1966)에 의해서 언급된 "frame of reference"라는 개념에 근거하고 있다. frame of reference는 특정 의미를 나타내는 한 무리의 사실 또는 법칙이다. Emory, W.,and Niland, P., Making Management Decisions, New York, Houghton Mifflin Company, 1966.
한편 Minsky(1975)는 이를 "지식베이스 접근법(knowledge-based approach)"에 도입하기 위해 "frame system theory"라는 개념을 발전시켰다.

의사결정자가 새로운 상황에 직면하면 기억 속에 "frame"이라는 심리적 틀을 설정하고, 이를 통해 해결대안을 제시한다. 건설과정에서 심리적 틀은 건물형태, 사용자재의 종류 및 부품, 건물부위시스템 등을 선정하는 과정에서 유용한 역할을 한다. 이러한 접근방식은 문제에 대한 고정관념(stereotype)이 의뢰자, 설계자, 사용자, 일반대중 등에 의해 받아들여질 수 있는 상황에서 어느 정도 만족스러운 해결대안을 제시해 줄 수 있다. 그러나 유사경험이 존재하지 않기 때문에 직관적 판단에 의존해야 하는 상황에서는 사고의 틀을 설정하는 것 자체가 불가능하거나 바람직하지 않다. 이러한 상황에서는 계량모델도 사람의 주관적 판단을 대체할 수 없다.

이러한 이유 때문에 사람의 경험과 직관을 의사결정에 반영하기 위한 수단으로써 관련분야 지식을 축적 · 분류하여 시스템을 구축하는 "지식베이스 접근법(knowledge-based approach)"이 활용된다. 지식베이스 시스템(knowledge-base system)은 인공지능(artificial intelligence) 분야에서 도출된 기법을 활용하여 특정 분야의 방대한 지식을 표현한다. 지식베이스 시스템이 비전문가의 경험과 지식도 포함하는 보다 광범위한 것이라면, 보다 구체적 의미의 전문지식을 강조하는 것이 "전문가시스템(expert system)"이다. 전문가시스템의 목적은 전문가를 모방하여 궁극적으로는 전문가를 대체하는 것이다. 지식베이스 접근법은 건설업무 전반의 다양한 문제를 해결하기 위해 효과적으로 활용될 수 있는 기법이다.

다음 장에서는 경험적 · 직관적 판단에 개입되는 편견의 감소전략에 대하여 언급한다.

Minsky, M., A Framework for Representing Knowledge, The Psychology of Computer Vision, Winston, P. H.(Ed.), New York, McGraw-Hill, 1975

제I부 건설경영 의사결정상황

−의사결정 차원의 상황 조명−

5. 편견의 감소전략

−판단의 질 향상 방안

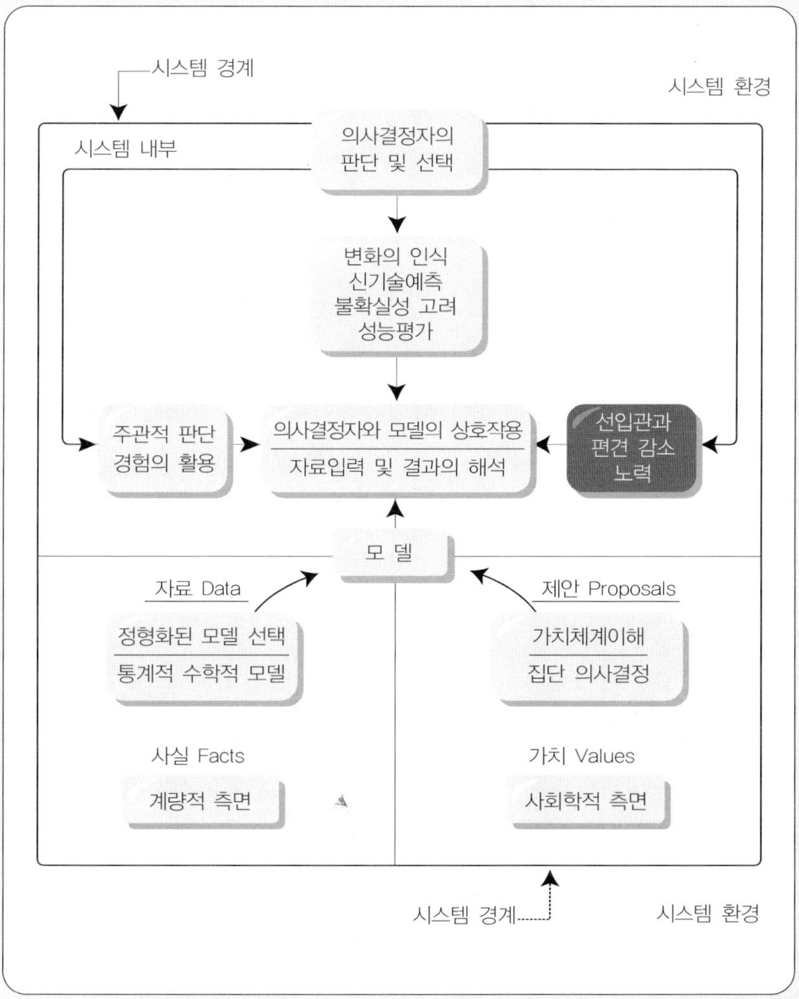

5. 편견의 감소전략

–판단의 질 향상 방안

전문가는 부분에만 집착한 결과 전체 시스템에 대한 종합적 관점을 결여하는 경우가 많다. 전문가도 문제가 복잡할 경우 초보자와 비슷한 수준의 능력을 보이기도 한다. 전문가는 본질적으로 초보자보다 훨씬 더 우수할 것이라는 통념에 비추어 볼 때, 이러한 지적은 당혹스럽다. 그러나 가능한 좁은 분야에 대하여 좀 더 많이 알고 있는 사람이 전문가라는 사실에 유념해야 한다.

건설과정에서 직면하는 모든 문제를 논리적 · 분석적 방법만으로는 해결할 수 없기 때문에 불가피하게 주관적 판단에 의존해야 할 경우가 있다. 이러한 상황에서 편견을 감소시키기 위한 기본전략은 의사결정자 스스로가 편견의 개입 가능성을 인정하고 경계하는 것이다.[82] 본 장에서는 이러한 소극적 방법 외에도 적극적으로 활용할 수 있는 편견의 감소전략을 강구하고자 한다.

우선 전문가들이 판단 및 예측과정에서 활용하는 단일정보와 분포정보의 의미와 처리전략을 생각해 보자.[83] 단일정보는 특정 문제에

82) Fischhoff, B., Latitudes and Platitudes : How much credit do people deserve?. Ungson, G., and Braunstein, D.(Eds.), New Directions in Decision-Making, New York, Kent, 1982a.

83) 단일정보(singular information)는 특정 자료(case-specific data)라고도 불리는 반면, 분포정보(distributional information)는 기본자료(base-rate data)라고도 불린다.
Tversky, A., and Kahneman, A., Evidential Impact of Base Rates, Judgment under Uncertainty : Heuristics and Biases, Cambridge, Cambridge University Press, 1982c,

국한된 특징적 자료인 반면, 분포정보는 유사문제의 해결결과를 모아 놓은 집합적 지식이다.

예를 들어 특정 건물의 공사비를 예측하는 경우, 건물 자체에 대한 것은 단일정보인 반면, 공사비에 관한 것은 분포정보이다. 단일정보는 그 건물을 다른 건물과 구분되게 하는 특징적 자료이며, 분포정보는 유사 건물들에 대한 투입공사비의 일반적 분포현황이다.

물론 건설 전례가 없는 "첨단기술건물(high technology building)"의 공사비를 예측하는 경우는 전적으로 단일정보에 의존할 수밖에 없다. 그러나 건설과정의 의사결정상황에서 단일정보가 없거나 그 정보의 신뢰성이 부족한 경우에도 분포정보를 등한시하여 오류를 빚는 경우가 많다.[84]

이러한 오류는 예측과정에서 내부적 접근법(internal approach)을 활용하는 경우에 주로 발생한다. 내부적 접근이란 유사 문제들의 결과에 대한 일반적 추세를 고려하지 않고 문제의 내부적 구성요소에 치중하는 방식이다. 예를 들어, 공사비를 예측하는 경우 가설공사비, 토공사비, 기초공사비, 철근콘크리트공사비 등의 세부비용 항목에 대한 예측결과들을 합산하여 총공사비를 산정하는 방법이다. 내부적 접근법은 세부항목의 조합과정에서 각 항목의 불확실성과 오차를 적절히 표현할 수 없다.[85]

이러한 문제는 유사 건물 공사비의 일반적 분포와 고려중에 있는

---

pp.153-160.

84) Kahneman, D., and Tversky, A., On the Psychology of Prediction, Judgment under Uncertainty : Heuristics and Biases, Cambridge, Cambridge University Press, 1982b, pp.48-68.

85) Bar-Hillel, M., On the Subjective Probability of Compound Events, Organizational Behaviour and Human Performance, 1973, 9, pp.445-460.

특정 건물의 비교를 통해 해결될 수 있다. 내부적 접근법에서는 "총 공사비의 구성항목이 무엇이고, 각 항목별 공사비는 얼마인가?"와 같은 내부적 질문에 대응해야 한다. 그러나 분포정보를 고려하는 외부적 접근법(external approach)에서는 "유사 건물의 공사비 분포를 고려해 볼 때, 특정 건물의 공사비는 어느 정도가 될까?"하는 외부적 질문에 응답해야 한다.

물론 외부적 접근법이 예측의 정확성을 보장할 수는 없다. 그러나 단일정보에 근거한 내부적 접근법이 표출할 수 있는 비현실적 결과를 시정하는 보호장치 역할을 할 수는 있다. 따라서 의사결정자는 분포정보를 충분히 고려해야 한다. 아울러 단일정보에 근거한 내부적 접근법과 분포정보에 입각한 외부적 접근법을 상황에 따라 적절히 조합하여, 한 가지 방법의 약점을 또 다른 접근법의 강점으로 상쇄시킬 수 있어야 한다. 대부분의 전문가들은 단일정보와 분포정보 모두를 보유하고 있기 때문이다.[86]

이제 단일정보와 분포정보를 활용하는 예측과정에 통계개념을 도입한 "통계적 예측(statistical prediction)"의 개념을 살펴보자. 통계적 예측의 원리는 "예측의 정확도가 낮은 상황에서 극단적인 예측치(extreme prediction)는 적절히 조정되어야 한다."는 것이다. 그림 5.1에서 보이는 것처럼 기대되는 정확도가 낮은 경우, 예측은 분포정보의 회귀값에 근접시켜야 한다는 것이다.

---

86) Kahneman, D., and Tiversky, A., Intuitive Prediction : Bias and Corrective Procedures, in Kahneman, D., Slovic, P., and Tversky, A.(Eds.), Judgment under Uncertainty : Heurises and Biases, Cambridge, Cambridge University Press, 1982a, pp.415-421.

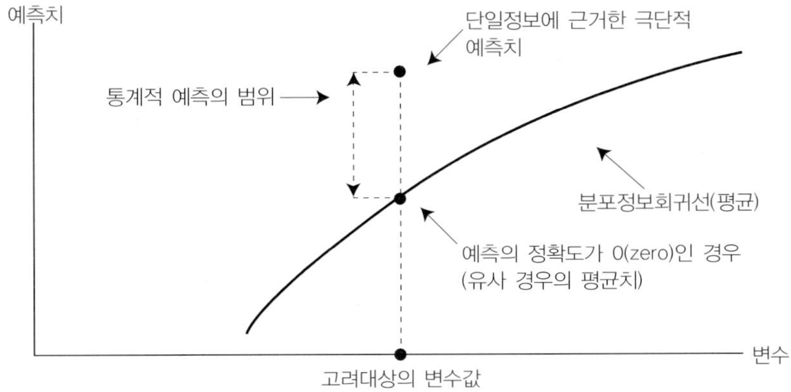

그림 5.1 통계적 예측의 범위

예를 들어, 단일정보를 활용하여 특정 건물의 공사비를 예측할 경우, 예측의 정확도가 거의 0(zero)에 가깝다고 판단된다면 예측치는 유사 건물의 공사비 평균치, 즉 해당 변수들의 통계적 회귀선상에 있는 값을 택해야 한다. 이와 반대로 건설 전례가 없는 첨단기술 건물(high technology building)의 공사비를 예측하는 경우는 분포정보의 부족과 예측의 불확실성으로 인해 단일정보가 더 중요한 의미를 갖는다.

결국 예측치는 단일정보에 근거할 경우 제시될 수 있는 극단적 값과 유사 건물 공사비 평균치 사이의 어느 범위에 존재해야 한다. 아울러 기대되는 정확도가 낮을수록 예측치는 평균값에 근접하는 것이 바람직한 반면, 단일정보의 신뢰성이 높을수록 극단적 예측치 쪽으로 접근하는 것이 바람직하다.

직관적 예측은 단일정보의 영향을 받아 극단적인 값 쪽으로 치우치는 경향이 있기 때문에 대개 통계적 결과와 어느 정도 거리를 유지한다. 그림 5.1에서 생각해 보면 회귀선상의 값과 다소 거리를 유지한다. 이러한 경우 예측치는 분포정보를 근거로 적절히 완화 · 조정되어야 한다.

다음은 의사결정의 질적 수준을 향상시키기 위해 전문가를 활용하는 방안을 강구해 보자. 특정 분야에서 풍부한 경험을 확보하고 있는 전문가는 의사결정과정에서 유익한 지식을 제공한다. 그러나 전문가의 판단은 긍정적 · 부정적 측면 모두를 갖기 때문에 전문가는 다음과 같은 양면성을 갖는다.[87]

1) **관련분야에 대한 풍부한 지식** : 전문가는 풍부한 경험을 활용하여 세련된 판단을 할 수 있기 때문에 특정 상황에서 복잡한 분석과정을 거치지 않고도 해결대안을 즉시 제시할 수 있다.
2) **판단기준의 투명성 부족** : 전문가의 경험적 지식에 근거한 판단에는 논리적 입증이 불가능한 직감(gut feeling)과 휴리스틱이 포함되어 있기 때문에 객관적 입증이 어렵다.

전문가는 특정 영역의 복잡 · 다양한 정보를 효과적으로 다룰 수 있는 체계적 능력을 보유하고 있다.[88] 전문가의 판단은 빠르고 정확하다. 특히 자신의 경험적 영역에서 일어나는 변화의 예측에 탁월한 능력을 발휘한다.[89]

그러나 전문가는 전문영역에만 집착한 결과 전체 시스템에 대한 종합적 관점을 결여하는 경우가 많다.[90] 또한 전문가라도 관련분야

87) Fischhoff, B., For those condemned to study the past : Heuristics and Biases in Hindsight, Kahneman, D., Slovic, P., and Tversky, A.(Eds.), Judgment under Uncertainty : Heuristics and Biases, Cambridge, Cambridge University Press, 1982, pp.335-351.

88) Larkin, J., McDermott, J., Simon, D. P., and Simon, H. A., Expert and Novice Performance in Solving Physics Problems, Science, 208, June, 1980, pp.1335-1342.

89) Chi, M. T. H., Glaser, R., and Rees, E., Expertise in Problem Solving, Sternberg, R. J.(Ed.), Advances in the Psychology of Intelligence, Erlbaum, Hilldale, NJ, 1981.

90) Parente, F. J., and Anderson-Parente, J.K., Delphi Inquiry Systems, Wright, G., and Ayton, P.(Eds.), Judgmental Forecasting, New York, John Wiley & Sons Ltd., 1987,

에서 벗어날 경우 초보자와 비슷한 능력을 보인다.[91)]

전문가는 본질적으로 초보자보다 훨씬 더 우수한 능력을 갖는다는 통념에 비추어 볼 때, 이러한 지적에 당혹스러움을 느낄 수 있다. 그러나 "가능한 좁은 분야에 대하여 좀 더 많이 아는 사람"[92)]이 바로 전문가라는 사실에 유념해야 한다. 이 말은 전문가의 판단이 편견을 내포할 수 있다는 것을 의미한다.

전문가의 긍정적 측면을 적절히 활용한다면 의사결정에 바람직한 기여를 할 수 있다. 서로 경합관계에 있는 대안을 선택하기 위해 필요한 정보를 제공받을 수 있기 때문이다. 이러한 경우 정보는 해당 전문가만 보유하고 있는 실험적 자료일 수도 있고, 문제에 대한 전문가의 주관적 판단과 신념일 수도 있다. 이러한 관점에서 전문가의 활용방안을 구체적으로 언급하면 다음과 같다.

1) **선생으로서의 전문가 활용**(Experts as teachers) : 전문가와 동일한 수준의 능력에 이르기 위해 전문가와 특정 문제에 관한 토론을 하는 것이다. 예를 들어 새로운 시스템의 도입결정을 위한 기술적 타당성을 검토하는 과정에서 의사결정자는 전문가의 지식 모두를 넘겨받을 수 있다.

2) **전문가 판단의 활용**(Use of expert judgment) : 불확실성을 내포하는 문제에 대하여 전문가의 판단을 구하는 것이다. 이러한 과정에

---

pp.129-156.

91) Einhorn, H. J., Cue Definition and Residual Judgment, Organizational Behaviour and Human Performance, 12, 1974, pp.30-49.

92) Biggs(1984)는 전문가를 다음과 같이 정의한다.
"a man who knows more and more about less and less"
Biggs, W. D., Expert Systems : their impact on the construction industry, Building, 28, September, 1984, p.54.

서 의사결정자는 전문가와 동일한 수준으로 문제를 이해하려는 시도를 하기보다는 전문가로부터 판단을 얻어내는 몇 가지 방법을 사용한다. 우선 가장 가능성이 높은 단일값(a single value or a point estimate)을 요구할 수 있다. 예를 들어 새로운 시스템의 도입 결정에 앞서 특정 시스템의 적합여부를 판단하도록 할 수 있다. 그러나 많은 정보를 활용해야 할 경우에는 전문가에게 최선과 최악의 경우 또는 최대값과 최소값을 요구할 수 있다. 결과치의 범위값에 대한 정보를 얻었다면 전문가 스스로가 자신의 판단에 대해 어느 정도 확신하고 있는지 확인할 필요가 있다. 즉 특정 결과에 대하여 "꽤 확실함(pretty sure)", "그다지 확실하지 않음(not too sure)", "매우 확실함(very sure)" 등의 판단구분을 요구할 수 있고, 더 나아가 확률적 진술도 얻어낼 수 있다. 확률적 분포는 특정 문제에 대한 전문가의 모든 정보를 포함하는 것이다.

3) **복수의 전문가 활용** : 복수의 전문가 판단을 처리할 경우 의사결정자는 산술평균, 기하평균, 가중평균 등을 활용할 수 있다. 그러나 Holloway(1979)는 이러한 단순화의 유혹을 뿌리치고 전문가들이 서로 대화와 토론을 하도록 유도하여 상호 의견차를 인식하게 하는 것이 더 효과적이라고 주장한다.[93] 서로 다른 견해의 표출은 각 전문가가 보유한 정보유형과 내용의 차이 때문에 발생하는 경우가 많다. 대화와 토론의 과정에서 그 차이를 인식한다면 전문가들이 상호 합의에 이를 가능성이 높아진다. 물론 이러한 과정에서 "가치의 갈등(value conflicts)"으로 인해 원만한 합의가 어려울 수도 있다. 그러나 Holloway(1979)는 토론

93) Holloway, C. A., Decision–Making under Uncertainty, London, Prentice-Hall International, Inc., 1979, p.348.

절차를 주의 깊게 설계하면 이러한 문제를 극소화시킬 수 있다고 강조한다.

4) **전문가 스스로 선택하게 한다** : 전문가가 직접 선택하도록 하면 그의 가치와 신념은 물론 기호(preferences) 마저도 선택과정에 반영된다. 이러한 경우 의사결정자와 전문가가 서로 다른 기호나 가치를 가지고 있다면 선택결과는 의사결정자 입장에서 원치 않는 것일 수도 있다.

제I부 건설경영 의사결정상황
-의사결정 차원의 상황 조명-

6. 미래 예측과 변화인식 : 이론

-시간과 변화개념의 수용

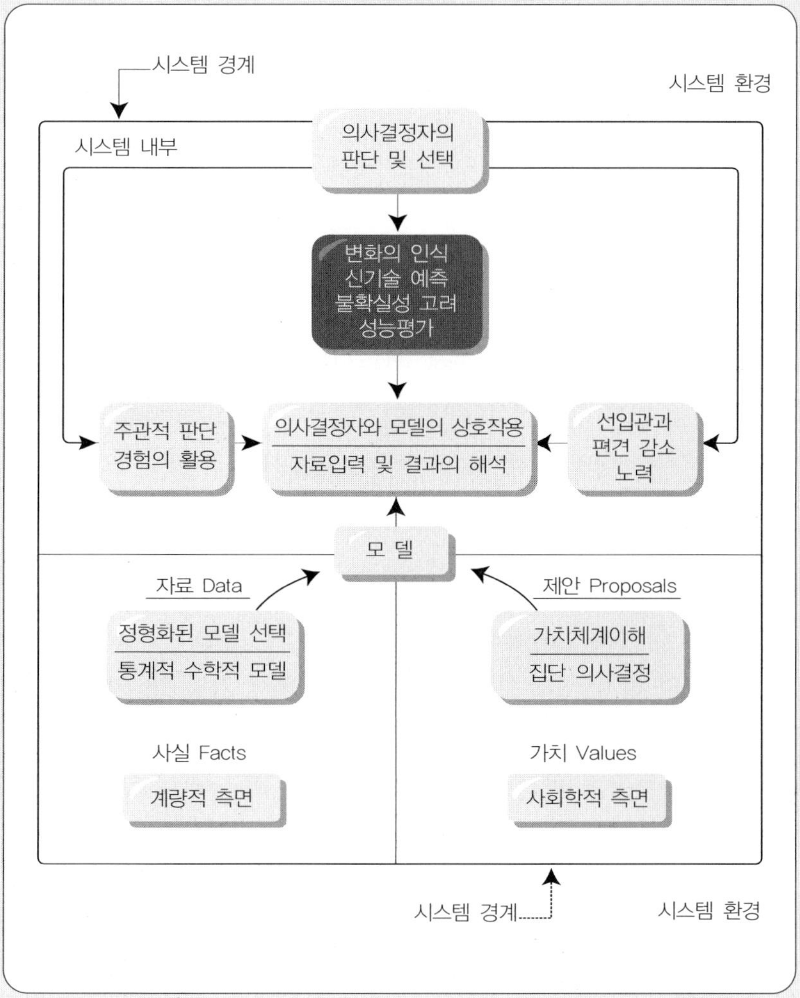

6. 미래 예측과 변화인식 : 이론

– 시간과 변화개념의 수용

> 신기술 대안 도입 의사결정과정에서 서로 경쟁관계에 있는 신제품 및 첨단기술 공급자들로부터 수많은 종류의 대안을 제시받는다. 이러한 상황에 직면하여 적정 대안은 어떻게 선정되어야 하고, 또 선정된 대안은 어떻게 정당화될 수 있는가 하는 문제는 대안을 분석 · 평가하는 의사결정자에게 매우 중대한 사항이다.

건설과정에 참여하는 분야별 전문가는 대안의 분석과 평가를 통해 의사결정에 참여한다. 특히 신기술 대안의 도입을 위한 의사결정과정에서 이들은 서로 경쟁관계에 있는 신제품 및 첨단기술의 공급자들로부터 수많은 종류의 대안을 제시받는다. 이러한 상황에서 적정 대안은 선정은 어떻게 선정되어야 하고, 또 선정된 대안은 어떻게 정당화될 수 있는가 하는 문제는 대안을 분석 · 평가하는 의사결정자에게 중대한 사항이다.

본 장의 목적은 건설경영 의사결정자가 건설분야에서 출현하는 수많은 종류의 신기술들로부터 건설사업의 목적에 가장 잘 부합되는 최선의 대안을 선정하고, 선정된 대안의 정당성을 발주자(건축주), 사용자, 의뢰자는 물론 다른 유형의 의사결정자 및 일반대중에게까지도 설득할 수 있는[94] 의사결정 모델의 정립방향을 제시하는 것이다.

---

94) 실제상황에서 제조업자가 공급업자를, 공급업자가 시공자를, 시공자가 의뢰자를, 의

신기술 도입 의사결정모델을 대안선택을 위한 설득과 정당화의 수단으로 활용하기 위해서는 의사결정 결과가 단기적 비용효과는 물론 장기적 성능향상에도 바람직한 기여를 할 수 있어야 한다. 따라서 의사결정모델은 "돈으로 환산 가능한 정량적 인자" 외에도 다음과 같은 질적 평가요소를 포함해야 한다.

1) 의사결정의 결과에 직 · 간접적 영향을 미치는 "계량화 불가능한 정성적 요소"
2) 의사결정이 포함하는 불확실성의 의미
3) 의사결정의 영향을 받는 건물(시설) 사용자의 관점

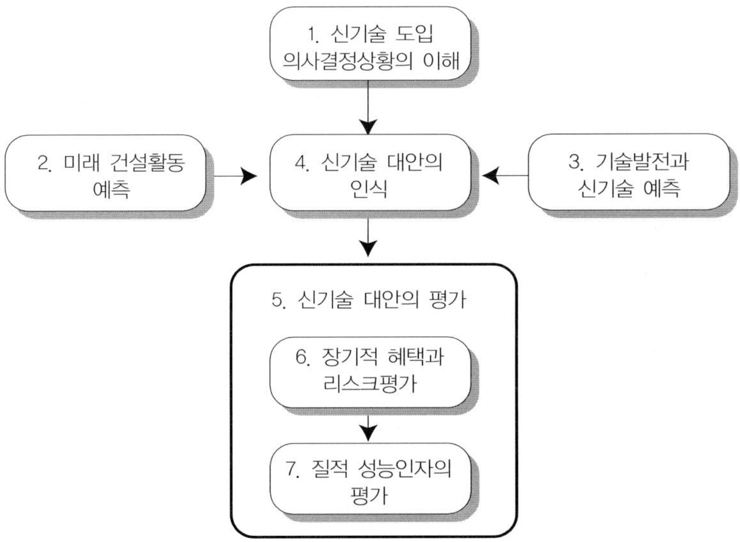

그림 6.1 신기술 도입 고려요소와 상관관계

뢰자가 사용자를 설득하는 경우를 생각할 수 있다.

본 장에서는 우선 건설 신기술 도입을 위한 의사결정상황을 이해한다. 그리고 건설분야의 신기술 도입 의사결정상황에서 필수적으로 고려해야 할 요소를 다양한 종류의 문헌을 통해 검토한다. 그림 6.1은 이와 같은 고려요소들 사이의 상관관계를 나타낸 것이다.

본 장의 나머지 부분에서는 그림 6.1에서 제시된 고려요소의 순서에 따라 관련문헌을 검토하고, 검토내용을 근거로 건설과정에서 활용될 수 있는 신기술 도입 의사결정 모델의 정립방향을 제시한다.

건설 신기술 도입 의사결정상황의 이해

건설 신기술의 도입 및 개발과정에서 건설경영 의사결정자는 다음과 같은 두 가지 상황에 직면하게 된다.

1) 건물(시설)의 요구조건을 충족시킬 수 있는 수단의 선택범위가 기술혁신에 의해 지속적으로 확장되어 가는 상황
2) 건설상황의 변화로 인해 미래 건물(시설)의 요구조건이 복잡·다양해지고 불확실해져 가는 상황

건물(시설)의 요구조건 자체가 시간의 경과에 따라 지속적으로 변화할 뿐만 아니라, 그 요구조건을 충족시킬 수 있는 기술도 발전한다. 따라서 건설 신기술 도입을 위한 의사결정과정에서 건물(시설)은 고정된 실체가 아니라, 끊임없는 내·외부 환경변화의 압력에 대응하며 진화하는 유기체로 고려되어야 한다.

상기의 첫 번째 상황에 대비하기 위해 다음과 같은 노력이 필요하다.

- 미래의 신기술 예측
- 예측된 신기술 중에서 건설분야에 도입되어 활용될 수 있는 기

술의 인식

- 인식된 신기술 도입을 위해 소요되는 단기 및 장기 비용과 그 기술의 도입으로 얻을 수 있는 혜택의 비교, 평가

두 번째 상황에 대처하기 위해 다음 사항을 추가적으로 고려해야 한다.

- 건물(시설) 수명주기(life cycle)에 걸친 사용과정에서 발생할 수 있는 변화의 예측
- 건설에 의해 직 · 간접적 영향을 받는 집단(조직)의 가치체계와 질적 성능인자와 같은 추상적 요소의 고려

이러한 요소를 신기술 도입 의사결정과정에 반영하기 위해 건설경영 의사결정자는 합리적 사고에 근거하여 (1)필요한 기술의 개념을 명확히 정의하고, (2)기술의 개념을 구체적으로 실현할 수 있는 모든 대안을 광범위하게 설정하고, (3)각 대안 선택에 따른 모든 결과를 철저히 평가하여, (4)최적대안을 선택해야 한다.[95] 그러나 건설상황에서 합리적 원칙에 따라 문제를 해결한다는 것은 결코 쉬운 일이 아니다. 오히려 비용과 성능 면에서 우수한 합리적 대안이 기존의 것에 비해 혁신적이라는 이유로 거부되기도 한다. 이러한 문제의 본질을 명확히 파악하여 극복하지 않고서는 신기술을 성공적으로 도입할 수 없다.

이러한 사항을 고려하기 위해 본 장에서 필자는 일단 "의사결정자의 대안선택 결정과정은 어떠한가?" 하는 과정적 사고에서 벗어나 "의사결정자가 어떻게 대안을 수락하거나 거부해야 하는가?"하는 결과적 정당성의 확보에 관심을 집중하고자 한다. 본 장에서 필자가 의

95) Faludi, A., Critical Rationalism and Planning Methodology, London, Pion Ltd.,1986.

도하는 것은 의사결정자의 사고과정 자체에 대한 이해가 아니고, 그 사고과정을 통해 설정된 대안을 건설목표에 근거하여 어떻게 분석하고 평가할 것인가 하는 관점의 제시이다. 이러한 관점을 통한 기대효과는 다음과 같다.

1) 의사결정과정과 가정사항(assumptions)을 투명화시켜 의사결정이 비판에 더욱 공개적이 되도록 한다.
2) 발주자(건축주), 설계자, 시설 운용 및 사용자 등을 포함하는 여러 이해관계 집단의 가치판단을 의사결정에 반영할 수 있도록 한다.
3) 선정대안이 다른 대안보다 더 우수하다는 것을 의사결정자가 확신할 수 있도록 한다.
4) 선정대안의 정당성을 다른 사람이나 집단(조직)에게 설득시킬 수 있도록 한다.

미래 건설활동의 예측_변화의 규모와 성격 파악

건설 신기술의 도입에 앞서 장기적 안목으로 미래의 건설활동을 예측하고 분석 · 평가대상이 될 신기술 대안을 인식해야 한다. 건설경제학자 Stone(1980)은 수명주기비용(life cycle cost) 평가를 통해 미래 건설활동의 변화를 설명하였다.[96)]

미래의 불확실성에 대처하기 위해 Stone(1980)이 제시하는 고려사항은 (1)미래 변화에 적응할 수 있도록 유연성(flexibility) 있는 건물(시설)의 건설 · 운영을 위한 설계비, 건설비 및 유지관리비의 추가지출, (2)향후 타목적으로 용도를 전환할 경우 소요되는 비용, (3)용도전환

96) Stone, P. A., Building Design Evaluation : Costs-in-use, London : Spon Ltd., 1980.

의 필요성이 제기되는 시점의 정확한 판단 등이다. 그가 제시하는 가장 큰 불확실성은 설계단계에서 향후 건물(시설)을 타목적으로 전환할 필요성이 제기되는 시점에 관한 것이다. 이러한 예측의 어려움 때문에 Stone(1980)은 유연성을 갖춘 설계와 그렇지 못한 설계가 소요비용 면에서 "균형을 이루는 시점(break-even date)"을 판단하고, 타목적으로 전환할 필요성이 제기될 것으로 예상되는 시기와 균형시점을 비교한 후에 유연성을 갖추기 위한 설계대안의 도입여부를 검토해야 한다고 제언한다. 이러한 개념을 표현하면 그림 6.2와 같다.

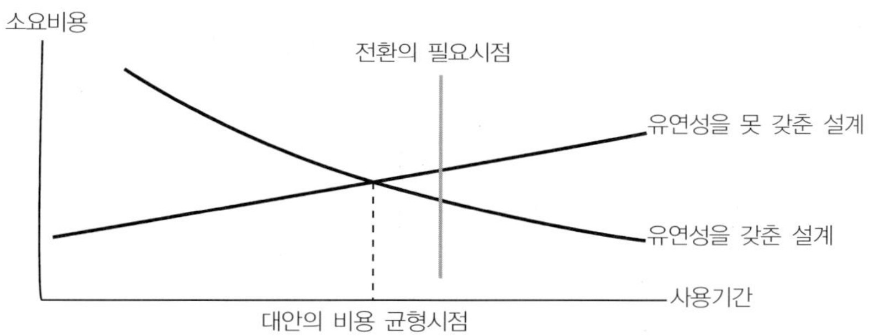

그림 6.2 유연성 있는 설계의 고려를 위한 균형시점 비교

즉, 타목적으로 전환할 필요성이 있다고 판단되는 시점이 대안의 비용 균형시점 이후에 있어야만 유연성을 갖춘 설계대안의 도입이 정당화될 수 있다.

건물(시설)의 수명주기에서 이러한 균형시점의 변화는 감도분석(sensitivity analysis)에 의해 표현될 수 있다. 그러나 감도분석은 변화규모를 파악할 수 없고 변화시점을 확률적으로 표현을 할 수 없다는 결점을 가지고 있다.

이러한 결점을 극복하기 위해 Willis(1978)는 화학공정시설의 적정 규모 결정을 위해 미래 건설활동의 불확실성에 대한 확률적 고려를 시도하였다.[97] 고려요소는 (1)설계단계에서부터 시설의 사용시점까지 장기간이 소요되는 경우 설계단계의 조치가 사용시점에 대해서 갖는 불확실성, (2)건설활동의 임의적 변화 및 계절적 다양성, (3)시설사용기간 중에 발생할 수 있는 변화 등이었다. 이러한 불확실성으로 인해 유발되는 비용을 Willis(1978)는 장기적 관점과 단기적 시각으로 구분하여 설명하였다.

일단 시설용량이 결정되어 건설된 후, 실제 운용과정에서 부족 또는 과다현상이 발생되면 당초 고려하지 않았던 단기 및 장기 비용이 유발된다. Willis(1978)는 이러한 비용의 관점에서 적정 수준의 예비용량을 산정하기 위해 확률적 방법을 도입하였다.

비용을 시간상으로 구분한 Willis(1978)와 달리 Koger(1986)는 예비전력의 고려과정에서 검토해야 하는 비용을 수요자 입장에서 부담원인별로 구분하였다.

미래의 전력수요에 대한 불확실성으로 인해 발전소 용량은 과대 또는 과소로 결정될 수 있다. Koger(1978)는 전력공급의 중단으로 수요자에게 부담되는 비용(outage costs)과 사용량의 측정결과를 근거로 수요자가 부담하는 비용(service cost)의 두 가지를 동시에 고려하여 결정되는 사회 · 경제적 비용(socio-economic cost)을 분석하여 적정용량을 판단할 수 있는 방법을 제시하였다.[98]

---

97) Willis, R. E., Estimating Facility Size for Variable or Uncertain Activity Levels, Engineering Economics, Vol.23, No.4, 1978, pp.223-229.

98) Koger, R. R., and Oldham, B. C., Underbuilding or Overbuilding Electrical Power Generating Capacity, Engineering Economics, Vol.31, No.3, Spring, 1986.

Stone(1980), Willis(1978), Koger(1986)가 사용한 분석방법은 의사결정자가 발전소 용량, 화학공정시설의 공기분배 용량(air distribution capacity), 전화통화 용량(telecommunications capacity)과 같은 설계변수를 고려하여 추가 소요비용을 정당화할 수 있다. 그러나 미래의 불확실성에 대비하여 예비용량을 고려할 필요성이 있는 반면, 부적합한 대안이 고려될 경우 손실을 초래할 수도 있다.

한편, 이러한 기법에 잘 반영된 것으로 여겨지는 "유연성(flexibility)"이라는 말의 의미를 생각해 볼 필요가 있다. "유연성"이라는 말 자체가 미래 변화를 어느 정도 예견하는 상대적인 개념을 내포하고 있다. 그러나 실제상황에서 설계자가 겪는 어려움은 변화의 규모를 결정하는 것에 있는 것이 아니라 변화의 특성, 즉 유연성의 성격을 정확히 규명하는 것에서 비롯된다.

건물, 시설 등의 요구조건에 대한 미래 변화는 단순한 규모의 변화에 한정되는 것이 아니고 요구조건의 성격상 변화도 포함한다. 이러한 성격상의 변화는 사용방식 자체에서 뿐만 아니라 사용자 유형의 변화에서도 비롯되기 때문에 건물(시설)이 미래에 겪어야 할 변화를 체계적으로 인식할 수 있는 보다 발전적인 방법이 필요하다.

기술발전의 예측_투자계획 과정의 미래기술 도입 가능성 검토

여러 저자들이 미래기술의 성능과 도입비용에 대한 예측을 시도하였다. 예측결과는 투자기간에 걸쳐 출현될 미래지향적 기술의 도입 가능성을 의사결정에 미리 반영할 수 있도록 하여 투자비 효과의 조기상실을 사전에 방지하여 준다.

이러한 연구에서 제기된 선도적 개념은 제품수명주기(life cycle)에 관한 것으로, Gompertz(1825)[99], Clifford(1965)[100] Hirshmann(1964)[101] 등에 의해 언급되었다.

제품의 수명주기 개념은 생물학적 관점에서 비롯된 것이다. 생물의 수명주기와 마찬가지로 기술도 연구 및 개발의 노력을 통해 태어나면 급격히 성장하고 시간의 경과에 따라 점점 쇠퇴하여 결국 소멸하는 단계를 거치게 된다. 기술의 성장은 성능향상과 비용절감이 가능하여 시장성이 있을 때 가속화 된다. 성능향상과 비용절감 면에서 본격적인 효과를 거두는 단계를 거쳐 기술적 수명의 종료시점에 이르게 되면 성능과 비용 면에서의 혜택은 점차 쇠퇴한다.

이러한 연역적 추론은 비용절감과 성능향상 효과를 실험적으로 보여준 귀납적 연구결과에 의해 입증되었다. 예를 들어 Dino(1965)는 전자제품의 비용변동을 관찰하여 전자제품의 가격은 시간의 경과에 따라 예측 가능한 형태로 감소된다는 실험적 증거를 제시하였다.[102] 비용변동의 관찰을 통해 파악된 변화유형은 성능곡선(S곡선), 학습곡선(learning curve), 경험곡선(experience curve) 등으로 구분된다.

성능곡선은 시간의 경과에 따른 성능향상 추세를 나타낼 수 있고, 학습곡선은 시간의 경과에 따른 제조비용의 하락현상을 설명할 수 있다. 경험곡선은 제품비용의 하락현상을 학습곡선보다 더 확장된 기간에 걸쳐 추적할 수 있도록 하여 준다. 즉, 경험곡선을 통해 제품

99) Gompertz, B, On the Science connected with Human Mortality, Transactions of the Royal Society, June, 1825.

100) Clifford, D., Managing the Product Life, Dun's Review of Modern Management, Vol.85, pp.34-38, June, 1965.

101) Hirschmann, W., Profit from the Learning Curve, Harvard Business Review, Vol.125, January, 1964.

102) Dino, R.N., Forecasting the Price Evolution of New Electronic Products, Journal of Forecasting, Vo.4, pp.39-60, 1985.

의 제조비용뿐만 아니라 시장판매, 공급 및 설치에 소요되는 비용범위까지도 폭넓게 설명할 수 있다. 이러한 경향곡선에 대한 설명은 이 책 후반부의 "장기생존성 평가"에서 구체적으로 언급된다.

제품의 수명주기와 더불어 앞에서 언급된 경향곡선의 개념은 지나칠 정도로 단순화된 것이라는 비판을 받기도 한다. Kiechel(1981)[103]과 Dhalla(1976)[104]에 의하면 기술수명주기는 제조단계에서의 전략적 고려와 제품개선 노력으로 확장될 수 있다고 한다. 또한 기술의 성장률과 상한은 제품의 종류별로 다르므로 과거의 경향에 근거하여 예측할 수 없다고 한다.

그러나 이러한 비판의 타당성을 인정한다고 해도 제품수명주기 개념과 경향곡선은 기술발전 예측의 근거를 제공해 줄 수 있다는 점에서 그 중요성이 인정되어야 한다. 또한 특정 기술과 관련된 전문지식을 추가하여 예측은 더욱 더 세련될 수 있다. 특히, 판매, 설치, 운용 등에 소요되는 비용요소를 반영하는 경험곡선에 의한 예측은 기술의 경제성 평가에 실질적인 기여를 할 수 있을 것으로 사료된다.

신기술 대안의 인식_신기술 대안의 탐색방법 고찰

건설분야 신기술 대안을 인식하기 위해 정형화된 평가방법을 시도한 사람들로 Turner(1982)[105], Tatum(1988)[106], Chang(1988)[107] 등

103) Kiechel, W., The Decline of the Experience Curve, Fortune, October, 1981, pp. 139-146.

104) Dhalla, N. K., Forget the Product Life Cycle Concept, Harvard Business Review, Vol.54, January, 1976, pp.102-112.

105) Turner, G., Innovative Office Buildings and Enclosures, Centre for Building Techonology, National Bureau of Standards, USA, 1983

106) Tatum, C. B., Classification System for Construction Technology, Journal of Construction Engineering and Management, Vol.114, No.3, September, 1988.

이 있다.

Turner(1982)는 사무실 건물에 도입될 수 있는 신기술을 조사하였다. 조사목적은 사무실 건물의 건설분야에서 향후 도입될 것으로 예상되는 구조 및 외벽 형식과 관련된 혁신적 기술을 항목별로 나열하고, 각 기술의 도입 예상시기, 혜택, 한계점 등을 판단하는 것이었다.

그는 설문서를 작성, 배포하여 해당분야의 전문가 86명으로부터 의견을 수렴한 결과, 총 131가지의 혁신적 기술대안을 선정할 수 있었다. 선정된 기술의 도입 예상시기 판단을 위해 (1)즉시 활용 가능, (2)5년 내 활용 가능, (3)6년 이후 활용 가능으로 구분하여 질문하였고, 기술의 상대적 중요도를 평가하기 위해 (1)아주 중요 (2)중요 (3)그다지 중요하지 않음으로 구분하여 질의하였다. 전문가들을 통해 인식된 신기술 대안의 혜택은 구조기술 분야의 경우 "원가절감, 구조강도 향상, 설계개선" 등이었고, 외벽분야는 "구조강도 향상, 원가절감, 에너지 절감효과 향상" 등이었다. 그러나 혁신적 기술 도입의 저해요인은 "초기비용의 대폭적 증가 및 해당분야별 전문인력 확보의 어려움"으로 나타났다.

Turner(1983)가 실시한 방법에 다소 아쉬움이 있다면 전문가들이 상호작용을 통해 소유하고 있는 지식과 정보를 보다 객관적 시각으로 조명하여 편견과 오류를 중화시킬 수 있는 기회가 없었다는 것이다. 조사과정에서 전문가들이 상호작용(interaction)을 통해 합의에 도달하여 평가과정에 대한 이해를 공유할 수 있도록 하였다면 더욱 바람직한 결과를 얻을 수 있었을 것이다. 이 책 후반부의 "장기생존성

107) Chang, M. L., Methods to Identify and Assess New Building Technology, Journal of Construction Engineering and Management, Vol.114, No.3, September, 1988.

평가"에서 언급되는 델파이기법(Delphi technique)을 통해 이러한 상호작용의 과정을 조정, 통제할 수 있을 것이다.

Chang(1988)은 미국 육군의 건설프로그램에 도입할 혁신적 기술대안을 식별하기 위해 체계적인 탐색절차를 도입하였다. 이를 위해 당해 연도를 기준으로 최근 5년 이내에 발간된 문헌으로부터 정보를 수집하였다. 제품의 시험기관 및 제조업자를 통해 관련정보를 입수하였고, 객관적인 정보가 없는 경우에는 관련분야 전문가들의 의견을 수렴하였다. 식별된 기술 대안이 육군의 건설프로그램에 적용 가능한 정도를 가늠하기 위해 영향도 평가(impact assessment)법을 사용하였다. 그 결과 가장 높은 비용과 우수한 성능 잠재력을 보여주는 기술 대안이 영향도 평가 척도상의 서열에서 가장 높은 순위를 차지하였다.

우선순위 결정은 계량적 척도를 사용하여 신기술 대안과 그 대안이 대체할 수 있는 기존 제품을 비교하여 이루어졌다. 즉, 초기비용, 유지관리비, 성능상 혜택 등의 비교항목이 (1)개선효과 기대, (2)변화 없음, (3)기존보다 더 나빠짐의 3단 평정법에 따라 기존 기술과 비교, 평가되었다.

Chang(1988)에 의해 사용된 신기술 대안 인식방법은 대안의 선택과정에서 노력을 다소 감소시켜줄 수 있을지라도 주관적 판단에 주로 의존하였기 때문에, 비용과 성능의 평가과정에서 해당기술에 대한 편견을 갖게 되면 그릇된 판단을 할 위험성을 내포하고 있다. 따라서 정형적 방법으로 보완되거나, 편견을 제거하기 위한 별도의 노력이 가해졌다면 보다 바람직한 결과를 얻을 수 있었을 것으로 생각된다. 이러한 관점은 이 책 별도의 장에서 언급될 예정인 "의사결정자－모델의 상호작용” 개념의 도입으로 극복될 수 있을 것이다.

Tatum(1988)은 건설기술의 변화를 측정하기 위해 평가항목의 분류체계를 사용하였다. 이 분류체계를 활용하여 Tatum(1988)은 건설기술의 특성을 반영하는 기본적 변수(복잡성, 사용경험, 상호의존도 등)를 파악하고, 변수들 사이의 상호관계를 규명하여 리스크가 크거나 개선 가능성이 높은 기술을 인식하고자 하였다.

그러나 Tatum(1988)은 시공자 입장에서만 리스크와 개선 가능성을 고려하고 발주자(건축주)와 사용자의 관점을 간과하였다. 즉, 그의 분류체계에서 강조된 사항은 “혁신적인 기술 대안이 어떻게 건물(시설) 전체의 효율성에 기여할 수 있는가?”라는 시공자의 관심사항이었을 뿐, 관리 · 운영단계에서 건물(시설)에 영향을 주는 요인들은 분류체계 내의 평가항목에 포함되지 않았다. 이러한 결점을 보완하고 평가결과에 영향을 받는 다양한 집단의 요구조건이 의사결정에 반영될 수 있도록 하기 위해서는 합리적 관점에서 신기술 도입절차를 투명화하여 평가과정이 비판에 더욱 공개적이 되도록 해야 한다.

신기술 대안의 평가_기존 평가기법의 한계는?

Ashford et.al(1988)은 의사결정의 관점에서 신기술 대안이 갖는 의미를 다음과 같이 언급한다.[108)]

1) 도입을 위해 과거와는 전혀 다른 유형의 훨씬 더 많은 투자를 필요로 한다.
2) 도입결과에 대한 불확실성을 감수해야 한다.

---

108) Ashford, R. W., Dyson, R. G., and Hodges, S. D., The Capital Investment Appraisal of New Technology, Journal of Operations Research, Vol.39, No.7, 1988, pp.637-642.

3) 도입결정은 집단(조직)에 광범위한 영향을 준다.

4) 기존의 투자방식보다 전략적으로 훨씬 더 큰 중요성을 갖는다.

이러한 특성은 건설분야의 신기술 대안에서도 명확히 나타난다. 신기술 도입을 위해서는 막대한 규모의 투자를 필요로 하기 때문에, 도입결정을 정당화하기 위해서는 많은 논쟁과 토론을 포함하는 각별한 노력이 필요하다. 또한 도입결정이 수반하는 불확실성을 분석하기 위해 단지 신기술 대안이 포함하는 리스크를 분류하여 표현하는 것만으로는 충분하지 않다. 왜냐하면 불확실성을 인식하고 해석하는 과정에서 집단(조직)이 받는 영향은 매우 추상적으로 나타나는 반면, 도입결정은 전략적으로 중요한 의미를 갖기 때문이다.

시설(건물)의 요구조건은 시간경과에 따라 지속적으로 변화하고, 그 요구조건을 충족시킬 수 있는 기술도 변화한다. 따라서 건물(시설)은 고정된 실체가 아니라 끊임없는 내 · 외부 환경변화의 압력에 대응하며 진화하는 유기체로서 인식되어야 한다.

건설분야의 신기술 대안은 동태적 특성을 갖는 반면, 내부 수익률(internal rate of return)법과 현가(net present value)법으로 대표되는 기존 평가기법은 (1)장기적 관점의 혜택을 과소평가하고, (2)미래의 건설활동에 대하여 지나치게 정태적인 관점(static view)을 보이며, (3)기술발전의 속도와 효과를 반영하지 못하고, (4)신기술 도입에 따른 질적 혜택요소를 평가하지 못하는 한계점들을 노출한다.

물론 "평가의 실패는 평가기법의 불완전성 때문이 아니라 그 기법의 부적절한 활용 때문이다."라고 주장하는 Ashford(1988)의 말도 일리가 있다. 그럼에도 불구하고 기존의 평가기법이 노출하고 있는 위와 같은 한계사항은 이미 널리 인식되어 있다.

장기적 안목의 혜택과 리스크 평가_동태적 상황의 정성적 요소 반영

신기술 대안 도입을 통한 혜택의 대부분은 장기간에 걸쳐 나타나기 때문에 "어떤 할인율(discount rate)을 선택하는가?"하는 문제가 혁신적 기술의 선택범위에 결정적 영향을 주게 된다. Ashford(1988)는 상업(통상)분야에서 사용되는 할인율이 비현실적으로 높게 설정되는 경우가 있다고 지적한다.

신기술 대안은 설치비용, 성능, 경제수명 등에 있어서 많은 불확실성을 내포하고 있기 때문에 리스크(risk)가 더 큰 것으로 인식된다. 이로 인해 신기술 대안의 도입에 따른 리스크 할증이 추가로 고려될 경우 할인효과는 더욱 커지게 된다.

그러나 신기술 대안은 변화하는 상황에 대한 유연성과 적응능력을 보유하고 있기 때문에 오히려 재정적 리스크(financial risk)를 감소시킬 수 있다. 따라서 리스크 고려에 따른 할인율의 할증 적용은 리스크 효과를 과장하는 결과를 초래할 수도 있다.

리스크 분석기법을 체계적으로 활용하면 예상되는 리스크의 성격과 크기를 정확히 파악할 수 있기 때문에, 이러한 임의적 리스크 할증은 제외될 수 있을 것이다. 리스크 분석으로 유명한 저자들로 Dienemann(1978), Riverso(1984), Long(1983), Ntuen(1984) 등이 있다.

Riverso(1984)는 그의 학위논문에서 건물설계 과정에서 수명주기 비용 분석모델과 함께 활용할 수 있는 리스크 분석기법으로 감도분석(sensitivity analysis), 시뮬레이션(simulation), 범위산정법(range estimate method), 기대치법(expected value method) 등을 제안하였다.[109] 그러나

---

109) Riverso (1984)는 미국 Purdue 대학교 박사학위논문 "A Life Cycle Cost System for Value Engineering in Building Design and Construction"에서 VE(Value Engineering)

그는 어느 분석기법이 더 우수한 것인가에 대한 언급은 하지 않았다.

Ntuen(1984)은 학위논문에서 제조업분야 기술의 수명주기를 결정할 수 있는 확률적 시뮬레이션 모델을 제시하였다.[110] 그는 고장으로 인한 비가동 시간비용의 감소를 통해 경제적 효용성을 증진시킬 수 있는 방안을 제시하였다. 그가 기술시스템의 유용성을 증진시킬 수 있는 방법으로 제시한 것은 (1)부품의 신뢰도 증진, (2)부품의 고장에 대비한 여유분 확보, (3)교체로 인해 유발되는 비가동 시간의 감소를 위한 용량 증대, (4)부품 파손에 따른 고장의 최소화를 위한 작업장의 복잡성 감소 등이었다. 또한 그는 부품의 확률적 수명주기 분포를 시뮬레이션 방법으로 파악하여 공장 전체에 생기는 고장률을 검토하였다.

그가 모델운용을 위해 설정한 기본적 가정은 "부품 파손의 경우 비슷한 것은 비슷한 것으로 대체된다(replacing like with like)"는 것이어서 기술노후나 요구조건의 변경에 따른 문제는 리스크 모델에 반영될 수 없었다.

그러나 이러한 약점에도 불구하고 부분적 부품손상의 의미를 기술시스템 전체 효과성의 관점에서 파악하여 수명주기비용 분석모델에 포함시키고자 한 개념은 건설분야의 신기술 도입을 위한 분석 및 평가 과정에서도 동일하게 적용되어야 할 중요한 사항이다. 건물(시설)은 다양한 유형의 하위시스템(subsystem)을 포함하는 총합체로서 부분

에 사용키 위한 Life Cycle Costing Model과 리스크 분석기법들을 제안하였다. Riverso, M. E., A Life Cycle Cost System for Value Engineering in Building Design and Construction, PhD Thesis, Purdue University, USA, 1984.

110) Ntuen, C. A., A Stochastic Simulation Model for System Availability Design and Life Cycle Costing, PhD Thesis, College of Engineering, West Virginia University, 1984.

적 시스템의 효율성이 전체의 효과성과 직결될 수는 없는 것이기 때문이다.

Long(1983)은 그의 학위논문 "동태적 환경에서의 수명주기비용 분석"에서 미 공군 전투기종 평가모델을 개발하였다.[111] 의사결정상황은 신예 전투기 도입과 관련된 고도의 전략적 의미와 불확실성 때문에 동태적 환경(dynamic environment)으로 언급되었다. 두 가지의 신예 전투기 XF1과 XF2가 당시 사용 중에 있던 유사 기종의 운영 유지비와 비교 · 평가되었다. 리스크를 분석하기 위해 Long(1983)은 평가모델 자체의 구조적 불완전성으로 인한 불확실성뿐만 아니라 비용자료의 신뢰성 여부에 기인하는 통계적 불확실성도 고려하였다.

이 모델의 단점은 리스크 분석을 위한 상황을 시간의 경과에 관계없이 불변하는 고정적 시나리오(fixed scenario)를 근거로 설정하였기 때문에 요구조건의 변화나 기술혁신에 의한 성능변화를 고려할 수 없었다는 것이다. 반면에 이 모델은 리스크의 분석범위가 다른 방법에 비해 매우 광범위하다는 강점도 지니고 있다.

Riverso(1984), Long(1983), Ntuen(1984) 등이 제시한 모델의 공통적 한계는 동태적 변화상황에 대한 리스크 분석의 어려움 때문에 고정적 시나리오에 근거하여 계량화 가능한 불확실성 인자만을 고려했다는 것이다. 계량화가 용이한 불확실성만을 선호하는 이러한 "편향된 사고(bias)"는 동태적 불확실성의 맥락에서 볼 때 그릇된 결과를 초래할 수 있다.

계량화 불가능한 불확실성 요소가 평가대상에서 배제되는 이유는

111) Long, J. A., Life Cycle Costing in a Dynamic Environment, PhD Thesis, Ohio State University, 1983.

그 인자가 매우 추상적이어서 정형화하기에 어려움이 따르기 때문이다. 계량화 불가능한 정성적 인자를 고려하는 것이 비록 어렵다 할지라도, 이들을 평가에 반영할 수만 있다면 고정적 시나리오에 근거한 기존 방법이 제시하는 결과에 비해 훨씬 더 정당성이 있는 예측을 할 수 있을 것이다.

질적 성능인자의 평가 사용자 비용 또는 기능상 비용의 인식

계량화하기 어렵지만 건물(시설)의 궁극적 성능에 결정적인 영향을 미치는 변수가 사용자 비용(user costs112) 또는 functional use costs113))이라는 관점에서 계량화 되었다.

이 비용은 건물(시설)의 사용자가 부담하게 되는 비용이다. Dell' Isola와 Kirk(1981)는 사용자 비용을 수명주기비용 중에서 가장 큰 비용항목으로 고려하고[114)], Ward(1988)는 가장 파악하기 어려운 비용항목이라고 지적한다. 이 비용은 매우 중요한 항목이므로 수명주기비용 분석과정에서 반드시 고려해야 한다.[115)] 그럼에도 불구하고 사용자 비용이 수명주기비용 분석에서 제외되는 이유는 금액으로 환산하기 어렵기 때문이다.

---

112) Haworth, D., The Principles of Life Cycle Costing, Industrialised Forum, Vol.6, No.3-4, 1975.

113) Ward, J. R., Office Building Systems Performance and Functional Use Costs, C. I. B. Proceedings of the Fourth International Symposium on Building Economics, Session A, September 1988, pp.113-124.

114) Dell'Isola, A. J., and Kirk, S. J., Life Cycle Costing for Design Professionals, McGraw-Hill, New York, NY., 1981.

115) Fuller, R., Life Cycle Costing : A Comprehensive Approach, Building Cost Techniques : New Directions, Spons Ltd. 1982.

Ward(1988)에 의하면 다른 어떠한 건물의 유형보다 사무실 건물에서 사용자 비용의 비중이 크다고 말한다. Ward(1988)는 비용항목을 주요성능(primary performance)시스템 비용과 지원성능(support performance)시스템 비용으로 구분한다.

주요성능시스템은 쾌적성, 사용자 만족, 정보기술 등에 영향을 미치는 것으로, 사용자 비용과 관련된 것인 반면, 지원성능시스템은 조직의 생산성에 직접적 영향을 주지 않는 것으로 생산성보다는 초기 비용과 운영유지비에 직접적 영향을 미치는 것이다. 따라서 이 시스템은 쾌적성, 사용자 만족, 정보기술 등에 대한 요구조건보다는 사무실 건물 자체의 완전성과 관련된 것이다.

설비분야 기술을 예로 들어 이 시스템 구분의 개념을 설명하면 조명등, 통제 및 감지장치 등은 사용자 만족, 쾌적성, 생산성 등에 영향을 미치는 주요성능 시스템으로 분류될 수 있는 반면, 공조설비, 공기분배장치, 화재방지장치 등은 초기설치비와 운영유지비에만 영향을 미치는 지원성능 시스템의 범주에 들어간다고 볼 수 있다.

그러나 신기술 대안의 도입과 관련해서는 대부분 요소가 주요성능 시스템의 범주에 들어간다고 볼 수 있다. 건설 신기술 분야에서는 공조설비마저도 공조환경에 대한 사용자 적응성과 민감성에 직접적 영향을 미칠 수 있는 높은 수준의 기술을 내포할 수 있기 때문이다.

이러한 기능상 비용의 개념 도입은 기존의 비용분석에 질적 성능에 대한 비용효과를 추가할 수 있다는 점에서 수명주기비용 분석의 항목에 새 장을 열 수 있다고 생각된다.

신기술 도입 의사결정모델 정립의 방향_합리적 관점의 모델

미래 환경을 예측하고 변화를 인식하여 새로운 환경에 적응하기 위한 신기술 도입과 관련된 문헌의 종류는 매우 광범위하다. 따라서 본 장에서는 불가피하게 선택적으로 언급할 수밖에 없었다. 그러나 이들 제한적인 자료만으로도 신기술 대안의 도입을 위한 기존의 분석 · 평가방법이 결정론적(deterministic), 단계적(step-by-step), 또는 점증적(incremental) 성격을 그 특성으로 하고 있어서, 합리적 관점의 광범위성을 결여하고 있다는 것을 알 수 있다. 이러한 점을 인식하여 필자는 기존의 분석 및 평가 모델이 갖는 결점을 근본적으로 극복할 수 있는 "전략적 의사결정 모델"을 이 책의 후반부에서 제시하고자 한다.

7. 미래 예측과 변화인식 : 실무

-실제상황의 이론적 조명

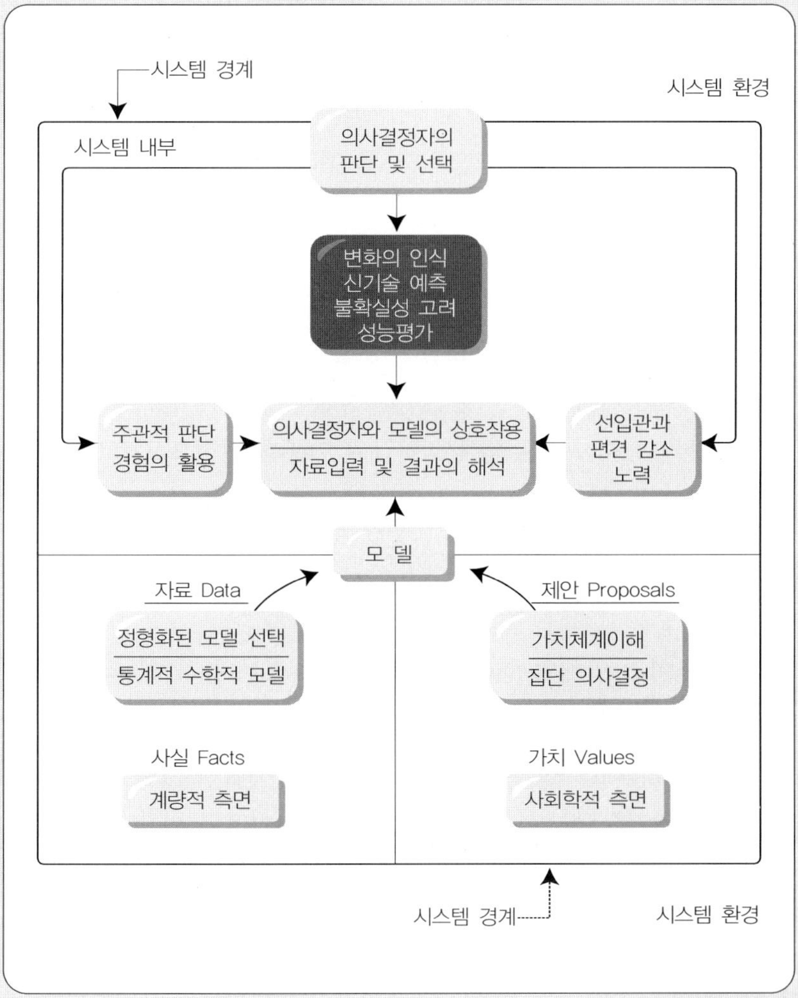

7. 미래 예측과 변화인식 : 실무

– 실제상황의 이론적 조명

> 건설상황에는 시간과 비용의 제약, 새로운 대안에 대한 보수적 경향, 정보 부족, 리스크의 회피경향 등이 늘 존재한다. 이러한 상황에서 건설경영 의사결정자는 매 순간 의사결정을 순조롭게 진행하지 않으면 안 된다. 불운한 결과가 명백하지 않는 한 의사결정은 회피되어서도 지연되어서도 안 된다. 오히려 악조건 하에서 문제를 더 잘 해결해 나가야 한다.

경쟁상황에서 생존 · 번영하기 위해 건설경영 의사결정자는 신기술 도입 및 개발을 통해 경쟁력을 강화해야 한다. 필자는 이러한 관점에서 국내 건설업체와 기술연구소 등을 방문하여 신기술의 도입 · 개발현황을 파악하여 앞장에서 언급된 이론적 관점으로 조망하였다. 이러한 시도를 통해 필자는 우리 건설업이 시공을 중심으로 발전해 온 결과, 보다 높은 부가가치 창출이 가능한 건설경영 · 관리능력의 함양을 등한시해 왔다는 사실을 절감하였다.

필자는 여러 업체와 연구소의 기술개발 업무 종사자들과 만나 관련자료를 소개받고, 특정 문제에 관한 대화 · 토론을 거듭하는 동안, 건설 신기술 도입 · 개발과 관련된 실질적 문제점이 기법이나 수단의 부재에 있다기보다는 (1)건설환경 변화를 인식하고 전략수립을 선도해야 하는 경영자 층의 경직된 사고방식과 (2)소속집단(조직) 구성원의 편견과 방향감각 부재에서 비롯되고 있다는 생각을 하게 되었다.

본 장에서 필자는 (1)시공기술과 차별화된 개념인 건설관리의 의미를 파악하고, (2)건설 신기술 도입 결정상황을 분석하고, (3)이러한 상황에 대응하는 과정에서 기업 및 연구소가 공통적으로 노출하고 있는 문제점을 파악하여 대처할 수 있는 전략을 제시하고자 한다.

이러한 방법의 일환으로 필자가 방문한 기업체, 연구소에서 실제로 이루어진 대화내용을 부분적으로 삽입하여 문제에 대한 독자의 인식을 용이하게 하고자 하였다.

기술의 의미

무엇을 '기술'이라고 하는가? 기술개념을 파악하기 위해서는 우선 '기술의 존재공간'을 살펴보아야 한다. 어떤 기술은 인간의 손재주 속에 존재한다. 다년간의 숙련이 요구되는 시공기능분야에 이러한 기술이 많다. 기술 중에는 또한 설비시스템이나 기계 등의 하드웨어 속에 존재하는 것도 있다. 설계자동화시스템이나 시공장비 등과 같은 이러한 유형의 기술은 하드웨어 자체의 구입을 통해 획득될 수 있다. 그럼에도 하드웨어의 조작·운용이나 관리에 필요한 기술·지식·정보는 사람의 머릿속에 존재한다.

결국 기술은 (1)숙달을 통해 사람의 근육 속에 확보된 기능, (2)기계, 설비시스템 등의 하드웨어, (3)인간의 두뇌 속에 확보된 지적소프트웨어 등으로, 하드웨어 자체와 주변기기는 물론 그것을 다루는 인간의 솜씨와 능력, 그리고 투입자재와 인력의 종류, 상태 및 관리방법에 관한 지식과 정보 모두를 포함하는 것으로 이해되어야 한다. 이는 '구슬이 세말이라도 꿰어야 보배'일 수 있듯이, 기술이 조직화된 성격을 갖고 있기 때문에 여기 저기 흩어져 있는 정보, 지식, 아이디어, 그리고 땀 흘려 얻은 연구결과와 경험 등을 조직적 · 체계적으로 결합시켜 놓은 유기적 상태라는 것을 의미한다. 건설관리의 의미는 이와 같이 기술의 개념을 보다 광범위한 영역으로 확장시킴으로써 파악될 수 있다.

이러한 관점에서 건설 신기술의 도입 및 개발 실태를 파악해 본 결과 우리 건설업계는 주로 시공기술 위주의 하드웨어에 중점을 둔 반면, 이를 적절히 조직화하여 최적의 결과를 도출하기 위해 필요한 건설관리능력의 도입 · 활용에는 소홀한 면이 없지 않다는 생각이 들었다. 다음의 대화내용을 살펴보자.

| 대화 1 |

질문 1 : 특정 기술의 개발이라는 측면에서는 우리 기업들이 어느 정도의 주력기술을 확보하고 있다는 점에서 기술경쟁력을 확보해 나가고 있는 것으로 알고 있습니다. 그러나 최근의 건설시장에서는 분야별 요소기술의 종합적 · 체계적 관리를 통해 총체적 경쟁력을 구축하는 것이 더없이 중요해졌기 때문에 건설관리분야에 관한 연구가 필수적이라고 생각합니다. 건설관리분야의 연구에 대하여 어느 정도 관심을 가지고 있습니까?

답변 1 : 필요성은 인식하고 있으나 아직까지는 초보적 수준입니다. 사실 현장기술의 지원에 주력하다 보니 대부분의 연구가 아직까지 시공분야에 국한되어 있는 실정입니다. 건설관리 분야에 대해서도 많은 연구를 해야 하지만 연구인력과 관련자료를 확보하는 것이 결코 쉽지 않습니다. 그러나 앞으로는 그러한 방향으로 연구 노력을 기울여 나갈 계획입니다.

신기술의 도입 · 개발은 건설과정 전반을 대상으로 이루어져야 한다. 기획, 설계, 시공, 사용 · 유지관리 전 분야의 제반기술을 종합적으로 고려하는 것이 바람직하지만, 국내 건설기술은 시공분야에 치우친 결과 기획, 설계, 사용 · 유지관리 분야의 기술에 대해서는 필요성의 인식과 사용수준이 아직 저조한 실정이었다.

CM(construction management)의 확대적용 추세와 더불어 건설관리기술의 필요성이 제기되고 왔다. 그러나 늦은 감이 있는 지금에 와서도 활성화되고 있지 않은 이유는 무엇인가? 이는 앞에서 언급된 것처럼 새로운 기술의 불확실성 및 전략적 의미와 결코 무관하지 않을 것으로 사료된다.

또한 건설 신기술은 독립적으로 개발되는 경우도 있지만 주로 타 분야에서 개발된 첨단기술을 효과적으로 조합해서 최적의 결과를 얻기 위한 '통합시스템'의 성격을 갖는다. 건설관리는 '종합적 시스템 개념'을 전제로 한다. 하나의 건물(시설)을 건설하기 위해 첨단장비, 최신자재, 환경기술 등을 종합적으로 활용하는 경우가 그 예에 해당된다.

시스템 관리란 건설사업 전체에 대한 종합적 안목을 가지고, 전 사업을 부분단위로 분리하여 전문가 집단으로부터 전문적 해결대안을 수렴한 후, 전체적 관점에서 사업을 조정 · 통제하는 것이다. 소규모 사업에도 시스템 관리가 필요하지만 사업규모가 커질수록 그 필요성이 더욱 높아진다.

본 장의 나머지 부분에서는 건설 신기술의 도입 · 개발을 저해하는 요인을 파악하고 분석 · 대응하기 위한 전략의 수립방향을 제시한다.

필요기술의 인식체계 미비

기술은 과학과 달리 현실적 요구나 필요가 없으면 결코 생겨날 수 없다. 건설 신기술의 도입 · 개발 역시 필요성(needs)의 명확한 인식에서부터 시작해야 한다.

필요성에는 (1)과거부터 이미 존재하고 있었지만 아직 충족시키지 못하고 남아 있는 것과 (2)지금까지 존재하지 않았으나 상황변화로 인해 새롭게 제기된 것의 두 가지가 있다.

기술의 필요성을 인식하기 위해서는 문제가 존재하는 현장을 관찰하고 정보를 수집해야 한다. 현장에서 기술을 사용할 사람들과 함께 시간을 보내며 (1)그들이 불편해 하는 것, (2)그들이 원하는 것, (3)그들이 좋아하는 것이 무엇인지를 찾아내야 한다. 이렇게 하여 문제의 정의가 명확하게 이루어질 수만 있다면, 그 문제의 절반은 이미 풀린 것이나 다름없다.

필요성의 인식을 통해 도입 · 개발되는 신기술은 장기적으로 경쟁력을 가져야 한다. 경쟁력은 동태적으로 변화하는 상황에서 장기 생존성(long-term viability)을 가질 수 있을 때 얻어진다. 이러한 관점을 가지고 필자는 ○○건설기술연구소의 신기술 개발 프로젝트 선정방식을 조사해 보았다. 다음의 대화내용을 살펴보자.

| 대화 2 |

질문 1 : 신기술 개발 프로젝트는 어떻게 선정됩니까?

답변 1 : 특별한 선정방식은 없고 연구원들이 제시한 아이디어 중에서 괜찮다고 생각되는 것을 골라서 하고 있습니다.

질문 2 : 제 생각으로는 그러한 방식이 바람직하지 못한 것 같습니다. 대개 연구원들은 자기가 전공한 것을 주로 연구하고 싶어 할 것으로 생각됩니다. 그러나 그러한 방식의 프로젝트 수행결과가 현장에서 어느 정도의 활용도를 가질 수 있을 것인지, 또 미래상황에서 어느 정도의 경쟁력을 확보할 수 있을 것인지 확신할 수 없기 때문입니다. 그러한 방식을 지양하고 소장님 이하 다른 중역 분들이 현장의 요구조건을 수렴하는 한편, 앞으로의 건설상황을 예측하고 연구원들의 능력을 고려하여 프로젝트를 선정해야 하지 않을까요? 왜냐하면 얼마나 연구를 잘 하느냐 하는 것도 중요하지만 어떤 연구프로젝트를 선정하느냐 하는 순간에 이미 결과적 승패가 결정된다고 생각하기 때문입니다.

답변 2 : 예, 사실 그렇기는 한데……. 아직 체계가 잘 갖추어지지 않은 것이 현실입니다.

필요기술의 인식체계는 다소 실망스러운 수준이었다. 신기술개 발 프로젝트의 선정을 소속 연구원들의 제안에 의존할 경우 우려되는 사항은 각 연구원들이 자신의 경험과 사고만을 근거로 상황을 인식하여 신기술 대안 선택의 범위를 축소시킬 수 있다는 것이다. 즉 '선택적 지각(selective perception)' 현상이 발생될 수 있다는 것이다. 대개 설계자나 기술자는 자신이 참여한 적이 있는 설계 · 시공으로부터 얻어진 정보와 자료를 선호하는 경향이 있다.[116] 시공자들의 대안 설정 및 검토방식도 이러한 경향에 대한 예외가 될 수는 없다. 연구소 소속 연구원들의 제안 역시 이러한 경향을 완전히 배제할 수는 없을 것이다.

116) Stevens, S. D., The Use of Price Data from Analysis of Bills of Quantities in Construction Price Estimating, Unpublished PhD Thesis, Department of Construction Management, University of Reading, Reading, 1984.

목표의식과 추진전략의 부재

현장 요구조건과 미래환경 변화를 고려하여 파악된 기술개념은 적절히 해석되어 기술개발 조직의 목표로 정립되어야 한다. 명확한 목표의식 없이는 아무리 유능한 연구인력을 확보하고 있어도 결과적으로 아무것도 산출해 낼 수 없기 때문이다. 이러한 관점을 가지고 다음 대화내용을 살펴보자.

| 대화 3 |

질문 1 : 무한경쟁 상황 속에서 수주경쟁은 불가피하게 더욱 치열해지고 있습니다. 이러한 상황에서 이루어지는 건설 신기술의 도입 · 개발은 어떠한 면이 긍정적이고, 어떠한 면이 부정적이라고 생각하십니까?

답변 1 : 가장 어려운 사항은 연구개발과 실제 운용을 효과적으로 연결시킬 수 있는 유능한 프로젝트 매니저(project manager)가 부족하다는 것입니다. 그러나 시장개방의 결과 선진기술팀과 함께 프로젝트를 수행하고, 아울러 그들의 기술능력을 전수받을 수 있기 때문에, 우리가 가지고 있는 경험상의 핸디캡(handicap)을 단기간에 극복할 수 있게 되었습니다.

질문 2 : 저도 같은 생각입니다. 해외업체와의 경쟁을 대립관계로 해석하기보다는 부족한 점을 상호보완해 줄 수 있는 동반자(partner) 관계로 보는 사고가 필요합니다. 경쟁적 상황에서는 외부경쟁자를 명확히 파악하는 한편, 조직 내부능력을 점검하여 경쟁관계를 효과적으로 활용하는 전략이 더 없이 중요합니다. 이러한 관점에서 보면 지금과 같은 변혁의 상황에 직면하여 경쟁전략을 수립하기 위해서는 경쟁대상을 명확히 설정하고 분석하는 것이 가장 중요하다고 생각합니다. 연구개발과 관련하여 ○○건설은 국내외의 어느 업체를 경쟁자로 고려하고 있고, 그에 대한 경쟁전략은 무엇인지 알고 싶습니다.

답변 2 : 글쎄요……. 그러한 벤치마킹(bench marking)의 시도는 아직 해보지 않았습니다. 다만 일본의 ○○건설과 밀접한 관계를 유지하고 있습니다만, 그러한 경쟁전략 측면의 고려는 아직 해보지 않았습니다.

질문 3 : 연구소 차원의 연구개발 목표와 중장기 기술개발전략은 마련되어 있습니까?

답변 3 : 사실 없습니다. 앞으로 기획팀과 긴밀한 협조체제를 유지하면서 그러한 시도를 해야 할 것으로 생각됩니다.

질문 4 : 향후 연구소 발전방향으로 어떠한 사항을 고려하고 있습니까?

답변 4 : 아직 구체적인 것은 없습니다만…. 최근 외국 연구소의 연구보고서 문헌을 조사하고 있습니다. 우리의 연구방향을 설정할 수 있는 참고자료를 얻기 위해서입니다.

필요한 신기술의 개념이 정립되면 기술도입에 따른 비용과 리스크, 그리고 기대혜택 등을 고려하여 자체적으로 개발할 것인지, 아니면 선진업체로부터 기술이전을 받을 것인지 검토해야 한다. 검토과정에서 기술개발 부서는 벤치마킹(bench marking) 차원에서 국내외의 어느 업체가 어떠한 주력기술을 가지고 있는지 파악하고 자사의 기술개발능력을 고려하여, 경쟁기업과 협조를 통해 확보할 수 있는 기술과 아직까지 어느 누구도 손대지 못한 틈새기술을 파악, 집중적으로 공략하여 전반적인 기술경쟁력을 향상시킬 수 있어야 한다. 즉,

경쟁대상을 파악하여 자기 조직을 차별화시킬 수 있어야 하고, 아울러 좀 더 분투해야 한다는 동기도 부여받아야 한다. 이러한 노력이 선행되지 않을 경우 동일한 기술을 여러 업체가 동시에 연구하는 불합리한 결과를 빚기도 한다.

연구소의 발전방향을 설정하기 위해서도 과거의 자료를 조사하기에 앞서 우선 미래를 보려고 노력해야 할 것이다. 미래가 몰려와서 현재가 되고 현재가 몰려가서 과거가 되기 때문이다.

기술개발을 위한 전략적 노력을 지속하는 과정에서 가장 중요한 사항은 '실패할 수 있는 자유(free to fail)'가 있어야 한다는 것이다. 신기술의 개발은 불확실성과 싸우는 일이다. 외부에서 얻어진 정보도 불확실하고, 이를 다루는 인간의 사고능력과 상상력 또한 불완전하다. 불확실함과 불완전함 속에서 일하다 보면 한번 성공하기 위해 열번, 백번 실패하는 경우가 예사이다.

이러한 상황에서 실패할 수 있는 자유란 사리사욕을 위한 고의가 아닌 한, 프로젝트의 수행과정에서 발생할 수 있는 잘못이나 손실책임을 당사자에게 묻지 않고 모두 조직이 흡수한다는 것을 뜻한다.

필자의 조사과정에서도 실패할 수 있는 자유가 숨쉬는 분위기가 아니고서는 기술적 창조가 사실상 어려울 것이라는 것을 깊이 절감하였다. 즉 경영자가 프로젝트에 대한 비전을 제시하면서 정보와 신념을 제공해 주고, 결과에 대한 책임은 회사에서 감수한다는 자세로 강력히 밀어줄 때 프로젝트 성공률은 훨씬 더 높아질 것으로 믿어 의심치 않게 되었다.

혁신적 대안에 대한 조직(집단) 내부의 저항

건설은 이해관계를 달리하는 여러 집단에 의해서 추진된다. 다양한 이해관계 집단이 상호합의에 이르지 못하고 대립하여 어느 한 쪽이 결정의 과정과 결과에 대한 이해와 만족감을 공유하지 못하고 일방적으로 피해의식을 느끼는 상황에서는 부실공사가 유발될 수밖에 없다.

예를 들어 시공자가 적정수준의 공기와 이윤을 보장받지 못한 상황에서 무리한 공사추진을 강요받게 되면, 합리적 사고 대신 경험과 배짱이 건설과정을 주도하게 된다. 이러한 상황에서 "설마 괜찮겠지" 하는 생각으로 추진되는 공사는 곧 부실과 대형 참사로 연결될 수 있다.

기존 관습과 제도에 집착하는 조직, 집단, 개인의 보수성으로 인해 비용 · 품질 면에서 우수한 대안이 도입되지 못하고 사장되는 경우가 너무나도 많다. 사람의 생각, 경험, 가치, 전문지식 등에 대해서는 합리적 원칙의 적용이 무의미한 경우가 많기 때문이다.

어느 집단(조직)이든 혁신적인 대안 도입에 저항을 나타내는 경향이 있다. 기존방침에 얽매이는 이러한 관성(inertia)의 경향을 보이는 이유는 (1)기존 상황이 다소 불합리하게 느껴질 지라도 이미 그에 익숙해져 있기 때문에 적어도 참을 만하고, (2)그 상황에 이르기 위해 이미 많은 인적 · 물적 재원을 투입했다는 생각의 지배를 받기 때문이다.[117)]

---

117) 이를 Emory and Niland(1968)는 다음과 같이 기술한다.
"…much of the inertia found in organised efforts can be explained on the basis of "sunk cost" doctrine...."
Emory, C. W., and Niland, P., Making Management Decision, New York : Houghton

혁신적 대안의 도입을 위해서는 많은 비용이 추가로 소요되는 반면, 아무런 조치도 취하지 않는 결정은 당장 재원의 투입을 필요로 하지 않기 때문에 경제적 대안으로 쉽게 받아들여지고는 한다.

혁신적인 대안의 검토는 기존 대안의 분석과 많은 차이를 보인다. 예를 들어 단기적 시각으로 초기비용(initial cost)만을 평가하는 것에 비해 장기적 안목으로 수명주기비용(life cycle cost)을 평가하는 경우에는 훨씬 더 광범위한 정보와 자료를 필요로 하기 때문에 추가적인 시간과 비용, 그리고 노력이 불가피하다.

실제 조사과정에서 조직(집단) 내부에서 발생되는 관성(inertia)이 가장 큰 문제 중의 하나로 인식되었다. 상당수의 기업에 "현재의 기술과 조직으로도 경쟁력을 유지할 수 있고 충분한 이윤을 확보할 수 있는데 자꾸 새로운 시도를 하여 협조적인 분위기를 해칠 필요가 있느냐?" 하는 사고방식이 자리를 잡고 있었다.

커뮤니케이션(communication)의 단절

설계 · 시공이 별도로 구분 진행되는 현실에서 시공자는 설계과정과 격리되기 때문에 시공과정에 경제성을 추구할 수 있는 신기술 대안을 반영하지 못한다. 같은 맥락에서 건물(시설) 유지관리집단(조직)이 설계과정에 참여할 수 없기 때문에 유지관리 단계에서 경제성을 확보할 수 있는 대안을 검토하기 어렵다.

건축주(발주자)는 설계과정과 격리되어 설계자와 의사소통의 기회를 갖지 못하는 경향이 있다. 이로 인해 설계자의 관심사는 의뢰자의

Mifflin Company, 1968

요구조건(목적)을 효과적으로 달성시킬 수 있는 방법을 강구하기보다는 설계과정의 문제해결(수단)에 집착하는 편협한 경향을 보이기도 한다.

공공분야의 건축주(발주자)는 민간분야에 비해 건설과정에 참여할 수 있는 기회가 많지만 예산의 제한으로 신기술 대안 선택의 기회를 상실하는 경우가 많다. 예를 들면 건설과정에서 건설비의 극히 일부에 해당되는 비용만을 추가 투자하면 초기단계에서 수명주기비용의 대폭적 절감효과를 얻을 수 있지만, 예산의 제약에 집착한 결과 이러한 절감 가능성을 구체화시켜 줄 수 있는 관리기법의 도입 기회를 상실하기도 한다.

건설과정에 참여하는 조직(집단) 사이의 의사소통이 단절되어 건설 신기술 도입과정에서 문제가 발생될 수 있다. 다음의 대화내용을 살펴보자.

| 대화 4 |

질문 1 : 연구개발 프로젝트 선정이나 신기술 도입 · 개발 과정에서 가장 장애가 되는 요인은 무엇입니까?

답변 1 : 시공부서가 요구하는 것은 매우 단편적인 것인 반면, 우리가 추구하는 것은 보다 심도 있는 연구이기 때문에 서로 의견이 엇갈릴 때가 많습니다. 그래서 유기적인 연관성을 갖지 못하고 연구부서는 연구부서대로, 시공부서는 시공부서대로, 영업부서는 영업부서대로 따로 따로 논다는 것이 큰 문제라고 생각합니다.

질문 2 : 결국 커뮤니케이션(communication)의 문제이겠군요.

답변 2 : 그렇습니다.

CM 방식을 도입하여 설계와 시공을 종합적으로 관리한다면 신기술 대안의 도입을 위해 필수적인 '조정과 협조'의 어려움은 어느 정도 해결될 수 있을 것이라는 생각이 들었다.

건설 신기술 도입 평가기준 및 방법론 미비

미래 기술의 성능과 도입비용에 대한 지식은 건축주(발주자)로 하여금 향후에 출현될 신기술의 도입 가능성을 투자계획에 미리 반영할 수 있도록 하여 투자가치의 조기상실을 사전에 방지해 준다. 이러한 연구에서 제기된 선도적인 개념은 '제품수명주기(product life cycle)'에 관한 것이다. 건설 신기술 도입과정에서도 단기적 관점의 신규 투자비용은 물론, 기술의 운용 및 관리단계에서 소요되는 비용까지도 관심을 갖는 '수명주기적 접근(life cycle approach)'이 필요하다.

시간의 경과와 더불어 기술환경도 끊임없이 변화한다. 어떠한 변화가 있을지 정확히는 예측할 수 없기 때문에 건설경영 의사결정자는 불가피하게 수많은 종류의 불확실성에 직면한다. 이러한 불확실성을 체계적으로 인식하고 효과적으로 대응하기 위한 전략적 방법론이 바로 '리스크관리(risk management)'이다.

건설과정에 직 · 간접적으로 참여하는 다양한 유형의 사람들은 시간의 경과와 더불어 지속적인 경험을 통해 새로운 지식을 배우고, 그 배움을 통해 건물(시설)의 스타일, 기능, 건설 및 운용 기술, 기대혜택 등에 대한 자신의 기호, 취향, 기대감을 끊임없이 바꾸어 나간다.

이러한 무형적 요소들은 건물(시설)의 궁극적 성능에 결정적 영향을 미치면서도, 그 성격상 계량화할 수 없기 때문에 건설 신기술 도입 결정과정에서 다루어지지 못하고 있다. 정량적 요소 못지않게 중요한 정성적 요소도 신기술 도입 결정과정에서 등한시해서는 안 된다. 이러한 문제는 '성능평가(performance appraisal)'라는 전략적 노력을 통해 해결될 수 있다.

도입 결정된 신기술 대안은 동태적으로 변화하는 상황에서 과연 장기적으로 존속할 수 있을지 여부의 불확실성에 직면한다. 상황변화에 대한 지식의 부족으로 인해 발생하는 이러한 '환경적 불확실성(environmental uncertainty)'은 신기술 대안의 장기생존성과 밀접한 관련이 있다. 시간의 경과에 따라 사람의 기호 · 기대감, 그리고 건물(시설)의 기능 · 필요조건 등도 변하지만 이의 충족을 실현시킬 수 있는 기술적 해결능력도 향상되기 때문이다. 이러한 사항은 '장기생존성 평가(long-term viability appraisal)'를 통해 고려될 수 있다.

이러한 관점에서 건설 신기술 도입 결정과정에서 활용할 수 있는 다양한 평가기준과 방법론 정립의 중요성은 아무리 강조해도 지나침이 없다. 그러나 조사과정에서 이러한 폭넓은 관점으로 신기술 도입 · 개발 전략을 구사하는 기업은 전혀 없었다. 다음 대화내용을 살펴보자.

| 대화 5 |

질문 1 : 상당수 신기술을 외부로부터 도입하는 것으로 알고 있습니다. 그러나 최근 상황에서는 신기술 도입을 통한 경쟁력 확보 가능기간, 즉 기술수명주기(technology life cycle)가 짧아지고 있기 때문에 고려할 요소가 많은 것으로 알고 있습니다. 이러한 관점에서 신기술 도입 결정을 위한 평가기준이라든가 평가방법, 그리고 도입기술의 수명주기 종료에 따른 경쟁력 상실 후의 기술대체 전략 등을 알고 싶습니다만…….

답변 1 : 이야기를 듣고 보니 그러한 고려가 대단히 중요하다고 생각됩니다. 사실 우리 연구소에서 신기술 도입 결정은 명확한 체계 없이 그때그때의 상황에 따라 이루어지고 있는 실정입니다. 하지만 그런 쪽으로 자료가 너무 없더군요…….

기술도 인간과 마찬가지로, 태어나 성장하다가 일정기간이 경과하면 결국 사라져 버린다. 따라서 현재 아무리 경쟁력이 있는 기술이라도 언젠가는 반드시 소멸되고 만다. 기술환경이 변하고 고객의 욕구도 달라지면서 경쟁기업이 신기술을 앞세워 다시 막강한 모습으로 시장에 진입할 것이기 때문이다. 따라서 현재 기술에만 집착하여 신기술의 도입 · 개발을 등한시한다면 기존 기술은 물론 소속 조직(집단)의 경쟁력마저도 소멸되고 말 것이다.

비용 · 시간 · 정보의 부족

우선 비용의 문제를 생각해 보자. 정밀하게 작성된 설계서와 시방서에 따라 완벽한 수준의 건물(시설)을 생산하고자 해도 '공사비'가 부족하여 좌절하는 경우가 너무나도 많다.

초기 계획단계에서 책정된 공사비는 설계 · 시공과정에서 부족한 것으로 판단되는 경우가 다반사인 반면, 가용재원은 항상 제한적이다. 품질향상과 비용절감 효과를 도모할 수 있는 신기술을 도입하기 위해서는 추가비용의 지출이 불가피하여 결국 비용문제에 봉착하고 마는 것이 어쩔 수 없는 현실이다.

시간이 부족하여 상당수의 해결대안이 검토대상에서 제외되기도 한다. 특히 건설분야에서 통용되는 "시간은 돈이다"라는 말은 설계자에게 적지 않은 부담을 안겨준다. 시간부족이 부담으로 작용하면 설계자는 문제의 분석을 서둘러 종결짓고 어설프게 이루어진 결정을 행동으로 옮길 수밖에 없다. 그 결과는 잘못 선정된 문제의 해결대안이거나, 문제를 올바로 선정했다 해도 부적절한 해결안을 선정하는 경우가 대부분이다.

시공자 역시 제한된 시간 내에 공사를 완료해야 한다는 현실적 부담 때문에 새로운 대안의 분석 및 평가를 위해 필요한 시간적 여유를 갖지 못하는 경우가 많다.

복잡화 · 대형화 · 전문화 · 고도화되어 가는 최근의 건설 추세는 광범위한 정보와 지식을 요구하고 있어서 컴퓨터를 포함하는 첨단기술의 도움을 받는다 해도 관련정보 모두를 획득하여 철저한 검증을 할 수는 없기 때문에 결국 부족하거나 부정확한 정보에 의존하여 결정을 내릴 수밖에 없다.

건설과정에서 비용 · 시간 · 정보의 부족문제는 늘 존재한다. 따라서 건설경영 의사결정자는 투입되는 비용 · 시간의 결과로 획득되는 정보의 가치를 동시에 고려해야 한다. 추가정보를 얻고자 할 경우 높은 소요비용에 비해 효용가치가 급격히 저하된다고 판단되는 시점에서 가용정보를 최대한 활용하여 신속한 결정을 내려야 한다. 기술 자체의 완벽성도 중요하지만, 기술의 도입과 활용을 통해 경쟁력을 유지할 수 있는 기간도 더할 나위 없이 중요하기 때문이다.

선례의 추종

기존의 방침과 정책을 고수하는 경향 때문에 합리적 대안의 선택 기회가 축소된다. 특히 대규모 조직에서 기존의 정책에 반하는 대안을 선택하는 것은 대단히 어렵다. 예로써 설계자는 건설 전 과정에 대한 통제력을 갖지 못하기 때문에 기존 선례와 어긋나는 혁신적 대안을 설계에 반영하려는 적극적 조치는 실패로 끝날 가능성이 높다. 또한 혁신적 대안의 도입으로 인해 개인적인 리스크가 크게 증가되어 스스로의 직업상 경력이 손상될 우려가 있다고 생각하여 그러한 시도 자체를 회피하기 쉽다.

혁신적 대안 도입을 고려하는 상황에서 범해지는 과오는 다음 2가지로 분류된다.[118]

① 결정을 지연시키는 '행동지연의 과오(delay error)'
② 적극적으로 행동하지만 결과적으로 실패하고 마는 '행동의 과오(action error)'

이 두 가지 과오 중 행동의 과오는 행동지연의 과오에 비해 훨씬 더 쉽게 추적되기 때문에 심각한 리스크가 따른다. 따라서 적극적 행동을 취해야 한다는 확신이 서기 전까지는 결정이 지연된다. 따라서 냉엄한 상황에 직면하여 적극적 조치의 필요성이 강력히 제기될 때까지 혁신적 대안 도입은 지연될 것이다. "두려움이야말로 변화를 촉진하는 가장 훌륭한 동기[119]"가 되는 것 같다.

---

118) Schmidt, R. N., Executive Decision Making, Journal of the Academy Management, April, 1958, pp.36~44

119) McKee (1983)는 다음과 같이 언급한다.
…… Panic is a wonderful motivator.
McKee, D., Productivity in Civil Engineering and Construction, Civil Engineering, Vol. 53, No. 2, February, 1983, pp.60~63.

법적 책임 한계의 인식

건설과정에서 법적 책임은 (1)제품에 대한 책임, (2)설계상의 책임, (3)시공상의 책임으로 구분된다.

제조업자는 사양서의 성능조건에 부합되는 제품을 공급해야 하고, 잘못 사용되었을 때마저도 안전성이 보장될 수 있도록 해야 한다. 그러나 제조업자는 제품의 설치 및 운용의 전 과정을 직접 통제할 수 없기 때문에 값비싼 법정소송비용의 지불 리스크를 감수하면서까지 새로운 대안을 도입하려고 하지는 않는다.

제품에 대한 책임과 달리 설계상의 책임은 완성결과에 의해서도 언급되지만, 설계과정에서 형성되는 직업적 · 업무적 기준과 절차에 의해서도 판단된다. 법적 문제가 제기되었을 경우 관련분야 전문가의 증언도 설계업무로부터 유추된다. 따라서 설계자들 사이에서 합의가 이루어진 표준적 방법을 설정하는 것은 책임한계의 규명을 위해 중대한 사항이다. 결국 설계자는 법적책임의 리스크에 자신을 노출시키지 않기 위해서 표준적 방법을 이탈하려 하지 않는다. "합의에 근거한 설계는 혁신적 분위기를 동결시키는 것 같다".[120)]

시공자는 사용자재와 시공에 대한 책임을 져야 한다. 시공자는 시험 · 평가를 거친 기존의 자재와 기술을 사용하여 충분한 경쟁력과 이윤을 확보할 수 있을 경우 법적 리스크를 최소화하기 위해 혁신적 대안의 도입을 회피한다.

---

120) Sweet (1977)의 언급내용을 원저에서 발췌해 보면 다음과 같다.
"…… consensus design may freeze innovation."
Sweet, J., Legal aspects of Architectural Engineering and Construction, West Publishing Co., St. Paul MN, 1977, p.832.

신기술 개발의 동기부여 미비

설계자와 시공자는 경쟁에 의해 최저가 입찰자로 결정되는 경우가 대부분이다. 가격 위주의 설계자 · 시공자 선정방식으로 인해 합리적인 대안의 검토가 배제되기도 한다. 특히 설계와 시공이 별도로 진행되는 기존 건설방식에서 시공자는 설계자와 격리되기 때문에 시공과정에서 경제성을 추구할 수 있는 대안의 설계반영이 어렵다. 같은 맥락에서 시설유지관리 집단(조직)이 설계과정에 참여할 수 없기 때문에 유지관리단계에서 경제성을 추구할 수 있는 대안의 검토가 어렵다. 이러한 상황에서 CM방식이나 설계시공일괄입찰방식을 도입한다면 합리적 대안 도입을 위해 필수적인 '조정과 협조'의 어려움은 대폭적으로 경감될 수 있을 것이다.

기존의 총액계약방식도 합리적인 분위기를 저해한다. 총액계약방식에서는 설계자와 시공자에게 새로운 대안의 도입이 의미를 갖지 못한다. 이러한 문제는 '협상에 의한 계약(negotiated contracts)'방식을 적용하면 상당부분 해결될 수 있을 것으로 생각된다.

이러한 제약요소의 인식과 더불어 기술경쟁력이 공사수주에 그다지 바람직한 역할을 할 수 없다고 생각하는 경향이 건설업계를 지배하고 있는 한 신기술 도입 분위기가 활성화될 것 같지는 않다. 다음 대화내용을 살펴보자.

| 대화 6 |

질문 1 : 정부 측으로부터 연구개발과 관련하여 지원받는 사항이 있습니까?

답변 1 : 연구개발 투자비 액수의 몇 배를 도급액으로 인정하는 등의 조치 외에는 없습니다. 우리 회사에서는 최근에야 비로소 연구개발의 중요성을 인식하고 ○○억 원의 연구개발비 조성을 목표로 하고 있습니다만, 현실적으로 어려움을 느끼고 있습니다.

질문 2 : 기술개발에 의한 공사비 절감을 통해 정부에서 규정하고 있는 기술개발보상제도를 활용해 본 적이 있습니까?

답변 2 : 현재까지 없는 것으로 알고 있습니다. 공사발주 분위기가 기술경쟁에 근거하고 있지 않다고 보고 있습니다. 예를 들어 "다음 차례의 수주업체는 ○○건설이다"라는 분위기가 조성되면 기술경쟁이 아무런 의미를 갖지 못합니다.

질문 3 : 정부의 정책적 배려가 부족하다고 생각하시는지요?

답변 3 : 예, 부족하기도 하지만 정책의 일관성도 없습니다.

고정관념_창조적 사고의 부재

사람의 마음가짐(mind set)은 창조적 사고능력에 절대적 영향을 미친다. 마음은 신념과 경험의 자극을 받아 상황을 선택적으로 인식하는 정신적 · 심리적 상태(mental condition)이다. 마음은 각 개인이 주어진 상황에서 필요 정보를 선택적으로 인식하도록 하는 일종의 심리적 '여과시스템(filtering system)'의 역할을 한다.

건설 신기술 도입 · 개발과정에서 마음가짐은 긍정적 · 부정적 양면 효과를 갖는다. 긍정적인 측면은 상황에 따라 필수정보를 '효과적으로 분별하는 장치(effective scanning device)' 역할을 하여 가용시간과 재원의 범위 내에서 순발력 있는 판단을 하도록 한다는 것이며, 부정적 관점은 마음가짐에는 판단을 왜곡시키는 편견이 내재하고 있다는 것이다. 편견은 판단과정에서 마음에 다음과 같은 장애요인을 유발시킨다.

- 스스로 설정한 한계에 무조건 집착하는 경향
- 근거가 확실치 않은 가정(假定)을 사용하는 경향
- 한 가지 정답만 고려하는 편협한 사고방식
- 일단 확실하다고 인식된 사항은 결코 재고하지 않는 습성
- 결과에 동의하도록 강요하는 압력을 배제하지 못하는 태도
- 자신의 행동이 어리석게 보일지도 모른다는 두려움 때문에 발생되는 소신의 부재

상기 장애요인은 조직(집단) 내부에 다음과 같은 말이 성행하게 한다.

- 매사에 현실적이고 논리적이어야 한다.
- 애매한 것은 피하는 게 좋다.
- 원칙에 입각해서 행동해야 한다.
- 그러한 전례가 없다.
- 잘못해서는 안 된다.
- 내 분야가 아니다.
- 정답은 하나뿐이다.

이러한 부정적 사고방식은 새로운 개념이나 사고에 반응하는 각자의 태도에서도 나타난다. 조사과정에서 필자는 "그 대안의 실행을 위해서는 너무나 많은 비용이 소요된다.", "우리는 전에 그러한 방법으로 일을 결코 해 본 적이 없다.", "예, 그러나…" 등 부정적 사고방식이 반영된 표현에 여러 차례 직면하였다.

물론 상황에 따라 이러한 태도가 정당화되는 경우도 있다. 바람직

한 대안은 과거에 가장 성공적이었던 실례에서 찾을 수 있는 경우가 많으며, 결과 동의를 강요하는 압력을 배제하지 못하고, 실패의 가능성이 높은 조치를 회피하는 태도는 조직(집단) 내에서 신뢰감을 얻기 위한 전략이 될 수도 있다. 그러나 이러한 비관적 사고방식은 개인의 통찰력을 제한하고 변화에 대한 창조적 대응을 불식시킬 뿐만 아니라, 심층적 탐색을 통해 얻어지는 새로운 사고창출의 기회를 상실하게 한다.

개인의 창조능력을 고양시키기 위해서는 "예, 그러나…(Yes, but…)"의 사고방식을 "예, 그리고…(Yes, and…)"의 사고방식으로 전환해야 한다.[121)]

다음 대화내용은 이러한 사고전환이 어떻게 이루어질 수 있는지를 보여주는 실례이다.

실례 1	Yes, but	예, 그러나 비용이 너무나 많이 소요됩니다.
	Yes, and	예, 그리고 비용을 절감시킨다면 적용범위를 훨씬 더 확대할 수 있을 것입니다.
실례 2	Yes, but	예, 그러나 태양에너지 도입으로는 필요로 하는 만큼의 충분한 에너지를 생산할 수 없습니다.
	Yes, and	예, 그리고 태양에너지의 도입으로 어느 정도 소요를 충당할 수 있습니다. 따라서 가장 비싼 에너지원에 대한 대체효과를 기대할 수 있습니다.

신기술 도입결정 과정에서 충분히 준비하고 과거의 경험을 활용하는 것은 바람직한 대안선택에 도움이 된다. 그러나 충분한 준비와 풍

121) Rickards, T., Stimulating Innovation : A Systems Approach, London Frances Pinter, 1985

부한 경험의 활용이 반드시 창조적 사고의 유발동기가 되는 것은 아니다. 유사한 문제해결을 위해 창조적인 해결대안을 강구해 본 적이 있다는 사실 자체가 창조적 사고의 저해요인이 될 수도 있다. 과거의 경험에 비추어 스스로 설정한 사고의 틀에 얽매일 경우 새로운 대안 탐색을 위한 사전행위 자체가 미리 배제될 수 있기 때문이다.

따라서 문제에 대한 경험이 없어도 문제에 대한 체계적 접근능력을 갖춘 컨설턴트(consultant)의 도움을 받는 것이 문제를 더 분명히 이해할 수 있는 계기가 될 수 있다. 외부 컨설턴트는 건설 신기술 도입 · 개발전략 및 방법론의 제시 등 전략계획의 수립 전반에 관한 자문을 하고, 기업은 자문에 따라 실제 작업을 컨설턴트와 공동으로 수행할 수 있다.

한편, 조직(집단)의 관점에서 구성원의 창조능력을 자극하기 위해서는 (1)신기술 도입 검토과정에서 구성원들에게 광범위한 선택의 자유를 제공하고 다양한 관점을 수락하며, (2)바람직한 결과 제공에 대한 보상체계를 설정할 필요가 있다고 생각된다.

지금까지 필자는 다양한 사람들과의 대화를 통해 느낀 필자의 주관적 관점을 소개하고, 아울러 이를 가능한 객관화하기 위해 관련 이론과의 접목도 시도하였다. 이러한 시도는 그동안 우리 건설업계가 건설 신기술 도입의 중요성을 깊이 인식하고, 이의 도입을 위해 정책개발, 제도개선, 전략회의, 세미나, 토론회, 좌담회 등 실로 광범위한 노력을 경주하여 왔지만, 실제 건설상황의 변화를 인식하고 신기술 대안을 검토하여 결과적 산물을 생산하는 조직(집단) 내부의 문제를 정확히 진단하지 못한 결과, 투입한 노력에 비해 그다지 바람직한 성과를 거두지 못하였다고 생각했기 때문이다.

위에서 언급된 사항은 건설과정에서 합리적 원칙의 준수를 제한하는 요인이 될 수 있다. 건설과정에서 시간 · 비용 제약, 새로운 대안 도입에 대한 보수적 경향, 정보부족, 혁신적 조치에 따르는 리스크 회피경향 등의 현상은 늘 존재한다.

이러한 상황에서도 건설경영 의사결정자는 매순간 의사결정을 전개해 나가지 않으면 안 된다. 불운한 결과가 명백하지 않는 한 의사결정은 회피되어서도 지연되어서도 안 된다. 모든 문제를 제한된 시간 내에 해결해야 한다. 더 많은 정보의 필요를 전제로 결정을 유보시킬 수 없다. 불충분한 정보를 이유로 실수나 실패가 용납되지 않는다. 오히려 악조건 하에서 일을 더 잘 해결해 나가야 한다. 검증되지 못한 이론이 과학의 발전에 도움을 줄 수는 있어도 실패한 건설을 통한 기여는 결코 인정되지 않는다.

그렇다면 지금까지 언급된 건설상황에서 건설경영 의사결정자는 어떠한 사고체계를 가져야 하는가?

첫째, 건설과정에서 불가피하게 존재하는 비용과 시간의 부족문제를 극복하기 위해 소요재원과 가용재원의 격차를 극복할 수 있는 방안을 강구해야 한다. 즉 경제적 대안의 선택에 기여할 수 있는 다양한 기법들을 상황에 맞게 선택적으로 사용해야 한다.

둘째, 정보의 부족문제를 해결하기 위해 오랜 경험을 통해 축적된 경험과 직관을 세련되게 활용할 수 있어야 한다. 정량적 분석이 불가능한 미래의 불확실성, 질적 기준, 주관적 가치판단 등도 종합적으로 고려할 수 있는 포괄적 사고체계를 형성해야 한다.

셋째, 건설과정에서 유발되는 집단(개인) 사이의 갈등 · 상충을 효과적으로 관리할 수 있어야 한다. 즉 참여집단의 가치가 서로 균형을 이루도록 하여 갈등 · 상충의 부정적 효과를 최소화시킬 수 있어야 한다.

넷째, 미래지향적인 안목으로 현재의 문제를 분석하여 해결대안을 설정하고 평가할 수 있어야 한다. 즉, 미래의 변화를 예측하여 현재는 물론 중장기적으로도 경쟁력 있는 해결대안을 선정하기 위한 분석 · 종합 · 평가 전략을 구사할 수 있어야 한다.

이러한 사항은 건설경영 의사결정전략과 직결되는 사항으로 그 구체적인 내용은 이 책 별도의 장에서 언급된다.

제 I 부 건설경영 의사결정상황

-의사결정 차원의 상황 조명-

8. 의사결정자와 모델의 상호작용

-분석기법과 주관적 판단의 전략적 제휴

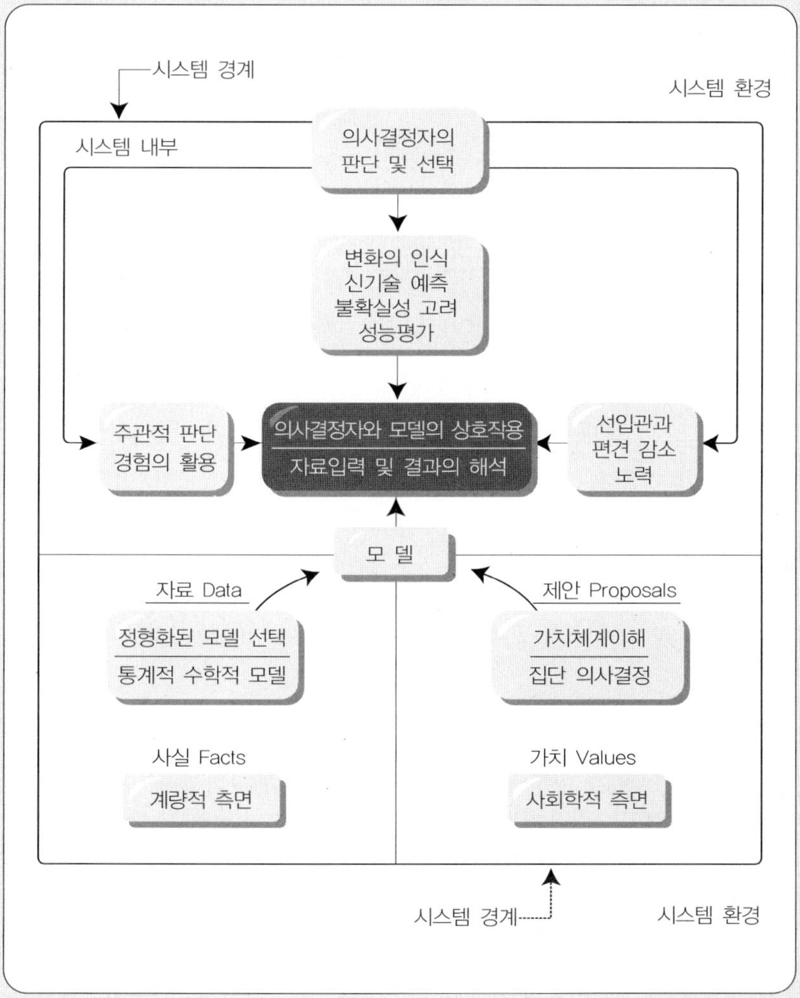

8. 의사결정자와 모델의 상호작용

-분석기법과 주관적 판단의 전략적 제휴

주관적 판단에만 의존하면 다양한 편견의 제물이 될 우려가 있는 반면, 계량적 모델에 근거한 의사결정만으로는 동태적 변화상황에 대처하기 어렵다. 이 두 가지 방법에서 바람직한 요소를 선별하여 조합한다면 어느 한 쪽의 방법에만 의존하는 것보다 훨씬 더 나은 결과를 얻을 수 있다.

주관적 판단과 계량적 모델의 조합

의사결정과정에서 의사결정자의 주관적 판단에만 의존하면 다양한 편견의 제물이 될 우려가 있는 반면, 계량적 모델에 근거한 의사결정만으로는 동태적 변화상황에 대처하기 어렵기 때문에, 이 두 가지 방법의 강점을 선별하여 조합한다면 어느 한쪽에만 의존하는 것보다 훨씬 더 나은 결과를 얻을 수 있다고 한다.[122] 이 말은 상황에 큰 변화가 없다면 계량적 분석에 의존할 수 있지만, 급격한 변화가 예상되는 경우에는 주관적 판단도 반영해야 한다는 것을 의미한다.

---

122) Makridakis, Wheelwright, McGhee(1983)는 다음과 같이 언급한다.
"whereas purely judgmental approaches may suffer from a number of biases, formal quantitative methods suffer from major difficulties in situations of significant environmental change. Approaches that combine the best elements of both categories may well produce significantly improved results in comparison with those produced by using one or the other approaches only."
Makridakis, S., Wheelwright, S. C., and McGhee, V. E., Forecasting Methods and Applications, 2nd Ed., New York : Wiley, 1983, pp.845-862.

계량적 모델과 판단의 역할 분석에 관한 연구에서도 중요한 예측에는 주관적 판단도 반영해야 한다고 말한다.[123)124)]

건설경영 의사결정에 주관적 판단을 반영해야 하는 사유는 다음과 같다.

1) 객관적 자료의 결여 또는 부족
2) 미래에 대한 고도의 불확실성
3) 계량적 측정이 불가능한 평가인자의 고려

본 장에서는 계량적 모델과 주관적 판단의 상호작용을 통해 의사결정의 질을 향상시킬 수 있다는 이론적 배경을 제시하고자 한다. 물론 이러한 시도의 궁극적인 목적은 그 개념을 건설경영 의사결정에 반영하기 위한 것이다.

판단의 역할과 효과_모델에 반영되지 않은 정보의 고려

계량적 모델과 주관적 판단의 상호작용 방법론을 강구하는 과정에서 필자는 다음의 3가지 사항에 중점을 두고자 한다.

- 계량적 모델의 운용결과와 전문가 판단의 비교
- 주관적 판단에 의한 계량적 모델운용 결과의 조정
- 주관적 판단의 체계적 반영을 위한 구조적 틀의 설정

123) Belsely, D. A., Modelling and Forecasting Reliability, International Journal of Forecasting, 4, 1988, pp.427-447.

124) Fischhoff, B., Judgmental Aspects of Forecasting : Needs and Possible Trends, International Journal of Forecasting, 4, 1988, pp.331-339.

모델과 전문가 판단의 비교

계량적 모델과 판단을 비교한 결과 전문가의 판단이 매우 유용하다는 것을 입증해 주는 많은 증거가 있다.

분기별 수익의 예측에서 주관적 분석이 통계적 방법보다 더 정확했다는 것을 보여주는 많은 연구가 있다.[125)126)127)128)] 또한 Collins와 Hopwood(1980)에 의하면 미래상황을 예측하는 과정에서 분석가는 계량적 모델에 반영되지 않은 정보를 고려하여 모델보다 더 나은 결과를 제공할 수 있다고 강조한다.[129)] Basu와 Schroeder(1977)는 건설장비의 판매량 예측에서 관련분야 전문가 23명을 대상으로 델파이 방법(Delphi technique)을 실시한 결과가 계량적 모델보다 더 정확하다는 것을 보여준다.[130)] Edmunson, Lawrence, O'Conner(1988)도 제품의 판매량 예측에서 전문가들은 자신들이 보유하고 있는 특정 정보와 분포정보를 종합적으로 고려하여 시계열 모델의 정확도를 능가하는 예측이 가능하다는 것을 입증해 준다.[131)] Brown(1978)의 수익성 예측에 관한 연구에 따르면, 계량적 모델에 대한 전문가의 우월성은

---

125) Brown, L., and Rozeff, M., The Superiority of Analysts' Forecasts on Measures of Expectations : Evidence from Earnings, Journal of Financce, 43, 1978, pp.1-16.

126) Richards, R., Benjamin, J., and Strawser, R., An Examination of the Accuracy of Earnings Forecasts' Financial Management, 6, 1977, pp.78-85.

127) Givoly, D., The Formation of Earnings' Expectations, The Accounting Review, LX, 1985, pp.372-386.

128) Armstrong, J. S., Relative Accuracy of Judgmental and Explorative Methods in Forecasting Annual Earnings, Journal of Forecasting, 2, 1983, pp.437-447.

129) Collins, W., and Hopwood, W., A Multivariate Analysis of Annual Earnings, Journal of Accounting and Economics, 9, 1987, pp.61-87.

130) Basu, S., and Schroeder, R. G., Incorporating Judgments in Sales Forecasts : Application of the Delphi Method at American Hoist and Derrick, Interfaces, 7, 1977, pp.18-27.

131) Edmunson, R. H., Lawrence, M., and O'Connor, The Use of Non-time Series Information in Sales Forecasting : A Case Study, Journal of Forecasting, 7, 3, 1988, pp.201-212.

모델에 반영할 수 없는 추가정보를 고려할 수 있다는 사실에서 비롯된다고 한다.[132]

Armstrong(1981)이 실시한 예측결과는 주관적 판단과 통계적 모델 운용결과 사이에 별 차이가 없음을 보여 준다[133] Armstrong(1981)이 실시한 8종류의 경영예측에서 2가지는 주관적 판단에 의한 예측이 더 우수했고, 1가지는 통계적 분석결과가 더 나았으며, 나머지 5가지는 거의 우열을 가릴 수 없을 정도로 비슷하게 나타났다.

이러한 사례는 전문가의 판단이 건설경영 의사결정상황에서 이루어지는 예측에서도 유익한 역할을 할 수 있다는 것을 간접적으로 시사해 준다.

전문가의 판단에 의한 모델운용 결과의 조정

McNees와 Perna(1981) 그리고 Turner(1990)는 예측을 위한 의사결정에서 모델운용 결과에 대한 전문가의 조정은 다음 두 가지 중의 하나 때문에 이루어진다고 언급한다.[134][135]

1) **모델 자체의 오류** : 모델운용 결과가 적절하지 못한 것으로 판명된 경우, 모델을 재설정하기보다는 그 운용의 적절성을 저해하는 요인을 분석하여 모델운용 결과를 조정하는 것이 적절하다. 이러

132) Brown, L. D., Comparing Judgmental to Extrapolative Forecasts : It's time to ask Why and When, International Journal of Forecasting, 4, 2, 1978, pp.171-173.

133) Armstrong, J. S., What to ask about Managements' Forecasts, Directors and Boards, 6, 1981, pp.20-26.

134) McNees, S. K., and Perna, N. S., Forecasting Macroeconomic Variables : An Eclectic Approach, New England Economic Journal, May/June, 1981, pp.15-30.

135) Turner, D., The Role of Judgment in Macroeconomic Forecasting, Journal of forecasting, 10, 1990.

한 오류는 모델구조 내부의 변화, 즉 생략된 변수, 계량화 불가능한 인자 등으로 인한 모델 자체의 불완전성에서 비롯된다.

2) **외부환경의 변화** : 모델에 반영되지 않은 외부적 인자와 가정사항(assumptions)의 변화가 결과에 영향을 미치는 경우가 있다. Meehl(1954)은 "어떤 사람의 다리가 부러졌다는 사실에 비추어 그의 기동력(mobility)을 반영하는 모델을 적절히 수정할 수 있다." 라는 관점에서 계량적 모델에 반영할 수 없지만, 모델운용 결과에 처방적 효과를 제공하는 인자를 설명하기 위해 "broken-leg cue"라는 용어를 고안하였다.[136)]

의사결정에 영향을 미치는 수많은 변수 중에서 몇 가지의 주요인자만을 선택하여 모델을 설정해야 하는 상황에서 주관적 판단에 가치를 부여하는 이유는 "모델에 반영될 수 없는 정보(extra-model information)"이지만 모델의 운용결과에 처방적 효과를 제공하도록 하는 "broken-leg cue"의 존재 때문이라고 사료된다.

많은 연구가 이러한 개념을 지지해 준다. Mathews와 Diamantopoulos(1989)는 판매량의 시계열 예측결과를 조정하기 위해 모델에 반영할 수 없는 정보의 중요성을 강조한다.[137)] Huss(1985)는 전기제품의 판매량 예측에서 전문가의 판단에 의해 조정된 결과가 계량적 예측 자체보다 더 나았음을 보여준다.[138)] 영국의 계량경제 모델의 성능에 관한 연구에서 Wallis(1984-88)는 주관적 조정과정이 없었다면

---

136) Meehl, P. E., Clinical versus Statistical Prediction, Minneapolis : University of Minnesota Press, 1954.

137) Mathews, B. P., and Diamantopoulos, A., Judgmental Revision of Sales Forecasts : A Longitudinal Extension, Journal of Forecasting, 8, 2, 1989, pp. 129-140.

138) Huss, W. R., Comparative Analysis of Company Forecasts and Advanced Time-Series Techniques using Annual Electric Utility Energy Sales Data, Internal Journal of Forecasting, 1, 3, 1985, pp.217-239.

예측의 정확도는 더 저하되었을 것이라고 설명한다.[139] 모델운용 결과의 조정에 대한 효용을 밝혀 주는 이러한 연구결과는 건설경영 의사결정을 위해 전문가들이 관련분야에서 적절히 활용된다면 그 상황에서 사용되는 계량적 모델의 질을 보다 향상시킬 수 있다는 것을 시사한다.

주관적 판단의 체계적 조정을 위한 구조적 틀의 설정

주관적 판단을 활용하여 미래를 예측하기 위해 정형적 구조(formal structure)를 적극적으로 도입하는 연구가 있다.

Lawrence, Edmunson, O'Connor(1985)는 판단과정을 세분화(decomposition)[140]하여 문제에 접근하면 통계모델의 예측을 능가하는 결과의 산출이 가능하다고 한다.[141] Edmunson(1990)은 예측과정에서 질적으로 우수한 판단의 근거를 제공하는 수단으로 세분화(decomposition)의 효용을 강조한다.[142] 예측과정에서의 세분화는 전체적인 접근(holistic approach)을 지양하고 보다 단순한 예측으로 분해하여, 부분예측에 대한 별도의 접근을 통해 전체예측에 이르는 것을 의미한다. Wolfe와 Flores(1990)는 수익성 예측에 대한 실험적 연구를 통해, 예측의 정확도는 구조적 접근방식에 의한 조정을 통해 향상될

139) Wallis, K. F., et al., Models of the UK Economy : Reviews 1-5, Oxford, Oxford University Press, 1984-1988.

140) "세분화(decomposition)에 의한 접근"이란 복잡한 문제를 단숨에 이해하려는 시도를 지양하고, 문제를 보다 단순한 문제로 분해하고, 분해된 각 문제를 하나씩 해결하여 궁극적으로는 전체를 공략하는 접근법을 말한다.

141) Lawrence, M. J., Edmunson, R.H., and O'Connor, An Examination of the Accuracy of Judgmental Extrapolation of Time Series, International Journal of Forecasting, 2, May, 1985, pp.14-25.

142) Edmunson, R. H., Decomposition : A Strategy for Judgmental Forecasts, Journal of Forecasting, 9, 4, 1990, pp.305-314.

수 있다는 것을 보여주며[143], Saaty(1980)가 제시하는 계층화방법(Analytic Hierarchy Process)[144]의 사용을 권장한다.

이러한 관점에서, 건설경영 의사결정상황에서 전문가가 자신의 분야와 관련된 예측을 세분화(decomposition) 방식과 같은 정형적 · 구조적 틀을 도입하여 시도한다면 예측결과의 성능에 이의를 제기하기 어려울 것이다.

물론 예측의 정확성 자체가 의사결정을 위한 모든 것이 될 수는 없다. 예측에 소요되는 노력과 비용도 고려해야 한다. 자료 및 정보를 수집 · 분석하는 전문가를 활용하기 위해서는 많은 비용을 부담해야 하는 반면, 통계적 모델은 이에 비해 훨씬 저렴하고[145], 정책분석이나 시뮬레이션보다 더 운용 및 조작이 용이하다[146].

그러나 본 장에서 필자의 의도는 이러한 관점에 대한 논쟁에 있는 것이 아니다. 오히려 정형적 틀을 갖춘 계량적 모델에 의한 방법과 주관적 판단의 양자로부터 긍정적 요소만을 추출하여 건설경영 의사결정에 활용하는 것이다.

위에서 제시된 입증사례에도 불구하고 정형적 틀을 갖춘 계량적 모델이 유용한 상황에서 많은 저자들이 주관적 판단의 활용에 대하여 거부감을 갖는 경향이 있다. 따라서 필자가 의도하는 "주관적 판단과 계량적 모델의 상호작용을 위한 구조적 틀의 설정"에 앞서 그

143) Wolfe, C., and Flores, B., Judgmental Adjustment of Earnings Forecasts, Journal of Forecasting, 9, 1990, pp.389-405.

144) Saaty, T. L., The Analytic Hierarchy Process, New York : McGraw-Hill, 1980.

145) Mabert, V., Statistical versus Sales-Force Opinion Short-Range Forecasts, Decision Science, 7, 1976, pp.310-318.

146) Dewhurst, F. W., and Gwinnett, E. A., Artificial Intelligence and Decision Analysis, Journal of the Operational Research Society, 41, No.8., August 1990.

개요를 살펴보고자 한다.

주관적 판단에 대한 비판적 관점_예측의 성능과 편견의 개입 가능성

정형적 · 계량적 모델이 유용한 상황에서 주관적 판단의 활용에 대한 두 가지 관점의 비판이 제기되어 왔다.

1) **단순통계모델의 우월성** : 전문가의 예측과 활용정보 사이의 관계를 표현하는 단순통계모델이 전문가의 판단보다 우월하다는 연구가 있다.
2) **판단과정의 휴리스틱**(heuristic) : 심리학적 실험연구 결과에 의하면 주관적 판단과정에서 사람은 다양한 유형의 휴리스틱에 의해 영향을 받는다고 한다. 휴리스틱은 의사결정자를 편견으로 이끄는 직접적 요인이 된다.

단순통계모델(simple statistical model)_bootstrapping model

선형회귀분석 모델을 사용해서 전문가의 판단결과와 그 근거가 되는 정보 사이의 관계를 규명하여 판단능력이 단순통계모델에 의해 얼마나 효과적으로 표현될 수 있는가를 조사하는 연구가 있다.[147] 이 연구의 초창기에는 단순통계모델, 즉 bootstrapping model이 전문가의 판단능력을 능가하는 것으로 여겨졌다.[148][149][150][151] 그러나 후반

---

147) 이러한 연구를 이 분야의 용어로 "bootstrapping study"라고 한다.

148) Bowman, E. H., Consistency and Optimality in Managerial Decision-Making, Management Science, 31, 1985, 1963, pp.310-321.

149) Dawes, R. M., and Corrigan, B., Linear Models in Decision-Making, Psychological Bulletin, 1974, 81, pp.95-106.

150) Goldberg, L. R., Diagnosticians versus Diagnostic Signs : The Diagnosis of Psychosis versus Neurosis from the MMPI, Psychological Monographs, 79, 1965, pp.602-643.

기의 연구는 단순통계모델의 우월성에 대해 애매한 입장을 취하고 있다.

Kunreuther(1969)는 통계모델 원칙이 의사결정자에게 결정의 방향을 제시해 주는 귀중한 것임에는 틀림이 없으나 그 원칙을 맹목적으로 추종해서는 안 된다고 경고하면서, 모델은 안정적인 상황에서 규칙적 · 반복적 결정이 이루어지는 경우에 활용될 수 있으나, 모델에 반영되지 않은 정보(extra-model information)가 적극적 의미를 갖는 비정규적 · 비반복적 상황에서는 역효과를 나타낼 수 있다고 지적한다.[152] Ebert와 Kruse(1978)도 주관적 판단의 활용은 과거의 경험적 사실에서 도출될 수 없는 미래에 관한 특정 정보를 활용할 수 있을 경우에 통계모델을 능가할 수 있다고 주장한다.[153]

건설경영 의사결정상황에서 도입 · 활용되는 정보는 상황의 동태성으로 인해 지속적으로 변화하는 것인 반면, 이러한 상황에 순발력 있게 대처하기 위해 필요한 시간과 비용규모는 매우 크다. 예를 들어 건물(시설)의 수명주기비용(life cycle cost) 평가를 위해서는 미래상황을 고려해야 하기 때문에 초기건설비만의 평가에 비해 훨씬 더 광범위한 정보의 탐색이 요구된다. 동태적이고 불확실한 상황에 적응할 수 있는 유연성은 정태적 가정에 따라 제한적 변수만을 반영하는 통계모델에 의해 확보될 수 없다. 그러나 사람의 주관적 판단은 모델에 포함되지 않은 정보를 추가적으로 인식하여 적어도 이론적으로는 통계모델의 성능을 개선할 수 있다.[154]

---

151) Meehl, P. E., Clinical versus Statistical Prediction, Minneapolis : University of Minnesota Press, 1954.

152) Kunreuther, H., Extensions of Bowman's Theory on Managerial DecisionMaking, Management Science, 15, 1969, pp.415-439.

153) Ebert, R. J., and Kruse, T. E., Bootstrapping the Security Analyst, Journal of Applied Psychology, 63, 1978, pp.110-119.

Johnson(1988) 그리고 Blattberg와 Hock(1990)에 의한 연구는 모델에 반영되지 않은 정보, 즉 "broken-leg cue"가 의사결정을 위해 유용한 정보가 될 수 있다면 사람의 주관적 판단은 통계모델의 불완전성을 보완할 수 있다고 말한다.[155][156]

건설경영의 맥락에서 Powell(1982)이 건설공사비를 예측하기 위해 "맹목적으로 모델을 준용하는 것(model blindness)은 결과적으로 신뢰성을 저해한다."고 경고하는 것은 정형적, 계량적 모델에 대한 주관적 판단 반영의 결여현상을 지적하는 것으로 생각된다.[157]

안정적이지도 반복적이지도 않은 건설경영 의사결정상황에서는 모델에 반영되지 않은 정보를 의사결정에 반영해야 할 필요성이 있으므로 전문가의 주관적 판단은 전문가 판단과 활용정보 사이의 관계를 단순통계 처리한 모델, 즉 bootstrapping model을 능가할 수 있을 것으로 사료된다.

판단과정의 휴리스틱(heuristics) 연구

Hogarth와 Makridakis(1981)에 따르면 많은 정보를 처리하는 과정에서 의사결정자는 인식상의 한계로 인해 휴리스틱을 사용하게 되어 편향된 결정을 할 수 있다고 한다.[158]

---

154) Dawes, R. M., Faust, D., and Meehl, P., Clinical versus Actuarial Judgment, Science, 243, 1989, pp.95-106.

155) Johnson, E. J., Expertise and Decision under Uncertainty : Performance and Process, Chi, M. T. H., Glaser, R., and Farr, M. J.(Eds.), The Nature of Expertise, Erlbaum, Hillsdale, NJ., 1988.

156) Blattberg, R. C., and Hoch, J. H., Database Models and Managerial Intuition, Management Science, Vol. 36., No.8, 1990.

157) Powell, et al., Model Blindness and its Implications for some Aspects of Architectural Design Research and Education, De Zaeuw, G., and Pedretti, A.(Eds.), Proceedings of the Conference of Problems of Levels and Boundaries, University of Amsterdam, 1982.

그러나 이들의 연구는 심리학적인 연구를 위해 실험실에서 종이와 펜만을 사용하여 관련분야의 해박한 지식을 소유하고 있지 않은 초심자를 대상으로 한 것이다. 전문가를 활용하는 건설경영 의사결정 상황에서 이루어지는 주관적 판단은 훨씬 더 높은 성능을 발휘할 수 있을 것이다.

Beach, Christensen-Szalanski, Barnes(1987)에 의하면 "주관적 판단의 질은 아직 입증되지 않은 많은 문제를 내포하고 있어서 신뢰성에 문제가 있다"고 하는 주장이 설득력 있는 객관적 자료에 근거한 것이 아니라고 주장한다.[159] Philips(1987)는 사람들이 유리한 여건에서 무엇을 할 수 있는가에 대하여 관심을 기울여야 함에도 기존의 연구는 어떠한 도움, 교육 또는 훈련도 제공되지 않는 상황에서 무엇을 할 수 있는가에 관한 것이 대부분이라고 지적하며, 실제상황에서의 여건은 확률적으로 보다 정확하고 신뢰성 있는 평가를 위해 실질적인 전문지식을 갖춘 전문가의 활용이 전제되어야 한다고 주장한다.[160] O'Connor(1989)에 의하면 충분한 동기를 부여받은 전문가의 주관적 판단은 기존의 초심자를 대상으로 진행된 심리학적 연구의 경우에 비해 신뢰성 면에서 훨씬 더 우수하다고 한다.[161]

또한 대부분의 기존연구는 "판단을 통한 예측"보다는 판단 그 자체에 집중하고 있다. 실험실에서의 판단과 달리 판단을 통한 예측이 가

158) Hogarth, R. M., and Makridakis, S., Forecasting and Planning : An Evaluation, Management Science, 227, 1981, pp.115-138.

159) Beach, L. R., Christensen-Szalanski, J., and Barnes, V., Assessing Human Judgment : Has It Been Done, Can It Be Done, Should It Be Done?, Wright, G., and Ayton, P.(Eds.), Judgmental Forecasting, Wiley, Chichester, 1987.

160) Philips, L., On the Adequacy of Judgmental Forecasts, Wright, G., and Ayton, P.(Eds.), Judgmental Forecasting, Wiley, Chichester, 1987.

161) O'Connor, M., Models of Human Behaviour and Confidence in Judgment, International Journal of Forecasting, 1989, pp.159-170.

장 활발하게 이루어지는 분야는 기상예측영역이다. 미국의 공식 기상예보는 전문가의 주관적 예측에 근거하고 있다. Murphy와 Brown(1985)에 의하면 기상예측 분야에서 주관적 판단은 기존의 통계분석보다 더 정확한 결과를 제공한다고 한다.[162] 전문가는 기존의 통계분석 결과를 포함하여 많은 정보를 활용할 수 있을 뿐만 아니라, 기존의 예측에 대한 환원의 결과도 활용할 수 있는 기회를 갖는다. 또한 이 분야의 전문가들은 내부의 불확실성을 정량화하는 상당한 수준의 실무경험을 보유하고 있다. 이러한 상황에서는 계량적 예측에 의한 것보다 주관적 판단을 활용하는 것이 상대적으로 더 높은 정확도를 나타낼 수 있다고 판단된다.

실제 의사결정상황에서 대부분의 판단은 구체적인 환원(feedback)의 과정이 없이 이루어진다.[163] Murphy와 Brown(1985)에 의하면 판단에 의한 예측의 필요성이 있고, 그 결과의 잠재적 사용자가 있다는 사실은 전문가가 보다 효율적이고 효과적인 예측을 하게 하는 강력한 동기가 된다고 한다. 또한 판단의 질을 개선하기 위해 예측결과의 활용자로부터 얻어지는 환원정보(feedback information)의 사용이 전제되어야 한다고 한다.

따라서 건설경영 의사결정상황에서 예측을 위해 시도되는 판단은 심리학 실험실에서 이루어지는 판단과 매우 대조적인 것이라고 볼 수 있다.

판단의 질에 대한 대부분의 기존 연구는 정형모델과 판단을 비교

---

162) Murphy, A. H., and Brown, B. G., A Comparative Evaluation of Objective and Subjective Forecasts in the United States, Wright, G.(Ed.), Behavioural Decision-Making, Plenum, New York, 1985.

163) Einhorn, H. J., and Hogarth, R. M., Overconfidence in Judgment : Persistence of the Illusion of Validity, Psychological Review, 85, 1978, pp.395-476.

하는 패러다임(paradigm)을 따랐다. 그러나 필자가 이 책에서 문제로 삼고 있는 것은 주관적 판단능력이 모델에 비해서 더 낫거나 못하다는 것이 아니다. 오히려 판단과 계량적 모델이 체계적인 상호작용을 하도록 하면, 문제에 대한 최선의 해결안을 추구할 수 있는 가능성이 더 높아진다는 관점을 강조하는 것이다.

주관적 판단과 모델의 상호작용구조_투명성을 갖춘 구조적 절차

주관적 판단과 계량적 모델의 상호작용은 예측결과가 의사결정자의 상식적 기대치 범위로 들어올 수 있도록 하기 위한 사후조정(ex post adjustment)의 과정이다. 이 방법이 불신을 받는 이유는 예측의 정확도가 떨어지기 때문이 아니라, 예측과정의 정당성을 다른 사람에게 입증하기 어려워서 의사결정의 신뢰도가 훼손될 우려가 있기 때문이다. Geistauts와 Eischenbach(1987)는 예측을 위해 주관적 판단에 의존하는 의사결정자는 계량적 예측결과를 받아들이는 것에 비해 훨씬 더 큰 개인적 리스크를 감당해야 한다고 지적한다.[164] 통계적 방법은 자료를 수집하고 처리하는 과정에서 객관적 절차를 따를 수 있으므로, 소위 "감사의 실마리(audit trail)"를 표출시킬 수 있다는 우려에서 벗어날 수 있다. 이와 대조적으로 판단과정에서 사용되는 절차와 자료는 객관적 정당성을 확보하기 어렵다.

그렇다면 사후 조정과정에서 일관성을 확보하여 결과적인 정당성과 신뢰성을 확보할 수 있는 방법은 무엇인가? 필자는 조정과정에 투명한 구조적 절차의 부여를 제안한다. 본질적으로 Geistauts와

164) Geistauts, G. A., and Eischenbach, T. G., Bridging the Gap between Forecasting and Action, Wright, G., and Ayton, P.(Eds.), Judgmental Forecasting, Wiley, Chichester, 1987.

Eischenbach(1987)가 경고하는 것은 판단과 모델 사이의 체계화되지 않은 상호작용인 것이다.

판단과 모델 사이의 일관성 있는 상호작용을 위해서는 우선 사람의 판단을 체계화시킬 수 있는 기법이 있어야 한다. 이 기법에는 계층구조적 접근법(Saaty, 1980 Dawes, 1975)[165]과 지식베이스 접근법(knowledge base approach) 등이 있다. 이러한 기법의 도움을 통해 주관적 판단과 정형화된 계량적 모델이 상호작용을 이룰 수 있는 정도를 필자는 3가지 수준으로 구분하여 순차적으로 언급하고자 한다. 이는 통계모델 설정에서의 주관적 판단 도입, 사람과 모델의 조합, 그리고 여러 가지 유형의 모델을 하나의 틀 속에 통합하는 다중모델의 설정 등에 관한 내용이다.

통계모델과 주관적 판단_통계모델에 포함되는 주관적 관점

통계적 모델을 설정하기 위해서는 다양한 수준의 주관적 정보를 다루어야 한다. 모든 종류의 통계모델 설정에 공통적으로 관련되는 주관적 관점은 다음의 4가지이다.

1) **변수 선택**(variable selection) : 전문가 판단의 유효성은 모델 변수를 어떻게 활용하는가에 있는 것이 아니라 어떤 변수를 선정하는가에 있다.[166][167] 건설경영 의사결정과정에서 미래예측을 위해 활용되는 모델(예 : 수명주기비용 평가모델)의 변수설정은 전문가

---

165) Barclay, S. et al., Handbook for Decision Analysis, Decisions and Designs Inc., Suite 600, 8400 Westpark Drive, McLean, VA 22101, USA, 1977.

166) Dawes, R. M., Graduate Admission Variables and Future Success, Science, 187, 1975, pp.721-743.

167) Armstrong, J. S., Long Range Forecasting, John Wiley, New York, 1985.

의 판단을 통해 주요변수(key variables)를 추출하는 창조적 과정이기 때문에 자동적 · 기계적 절차에 의해서는 이루어질 수 없다.

2) **변수간의 관계설정**(model specification) : 통계모델 변수들 사이의 관계(선형, 비선형 등)를 설정하는 것 역시 주관적 판단을 요하는 과정이다. Belsely(1988)는 통계모델 변수 사이의 관계를 자동적 · 기계적 절차에 의해 설정하는 것에 비판적이다.[168] 그는 신뢰성 있는 모델은 본질적으로 주관적 판단작업을 포함하는 처방적(diagnostic) 방법에 의해 적합도를 확보하여 얻어지는 것이라고 강조한다.

3) **모수치[169] 추산**(parameter estimation) : 모델변수의 결정을 위한 전문가의 통찰력은 상당한 것인 반면, 통계모델의 모수치 추산(예 : 회귀계수 산정)의 경우 주관적 판단은 그다지 중요한 의미를 갖지 못한다. 모수치 추산은 통계적 절차에 의존한다. 그럼에도 건설경영 의사결정상황에서 분야별 전문가의 판단은 모수치 추산범위의 한계치 설정을 위해 효과적이다.

4) **입력자료 분석 및 모델운용 결과 해석** : 입력자료 분석은 변수 선택과 마찬가지로 주로 판단에 의존하는 작업이다. 예를 들어, 특정 건물(시설)의 수명주기비용 예측을 위해 어느 정도 분량의 자료를 수집하고, 어느 정도 깊이로 분석해야 하는가에 대한 결정에는 불가피하게 주관적 판단이 도입된다. 또 미래의 예외적 변

168) Belsley, D. A., Modelling and Forecasting Reliability, International Journal of Forecasting, 4,3, 1988, pp.427-447.

169) 모수치(母數值)는 모집단(母集團)의 특성을 의미한다. 예를 들어 연구자가 특정 지역의 사무실 건물을 대상으로 추출한 표본의 건설공사비를 조사하였다면, 연구의 목적은 그 지역 전체의 사무실 건물 공사비 분포를 추정하기 위한 것이다. 이 경우 표본의 산술평균을 통계치(統計值)라고 한다. 통계치는 모수치의 추산, 즉 전체 사무실 건물의 평균공사비에 대한 추정치가 된다.

화에 대한 고려를 위해서도 주관적 판단이 요구된다. 이 경우 의사결정자는 시계열분석(time series analysis) 등을 통해 변화효과를 추출해낼 수 있다. 이러한 작업이 보다 투명하게 이루어질수록 예측결과는 더욱 더 강력한 정당성을 확보할 수 있을 것이다.

모델운용 결과의 해석을 위해서도 주관적 판단의 도입이 불가피하다. 특히 모델에 반영되지 않은 정보(extra-model information), 즉 "broken-leg cue"를 인식하여 결과를 조정하는 것이 바람직한 경우가 있다. 이러한 관점에서 Saaty(1980)의 계층구조적 방법(AHP : Analytic Hierarchy Process)은 모델 외적인 영향인자를 고려하여 모델운용 결과를 체계적으로 조정할 수 있는 유익한 방법이다.

결국 통계모델에 반영되는 주관적 판단의 수준은 다음과 같이 요약될 수 있다.

- 변수 선택, 입력자료 분석 및 모델운용 결과 해석은 보다 많은 모델 외적인 정보(extra-model information)의 지원을 받아 주관적 판단에 의존해야 하는 과정이다.
- 모델변수 사이의 관계설정은 주관성을 포함하는 처방적 방법에 의해 적합도를 확보하는 것으로 정형화된 절차에 의존할 수 없는 과정이다.
- 반면에 통계모델의 모수치 추산에 대한 주관적 판단의 역할은 미약한 듯하다.

사람과 모델의 조합_상호 보완의 관계

Dewhurst(1990)는 사람의 의사결정과 모델운용의 상호관계를 그림 8.1과 같이 표현한다.170)

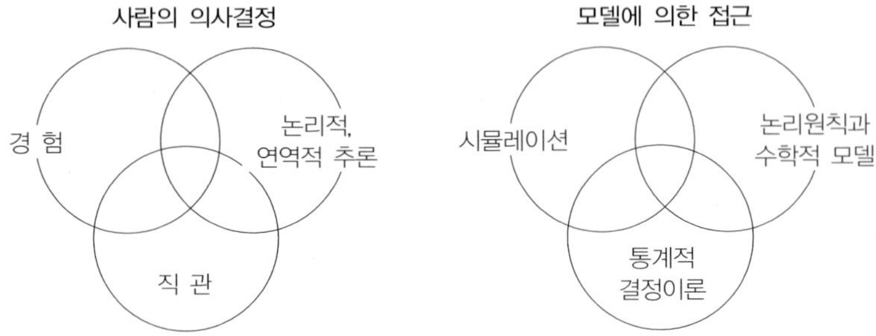

그림 8.1 사람의 의사결정과정과 모델의 비교

수학적 모델은 논리적 · 연역적 사고과정을 정형적 방법으로 표현한 것이다. 반면, 최근의 전문가시스템(expert system) 또는 지식베이스 접근법(knowledge-based system)은 논리적 · 연역적 사고에 비교적 적게 의존하는 대신, 사전에 정의된 법칙이나 특정 문제영역에서 알려진 사실을 이용하여 문제해결을 시도한다. 즉, 전적으로 논리적 · 연역적 추론에만 머무르지 않고 통계적 결정이론에 의존하기도 하고, 한편으로는 과거의 경험적 지식을 활용하기도 한다. 의사결정자는 이 두 가지 접근법 사이의 경계에서 양쪽으로부터 필요요소들을 추출 · 활용하여 사람과 모델의 상호작용을 실현하는 것이다.

의사결정자와 모델은 각각 강점과 약점을 갖는다. 의사결정자는

170) Dewhurst, F. W., and Gwinnet, E. A., Artificial Intelligence and Decision Analysis, Journal of the Operational Research Society, 41, No. 8, August 1990.

경제상황이나 유행 등과 같이 모델에 반영하지 못하는 사항을 고려할 수 있는 통찰력을 가지고 있다. 반면 모델은 복잡한 자료를 일관성 있고 공평무사한 방법으로 처리한다. 반면 모델은 유연성을 결여하고 있어 주변환경 변화에 적절히 대처할 수 없는 결점을 노출한다.

한편, 의사결정자는 변화하는 상황에 다소 지나치게 반응하는 경향이 있다. 의사결정자는 분위기나 주관적 해석 등의 영향을 받아 동일한 자료를 가지고도 상황에 따라 다른 결정을 하기도 한다. 그러나 모델은 동일한 자료가 입력되는 한 항상 같은 결과를 제시해 준다.

또한 의사결정자는 다양한 편견의 영향을 받지만, 모델은 실험적으로 예측력을 갖는 실질적 자료만을 처리할 뿐, 그 자료의 대표적 특성이나 유효성 등으로 인한 편견의 영향을 받지 않는다.

따라서 건설경영 의사결정과정에서 이들 각각의 장점을 극대화하고 결점을 효과적으로 극복하기 위해 필요한 것이 있다면, 예측을 위해 모델의 일관성과 의사결정자의 통찰력을 통합하는 것이다.

Libo와 Nair(1988)에 의하면 두 가지 종류의 예측이 완벽한 상관관계를 갖는 것이 아니라면, 이 둘의 조합을 통한 예측이 어느 한가지의 예측보다 일반적으로 더 정확성이 높은 결과를 산출한다고 한다.[171] 동일한 논리로, 모델의 예측치를 조정하기 위해 활용되는 주관적 판단인자가 모델의 예측과 완벽한 상관관계를 갖지 않는 것으로, 전문가 예측의 한 부분을 반영하는 것이라면, 주관적 판단에 의해 조정된 모델운용 결과는 모델의 예측결과에만 의존하는 것보다

---

171) Lobo, G., and Nair, R., Combining Judgmental and Statistical Forecasts : An Application to Earnings Forecasts', Working Paper, University of Wisconsin–Madison, Department of Accounting, August, 1988.

더 정확성이 높다고 생각할 수 있다.

이러한 맥락에서 의사결정자와 모델의 효과적 결합을 위해 Blattberg와 Hoch(1990)가 제시하는 각각의 강점과 약점을 살펴볼 필요가 있다. 이에 대한 내용은 아래와 같다.[172)]

- 의사결정자에 비해 모델이 강한 경우
  1) 의사결정자는 상황을 이해하고 평가하는 과정에서 편견을 갖게 되고, 그 결과 오류를 범할 수 있는 반면, 모델은 이러한 영향을 받지 않는다.
  2) 의사결정자는 상황을 과소평가하여 지나친 자신감을 갖는 경향이 있고, 소속 조직의 정책에 영향을 받아 문제해결을 왜곡시킬 우려가 있는 반면, 모델은 합의를 이루어야 한다는 사회적 압력 등에 구속받지 않고 기본자료(base-rate data)를 처리할 수 있다.
  3) 의사결정자는 피로감과 지루함 등 감정의 영향을 받는 반면, 모델은 이러한 영향을 받지 않는다.
  4) 의사결정자는 자료의 처리과정에서 상황에 따라 일관성을 잃어버릴 수 있는 반면, 모델은 주어진 여건에 관계없이 최적의 방법으로 문제를 처리한다.

- 모델에 비해 의사결정자가 강한 경우
  1) 모델은 입력자료에 근거하여 오직 예측만 할 수 있으나 의사결정자는 상황에 따라 적절한 의문을 제기하면서 새로운 변수를 인식하고, 모델 예측결과를 평가하고 조정하는 등 적절한 조치를 취할 수 있다.
  2) 의사결정자는 객관적으로 측정하기 어려운 모델변수를 주관적

172) Blattberg, R. C., and Hoch, J. H., Database Models and Managerial Intuition, Management Science, Vol.36, No.8, 1990.

으로 평가하여 그 중요도를 결정할 수 있다.

3) 모델은 일관성이 있는 반면 유연성을 결여하고 있다. 이에 반해 의사결정자는 상황변화에 탄력적으로 적응할 수 있는 유연성을 지니고 있다.
4) 의사결정자는 전문가 집단으로부터 특정 분야의 지식을 제공받아 비정상적인 사례를 인식하고 해석하여 적절히 대처할 수 있다.

의사결정자와 모델은 상호 대체 및 보완의 관계에 있다. 동일한 관련정보를 활용한다는 점에서 상호 대체적이고, 의사결정자가 약한 상황에서 모델이 강하고 모델이 약한 경우에 의사결정자가 강하기 때문에 상호 보완적이다. 따라서 이들을 효과적으로 결합한다면 각각의 강점이 서로의 약점을 상쇄시킬 수 있다.

다양한 유형의 불확실성에 직면하는 건설경영 의사결정상황에서 사람(의사결정자와 전문가)과 모델 각각의 장점을 뽑아 효율적으로 결합할 수 있는 이론적 틀의 설정은 효과적인 의사결정의 지름길이 될 수 있을 것이다.

다중모델구조의 설정_서로 다른 유형의 효과적 결합

Bunn(1988)은 서로 다른 유형의 모델을 결합하는 이유로 모든 외부변수(exogenous variables)를 단일모델에 응축하는 과정에서 따르는 어려움 때문이라고 언급한다.[173] 동일한 관점에서 건설경영 의사결정을 위해 다중모델구조(multiple model structure)를 설정하는 이유는 상황

173) Bunn, D. W., Combining Forecasts, European Journal of Operations Research, 33, 1988, pp.223-229.

변화에 따른 다양한 정보를 체계적으로 수렴하여 효과적인 의사결정을 시도하기 위한 것이다. 이를 위해 몇 가지 종류의 모델을 고려함에 있어서 필자의 관심사항은 다음과 같다.

1) 어떤 모델을 선택하고 어떤 모델을 배제할 것인가?
2) 선택된 모델을 어떻게 효율적으로 결합할 수 있는가?

상호결합을 위한 모델 선정을 위해 활용될 수 있는 일반적 원칙은 없다. 유일한 원칙이 있다면, 예측오차 사이의 상관성을 피하기 위해 서로 다른 가정(assumptions), 자료 또는 요구사항에 근거한 모델의 사용이 바람직하다는 것이다.[174)]

계량적 모델의 상호 결합을 시도한 기존의 방법은 주관적 판단의 여지가 거의 없는 통계적 모델을 그 대상으로 하고 있다.[175)176)177)] 그러나 동태적인 성격(dynamic nature)을 갖는 건설경영 의사결정을 위해서는 다양한 모델의 결합을 포함하는 구조적 틀이 유연성(flexibility)과 적응성(adaptivity)을 가져야 한다.

이를 위한 이상적 방법은 통계모델 운용 결과만을 대상으로 주관적인 조정을 시도하기보다는 다중모델구조(multiple model structure) 내에서 성격이 다른 여러 가지 유형의 계량모델이 다양한 정보 및 자료를 처리하는 과정에서 사람의 판단과 상호작용을 이룰 수 있도록 하

174) Bunn, D. W., Comparative Evaluation of the Minimum Variance and Outperformance Methods for the Linear Combination of Forecasts, Operations Resrearch Quarterly, 28, 1977, pp.653-663.

175) Bates, J. M., and Granger, C. W. J., The Combination of Forecasts, Operations Research Quarterly, 20, 1969, pp.451-468.

176) Newbold, P., and Granger, C. W. J., Experience with Forecasting Univariate Time Series and the Combination of Forecasts, Journal of the Royal Statistical Society Services A, 137, 1974, pp.131-165.

177) Winkler, R. L., and Makridakis, S., The Combination of Forecasts, Journal of the Royal Statistical Society Services A, 146, 1983, pp.150-157.

는 것이다.

이러한 구조적 틀 안에서 본질적으로 중요한 것은 한 가지 모델의 출력변수와 다른 모델의 입력변수 사이에 설정되어야 하는 일관성이다. 즉, 건설 초기단계의 의사결정을 위해 활용된 모델의 출력결과는 적절히 조정되어 다음 단계의 의사결정을 위해 활용되는 모델의 입력변수가 되도록 하는 것이다. 왜냐하면 출력결과에만 의존하는 단순결합은 의사결정자가 활용정보와 모델 사이에 존재하는 상호연관성의 고리를 상실하게 할 우려가 있기 때문이다. 이러한 경우 의사결정자는 일관성을 결여하게 되어 다양한 종류의 편견의 제물이 될 수 있다.

본 장에서 제시된 관점에 근거하여, 의사결정자와 모델의 상호작용구조를 설정하기 위한 내용은 다음 장 "의사결정전략과 모델의 조합"에서 구체적으로 언급된다.

제I부 건설경영 의사결정상황

-의사결정 차원의 상황 조명-

9. 의사결정전략과 모델의 조합

-다중모델의 구조적 틀

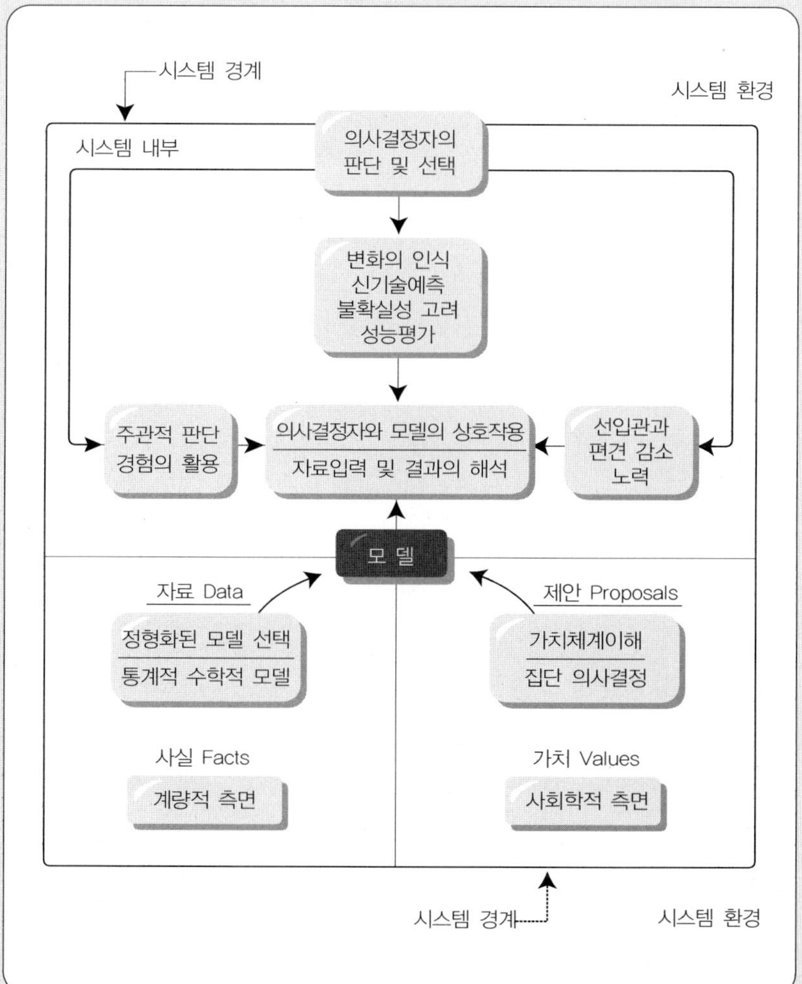

9. 의사결정전략과 모델의 조합

– 다중모델의 구조적 틀

여러 종류의 모델을 하나의 틀 속에 조합하여 효과적으로 사용한다면, 어느 한 가지 접근방식의 단점이 다른 접근방식의 강점에 의해 상쇄될 수 있다. 또한 다양한 접근방법으로 의사결정상황에 접근하기 때문에 의사결정자는 그 상황을 보다 잘 이해할 수 있는 통찰력을 얻을 수 있다.

본 장에서는 전 장에서 논의된 개념을 바탕으로 의사결정자와 모델의 상호작용을 실현할 수 있는 다중모델구조를 설정한다. 우선 정형적 통계모델(statistical model)과 인과(因果)모델(causal model)에 관하여 고찰하고, 각 모델이 왜 평가의 수단으로서 한계를 드러냈는지를 밝힌다. 아울러, 그 한계점에도 불구하고 왜 이러한 모델들의 활용을 포기해서는 안 되는가를 살펴본다. 그리고 이러한 정형적 모델의 경직성에 비해 유연성을 특징으로 하는 사람의 정보처리모델에 관한 개념을 고찰해 보고, 사람의 정보처리모델을 통계모델 및 인과모델과 연관시켜 시간의 경과에 따라 다양한 양상으로 변화하는 건설경영 의사결정상황에 효과적으로 대처할 수 있는 다중모델의 구조적 틀을 설정한다. 이 틀 안에서 다양한 유형의 모델이 사람의 주관적 판단과 효과적인 상호작용을 할 수 있도록 하여 건설경영 과정의 다양한 의사결정이 보다 바람직하게 이루어질 수 있도록 할 수 있는 방법론을 정립한다.

통계적 회귀분석 모델_그 한계와 효용

의사결정과정에서 사용되는 입 · 출력 모델은 주로 통계적인 맥락에서 고찰되어 왔다. 특히 건설과정의 초기 계획단계에서는 단순 · 용이하게 개략적인 최적치를 제공해 주는 통계적 회귀분석모델이 가장 적합한 것으로 판단된다. 회귀분석모델은 예측에 대한 영향요인(독립변수)과 예측치(종속변수) 사이의 관계를 통계적인 방법으로 수식화하여 비교적 간단하게 영향요인의 변화에 따른 결과치의 예측이 가능하도록 하는 효율적인 방법으로, 표 9.1에서 설명되는 것과 같이 선형 또는 비선형 등 다양한 유형이 있다.

표 9.1 회귀분석 모델의 유형

모델 유형	특 징	회귀식의 유형
단순회귀	독립변수가 1개이며 종속변수와의 관계가 직선이다.	$Y=a+bx+e$
곡선회귀	독립변수가 1개이며 종속변수와의 관계가 곡선이다.	$Y=a+b_1X+b_2X^2+ \ldots b_nX^n$
중 회 귀	독립변수가 k개 (x_1, x_2, ...x_k) 이며 종속변수와의 관계가 1차함수이다.	$Y=a+b_1X_1+b_2X_2+ \ldots b_nX^n$
다항회귀	독립변수가 k개 (x_1, x_2, ...x_k) 이며 종속변수와의 관계가 1차함수 이상이다.	k=2이고 2차항수인 경우 $Y=a+b_1X_1+b_2X_2+b_{11}X_1^2+b_{22}X_2^2+b_{12}X_1X_2+e$
비선형회귀	회귀식의 모양이 미지의 파라메타들 (b_i)의 선형관계로 이루어져 있다.	$Y=ae^{(-bx)}+e$

* e : 오차 b : 회귀계수

회귀분석모델(특히 선형회귀모델)의 다재다능함(versatility)은 단순화와 개략적 최적치 추구라는 요구조건의 관점에서 다음과 같이 언급된다.178)

1) 시간의 경과에 따라 보다 세련된 모델을 추구할 수 있도록 하는

단순한 출발점을 제공한다.

2) 특정 분석값의 범위 내에서 개략적 최적치를 제공한다.

3) 의사결정에 대한 영향인자들 사이의 상관관계를 나타낼 수 있다.

이러한 회귀분석모델의 특성은 이론체계는 간결할수록 좋다는 관점에서 "실체에 관한 설명은 필요성을 초과해서 추가시키지 말아야 한다"는 오캄의 면도날(Occam's Razor) 개념에 근거하고 있다.[179] 이 원리에 의하면 문제 사실에 부합하는 가장 단순한 이론이야말로 가장 정확한 것이라고 한다. 즉 더 많은 사실적 정보를 얻을 때까지 사용할 수 있는 최선의 수단이라는 것이다. 이러한 단순성이야말로 극히 제한적인 정보와 자료를 효과적으로 활용해야 하는 건설 초기 계획단계에서 회귀분석모델이 유용성을 갖도록 하는 핵심요소이다.

건설경영의 맥락에서 회귀분석모델은 공사비나 공기 등의 예측을 위해 주로 활용된다. 이 모델은 건물(시설)규모, 형상, 건립위치 등의 대표적 변수와 공사비, 공기 등과의 상관관계를 일종의 수식으로 표현한다. 예측치가 어느 정도 설명될 수 있는가를 나타내기 위해 각 변수에 대한 계수가 사용되며, 전반적 신뢰도는 건설공사비의 평균값에 대한 비율인 "잔차의 표준오차(residual standard error)"로 표현된다.[180]

표 9.1에서 보이는 다양한 회귀식의 도출은 그 내용이 복잡하기 때문에 통계분석 패키지(package)를 이용하는 것이 일반적이다. 도출된 회귀식은 다음과 같은 사항에 유의하여 사용해야 한다.

178) Gilchrist, W., Statistical Modelling, John Wiley and Sons, Chichester, 1984.

179) Occam's Razor는 Britannica(1986)에서 다음과 같이 표현되어 있다.
"entities are not to be multiplied beyond necessity."

180) Beeston, D. T., Cost Models, Chartered Surveyor, B and Qs Quarterly, 1977-8, pp.56-59.

1) 과거자료를 근거로 도출되는 회귀분석모델은 작성시점의 변수 간 상호관계를 설명하는 것이므로 시간적 한계성을 갖는다. "시간적 고정(locked in time) 또는 black-box approach[181]"로 언급되는 이러한 단점은 예측 당시의 제반 여건을 고려하여 적절히 보정되어야 한다.
2) 회귀분석모델을 설정하기 위해서는 충분한 자료의 수집이 필요하며, 이상변동 등에 의해 발생한 비정상적 자료는 모델의 신뢰도에 부정적 영향을 미치므로 분석대상에서 제외되어야 한다.
3) 변수 간에 1차적(선형적) 상관관계가 존재하지 않음에도 산점도(scatter diagram)를 곡해하여 1차적 단순회귀식으로 간주할 수 있다. 이러한 문제를 극복하기 위해 산점도를 신중히 검토해야 한다.

또한 이 모델의 운용결과는 모델 설정을 위한 표본(sample)을 포함하는 모집단(population)에만 관련된 것이다. 선형이라는 가정 역시 관찰이 가능한 범위에서만 정당화될 수 있다. 즉 관찰 가능범위 외에서는 선형관계가 나타날 것이라고 확신할 수 없다. 이러한 관점에서 건설공사비의 예측에 따르는 이 모델의 한계를 다음과 같다.[182]

1) 모델 설정을 위해 자료가 추출된 건물(시설)과 유사한 건물의 공사비 예측을 위해서만 사용될 수 있다.
2) 수집 자료의 범위에 포함되지 않는 건물(시설)의 공사비 예측을 위해서는 각별한 주의가 필요하다.

---

181) Brandon, Peter S., Models, Mortality and the Ghost in the Machine, in Brandon, Peter S.(Ed.) Building Cost Modelling and Computers, Spon, London, 1987, pp.3-14.
182) Carver, M., Optimisation Technique for Use in the Design of Buildings, Croome, D. J., and Sherratt, A. F. C.(Eds.), Quality and Total Cost in Buildings and Service Design, London, The Construction Press, 1977, pp.103-115.

그러나 이러한 단점에도 불구하고 통계적 회귀분석모델은 의사결정과정에서 지속적으로 활용되어 바람직한 역할을 해 왔다. 특히 공사비 예측과정에서 의사결정자는 통계적 회귀분석모델의 도움을 받아 건설 초기 계획단계에서 제한적인 정보와 자료를 효과적으로 활용하여 공사비를 비교적 정확하게 예측할 수 있다.[183)]

건설 초기 계획단계에서 확정되는 총공사비는 전체 공사범위에 가장 큰 파급효과를 미치지만, 이 단계에서 공사비 예측을 위해 활용할 수 있는 정보와 자료의 양은 극히 제한적이다. 이러한 상황에서 통계적 회귀분석모델은 제한적인 정보 · 자료를 효과적으로 활용하여 실제 공사비에 근접하는 개략치를 용이하게 산정할 수 있다. 이러한 예측치는 건설 초기 계획단계에서 의사결정자에게 공사의 범위를 제시해 주는 귀중한 지표가 된다(Beeston, 1977-8).

의사결정 범위를 설정하기 위한 판단과정에서 문제에 대한 회귀방정식은 의사결정자가 추구해야 할 방향을 개략적으로 예측할 수 있도록 하여 준다.[184)] Dawes와 Corrigan(1974)은 회귀분석모델이 여러 분야에 걸쳐 복잡한 판단을 요구하는 문제에 대하여 높은 예측능력을 발휘하였다는 것을 인정하면서도, 이 모델의 효용성은 의사결정자의 사고과정을 묘사할 수 있는 능력에 있는 것이 아니라 그 견고성(robustness)에 있다고 말한다.[185)] 따라서 통계적 회귀분석모델은 견고성과 대비되는 특성인 기술적(descriptive) 측면을 설명하기 위해서는 사용하기 어렵다는 비판이 제기되어 왔다. 즉, 사람의 정보처리 과정

183) Beeston, D. T., A Future for Cost Modelling, Brandon, P. S.(Ed.), Building Cost Modelling and Computers, Spon, London, 1987, pp.17-24.

184) Goldberg, L. R., Man vs. Model of Man, Psychological Bulletin, 73, 1970, pp.422-432.

185) Dawes, R. M., and Corrigan, B., Linear Models in Decision-Making, Psychological Bulletin, 1974, 81, pp.95-106.

을 설명하는 수단으로서의 회귀분석모델은 그 적절성에 대하여 지속적인 우려가 제기되어 왔다.

선형회귀분석모델은 지나칠 정도로 견고해서(robust) 정보의 탐색(information search)이나 선택의도(selective attention)와 관련된 과정을 투명하게 나타낼 수 없다. 건설경영 의사결정의 맥락에서 회귀분석모델은 이미 완료된 건물 또는 구성요소(components)를 설명하기 위해 사용되어 왔다. 이는 수단보다는 목적에, 그리고 과정보다는 결과에 중점을 두는 개념이다. 따라서 이 모델의 활용으로는 수단과 목적이 시간의 경과에 따라 지속적으로 변화하는 건설경영 과정의 의사결정상황에서 결코 적절한 해결안을 제시할 수 없다.

회귀분석모델과 관련된 또 하나의 문제는 암상자적 접근(black-box approaches)의 특징 때문에, 새로운 문제영역에 대한 지식의 추가가 어렵다는 것이다.[186] 만약 의사결정자가 모델의 배경과 의미를 완전히 이해하여 조작할 수 없다면 그 모델은 완벽한 것으로 가정되어야 한다. 그러나 예외적으로 단순한 의사결정상황이 아니라면 이러한 가정은 결코 성립될 수 없다. 결과적으로 회귀분석모델은 건설 초기 계획단계에서 유용하게 활용될 수 있지만 시간의 경과에 따라 동태적으로 변화하는 후속적인 과정에는 적용하기 어렵다.

인과모델_건설경영 과정의 문제에 대한 인과관계적 표현

실제상황에서 의사결정은 수많은 변수들이 복잡하게 상호 연관되어 있는 대규모 시스템의 한 부분을 대상으로 이루어지는 경우가 대부분이기 때문에 의사결정자는 대상시스템의 부분에 집중하기보다

186) Brandon, P. S., Models, Mortality and the Ghost in the Machine, Brandon, P. S.(Ed.), Building Cost Modelling and Computers, Spon, London, 1987, pp.3-14.

는 전체 입출력 변수 사이의 인과관계를 고려해야 한다. 건설경영 의사결정 역시 부분적 해결안의 추구에서 벗어나 시스템 전체의 관점에서 주요변수 사이의 상관관계를 규명하여 종합적 해결대안을 탐색하는 방법으로 이루어져야 한다.

인과모델은 대상시스템에 대한 영향인자를 식별하고, 문제에 대한 영향인자의 기여도를 파악하기 위해 설정된다. 이 모델은 대규모 시스템을 대상으로 이루어지는 의사결정상황에서 대안의 평가를 용이하게 할 수 있도록 해준다. 그러나 대상시스템에 대한 완벽한 인과관계의 설정은 현실적으로 불가능하다.[187] 또한 모델을 설정하기 위해서는 반드시 입증되어야 하는 인과관계를 파악하기 위해서는 많은 시간과 값 비싼 노력이 필요하다. 따라서 인과모델의 설정 여부는 모델의 사용을 통해 얻어지는 혜택과 특정 상황을 정확히 이해하기 위해 필요한 시간과 노력을 비교 · 평가하여 결정되어야 한다.

인과모델은 경제학[188], 지리학[189][190], 경영학[191][192][193], 사회학[194][195] 등의 분야에서 인기를 얻어 온 반면, 건설경영분야에 의도적

187) Cleland, D. I., and King, W.R., System Analysis and Project Management, 2nd Edition, London, McGraw-Hill, 1975.

188) Wold, H., and Jureen, L., Demand Analysis : A Study in Economics, New York, Wiley, 1953.

189) Pringle, D. G., Causal Modelling : The Simon Blalock Approach, Concepts and Techniques in Modern Geography, Norwich, Geo Abstracts, University of East Anglia, 1980.

190) Moffatt, I., Causal and Simulation Modelling using System Dynamics, Concepts and Techniques in Modern Geography, Australia, North Australia Research Unit, 1991.

191) Griffin, L. J., Causal Modelling of Psychological Success in Work Organisations, Academy of Management Journal, Vol.20, 1977, pp.6-33.

192) Jermier, J., and Schriesheim, C., Causal Analysis in the Organisational Sciences and Alternative Model Specification and Evaluation, Academy of Management Review, April, 1978, pp.326-337.

193) Neumann, Y., Assessing Causality in Organisational Studies : The Path-Analytic Approach, Academy of Management Review, April, 1978, pp.366-369.

으로 사용된 예는 극히 드물다. 다만 Beeston(1987)이 건설공사비 산정 모델의 정확성은 공사비에 영향을 주는 인자와 공사비 사이의 인과관계를 규명하여 향상시킬 수 있음을 역설했을 뿐이다. Beeston (1987)은 시설(건물)의 각 부분에 비용을 할당하면 인과관계의 규명을 통해 각 대안의 비용을 쉽게 파악할 수 있다고 제안한다. 이는 의사결정에 영향을 주는 변수들이 밀접히 관련되어 있다고 가정하였다는[196] 점에서 인과모델의 개념을 내포한 것으로 고려된다. 만약 대상시스템에 대한 입출력 변수를 상호 연관시켜 인과모델을 설정할 수 있다면, 결정결과에 대한 각 인자의 영향도를 파악하여 유익하게 활용할 수 있을 것이다. 그러나 유익함의 가능성에도 불구하고 인과성을 파악하는 것은 결코 쉬운 일이 아니다.

인과모델에 의한 접근은 이전현상(원인)에 대한 결과적 현상(결과)의 설명을 통해, 결과에 대한 원인의 규명을 시도하는 것이다.[197] 따라서 인과관계는 직접 인식되는 것이 아니고, 관찰 가능한 변수 사이의 관계에 대한 가정을 근거로 파악되는 것이다. 변수들의 인과관계를 설정하는 과정에서 직면하는 어려움은 인과성의 개념정의를 면밀히 검토해 보면 인식될 수 있다.

두 변수 X와 Y 사이의 인과관계는 다음과 같은 세 가지 조건의 규명을 통해 이루어질 수 있다.[198]

---

194) Hage, J., and Meeker, B. F., Social Causality, Contemporary Social Research : 16, Boston, Unwin Hyman, 1988.

195) Blalock, H. M., and Blalock, A. B., Methodology in Social Research, McGraw-Hill, New York, 1968

196) Heise, D. R., Causal Analysis, New York : Wiley, 1975.

197) Asher, H. B., Causal Modelling, 2nd Ed., Sage Publications, Beverly Hills, 1983.

198) Pringle, D. G., Causal Modelling : The Simon-Blalock Approach, Concepts and Techniques in Modern Geography, Norwich, Geo Abstracts, University of East Anglia, 1980.

1) **상호변화**(covariation) : 변수 X가 변수 Y의 원인이 되기 위해서는 공간적 · 시간적으로 X의 변화가 Y의 변화에 상응해야 한다. 예를 들어 비가 많이 오는 지역(변수 X)은 비가 적게 오는 지역보다 장마(변수 Y)가 더 자주 있어야 한다.

2) **시간적 선행**(temporal precedence) : 변수 X가 변수 Y의 원인이라면 X의 변화는 그에 상응하는 변수 Y보다 시간상으로 앞서야 한다. 즉, 장마에 앞서 많은 비가 내려야 한다.

3) **산출**(production) : 인과관계가 존재하는 상황에서 X의 변화는 반드시 Y의 변화에 앞서는 것에 그치지 않고 보다 적극적인 의미에서 Y의 변화를 유발해야 한다. 고온 다습한 시기 다음에 건조한 기후가 오는 경우가 많지만, 건조기는 다습기에 의해 유발되는 것이 아니므로 어느 누구도 다습기가 건조기의 원인이라고 말하지 않는다. 그러나 장마는 많은 비로 인해 유발되는 것으로 볼 수 있으므로 장마와 비의 관계에는 인과성이 존재한다고 볼 수 있다.

첫 번째 조건은 변수 X와 Y 사이에 동시변화(concomitant variation) 또는 상호변화(covariation)의 관계가 존재해야 한다는 것을 의미하는 반면, 두 번째 조건은 두 변수 사이에 시간적 순서(time ordering)를 전제로 하고 있다. 이러한 두 가지 조건은 두 변수 사이의 상호변화가 측정 가능하고, 시간적 순서 또한 관찰될 수 있다는 점에서 그다지 어렵게 인식되지는 않는다. 그러나 세 번째 조건의 경우는 변수 X와 Y 사이의 인과관계가 성립되기 위해 시간적으로 앞서야 하는 것은 물론, Y에 대한 X의 산출관계를 전제로 하기 때문에 훨씬 더 입증하기 어렵다. 실험적 상황에서는 변수 X가 변수 Y에 대하여 갖는 효과를 알기 위해 조작될 수 있다. 이 경우 다른 변수들의 값은 일정한 것으로 가정된다. 그러나 실제상황에서 다른 변수들은 통제될 수도 없고 변수 X가 조작될 수도 없다. 따라서 우리가 할 수 있는 일은 상호변화와 시간순서의 두 가지 인과관계에 관한 지식을 활용하여 무엇이 무엇을 산출(야기)하는가를 알기 위해 대상시스템을 관찰하는 것뿐이다.

인과관계를 규명하는 과정에서 변수는 상태변수(state variables)와 과정변수(process variable)로 구분된다.[199] 상태변수는 관찰 및 측정이 가능한 인자로서 인과과정의 시작 또는 끝에서 나타나는 모델의 입출력 변수이다. 반면 과정변수는 인과과정에서 변화하는 조건으로 관찰 및 측정이 어렵다. 그러나 "어떻게 이러한 현상이 생겼는가?(How did this happen?)", "A가 B에 어떻게 영향을 주었는가?(How did A affect B?)"와 같은 질문에 답하기 위해 이러한 변수에 대한 가정이 불가피하다.

특정 모델의 상태변수는 또 다른 모델의 과정변수가 될 수 있다. 예를 들어 특정 건물부위의 수명주기비용 산출결과는 비용산정 모델의 출력결과로서 상태변수인 반면, 건물 전체의 수명주기비용 산출을 위한 과정변수가 될 수도 있다. 이러한 개념을 구체적으로 설명하기 위한 인과관계[200]를 나타내면 표 9.2과 같다.

---

199) Hage, J., and Meeker, B. F., Social Causality, Contemporary Social Research : 16, Boston, Unwin Hyman, 1988.

200) Neumann(1978)은 두 변수 사이의 관계를 다음 3가지로 설명한다.
1. 순환성(recurrence) 또는 비순환성(non-recurrence)
2. 선형성(linearity) 또는 비선형성(non-linearity)
3. 부가성(additionality) 또는 비부가성(non-additionality)

환원(feedback)이 없는 모델을 비부가적(non-recurrent)이라고 한다. 이 모델은 모든 변수에 대하여 직접적인 원인과 결과를 인식할 수 있는 일방향 계층구조(one-way hierarchical structure)를 가지고 있다. 그러나 모든 인과모델이 계층구조적 또는 비순환적이 아니고 환원성을 포함하는 경우도 있다. 이러한 경우 어떤 변수는 첫 번째 변수에 영향을 주고, 궁극적으로 다른 변수에 영향을 주기도 한다. 이러한 특성을

표 9.2 인과관계 유형

관 계	설 명
(a) X_1 → Y_1	X_1의 변화는 Y_1의 변화를 일으키며 선형관계로 가정된다.
(b) X_1, X_2, ., ., X_n → Y_1	변수 X_1, X_2, ..., X_n은 상호영향을 미친다. 그 상호작용은 구체적으로 인식된다. 한 가지 이상 변수의 변화는 Y_1에 변화를 일으킨다.
(c) X_1 −▌▌▌▌→ Y_1	X_1의 변화는 구체화되지 않은(unspecified) 간섭변수를 통해 Y_1에 변화를 일으킨다.

표 9.2의 3가지 관계 중에서 과정변수는 (C)에서 보이는 두 개의 상태변수 X_1과 Y_1 사이에 개입되는 것이다. 이러한 경우 과정변수는 즉시 관찰될 수 없다. 어느 것은 너무 빠르게 진행되어 관찰조차하기 어려운 경우도 있다. 그럼에도 인과과정의 이해를 위해서는 과정변수의 실체를 밝혀내야 한다.

도대체 어떠한 근거에서, 어느 정도 신뢰성을 가지고 의사결정자는 인과성에 따른 의사결정을 수행할 수 있을까? 상태변수 및 과정변수의 성격을 갖는 변수는 무한히 많고, 어떠한 변수를 근거로 얼마나 정확하게 결정을 하였는가에 대한 통계적 검증이나 계수산출도 불가능하다. 모델 설정을 위해서는 어느 특정 시점에서 유한한 수의 측정 가능한 변수만을 검토할 수밖에 없다. 또한 복잡성과 다양성(variability)의 취급에 따르는 현실적 한계에 직면하기도 한다. 결국 아

갖는 모델을 순환성 모델이라고 한다. 순환성(비순환성)의 관계에 선형성(비선형성)과 부가성(비부가성) 측면을 포함하면, 두 변수 사이의 관계를 8가지로 표현할 수 있다.

Neumann, Y., Assessing Causality in Organisational Studies : The Path-Analytic Approach, Academy of Management Review, April, 1978, pp.366-369.

무리 섬세하고 정교한 모델도 불가피하게 상황을 대폭적으로 단순화시켜서 만들어진 것임에 유념해야 한다.[201] 그럼에도 상황을 어느 정도 단순화하는 것이 바람직한 것인가에 대해서는 항상 의문의 여지가 남는다.

정형적인 통계적 회귀분석모델과 인과모델은 너무나 견고(robust)하여 주관적 판단을 포함하는 건설경영 의사결정과정을 묘사하기 어렵고, 인과성을 규명하여 단순화하기도 어렵다는 중대한 결점을 가지고 있다. 그럼에도 이들을 포기해야 한다는 결론을 내리는 것은 적절하지 못한 듯하다.

결론적으로 정형적 모델만으로는 건설경영 의사결정과정을 분석하기에 충분하지 못하기 때문에, 정형적 모델의 장점을 살리는 한편, 그 단점을 보완하여 의사결정의 질을 높여야 할 필요성이 제기된다. 이를 위해 필자는 사람의 정보처리모델 개념을 도입하고자 한다.

규범적 이론에서 휴리스틱 모델로_관점의 전환

규범적 접근법은 판단 또는 선택의 작업을 효용이론(utility theory)과 같은 합리적 개념을 적용하여 최적결과를 사전에 결정한 후, 실제결과가 최적결과에서 어느 정도 벗어나는가를 관찰하는 것이다. 이러한 규범적 모델은 최적결과를 판단할 수 있는 평가기준이 명확히 정의되어 있다는 것을 전제로 한다.[202]

그러나 규범적 모델을 통한 선택은 인지심리학(cognitive psychology)

---

201) Blalock, H. M., Causal Inferences in Non-Experimental Research, Chapel Hill : University of North Carolina Press, 1964.

202) Simon, H. A., The Logic of Heuristic Decision-Making, Resher, N.(Ed.), The Logic of Decision and Action, Pittsburgh, University of Pittsburgh, 1966.

과 사람의 정보처리이론(human information procressing theory) 이라는 개념적 틀 내에서 형성된 휴리스틱 과정(heuristic process)으로 관점이 전환되었다고 한다.[203] 실제 의사결정은 규범적 원칙에서 벗어나 있기 때문에[204] 부분최적(suboptimality)에 불과한 결과를 입증하기보다는, 부분최적밖에 제공할 수 없는 사람의 정보처리방식을 묘사하는 것으로 연구의 방향이 전환되었다는 것이다.

건설경영 의사결정상황이 복잡하고 유동적이며 불확실하기 때문에 실제 의사결정의 효용(utility)은 결정결과의 유용성(usefulness)에 있기 보다는 그 결과에 대한 만족감(satisfaction)에 있는 경우가 있다.[205] 따라서 "의사결정자가 얼마나 잘 의사결정을 수행하는가?" 하는 관점을 "그가 실제상황에서 어떻게 의사결정을 수행하고 있는가?" 라는 관점으로 전환하는 것 역시 건설경영 의사결정에 대한 새롭고 중요한 출발점이 될 수 있다. 즉, 한 개인으로서의 의사결정자는 제한적인 정보처리능력을 갖는 하나의 시스템으로 고려될 수 있다.[206]

사람의 정보처리모델_유연성의 조명

사람의 정보처리방식에 대한 연구의 배경은 "사람을 제한적인 능력(limited capacity)을 갖는 선택적(selective)이고 단계적(stepwise)인 정보

---

203) Payne, J. W., Information Processing Theory : Some Concepts and Methods applied to Decision Research, Wallsten, T. S.(Ed.), Cognitive Processes in Choice Decision Behaviour, New Jersey, Lawrence Erlbaum Associates Publishers, 1980, pp.95-116.

204) Edwards, W., Conservatism in Human Information Processing, Kleinmumtz, B. (Ed.), Formal Representation of Human Judgment, New York, John Wiley & Sons, 1968, pp.17-52.

205) Brandon, P. S., Cost Vs. Quality : a zero sum game? Powell, J. A. et al(Ed.), Building Cost Modelling and Computers, Spon, London, 1987, pp.3-14.

206) Newell, A., and Simon, H. A., Human Problem Solving, Englewood Cliffs, NJ : Prentice-Hall, 1972.

처리시스템"[207]으로 고려하는 관점에 있다. 이 이론에 의하면 사람은 지극히 제한적인 기억력으로 많은 정보를 처리하기 때문에 효율적인 의사결정을 수행하기 위해 다양한 절차 및 방식을 활용한다고 한다. 이러한 관점을 보다 구체적으로 설명하기 위해 Hogarth(1987)는 사람의 제한적인 정보처리능력의 특성을 다음 4가지로 요약한다.

1) **정보의 인식**(perception of information) : 정보인식이 광범위하지 못하고 선택적이다. 이러한 특성에 비추어 볼 때, 건설경영 과정에서 시간과 비용의 제한으로 모두 처리할 수 없는 수많은 정보에 직면한다는 사실은 의사결정자를 곤혹스럽게 한다.

2) **정보처리방식의 특성**(nature of processing) : 사람은 수많은 정보를 동시에 통합 처리할 수 없기 때문에 그 처리는 주로 순차적(sequential)으로 이루어진다. 마찬가지로 건설경영 과정에서 획득가능한 정보는 초기단계에서 보다 구체적인 단계로 진행되면서 그 양이 순차적으로 증가되고 질적으로도 세련되어 간다. 따라서 이러한 특성은 건설경영 의사결정에 필요한 정보처리 과정과 잘 부합될 수 있다.

3) **정보처리능력**(processing capacity) : 사람의 두뇌는 의사결정상황에서 최적계산(optimal calculations)을 수행할 수 있는 직관적 계산기(intuitive calculators)를 갖고 있지 않다. 대신 의사결정자는 정보를 처리하는 과정에서 정신적 부담을 덜기 위해 휴리스틱(heuristic)을 사용하여 의사결정절차를 단순화시킨다.

4) **기억능력**(memory) : 사람은 제한적 기억능력만을 가지고 있다. 컴

207) Hogarth, R. M., Judgment and Choice, The Psychology of Decision, New York, John Wiley & Sons, 1987.

퓨터와 달리 사람의 기억은 재현(reconstruction)이라는 적극적 과정을 통해 이루어진다. 따라서 어떠한 연상(association)이 사용되는가에 따라 기억을 통해 재현되는 내용도 바뀐다.

상기 사항은 의사결정이 제한적 인식능력의 영향을 받는다는 제한적 합리성(bounded rationality)의 개념을 지지한다.[208] 제한적 합리성과 휴리스틱 이론(heuristic theory)은 규범적 의사결정이론을 공략할 수 있을 만큼 체계적으로 검증되지는 않았기 때문에, 의사결정자는 휴리스틱(heuristic)의 종류와 그 영향을 받는 판단에 따라 동일한 문제도 결과적으로 달리 인식하고 표현할 수 있다.[209] 이러한 문제는 특정 상황에서 어떤 종류의 휴리스틱이 적용될 것인지 알기 어렵다는 사실에 기인하기도 한다.[210]

주관적인 판단은 의사결정상황의 다양한 특징에 영향을 받는 반면, 정형적 모델과 규범적 이론은 그 견고성(robustness) 때문에 판단과정을 만족스럽게 표현하지 못한다. 이러한 단점을 보완하기 위해 제한적 합리성과 휴리스틱 이론(heuristic theory)이 포기되어서는 안 된다. 오히려 다양한 의사결정상황에서 효과적으로 활용될 수 있도록 체계적으로 도입되어야 한다. 이에 대한 개념정립은 본 장의 후반부에서 구체적으로 언급된다.

---

208) Simon, H. A., Administrative Behaviour, 3rd Ed. New York : Free Press, 1976.

209) Pitz, G., Decision-Making and Cognition, in Jungermann, H., and De Zeew, G.(Eds.), Decision-Making and Change in Human Affairs, Dordrecht, Holland : Reidel, 1977.

210) Slovic, P., Fischhoff, B., and Lichtenstein, S., Behavioural Decision Theory, Annual Review of Psychology, 1977, 28, pp.1-39.

다중모델 구조_주관적 판단과 모델의 상호작용 구조

지금까지 건설경영 의사결정상황에 접근할 수 있는 다양한 모델이 제시되었지만 어느 방법도 결코 완전하지는 못하다. 따라서 필자는 어느 특정 방법에만 전적으로 의존하지 않고 본 장에서 언급된 다양한 유형의 모델을 상호 조합하는 다중모델 구조적 접근방법을 시도한다. 의사결정과정에서 발생되는 문제를 해결할 수 있는 모델을 설정하기 위해 정형적 · 규범적 모델뿐만 아니라 사람의 정보처리방식에 의한 접근까지도 도입하여 의사결정의 기술적(descriptive) 측면도 반영하고자 한다.

여러 종류의 모델을 하나의 틀 속에서 효과적으로 조합하여 사용한다면, 한 가지 방식의 약점은 다른 방법의 강점에 의해 상쇄될 수 있다. 또한 다양한 접근방법에 의해 각기 다른 방식으로 의사결정상황에 접근하기 때문에 의사결정자는 그 상황을 보다 잘 이해할 수 있는 통찰력을 확보할 수 있다.

이러한 관점에서 지금까지 언급된 유형의 모델을 조합하여 건설경영의 의사결정상황에 접근할 수 있는 다중모델 구조적 틀을 설정하면 표 9.3과 같다.

표 9.3은 건설경영 의사결정과정을 시간순서에 따라 3단계로 구분하여 각 단계별 특성에 부합될 수 있는 모델유형을 제시하고, 아울러 각 모델이 갖는 강점과 약점도 보여 준다. 물론 한 가지 모델의 강점이 다른 모델의 약점을 상쇄시킬 수 있다는 필자의 생각은 변함이 없다는 것을 전제로 한다.

표 9.3 모델 유형별 특징의 비교

단 계	모델유형	강 점	약 점
1단계	통계적 회귀분석 모델	건설 초기단계의 정책 결정과 의사결정의 전반적 범위설정에 유익함.	• 유연성 부족으로 다양한 상황에서 사람의 직관적 판단이 개입될 수 없음. • 시간적 고정(locked in time 또는 black-box approach) • 의사결정상황에 적응할 수 있는 유연성 결여 어프로치 • 의사결정의 근거로서의 인식과정을 파악하기에 부적합함.
2단계	정보처리 모델	통계적 회귀분석모델이 갖는 약점의 반대효과를 가짐.	• 다양한 편견의 영향을 받음.
3단계	인과모델	변수 사이의 관계표현에 용이함.(예 : 설계변수와 비용 등)	• 인과관계 설정이 어려움. • 충분한 정보획득 필요

인식상의 한계 극복전략_사람의 정보처리 모델의 단점 극복

사람의 정보처리이론은 의사결정 자체의 이론에 관한 것이 아니라 의사결정과정의 이론이다. 따라서 의사결정과정의 질에 관심을 갖게 되면 의사결정 보조수단(decision aids)의 개발 및 활용에도 자연스럽게 관심을 갖게 된다. 의사결정의 질적 결점이 인식상의 한계로 인해 발생되는 것이라면 보조수단의 개발을 통해 그 한계를 극복할 필요가 있기 때문이다.

사람의 사고과정을 표현하는 지식베이스 접근법(knowledge-based approach)의 발전은 의사결정 보조수단의 개발에 매우 고무적인 것으로 여겨진다. 본 장의 나머지 부분에서는 동태적이고 복잡한 상황에서 의사결정자가 인식상의 한계를 극복할 수 있도록 도움을 제공하는 의사결정 보조수단 개발의 이론과 전략을 제시하고자 한다.

이론적 배경

사람의 정보처리방식의 한계를 극복하기 위한 의사결정 보조수단 개발이론은 기본적으로 "사람은 문제를 파악하여 해결하는 정보처리 시스템이다."라는 가정에 근거한다.[211] 즉, 사람의 정보처리시스템 이론은 사람이 제한적 능력(limited capacity)[212][213] 만을 갖는 불완전한 실체이기 때문에 결정에 필요한 모든 정보를 동시에 처리할 수 없다고 본다. 이러한 시스템의 특성으로 다음과 같은 사항을 고려할 수 있다.

- 매우 제한적 용량이지만 필요정보에 순발력 있게 접근할 수 있는 단기적 기억능력(short-term memory)
- 거의 무제한적 용량이지만 상당한 정도의 저장 및 추출시간이 필요한 장기적 기억능력(long-term memory)
- 전적으로 단기적 기억능력 위주의 정보처리 구조
- 시간의 경과에 따른 정보의 연속적 처리경향, 그리고
- 정보처리상황에서의 적응능력

위와 같은 사람의 기억능력을 묘사하는 모델에는 기억을 (1)특정 저장영역에서 추출되는 것으로 보는 고정모델(fixed image model)[214]과

---

211) Newell, A., and Simon, H. A., Human Problem Solving, Englewood Cliffs, NJ : Prentice-Hall, 1972.

212) Moray, N., Where is attention limited?, A Survey and A Model, Acta Psychology, 27, pp.84-92, 1967.

213) Hogarth, R. M., Judgment and Choice, The Psychology of Decision, New York, John Wiley and Sons, 1987.

214) Ericsson, K. A., and Simon, H. A., Verbal Reports as Data, Cambridge, Massachusetts : MIT Press, 1984.

(2)정보의 재분류를 통해 형성되는 것으로 보는 재분류 모델(recategorisation model)215)의 두 종류가 있다.

고정모델(fixed image model) 이론에 의하면 사람의 사고과정은 중앙처리장치(central processor)와 다양한 유형의 기억능력에 근거한다고 한다. 단기기억(short-term memory : STM)은 극히 제한적인 용량을 갖지만 정보를 순간적으로 처리할 수 있는 반면, 장기기억(long-term memory)은 큰 용량에 비해 상대적으로 긴 시간에 걸쳐 정보를 관리한다. 중앙처리장치를 통해 얻어진 문제관련 정보는 단기기억 영역(STM)에서 처리되는 한편, 일부 정보는 단기기억 영역에서 지워지기 전에 장기기억 영역(LTM)으로 옮겨져 저장된다. 이 때 장기기억 영역(LTM)은 과거 경험으로부터 얻어진 정보를 포함하고 있다. 결국 고정모델 이론은 문제해결에 필요한 정보가 단기 및 장기기억 영역을 옮겨 다니는 것으로 보고 있는 것이다.

한편, 재분류 모델(recategorisation model)에 의하면 재분류는 상황에 따라 여러 가지 맥락에서 정보를 재편집하는 기술(skill)로 일련의 경험을 통해 이루어진다고 한다. 이 모델에서 기억은 비록 정확한 재현과정을 거치는 것으로 볼 수는 없을 지라도, 의사결정자가 자신의 신념, 필요성, 가치 또는 욕구에 따라 다양성, 유연성, 창조성 등을 적절히 활용하여 정보를 재분류하고 재구성할 수 있도록 해 준다. 따라서 재분류 모델은 시간의 경과에 따른 지식의 재분류 과정(즉 사고과정의 변화)과 전문가의 사고체계를 이해할 수 있도록 해준다.

재분류 모델의 개념은 의사결정을 위해 의사결정자와 모델의 상호

---

215) Rosenfield, I., The Invention of Memory : A New View of the Brain, New York : Basic Books, 1988.

작용을 뒷받침해 주는 이론인 반면, 고정모델은 다양한 정보를 유연하게 지원해 줄 수 있는 지식베이스 모델 개발의 개념적 배경이 될 수 있다. 특히 고정모델에서 단기기억 영역(STM)과 장기기억 영역(LTM) 사이의 정보전달구조(information passing mechanism)는 다음 그림 9.1과 같이 표현될 수 있다. 이는 특정 문제의 해결을 위해 관련 정보를 별도 데이터베이스로부터 지원받는 정보전달시스템 구조와 비교될 수 있다.

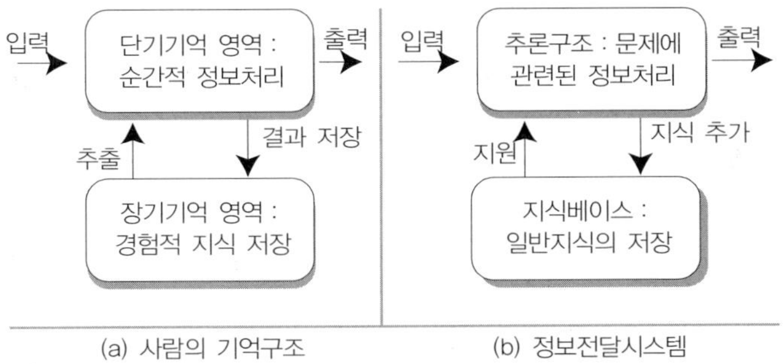

그림 9.1 고정모델구조와 정보처리시스템의 비교

단기기억 영역 내의 정보는 시간경과에 따라 장기기억 영역에 전달된 일부를 제외하고는 모두 사라져 버린다. 이러한 약점을 극복하기 위해 정보전달시스템이 추구하는 사항은 고정모델(fixed image model) 구조 내에서 정보전달방식과 유사한 의사결정 보조수단을 개발하여 사람이 갖는 기억능력상의 한계를 극복하는 것이다. 그림 9.1에서 정보전달시스템 내의 관련정보가 소멸되지 않고 모두 지식베이스 구조에 저장되어 차후 다른 유형의 문제를 해결하기 위해 재활용되도록 하는 것이다.

이러한 방식은 건설경영 의사결정상황에서 인지능력의 한계를 극복할 수 있도록 하는 지식베이스 모델(knowledge-based model)의 개발과 직접적인 관련이 있다. 지식베이스 모델의 일반적 구성요소와 운용 원리에 대하여는 본 장의 후반부에서 구체적으로 언급된다.

의사결정지원시스템

의사결정지원시스템(decision support system : DSS)의 개발에 대한 접근 방법은 다음 두 가지 관점으로 구분된다.[216)]

- 의사결정을 지원하는 특정 수단 또는 도구(tools)의 개발
- 의사결정과정의 이해를 위한 과정모델(process model) 개발

최근까지 국내외(주로 국외)의 다양한 분야에서 개발되어 온 전문가시스템(expert system)은 일반적으로 전자의 방법, 즉 의사결정을 지원해주는 수단 또는 도구의 개발에 주력하여 왔다. 그러나 본 장에서 필자는 후자의 방법, 즉 의사결정과정을 표현할 수 있는 모델의 개발 필요성을 제기한다.

과정모델을 통해 의사결정자는 의사결정이 어떻게 이루어지고 있는가를 보다 정확히 이해할 수 있고, 그 결과 의사결정과정의 질을 향상시켜 궁극적으로는 결정 자체의 질도 개선할 수 있기 때문이다. 이렇게 함으로써 의사결정지원시스템(DSS : decision support system)은 의사결정과정에서 의사결정자의 적극적인 파트너가 될 수 있을 것으로 사료된다.[217)]

---

216) Spangler, W. E., The Role of Artificial Intelligence in Understanding the Strategic Decision-Making Process, IEEE Transactions on Knowledge and Data Engineering, Vol.3, No.2, June, 1991.

217) Keen (1983)이 언급한 내용은 다음과 같다.
...with a great understanding of the decision-making process, DSS can become a

의사결정지원시스템은 건설 초기계획단계의 경영의사결정을 위해 우선적으로 개발되어야 한다.[218] 초기단계의 결정이 의사결정과정 전체에 걸쳐 가장 큰 파급효과를 가질 뿐만 아니라, 후속적으로 진행되는 건설경영 의사결정의 평가기준이 되기 때문이다.

그러나 건설경영 의사결정자가 직면하는 어려움은 건설 초기단계의 의사결정이 전체적으로 가장 큰 파급효과를 미치면서도, 문제의 실체가 가장 애매하기 때문에 실제 무엇이 문제점인지 명확하게 파악할 수 없을 뿐만 아니라, 문제를 정확하게 인식하였다 해도 해결에 필요한 정보량이 극히 제한되어 있다는 것이다. 또한 초기단계의 의사결정은 시간의 경과에 따라 기존 정보가 새로운 정보에 의해서 대체될 경우 그 결과도 변경될 수 있다. 즉 추가정보의 획득에 따라 문제에 대한 인식 자체도 바뀔 수 있다. 따라서 문제에 대한 의사결정자의 인지적 측면(cognitive aspect)에 대한 이해는 건설경영 의사결정을 지원해 주는 과정모델(process model) 개발을 위해 중요한 문제로 인식되어야 한다. 그러나 컴퓨터 기술 및 소프트웨어의 괄목할 만한 발전에도 불구하고 의사결정자(또는 전문가)의 사고과정을 표현할 수 있는 의사결정지원시스템의 연구는 아직도 극히 제한적인 실정이다.[219]

---

more active partner during the decision-making process, guiding the decision-maker while still leaving the "primacy of judgment".
Keen, P. G. W., Decision Support Systems : The Next Decade, Decision Support System, Vol.3, 1983, pp.253-265.

218) King, W. R., Achieving the Potential of Decision Support Systems, Journal of Business Strategy, Vol.3, 1983, pp.84-91.

219) Mockler, R. J., Knowledge-Based Systems for Strategic Corporate Planning, Oxford, OH : The Planning Forum, 1987.

인식상의 한계극복 전략 1_문제의 세분화(Problem Decomposition)

복잡한 실체를 이해하는 사람의 능력은 그 실체가 더 세분화될 수 있는지 여부를 판단하는 능력과 관련이 있다.[220] 이러한 개념에 따른 문제해결은 문제를 보다 단순한 하위문제(subproblems)로 세분화하는 것, 즉 "분할하여 공략한다(divide and conquer)"는 원칙을 따르는 것이다. 세분화에 의한 접근방법을 통해 의사결정자는 (1)중요인자를 식별하기 위해 전문지식을 체계적으로 활용하고[221], (2)문제해결에 필요한 모든 정보를 효과적으로 활용하여[222] 어려운 문제를 효과적으로 공략할 수 있다.

최근까지 이러한 개념을 내포하고 있는 연구는 주로 공사비 산정 모델의 개발에 중점을 두고 이루어졌다. 공사비 산정 모델의 정확성은 건설과정에서 점점 구체화되는 작업네트워크(activity network)상의 각 요소에 비용을 할당하여 향상될 수 있다고 한다.[223] 이러한 관점에서 기존의 정형모델이 갖는 설계와 비용 사이의 정태적 관계(static relationships)가 비판되면서, 공사비 산정 모델은 건설과정의 흐름을 방해하지 않고 설계와 비용 사이의 다양한 관계를 표현하여 동태적인 의사결정과정을 지원해 줄 수 있어야 한다고 주장된다.[224] 건설과정에 수학적/통계적 모델을 대응시키는 기존의 접근방식은 유연성이

---

220) Simon, H. A., The Architecture of Complexity, Proc. of the American Phil. Soc., 106, 6, December, 1962, pp.467-482.

221) Dawes, R. M., and Corrigan, B., Linear Models in Decision-Making, Psychological Bulletin, 1974, 81, pp.95-106.

222) Einhorn, H. J., Cue Definition and Residual Judgment, in Organisational Behavior and Human Performance, 12, 1974, pp.30-49.

223) Beeston, D. T., A Future for Cost Modelling, Brandon, P. S.(Ed.), Building Cost Modelling and Computers, Spon, London, 1987, pp.17-24.

224) Newton, S., Cost Modelling : A Tentative Specification, Brandon, P. S.(Ed.), Building Cost Techniques : New Directions : New Directions, E & F. N. Spon Ltd., London, 1982, pp.192-209.

결여되어 있다는 한계성 때문에 적절하지 못하기 때문에, 그 대안으로 PERT/CPM과 유사한 구조의 네트워크 모델이 제시되었다.[225] 이에 대한 보다 구체적인 대책으로서 개략설계단계에서 설계대안을 평가하기 위해 네트워크 기법과 전문가시스템을 결합하여 설계와 비용 사이의 관계를 파악할 수 있는 방법론이 제시되었다.[226]

인식상의 한계극복전략 2_지식베이스 접근(Knowledge-Based Approach)

세분화 전략은 의사결정의 과정에 역점을 두는 것인 반면, 지식베이스 접근법은 의사결정에 필요한 지식을 재구성하여 결점으로 인식되어 온 휴리스틱(heuristics)을 효과적으로 활용하는 방법이다.[227] 이러한 개념은 다양한 분야에서 의사결정자를 지원해줄 수 있는 지식베이스 접근법 또는 전문가시스템의 개념과 맥락을 같이 한다. 인공지능(artificial intelligence)의 분야에서 파생된 이러한 접근법은 전문가로부터 확보된 지식베이스(knowledge base)에 일련의 추론규칙(inferential rule)을 추가하여 특정 영역의 방대한 지식을 표현함으로써[228] 해당분야의 전문가를 모방하고 궁극적으로는 전문가를 대체할 수 있을 정도의 수준에 이르는 것을 목표로 한다.

지식베이스 접근방식이 주로 전문지식을 대상으로 이루어지면 지

---

225) Bowen, P.A., Wolvaardt, J.S., and Taylor, R.G., Cost Modelling : A Process Modelling Approach, Brandon, P.S.(Ed.), Building Cost Modelling and Computers, Spon, London, 1987, pp.3-14.

226) Bowen, P.A., and Erwin, G.J., Building Design Evaluation : The Synthesis of Network Models and Expert Systems, Cost Engineering, Vol.31, No.11, November, 1989.

227) Larkin, J., McDermott, J., Simon, D.P., and Simon, H.A., Expert and Novice Performance in Solving Physics Problems, Science, 208, 1984, pp.1335-1342.

228) Duda, R., and Shortliffe, E., Expert Systems Research, Science, 220, 1983, pp.261-268.

식베이스 전문가시스템(knowledge-based expert system)이 된다. 전문가시스템이 시스템의 성능수준을 강조하는 것인 반면, 지식베이스 접근법(knowledge-based approach)은 시스템의 본질적 구성요소에 치중하는 개념이다.

건설경영 의사결정을 위해서는 전문지식뿐만 아니라 의뢰자의 요구조건, 참여자의 가치체계 그리고 다양한 의사결정자들의 직관적 판단도 요구되기 때문에 그 방식은 지식베이스 접근법에 더 근접하는 것이다. 덜 정형화된 모델인 지식베이스 접근법이 문제해결과 관련된 정량적 · 정성적 자료 모두를 체계적으로 활용할 수 있다는 장점을 갖는다.[229] 이러한 관점에서 지식베이스 접근방법은 건설경영 의사결정상황의 복잡하고 명확히 정의될 수 없는 문제를 해결하는 수단이 될 수 있을 것으로 생각된다.[230]

지식베이스 접근법은 상황에 따른 적응능력을 향상시키고 자료의 독립성을 확보하기 위해, 특정 분야의 관련지식을 조작과정과 분리시키는 데이터베이스 개념을 응용한다. 이 개념을 반영하기 위해 전형적인 지식베이스 시스템 구조는 적어도 다음과 같은 3가지의 본질적 구성요소를 포함한다.[231][232]

1) 특정 문제 영역과 관련된 사실적 자료와 휴리스틱(heuristics) 운용

229) Warszawaski, A., Evaluation of Building Design Alternatives, CIB Proceedings of 3rd International Symposium on Building Economics, Vol.2, 1984.

230) Nzioki, N. M., An Introduction to Expert Systems in Construction Management, Building Economics, CIB Proceedings of the 4th International Symposium on Building Economics, Session A, Methods of Economic Evaluation, Pedersen, D. O., and Lemessany, J., Danish Building Research Institute, Copenhagen, 1987.

231) Chin, M., The Interpretation of Code Provisions for Wind and Earthquake Loads via Knowledge-based Expert Systems, CIB 1990.

232) Logcher, R. D., and Sriam, D., CAE Techniques for Distributed Design, CIB 1990.

규칙(rules)으로 구성되는 지식베이스(knowledge base)

2) 지식베이스 내의 자료와 규칙을 사용하기 위해 시스템을 통제하는 추론구조(inference mechanism). 이는 추론기구(inference machine), 추론기관(inference engine), 추론시스템(inference system) 등의 다양한 용어로 묘사된다.
3) 특정 문제 관련 지식(context knowledge). 이는 추론기구(inference mechanism)에 의해 사용되는 모든 정보를 말하는 것으로, 특정 프로그램의 실행과정에서 생성되는 정보까지도 포함한다.

상기 개념을 도식화하면 다음 그림 9.2와 같다.

그림 9.2 지식베이스 시스템의 구성요소

본 장에서는 시간의 경과에 따라 다양한 특징을 보이며 변화하는 건설경영 의사결정상황에 효과적으로 대처할 수 있는 다중모델 구조적 틀을 설정하였다. 이를 위해 통계모델과 인과모델 사이에 휴리스틱(heuristics)에 근거한 사람의 정보처리 이론모델을 삽입하여 정형모델이 갖는 견고성(robustness)의 문제를 효과적으로 극복하고, 전체적인 관점에서 유연성을 갖도록 하였다. 또한 사람의 정보처리이론이 갖는 인지능력의 한계를 극복하기 위한 방안으로써 세분화(decomposition) 전략과 지식베이스 모델(knowledge-based model)의 개발을 제시하였다.

다중모델구조의 설정목적은 다양한 유형의 모델 상호간은 물론 각 모델과 의사결정자의 주관적 판단이 효과적인 상호작용을 할 수 있도록 하여 건설경영 의사결정이 보다 바람직하게 이루어지도록 할 수 있는 방법론을 제공하는 것이다.

다음 장에서는 본 장에서 제시된 다중모델 구조적 틀에 근거하여 건설경영 의사결정전략 모델을 정립하고자 한다.

Ⅱ

건설경영 의사결정전략

-건설경영 의사결정상황의 공략방법론-

제Ⅱ부 건설경영 의사결정전략

-건설경영 의사결정상황의 공략방법론-

10. 전략적 접근방법론

-강력하고 유연한 접근전략

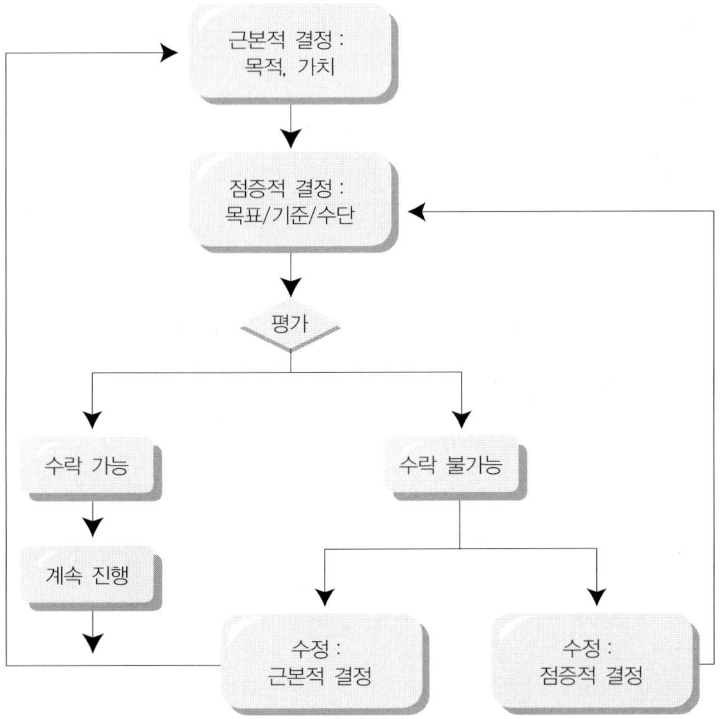

10. 전략적 접근방법론

– 강력하고 유연한 접근전략

다양한 유형의 복잡한 문제를 해결해야 하는 건설경영 의사결정상황에서 불확실한 미래에 대처하기 위해서는 의사결정에 영향을 미치는 수많은 양적 · 질적 변수의 이해는 물론 결정에 참여하는 모든 사람들의 가치와 심리적 속성도 파악해야 한다. 그러나 실제상황에서 이는 불가능한 것이므로 이론과 실제 사이의 격차는 불가피하다.

건설경영 전략적 의사결정의 개념적 틀을 설정하기 위해서는 우선적으로 빈번히 사용되는 몇 가지 용어의 의미를 파악할 필요가 있다.

먼저 "의사결정(decision-making)"이란 말의 뜻을 파악해 보자. 의사결정의 의미를 명확화하기 위해서는 (1)의사결정과정(decision-making process), (2)의사결정자(decision-maker), 그리고 (3)결정(decision)의 세 가지 뜻을 함께 이해해야 한다.

의사결정과정(decision-making process)은 문제와 관련된 사실(facts)을 수집하여 분석하고 가치(value)의 관점에서 해석하여 해결대안을 선택하는 의식적 과정이다.[1] 이 말은 의사결정과정이 객관적 사실뿐만

1) Shull.et al(1970)이 정의한 "의사결정과정"은 다음과 같다.
"a conscious and human process, involving both individual and social phenomena, based upon factual and value premises, which includes a choice of one behavioural activity from among one or more alternatives with the intention of moving toward some desired state of affairs."
Shull, F. A., Delbecq, A. L., and Cummings, L. L., Organizational Decision Making,

아니라 가치판단도 포함하고 있기 때문에 상황에 따라 의사결정자의 주관적 판단도 반영될 수 있다는 것을 의미한다. 주관적 의사를 반영하기 위해서는 특정 대안의 선택을 위해 다른 대안을 배제시켜야 한다. 따라서 합의에 이르기 위해서는 의사결정에 참여하는 집단(조직)들이 가치개념을 서로 공유하지 않으면 안 된다.

의사결정자(decision-maker)의 의미는 의사결정의 시기와 목적에 따라 다르다. 건설과정에서 의사결정자의 유형과 관심사는 시간의 경과에 따라 달라지기 때문이다. 건설 초기단계에서의 핵심 의사결정자는 투자자(investor)로서, 주요관심사항은 건설사업비, 소요기간, 유지관리비, 금리, 예상수익 등인 반면, 설계와 시공이 진행되면서 설계자, 전문가, 자재 · 제품 · 기술의 공급자 등으로 의사결정자의 유형이 변하고 의사결정의 대상과 내용도 점차 구체화된다. 이러한 과정에서 특정 단계의 의사결정 목표는 이전단계 의사결정의 목표를 구체화하는 수단(means)이 되어 수단과 목적의 연계(means-end chain link) 관계가 형성된다.[2)]

의사결정이 시간의 경과에 따른 동태적 변화 개념을 포함하는 것이라면 "결정(decision itself)은 의사결정이라는 지속적인 과정(ongoing process)의 특정 단계"이다.[3)]

"결정"을 "판단(judgement)"의 의미와 비교하여 이해할 필요가 있다.

New York : McGraw-Hill, 1970.

2) Davidoff, P., and Reiner, T. A., A Choice Theory of Planning, Public Administration Review, 1967, 27, pp.385-392.

3) Emory와 Niland(1968)는 "결정"의 개념을 "다음과 같이 정의한다.
"the point of selection and commitment... The decision-maker chooses the preferred purpose or the best course of action."
Emory, C. W., and Niland, P., Making Management Decision, New York : Houghton Mifflin Company, 1968.

판단은 행동(action)을 전제로 하지 않는 것인 반면, 결정은 단기 및 중 · 장기적 관점에서 인적 · 물적 자원의 투입을 수반하는 개념이다. 건설경영 의사결정은 초기건설비와 유지관리비 등의 재정적 지출뿐만 아니라 시간, 노동력, 전문지식 등의 자원투입도 전제로 한다. 아울러 적어도 몇 번의 판단을 거치지 않고 결정에 이르는 것은 불가능하다.

의사결정과정에서 "목적(objective)", "목표(goals)", "평가기준(criteria)" 등의 개념은 누가 정의하는가에 따라 다소 차이가 있다. 필자는 이 책에서 논리적인 일관성을 유지하기 위해 다음과 같은 정의를 사용한다.[4)]

목적은 장기적으로 지향하는 미래의 바람직한 상태로서 실현되지 않을 수도 있는 것이지만, 궁극적으로 나아가야 할 방향이며 결정에 대한 가장 중요한 평가척도이다.

목표는 목적에 이르는 과정의 특정 시점 또는 어느 기간에 걸쳐 측정된 상태로서 목적과 동일선상에 있는 것이다. 따라서 목표달성

---

4) Rivett (1972)은 "목적(objective)", "목표(goals)" 및 "평가기준(criteria)"을 다음과 같이 정의한다.
"Objectives means a long term state towards which we hope to proceed. Such objectives may be unobtainable but nevertheless they are there as the ultimate towards which one is proceeding and as yardsticks against which decisions can be tested."
"Goals" are measured states, at or during a specific period of time. The goals therefore when stated this way are directly related to the statement of the objectives, and it must be shown that the provision of resources necessary to achieve these goals at these period of time is feasible and that the goal lie on a logical path towards the objectives."
"The current criteria of performance are those measures which we use to check on the progress towards its goals."
Rivett, P., Principles of Model Building, The Construction of Model for Decision Analysis, London, John Wiley & Sons, 1972

을 위해 투입되는 재원은 목적에 비추어서 타당성이 있어야 한다.

한편, 평가기준은 목적의 관점에서 목표달성 과정을 점검하기 위해 사용되는 평가척도이다.

이제 접근방법론의 대안을 검토해 보자. 본 장에서 필자의 관심은 "건설경영 의사결정이란 무엇인가?"에 있는 것이 아니라 "건설경영 의사결정은 어떻게 이루어져야 하는가?"에 있다. 즉 건설경영 의사결정을 제한적인 시간과 예산의 범위 내에서 효과적으로 수행하기 위해 필요한 접근방법론을 정립하고자 한다.

이러한 개념을 명확히 파악하기 위해서는 과정지향적 접근(process-oriented approach)과 결과지향적 접근(outcome-oriented approach)의 차이를 음미해 볼 필요가 있다.[5] 과정지향적인 관점은 "의사결정이 어떻게 이루어지고 있는가?"에 관한 이해를 통해 "의사결정이 어떻게 이루어져야 하는가?"하는 규범적 교훈을 얻을 수 있다는 것으로, 본질적으로는 기술적(descriptive) 성격을 갖지만 규범적(normative) 특성도 포함하는 폭넓은 개념인 반면, 결과지향적인 관점은 결정결과의 타당성을 강조하는 규범적 의미이다.

---

5) Zeleny (1982)는 이 두 가지 방법의 차이를 아래와 같이 언급한다.

"The process-oriented approach, based on the view that if one understands the decision-making process, one can predict the outcome. Essentially descriptive, this approach has prescriptive and normative features as well : Knowing how decisions are made can teach us how they should be made ; the reverse causal linkage, unfortunately, does not follow."

"The outcome-oriented approach, based on the view that if one predicts the outcome of the decision-making, then one obviously understands the decision-making process. The decision outcome and its correct prediction are at the center of this approach. Normative decision analysis, statistical concepts, single and multi-attribute utility theories, etc, are examples of this orientation, which asks questions like what and when rather than how."

Zeleny, M., Multiple Criteria Decision-making, McGraw-Hill, Maidenhead, 1982

의사결정은 과정지향적 관점의 용어로 결과지향적 의미를 갖는 결정이란 말과 구별된다. 결정은 의사결정과정의 산물로서 이해되어야 한다. 필자는 결정 자체의 이해보다는 건설경영과정에서 이루어지는 다양한 결정을 분석하고 이해하기 위해 효과적인 방법론을 정립하고자 한다.

건설경영 의사결정상황에 대한 접근방법의 대안으로 우선 가장 객관적인 것으로 인식되고 있는 과학적 방법을 검토해 보자. Karl Popper(1962)는 다음 질문으로 검증할 수 있어야 과학적 발견이 될 수 있다고 강조한다.[6)]

- 정당화될 수 있는가?
- 정당화될 수 있다면 그 방법은 무엇인가?
- 그 정당성이 객관적으로 입증될 수 있는가?
- 기존의 이론체계와 모순되지는 않는가?

상기 질문으로 검증되기 위해서는 제시되는 논제의 의미가 객관적으로 명확해야 한다. 그러나 의사결정은 객관적 사실뿐만 아니라 주관적인 판단도 포함하기 때문에 논제를 객관적으로 입증해야 하는 과학적 방법을 의사결정상황에 직접적으로 적용하기 어렵다.

예를 들어 "건물 외벽의 단열성을 높이는 것은 장기적인 관점에서 비용을 절감할 수 있는 효과적인 방법이다."라는 논제의 의미를 생각

---

6) Karl Popper (1962)가 과학적 발견의 논리를 다음과 같이 언급하였다.
The logical analysis of scientific discovery concerns only :
"..questions of justification or validity...Its questions are of the following kind : Can a statement be justified? And if so how? Is it testable? Is it logically dependent on other statement? Or does it perhaps contradict them? In order that a statement may be logically examined in this way, it must already have been presented to us."
Popper, K. R., The Logic of Scientific Discovery, London, Hutchinson and Co. Ltd., 1962.

해 보자. 이 말에는 논리적 검증이 불가능한 가정과 해석이 포함되어 있다. 첫째, 건축주(발주자)의 관심사에 대해서 어떠한 가정이 이루어졌는가? 건축주는 재정여건상 장기소요비용보다는 초기투자비의 절감에 더 많은 관심을 가지고 있을 수도 있다. 둘째, 어떠한 관점에서 건축주의 의도가 해석되었는가? 다른 관점에서 해석하면 벽체의 단열성을 높이는 것은 열손실을 줄여 장기소요비용을 줄일 수 있는 경제적인 대안일 수 있는 반면, 건물 내부의 환기(ventilation)에 문제점을 야기할 수도 있다. 또 "장기적인 관점에서 소요비용을 절감할 수 있는 효과적 방법이다."라는 말은 단열성이 높은 외벽이 다른 대안에 비해서 보다 경제적이라는 상대적 의미를 갖는다. 그러나 향후의 에너지 공급여건이 상당 기간 안정적이라는 가정 하에서는 전혀 다른 결과가 얻어질 수도 있다. 따라서 건설경영 의사결정은 상황 자체와 그 상황의 해석에 따라 매우 가변적이어서, 보편성을 원칙으로 하는 과학적 방법을 직접적인 접근방법론으로 채택하기 어렵다.

건설경영 의사결정에 대한 접근방법론은 과학적인 방법에 따라 결정결과를 논리적으로 검증하는 역할을 하기보다는 의사결정과정을 투명화 시켜, 의사결정에 직 · 간접적 영향을 받는 개인 · 집단 · 조직이 그 과정을 이해하고 필요한 경우 합리적으로 개입할 수 있도록 하여 의사결정의 과정과 결과에 대한 이해와 만족감을 공유할 수 있도록 하는 것이어야 한다.

건설경영 의사결정상황에 대한 접근방법론을 정립하기 위해서는 의사결정의 두 가지 관점인 규범적 측면(normative aspect)과 행태적 측면(behavioural aspect)을 함께 고려해야 한다. 규범적 이론은 결정결과의 합리성을 강조하는 것인 반면, 행태적 개념은 합리성의 강조과정에서 직면하는 제한조건에 관심을 갖는 개념이다.[7)]

건설경영 의사결정상황에서 특정 사안과 관련된 정보와 자료를 모두 수집하여 완벽하게 분석하는 것은 의사결정자의 제한적 인식능력(limited cognitive capacity)으로 인해 불가능하다. 즉, 완벽한 합리성(perfect rationality)에 근거한 의사결정은 불가능한 것이므로 제한적 합리성 영역의 어딘 가에 머무를 수밖에 없다. Simon(1957)은 의사결정상황에서 직면하는 문제의 복잡성에 비해 사람의 해결능력은 너무나도 보잘 것 없다고 지적하면서 제한적 합리성(bounded rationality)을 강조한다.[8] Lindblom(1978)도 실제상황에서는 문제의 복잡성 때문에 합리적 접근이 불가능하다는 결론을 내린다.[9]

인식능력상의 한계(cognitive limitations)로 인해 의사결정자는 실제상황을 단순화시킨 모델(model)을 근거로 의사결정을 수행한다. 그러나 모델은 실제상황의 한 부분에 불과한 것이어서 실제상황을 정확하게 반영하는 최적결과(optimising result)를 도출할 수는 없다.

---

7) Faludi(1973)의 정의는 아래와 같다.
"Normative theory is concerned with how decision-makers ought to proceed rationally. Behavioural approaches focus more on limitations which they are up against in trying to fulfil their programme of rational action."
Faludi, A., Planning Theory, Oxford, Pergamon Press, 1973.

8) Simon(1957)은 제한적합리성(bounded rationality)을 다음과 같이 언급한다.
"The capacity of the human mind for formulating and solving complex problems is very small compared with the size of the problems whose solution is required for objectively rational behaviour in the real world or even for a reasonable approximation of such objective rationality."
Simon, H. A., Models of Man, New York : Wiley, 1957, p.198.

9) Lindblom(1978)은 다음과 같이 합리적 접근법이 불가능하다고 주장한다.
"it is impossible to take everything important into considerations unless "important" is so narrowly defined that analysis is in fact quite limited. Limits on human intellectual capacities and on available information set definite limits to man's capacity to be comprehensive. In actual fact, therefore, no one can practise the rational comprehensive method for really complex problems, and every decision-maker faced with a sufficiently complex problem must find ways to drastically simplify."
Lindblom, C.E., The Science of "Muddling Through", in Faludi, A.(Ed.), Readers in Planning Theory, Oxford, Pergamon Press, 1978, pp.151-169

Simon(1976)은 모델에 의한 문제해결방법을 만족적인 접근(satisficing approach) 또는 적당한 수준에서 만족하는 해결안(good enough solutions)을 추구하는 것으로 표현하면서[10] 의사결정자의 행동영역이 제한적 합리성(bounded rationality)의 범위 내에 있다는 것을 피력한다.

다양한 유형의 복잡한 문제와 직면하는 건설경영 의사결정상황에서, 불확실한 미래에 대처하기 위해서는 의사결정에 영향을 미치는 수많은 양적 · 질적 변수 모두를 이해하고, 의사결정과정에 직 · 간접적으로 참여하는 모든 사람들의 가치(values)와 심리적 속성(psychological attributes)마저도 완전히 파악해야 한다. 그러나 실제상황에서 이는 불가능한 것이므로 이론과 실제 사이의 격차는 불가피하게 발생할 수밖에 없다.

보다 바람직한 의사결정이 이루어지도록 하기 위해서는 이론과 실제 사이의 가교(架橋) 역할을 하는 효과적인 접근방법론의 설정이 필요하다. 이를 위해 필자는 Etzioni(1967)의 이론모델을 건설경영 의사결정과 접목시키고자 한다.

Etzioni(1967)는 Faludi(1978)의 합리적 접근방법(rationalistic approach)[11]과 이에 대비되는 Lindblom(1978)의 점증적 접근방법(incrementalist approach)을 효과적으로 접목시키고 있다.[12]

합리적 접근법은 문제해결을 위해 가능한 모든 대안을 광범위하게 설정하고, 대안 선택에 따른 모든 결과를 철저히 분석하여 결정하는

---

10) Simon, H. A., Administrative Behaviour, 3rd ed., New York : Free Press, 1976.
11) Faludi, A., A Reader in Planning Theory, Oxford, Pergamon Press, 1978.
12) Etzioni(1978)가 Mixed Scanning Model이라고 명명하는 이 모델을 필자는 동태적 건설과정의 경영의사결정을 위한 "전략적 의사결정모델"이라는 용어로 표현한다. Etzioni, A., Mixed Scanning : A Third Approach to Decision-Making, in Faludi, A.(Ed.), A Reader in Planning Theory, Oxford, Pergamon Press, 1978.

이상적인 것인 반면, 점증적 접근법은 제한적인 시간과 예산, 의사결정자의 인식능력상 한계를 인정하고 기존 상황을 점차 개선할 수 있는 제한된 수의 대안만을 선정하여 검토하는 방법이다. 따라서 이 두 가지 방법론을 접목시키는 전략적 접근모델을 설정하기 위해서는 합리적 모델(rationalistic model)과 점증적 모델(incrementalist model) 모두의 특성을 이해해야 한다.

합리적 접근방법은 "의사결정이 어떻게 이루어져야 하는가?"라는 당위성을 강조하는 규범적 개념으로 다음 사항을 필요조건으로 한다.

1) 집단(조직)의 가치체계를 정확히 반영하는 목적/목표의 설정
2) 가능한 모든 대안의 설정 및 검토
3) 각 대안의 선택에 따른 모든 결과의 심층적 분석
4) 목적/목표에 근거한 대안선택 결과의 철저한 비교 검토
5) 목적/목표에 가장 잘 부합되는 최적대안의 선택

합리적 모델의 특징은 목적/목표 설정 및 대안 검토과정의 광범위성(comprehensiveness)이다. 의사결정과정에서 광범위성의 의미는 다음과 같이 다각적으로 이해될 수 있다.

1) 건설에 참여하는 다양한 이해당사자들의 목표를 모두 만족시켜야 한다.
2) 건물(시설)의 사용시점에서 가장 바람직한 상태를 구현하기 위해 필요한 모든 조치를 취해야 한다.
3) 가능한 모든 대안을 설정하고 설정된 각 대안의 선택에 따른 모든 결과를 철저히 분석해야 한다.
4) 의사결정에 영향을 주는 모든 인자에 동일한 중요도를 부여하고 철저히 검토해야 한다.

상기에서 제시된 합리적 모델요건의 근본적 문제점은 모델의 요구조건과 의사결정자의 제한적 능력 사이에 불가피하게 존재하는 심각한 격차이다.[13] 동태적 건설과정에 참여하는 다양한 집단(조직)은 대안의 선택과정에서 합의된 가치기준을 갖지 못하는 경우가 많다. 가치는 주관적이고 유동적이어서 의사결정에 영향을 주기도 하지만 이미 이루어진 결정의 영향을 받기도 한다. 사실(facts)과 가치(values), 수단(means)과 목적(ends)을 명확히 구분할 수 없는 경우도 많다. 또한 의사결정자는 대안의 설정 및 선택을 위해 완벽한 정보를 수집할 수 있는 재원과 시간을 가지고 있지 못하다. 아무리 탁월한 집단(조직)이라도 합리적 모델이 요구하는 모든 정보를 동시에 소유할 수는 없다. 전문가시스템(expert system)이나 첨단정보기술(information technology)도 정보의 수집 및 분석에 도움을 줄 수 있을 뿐, 합리적 모델의 요구사항을 모두 충족시켜 줄 수는 없다. 즉 건설경영 의사결정자는 대안의 선택에 따른 모든 결과를 전부 검토할 수는 없는 개방시스템(open system)에 직면하고 있기 때문에 합리적 모델의 원칙을 고수하면 결정에 이르기 전에 좌절하고 말 것이다. 따라서 불확실한 미래의 문제를 다루는 동태적 건설과정의 경영의사결정에 합리적 방법으로 접근하는 것은 비현실적이고 바람직하지도 못하다.

한편, Lindblom(1978)이 제안하는 점증적 모델은 의사결정자의 제한적 능력을 고려하여 정보의 수집 · 처리 범위를 축소시킨 것으로 합리적 모델에 비해 덜 부담스러운 접근방법론이다.[14] 점증적 모델의 특성은 다음과 같다.

---

13) Braybrook, D., and Lindblom, C. E., A Strategy of Decision, New York : Free Press, 1963.

14) Lindblom, C. E., The Science of Muddling Through, in Faludi, A.(Ed.), Readers in Planning Theory, Oxford, Pergamon Press, 1978, pp.151-169.

1) 기존 전략의 수정을 통한 비교적 적은 수의 대안 설정
2) 대안 선택의 중요 결과만 분석 · 평가
3) 목적 · 수단의 반복적 연계과정에서 해결방법도 지속적으로 세련된다는 관점의 고수
4) 완벽한 해결을 지양하고 연속적인 분석 및 평가를 통해 문제에 대한 끊임없는 공략의 시도
5) 미래의 목표달성에 주력하기보다는 현재의 불완전함을 경감시켜 나가는 교정적 · 보충적 접근

점증적 접근이 합리적 절차와 가장 큰 차이를 보이는 시점은 평가단계이다. 평가단계에서 점증적 의사결정자는 집단(조직)의 가치체계에 근거한 바람직한 미래를 지향하기보다는 기존의 대안에 중점을 둔다. 의사결정의 평가척도 역시 의사결정의 궁극적 목적이 아니라 당장 활용 가능한 수단의 존재와 그 수단에 대한 의사결정자의 동의 여부이다. 점증적 접근법은 목표지향적이라기보다는 문제지향적이어서 문제의 유형과 성격도 자료의 분석과정에서 지속적으로 변화하고, 문제와 관련된 새로운 사실이 발견되면 기존의 사실적 체계도 재구축된다.

점증적 접근법은 건설과정에서 자주 사용된다. 예를 들어 설계대안으로 조립식 벽체와 기존 벽체를 비교할 경우, 설계자는 각 대안의 초기건설비, 유지관리비, 성능 등을 비교하여 대안을 선택하고, 선택된 대안이 바람직한 것으로 판단되면 검토 작업은 중단된다. 이는 설계변경의 부작용을 최소화하기 위해 문제에 대한 종합적인 접근을 지양하는 대신, 접근방법의 과오를 찾아 수정하고 경험을 통해 배우면서 새로운 대안에 이르는 방법이다.[15)]

점증적 접근은 집단(조직)의 기존 질서에 단기적 관점으로 접근하여 과거의 전략을 부분적으로 수정하는 것에 그치기 때문에 사회적 · 기술적 변혁을 등한시한다. 작은 진보가 축적되어 큰 변화의 밑거름이 되는 것인 반면, 점증적 방법은 큰 축적을 이루지 못하고 출발시점으로 회귀하거나, 동시에 여러 방향으로 일을 진행시키지만 결국 어느 곳에도 이르지 못하고 흩어져 버린다.

점증적 모델은 건설 초기 계획단계의 근본적 결정을 위해서는 활용될 수 없다. 그러나 근본적 결정 없이 점증적 결정은 이해될 수 없고 근본적 결정에 이르지 못하는 점증적 결정 역시 의미가 없다. 점증적 결정이 근본적 결정보다 훨씬 더 많을 지라도 근본적 결정은 그 중요성 면에서 점증적 결정과 비교될 수 없다. 한 가지의 근본적 결정은 수많은 점증적 결정의 방향이 될 수 있지만, 근본적 결정이 없는 점증적 결정은 추진방향을 잃고 표류하기 때문이다.

Popper(1962)가 말하는 오류의 제거(error elimination) 방식도 같은 맥락에서 건설과정에 자주 적용된다. 그러나 건설과정의 경영의사결정은 이러한 방법으로 평가될 수 없다. 경험과 실패를 통해 점증적 · 실

---

15) 이는 진행과정에서 문제를 제거해 나간다는 의미에서 Popper(1962)가 언급한 "error elimination" 개념과 유사하다.
Popper, K. R., The Logic of Scientific Discovery, London : Hutchinson and Co. Ltd., 1962
또한 Popper(1969)가 말하는 Piecemmeal Engineering과 비슷하다. 그는 Piecemeal Engineer의 행동방식을 다음과 같이 표현한다.
"He does not believe in the method of redesigning society as a whole. Whatever his ends are, he tries to achieve them by small adjustments and readjustments which can be continually improved upon... He will make his way, step by step, carefully comparing the results achieved and always on the look out for the unavoidable, unwanted consequences of any reform ; and he will avoid undertaking reforms of a complexity and scope which make it impossible for him to disentangle causes and effects, and to know what he is really doing."
Popper, K. R., The Poverty of Historicism, London : Routledge and Kegan Paul, 1969

험적으로 배워 나가는 방법은 "건물부품의 내구수명 결정"과 같이 부분적 요소의 기술적 검토를 위해서는 사용이 가능하지만 결코 건설과정의 경영의사결정방법 자체는 될 수 없다.

Etzioni(1978)의 전략적 접근모델은 근본적 결정과 점증적 과정을 조합한다. 이 모델에 의한 접근방법은 기상관측방법을 예로 들어 설명할 수 있다. 합리적 방법에 의한 관측은 하늘 전체의 구석구석을 철저하게 조사하는 것인 반면, 점증적 방식은 과거의 사례를 참조하여 특정 부분만을 선별해서 심층적으로 분석하는 것이다. 그러나 전략적 의사결정모델은 이 두 가지 유형의 관측을 효과적으로 조합한다. 광범위한 영역을 개략적으로 관측하여 철저한 조사가 요구되는 부분을 식별하고, 식별된 부분만을 심층적으로 분석한다. 이러한 방식에 따르면 정밀한 관측에 의해서만 파악될 수 있는 부분을 놓칠 우려는 있을지라도 전혀 예상하지 못한 부분에서 발생하는 중대한 문제점을 놓치지는 않는다.

전략적 접근모델은 전반적 사항의 철저한 검토가 불가능한 상황에서 근본적이고 중요한 문제를 우선적으로 파악하여 합리적인 방법으로 철저히 분석하고, 비교적 중요성이 덜한 문제는 제한적 시간과 예산의 범위 내에서 점증적으로 검토하여 다음 단계로 의사결정을 진행시키는 한편, 평가단계에서 각 문제의 중요도를 고려하여 계속진행 여부를 결정하는 과정모델(process model)의 성격을 갖는다.

여기서 두 가지 유형의 분석, 즉 중요문제의 철저한 분석과 덜 중요한 문제의 점증적 검토에 대한 재원의 상대적 배분은 분석을 위한 비용(cost)과 혜택(benefit)을 함께 고려해서 이루어져야 한다.

전략적 접근모델을 적용하기 위해서는 근본적 결정과 점증적 결정을 구분해야 한다. 근본적 결정은 목적에 이르기 위한 주요 대안의 분석을 통해 이루어지지만 합리적 모델이 추구하는 정도의 세부사항은 제외시켜 문제의 전반적 조명이 가능하도록 한다. 점증적 결정은 근본적 결정으로 설정된 범위 내에서 대안의 구체적 분석을 통해 이루어진다.

전략적 의사결정모델은 근본적 결정과정에서 지나치게 미시적인 사항에 대한 집착을 배제하여 합리적 모델의 비현실적 측면을 감소시키고, 중요문제에 대해서는 중장기적 관점의 철저한 분석이 가능하도록 하여 점증적 모델이 갖는 보수성을 극복한다. 즉 근본적 결정은 의사결정의 기본방향을 설정하고 점증적 결정은 그 방향을 구체화시키는 기준과 수단이 된다. 따라서 근본적 결정은 점증적 결정에 비해 훨씬 중요한 것으로 고려되어야 한다. 근본적 결정사항은 다음과 같다.

1) 건설목적
2) 철저한 분석이 요구되는 주요문제의 정의
3) 주요문제의 해결대안 선택
4) 근본적 결정과 점증적 과정에 대한 가용재원 배분
5) 근본적 결정 방향으로 의사결정을 계속 진행할 것인지의 여부

건축설계 과정에서 전략적 접근방법의 적용 예를 살펴보자. 설계초기단계에 모든 문제를 파악한다는 것은 사실상 불가능하다는 판단을 한 설계자는 우선 건축물의 연면적을 결정하고, 동일한 면적규모를 갖는 고층형 · 중층형 · 저층형의 3가지 대안을 설정하여 구조형식을 결정할 수 있다. 구조계획 과정에서 냉난방 닥트(duct) 배치 등과 같은 세부사항은 당장 고려할 필요가 없다. 문제의 범위를 점차 좁혀

나가면서 단계적으로 검토할 수 있기 때문이다. 이와 같이 계층적(hierarchical)으로 접근하면 초기단계에서 세부사항의 철저한 이해를 위해 고심하지 않으면서도 설계를 효과적으로 진행시킬 수 있다. 그러나 선정된 대안이 적합하지 않을 경우 실패를 경험하게 된다. 고층형 건물로 설계를 진행하는 과정에서 지반의 취약으로 인해 기초공사비가 과다하게 소요된다는 것을 알았다면 설계를 변경해야 한다. 그러나 설계자는 건물유형의 선택에 영향을 미치는 새로운 지식을 얻는다. 또한 사용인원, 기대수익 등과 관련하여 근본적 결정사항으로 고려되어야 하는 연면적 규모를 변경시키지 않고 연약지반에 적합한 중 · 저층형으로 건축계획을 수정할 수 있다. 이 경우 설계자는 기술적 문제를 해결하기 위해 새로운 조건을 포함시켜 문제를 재구성한 것이다. 이러한 접근은 합리적 모델이나 점증적 방법보다 더 유연하다는 장점과 더불어 의사결정과정에서 중요한 요소인 환원(feedback)과정을 제공한다.

지금까지 언급된 내용에 근거하여 건설과정의 경영의사결정에 대한 전략적 접근방법론을 표현하면 그림 10.1과 같다.

전략적 건설경영 의사결정모델은 근본적 결정과 점증적 과정의 두 부분으로 구성되어 있다. 근본적 결정은 의사결정 목적, 집단(조직)의 가치체계 등을 나타내는 반면, 점증적 과정은 근본적 결정으로 설정된 목적을 달성하고 가치체계를 실현하기 위한 목표 · 기준 · 수단이다. 의사결정과정에서 평가결과가 당초의 기대에 못 미치면 결정의 중요도에 따라 환원위치를 달리한다.

전략적 건설경영 의사결정모델의 특징은 의사결정과정에서 변화를 수용할 수 있는 유연성(flexibility)을 갖는다는 것이다. 이러한 관점

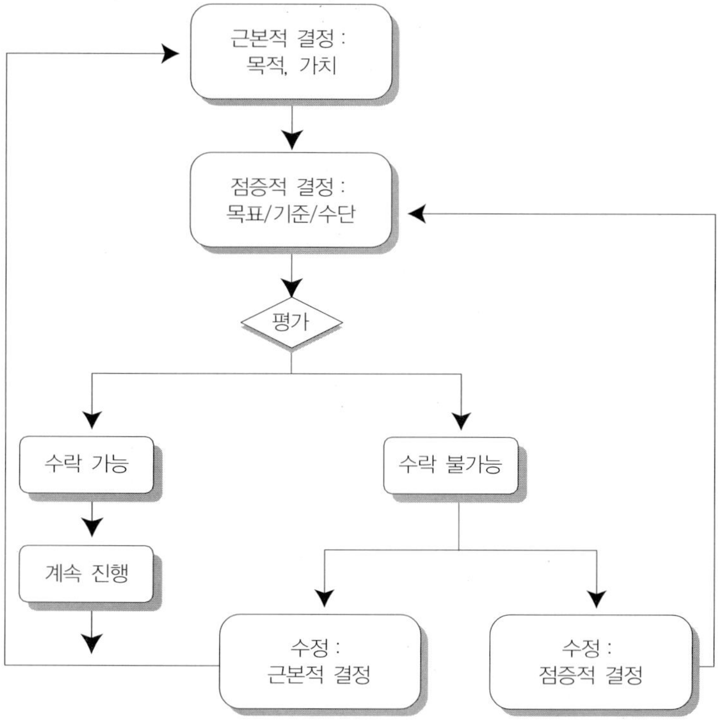

그림 10.1 전략적 건설경영 의사결정모델

에서 건설경영 의사결정에 이 모델을 적용한다면 의사결정자는 다음과 같은 효과를 기대할 수 있다.

1) 건설과정의 동태적 변화상황을 경영의사결정에 반영할 수 있다.
2) 시간의 경과에 따라 변화하는 의사결정의 유형 및 의사결정자의 관점을 고려할 수 있다.
3) 건설경영 의사결정이 건설과정 전반에 걸친 연속적인 과정이라는 것을 이해하여 미래지향적 안목을 지향할 수 있다.

건설경영 의사결정상황이 갖는 특성, 즉 복잡성, 동태적인 변화,

시간과 예산의 제한, 가치적 갈등의 상존, 미래의 불확실성을 고려해 보면 이 전략적 의사결정방법론은 의사결정자에게 보다 광범위한 시각을 제공해 줄 수 있을 뿐만 아니라, 변화상황에 대처할 수 있는 유연성도 제공해 줄 수 있기 때문에 건설경영 의사결정의 질적 수준을 체계적으로 향상시킬 수 있다고 생각된다.

물론 이 방법이 건설과정에서 이루어지는 모든 유형의 경영의사결정에 대처할 수 있는 만능의 것이 될 수는 없다는 것을 인정한다. 그러나 건설과정의 경영의사결정이 어느 한 가지의 특성만으로는 설명될 수 없다는 바로 그 이유 때문에 건설경영 의사결정상황을 가장 잘 반영하는 방법론의 선택이 필수적이다.

제Ⅱ부 건설경영 의사결정전략

-건설경영 의사결정상황의 공략방법론-

11. 의사결정모델

-합리적 결정과 점증적 평가

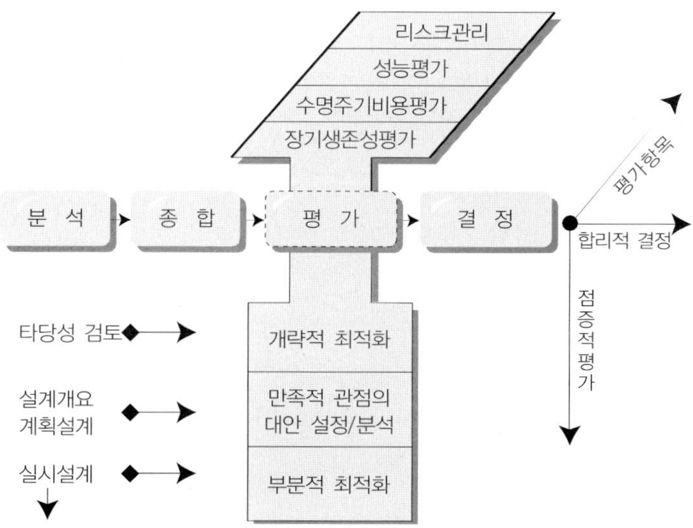

11. 의사결정모델

– 합리적 결정과 점증적 평가

의사결정의 맥락에서 최적의 개념은 다시 정의되어야 한다. 도저히 얻을 수 없는 최선을 추구한 결과 얻어지는 열등한 대안의 획득보다는 개략적 최적안의 확보가 낫다는 개념이 현실적이다. 바람직한 접근법은 대안탐색과정에서 의식적으로 탐색범위를 넓혀서 최적조건에 근접할 수 있도록 하는 것이다.

본 장에서 필자는 상호 대조적인 의사결정의 두 가지 핵심전략인 최적화 전략(optimising strategy)과 만족화 전략(satisficing strategy)을 접목시켜 현실적이면서도 이상적인 완벽성 추구의 노력을 간과하지 않는 전략적 건설경영 의사결정모델[16)]을 정립하고자 한다.

"최선은 양호함의 적이다.(The best is the enemy of the good?)"라는 말이 있다. 이 말의 의미는 다음 두 가지 관점에서 파악될 수 있다.

1) 양호한(good enough) 수준에서 만족하여 대안탐색을 중단하면 결코 최선의 것을 얻을 수 없다.
2) 불가능한 최선을 무리해서 추구하면 양호한 수준의 대안조차도

16) "전략적"이란 말은 앞장(제10장)에서 언급된 의사결정의 두 가지 관점, 즉 합리적 접근(rationalistic approach)과 점증적 접근(incrementalist approach)의 접목을 염두에 둔 것이다. 본 장에서 필자는 합리적 접근의 개념은 최적화 전략(optimising strategy)에, 점증적 접근은 만족화 전략(satisficing strategy)에 접목시켜 전략적 건설경영 의사결정모델을 정립한다.

얻지 못한다.

Zeleny(1982)는 의사결정과정에서 만족스러운 수준에 머무르는 것은 최적화를 추구했음에도 불구하고 성공하지 못한 결과이어야 한다고 말한다.[17] 반면에 Simon(1975)은 달성 불가능한 최적화의 시도를 지양하고 만족스러운 수준의 선택을 하거나 양호한 수준의 대안을 추구하는 것이 현실적(realistic)이라고 주장한다.[18] 이러한 두 가지 관점의 의사결정전략은 나름대로의 강점(strengths)과 약점(shortcomings)을 갖는다.

합리적인 방법으로 최선의 것을 추구하는 최적화 이론은 당연히 수많은 사람들의 관심을 받아 왔다. 최적(optimum)은 최선(best)을 나타내는 말로 획득 관점에서 최대를 의미하는 반면, 손실의 맥락에서는 최소의 개념을 나타낸다는 점에서 최대(최소)와 최적(optimum)은 동일한 의미로 사용되기도 한다.

그러나 Zeleny(1982)는 "인체의 최적온도는 약 98.6°F인 반면, 최대온도는 사람의 생명을 위태롭게 할 수 있다."라는 말로 두 가지 개념을 구분함으로써[19] 극단적인 것을 지양하고 요구조건 사이에서 균형을 추구해야 한다는 것을 강조한다.

계량적 측정과 수학적 분석을 중시하는 최적화 기법은 한 가지 이상의 구속조건 내에서 최대화 또는 최소화를 추구하는 것인 반면, 건

17) Zeleny, M., Multiple Criteria Decision-Making, McGraw-Hill, Maidenhead, 1982.

18) Simon, H. A., Style in Design, Eastman, C. M.(Ed.), Spatial Synthesis in Computer Aided Building Design, London, Applied Science Publishers, 1975, pp.287-309.

19) Zeleny(1982)는 그의 저서 "Multiple Criteria Decision-Making"에서 다음과 같이 언급한다.
"..optimum human body temperature is about 98.6°F, while maximum body temperature is likely to kill you."

설경영 의사결정상황에서의 최적화는 다양한 평가기준 사이의 균형 잡힌 타협을 필요로 한다. 이러한 관점에서 Wilson(1987)은 최적설계를 최적해결안이 현실적 문제해결 영역 내에서 추구되도록 평가기준을 적용하는 것이라고 강조한다.

건설경영 의사결정은 명확하게 표현할 수 없는 수많은 평가기준에 근거한다. 따라서 다양한 유형의 특징적 요소를 대폭적으로 단순화하여 단일목적 함수(single objective function)로 표현하고자 하는 것은 바람직하지 않다.[20]

Keen(1977)은 다중적 평가기준을 고려해야 하는 상황에서 최적화의 시도는 지양되어야 한다고 말한다.[21] 건설경영 의사결정은 다중평가기준에 근거하기 때문에 돈이라는 단일 척도만으로는 최적 여부를 판단할 수 없다. 비용만을 최소화하는 것이 아니라, 여러 평가기준의 타협을 통한 전체적 의미의 최적화를 추구해야 하기 때문이다.

최적화의 실현이 문제의 규모나 성격상 불가능한 것이라면 최선의 대안을 추구하는 대신 만족스러운 수준에 머무는 것도 해결책이 될 수 있다. Simon(1975)은 이를 만족적 접근(satisficing approach)이라는 말로 설명한다.

최적화 기법은 수학적 방법으로 적정안을 도출하고(Zeleny, 1982), 그 결과로써 단일안(또는 소수대안)을 산출하는 것(Simon, 1975)[22]

---

20) Roy, B., A Conceptual Framework for a Prescriptive Theory of Decision Aid, Starr, M. K., and Zeleny, M.(Eds.), Multiple Criteria Decision-Making, TIMS Studies in the Management Sciences, Vol.6, North-Holland Publishing, Amsterdam, Netherlands, 1977, pp.179-210.

21) Keen, P. G. W., The Evolving Concept of Optimality, Starr, M. K., and Zeleny, M.(Eds.), Multiple Criteria Decision-Making, TIMS Studies in the Management Sciences, Vol.6, North-Holland Publishing, Amsterdam, Netherlands, 1977, pp.31-57.

22) Simon, H. A., Style in Design, Eastman, C. M.(Ed.), Spatial Synthesis in Computer

인 반면, 만족화를 추구하는 의사결정자에게 단일의 최선안 획득은 원칙이 아니라 오히려 예외가 될 수 있다.

Simon(1975)은 최적화할 수 있음에도 만족 수준에 머물러서는 안 된다고 경고한다. 최적해를 획득할 수 있는 가능성이 있는 경우도 적당한 수준에서 만족하고 싶은 유혹에 빠질 수 있기 때문이다. 즉 만족화 전략의 수행과정에서 의사결정자가 직면하는 위험은 잠재적인 해결대안을 충분히 파악하지 않고 미리 설정된 목표나 수준에서 만족하는 것이다.

만족적 접근이 제2 또는 제3의 대안을 추구하는 것은 아니다. 오히려 획득결과가 의사결정자의 목적에 부합될 수 있다는 것을 강조하는 개념이다. 그러나 의사결정 결과는 최적화 수준에 이르기 위해 분투했으나 결국 실패한 것이라기보다는 미리 마음속에 설정된 수준에서 쉽게 만족해 버린 결과이기 쉽다.

Ackoff와 Sasieni(1968)는 만족적 접근이 최저수준보다는 더 나은 해결안을 산출할 수 있다는 정도에 머무르는 경향이 있다고 지적하며 만족화 전략의 오용으로 인한 결점을 지적한다.[23] 차선의 대안이 당장은 문제를 덜 야기하는 것으로 인식되기 때문에 우수한 대안이 포기되어 최선안을 얻을 수 있는 가능성이 간과되기도 한다는 것이다.[24]

건설경영 의사결정의 맥락에서 최적개념은 다시 정의되어야 한다.

Aided Building Design, London, Applied Science Publishers, 1975, pp.287-309.

23) Ackoff, R. L., and Sasieni, M. W., Fundamentals of Operations Research, Wiley, Chichester, 1968.

24) Johnson, R. J., Conflict Avoidance through Acceptable Decisions, Human Relations, Vol.27, 1974, pp.71-82.

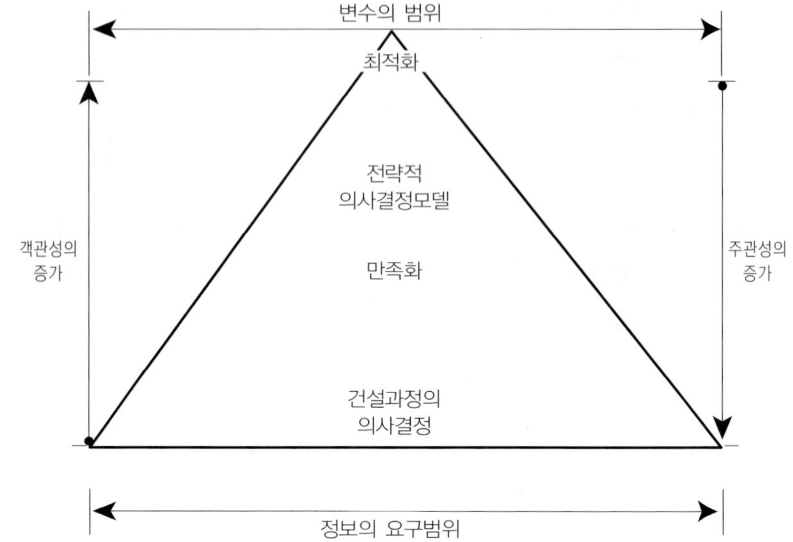

그림 11.1 전략적 건설경영 의사결정모델의 위상

불가능한 최선을 추구한 결과 얻어지는 열등한 대안의 "정확한 획득(exact attainment)"보다는 최적안의 "개략적 확보(approximate attainment)"가 더 현실적이라는 개념에 근거해야 한다.

바람직한 접근법은 대안의 탐색과정에서 의식적으로 최적화 전략을 사용하기 위해 노력하는 것이다. 탐색범위를 넓히기 위해 분투함으로써 최적조건에 보다 가까이 접근하는 것이다. 이러한 관점을 근거로 설정된 전략적 건설경영 의사결정모델의 위상은 그림 11.1과 같다.

최적화 접근은 특정 평가기준(특히 비용)에 근거한 최적안을 식별하기 위해 사용될 수 있다. 그리고 리스크 인자나 기타 성능평가 기준들과 타협할 수 있다. 타협과정에서 최적안을 얻지 못하면, 최종선택은 만족화 전략에 따라 이루어질 수 있다. 이러한 관점에서 전략적 건설경영 의사결정자는 비록 한계에 직면하여 쉽게 만족수준에 머무르고 싶은 유혹을 받으면서도 최적안에 도달하기 위해 분투하는 존재이다.

이제 이러한 개념에 근거한 전략적 건설경영 의사결정모델을 구체적으로 설정해 보자. 건설경영과정을 표현하는 보편적 절차는 없다. 그럼에도 여러 학자들 사이에서 이루어진 한 가지 합의사항은 건설경영이 반복적 · 주기적 결정과정인 수평적 구조(horizontal structure)와 연속적 · 점증적 건설절차인 수직적 구조(vertical structure)를 포함하고 있다는 것이다.[25)][26)] Markus(1969), Sanoff(1962) 그리고 Maver(1970)도 다음과 같이 언급하며 이와 동일한 관점을 표명한다.[27)][28)][29)]

"수평적 구조는 분석에서 시작하여 종합 · 평가를 거쳐 결정에 이르는 의사결정과정이고, 수직적 구조는 시간적 순서(chronological sequence)에 따라 추상적 · 일반적 사항에서 구체적 · 특정적 사안으로 진행되는 건설절차이다."

이러한 입체적 관점은 전략적인 의미를 갖는 건설경영 의사결정모델의 정립을 위해 유용하게 활용될 수 있다. 왜냐하면 합리적인 관점에서 수평적 경영의사결정 절차를 도입하고, 점증적인 평가를 위해

---

25) Ashmow, M., Introduction to Design, New Jersey, Prentice-Hall, 1962.

26) RIBA, Architectural Practice and Management Handbook, RIBA Publications, London, 1985
RIBA(Royal Institute of British Architects)는 영국건축가협회를 의미한다.

27) Markus, T. A., The Role of Building Performance Measurement and Appraisal in Design Method, Broadbent, G., and Ward, A.(Eds.), Design Methods in Architecture, Lund Humphries, London, 1969, pp.109-117.

28) Maver, T. W., Appraisal in the Building Design Process, Moore, G. T.(Ed.), Cambridge, MIT Press, 1970.

29) Sanoff, H., Methods of Architectural Programming, Pennsylvania, Dowden, Hutchenson & Ross, Inc., 1958, pp.36-44.

수직적 건설절차를 채택하면 합리적 의사결정과 점증적 평가전략의 조합을 구현할 수 있기 때문이다.

의사결정자는 합리적 사고에 근거한 의사결정을 진행하기도 하지만, 자신의 느낌에 따른 직관적 사고에도 많은 비중을 둔다. 직관은 오랜 기간에 걸쳐 축적된 경험의 산물로서 순발력과 정확성을 갖춘 판단을 할 수 있게 한다는 점에서 합리적 사고에 반하는 것으로 볼 수는 없다. 또 직관은 시간적 · 공간적으로 달리 얻어진 유사 정보를 결합하여 지식의 단편적 조합 이상의 결과를 도출할 수 있도록 하여 준다.

그러나 복잡하고 동태적인 건설경영 의사결정상황에는 실체를 왜곡시키는 수많은 종류의 편견이 만연하여 주관적 판단에 근거한 직관적 결정은 그릇된 결과를 초래하기 쉽다. 편견은 의사결정자가 과거를 해석하고 미래를 예측하여 대안의 선택을 시도하는 현재의 모든 과정에 직 · 간접적인 영향을 미친다. 이러한 상황에서 합리적 모델은 다음과 같은 세 가지의 관점에서 중요한 역할을 한다.

1) 직관적 사고의 맹점을 밝혀내어 인식능력상의 한계에서 비롯되는 편견을 제거해 준다.
2) 의사결정자는 선정된 대안을 정당화하기 위해 합리적 모델을 활용할 수 있다. 합리적 모델의 명백하고 투명한 절차는 대안 선택의 정당성을 훨씬 강화시켜 줄 수 있다.
3) 반복되지 않는 고유 문제를 해결하는 과정에서 합리적 모델은 분야별 전문가들의 다양한 지식을 체계적으로 수렴하는 매개체 역할을 할 수 있다.

건설경영과정에서 의사결정자는 명백하고 투명한 합리적 모델을 활용하여 바람직한 대안을 선정할 수 있을 뿐만 아니라 선정된 대안의 정당성을 의뢰자를 비롯한 모든 이해관계자들에게 입증할 수 있다. 또한 합리적 모델은 이미 선정된 대안에 이의를 제기하는 모든 사람들의 공격에 대한 방어수단의 역할도 할 수 있다.

그렇다면 합리적 의사결정절차란 무엇인가? 이 질문에 답하기 위해 필자는 Janis와 Mann(1977)이 제시한 합리적 의사결정의 7단계 과정을 소개한다.[30]

1) 광범위한 영역에 걸쳐 모든 대안을 철저히 탐색한다.
2) 의사결정 목적을 명확하게 이해하고, 특정 대안의 선택에 영향을 받는 이해관계자들의 가치를 충분히 파악한다.
3) 각 대안의 선택에 따른 소요비용과 리스크 관련 정보를 모두 수집하여 철저히 분석 · 평가한다.
4) 보다 심도 있는 대안의 평가를 위해 기존의 정보 외에 새로운 정보를 추가적으로 수집 · 분석한다.
5) 추가된 정보를 정확히 이해하고 평가에 반영한다.
6) 최종 선택에 앞서 당초 제외되었던 대안까지도 포함하는 모든 대안의 선정에 따른 긍정적 · 부정적 효과를 재검토한다.
7) 리스크 발생에 대비한 예비계획도 염두에 두고, 선정된 대안의 실행을 준비한다.

건설경영 의사결정상황에서 합리적 절차를 충실히 이행할 수 있다면 더할 나위 없이 바람직하다. 그러나 이러한 절차는 너무나 이상적이어서 의사결정자에게 더 이상 설득력을 갖지 못할 수도 있다. 그럼에도 합리적 관점을 포기하지 않는 이유는 대안을 설정하고 분석 ·

30) Janis, I. L., and Mann, L., Decision-Making, Free Press, NY., 1977

평가하는 과정에서 관련 정보와 자료의 처리는 물론, 기타 이해관계자의 기호와 가치까지도 고려하는 합리적 결정에 가능한 근접할 수 있도록 하기 위해서이다.

건설과정의 합리적 의사결정과정을 표현하는 여러 종류의 모델이 제시되었다. 그림 11.2는 이러한 모델의 한 가지 예이다(RIBA, 1985).

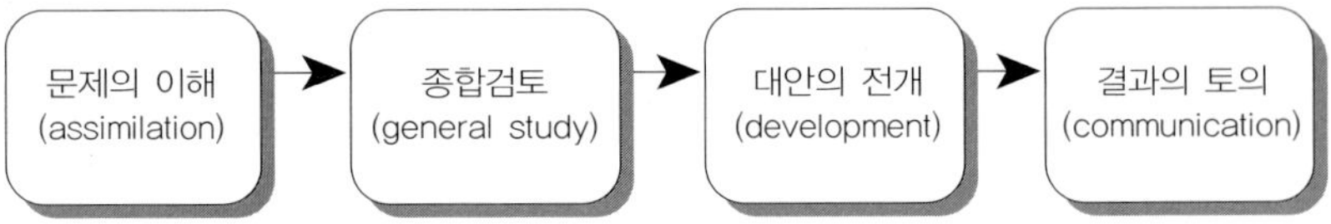

그림 11.2 합리적 의사결정과정

이 모델에서 "문제의 이해(assimilation)"는 당면문제와 관련된 정보와 자료의 수집 · 분석을 의미하며, "종합검토(general study)"는 문제의 성격 파악을 통한 해결대안 강구를 말한다. "대안 전개(development)"는 종합검토단계에서 식별된 대안을 구체화시키는 것이며, "결과의 토의(communication)"는 의사결정집단 내 · 외부의 이해당사자들에게 해결대안을 제시하고 설명하는 것을 말한다.

이 모델은 두 가지의 모순점을 노출한다. 제1단계 "문제의 이해"에서 수집정보의 종류를 판단하기 위해서는 제2단계 "종합검토"에서 이루어지는 문제의 성격 파악 및 대안 설정이 선행되어야 한다는 모순을 갖는다. 또한 제2단계의 "종합검토"에서 이루어지는 대안 설정은 보다 구체적 작업인 "대안의 전개" 이전의 작업으로 선택과정을 포함한다. 선택과정은 공식적이든 비공식적이든 평가를 동반한다. 평가는 의사결정자의 가치와 기호를 반영하는 의사결정과정의 필수 요소임에도 이 모델은 평가단계를 결여하고 있다.

한편, Markus(1969)[31]와 Maver(1969)[32]는 건설과정이 점차 구체적인 단계로 진행됨에 따라 각 단계의 반복적 의사결정절차를 나타내는 모델을 제시한다. 합리적 사고의 틀을 제공하는 이 절차는 그림 11.3과 같다.

그림 11.3 건설과정의 의사결정절차

이 모델은 의사결정자의 사고체계가 입력정보를 처리하는 컴퓨터와 같이 합리화될 수 있다는 가정 하에서 사람의 내면적인 사고과정을 외부적으로 표현한 것이다. Jones(1984)는 이 모델의 투명성을 강조하여 "유리상자적 접근(glass box approach)"이라고 표현한다.[33]

31) Markus, T. A., The Role of Building Performance Measurement and Appraisal in Design Method, Broadbent, G., and Ward, A., (Eds.), Design Methods in Architecture, Lund Humphries, London, 1969, pp.109-117.

32) Maver, T. W., Appraisal in the Building Design Process, Moore, G.T., (Ed.), Cambridge, MIT Press, 1969.

Mackinder와 Marvin(1982)은 이 모델이 "어림짐작에 의한 시도(blind trial)" 또는 직관적 행동(intuitive action)의 가능성을 무시하고 있기 때문에 건설경영 의사결정과정에서 빈번하게 활용되는 창조적 · 직관적 사고의 측면을 설명할 수 없다고 비판한다. 그럼에도 건설경영 의사결정에 대한 기본흐름을 묘사하기 위해 이 모델은 널리 활용되어 왔음을 부인할 수 없다.

이 모델에서 "분석"은 목표의 관점에서 문제를 파악하여 해결이 가능한 형태로 재구성하는 단계이다. "종합"은 가능한 해결대안을 창출하는 창조적 과정이다. "평가"는 분석단계에서 인식된 목표를 근거로 "종합"단계에서 제시된 해결대안을 비판적 관점에서 판단하는 의사결정의 중추적 과정이다.

이러한 절차에 근거하여 설정된 합리적 의사결정모델은 그림 11.4와 같다. 이 모델에서 가장 강조되는 부분은 정형적 접근을 통한 합리성 추구에 가장 적합한 평가단계이다. 분석과 종합단계는 의사결정자의 직관과 창조적 능력에 의존하는 경우가 많다. 따라서 분석과 종합단계에서 정형적 접근방법은 부수적인 역할밖에 할 수 없다. 최종결정도 주로 의사결정자의 직관과 판단에 의존하는 단계이다. 그림 11.4에서 보이는 환원(feedback)과정은 의사결정의 반복적인 절차를 강조한다.

환원은 문제에 대한 새로운 직관이 의사결정의 진행과정에서 떠오를 수 있기 때문에 필요하다. 환원을 통해 새로운 정보가 이전 단계에 반영되면, 그 단계에서부터 다시 의사결정과정이 반복될 수 있다.

---

33) Jones, J. C., A Method of Systematic Design, Cross, N., Developments in Design Methodology, 1984, pp.9-31.

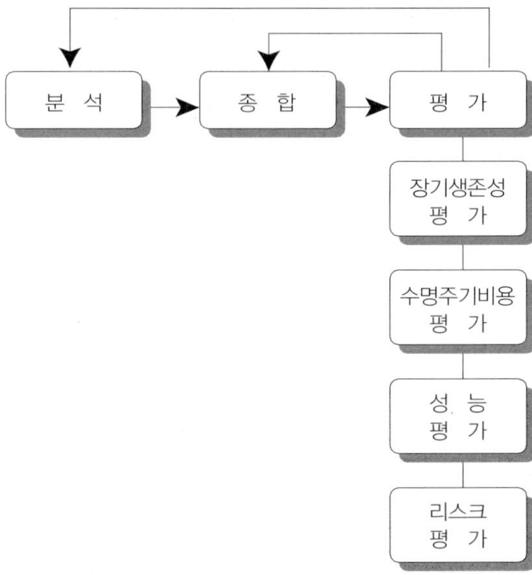

그림 11.4 합리적 의사결정모델

예로써, 공기조화시스템의 장기생존성 평가(long-term viability appra-isal)에서 공간 요구조건은 부담스러운 문제로 인식될 수 있다. 따라서 공간 요구조건의 문제는 분석단계에 다시 환원되어 의사결정에 반영될 수 있다. 그 결과 종합단계의 대안설정 역시 다시 이루어질 수 있다.

필자가 추구하는 전략적 건설경영 의사결정모델은 합리적 접근(최적화전략)과 점증적 접근(만족화 전략)이 갖는 각각의 특징적 요소를 추출하여 효과적으로 결합시켜, 합리적 접근의 맥락에서 점증적 전략이 전개될 수 있도록 한다.

그렇다면 점증적 절차는 어떻게 표현될 수 있는가? 영국 건축가협회(RIBA)가 제시한 "RIBA Plans of Work"는 표 11.1과 같이 건설절차를 시간순서에 따라 점증적인 12단계로 표현한다. 이 모델의 강조사항은 “건설경영과정”이 아니고 “건설경영과정의 생산결과”이다. 즉 “어떻게 작업을 진행하는가?”에 관한 것이 아니고 “무엇이 산출되는가?”에 관한 것이다. 따라서 이 모델이 제시하는 진행절차에 따라 설계자나 시공자는 의뢰자로부터 얻을 수 있는 것이 무엇이고, 설계자나 시공자가 각 시점에서 무엇(보고서, 설계서 등)을 제공해야 하는가를 파악할 수 있다.

표 11.1 RIBA Plans of Work의 12단계 절차

1 단계	개념 구상(inception)
2 단계	타당성(feasibility) 검토
3 단계	설계개요 제안(outline proposals)
4 단계	계획설계(scheme design)
5 단계	실시설계(detail design)
6 단계	시공정보(production information) 수집
7 단계	내역서(bills of quantities)
8 단계	입찰실시(tender action)
9 단계	공사시행계획(project planning)
10 단계	현장시공(operation on site)
11 단계	준공(completion)
12 단계	건설정보의 분류 및 환원(feedback)

초기단계에서보다 구체적인 단계로 건설사업이 진행됨에 따라 점증적으로 더 많은 정보의 획득이 가능해진다. 그림 11.5는 의사결정에 필요한 정보량의 증가와 더불어 건설사업이 어떻게 진행되는가를 보여준다.

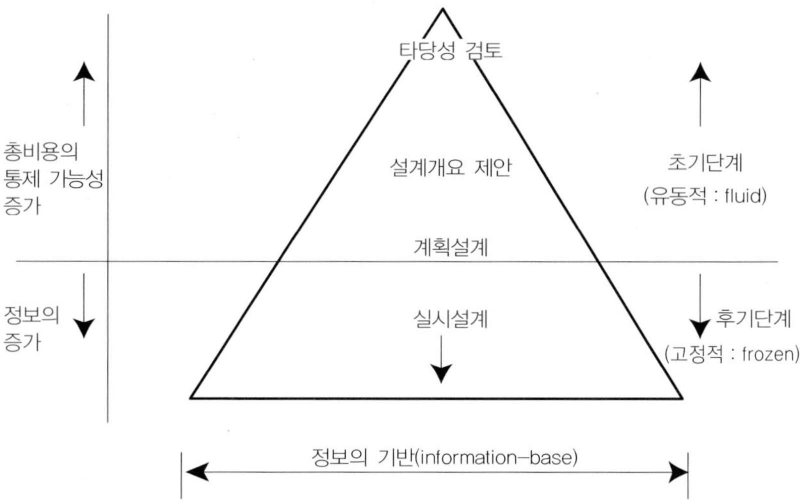

그림 11.5 건설 진행에 따른 정보량의 증가

건설사업 초기의 유동적 단계와 이미 상당 수준 사업이 진행되어 고정적 상태로 접어든 후기단계를 명확히 구분한다. 초기의 타당성 검토단계에서부터 가용재원 등의 조건이 구체적으로 제시되는 실시설계 이후의 평가에 이르는 동안 "당초 목적과 어긋나는 사항(deviations)"은 조정될 수 있다. 점증적 과정을 통해 특정 단계의 평가결과는 다음 단계의 평가기준이 되어 "수단-목적의 연계(means-end chain link)"가 형성된다.

Markus(1969)는 다음 그림 11.6과 같이 건설사업 추진과정의 평가를 4단계로 구분하여 설명한다.

식별(identification)은 의사결정자의 의도를 근거로 건설사업의 목적을 검증하는 것이다. 따라서 의사결정자는 건설사업의 목적을 평가기준, 가치(values), 대안의 우선순위(priorities) 등에 근거하여 명확히 표

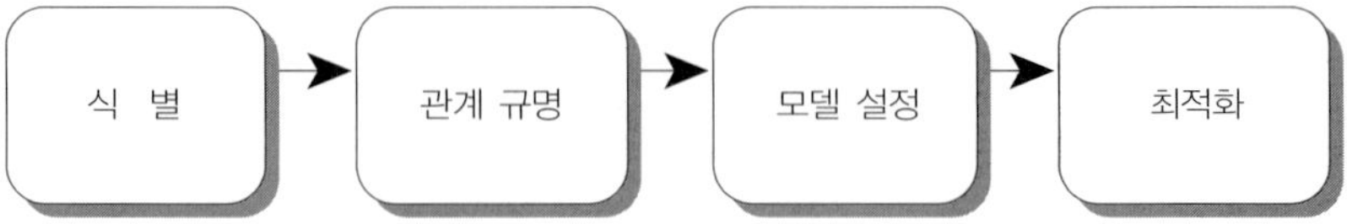

그림 11.6 Markus의 평가단계

현해야 한다. 관계규명(finding relationships)은 건설사업에 영향을 미치는 다양한 인자들의 상관관계를 설정하는 것이다. 이를 위해 의사결정자는 비용, 환경조건, 성능 등 다양한 인자들의 상호관계를 찾아내야 한다. 모델 설정(model building)은 구성인자들 사이의 관계를 쉽게 이해할 수 있도록 표현하는 것이고, 최적화는 최종적으로 최선의 대안을 선택하는 것이다.

Markus(1969)는 최적화가 단일기준(예 : 비용)에 근거하여 추구될 수 있지만, 다른 측면의 고려를 위해 별도의 평가기준이 적절한 가중치에 따라 이 단일기준 속에 응축되어야 한다고 말한다. 이러한 관점에서 비용 이외의 평가기준은 대안의 상하위 한계를 정하는 구속조건이 될 수 있을 것이다.

필자는 건설경영 의사결정과정의 평가모델을 Markus(1969)의 평가절차에 근거하여 제시한다. "분석 - 종합 - 평가 - 결정"은 건설과정 각 단계에서 반복적으로 이루어진다. 이러한 관점에서 건설과정의 각 단계에 Markus(1969)의 평가절차를 접목시키면 그림 11.7과 같은 점증적 평가모델이 된다.

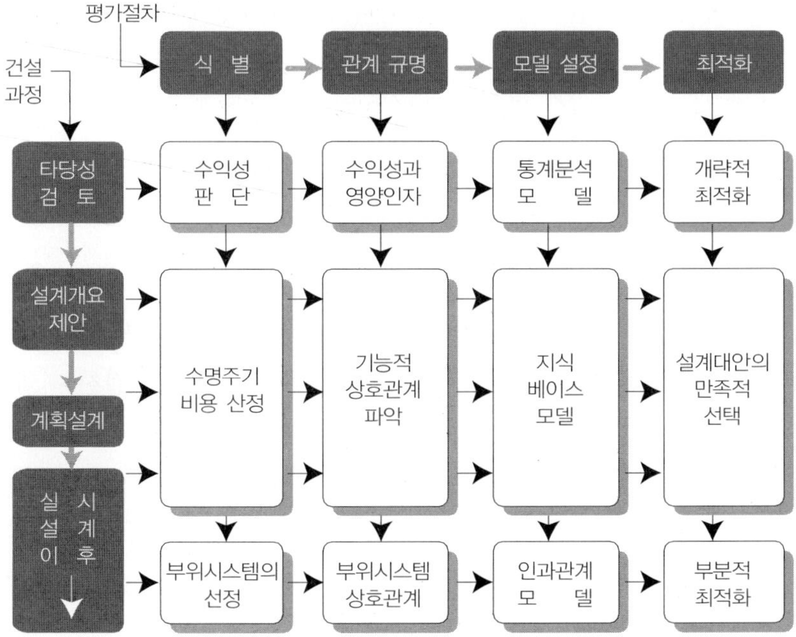

그림 11.7 건설사업 추진과정의 점증적 평가모델

인자 식별단계에서 수명주기비용을 반영한 이유는 장기적인 안목으로 건설경영 의사결정을 수행해 나가기 위해서는 단기 소요비용에 치중하는 경향을 극복하고 장기적 관점에서 최적의 대안을 얻기 위한 것이다. 이를 위해서는 초기건설비는 물론 시설의 관리 · 운용과정에서 소요되는 비용까지도 체계적으로 평가해야 한다. 그러나 건설경영 의사결정에서 비용만이 전부는 아니다. 비용 이외의 평가기준 즉, 리스크 인자와 기타 돈으로 환산할 수 없는 정성적 성능기준도 동시에 고려되어야 한다.

초기단계에서는 활용 가능한 정보가 극히 제한적이기 때문에 수명주기비용평가는 기존 건물(시설)에서 확보된 정보 · 자료에 근거해서 통계적 방법에 의해 이루어져야 한다. 이 단계에서 의사결정자의 주요 관심사는 의뢰자(client)의 요구조건을 연면적, 층수, 건폐율, 용적률 등 수익성 판단의 근거가 되는 인자와 연관시켜 바람직한 투자가 실현되도록 하는 것이다. 특히 특정 건물(시설)이 수익성 추구를 목적으로 건립되어 운영될 예정이고, 의뢰자가 기대이익에 관심을 가지면 이러한 인자들은 더욱 중요한 평가기준이 된다.

건설사업이 진행되면서 의사결정자는 건물(시설)에 관한 보다 구체적인 정보를 얻을 수 있고, 건물(시설)의 수명주기에 걸친 미래사안에 대하여 보다 나은 예측이 가능해진다. 초기 타당성 검토 이후의 단계는 구체적 행위가 제한된 시간 내에 시의 적절하게 이루어져야 하는 과정으로 다양한 유형의 기술적 · 비기술적 결정을 포함한다. 이 단계에서 활용되는 모델은 시간의 경과에 따라 점점 구체화되는 각 시스템 사이의 상관관계를 체계적으로 규명할 수 있어야 한다.

구체적 결정이 이루어지는 실시설계 이후 단계에서는 상대적으로 풍부한 정보에 접한다. 이 단계의 주요 결정사항은 건물(시설)을 구성하는 부위시스템(바닥, 벽체, 창호 등)과 이들의 구체화를 위한 기술 · 공법 · 자재 등의 선택이다. 이러한 구성요소의 상관관계를 적절히 설정하면 부분적 최적화가 실현될 수 있다. 이 단계에서의 모델유형은 다양한 변수 사이의 관계를 관찰 또는 실험 등의 방법에 의해 표현하는 수학적 인과모델이 적합하다. 구성요소의 상관관계를 반영하는 수학적 모델을 설정하여 비용요소와 연관시킬 수 있다면 특정 요구조건에 따라 변수값을 변경시키면서 전체적 변화를 쉽게 파악할 수 있다.

본 장에서 제시된 전략적 건설경영 의사결정모델의 구조는 건설과정의 의사결정에 대한 합리적 접근과 점증적 접근의 두 가지 속성을 모두 포괄한다. 이 모델의 전체구조는 그림 11.8과 같이 조명될 수 있다.

이 모델의 구조에서 합리적 접근은 "분석-종합-평가-결정"의 절차에 따라 건설경영 의사결정 이론을 철저하게 탐구하기 위해 사용되는 것인 반면, 점증적 접근법은 의사결정 이론을 평가절차에 반영하기 위해 도입된다. 의사결정의 핵심부분인 평가단계에서 고려해야 할 항목인 "장기생존성평가", "수명주기비용평가", "성능평가", "리스크평가"에 관한 이론체계를 마련하고, 이 이론을 건설과정의 타당성 검토, 설계개요 제안, 계획설계, 실시설계, 시공 등의 각 단계에서 점증적 평가를 실시하기 위해 활용한다.

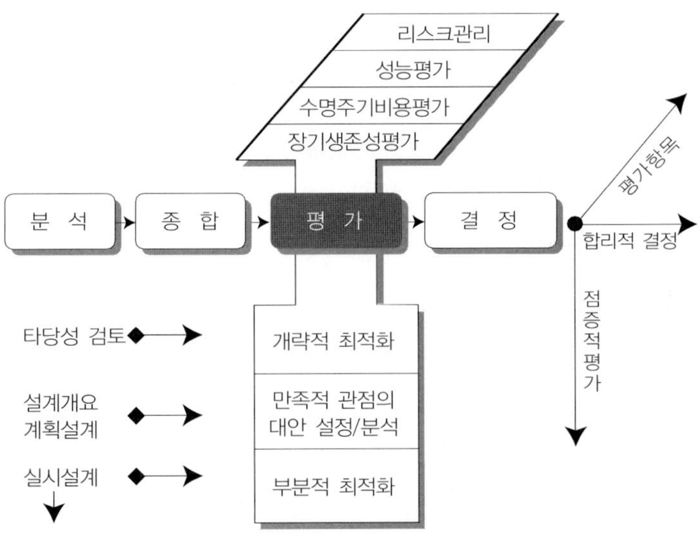

그림 11.8 전략적 건설경영 의사결정모델의 구조적 조명

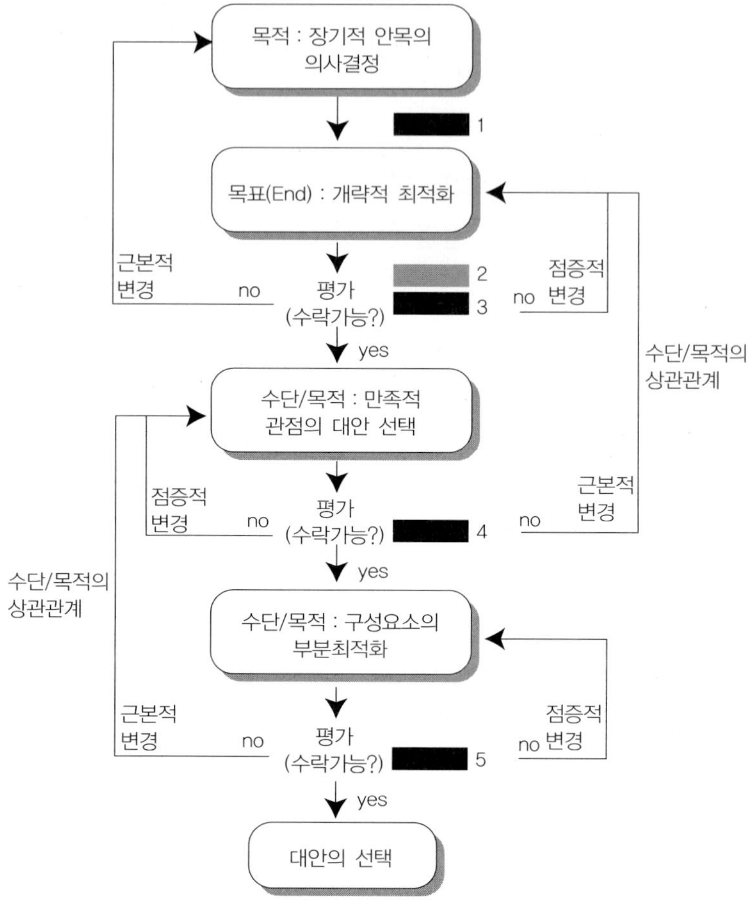

그림 11.9 주관적 판단의 도입 위치

한편, 전략적 건설경영 의사결정모델은 의사결정자나 전문가의 직관적 판단을 반영할 수 있는 구조적 특성을 가지고 있다. 즉 이 모델은 미래를 예측하는 과정에서 의사결정자의 편견과 오류를 줄이면서 모델과 사람의 주관적 판단 사이에서 상호작용이 전개되도록 할 수 있다. 그림 11.9는 특정 모델의 입력자료 또는 출력결과를 조정하기 위해 전 과정을 거치는 동안 5개소의 "의사결정자(전문가) - 모델 상호작용" 위치를 제시해 준다. 각 위치에서 도입되는 주관적 판단의 유형에 대해서는 이 책 후반부에서 구체적으로 언급된다.

근본적 결정과 점증적 평가에 대한 가치판단을 서열화하기 위해 "수단과 목적의 연계(means-end chain link)"가 설정된다. 이는 의사결정자의 가치판단 및 경험에 근거하여 그림 11.9에서 제시된 "의사결정자 - 모델의 상호작용" 각 위치에서 모델의 객관적 결과와 리스크 또는 성능인자와 같은 주관적 사안 사이의 타협안을 추구할 수 있다. 이를 위한 수단으로 이 책의 후반부에서 언급되는 Saaty(1980)의 AHP(analytic hierarchy process)가 활용될 수 있다. 이는 편견과 오류의 개입에 저항할 수 있는 견고한 구조를 가지고 있기 때문이다.

다음 장에서부터는 본 장에서 제시된 모델의 구성요소를 순차적으로 다루어 나간다. 먼저 분석 · 종합을 위해 필요한 몇 가지 기법을 언급한다. 다음에 비용평가의 핵심기법인 수명주기비용평가(life cycle cost appraisal)의 이론과 실제를 살펴보고, 이어서 장기생존성평가(long-term viability appraisal), 성능평가(performance appraisal), 리스크관리(risk management) 전략에 대해서 별도의 지면을 할애하여 언급해 나간다.

제Ⅱ부 건설경영 의사결정전략

-건설경영 의사결정상황의 공략방법론-

12. 분석과 종합

-문제의 인식과 대안의 창출

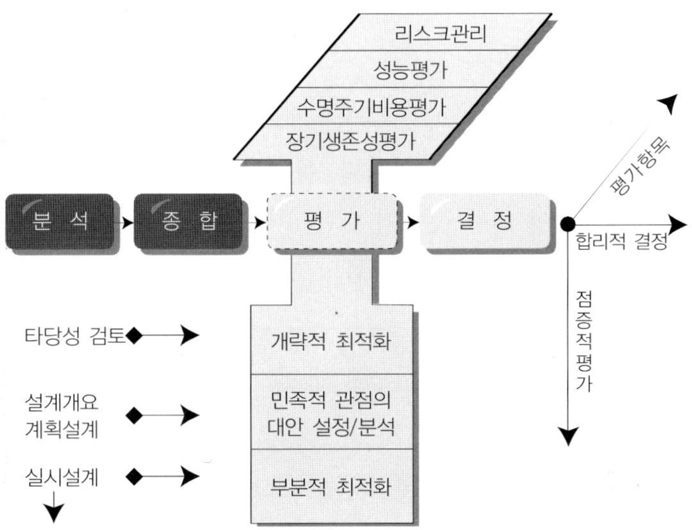

12. 분석과 종합

–문제의 인식과 대안의 창출

> 사전에 충분히 준비하고 과거의 경험을 활용하는 것이 창조적 사고의 유발동기가 되는 것은 아니다. 유사한 문제의 해결을 위해 창조적 해결대안을 강구해 본 적이 있다는 사실 그 자체가 창조적 사고의 저해요인이 될 수 있다. 과거 경험에 비추어 스스로 설정한 사고의 틀에 얽매일 경우 새로운 대안의 탐색 자체가 배제될 우려가 있기 때문이다.

건설경영 의사결정상황에서 당면문제의 유형과 성격을 정확히 파악하는 것은 결코 쉬운 일이 아니다. 문제해결 대안은 발견되는 것이 아니고 창조되어야 하는 것이기 때문이다. 이러한 사유로 상상력과 창조력을 전제로 하는 분석 · 종합의 과정이 필요하다.

분석단계에서 해결대안이 충족시켜야 할 요구조건을 정확히 파악해야 하고, 종합단계에서는 다양한 대안을 설정해야 한다. 본 장에서는 의사결정자의 창조적 능력이 건설경영 의사결정상황에서 활용될 수 있도록 (1)기능지향적인 방법으로 문제의 본질을 파악하여 해결이 가능한 형태로 재구성하여 대안을 모색할 수 있도록 하는 분석기법과 (2)대안의 창출을 위해 창조적 능력을 고양시킬 수 있도록 하는 종합기법 몇 가지를 제시한다.

분석_문제의 유형과 성격 규명

분석의 목적은 검토대상을 명확히 하여 노력과 시간이 불필요한 문제 때문에 소모되지 않도록 하는 것이다. 건설과정에 참여하는 다양한 사람들은 문제의 성격을 정확히 파악하지 못할 뿐만 아니라, 문제해결의 목적도 정확히 언급하지 못하는 경우가 많다. 이러한 경우 분석적 능력을 갖춘 의사결정자의 심층적 탐색을 통해 문제의 유형과 성격을 명확히 규명해야 한다.

문제의 유형과 성격을 파악하기 위해 해결범위를 설정하고 문제를 재구성하는 과정은 정신분석학자 Freud(1946)가 환자의 초기 치료단계에서 필수적인 것이라고 언급하는 "문제제시(presenting problems)"에 해당된다.[34] Freud(1946)에 의하면 대부분의 환자들은 처음에는 스스로의 우려사항을 정확히 표현하지 못하다가, 대화를 통한 심층적인 탐색과 조사의 과정을 거치면서 문제의 핵심에 접근한다고 한다.

건설경영 의사결정상황에서 분석은 다양한 참여자들의 요구조건을 해석하고 이해하는 것이다. 다양한 참여자들은 각기 다른 성장과정 및 교육적 · 직업적 배경을 갖고 있기 때문에 동일한 문제의 특징을 달리 이해 · 표현하고 해결을 위한 접근방법을 달리 설정하기도 한다. 따라서 의사결정자는 다양한 요구조건을 균형적 시각에 근거하여 객관적인 방법으로 정형화하는 기능분석방법을 사용하는 것이 바람직하다.

기능분석(functional analysis)은 검토대상의 주 기능은 물론 그 하위기능까지도 명확히 정의하는 정형적 분석방법이다. 이 방법에 의해 의

34) Freud, A., The Ego and Mechanisms of Defence, NY International University Press, 1946.

사결정자는 대상의 요구조건에 대한 기술적(記述的) 접근을 배제하고 기능분석적 시각으로 문제를 조명하여 보다 광범위한 해결대안을 설정할 수 있다.

기능분석은 검토대상의 기능을 2~3개의 단어로 묘사하는 것으로부터 시작한다. Mudge(1971)는 대상시스템의 기능 정의를 위해 다음 3가지 규칙을 제안한다.35)

1) 모든 기능을 동사와 명사로 표현한다.
2) 모든 기능을 작업기능과 판매공급기능으로 나눈다.
3) 모든 기능을 주기능과 부기능으로 구분한다.

(규칙 2)는 작업기능(work function)과 판매기능(sell function)을 동사와 명사를 사용하여 (규칙 1)을 보다 구체화한다. 작업기능(work function)은 "동작을 나타내는 동사(action verbs)"와 "측정 가능한 명사(measurable nouns)"로 표현되는 반면, 판매 또는 공급기능은 "판매(공급)를 나타내는 동사"와 "측정 불가능한 명사(non-measurable nouns)"로 언급된다.

작업기능은 옮기다(transfer), 저장하다(store), 처리하다(process) 등과 같이 동작을 나타내는 동사와 공기(air), 물(water), 자료(data), 공간(space)과 같이 측정 가능한 명사로 표현되는 반면, 판매(공급)기능은 보호하다(protect), 제공하다(provide)와 같이 판매(공급)를 나타내는 동사와 안전성(safety), 유연성(flexibility), 미관(aesthetics)과 같이 측정 불가능한 명사로 표현된다.

예를 들어 창호시스템의 대안을 평가하는 경우 작업기능은 "빛을 공급하다(provide light)"인 반면, 판매(공급)기능은 "환기를 제공하다

35) Mudge, A. E., Value Engineering, McGra-Hill Inc., NY., 1971.

(provide ventilation)", "단열을 제공하다(provide insulation)", "태양열을 받아들이다(allow solar gain)" 등이 될 수 있다.

(규칙 3)에서 주기능(basic function)은 기술이나 제품의 주요목적을 달성하는 것이고 부기능(secondary function)은 주요목적의 달성을 지원하거나 특정 방법의 도입으로 인해 불가피하게 발생되는 기능이다. 하나의 기능은 적용상황에 따라 주기능이 될 수도 있고 부기능이 될 수도 있다.

예를 들어 좋은 경관을 고려하여 설계된 중역실 창호의 주기능은 "경관을 제공하다(provide a view)"이고 "태양열을 받아들이다(allow solar gain)"는 부기능이 된다. 그러나 에너지 절감을 고려하여 설계된 남측 창은 "태양열을 받아들이다"가 주기능이 되고 기타 "경관을 제공하다"가 부기능이 된다.

한편 기능분석을 지원하기 위해 개발된 시각적 기법으로 그림 12.1과 같은 "기능분석체계기법(FAST : functional analysis systems technique)이 있다. 그림 12.1에서 "역할은 무엇인가?(What does it do?)"라는 질문에 대응하는 기능들이 도식적으로 표현된다. 가장 왼쪽의 "목표기능"은 시스템 전반의 목표를 나타낸다. 목표기능 바로 오른쪽의 "주기능"은 "어떻게 목표기능을 제공하는가?"라는 질문에 대응한다. 그리고 이와 관련된 일련의 "부기능"은 "기능의 주공정선"으로 연결되어 주기능의 오른쪽에 나열된다. 연결선의 왼쪽에서 오른쪽으로 가면서 각 기능은 "그 기능의 바로 왼쪽에 있는 기능을 어떻게 제공하는가?"라는 질문에 대응한다. 따라서 반대방향, 즉 오른쪽에서 왼쪽으로 가면서 각 기능은 "그 기능 바로 오른쪽의 기능을 왜 수행해야 하는가?"라는 질문에 대응한다. 각 기능의 하부에 나열되어 있는 것은 하위기능 또는 각 기능과 관련된 속성이다. 끝으로 대안 도입의 주요목적은 왼쪽 윗부분에 우선순위에 따라 위에서 아래로 나열된다.

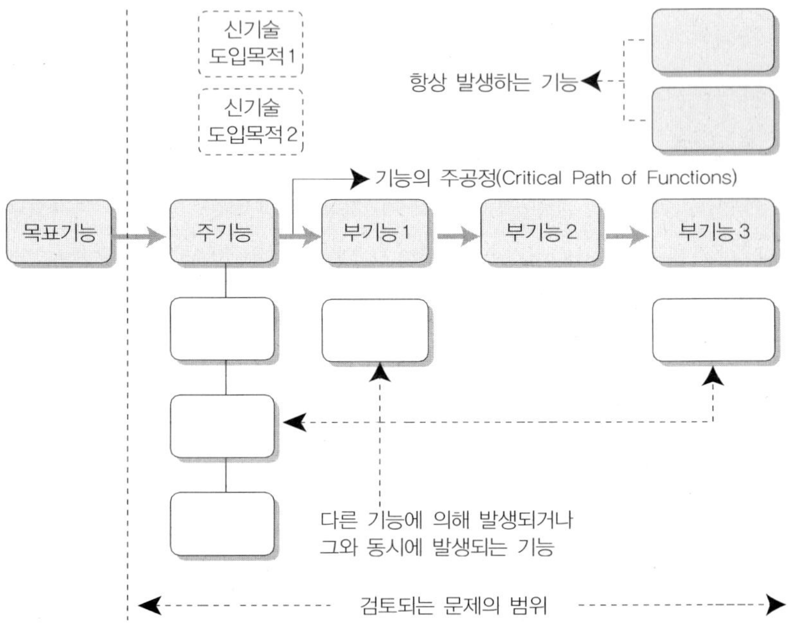

그림 12.1 기능분석체계기법의 기본규칙

그림 12.2는 이와 같은 규칙에 따라 조명시스템의 기능을 분석한 실례이다.

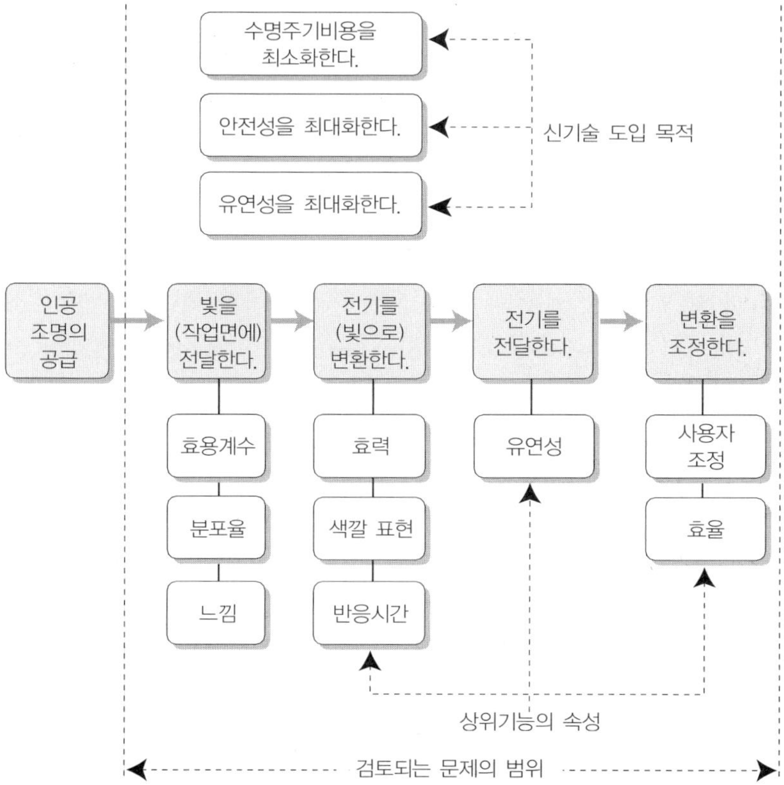

그림 12.2 기능분석체계 기법에 의한 조명시스템 기능 표현

상위기능 하부의 각 기능은 조명설계를 위해 고려해야 할 변수이다. 작업 면에 빛을 전달하는 것은 가장 중요한 변수인 조명등의 선택에 의해 결정된다. 빛의 전달률은 조명등의 효용계수에 따라 다르며, 또 하나의 속성인 빛의 분포율은 조명등이 발산하는 빛의 균질성에 직접적인 영향을 미친다. 한편, 전기를 빛으로 변환시키는 기능은 또 다른 설계변수인 광원(光源)의 효력에 의해 실현되고, 이 효력은 또한 색깔 표현, 반응시간 등에 영향을 준다.

종 합_해결대안의 창출

새로운 대안의 도입을 위한 의사결정과정에서 개인의 창조적 능력을 고양시킬 수 있는 대표적인 방법으로 다각적 분석(morphological analysis)과 브레인스토밍(brainstorming)을 들 수 있다.

다각적 분석은 새로운 대안을 창출하기 위해 대안 선택범위를 2~3차원의 체크리스트(checklist) 형태로 표현하여 미처 깨닫지 못한 요소를 고려하도록 하는 체계적 기법이다. 이 방법을 활용하면 다음과 같은 효과를 기대할 수 있다.

- 필수적인 설계변수의 파악
- 필수적인 설계변수에 대응할 수 있는 대안의 행렬 구성
- 활용 가능한 모든 대안의 검토

표 12.1은 열 회수장치(heat recovery system)의 설계를 위한 2차원 분석의 실례이다.

표 12.1 열 회수장치 설계를 위한 2차원 분석

구 분	기호	1	2	3
회 수 열	A	Ambient air ↘	Ground water	Extract air
압탕(sink)방식	B	Hot-water radiator	Warm-water ↙ radiator	Under floor
냉 매	C	$CHClF_2$ ↘	CCl_2F_2	CCl_2F_2
순환방식	D	Rankine	Sub-cooling ↓	
압축방식	E	Open	↙ Semi-hermetic	
팽창밸브	F	Thermostatic	High pressure float	Low pressure float

첫 번째 칸의 설계변수는 기술 A-F의 본질적 측면을 의미한다. 숫자 "1, 2, 3.."으로 번호가 매겨져 있는 행렬의 첫 번째 줄은 두 번째 줄 이후의 대안을 구분하기 위해 사용된다. 예를 들어 열 회수방식을 결정하는 설계변수인 "회수열(A)"의 선택을 위해서는 "ambient air(1), ground water(2), extract air(3)" 등의 대안을 고려할 수 있다. 이와 같은 방식으로 A1-B2-C1-D2-E2-F1와 같이 설계변수를 조합하여 설계 조건을 설정할 수 있다.

보다 다양한 설계변수를 제시하기 위해 직육면체의 각 면에 대안을 표시하는 3차원 분석을 할 수 있다. 그림 12.3은 케이블 배선(cabling distribution)에 대한 3차원 분석의 실례를 보여준다.

브레인스토밍(Brainstorming)은 집단구성원이 특정 문제의 해결을 위해 자발적으로 다양한 대안을 창출하도록 하는 협의기법(conferencing technique)이다. 이는 창조적 대안 창출능력을 고양시키기 위해 활용하는 기법으로 Osborne(1957)에 의해서 고안되었다.[36] 이 기법을 사용하기 위해서는 조정자(controller)의 통제 하에 5~10명 정도의 소집단을 구성하고, 집단의 각 구성원에게 특정 문제의 해결대안을 제시하도록 한다. 이러한 과정에서 준용되어야 할 주요원칙은 (1)집단구성원들이 제시하는 다양한 의견 사이에서 상호작용(interaction)이 일어날 수 있도록 자유스러운 분위기를 조성하고 (2)가능한 많은 의견을 비판 없이 받아들인 후, 나중에 비판적 평가를 실시해야 한다는 것이다. 즉 다음과 같은 규칙이 준용되어야 한다.

- 비평하지 않는다.
- 가능한 많은 대안을 받아들인다.

36) Osborne, A., Your Creative Power and Applied Imagination, Shribner, NY., 1957

• 폭넓은 범위에 걸쳐 다양성이 풍부한 대안이 강구될 수 있도록 자유스러운 분위기를 조성한다.
• 대안의 제시과정에서 이미 제시된 대안과의 결합 가능성을 고려한다.

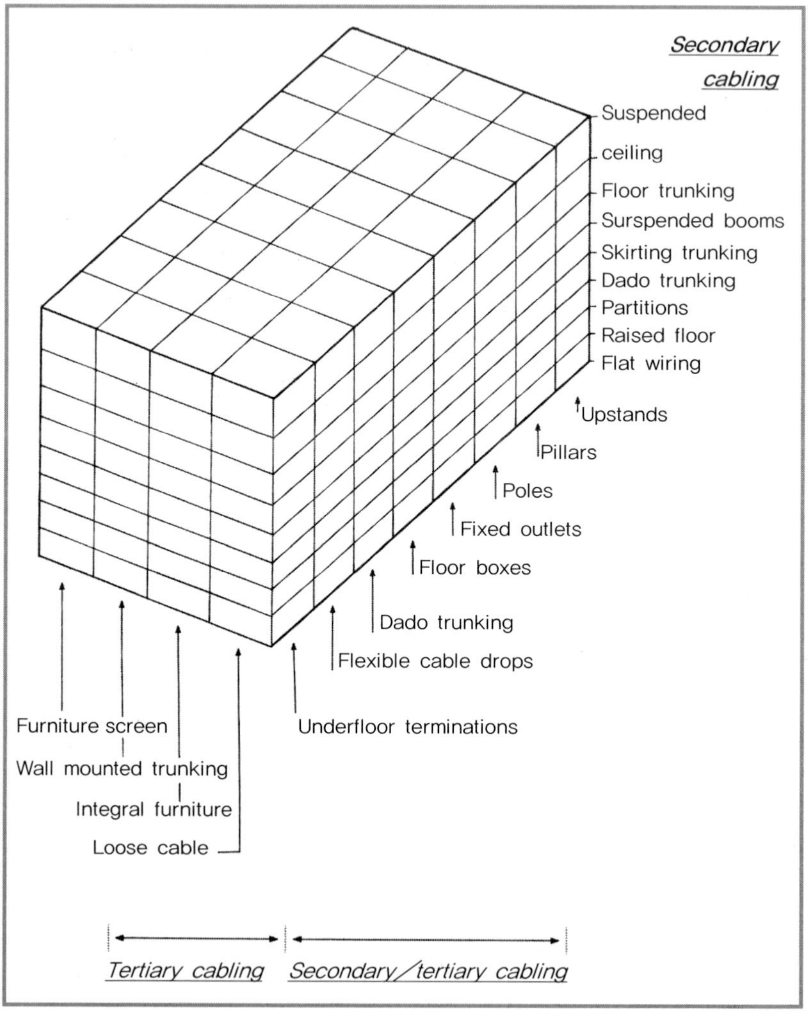

그림 12.3 케이블 배선에 대한 3차원 분석의 실례

- 새로운 대안의 강구과정에서 이미 제시된 대안의 개선 가능성도 고려한다.
- 회의를 끝내기 전에 문제해결에 대한 잠재의식 활동이 완전히 멎을 때 까지 어느 정도 시간간격을 둔다.

그림 12.4는 이와 같은 규칙을 도표화시킨 것이다.

한편, 이러한 규칙에 따라 브레인스토밍의 단계별 진행과정을 설명하면 다음과 같다.

- **정의단계**(definition stage) : 의사결정 집단은 해결해야 할 문제가 무엇인가를 파악하기 위해 당면문제의 유형과 성격을 명확히 한다. 참여자들은 다양한 방법으로 문제를 재구성하여 구성원들이 문제에 대한 이해의 공감대를 형성하도록 한다.

- **발상단계**(idea stage) : 조정자(controller)는 집단구성원들의 자유로운 사고를 고무시키고, 이들이 비판적인 사고방식에 집착하지 않도록 하여 새로운 발상이 가능하도록 해야 한다. 이를 위해 "유추(analogy)"와 "수평적 사고(lateral thinking)"방식의 사용이 필요하다. "유추"란 유사한 내용을 갖는 두 가지 이상의 사물을 연관시켜 새로운 사항을 창출해 내는 사고의 연결방식이다. "수평적 사고"란 문제에 대한 창조적 접근방식으로 참여자들이 문제해결의 새로운 출발점을 찾도록 하여 전혀 다른 방식으로 문제를 해결하도록 하는 것이다. 발상단계에서 조정자는 한 사람이 제안한 생각에 다른 사람의 생각을 추가하거나 그 생각에 편승하게 하기도 하고, 또 제시된 개념을 종합하여 새로운 대안의 창출을 유도하기도 해야 한다.

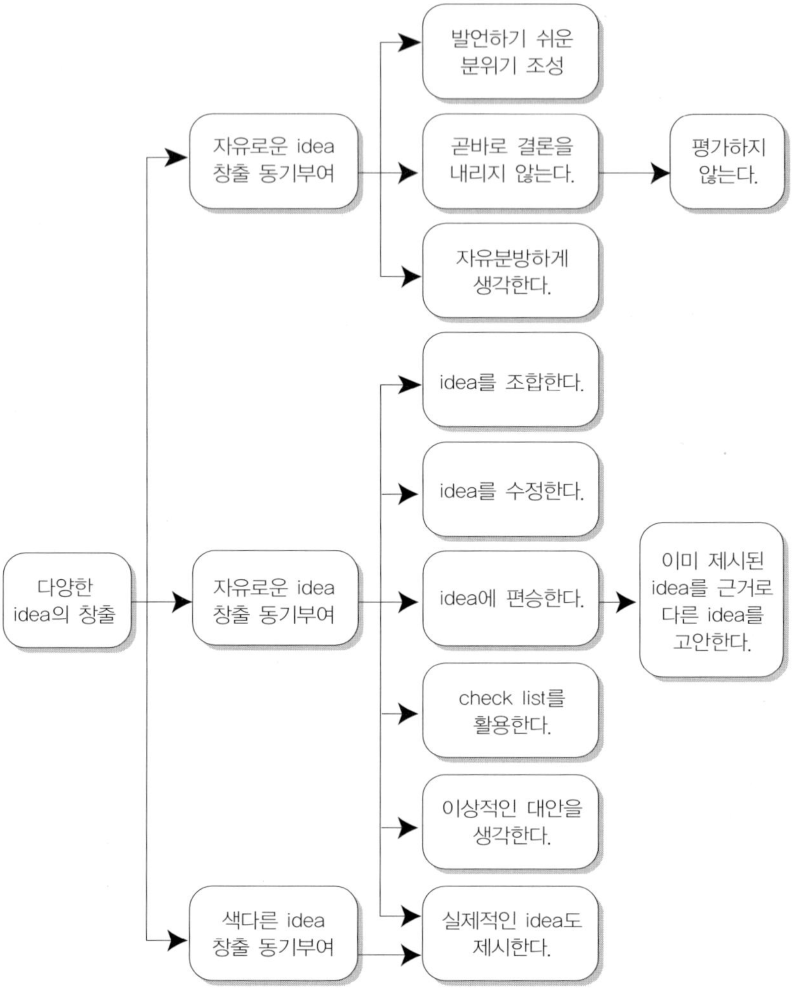

그림 12.4 브레인스토밍의 규칙

- **평가단계**(evaluation stage) : 새로운 개념의 발상이 끝나면 조정자는 제시된 대안을 유형별로 분류한 후, 각 대안의 적합성을 판단하여 고려가치가 없는 것들은 제외시킨다.

고려가치가 있는 것으로 판단된 대안은 대개 10% 내외가 되는 것으로 알려져 있다. 이들 대안은 모델 등을 사용하는 정형적인 평가단계에 넘겨서 도입에 따른 비용과 편익의 정밀검토가 이루어지도록 해야 한다.

브레인스토밍은 각기 다른 분야의 경험과 지식을 활용하여 대안의 약점을 객관적 시각으로 조명할 수 있는 이상적 기회를 제공한다. 그러나 문제의 유형과 성격이 매우 복잡하고 산만하여 전문가의 심층적 지식이 필요한 경우에 이 기법은 한계를 드러낸다.

이 기법의 적용절차는 명확하게 정형화되어 있지 않기 때문에 다각적 분석(morphological analysis)과 같은 체계적 기법에 부수되는 것으로 여겨질 우려가 있다. 또한 회의집단은 각기 다른 전문분야에 종사하는 비슷한 직위의 사람들로 한정하여 구성하는 것이 바람직하다.

이러한 제한사항에도 불구하고 이 기법은 집단구성원들의 상호작용을 통해 제시되는 종합적 결과를 활용할 수 있도록 하는 바람직한 방법이다.

제시된 대안은 평가단계로 넘겨진다. 평가단계의 첫 번째 작업은 각 대안의 전략적 의미를 고려하는 것이다. 장기적 · 종합적 관점에서 대안의 도입에 따른 비용과 혜택을 고려하는 것이다.

이러한 평가방법과 내용을 구체화시키기 위해 다음 장에서는 문제재구성을 위한 정형적 수단인 "기술예측(technological forecasting)"에 대하여 언급한다.

제Ⅱ부 건설경영 의사결정전략

-건설경영 의사결정상황의 공략방법론-

13. 장기생존성 평가

-미래 변화상황의 시나리오

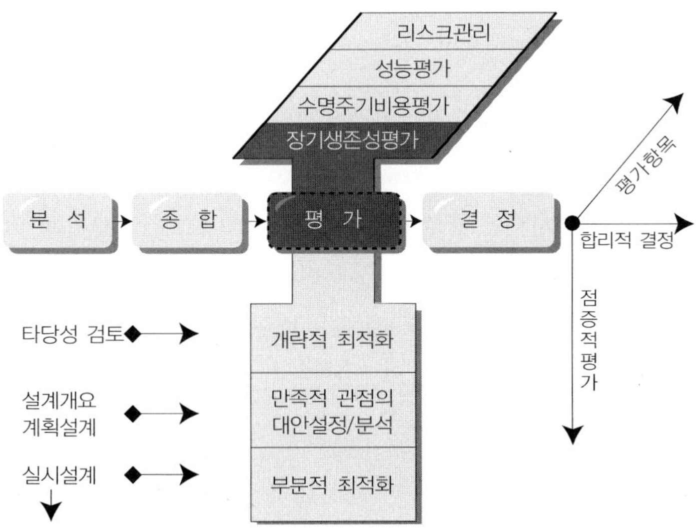

13. 장기생존성 평가

– 미래 변화상황의 시나리오

동태적인 미래상황에 정태적인 결정모델을 적용하는 오류를 범하는 경우가 많다. 정태적 모델에서는 신기술 대안 도입에 따른 가정사항과 자료가 시스템의 수명주기에 걸쳐 항상 동일한 것으로 고려된다. 기능, 요구조건, 사람의 기호 등도 불변하고 신기술 대안의 수명주기 또한 기술의 발전과 쇠퇴에 관계없이 더 이상 향상되지 않는 것으로 가정된다. 그러나 정태적 관점에서 이루어진 의사결정 결과는 수년 후에 나타나는 미래상황과 결코 부합될 수 없다.

건설과정에서 도입 결정된 신기술 대안은 동태적으로 변화하는 미래상황에서 장기적으로 존속할 수 있을지 여부의 불확실성에 직면한다. 미래상황에 관한 지식의 부족에서 비롯되는 이러한 "환경적 불확실성(environmental uncertainty)"은 신기술 대안의 장기적 생존 가능성과 밀접한 관련이 있다.

시간의 경과에 따라 건물(시설)에 대한 사람의 기호가 변하고 기대감이 높아진다. 건물(시설)의 기능과 필요조건도 달라지며 기술적 해결능력도 더불어 향상된다. 이러한 미래상황을 의사결정자는 현재 이루어지는 건설경영 의사결정에 반영해야 한다. 그러나 동태적인 미래상황에 정태적인 결정모델(static decision models)을 적용하는 오류를 범하는 경우가 많다. 정태적 모델에서는 신기술 대안의 도입에 따른 가정(assumptions)과 자료(data)가 대상시스템의 수명주기에 걸쳐 항상 동일한 것으로 고려된다. 기능, 요구조건, 사람의 기호도 불변하고 신기술의 수명주기 또한 기술의 발전과 쇠퇴에 관계없이 일정하며 기술적 능력도 더 이상 향상되지 않는 것으로 가정된다. 그러나 정태적 관점의 결정 결과는 수년 후에 나타나는 미래상황과 결코 부합될 수 없다.

의사결정은 불확실한 미래상황에 대처하기 위해 이루어지는 것이므로 후속년도에 걸쳐 발생될 것으로 예상되는 변화를 고려해야 한다. 변화를 반영하는 모델을 동태적 모델(dynamic models)이라고 한다. 동태적 모델은 현재의 에너지 가격, 최근 기술능력 등과 같은 현재상황뿐만 아니라 시간의 경과에 따라 변화하는 정보(예 : 지난 n년 동안의 에너지 가격 동향, 최근까지의 기술발전 유형)도 고려한다. 이와 같이 시간과 변화의 맥락에서 파악되는 지식과 정보를 통해 우리는 현재 위치에 어떻게 도달했는가를 알 수 있을 뿐만 아니라, 향후 어떠한 방향으로 나아가야 할 것인지도 예측할 수 있다.

예측이란 "시간과 변화의 맥락에서 파악된 정보를 효율적으로 활용하여 미래상황에 대한 높은 신뢰도의 확률적 진술(probabilistic statements)을 얻는 것"이다. 이러한 예측의 주요수단으로서 활용될 수 있는 것이 바로 동태적 모델이다.

본 장의 나머지 부분에서는 (1)건설경영과정의 신기술 도입 의사결정상황에서 이루어질 수 있는 예측의 유형을 파악하고, (2)예측을 위해 고려해야 할 인자들을 검토하며, (3)동태적 모델로 활용될 수 있는 몇 가지 주요기법에 대하여 언급하고자 한다.

예측의 유형_記述的/規範的, 조건적/무조건적, 객관적/주관적

예측은 그 속성에 따라 다음과 같은 유형으로 분류된다.

- **기술적 예측과 규범적 예측** : 예측방식에 따라 (1)무슨 일이 발생할 수 있는가?(What could happen?)와 (2)무슨 일이 발생해야 하는가?(What ought to happen?)의 두 가지 관점으로 구분된다. 처음의 것은 기술적(descriptive)인 방식으로, 과거의 사실을 근거로 미래를 예측하는 것인 반면, 나중의 것은 바람직한 미래를 설정하고, 이에 도달하기 위해 현재 어떠한 조치가 필요한가를 검토하는 규범적(normative) 방식이다.

- **조건적 예측과 무조건적 예측** : 확률적 표현여부에 따라 예측은 조건적인(conditional) 것과 무조건적인(unconditional) 것으로 구분된다. "내일 비가 올 가능성이 매우 높다" 와 같은 예측은 이에 부수되는 어떠한 조건이나 단서를 전제로 하지 않는다. 반면에 "건물 A의 연간 보수비가 1 억 원을 초과할 확률은 20%이다"와 같은 예측은 건물의 점유수준(occupancy level), 보수방식, 보수대상 시설의 비용수준 등에 대한 조건의 제시를 전제로 한다. 건설경영 의사결정상황에서는 "다른 가정사항이 일정하다면"과 같은 포괄적 조건이 설정될 수 있다. 그러나 바람직한 의사결정을 위해서는 이러한 구체적 조건을 주의 깊게 검토해야 한다.

- **객관적 예측과 주관적 예측** : 활용정보 및 자료의 출처에 따라 객관적 예측(objective forecast)과 주관적 예측(subjective forecast)으로 구분된다. 과거자료(hard data)에 의존하는 예측은 객관적인 것인 반면, 당면문제에 대한 경험과 통찰력을 갖춘 전문가의 지식과 판단에 근거하는 예측은 주관적인 것이다. 전문가의 지식

은 오랜 경험을 통해 축적된 것으로 계량적인 측정 및 평가가 불가능하다. 그러나 실제상황에서 바람직한 예측을 하기 위해서는 역사적인 기록이나 과거의 자료뿐만 아니라 주관적 정보도 고려해야 한다. 이를 위해서는 과거 경향을 다소 수정하여 새로운 상황에 적용할 필요가 있다. 또한 다른 사안과의 인과관계나 상관성을 파악하기 위해 특정 문제를 심층적으로 분석할 필요도 있다.

예측의 속성이나 유형이 무엇이든, 그 성공 여부는 다음의 세 가지 조건과 직결된다.

- 과거의 추세를 파악할 수 있는 신뢰성 있는 자료와 정보의 유무
- 예측자가 그러한 자료와 정보의 존재를 알고 있는지의 여부
- 그러한 자료와 정보의 획득 및 활용 가능성의 유무

수요변수와 성능변수_신기술 대안의 필요조건은?

예측을 위한 정보를 활용하기 위해서는 우선적으로 결정에 영향을 미치는 변수를 파악해야 한다. 변수는 그 유형과 성격이 명확해야 하고 객관적 측정이 가능하도록 계량화시킬 수 있어야 한다.

수요변수(demand variable)는 향후에 도입될 신기술 대안의 필요조건을 반영하는 변수이다. 표 13.1은 몇 가지 유형의 기술에 대한 수요변수의 실례와 측정단위를 보여준다. 표 13.1에 나타난 바와 같이 수요변수의 평가척도는 케이블의 경우 대역폭(bandwidth)37)이 될 수 있다. 이 변수의 요구조건은 성능향상에 의해서 뿐만 아니라 규모, 용

37) 대역폭, 즉 신호전류에 포함되는 성분주파수의 최대값에서 최소값을 뺀 수를 그 신호전류의 대역폭이라 한다.

량, 유연성 등의 증가를 통해서도 충족될 수 있다. 따라서 추가변수로 1인당 컴퓨터 단말기 수, 연간 1인당 컴퓨터 재배치 횟수 등도 고려되어야 한다.

표 13.1 수요변수와 측정단위의 실례

적용대상	수요변수	측정단위
컴퓨터 케이블	정보의 처리능력 정보기술의 집중도, 유연성	Bandwidth(Kilobytes/second) 1인당 컴퓨터 단말기 수 연간 1인당 컴퓨터 재배치 횟수
공기조화기	내부열 획득, 소음 정도	Watt/m^2, 최대수용 가능 소음도 (dB level)
공기여과기	공기청정도	u당 먼지입자 수

적용대상	속 성	측정단위
조 명	색상연출, 반응시간	색상연출계수, 최대밝기(maximum lux)의 80%에 이르는데 소요되는 시간
열펌프(heat pump)	에너지 효율	성능계수
보일러	에너지 효율	KiloWatts/btu

성능변수(performance variable)는 신기술 대안의 특정 속성을 반영하는 비용 또는 성능상의 지표로서, 신기술 대안의 요구조건을 충족시킬 수 있는지 여부를 평가하기 위해 사용된다. 예를 들어, 건물 내부의 허용 음수준은 새로운 통신방식(communication patterns)의 도입을 통해 크게 줄일 수 있다는 전제 하에서 난방용 닥트(duct)의 소음수준이 상대적으로 더 중요해질 수 있다. 이러한 경우 "건물 내부의 허용소음수준"과 "닥트의 소음수준"이라는 두 요소는 동시에 변화하거나, 둘 중의 하나만 변화할 수도 있다는 점에서 미래의 불확실성을 내포하는 중요성능 변수로 고려되어야 한다.

기술예측_미래의 기술발전 상황은?

기술예측(technology forecasting)은 미래의 기술발전 상황에 대하여 상당히 높은 수준의 신뢰도를 갖는 확률적 진술이다. Lenz는 1958년에 미래의 기술변화 예측을 위한 다양한 기법을 검토하였다.[38] 검토된 기법의 대부분은 제2차 세계대전 당시부터 사용되어 온 것으로 국방분야의 출판물에만 게재된 대외비 사항이었다. 최근까지 Lenz가 검토한 기법 외에 새롭게 추가된 예측기법은 1964년에 미국 랜드(Rand) 연구소가 개발한 델파이 기법(Delphi technique) 하나뿐이다. 1964년 이후 델파이 기법은 자료수집방법 등에 있어서 꾸준히 개선되어 왔다. 최근에는 컴퓨터 및 정보기술의 발전에 힘입어 방대한 분량의 자료를 짧은 시간 내에 체계적으로 처리할 수 있는 데이터베이스(database) 시스템의 구축을 통해 기술발전의 전반적 추세를 쉽게 파악할 수 있게 되었다.

건설분야의 신기술을 예측하기 위해서는 미래의 목적과 그 목적을 실현시킬 수 있는 수단(means) 모두를 평가해야 한다. 미래의 목적은 건물(시설) 사용방식이나 기능의 변화로 인해 고려해야 할 요구조건에 해당되며, 수단은 요구조건 충족을 위해 건물(시설) 서비스를 향상시킬 수 있는 혁신적인 기술대안을 말한다.

요구조건은 건물(시설) 사용자의 행동유형과 기대수준, 정보기술, 통신수단 등의 영향도 받기 때문에 반드시 기술력의 향상에 의해서만 변화하는 것으로만 볼 수는 없다. 따라서 기술예측이란 말은 기술자체의 변화는 물론 사회 · 경제적 취향의 변화도 포함하는 포괄적

38) Lenz, R. C., A Heuristic Approach to Technology Measurement, Technology Forecasting and Social Change, Vol.27, UK Elsevier Publishing, 1958, pp.249-264.

의미로 이해되어야 한다.

건설경영 의사결정과정에서 미래의 신기술을 예측하기 위해서는 (1)도입 결정을 위해 필요한 비용과 충족되어야 할 성능을 파악해야 할 뿐만 아니라, (2)신기술 대안의 창출과 평가과정에서 성능, 비용, 시간 등의 상관관계도 고려해야 한다. 또한 다음 사항을 전제로 기술예측이 진행되어야 한다.

- 신기술 도입의 기대효과는 기술평가를 위해 소요되는 노력과 시간을 정당화시킬 수 있을 만큼 충분히 커야 한다.
- 신기술은 성능향상 잠재력이 충분하여 고려할 만한 가치가 있어야 한다.
- 과거와 현재 기술의 성능자료를 확보할 수 있어야 한다.
- 기술적 성능은 지속적으로 향상되며, 변화는 측정 가능한 정도로 빈번히 발생되는 것으로 고려되어야 한다.
- 예측자는 신기술 대안의 특성에 대하여 합리적 수준의 이해를 하고 있어야 한다.

기술예측기법의 분류

기술예측은 개별예측(individual forecasts)과 집합예측(collective forecasts)으로 구분된다. 집합예측은 일관성 있는 개별예측을 종합하여 일련의 "가능한 미래(possible futures)"를 설정하는 것이다. 즉 개별적 기술의 연쇄효과 또는 도미노 효과(knock-on effects)로 형성되는 전반적 기술수준을 예측하는 방법이다.

개별예측기법에는 성장곡선분석(growth curve analysis)과 선행지표(leading indicators) 판단과 같은 객관적 정보의 활용기법뿐만 아니라 델파이 기법(Delphi technique)과 같은 주관적 정보의 사용방법도 포함된다. 표 13.2는 본 장에서 검토될 기법들에 대한 분류체계이다. 각각의 기법이 효과적으로 활용될 수 있는 상황에 대해서는 본 장의 나머지 부분에서 언급된다.

표 13.2 기술예측기법의 분류체계

<table>
<tr><td colspan="2">집합적 예측기법</td><td>• 크로스임팩트(Cross-impact) : 예측된 사항 중의 한 가지가 실제로 발생됨에 따라 일련의 다른 예측결과가 발생될 확률 변화에 대한 평가
• 시나리오 분석(Scenario analysis) : 주어진 가정 하에서 생각할 수 있는 미래상태의 개괄</td></tr>
<tr><td rowspan="2">개별예측기법</td><td>객관적 정보 활용</td><td>• 추세분석(Trend analysis) : 예측대상 변수에 대한 과거의 사실로부터 얻어진 자료만을 활용하고, 다른 변수들과의 상관성이나 인과관계를 설정하고자 하는 어떠한 시도도 이루어지지 않는다.
• 선행지표(Leading indicators) : 예측대상 변수 이외의 변수들로부터 얻어진 정보를 활용한다. 각 변수는 예측대상 변수와 일관성 있는 관계를 갖는 것으로 인식된 것이어야 한다. 사용되는 정보는 시계열 지표와 같은 정량적인 것일 수도 있고, 선행정보(precusors)와 같이 정성적인 것일 수도 있다.</td></tr>
<tr><td>주관적 정보 활용</td><td>• 델파이(Delphi) : 정보의 환원(feedback)이 일어날 수 있도록 통제된 환경 하에서 특정 문제에 대한 집중적 질문이 포함된 설문서를 집단 내의 전문가들에게 작성토록 함으로써 얻어진 합의된 의견을 신뢰성 있는 결과로 활용한다.</td></tr>
</table>

시나리오 분석(Scenario Analysis)

시나리오는 여러 가지 유형의 의사결정상황에 대한 사람의 인식을 정돈하는 수단이다.[39] 시나리오 분석은 개별적 예측결과를 효과적으로

39) Wack (1985)는 시나리오를 다음과 같이 정의한다.
"...a device for ordering one's perceptions about alternative environments in which one's decisions might be played out."

로 통합하여 활용할 수 있다는 측면 외에도 "미래에 대한 복합적인 설명(multiple description)"을 제공하여 의사소통을 원활하게 하고 의사결정상황에 대한 의사결정자의 인식을 증진시켜 줄 수 있다.

석유회사인 "Royal Dutch Shell"은 시나리오 분석을 통해 1973-1974년과 1979년도의 2회에 걸친 오일쇼크를 성공적으로 예측했다(Wack, 1985).[40] 그 이후 '81년도까지 "Fortune"誌에 게재된 1,000개 기업 중 약 50%가 이 방법을 활용할 정도로 시나리오 분석은 각광을 받았다.

그러나 건설분야에서는 건물(시설) 사용과정에서의 변화와 신기술 발전 추세에 대한 검토 · 예측의 필요성이 지속적으로 증가되어 왔음에도 시나리오 분석방법의 활용에 매우 소극적이었다.

시나리오 분석은 다음과 같은 3가지 특징을 갖는다.

- **미래 상황에 대한 다양한 관점** : 여러 가지 측면에서 미래는 알 수 없는 것이다. 따라서 단일예측을 시도하기보다는 몇 가지 가능한 대안의 미래를 검토하는 것이 바람직하다. 건물(시설)의 발전 추세를 고려하면서, 의사결정자는 불연속적인 진보와 예상치 못한 사안의 발생 가능성을 고려하지 않으면 안 된다. 이러한 사안은 우리가 "이미 알고 있는 지식(conventional wisdom)"과 확고히 굳어진 우리의 신념으로부터 벗어나는 것도 많다는 것을 인정해야 한다.

- **확실한 가정을 전제로 한 미래상황의 개괄** : 모든 시나리오는 반드시 개괄적으로 작성된다. 시나리오 분석을 통해 얻어진 미래

40) Wack, P., Scenarios : Shooting the Rapids, Harvard Business Review, Vol. 63(6), 1985, p.139-150.

에 대한 개괄적 기술은 미래가 전개될 수 있는 일반적 인식의 틀을 제공할 수는 있지만 구체적인 정확도를 기대할 수 없다. 따라서 그다지 중요하지 않은 미시적인 문제는 제거하고 핵심 인자만을 추출하여 미래방향을 결정하는 주요 분기점(key branching points)을 인식하기 위해서는 고도의 선택성이 요구된다.

- **미래상황에 대한 다면적 접근** : 시나리오는 개별예측의 단순한 결합 이상의 종합적 효과를 반영하는 전반적 특성을 나타낼 수 있다.

시나리오 작성단계는 그림 13.1과 같다.

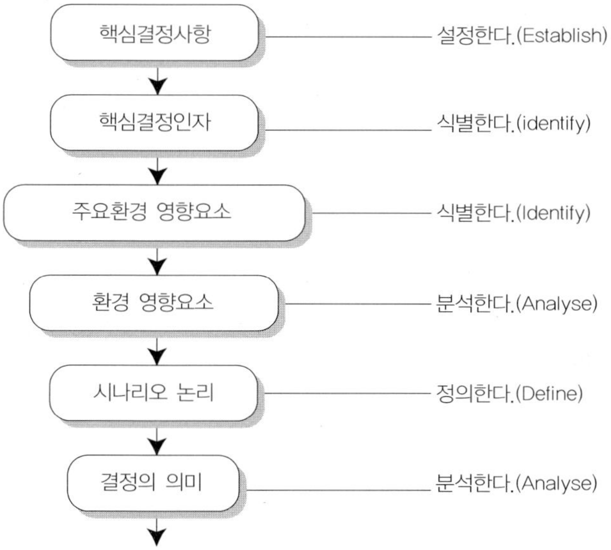

그림 13.1 시나리오의 개발단계

제1단계 / 핵심결정사항(key decisions)**의 설정** : 우선 장기적인 의미에서 주요 영향력을 갖는 핵심결정사항을 설정한다. 예로써 (1)건물규모(연면적, 층수, 건폐율, 용적률 등), (2)초기공사비 및 수명주기비용, (3)투자기간, (4)임대면적, (4)기계 · 전기 설비기술, (5)기술시방 또는 용량, (6)에너지원의 종류, (7)에너지의 통제방식 (중앙집중 또는 개별분리) 등을 생각할 수 있다. 이러한 인자를 정확히 인식하지 못하면, 건물(시설)의 운영상 장애, 재산가치 손실 및 노화 가속현상이 발생될 수 있다.

제2단계 / 핵심결정인자(key decision factors)의 파악 : 이 단계에서는 제1단계에서 설정된 핵심결정사항에 직접적 영향을 미치는 인자를 파

표 13.3 시나리오 분석에 의한 케이블 시스템 선택

주요 결정	주요결정인자	주변환경의 영향력	시나리오 논리
케이블 시스템의 선택	**용량(capacity)** : 요구되는 서비스 유형과 용량 및 전송능력	**정보기술 확산정도** : 1인당 컴퓨터 터미널의 사용대수	• **정보기술(I.T) 사용 지속 시나리오** : 정보기술의 사용이 개인, 가정, 직장은 물론 정보화 빌딩(inteligent building) 수준까지 지속적으로 확산 • **소요공간 축소의 시나리오** : 하나의 케이블이 한 가지 이상의 서비스를 제공하게 되면서 케이블 수요가 점차 감소됨. 철마루판(raised floor)의 소요는 전산실에 국한됨. • **구조화 전선사용(structured wire)의 시나리오** : 광섬유케이블은 특정 분야에 국한되어 사용되면서도 높은 수준의 수요가 유지됨. 구조화된 전선사용의 보편화.
	유연성(flexibility) : 변화에 대한 적응능력	**인원 재배치** : 작업장소 이동빈도 (연간 재배치율 : %)	
	보안성(security) : 비인가된 간섭과 접근의 방지능력	**정보가치** : 도난(theft)의 위험정도	
	효율성(efficiency) : 운용상의 비용 효과성	비용절감 가능성	
	지원능력(support) : 공급자가 사용자에게 제공하는 서비스의 질과 규모	기술 확산 가능성	
	신뢰성(reliability) : 정상상태에서의 성능 수행 능력	동시사용 요구조건 (need for real time operation)	

악한다. 이에 대한 예로써 광섬유 케이블의 선택에 영향을 미치는 결정인자를 인식해 보면 표 13.3의 두 번째 칸(column)의 내용과 같다.

안전성(safety), 미관(aesthetic), 접근성(accessability)과 같이 초기선택에 직접적 영향을 미치는 다른 결정인자는 배제될 수 있는 반면, 표 13.3에서 인식된 사항은 미래의 불확실성에 크게 영향을 받는 것이므로 분석과정에서 관심을 집중시켜야 한다.

제3단계 / 환경영향요소(environmental forces) **식별** : 제2단계에서 파악된 핵심결정인자의 수준과 상태를 결정하는 영향력으로 수요변수 또는 성능변수의 변화에서 비롯된다. 이러한 요소는 구조적 또는 외부적 영향력에 의해 결정되기 때문에 의사결정자의 통제범위 밖에 있다. 예를 들어, 케이블의 핵심결정인자로 파악된 "보안의 중요성(importance of security)"을 증가시키는 수요력(demand forces)은 (1)정보도난의 빈도와 (2)전달정보의 중요성에 의해서 결정될 수 있다.

제4단계 / 분석(analysis) : 인식된 환경영향요소가 개별적으로 분석되는 단계이다. 또한 과거의 추세, 미래의 불확실성, 기타 환경영향요소의 상관관계도 검토된다. 이러한 정보는 개별예측을 통해 얻어질 수 있다. 분석은 단순하면서도 광범위하여 미래에 대한 기술적(記述的) 설명이 가능해야 한다. 왜냐하면 분석목적은 주요영향인자의 식별을 통해 향후 발생 가능한 주요변화에 관심을 집중하기 위한 것이기 때문이다.

제5단계 / 시나리오 논리의 정의(defining scenario logics) : 이 단계는 다른 예측에서는 찾아볼 수 없는 시나리오 분석 고유의 특징으로, 대안의 미래(alternative future state)를 기술(記述)하기 위해 구성주제, 원리, 가정사항(assumptions) 등을 정의하는 과정이다. 시나리오 논리는 이전

단계에서 인식된 조건과 미래의 불확실성을 고려하여 정의되어야 한다. 단순히 비관적/낙관적 미래나 상 · 중 · 하로 구분되는 예측치를 제시하는 것에 그치지 않고, 대안의 미래상태를 설명하는 특정 주제의 특징을 나타낼 수 있어야 한다. 즉 전적으로 낙관적이거나 비관적인 기술에서 탈피하여 위협과 기회를 동시에 제시할 수 있어야 한다. 예로써 표 13.3은 케이블 시스템의 선택과 관련된 세 가지 대안의 미래를 보여준다.

제6단계 / 시나리오의 세련화(elaboration of the scenario) : 정의된 시나리오 논리는 상황분석을 통해 얻어진 정보와 조합되어 핵심결정인자에 관한 정보를 제공할 수 있어야 한다. 이러한 작업은 사용목적에 비추어 충분히 구체적인 것이 되도록 하여 관련자의 관심사항을 반영할 수 있어야 한다.

제7단계 / 시나리오 의미의 결정(determining implications) : 마지막 단계는 제2단계에서 파악된 결정인자에 대하여 시나리오의 의미를 파악하는 것이다. 시나리오의 의미는 명확하면서도 새로운 지식을 담을 수 있어야 한다. 이를 위해 제기되어야 할 몇 가지 질문유형을 들면 다음과 같다.

- 미래상황에 관한 정보는 당초 설정된 가정 및 추진전략과 모순되지 않는가?
- 특정 전략의 수행시점을 시사하고 있는가? (예, 미래기술 도입을 위한 건물설비시스템의 재설치 시기는?)
- 특정 계획에 대하여 어떠한 예비적 조치가 필요한가? (예, 향후 광섬유 케이블을 도입하기 위해 바닥 하부에 여유공간을 확보할 필요가 있는가?)

- 제시된 종류의 유연성과 탄력성이 과연 필요한 것인가? (예, 화상회의시설(video-conferencing facilities) 도입을 위해 보다 많은 대역폭(bandwidth)의 확보가 필요한가?)
- 제시된 정보에 비추어 볼 때 어떠한 영향인자가 예의 주시되어야 하는가? (예, 광섬유 케이블 시스템의 가격이 하락될 경우 어떠한 비용효과가 얻어지는가?)

시나리오 분석은 주관적 정보를 근거로 이루어지기 때문에 객관성이 부족하다. 분석과정 또한 전적으로 시나리오 작성 팀의 전문지식에 의존하지 않으면 안 된다. 그럼에도 주관적 성격은 건설경영 의사결정과정의 동태적 변화상황에 적용될 수 있는 유연성을 제공해 준다는 장점을 갖는다.

실제상황에서 이 방법은 가정된 사항이 미래상황과 일관성을 가지는지 여부를 확신할 수 있도록 해주고, 예측변수 사이의 상호의존적 효과를 파악할 수 있도록 해준다. 이러한 관점에서 시나리오 분석은 특정 영역에 국한된 불확실성의 해석에 특히 효율적인 기법이라고 볼 수 있다.

추세분석 및 성장곡선

추세분석(trend analysis)은 예측변수에 대한 과거의 실적치로부터 얻어진 자료를 활용하여 미래를 예측하는 방법으로 다소 초보적(naive)인 기법이다. 이 방법은 독립변수, 시간, 그리고 예측되는 종속변수 사이에 일관성 있는 관계가 존재한다는 것을 전제로 한다. 예를 들어, 다음 수년간의 에너지 비용 예측은 과거 수년간에 걸쳐 파악된 에너지 비용의 분포유형에 근거를 둔 것으로 가정된다. 미래상황을 과거의 추세와 어긋나게 할 수 있는 정부의 법적규제나 대체 에너지 출현 등과 같은 다른 변수를 인식하는 어떠한 시도도 이루어지지 않는다. 즉 과거의 분포유형에 대한 원인이 향후에도 지속적으로 존재하는 것으로 가정된다.

건설분야의 기술혁신과 관련하여 가장 일반적으로 사용되는 추세곡선은 성장곡선(growth curve)과 S곡선(S-curve)이다.

기술성능의 진보과정은 그림 13.2와 바와 같이 완만한 S 모양으로 나타난다.

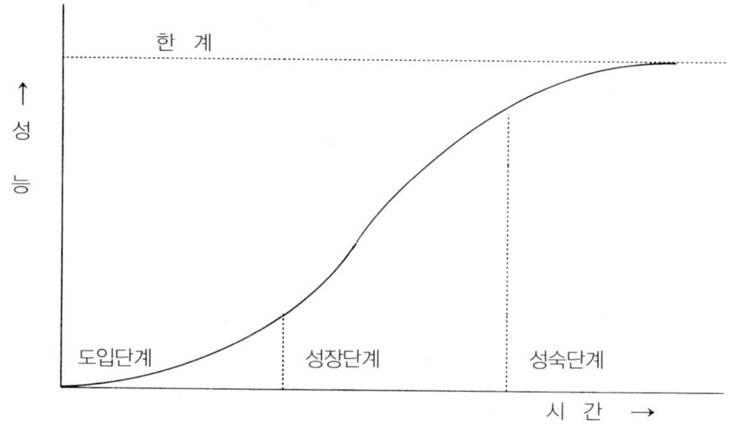

그림 13.2 기술성능 변화에 대한 성장곡선

이 모양은 인구변동, 몸무게와 키의 변화 등에서 나타나는 성장률과 비슷하기 때문에 성장곡선으로 표현된다. 성장곡선의 모양은 신기술 발전과정을 나타내 준다. 즉, 초기단계에서의 성능향상 속도는 매우 느리다. 초기단계에서는 제반여건상의 한계로 인해 기술적 접근 자체가 유효하지 못한 경우가 대부분이기 때문이다. 이러한 결점이 제거되면 기술발전은 성장단계에 이르게 되고, 그 결과 지수형 성장 곡선(exponential growth curve)의 형태로 급격한 성능향상이 이루어진다.

이 단계에서는 다른 성능변수와 마찬가지로 비용도 기술적 진보에 의해 영향을 받는다. 효율적 생산과 유지관리가 가능해질 뿐만 아니라 보다 값싼 재료의 경제적 사용으로 비용절감도 가능해진다. 그러나 급격한 성장을 보이던 기술도 성숙단계(mature stage)에 이르러서는 여건 변화에 따른 기술적 한계점을 완전히 극복할 수 없게 된다. 그 결과 다시 완만한 성능향상을 보이며 물리적, 화학적, 또는 경제적 상한(upper limit)에 직면하게 된다. 성숙단계를 지나면서 하나의 기술은 대개 다른 기술에 의해 계승된다. 그러나 기존 기술을 계승한 이 기술 또한 성장곡선과 상한(upper limit)을 갖는다. 따라서 전반적인 기술진보는 그림 13.3에서와 같이 수십 년에 걸친 성장곡선의 연속에 의해 나타나게 된다.

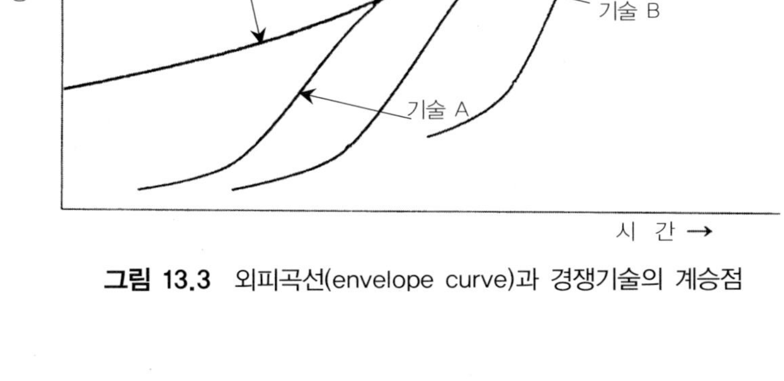

그림 13.3 외피곡선(envelope curve)과 경쟁기술의 계승점

그림 13.3에서 계승점은 하나의 기술이 다른 기술을 능가하는 시점을 의미한다. 이러한 경우 각 기술이 갖는 성장곡선의 극대점을 연결하여 연속선으로 표시하면 외피곡선(envelope curve)이라는 지수곡선(exponential curve) 추세를 파악할 수 있다. 외피곡선으로 특정 기술에 국한되지 않는 전반적 기술향상 추세를 파악할 수 있다. 건설경영 의사결정자가 고려하는 시간영역(time horizon)은 대개 10~30년 정도에 그치는 경우가 많다. 따라서 수십 년의 시간영역을 나타내는 외피곡선은 개념적으로만 유익할 수도 있다. 그럼에도 특정 기술(특히 기계 · 전기설비기술)의 발전추세 파악에 효과적일 것으로 사료된다.

성장곡선은 기술성능의 발전추세만을 나타내는 것이 아니다. 그림 13.4에서 나타나는 것과 같이 시간의 경과에 따른 신기술 수요(demand)의 변화를 나타내기 위해서도 성장곡선이 활용될 수 있다. 예로써 컴퓨터 단말기의 확산과 밀접한 관련이 있는 철마루판(access floor)의 수요변화를 생각해 보자. 철마루판은 케이블 배선과 온 · 습도 조건의 충족을 위해 컴퓨터실에 한정적으로 필요하였다. 그러나 건물의 다

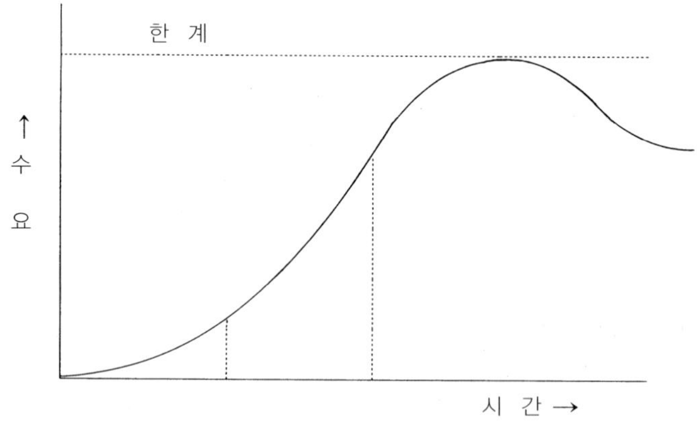

※ 수요곡선의 초기 모습은 성장곡선과 동일하나 성장경향이 곧 감소 추세로 바뀌게 된다.

그림 13.4 새로운 기능을 표현하는 수요곡선

른 부분에도 워드프로세서(word processor)와 컴퓨터 터미널이 도입되면서 철마루판의 수요가 증가되기 시작하였다.

이로 인해 철마루판의 수요는 지수곡선 형태를 띠며 급격히 증가하기 시작하였다. 그러나 이러한 증가추세는 건물 내부의 많은 사람들이 컴퓨터 장비를 도입하면서 안정적 단계에 이르게 되고, 이때부터 증가추세는 둔화되기 시작하여 결국 철마루판 수요곡선은 완만한 S형 추세를 보이게 되었다. 이러한 경우 철마루판의 확산은 기술혁신에 의한 비용절감과 성능개선의 혜택으로 볼 수 있다. 따라서 의사결정자는 수요의 진전추세뿐만 아니라 안정시점까지도 고려해야 한다. 성장곡선 추세는 다음과 같은 관점에서 의사결정에 유익한 역할을 한다.

1) 발전한계를 인식하지 못한 결과, 최근의 과거자료만을 단순 조정하는 것에 그치는 오류에서 벗어날 수 있다.
2) 특정 기술의 동태적 발전추세를 이해할 수 있다.
3) 성장곡선의 계승점(point of succession)을 인식하여 하나의 기술이 다른 경쟁기술에 의해 추월되는 시점을 파악할 수 있다.

기술성능의 변동추세를 파악하기 위해 S곡선을 활용하는 경우 다음과 같은 몇 가지 문제점에 직면하게 된다.

- 후속적으로 발전되는 기술에 적용할 수 있는 성능척도가 없다. 예를 들어, 왕복엔진(reciprocating engines)의 성능척도로 사용되는 마력(horse power)은 후속적으로 나타난 제트엔진(jet engine)의 성능측정을 위해 적용될 수 없다.
- 특정 속성의 중요성은 시간의 경과에 따라 감소되어 더 이상 주요 관심사가 되지 못하는 경우가 있다. 예로써, 열 회수 처리장

치의 에너지 효율은 에너지 비용이 하락하는 경우 덜 중요해질 수 있다. 이 경우 에너지 효율보다는 회수공기의 청정도(purity)와 같은 속성이 훨씬 더 중요한 문제로 고려될 수 있다.

- 특정 기술의 성능자료를 전혀 다른 출처(예, 제조업자, 제품공급업자, 연구자)로부터 획득하기 위해서는 엄청난 노력이 소요된다.
- 성장곡선은 특정 추세의 유발 인자가 지속적으로 존재하며 작용한다는 것을 전제로 한다. 그러나 외부 영향력의 변화로 인해 언제 예측이 무효화될지 알 수 없다.

전등기구(electric lamp)의 발전과정은 S곡선과 관련된 이러한 문제를 단적으로 보여준다. 그림 13.5는 전등기구의 성능향상 추세를 반영하는 S곡선과 외피곡선을 보여준다.

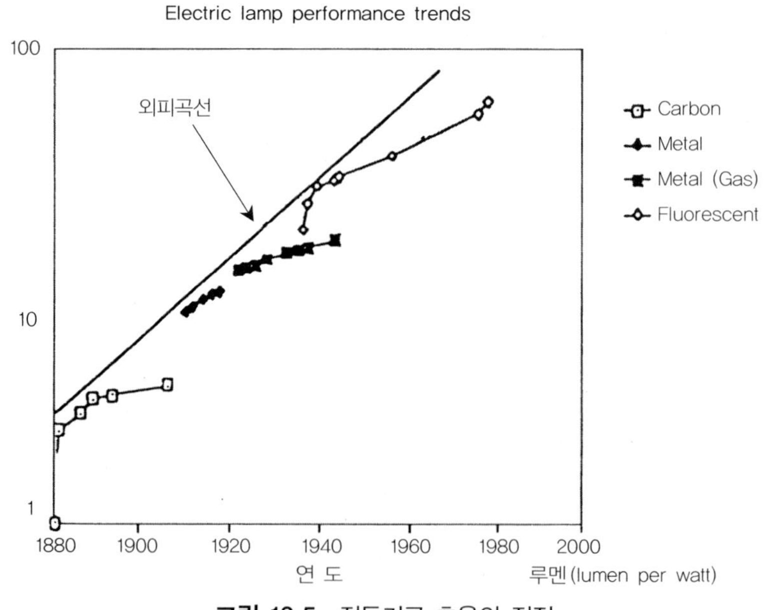

그림 13.5 전등기구 효율의 진전

전등기구의 성능측정을 위해 보편적으로 사용되는 척도는 루멘(lumens per watt)이다. 루멘은 그 기준이 명확하고 표준화되어 있어 전등기구의 수명에 걸친 에너지 효율을 용이하게 측정할 수 있는 평가척도이다. 그럼에도 전등기구의 전반적 기술수준을 측정하기 위한 척도로 루멘을 선택할 경우 다음과 같은 어려움에 직면하게 된다.

- 루멘으로는 운영유지비 판단 이외의 다른 목적, 즉 획득 및 설치, 그리고 발광도(luminaire) 등의 성능을 측정할 수 없다. 최근 기술진보와 더불어 전등기구의 비용요소에 대한 주요 관심사는 운영비(running costs)에서 안정기비용(ballast costs)으로 전환되었다.
- 빛의 가치는 거의 절대적으로 파장(wavelength)에 의해 결정된다. 효율성이 높은 나트륨등(sodium lamps)의 노란색 연출에서 볼 수 있는 바와 같이, 색상연출(colour rendition) 효과를 희생시킴으로써 보다 높은 에너지 효율을 얻을 수 있다. 높은 에너지 효율을 확보할 경우 더 오래 사용할 수 있다. 따라서 보다 중요한 관점은 단일 성능변수를 최적화하는 것이 아니라 몇 가지 경합관계에 있는 변수들 사이에서 적절한 타협을 하는 것이다. 결국 루멘을 평가척도로 활용할 경우 실제 기술진보가 있었는지의 여부 또는 다른 성능변수들과의 타협이 이루어졌는지의 여부를 파악할 수 없다는 어려움에 직면하게 된다.

성능측정 문제뿐만 아니라, 공표된 문헌 등으로부터 자료를 수집하는 과정에서 따르는 어려움도 있다. 실제 전등기구의 기술발전에 대한 정량적 사항보다는 정성적 정보가 더 유용한 경우가 많다. 그러나 다양한 출처에서 비교분석이 가능한 자료를 찾기 위해서는 3년 이상의 장기간이 소요되는 경우도 있다.

성능변수와 달리 수요변수는 단기변동(short-term fluctuations)을 보인다. 단기변동은 저변에 깔려 있는 추세파악을 어렵게 한다. 예로서 공조공간(air-conditioned space)의 냉방수요 변동을 생각해 보자. 냉방수요는 여름에 최대치를 보이면서 계절에 따라 급격히 변동된다. 연간 주기(annual cycle)에 걸친 변동 외에 일일변동(daily fluctuation)이나 점유 공간 내 활동주기(activity cycles)에 의한 변동(주말, 휴가, 업무시간 등)도 발생된다. 또한 조업중단 · 파업과 같은 단속적 사안으로 인해 발생되는 비정기 변동으로 인해 수요변수 추세는 한층 더 왜곡될 수도 있다. 이러한 비정기적 변동의 이면을 주의 깊게 관찰하여 수요변수의 장기적 추세유형(secular pattern)을 판단해야 한다.

공장규모 결정을 위해 계절적 · 주기적 · 비정기적인 변동과 같은 단기적 변동(short term fluctuation)은 에너지 모델(thermal energy model)을 사용하여 측정될 수 있다. 이러한 측정을 통해 의사결정자는 대상시스템에 대한 향후 몇 년 동안의 수요조건에 대처할 수 있다. 그러나 대상시스템 수명주기에 걸친 변화에 대비하기 위해 설계자는 주먹구구식(rule of thumb)으로 개략적인 예비율(예를 들면, 약 30%의 여유율)을 산정하는 경우가 많다. 이러한 접근방법으로는 장기적인 추세에 대처할 수 없다. 장기적 추세는 성장곡선으로 고려될 수 있다. 다른 변동유형과 달리 장기적 수요는 지속적 증가현상을 보인다. 따라서 다른 유형의 변동으로 발생되는 간섭요소(noise)를 제거하고 전반적 추세를 요약하여 장기적 추세를 도출해 내야 한다. 이러한 "고르기 과정(smoothing process)"은 이동평균(moving average)의 사용으로 가능하다. 예를 들어, 계절적(seasonal) · 비정기적(irregular) 변동현상을 제거하기 위해 12개월 주기의 이동평균이 적용될 수 있다. 이러한 시계열 평균(average of the time series)은 단계적으로 초기에 관찰된 자료를 최근의 관찰자료로 대체하여 산정될 수 있다.

관찰 자료의 추세를 수학적으로 표현하고, 이 수식에 근거하여 미래시점의 결과를 예측할 수 있다. 수학적 표현수단으로 회귀분석이 주로 사용된다. 회귀분석에 의하면 많은 유형의 추세가 선형(linear), 지수형(exponential) 또는 S곡선형으로 표현된다. 다음 식 (13.1)은 독립변수인 시간(t)과 성능변수/수요변수의 관계를 나타내 준다.

$$y = a + b \cdot t \quad \cdots\cdots \text{식 (13.1)}$$

여기서, a = y의 절편(상수)
b = 최적선의 기울기

이 수식은 관찰결과와 계산결과의 차이, 즉 잔차를 최소화하여 얻어진다. 관찰현상에 대한 수식의 신뢰도는 상관계수(correlation coefficient) r에 의해서 판별된다. r의 값이 −1 또는 +1인 경우 완벽한 상관성이 있음을 의미하며 −1에서 +1의 사이에 걸친 값들은 불완전한 상관성을 나타낸다.

시간에 대한 선형 의존성을 보여주는 변수에 대해서는 식 (13.1)과 같은 선형 회귀식을 사용하여 비교적 용이하게 최적 조건의 식을 얻을 수 있으나, S곡선과 지수형 곡선은 회귀분석의 적용에 앞서 관찰자료의 표현방식을 다소 변경시켜야 한다. 수요변수 또는 성능변수의 예측을 위해 고려해야 할 시간영역(time horizon)은 성장곡선의 지수곡선 단계에 국한될 수 있다. 이는 성장곡선의 성숙기는 거의 고려할 가치가 없는 것으로 판단되기 때문이다. 이러한 수식 표현은 다음 식 (13.2)와 같다.

$$\mathrm{Log}y = a + b \cdot t \quad \cdots\cdots \text{식 (13.2)}$$

관찰된 성능/수요 변수를 Log 형태로 표현하여 단순선형 회귀식을 적용할 수 있다. 이 식에 의한 성능/수요변수 예측은 역로그(antilogs)를 사용하여 얻어질 수 있다.

S곡선(성장곡선)의 표현 수식은 식 (13.3)과 같다.

$$y = \frac{L}{1 + a \cdot e^{-bt}} \quad \cdots\cdots 식\ (13.3)$$

여기서, L=변수의 상한값

e=자연로그의 밑수

a & b=상수형 계수

a 값은 S 곡선 위치에 영향을 미치는 반면, b 값은 경사도(기울기)를 결정한다. 이러한 a와 b의 값은 식 (13.4)에서와 같이 적절한 변형함수 Y를 사용하여 정리될 수 있다.

$$Y = \ln\frac{(L - y)}{y} = \ln a - b \cdot t \quad \cdots\cdots 식\ (13.4)$$

이러한 변형을 통해 상수 lna과 기울기 −b를 갖는 선형관계식이 얻어진다.

상기 식에서 상한값 L은 관찰자료에서 도출되어야 한다. 즉, "어떤 제약조건(예, 최대획득 가능효율)이 기술발전이나 수요증가에 대한 기술적 · 사회적 · 경제적 한계로 작용하는가?"라는 질문을 제기하여 측정 · 평가되어야 한다. 이러한 판단을 위해서는 전문가의 지식이 요구될 수도 있다.

변화의 전조(precursors)와 선행지표(leading indicators)

초보적 수준 이상의 예측을 하기 위해서는 기술혁신이 일어나는 특정 상황을 이해하여 기술혁신의 방향과 속도에 대한 단서(clues)를 파악해야 한다.

최종적으로 출현될 기술의 인식이 가능하도록 예측변수에 앞서 변화의 징후를 나타내는 단서를 전조(前兆 : precursors)라고 한다. 어떤 경우에는 예측변수와 계량화 가능한 전조(前兆) 사이에 일관성 있는 관계가 형성되는 경우가 있다. 선행지표(leading indicators)는 이러한 관계를 계량화한 변화지표이다.

생존하기 위해서는 기술혁신이 필요하다. 기술혁신은 잠재적 가능성(potential feasibility)은 있으나 성능이나 비용 면에서 비실용적인 잠재기술(latent technology)의 인식과 더불어 시작된다. 그리고 후속적인 기술혁신 과정을 통해 이러한 잠재기술의 도입에 장애가 되었던 비용과 성능의 한계가 극복된다. 기술혁신 과정에 앞서 나타나는 부분적 · 단편적 변화의 전조를 종합 · 분석하여 "특정 기술의 실용화가 얼마나 임박하였는가?"를 나타내는 징후를 파악할 수 있다.

신기술 발전에 관한 정보를 평가하기 위해서는 혁신단계를 정확히 인식해야 한다. 혁신과정은 "시범운용 - 모델 - 생산"의 단계를 거친다. 시범(demonstration)은 실험실 조건에서 성능상 특징을 규명할 수 있는 실험장비가 획득될 수 있어야 가능하다. 모델(prototype)의 작성은 기술이 특정 상황에서 성능을 발휘할 수 있도록 설계될 수 있을 때 이루어진다. 모델은 기술이 생산 가능하고 사용자들에 의해 활용될 수 있다는 것을 입증해 주는 역할을 한다. 생산(production)은 기술이 의도된 목적대로 활용 가능하여 시장성이 있을 경우에 이루어진다.

선행지표는 예측변수와 전조의 일관성 있는 관계를 계량화하여 얻는다. 따라서 전조를 파악할 수 있는 자료가 획득 가능해야 하고, 선행현상과 후속사안 사이에 일정한 시간차(time lag)가 존재해야 한다. 이 경우 선행현상은 후속적인 사안의 예측근거가 된다. 선행지표 결정을 위해서는 다음과 같은 절차를 거쳐야 한다.

- 유사한 두 가지 사안 사이에 충분한 상관관계가 있음을 파악한다.
- 전조의 시계열적 현상을 좌표상에 표시한다.
- 후속현상의 시계열 곡선을 좌표상에 표시한다.
- 이 두 가지 사안 사이에 존재하는 시간차를 파악한다.
- 전조의 현상에 근거하여 후속현상을 판단한다.

선행지표를 사용하여 기술발전을 예측한 사람으로 (1)합금기술을 항공기 기술에 활용한 Martino(1987)[41]와 (2)항공기 기술과 잠수함 기술 사이의 시간차를 인식한 Schmidt(1973)[42] 등이 있다. 그림 13.6은 선행지표의 사용 예를 보여 준다.

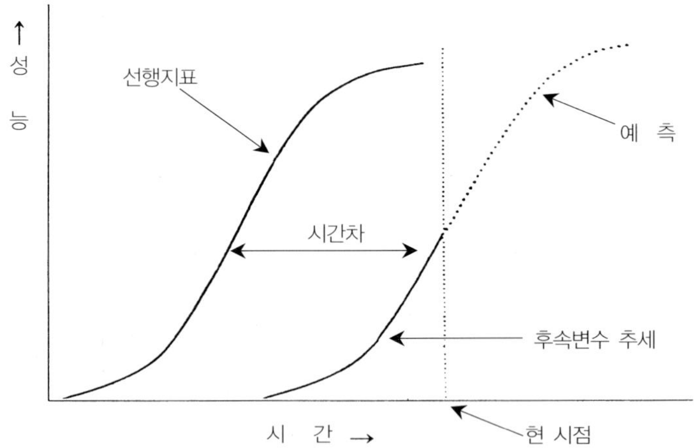

그림 13.6 선행지표에 의한 예측

델파이 예측_미래상황에 대한 분야별 전문가들의 의견 도출

신기술 예측의 경우 과거 자료의 획득이 불가능하여 불가피하게 분야별 전문가들의 의견에 의존해야 할 경우가 있다. 델파이 예측의 목적은 의견의 환원(feedback)이 가능하도록 통제된 상황에서 질문지 배포에 의한 집중적 질문을 통해 전문가 집단의 의견을 도출하는 것

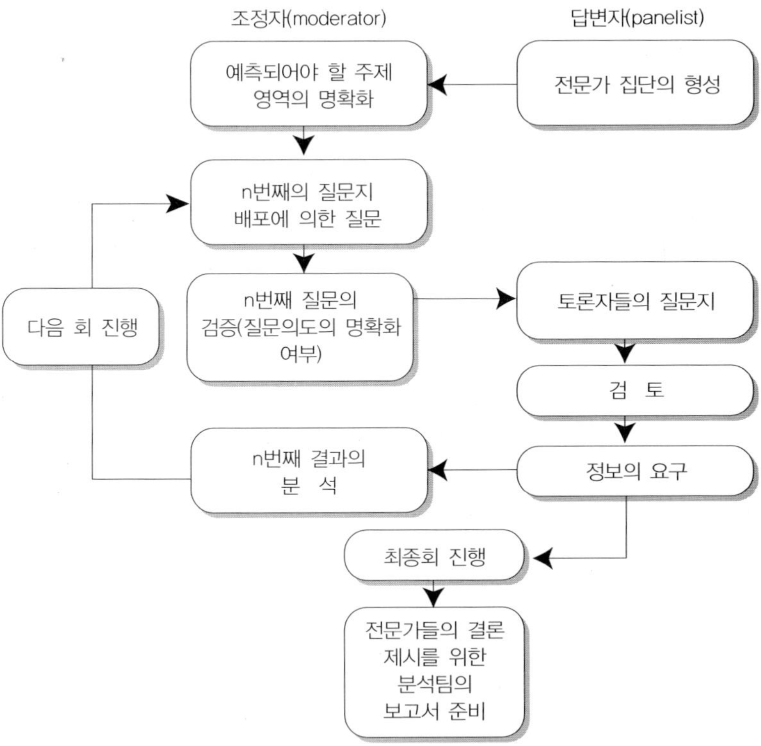

그림 13.7 델파이 예측의 반복적 절차

---

41) Martino, J. P., Using Precursors as Leading Indicators of Technological Change, Technology Forecasting & Social Change, Vol. 32, 1987, pp.341-360.

42) Schmidt, A. W., Generation and Application of Technological Forecasts for R & D Programming, Technology Forecasting for Industry and Government, Bright, J. R.(Ed.), Prentice Hall, 1968.

이다. 그림 13.7은 델파이 예측의 반복적 성격을 나타내 준다. 반복적 시행은 답변자들의 의견차를 좁히기 위한 의도적 타협이 없이도 합의된 예측이 이루어질 때까지 계속된다.

델파이 예측을 위해서는 한 사람의 조정자(moderator)와 전문가 또는 답변자 집단이 있어야 한다. 조정자는 질문지를 만들고, 답변결과가 답변자에게 환원되도록 해야 한다.

"전문가"는 예측대상에 관하여 조직(집단) 내 다른 사람들보다 더 많이 알고 있는 사람을 의미한다. 전문가 집단에는 건축설비기술자, 조명기술자, 시설관리자 등과 같은 기술분야 종사자뿐만 아니라 사회발전 추세, 법률의 변천, 그리고 인간공학 · 의학 · 심리학 등에 정통한 사람들도 포함하는 다양한 사람들로 구성되어야 한다.

델파이 예측기법의 특징으로 다음의 3가지의 사항을 들 수 있다.

- **익명성**(anonymity) : 답변자는 서로에 대하여 알지 못한 상태에서 유일한 의사소통 수단은 질문지이므로 답변자들을 특정 의견으로 유도할 수 있는 방법이 없다. 이러한 익명성은 출신이나 소속조직(집단)의 이해관계를 떠나 객관적 입장에서 의견을 검토할 수 있는 분위기의 유도에 기여한다. 또한 질문지에 대한 답변이 반복되는 과정에서 의견을 바꾼다고 해도 답변자는 체면손상(loss of face) 등을 우려할 필요가 없다.
- **반복적 시행 및 환원** : 질문지를 통한 답변이 반복됨에 따라 조정자는 각 전문가에게 집단 전체의 의견에 관한 정보를 제공하여 준다. 이러한 환원을 통해 반복적인 논쟁이 최소화될 수 있을 뿐만 아니라 결정에 직접적 영향을 미치는 주요 문제만을 중점적으로 검토할 수 있다.

• **집단의 답변에 대한 통계적 분석** : 단일예측 결과만을 얻을 수 있는 공개토론과 달리 델파이 예측은 집단 내의 지배적 의견뿐만 아니라 주요의견 주변에 분포된 의견차도 나타내 준다. 그림 13.8은 상하 4분위 경계값을 사용한 델파이 예측결과를 보여 준다.

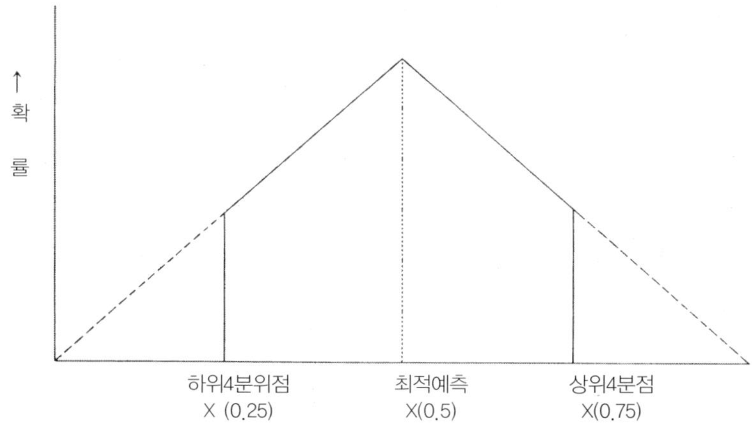

그림 13.8 4분위 경계값 내의 델파이 예측결과 분포

상하 4분위 경계값의 범위 안에 들어오는 예측결과는 집단 구성원 50%의 의견을 나타내 준다. 나머지 50%의 예측은 집단 구성원의 의견차를 나타낸다. 그러나 답변이 반복됨에 따라 공급되는 추가정보의 영향을 받아, 각 답변자는 공통적 정보기반을 형성할 수 있고, 그에 따라 예측결과도 점차로 합의점에 이르는 경향이 있다.

델파이 예측의 시행에 앞서 조정자(moderator)는 참여자들이 진행절차와 주제를 명확히 알 수 있도록 해야 한다. 단계별 진행절차는 다음과 같다.

제1단계 : 제1단계에서는 거의 체계화되지 않은 광범위한 성격의 질문을 담은 질문지가 배포된다. 각 답변자는 전문분야의 추세와 사안을 인식하고 광범위한 예측을 하도록 요청받는다. 이러한 과정에서 조정자는 지금까지 깨닫지 못한 새로운 정보를 얻을 수 있다. 따라서 델파이 예측과정은 조정자가 갖는 부분적 · 제한적 지식에 국한되지 않는다. 답변자를 통해 인식된 사안은 정형화된 양식에 기록된다. 유사 항목은 하나의 단일항목에 포함되고 그다지 중요하지 않은 사안은 제거된다.

제2단계 : 제2단계에서는 1단계 질문에 대한 답변을 통해서 얻어진 정보를 제공받는다. 이를 근거로 답변자들은 제시된 각 사안을 다시 예측하도록 요청받는다. 조정자는 예측결과를 분석하여 상하4분위 값뿐만 아니라 중간값(median estimates)도 산출하여 집단 전체의견에 대한 통계분석 결과를 작성한다.

제3단계 : 이 단계에서 답변자들은 제2단계에서 얻어진 결과의 검토 기회를 제공받는다. 이들은 집단구성원들의 예측결과를 참고하여 다시 예측을 한다. 만약 예측결과가 상하4분위 값 안에 포함되지 않는다면 답변자들은 왜 그들의 예측이 다른 사람들의 것과 차이가 나는지 이유를 설명하도록 요구받는다. 이러한 조치는 각자 입장에서 등한시한 논점이나 인자들을 다시 고려할 수 있도록 하기 위해 이루어진다. 그리고 나서 조정자는 또 다시 3단계 시행의 결과치에 대한 통계분석 결과를 요약한다.

제4단계 : 제3단계에서의 요약은 제 4단계에서의 질문지에 반영된다. 답변자들은 각 사안에 대한 새로운 예측치를 재구성하기 이전에 제기된 각각의 논점을 다시한번 검토하도록 요청받는다. 마지막으로 조정자는 다시 이루어진 예측치의 상하4분위 분포 및 중간값과 함께 예측결과에 대한 통계분석 결과를 요약하여 보고서를 작성한다.

델파이 예측은 다음의 몇 가지 이유 때문에 위원회를 활용하는 것보다 더 효과적이다.

- 비록 위원회가 다수의 전문가들로부터 풍부한 정보를 추출해낼 수 있다 할지라도, 여기에는 많은 그릇된 정보가 포함될 수 있다. 그릇된 정보는 다른 토론자의 반박으로 제거되기도 하지만 가끔 아무런 저항 없이 최종 결과치에 영향을 미치기도 한다. 델파이 예측에서는 답변자가 제시하는 주장의 양성적 성격 때문에 더 심층적 검토가 이루어진다.
- 위원회는 합의에 도달해야 한다는 압력을 받는다. 문제를 철저히 검토하기에 앞서 합의점 추구가 주요목적이 되기도 한다. 이로 인해 미리 개념을 설정해 놓고 어느 누구도 반박하지 않는 예측치를 선택하기도 한다. 이러한 상황에서 합의된 의견과 의견 차이를 느끼는 구성원들은 반대의견을 철회하도록 하는 압력을 느낀다. 합의를 강요받는 경향은 개인 간의 의견 차이를 인정하면서 가능한 합의점 추구를 시도하는 델파이 예측과 대비되는 사항이다. 델파이 예측은 익명으로 이루어지는 예측행위를 통해 각자의 독립적 사고를 가능하게 함으로써, 객관적 의견분포가 형성되도록 한다.
- 공개토론에서 제시된 주장은 객관적 목적 이외의 다른 이유 때문에 집단 전체의 의견형성을 저지할 수 있다. 특정 직위의 개인(예 : 위원장)이나 뛰어난 설득 기술을 갖춘 사람들에 의해 반복적으로 제시되는 주장은 예측과정에서 집단구성원의 예측행위에 불균형적인 영향을 미칠 수 있다. 델파이 예측은 예측결과

의 환원을 통해 각각의 주장은 오직 한번만 제기되도록 하여 이러한 반복적 주장의 가능성을 제거할 수 있다. 특히 이 방법의 익명성은 각자의 의견이 개인적 기호에 따라 변색되지 않도록 하는데 기여한다.

• 공개토론 과정에서는 체면상 이유 때문에 객관적 의견형성이 제한되는 경우가 있다. 공개적으로 특정 논점을 강력하게 제시한 개인은 스스로의 체면유지를 위해 다른 논점에 승복하지 않으려고 할 것이다. 델파이 예측의 익명성은 예측자가 개인적 체면의 손상 없이 입장을 바꿀 수 있도록 하여 준다.

• 공개토론의 경우 편견으로 인해 논점의 검토방향이 왜곡될 수 있다. 위원회의 구성원들이 토론결과로부터 기득권을 얻을 수 있는 경우 이들에게는 직업적 편견이 생길 수 있다. 예를 들어, 기술자는 기술발전의 중요성을 지나치게 강조한 나머지 사회적 요구나 조직 내의 관성(inertia)을 등한시하는 경향이 있다. 공통적인 배경을 갖는 직업인들 또한 동일한 출처의 정보(예, 난방/환기 관련문헌)에 의존하여 독립적 · 객관적 사고를 저해하는 경우가 있다. 이러한 결점은 위원회와 마찬가지로 델파이 예측의 경우에도 똑같이 발생될 수 있다. 따라서 델파이 집단의 구성원은 다양한 직업적 배경을 갖는 전문가들로 구성되어야 한다.

Sniezek(1989)는 델파이 예측과 다른 예측을 비교 · 검토한[43)] 결과 (1)일반적으로 집단예측이 집단구성원 각자에 의해서 시행된 개별예

---

43) Sniezek, K. A., An Examination of Group Processes in Judgmental Forecasting, International Journal of Forecasting, Vol.5, 1989, pp.171-178.

측에 비해 통계적으로 훨씬 더 정확한 결과를 제공하였고, (2)델파이 예측이 공개토론에 의한 합의적 접근보다 훨씬 더 나은 결과를 발휘한다는 사실을 확인하였다고 한다.

델파이 예측에 컴퓨터를 도입하면, 중앙컴퓨터와 터미널에 의해 각 답변자와 조정자가 의사소통을 할 수 있게 되어 반복적으로 요구되는 노력을 현저히 감소시킬 수 있다. 이러한 경우 각 회의 델파이 예측에 따른 결과치의 변천과정을 쉽게 추적할 수 있다. 또한 적절한 소프트웨어를 사용하여 질문지와 분석양식을 표준화시킬 수도 있다. 특히 최근 발전되고 있는 인공지능(artificial intelligence) 기술을 도입하면, 결과치의 해석과정에서 조정자가 가질 수 있는 편견을 한층 더 감소시킬 수 있을 뿐만 아니라 예측결과의 즉각적인 해석을 통해 델파이 예측에 필요한 시간도 크게 줄일 수 있을 것이다.

제Ⅱ부 건설경영 의사결정전략

-건설경영 의사결정상황의 공략방법론-

14. 수명주기 의사결정

-미래지향적 의사결정의 개념적 틀

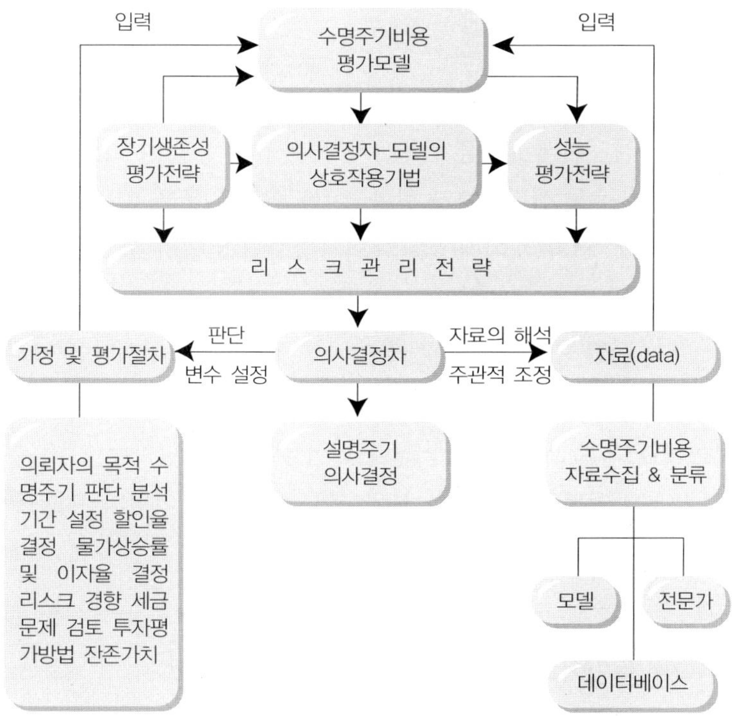

14. 수명주기 의사결정

– 미래지향적 의사결정의 개념적 틀

> 미래변화를 수용하는 수명주기적 평가전략의 궁극적 목적은 미래비용의 할인가치를 최소화시키는 것이 아니라, 시간의 경과에 따라 변화하는 상황에서 의사결정의 패러다임을 미래로 전향시켜 주는 지침(pointer)의 역할을 함으로써 의사결정자에게 여러 가지 대안의 미래에 대한 상황을 생생하게 묘사해 주는 것이다.

본 장에서는 미래지향적 안목으로 변화를 수용할 수 있는 의사결정의 개념적 틀을 설정하고자 한다. 이를 위해 기존의 이론체계를 검토해 본 결과, 필자는 미래상황을 의사결정에 반영하기 위한 체계적 접근방법을 수명주기비용평가(life cycle cost appraisal) 방법론에서 찾을 수 있었다. 다만 이 방법론은 비용에 국한된 제한적 미래만을 고려하고 있다는 점에서 그 편협성의 한계를 노출하고 있기 때문에 보다 폭넓은 관점으로의 전환이 불가피한 실정이었다. 필자는 기존 수명주기비용평가이론의 미비점을 보완하기 위해 비용 이외의 요소도 의사결정에 반영할 수 있는 방법론을 제시한다.

수명주기비용평가의 개념

수명주기비용평가는 건물(시설)의 수명기간에 걸쳐 투입되는 총비용을 평가하여 대안을 선정하는 방법이다. Flanagan과 Norman(1983)

은 수명주기비용(life cycle cost)을 "건물(시설)의 초기 취득비(initial acquisition costs)와 운용기간에 걸쳐 지속적으로 발생되는 유지관리비를 합한 총비용"이라고 정의함으로써 수명주기(life cycle)의 측면을 강조한다.[44] 한편 Dell'Isola와 Kirk(1981)는 가치공학(Value Engineering) 적용과정의 대안검토 방법으로 수명주기비용 기법을 강조하면서, 이를 "건물(시설)의 경제수명기간에 걸쳐 발생되는 중요비용을 현재가치로 환산하여 대안의 경제성을 평가하는 방법"으로 정의한다.[45] 따라서 수명주기비용평가에 의하면 초기투자비의 관점에서 가장 경제적인 것이 항상 최적대안으로 선정되지는 않는다. 특정대안의 선택에 따른 초기투자비의 추가소요가 보다 많은 유지관리비 절감이나 돈으로 환산할 수 없는 혜택(intangible benefit)의 획득을 통해 정당화될 수도 있다고 보기 때문이다.

이러한 개념을 바탕으로 태동한 수명주기비용평가 방법론은 지속적으로 발전되어 손색없는 이론체계를 갖추고 있음에도 실제상황에서는 잘 적용되지 않고 있다. 필자는 이에 대한 근본원인을 "비용 또는 기법 지향적(cost or technique oriented)"인 평가방법의 한계에서 찾아 극복하기 위해 중장기적 안목에서 미래변화를 수용할 수 있는 수명주기 의사결정(life cycle decision-making)의 개념을 정립하고자 한다.

본 장의 나머지 부분에서는 관련 분야의 문헌조사를 통해 수명주기비용평가 이론의 실무 적용을 저해하는 요인을 분석하여 수명주기비용 평가기법을 미래지향적 의사결정전략으로 확대시켜 나가도록 한다.

---

44) Flanagan, R., and Norman, G., Life Cycle Costing for Construction, RICS, 1983.

45) Dell'Isola, A. J., and Kirk, S. J., Life Cycle Costing for the Design Professionals, New York : McGraw-Hill, 1981.

수명주기비용평가 이론의 발전

Bon(1989)은 투자예산계획(capital budgeting)과 비용편익분석(cost-benefit analysis)에서 도입된 할인율(discount rate)의 적용원리가 건설분야의 비용분석 영역에 적용된 것이 수명주기비용 평가기법의 구체적인 예라고 말한다.[46] 다른 저자들은 1970년대의 두 번에 걸친 에너지 위기가 미국에서 수명주기비용 평가기법의 발전을 자극하였고, 그 이후 사업계획을 평가하기 위해 이 기법을 필수적인 것으로 인식한 공공분야에서 체계화되어 왔다고 언급한다.[47][48][49] 미국의 각 연방에서 발주하는 모든 사업은 수명주기비용평가 기법의 적용을 받고 있으며 상당수의 주(州)에서는 공공사업의 시행에 앞서 이 기법의 적용을 법제화하고 있다(Dell'Isola and Kirk, 1981). 미국재료시험학회(ASTM : American Society for Testing and Materials) 또한 1983년에 건물 자체 또는 건물의 구성부위에 적용할 수 있는 투자 평가기준을 발표하여 이 기법의 사용을 권장하기에 이르렀다.

영국에서는 1970년대에 수명주기비용의 경제성을 추구하기 위해 경영(management), 재정(financial), 공학(engineering), 기타 건물 등의 물리적 자산(physical asset)에 적용되는 모든 분야를 망라하는 개념으로서 "테로테크놀로지(terotechonology)"라는 용어가 만들어졌다.[50][51][52][53]

---

46) Bon, R., Building as an Economic Process, An Introduction to Building Economics, New Jersey, Prentice-Hall, Inc., 1989.

47) Haviland, D. S., Life Cycle Cost Analysis : A Guide for Architects, Washington D. C. : The American Institute of Architects, 1977.

48) Ruegg, R. T., Life Cycle Cost Manual for the Federal Energy Management Program, Washington D. C. : National Bureau of Standards, 1980.

49) Ferry, D. J. O., and Flanagan, R., Life Cycle Costing-A Radical Approach, CIRIA Report 122, Construction Industry Research and Information Association, 1991.

50) Terotechnology의 정의는 다음과 같다.
"...a combination of management, financial, engineering and other practices applied to physical assets in pursuit of economic life cycle costs."

이어서 80년대에 건설경제학자 Stone(1980, 1983)은 수명주기비용과 유사한 개념을 갖는 "cost-in-use"라는 용어를 사용하여 수명주기비용평가의 중요성을 강조하였다. 그 이후 건설분야에서도 이에 대한 관심이 증가되어 주로 공공사업에 적용되어 왔다.[54)55)] 상당수의 지방자치단체에서 건설사업의 타당성 검토와 우선순위 설정을 위해 수명주기비용평가를 요구하고 있으며[56)] 보건성(Department of Health), 교통성(Department of Transport), 국방부(Ministry of National Defense) 등을 포함하는 다른 정부기관은 물론 Marks and Spencer와 같은 백화점, 항공산업관련 회사도 자본지출계획 수립시 수명주기비용평가 기법을 활용하고 있다(Ferry and Flanagan, 1991).

국내에서는 '89년도에 필자가 "수명주기비용 분석에 의한 적정 설계방법론 설정에 관한 연구"를 시도한 바 있고[57)] 최근에 들어서도 여러 사람들에 의해 이 기법을 건설에 도입하기 위한 연구가 진행되고 있다. 그러나 아직까지도 이러한 기법의 필요성을 제대로 인식하여

Committee for Terotechnology, Maintenance Aspects of Terotechnology-Planned Maintenance, Department of Industry, 1975.

51) Committee for Terotechnology, Design Aspects of Terotechnology-Policy and Practice, Department of Industry, 1975.

52) Committee for Terotechnology, Management Aspects of Terotechnology-Life Cycle Costing, Department of Industry, 1975.

53) Committee for Terotechnology, Building Aspects of Terotechnology-The Management of Physical Resources : Building and Services, Department of Industry, 1977.

54) RICS, A Guide to Life Cycle Costing for Construction, London, Surveyor's Publications, 1986.

55) RICS, Life Cycle Costing : A Worked Example, London, Surveyor's Publications, 1987.

56) Smith, G. A. J., Hoar, D., Jervis, B., Neville, R., and Tegerdine, M., Life Cycle Cost Planning, A Guide to Life Cycle Costing and Financial Appraisal of Local Authority and New Construction, A Working Party of the Property Management Committee of the Society of Chief Quantity Surveyors in Local Government, 1987.

57) 김인호, Life Cycle Cost 분석기법에 의한 공동주택 내외벽시스템의 적정 설계에 관한 연구, 서울대학교 공학석사학위 논문, 1989.

적극적으로 활용하는 공공기관 및 민간업체는 거의 없는 실정이다.

수명주기비용평가의 실무 적용을 저해하는 요인은?

수명주기비용평가 이론은 비교적 오랜 기간에 걸쳐서 꾸준히 발전되어 왔고, 앞으로도 지속적 발전이 거듭될 것으로 생각되지만, 세련된 이론체계에 비해 실무 적용은 매우 제한적이라는 비판을 받고 있다. 건물(시설)의 수명주기비용평가 이론은 현 시점에서 결코 새로운 것이 아니며, 관련서적이나 연구자료가 부족한 것도 아니다. 그럼에도 이 분야의 연구가 상당 수준 이루어진 선진국에서도 본 이론이 실무적으로 활성화되고 있지는 않다. Haworth(1975)와 Flanagan (1985)은 수명주기비용평가 이론체계는 잘 정립되어 있고, 또 충분히 이해되고 있음에도 실무 적용은 매우 제한적이라고 말하면서, 이론과 실무 사이의 심각한 격차를 지적한다.[58][59] Ferry와 Flanagan (1991) 또한 수명주기비용평가 기법에 대한 건설업계의 관점이 "이론적으로는 훌륭한 개념이지만 실제 활용하기에는 비실용적이고 비용이 편익보다 크다"는 것이라고 지적한다. 이러한 지적은 건물(시설)의 소유주나 건축주들이 물가상승, 자원부족, 에너지 위기 등으로 건물(시설)의 유지관리비용이 지속적으로 증가하는 추세를 보이고 있는 반면, 중 · 장기적 관점에서 비용을 분석 · 평가하여 경제성을 추구할 수 있도록 하는 수명주기비용평가 기법의 실무 적용 노력은 최근에 이르러서야 이루어져 왔음을 시사해 준다.

---

58) Haworth, D. P., The Principles of Life Cycle Costing, Industrialization Forum, Vol.6, No.3-4, pp.13-20, 1975.

59) Flanagan, R., Life Cycle Costing-A means for evaluating quality, Brandon, P. S., and Powel, J. A.(Eds.), Quality and Profit in Building Design, London : E & F. N. Spon, 1984, pp.195-208.

수명주기비용평가 기법이 실무적으로 적용되지 않는 이유를 조사 · 분석한 대표적 저자는 Picken(1990)이다.[60] 그는 관련문헌을 검토하고 분야별 실무자 및 학자들과의 면담을 통해 세심하게 작성된 설문서를 미국, 영국, 캐나다, 호주, 일본을 포함하는 세계 각국의 건설분야 종사자들에게 보내어 의견을 수렴하고 분석하여 수명주기비용평가가 활용되지 않는 이유를 발주자(건축주)와 업무수행 실무자의 관점에서 밝혀 놓았다. 표 14.1은 Picken(1990)의 분석결과를 요약한 것이다.

표 14.1 수명주기비용평가의 실제 적용을 제한하는 요인

발주자(건축주)의 입장	실무자의 입장
• 사업목표(commercial aim)와 수명주기비용경제(life cycle cost economy)의 불일치 • 초기투자비에 대한 집착 • 서로 다른 조직/실무자 사이의 이해불일치(예 : 초기투자비와 유지관리비의 집행 담당부서가 다르므로 수명주기비용에 대한 이해도 서로 다르게 나타남) • 예측의 불확실성에 대한 우려	• 수명주기비용에 근거한 결정의 질적 수준 평가에 대한 어려움 • 돈으로 환산 불가능한 인자, 즉 질적 성능요소의 고려에 대한 애로 • 수명주기비용평가를 의사결정과정에 도입할 수 있는 적절한 절차의 부재 • 자료(data)수집의 어려움 및 시설의 수명주기(life cycle)에 대한 불확실성 • 다른 평가기법을 사용할 경우 수명주기비용평가기법에 의한 것과 다른 결과가 얻어짐에 따른 신뢰성 문제

본 장의 나머지 부분에서는 수명주기비용평가 기법을 건설경영 의사결정상황에 도입하는 과정에서 장애가 되는 요인을 Picken(1990)의 조사결과와 기타 관련문헌에서 언급된 제한요소 위주로 분석하여

60) Picken, D. H., Life Cycle Costing-A Tentative Causal Model, Ireland, V., Giriti, H., Roberts, C., and Skitmore, M.(Eds.), CIB 90, Building Economics and Management, Vol.2., Design Economics, University of Technology, Sydney, Austrailia, 1990, pp.217-233.

수명주기비용평가 이론의 실무 적용을 구체화시킬 수 있는 접근방법론을 정립하고자 한다.

미래비용에 대한 심리적 거부경향

건설분야 종사자는 건물이나 설비를 고정자산(fixed assets)으로 인식하여 장기소요비용의 의미를 등한시하는 심리적 경향이 있다. Picken(1987)은 수명주기비용 분석의 효과성에 대한 연구에서 발주자(건축주)가 초기건설비에 집착하는 경향이 있음을 지적한다.[61] 또한 Picken(1990)의 조사결과에 의하면 사업목표가 초기투자비에 편중되어 있어 장기소요비용평가가 추구하는 경제적 관점과 일치되지 않는다고 한다. 아울러 설계자도 미래비용의 대폭적 절감을 위해 초기투자비를 다소 증가시킬 수 있다는 관점으로 대안을 검토하기보다는 초기투자비에 제한을 받는 발주자(건축주)의 요구조건을 충족시키는 것에 더 많은 관심을 보인다고 한다. 이로 인해 수명주기비용평가에 근거한 대안의 선정은 오히려 원만한 의사결정의 장애요인으로 작용한다고 한다(Flanagan, 1984). 즉 미래 비용은 실제 지출로 느껴지지 않는 반면, 현재의 자본금 및 지출한계는 현실적 의미를 갖는다는 것이다(Ferry&Flanagan, 1991). Picken(1990)은 이러한 사고방식이 완성된 건물을 유지관리비의 비경제성이라는 문제점과 함께 처분하겠다는 발주자(건축주)의 생각에서 비롯된다고 지적한다.

결국 수명주기비용평가 이론체계는 정립되어 있어도 실무 적용이 이루어지지 않는 근본적 이유는, Lansely(1983)가 실시한 건설분야

---

61) Picken, D. H., Life Cycle Costing−Can it be effective?, Peterson, D. O., and Soderberg, J. (Eds.), Building Economics, Danish, Building Research Institute, Copenhagen, 1987.

연구내용의 실무 적용에 대한 조사결과에서 밝혀진 바와 같이, 기존 습성이나 관행의 변화를 요구하는 새로운 기법이 건설분야에서 그다지 환영받지는 못하기 때문인 것으로 사료된다.[62)]

건물(시설)을 완성 즉시 처분하기 위해서 초기투자비에 관심을 갖는 발주자(건축주)에게 미래비용은 의미를 갖지 못한다는 견해가 있다. 그러나 이러한 경우에도 수명주기비용평가를 통해 동일한 초기투자비로 장기적 관점에서 보다 경제적인 대안을 제시할 수 있다면 더 높은 경쟁력을 확보할 수 있을 것이다.

한편, 공공건물(시설)을 건설하는 정부와 소유를 목적으로 하는 발주자(건축주)에게는 미래비용이 중요한 의미를 갖기 때문에 수명주기비용평가의 필요성을 배제할 수 없을 것이다.

미래의 불확실성(uncertainty in future)

Picken(1990)의 조사에 따르면 미래의 불확실성 문제가 수명주기비용평가 기법의 실무 적용을 제한하는 중요한 요인이라고 한다. 이는 Ashworth와 Au-Yeung(1987)이 불확실한 요소로 제시하는 기술, 유행, 비용, 가치, 의사결정방식의 변화 등에 기인한다고 볼 수 있다.

그러나 수명주기비용평가 기법은 대안의 상대적 차이를 비교하는 도구로 활용될 수 있다. 비록 개별적 예측이 정확하지 못하다 할지라도 각 대안의 상대적 차이가 적절히 비교될 수 있다면 대안 자체의 불확실성은 그다지 큰 문제가 되지 않기 때문이다. 감도분석(sensitivity

62) Lansely, P., Case Studies of the Constraints to the Application of Construction Management Research, Department of Construction Management, University of Reading, 1983.

analysis)이나 시뮬레이션(simulation)의 방법을 적절히 활용한다면 대안의 상대적 차이는 명확히 파악될 수 있을 것이다.

여러 문헌에서 제시하는 또 하나의 전형적인 문제점은 건물(시설) 및 그 구성요소의 수명주기(life cycle)에 대한 불확실성이다(Bathrust & Butler, 1980, Flanagan, 1984, McDermott et.al, 1987).[63)64)] 반면에 Picken(1990)의 조사결과는 이 문제를 수명주기비용평가 기법의 사용을 저해하는 강력한 인자로 밝히고 있지는 않다. Ferry와 Flanagan(1991) 또한 경제적 수명주기를 포함하여 유지관리비, 세금, 이자율(interest rates), 물가상승률(inflation rates) 등의 예측문제는 수명주기비용평가 기법의 도입을 위해 대규모 데이터베이스를 구축해야 한다는 생각과 초기투자비에 집착하는 경향에 비교하면 그다지 중요한 문제로 인식되지는 않는다고 언급한다. 이러한 문제 역시 감도분석이나 시뮬레이션을 통해 각 변수의 변동범위를 파악하면 극복될 수 있기 때문이다.

이러한 문제와 별개로 불확실한 미래에 대한 의사결정자의 심리적 인식이 중요한 의미를 갖는다. Bon(1985)은 대부분의 의사결정이 미래액의 현가(現價) 환산을 위해 도입되는 할인율(discount rate) 적용과 같은 합리적 가정(rational assumptions)과 일치되지 않는다고 지적하며, 실제 상황에서는 의사결정의 심리학을 반영해야 한다고 강조한다.[65)]

63) Bathrust, P. E., and Butler, D. A., Building Cost Control Techniques and Economics, 2nd Ed., London : Heineman, 1980.

64) McDermott, F., Torrance, V. B., and Cheesman, P. G., Forecasting Life Spans for Life Cycle Costing, Peterson, D. O., and Soderberg, J.(Eds.), Building Economics, Danish, Building Research Institute, Copenhagen, 1987.

65) Bon, R., Choices, Values, and Time, The Psychology of Cost-Benefit Assessments, Paper written for the Meeting of CIB Working Commission W55 "Building Economics", Edinburgh, 1985.

의사결정자는 미래비용의 절감을 목적으로 현재비용의 지출을 늘려야 한다는 생각에 거부감을 갖는 경향이 있다. Bon(1989)은 의사결정자는 미래의 획득보다는 현재의 지출에, 그리고 미래의 지출보다는 현재의 획득에 집착하는 경향이 있다고 언급한다.[66] 이러한 의사결정자의 취향은 건설경영 의사결정 과정의 대안 선택에 상당한 영향을 미치지만 할인율 적용방법이나 통계적 · 수학적 모델에는 반영될 수 없다. 따라서 대안의 비교를 위해 단순히 미래비용을 현재가치로 환산하는 수명주기비용평가 기법은 다소 비현실적인 것으로 인식된다. 이러한 이유 때문에 불확실한 미래 자체뿐만 아니라 의사결정자의 미래에 대한 기대감이나 기호의 불확실성까지도 반영해야 하는 어려운 문제에 직면하게 된다.

수집자료, 계량모델 및 질적 판단과 관련된 문제

수집자료의 불완전성이 수명주기비용평가 기법 적용의 제한요소로 작용한다는 일반적 견해가 있다. Picken(1990)의 조사결과는 이 문제를 수명주기비용평가 기법의 사용을 제한하는 강력한 인자로 제시하고 있지는 않다. 그러나 다른 문헌에서는 이를 가장 실질적 문제로 다루고 있다.

Haviland(1987)는 수집자료 문제를 (1)자료가 부족한 경우, (2)자료확보가 가능하다 할지라도 자료가 부적합한 경우, (3)자료수집의 일관성을 확보할 수 있는 표준적인 방법이 없는 경우 등으로 구분한다.

---

66) Bon (1989)은 의사결정자의 이러한 경향을 다음과 같이 언급한다.

1) a trade-off between present losses and future gains is biased towards the former ; and
2) a trade-off between present gains and future losses is biased towards the former as well.

Ashworth와 Au-Yeung(1987)은 수명주기비용평가 기법의 활용을 제한하는 인자로 자료의 유용성(data availability), 신뢰성(reliability), 예측가능성(predictability)의 부족문제를 들고 있다.[67] Ferry와 Flanagan(1991)도 이를 수명주기비용평가 기법의 사용의지를 좌절시키는 주요인자로 고려하면서, 그 내용으로 부적합한 자료수집(improper data gathering), 수집자료의 신뢰성 부족(unreliability), 혜택의 범위를 능가하는 대규모 데이터베이스 구축비용, 조직내 다른 부서의 제공자료에 대한 사용자 불신, 그리고 기술발전 및 관리방식 변화로 수집된 자료가 쓸모없게 되는 현상을 제시한다. Finch(1989)는 모든 건물이 각각 다른 특징을 갖기 때문에 하나의 건물로부터 총괄적으로 얻어진 비용자료를 다른 건물에 적용하는 것은 무리가 있다고 지적한다.[68] 이 말은 외부자료원에서 얻어진 비용자료가 제시하는 건물(시설)부위별 수명 및 유지관리비가 설계 정도, 품질, 건설방법 및 여건, 기후, 검사빈도, 거주자 유형, 사용방식 등 이루 헤아릴 수 없는 다양한 인자들의 영향을 받기 때문에 다른 건물(시설)의 수명주기비용 예측에 직접적으로 활용될 수는 없다는 것을 시사한다. 유지관리비용 자료 또한 설계시점과 자료확보 시기 사이에 존재하는 시간차와 아울러 유지관리비용자료의 확보 시점으로부터 보고, 보수(repair), 공사비 지불의 단계를 거치면서 발생하는 시간상 지연으로 사실과 달리 왜곡될 가능성이 있다. Picken(1987)도 이러한 문제가 수명주기비용평가의 효과성을 발주자(건축주)에게 설명하는 과정에서 장애요인이 된다고 언급

67) Ashworth, A., and Au-Yeung, P., The Evaluation of Life Cycle Costing as a Practical Tool during Building Design, Peterson, D. O., and Soderberg, J. (Eds.), Building Economics, Danish, Building Research Institute, Copenhagen, 1987.

68) Finch, E. F., A Requisite Decision Model for the Selection of Mechanical and Electrical Services in Buildings, PhD Thesis, Department of Construction Management, University of Reading, 1989.

한다.

또한 유지관리비의 발생근거가 되는 유지관리활동은 동일한 조직 내에서 마저도 유지관리 상황과 업무담당자에 따라 다양한 형태로 전개된다. 유지관리비 자료의 근거가 취약하다는 이러한 문제 때문에 Ashworth와 Au-Yeung(1987)은 수명주기비용평가 기법의 정당성을 설명하는 과정에서 애로를 겪는다고 언급한다.

이러한 문제점 때문에 건설경영 의사결정자는 과거 비용자료를 현명하게 활용할 수 있는 대안을 고려해야 한다. 몇몇 저자들이 미래비용을 예측하기 위해 과거 자료를 효과적으로 활용할 수 있는 방법을 제시하고 있다. 그 방법은 (1)자료의 해석을 위해 요구되는 풍부한 실무경험과 전문지식의 보유(Ashworth & Au-Yeung, 1987), (2)유지관리비 소요를 발생시키는 하자와 결함의 인과관계 분석을 위한 전문가시스템(expert system) 개발(Teknd, 1989)[69], (3)유지관리 목적에 부합되는 관리주기 및 비용 설정(NBA Study, 1985)[70] 등을 포함한다.

많은 변화가 예상되는 미래상황에서는 과거의 비용자료가 아무리 많아도 대안 선택의 근거로 활용될 수 없다. 통계적 방법 등에 의해 축적된 자료를 근거로 계량모델을 활용하여 필요변수를 예측해도, 모델운용 결과는 결코 반복되지 않는 과거의 사실만을 제시하기 때문에(Mises, 1966[71] ; Hicks, 1973[72]), 과거에 무슨 일이 있었는지를

---

69) Teknd, J. B., Actual Use of Long-Term Cost Data in Building : Three Swedish Case Studies, Ireland, V., Giriti, H., Roberts, C., and Skitmore, M.(Eds.), CIB 90, Building Economics and Management, Vol.2, Design Economics, University of Technology, Sydney, Austrailia, 1990, pp.57-64.

70) NBA, Maintenance Cycles and Life Expectancies of Building Components and Materials, NBA Construction Consultants, 1985.

71) Mises, L., Human Action : A Treatise on Economics, Third Revised Edition, Chicago : Contemporary Books, 1966.

72) Hicks, J. R., Capital and Time : A Neo-Austrian Theory, Oxford : Clarendon Press,

말해줄 뿐, 미래의 전망을 제공하지는 못한다. 미래의 비용이 결코 과거자료의 거울(mirror)일 수는 없기 때문에 현재 또는 과거의 투입비용 자체는 미래 예측을 위해 유용하기만 한 것은 아니다.[73)]

Ferry와 Flanagan(1991)은 불확실한 미래상황에서 수명주기비용평가 모델을 활용하는 의사결정자는 다음과 같은 오류를 범할 수 있다고 경고한다.

1) 계량모델을 비현실적 도구로 인식하거나 스스로 원하는 결과를 얻기 위해 이용한다.
2) 모델의 속성을 이해하지 못하고 있는 사람들에게 충분히 검증되지 않은 결과를 제시한다.

이러한 사항을 인식하면 미래 예측은 불가능하다는 생각에 사로잡힐 수도 있다. 그러나 Lachmann(1978)이 언급하였듯이 미래를 예측할 수는 없어도 상상하는 것마저 불가능한 것은 아니다.[74)] 당시의 상황과 정책에 근거하여 의사결정자는 여러 가지 대안의 미래(alternative future)를 설정할 수 있다. 이 말은 수명주기비용평가를 위해서는 주관적 판단도 중시되어야 한다는 것을 시사한다. 그럼에도 유념할 사항은 동태적 변화상황에서 의사결정자의 판단을 왜곡시키는 편견과 오류의 제거노력이 병행되어야 한다는 것이다.

편견과 오류의 제거노력이 합리적으로 이루어질 수 있다면 수명주기비용평가와 같은 장기예측 과정에서 주관적 판단을 배제하지 말아

1973.

73) Ashworth, A., Regression Analysis for Contractor's Estimating : An Assessment of its Potential, Msc Thesis, Loughborough University of Technology, 1977.

74) Lachmann, L. M., An Austrian Stocktaking : Unsettled Questions and Tentative Answers, Louis M, Spadaro.(Ed.), New Directions in Austrian Economics, Kansas City : Sheed Andrews & McMeel, pp.1-18.

야 한다고 주장하는 것은 비합리적이 아니라고 사료된다. Flanagan(1983)은 수명주기비용평가를 위한 예측이 정확성을 요구하는 과학(exact science)이 아니라 의사결정 영역에 포함되는 기술(skill)이라고 강조한다. Picken(1987)도 수명주기비용평가가 의사결정 과정에서 활용되는 기법의 일부라고 언급한다. 수명주기비용평가는 계량화 가능한 인자만을 대상으로 하기 때문에 평가결과 자체만으로는 의사결정을 진행할 수 없고, 전문가의 기술(professional skill)과 판단을 대체할 수도 없다(Flanagan, 1984). 따라서 주관적 판단에 의한 예측이 정확한 결과를 보장할 수는 없을 지라도 "정확히 틀리는 것보다는 개략적으로 맞는 것이 더 낫다("nearly correct" is better than "precisely wrong.")."라는 원리를 준용하여 건설경영 의사결정의 근거를 마련할 수 있다고 볼 수 있다.

미래상황에 대한 지식의 불완전성은 계량적 인자만을 다룰 수밖에 없는 수명주기비용평가 모델의 약점으로 작용한다. 이러한 약점을 극복하기 위해 하나의 미래(single future)에만 의존하지 않고 여러 가지 가능한 대안의 미래(alternative possible futures)에 근거하여 의사결정을 진행해 나가야 한다. 의사결정자가 선택할 수 있는 미래가 복수로 존재한다는 것은 수명주기비용평가 이론이 규범적(normative) 또는 처방적(prescriptive) 특징뿐만 아니라 기술적(descriptive) 측면도 포함해야 한다는 것을 시사한다. 이러한 관점에서 의사결정자는 복수의 미래대안을 설정하여 비교 · 평가할 수 있는 능력을 보유해야 한다. 의사결정 과정에서 질적 판단은 다음과 같은 중요역할을 담당한다는 Bon(1989)의 주장도 이와 무관하지 않다고 사료된다.

1) 건물(시설) 사용자의 제안을 비판적 관점에서 평가한다.

2) 특정 대안 선택배경과 결과 사이에 존재하는 음성적인 관계

(implicit relationships)를 고려한다.

3) 주요변수의 변화추세와 경향을 설명할 수 있도록 한다.

4) 주요변수 사이의 인과관계를 설명할 수 있도록 한다.

예측결과의 신뢰성(how good and reliable the results are.)

수명주기비용평가는 과거의 자료와 미래의 가정(assumptions)에 근거한 예측(predictions)에 의존하기 때문에 "예측결과가 어느 정도의 신뢰성을 갖는가?"라는 질문은 의사결정자를 곤혹스럽게 한다. Haviland(1977)는 수명주기비용평가의 신뢰성에 관한 질문에 답변하는 것이 어렵다고 말한다.[75] Flanagan(1984) 또한 신뢰성의 문제는 현재까지도 해결되지 못했다고 지적한다.

실제 의사결정상황은 어떠한가? 다양한 참여자의 각기 다른 가치(values)를 객관적으로 정형화하는 것은 불가능하다. 수명주기비용의 수치적 평가결과는 의사결정을 위한 하나의 고려요소에 불과하기 때문에 가치를 평가하기 위해 의사결정자는 불가피하게 주관적 판단에 의존해야 한다. 그러나 주관적 판단은 편견과 오류를 내포하기 때문에 신빙성의 입증이 어렵다. 이러한 이유 때문에 다음과 같은 답변하기 어려운 질문에 직면하게 된다.

"수명주기비용평가 결과의 질적 수준을 객관적으로 검증할 수 있는 신뢰성 있는 방법이 없다면 특정 대안 선택의 의미를 어떻게 정당화시킬 수 있는가?"

이 질문에 대응하기 위해 필자는 Jannis와 Mann(1977)의 관점을 받

75) Haviland, D. S., Life Cycle Cost Analysis : A Guide for Architects, Washington, D. C. : The American Institute of Architects, 1977.

아들여 "의사결정 절차의 질(quality of the procedures)"에 대한 검토를 제안한다.[76] 의사결정의 결과를 확신할 수 없다면 결과에 이르는 과정의 합리성 여부를 검증하여 그 결과가 만족스러울 것인지 혹은 후회스러울 것인지를 판단하는 것이다. 이러한 과정지향적 접근법은 수명주기비용평가 모델의 배경과 의미를 모르는 이해관계자들에게 모델운용 결과의 수락을 강요하지 않고, 결과에 영향을 받는 이해관계자들이 모델의 개발과 입출력 자료의 조정과정에 참여할 수 있도록 하여 의사결정의 과정과 결과에 대한 이해와 만족감을 공유할 수 있도록 하는 것이다. 다양한 유형의 집단(조직)이 의사결정 과정의 합리성에 만족할 수 있다면, 수명주기비용평가 결과를 수락할 가능성은 훨씬 더 높아질 것이다.

수명주기비용평가의 한계를 넘어(beyond life cycle cost appraisal)

수명주기비용평가는 과거 자료(historical data)를 근거로 건물(시설) 자체 또는 그 하위시스템(subsystem)의 경제적 영향을 예측하는 것에 중점을 두고 있다. 그러나 건설과정에서 수명주기비용평가의 역할은 의사결정자를 지원하는 것이다. 수명주기비용평가는 미래의 비용을 하나의 방정식에 응축시키는 반면, 의사결정자의 관점은 주관적 측면의 고려를 배제하지 않는다. 성능이나 리스크와 같은 무형적 요소(intangible factor)가 추가적으로 고려된다면 최소비용의 대안이 항상 최적일 수는 없다. Flanagan과 Norman(1983)도 계량화 불가능한 요소가 충분히 고려되지 못하고 있다고 지적한다.

이러한 관점에서 기존 저자들이 사용해 온 용어들, 즉 life cycle

76) Jannis, I. L., and Mann, L., Decision-Making, Free Press, NY, 1977.

costing(Flanagan and Norman, 1983 ; Ashworth and Au-Yeung, 1987 ; Dell'Isola and Kirk, 1981), life cycle cost analysis(Haviland, 1977), life cycle cost planning(Smith et.al, 1983)[77] 등은 계량화 불가능한 인자도 고려해야 하는 의사결정자의 입장에서 볼 때 적합하지 않다고 사료된다. 따라서 필자는 미래지향적인 관점에서 다양한 변화인자를 수용하기 위한 의사결정전략을 표현하기 위해 "수명주기의사결정(life cycle decision-making)"이라는 용어를 사용한다. 수명주기의사결정의 궁극적 목적은 미래비용의 할인가치(discounted value)를 최소화시키는 것이 아니라 "변화상황에서 의사결정의 패러다임(paradigm)을 미래로 전향시켜 주는 지침(pointer)으로서 의사결정자에게 다양한 미래상황을 가장 생생하게 묘사해 주는 것이다."[78]

수명주기 의사결정전략의 개념적 틀

Betts와 McGeorge(1990)에 의하면 발주자(건축주)에 대한 재정적 조언의 범위가 광범위해지고 그 성격 또한 다양해지고 있는 반면, 수명주기비용평가 기법은 이러한 요구사항을 수렴할 수 있는 개념적 틀을 결여하고 있다고 한다.[79] Picken(1990)의 조사결과 또한 수명주

77) Smith, G. A. J., Hoar, D., Jervis, B., Neville, R., and Tegerdine, M., Life Cycle Cost Planning, A Guide to Life Cycle Costing and Financial Appraisal of Local Authority and New Construction, A Working Party of the Property Management Committee of the Society of Chief Quantity Surveyors in Local Government, 1983.

78) Bon(1989)은 이러한 개념을 다음과 같이 표현한다.
"..to maintain an up-to-date picture of options available to the decision-maker, the central concerns of the methodology being a pointer toward a paradigm of decision-making over changing situations in time..."

79) Betts, M., and McGeorge, D., A Conceptual Model for Life Cycle Cost Appraisal, Ireland, V., Giriti, H., Roberts, C., and Skitmore, M.(Eds.), CIB 90, Building Economics and Management, Vol.2, Design Economics, University of Technology, Sydney, Austrailia, 1990, pp.46-56.

기비용평가 개념을 건설과정에 체계적으로 반영할 수 있는 절차가 없다고 지적한다.

경영개념에 입각한 모든 기법은 개념적 틀의 설정을 전제로 하고 있기 때문에 수명주기비용평가 기법도 그 예외가 될 수는 없다. Ferry와 Flanagan(1991)도 "수명주기비용평가로부터 얻을 수 있는 혜택을 극대화하기 위해 이 기법이 재정경영시스템(financial management system) 또는 예산통제기구(budgetary control mechanism) 속에 흡수되어, 특정단계에서 산정된 수명주기비용은 다음 단계의 예산(재정)범위가 되도록 하는 순환적 과정이 건물(시설)의 수명주기에 걸쳐 이루어져야 한다."고 언급한다. 그러나 이러한 방식이 실무적으로 효과를 발휘하기 위해서는 개념적 틀 속에 특정 문제의 해결을 위해 직접적으로 활용할 수 있는 계량모델도 포함시켜야 한다.

개념적 틀은 건설경영 의사결정 과정에서 수명주기비용평가에 영향을 받는 집단(조직)의 상호작용 범위를 제공한다. Picken(1990)이 조사를 통해 밝혔듯이 수명주기비용평가 기법의 사용과정에서 발주자(건축주)와 설계자 사이에 갈등이 발생할 수 있다. 또한 조직(집단) 내에서 초기투자비와 유지관리비 문제를 다루는 재정적 의사결정은 각각 다른 사람 또는 다른 부서에서 이루어지므로 수명주기비용평가 결과를 받아들이는 과정에서 상반된 견해를 보일 수 있다. 이러한 상황에서 수명주기의사결정의 개념적 틀은 수명주기비용평가를 의사결정 맥락에서 조명하여 각기 다른 이해관계를 갖는 다양한 유형의 집단(조직)이 상호 이해를 도모할 수 있도록 하여 줄 수 있다. 그림 14.1은 수명주기의사결정의 필수요소들이 어떻게 관련되어 있는지를 보여준다.

1) 계량적 변수 및 질적 판단과 관련된 가정사항을 반영하는 정보

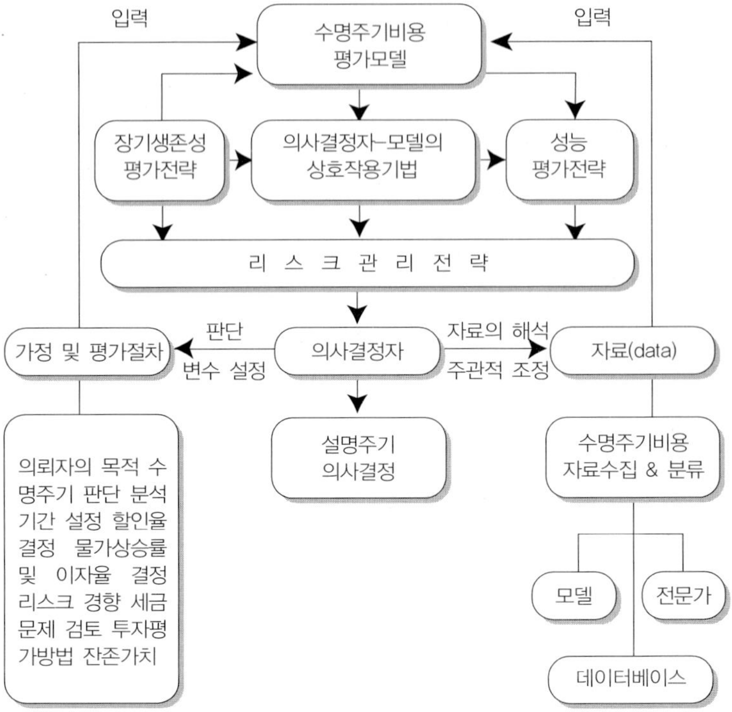

그림 14.1 수명주기의사결정의 개념적 틀

2) 대안의 성능, 품질, 수명주기비용을 반영하는 과거자료
3) 가정사항과 과거자료를 처리하는 수명주기비용평가 모델
4) 입력자료와 정보를 정비하여 모델에 입력하고, 출력결과를 해석함은 물론 돈으로 환산할 수 없는 성능기준과 미래의 불확실성을 고려하여 모델운용 결과를 조정, 사용하는 의사결정자

이러한 개념적 틀에 근거하여 수명주기의사결정의 수행절차를 설정하면 다음과 같다.

1) 미래상황을 고려하여 사용기술의 장기생존성과 신기술 도입 및

개발 가능성을 평가한다.

2) 장기생존성 관점에서 각 대안의 수명주기비용 산정을 위한 기본 가정을 설정하고 비용자료를 수집한다.
3) 수명주기비용평가 모델을 운용하여 수명주기비용을 산정한다.
4) 계량화 불가능한 성능기준과 수명주기비용평가 모델의 산출결과를 함께 고려하여 대안의 우선순위를 결정하기 위한 성능평가를 실시한다.
5) 미래의 불확실성과 리스크를 고려하여 최종적으로 의사결정을 수행한다.

다음 장에서부터는 앞장(13장)에서 언급된 "장기생존성평가전략"에 이어 상기 절차에 따라 필요사항을 순차적으로 언급한다.

15. 가정, 평가기법 및 비용자료

–미래비용 예측의 근거

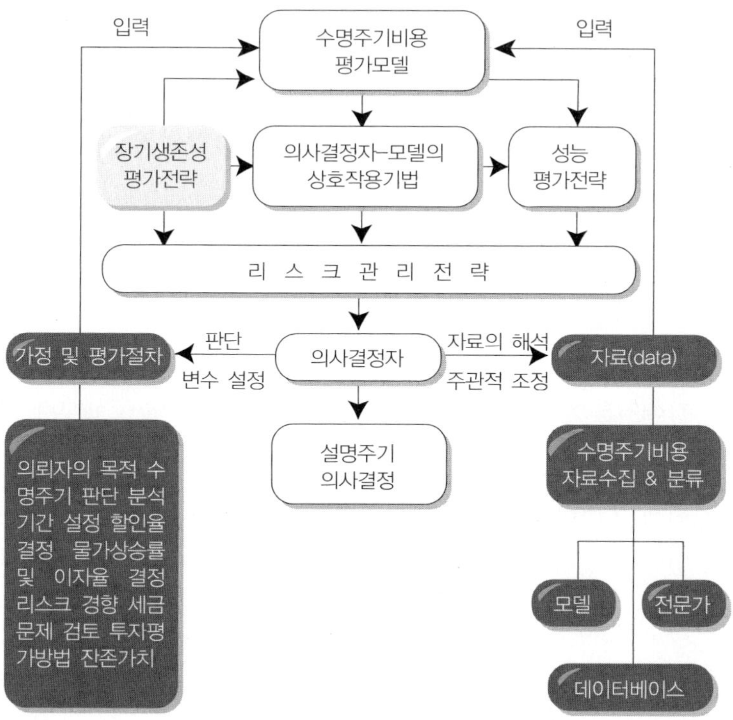

15. 가정, 평가기법 및 비용자료

-미래비용 예측의 근거

> 불확실한 미래상황을 정확하게 예측할 수 있는 방법은 없기 때문에 수명주기비용평가 과정에서 건설경영 의사결정자는 미래예측을 위해 필요한 세 가지 유형의 변수로서 (1)이미 알고 있는 것 (2)알고 있다고 생각하는 것 (3)모르고 있는 것을 체계적으로 구분하여 고려해야 한다.

불확실한 미래를 정확히 예측할 수 있는 방법은 없기 때문에 수명주기비용평가 과정에서 건설경영 의사결정자는 미래 예측을 위해 필요한 세 가지 유형의 변수로서 (1)이미 알고 있는 것, (2)알고 있다고 생각하는 것, (3)모르고 있는 것을 체계적으로 구분하여 고려해야 한다.

본 장에서는 수명주기비용평가 과정에서 모르고 있기 때문에 가정(assumptions)에 의존해야 하는 변수와, 이 변수를 근거로 대안을 평가하기 위해 도입하는 분석기법을 설명한다. 이어서 이미 알고 있거나 알고 있다고 생각하는 것으로서 수명주기비용 자료(life cycle cost data)에 대하여 언급한다.

본 장에서 필자의 의도는 이러한 사항들을 자세히 설명하는 것이 아니라, 수명주기비용평가를 위해 의사결정자가 이러한 요소들을 어떻게 고려해야 하는가를 제시하는 것이다. 수명주기비용평가의 원리

와 기법에 대한 보다 구체적인 내용은 사항은 아래 "주"에 제시된 문헌을 참고할 수 있다.80)

수명주기비용평가의 목적(client's objectives)

수명주기비용을 평가하기 위해 건설경영 의사결정자는 의뢰자(client)의 목적을 명확히 정의할 수 있어야 한다. 예를 들어 건물(시설)의 유지관리에 관심이 있는 의뢰자의 목적은 건물(시설)이 제공하는 서비스(service)와 수명주기비용 사이의 관계를 최적화시키는 것일 수 있는 반면, 투자비가 부족한 경우는 최소의 초기투자비를 부담하는 대안을 선택하기 위해 수명주기비용을 평가할 수 있을 것이다. 따라서 의뢰자의 관점에서 특정 대안의 선택을 제한하는 요소가 있다면 의사결정자는 이를 구체적으로 고려해야 한다. 이에 대한 자세한 언급은 다음 장 "제16장 수명주기비용평가 모델"에서 이루어진다.

건물(시설)의 수명주기(life cycle)

건물(시설)의 수명주기는 "물리적 퇴화(deterioration)"와 "기능적 노

---

80) 수명주기비용평가의 기법과 원리에 대한 구체적 이해를 도울 수 있는 기본서로 필자는 다음의 문헌을 소개한다.

- 수명주기비용평가 기법의 이해와 실무 적용 방법론의 모색을 위해
  - Flanagan, R., and Norman, G., Life Cycle Costing for Construction, RICS, 1983.
  - Haviland, D. S., Life Cycle Cost Analysis : A Guide for Architects, Washington D.C. : The American Institute of Architects, 1977.
  - Haviland, D. S., Life Cycle Cost Analysis 2, Using it in Practice, The American Institute of Architects, 1978.
- VE(value engineering) 기법 적용과정의 대안분석을 위해 수명주기비용을 고려하는 방법론의 탐구를 위해
  - Dell'Isola, A. J., and Kirk, S. J., Life Cycle Costing for Design Professionals, New York : McGraw-Hill, 1981.
- 수명주기비용 자료의 축적 및 활용에 대한 이해를 위해
  - Dell'Isola, A. J., and Kirk, S. J., Life Cycle Cost Data, New York : McGraw-Hill, 1983.

후(obsolescence)" 모두에 의해 결정된다. 물리적인 퇴화현상은 특정 기능을 적절한 수준으로 제공할 수 없게 되는 것으로 정상기능을 유지하기 위해 소요되는 비용을 감당할 수 없는 경우 발생하는 반면, 기능적 노후는 "가치의 하락(decline in value)" 때문에 발생한다. 즉 지속적 사용이나 시간경과로 인한 직접적 이유에 의해 결정되는 객관적인 것이라기보다는 어느 정도의 주관적 평가를 내포하는 개념이다. 그럼에도 기능적 노후는 물리적 퇴화와 마찬가지로 건물(시설)의 수명주기 판단에 결정적 영향을 미치는 요소이다.

물리적 퇴화와 기능적 노후로 인한 건물(시설) 수명주기는 다음과 같은 5가지 개념에 따라 구분된다.

1) **물리적 수명**(physical life) : 물리적 관점의 존속 예상기간이다. 전기·기계설비와 같이 물리적 수명이 5~10년에 불과한 것이 있는 반면, 구조물의 대부분은 60년을 상회한다.

2) **경제수명**(economic life) : 기능 수행과 목적 달성을 위해 소요비용의 관점에서 가장 효과적인 기간이다. 예로써 전기요금 인상으로 인해 개별냉방시스템으로는 경제성을 기대할 수 없는 경우 물리적 수명이 상당기간 남아 있어도 중앙지원 공조시스템으로 교체하는 경우를 들 수 있다.

3) **기능수명**(functional life) : 가치의 저하 때문에 계속적인 사용이 부적합해지는 기간이다. 기능상의 가치 저하가 문제될 경우는 건물(시설)을 철거하기보다는 기존 부품이나 부분시스템을 교체하여 계속 사용하는 것이 일반적이다.

4) **기술적 수명**(technological life) : 기술혁신으로 인해 성능과 효율의 측면에서 더 이상 기술적으로 유효하지 못하게 되는 기간이다.

예로써 기존 조명시스템이 당초 기능을 기술적으로 더 이상 효과적으로 제공하지 못하게 되어 새로운 시스템으로 교체하는 경우를 들 수 있다.

5) **사회적 · 법적 수명**(social and legal life) : 사람의 취향이나 법적 요구조건의 변화로 인해 대상시스템을 교체하게 되는 기간이다. 새롭게 요구되는 주거수준에 부합되도록 기존 시스템을 교체하는 경우를 들 수 있다.

분석기간(study period)의 설정

건물(시설)을 예측 가능한 수명을 갖는 것으로 볼 수는 없다. 주기적인 개수 및 보수를 통해 수명주기를 수세기에 이르도록 연장시킬 수도 있기 때문이다. 그러나 그 구성요소(components)는 특정 수명을 갖기 때문에 수명주기의 종료시점에서 교체하거나 개선하게 되는 경우를 고려하여 수명주기비용을 파악할 수 있다. 건물 또는 그 구성요소의 예상수명을 판단할 수 있는 객관적 자료로 표 15.1과 같이 Haviland(1977)가 제시한 내구연수 판단자료를 활용할 수 있다.

그러나 Haviland(1977)는 표 15.1에서 제시된 값을 일률적으로 적용하기보다는 이전에 축적된 경험과 예상수명 관련 정보를 활용하여 분석대상 건물(시설) 및 구성요소의 수명을 결정하는 것이 더 바람직하다고 강조한다. Ferry와 Flanagan(1991)도 수명주기를 결정하는 가장 바람직한 방법은 유사 건물(시설)의 실제 수명주기를 관찰하여 주어진 상황에 적합하도록 조정하는 것이라고 제안한다. 상기 수치는 건물(시설)의 물리적 수명에 가까운 내용으로 감가상각을 위해 활용하는 것이 바람직할 것으로 생각된다.

표 15.1 건물 및 건물부품의 예상수명

대 상	수 명(년)	대 상	수 명(년)
아 파 트	40	에어컨	
		–대형(20톤 이상)	20
사 무 실	45	–중형	15
		–소형(5톤 이하)	10
주 택	45		
공 장	45	난방시스템	
		–보일러	20
호 텔	40	–가스버너	16
		–오일버너	10
창 고	40	–라디에이터	25
극 장	40		
		엘리베이터(화물운반용)	25
차 고	45	엘리베이터	20
		화재경보기	25
기 계 공 장	45	조명기구(부착물)	25
		배관	25
건 물 설 비	10	물탱크, 금속	25

표 15.2에서 나타난 것과 같이 건물(시설)은 40년 이상의 내구연수를 가지고 있고, 상황에 따라서는 100년 이상 존속될 수도 있다. 그러나 수명주기비용평가를 위해 이 정도의 기간을 분석기간으로 설정할 필요는 없다. 적정 분석기간은 (1)30~40년(Smith et. al) (2)25~40년(Dell'Isola and Kirk, 1981) (3)20~25년(Ferry and Flanagan, 1991) 등으로 제시되고 있지만, 대개 25~40년 정도로 설정하면 무리가 없을 것으로 판단된다. 그러나 짧은 분석기간(예를 들어 10년)이 설정되어도, 평가결과에 영향을 받는 사람들이 수명주기비용의 의미를 알 수 있도록 하기 위해 30~40년 기간의 수명주기비용도 산정해야 한다.

서로 다른 수명주기를 비교하는 경우는 단기간의 수명주기를 분석기간으로 설정하고, 장기간의 수명주기를 갖는 대안에 대해서는 설정된 분석기간 이후의 잔존가치(residual value)를 고려하는 것이 바람직하다. 이는 60년 혹은 120년 이후의 미래를 예측하는 비현실적 접근보다 훨씬 더 합리적인 방법이다.

할인율(discount rate)의 결정

미래에 발생될 것으로 예상되는 비용을 현재가치(present value)로 환산하기 위해 사용되는 할인율의 불확실성은 수명주기비용평가 기법의 실무 적용을 저해하는 주요인 중의 하나이다. 할인율을 현시점의 이자율(interest rate)이나 인플레이션(inflation)만을 고려하여 결정하는 것은 비합리적이다. 수명주기비용평가를 위해서는 물가상승에 의한 돈의 가치 하락을 반영한 순할인율(net discount rate)을 사용해야 한다. Flanagan과 Norman(1983)은 충분한 정보의 획득이 불가능한 경우에 활용될 수 있는 순할인율의 최대치를 4%로 제안한다.

서로 다른 할인율을 갖는 대안의 수명주기비용평가는 낮은 할인율을 적용하여 수명주기비용을 산정한 후, 높은 할인율로 변경하여 대안의 우선순위가 바뀌는지 여부를 검토해야 한다. 할인율을 변경해도 수명주기비용의 우선순위가 바뀌지 않는다면, 각기 다른 할인율을 적용하여 산정되는 수명주기비용 사이에 그다지 큰 차이가 없다는 것을 의미하므로 대안의 검토과정에서 그 차이점은 무시될 수 있다.

인플레이션

인플레이션은 통화량 증가 또는 구매력 감소를 의미한다. 인플레이션은 물가상승을 부추기고 돈의 가치를 감소시킨다. 수명주기비용 평가를 위해 인플레이션 문제를 다루는 방법은 (1)인플레이션 효과를 배제하고 미래비용을 현재가치로 고려하는 "실질금액(real terms) 기준"과 (2)인플레이션을 고려하는 "명목금액(nominal terms) 기준"의 방법이 있다. 실질금액 기준으로 수명주기비용을 평가하는 경우, 미래 현금흐름(cash flow)은 기준년도(base year)의 가격으로 평가절하된다. 그러나 인건비나 에너지비와 같이 특정 항목의 가격이 다른 것에 비해 더 빠르거나 늦게 상승하는 경우는 그 항목에 적합한 인플레이션율인 에스컬레이션(escalation rate)을 적용해야 한다. 이러한 경우 인플레이션과 할인율의 상관관계를 함께 고려하기 위해 다음 식 (15.1)을 사용할 수 있다.

$$(1+r)=\frac{(1+R)}{(1+f)} \quad \text{식 (15.1)}$$

여기서, R : 명목할인율

f : 예상 평균 인플레이션율

r : 실질할인율

식 (15.1)은 인플레이션이 실질할인율을 저감시켜 미래비용의 중요성을 증대시킨다는 것을 시사한다. 그러나 인플레이션은 감가상각(depreciation)에 영향을 미치지 않는다. 따라서 물가상승의 영향을 받는 다른 인자들과 달리 감가상각을 계산하기 위해서는 명목할인율이 사용되어야 한다.

리스크 경향

리스크의 영향을 받는 경우, 보다 가까운 미래의 비용일수록 더 많이 할인되어야 한다. 일반적으로 리스크의 영향을 반영한 단일 할인율을 모든 평가대상에 동일하게 적용하는 경우가 많다. 그러나 이러한 방식으로는 특정 사업에 관련된 리스크를 고려할 수 없게 되어 중요한 리스크 인자를 등한시하는 결과를 빚을 우려가 있다. 단일할인율 적용은 리스크의 영향을 고려하는 과정에서 객관적 분석에 근거하기보다는 직관적 평가에 의존하는 경우가 많기 때문에 수명주기비용평가 기법의 적용을 정당화하기 어렵다. 이러한 결점을 극복하기 위해서는 평가대상에 적합한 특정 리스크를 고려하기 위해 추가할인율을 반영해야 한다.

세 금(tax)

세금공제에서 비롯되는 비용절감효과는 대안의 우선순위를 변경시킬 수 있을 정도로 중요한 의미를 갖는다. 특정 자본지출을 대상으로 세금공제 혜택을 주는 이유는 특정 자산의 감가상각으로 발생하는 지출부담을 덜어 주기 위해서이다. 그러나 수명주기비용평가의 관점에서 어느 비용요소에 어느 정도의 세금공제 혜택이 부여되는가에 관한 사항은 상황에 따라 다양한 세제정책의 영향을 받기 때문에 해당분야 전문가의 조언이 필수적이다.

건설사업 초기단계에서부터 복잡한 세금문제를 철저히 고려한다는 것은 불가능하다. 따라서 간편한 방법으로 필자는 Ferry와 Flanagan(1991)이 제시한 "비율접근법(ratio approach)"을 제안한다.[81]

81) Ferry, D. J. O., and Flanagan, R., Life Cycle Costing－A Radical Approach, CIRIA

이 방법은 특정 사업의 현금흐름에 대한 세율은 기업이 부담하는 평균세율과 비슷하다는 가정에 근거를 두고 있다. 예를 들어, 특정 기업이 9억 원의 수입에 대하여 1억 원의 세금을 공제받아 5,000만 원의 세금을 납부하는 경우, 세율은 수입과 세금공제액을 합한 10억 원에 대한 5,000만 원의 비율, 즉 5%가 된다.

그러나 이 방법은 실제 특정 사업에 대한 "최저세금효과(marginal tax effect)"를 기업의 평균세율에 근거하여 산정할 수 있는 경우가 많지 않다는 사실에서 그 한계점을 노출한다. 이러한 본질적 결점에도 불구하고 비율접근법은 제반정보가 극히 부족한 건설사업 초기단계에서 효과적으로 활용될 수 있다.

경제성 평가기법

수명주기비용의 경제성 평가기법은 "오늘의 1원이 미래의 1원보다 더 가치가 있다"는 원리에 따라 "돈의 시간가치(time value of money)"를 고려하기 위해 활용된다. 가장 대표적인 평가기법은 현가법(net present value method)과 내부수익률(internal rate of return)법이다.

현가법은 수명주기에 걸친 현금흐름을 현재가치로 할인하기 위해 할인율을 적용하는 방법으로, 건설 · 운영비용뿐만 아니라 운용과정의 경제활동을 통한 수입(positive receits)과 지출(negative outlays)도 고려할 수 있다. 이러한 비용흐름은 다음과 같이 표현된다.

> 현재가치=유입현금의 현재가치−유출현금의 현재가치+최종유입현금의 현재가치(잔존가치)−초기투자비

Report 122, Construction Industry Research and Information Association, 1991.

단일사업에 대한 투자가 이루어지기 위해서는 현재가치 값이 0(zero) 이상이어야 한다. 투자가능 자본이 한정되어 있는 경우는 당연히 가장 큰 현재가치를 갖는 대안이 선정되어야 한다.

내부수익률(IRR)은 유입액과 투자자본의 할인가치가 동일해지도록 하는 이자율이다. 특정 사업이 정당화되기 위해서는 부담이자율보다 내부수익률이 커야 한다. 보다 바람직한 방식은 내부수익률과 투자자본에 대한 이자율의 차가 가장 큰 대안을 선정하는 것이다.

단순한 경우 위의 두 가지 접근법은 동일한 결과를 산출하지만, 상호 배타적인 수많은 대안을 포함하는 복잡한 상황에서는 동일한 조건에 대해서도 대안의 우선순위가 달라지는 결과를 낳기도 한다. 현가법의 경우 대안의 서열이 할인율의 선택에 따라 좌우되지만, 내부수익률법에서는 비용요소만으로 결정되기 때문이다.

수명주기비용평가를 위해서는 현가법을 사용하는 것이 더 바람직하다. 현가법은 수년에 걸친 다수의 할인율을 포함할 수 있는 유연한 방법인 반면, 내부수익률법은 많은 시간이 소요되는 복잡하고 반복적인 절차를 이행해야 할 뿐만 아니라, 현금흐름이 복잡한 경우의 내부수익률을 계산하기 위해서는 다중근(multiple root)의 계산이 불가피하여 바람직한 결과를 용이하게 얻을 수 없다. 또한 내부수익률법은 비용요소에만 전적으로 관련되어 있기 때문에 혜택의 측면을 고려할 수 없다. 결국 이러한 단점은 수명주기비용의 경제성 평가과정에서 내부수익률법의 사용을 부적합하게 한다.

잔존가치(Residual Value)

잔존가치는 분석기간 종료시점의 재산가치이다. Ferry와 Flanagan

(1991)은 서로 다른 수명주기를 갖는 대안을 비교하는 경우 짧은 수명주기를 갖는 대안의 가치를 기준으로 다른 대안의 잔존가치를 고려할 것을 제안한다. 가장 일반적인 잔존가치 계산법은 건물(시설)가치를 일정한 금액 또는 비율로 저감시켜 나가는 감가상각법이다. 감가상각은 재산의 사용에 따라 가치를 저하시키는 것으로, 계산방법으로 정액법(straight line method)과 정률법(declining balance method)이 있다. 정액법에 의한 감가상각은 다음과 같이 산정된다.

$$\text{감가상각액(원/년)} = \frac{\text{투자비} - \text{잔존가액}}{\text{건물(시설)의 예상수명 주기}}$$

정액법은 건물(building), 플랜트(plant), 기계류(machinery), 장비(equipment), 자동차(vehicles), 특허(patents) 등과 같이 특정 재산의 활용으로 제공되는 서비스가 수명주기에 걸쳐 일정한 것으로 고려될 수 있는 경우에 주로 사용된다. 정률법은 투자비에서 감가상각액을 뺀 순장부가격(net book value)의 투자비에 대한 고정비율을 계산하는 것으로 다음과 같은 방식으로 산출된다.

$$\text{감가상각률} = 1 - n\sqrt{\frac{\text{잔존가액(residualvalue)}}{\text{투자비}}}$$

여기서, n=건물의 수명주기

정률법은 오랜 기간에 걸쳐 폭넓게 사용되어 왔지만 다음과 같은 단점 때문에 최근에는 정액법으로 대체되고 있다.

1) 특정 요소에 적합한 비율 이하로 표준비율이 결정되는 경향이 있다.

2) 비용 및 잔존가치에 대한 다소 주관적인 조정이 없이는 잔존가치가 0(nil)인 균형비율을 쉽게 계산할 수 없다.
3) 초기에 높은 비용부담을 유발하기 때문에 비용에 비해 잔존가치가 작아진다. 이로 인해 자산(asset)에 대한 명목상의 처분가격이 주어져도 주관적인 조정 없이는 적합한 비율을 산출할 수 없다.

따라서 수명주기비용 평가과정에서는 정액법이 더 바람직하다고 생각된다.

수명주기비용 자료

수명주기비용 자료는 (1)수명주기비용평가 모델, (2)기존 건물(시설)의 실적자료, (3)제품공급자, 제조업자, 시공자 등의 전문가들로부터 획득된 자료를 통해 확보될 수 있다. 이러한 출처를 통해 획득된 비용자료는 수명주기비용평가의 근거를 제공할 수 있지만, 어떠한 비용자료를 포함시켜야 하는가의 문제는 수명주기비용의 평가목적에 따라 달라진다.

의사결정상황에서 추출된 주요변수에 중점을 두고 설정된 모델은 수명주기비용평가 자료 생성의 효과적 수단이 된다. 평가모델의 가치는 주요변수의 종류와 그 변수들 사이의 관계를 얼마나 정확하게 설명할 수 있는가에 달려 있다.

평가모델은 과거의 실적자료로부터 얻어진 자료를 활용하여 새로운 비용자료를 생성할 수 있다. 이에 대한 구체적인 예로써 건설초기에 개략적인 비용을 예측하기 위해 사용되는 통계모델과 실시설계단계에서 바닥, 벽, 창호 등과 같은 건물의 부위별 시스템을 선정하기 위해 수명주기비용 측면에서 최적설계를 시도한 인과모델의 경우를 고려할 수 있다.

기존 건물 또는 데이터베이스에서 얻어지는 비용자료는 서로 다른 상황에서 도출된 것일 수도 있고, 자료 보유자의 입장도 다르기 때문에 상이한 비용부호체계(cost coding system)를 가질 수 있다는 단점을 가지고 있음에도 수명주기비용평가를 위해 중요한 자료가 된다. 미국의 경우 Masterformat coding system이 비용 산정을 위해 광범위하게 사용되는 반면, 영국에서는 우리의 공종별 내역서와 유사한 Bill of Quantities가 보편적으로 사용된다. 이들은 자재구입과 노무량 확보를 효과적으로 하기 위해 시공자 입장에서 구성된 것인 반면, 미국의 Uniformat coding system이나 유럽의 CI/SfB coding system은 대상 시스템의 비용효과를 검토할 수 있도록 구성되어 있다.

시공자는 건물(시설)을 자재 구매 및 노무 수급의 관점에서 분해하는 반면, 설계자는 특정 기능이나 설계기술에 따라 구분한다. 수명주기비용평가를 위해서는 기능중심의 분류가 적합하다.

건물(시설)의 요소비용을 기능에 따라 분류하기 위해 사용되는 비용분류구조(CBS : Cost Breakdown Structure)의 요구조건은 다음과 같다.[82)]

1) 모든 비용요소가 CBS에 반영되어야 한다. 이는 분석을 위해 비용요소 전부가 필요하다는 것이 아니라 대상시스템과 관련된 비용요소를 빠뜨리지 않고 고려해야 한다는 것을 의미한다.
2) CBS에 포함되어야 할 비용요소를 명확히 하여 비용이 생략되거나 중복되지 않도록 해야 한다.
3) 비용요소는 건물(시설)의 설계, 건설, 운영 · 유지 등의 다양한

82) Blanchard, B. S., Design and Manage to Life Cycle Cost, Portland, Oregon : M/A Press, 1978.

측면을 평가하기 위해 충분한 정도로 분류되어, 비용요소 사이의 상관관계가 용이하게 식별될 수 있어야 한다.

4) CBS는 특정 관심영역의 비용분석이 용이하게 이루어질 수 있도록 구성되어야 한다. 예를 들어 에너지 비용의 심층검토가 요구될 경우 기타 비용요소는 실질적으로 무시될 수도 있다.

CBS는 보다 세련된 수명주기 비용평가의 틀을 제공해 줄 뿐만 아니라 평가결과에 따라 비용통제를 가능하도록 하는 의사소통의 수단이 될 수도 있다.

제조업자, 제품공급자, 시공자 등으로부터 얻어지는 전문가자료(specialist data)는 평가대상의 성능과 비용에 관한 정보가 된다. 특정분야 전문가들은 대상시스템의 적절한 운영 유지조건과 기대수명에 관한 지식을 보유하고 있다. 그러나 이들의 보유자료는 특정 시스템의 우수성을 지나치게 강조하는 편향된 것일 수도 있기 때문에 제한적으로 사용되어야 한다.

아울러 이러한 문제를 완화시키기 위해 전문가 자료를 근거로 대안의 성능을 평가하는 경우 의사결정자의 주관적 정보나 질적 자료(qualitative data)도 적극 활용되어야 한다.

수명주기비용 분류

특정 대상의 수명주기비용평가를 위해 선정되는 비용요소를 결정하기 위해서는 다음 사항을 고려해야 한다.

첫째, 평가목적이 면밀히 검토되어야 한다. 만약 평가목적이 경제적 효과를 측정하는 것이라면 모든 비용요소를 포함시켜야 한다. 그러나 평가목적이 여러 대안 중에서 하나를 선택하는 것이라면 공통적인 비용요소를 평가대상에서 제외시키고, 서로 차이가 있는 비용 영역만을 고려할 수 있다.

둘째, 발주자(건축주)의 요구조건과 목적이 철저히 검토되어야 한다. 발주자(건축주) 여건에 따라 특정 비용요소는 평가대상에서 제외될 수 있기 때문이다. 예를 들어 비수익성 공공사업의 경우 소득세(income tax) 효과는 검토할 필요가 없다. 같은 맥락에서 임대건물의 경우 임대자는 임차인이 부담하는 관리비용을 포함시키고자 할 것이다.

수명주기비용평가에서 중요한 문제 중의 하나는 기능비용(functional use costs)을 어떻게 고려해야 하는가이다. 기능비용은 설계결과에 따라 사용자가 부담하게 되는 비용으로 수명주기비용과 직접적으로 관련되는 것은 아니지만 건물(시설) 운영비용의 지출에 영향을 미친다. 예를 들어

1) 설계는 보험료와 기타 비용에 영향을 미친다.
2) 지출유형은 건물의 소유자가 부담해야 하는 소득세에 중대한 영향을 미칠 수 있다. 따라서 기능비용을 평가과정에 포함시켜야 한다.

수명주기비용평가에서 기능비용이 제외되는 이유는 계량화가 쉽지 않기 때문이다.

제Ⅱ부 | 건설경영 의사결정전략

-건설경영 의사결정상황의 공략방법론-

16. 수명주기비용평가 모델

-시간의 경과에 따른 돈의 가치평가

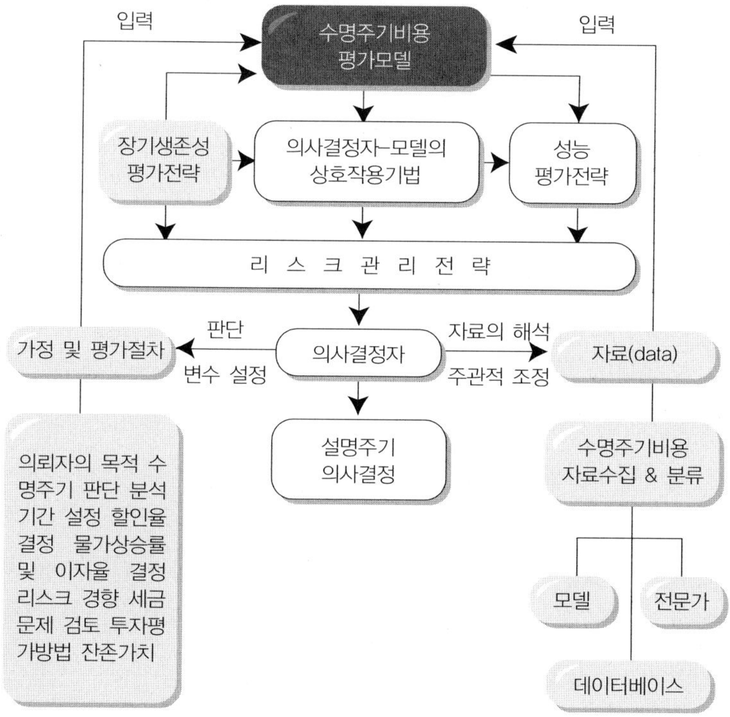

16. 수명주기비용평가 모델

– 시간의 경과에 따른 돈의 가치평가

효과적인 수명주기비용평가를 위해서는 (1)수명주기비용평가를 위한 구조적 틀이 설정되어야 하고 (2)건설사업 추진과정의 각 단계별로 필요한 유형의 모델이 구체화되어야 하며 (3)모델들은 각 단계에서 유용한 자료를 분석하여 다음 단계의 분석에 활용될 수 있는 새로운 정보를 생성할 수 있어야 한다.

지금까지 국내외 건설분야에서 개발된 수명주기비용평가 모델의 핵심기능은 대안의 수명주기비용을 산출하고 비교하여 최소 수명주기비용의 대안을 선정하는 것이었다. 이러한 경우 의사결정자는 설계자나 비용분석 담당자가 된다. 그러나 건설범위를 다소 넓혀서 타당성 분석이나 투자결정 단계를 고려해 보면 발주자(건축주), 임대자, 관리자 등이 주요 의사결정자가 되어야 한다.[83] 투자여부를 판단하는 의사결정자에게 설계 및 건설은 재산획득의 목적을 달성하기 위한 하나의 과정에 불과하기 때문이다. 이러한 주장은 수명주기비용평가를 통한 우선순위 결정이 의사결정자의 유형과 관심사에 따라 달리 이루어질 수 있다는 것을 의미한다. 이러한 관점에서 본 장에서는 다음과 같은 문제를 다루고자 한다.

---

83) Pyhrr, S. A., and Cooper, J. R., Real Estate Investment, Boston, Warren, Gorham & Lamont, 1982.

1) 수명주기비용평가와 관련된 의사결정 목적은 무엇인가?
2) 건설사업에 참여하는 다양한 이해관계자들의 관심사를 수명주기비용평가에 반영하기 위한 분석의 틀은 어떻게 설정되어야 하는가?
3) 건설사업 참여자들의 다양한 관심사를 반영하는 수명주기비용평가 모델의 특징은 무엇인가?

수명주기비용평가와 관련된 의사결정

수명주기비용평가의 목적은 발주자(건축주)의 요구조건에 따라 달라진다. 표 16.1은 발주자(건축주)의 유형에 따른 건설사업의 목적을 보여준다. 건설경영 의사결정자는 수명주기비용평가에 앞서 발주자(건축주)의 투자동기와 건설목적을 심층적으로 검토해야 한다.

표 16.1 발주자 유형별 건설목적

발주자	건 설 목 적
공공분야	(1) 점유 및 사용(공공시설의 소유 및 점유자) (2) 판매, 리스(lease) 및 임대 (예 : 부동산 개발업자)
민간분야	(1) 점유 및 사용(민간시설 소유 및 점유자) (2) 투기목적의 판매 및 임대(개발업자) (3) 소유와 임대(임대자)
재정운용기관	사용을 목적으로 건설하거나, 투자목적으로 완공된 건물을 구매(연금운용기관, 보험회사, 은행, 신탁회사, 자선단체 등)

공공분야의 발주자는 일반대중의 요구조건을 충족시키기 위해 건설사업을 추진하는 반면, 민간분야의 건축주나 재정운용기관은 건물(시설)의 사용, 판매, 임대 등을 통한 수익 확보를 목적으로 건설사업을 추진하기도 하고, 이미 완공된 건물(시설)의 구매를 통해 자본증

식을 추구하기도 한다. 한편, 개발업자(developer)는 판매나 임대를 목적으로 건설사업을 시도한다.

소유 및 점유를 목적으로 하는 공공 및 민간분야 발주자는 건물(시설)을 직접 운영해야 하기 때문에 당연히 수명주기비용의 절감에 관심을 가질 것이다. 한편 개발업자가 완공된 건물을 매각하는 경우 구매자는 향후 부담해야 할 미래비용에 당연히 관심을 표명할 것이다. 따라서 개발업자도 수명주기비용평가를 통해 재정적으로 보다 경쟁력 있는 대안을 추구할 수 있다. 재정운용기관이 직접 사용할 건물의 수명주기비용을 평가하는 목적은 소유/점유를 위해 사업을 시행하는 발주자(건축주)의 평가목적과 대동소이할 것이다.

건물의 임차인 또는 일시 점유자는 수명주기비용에 그다지 큰 관심을 갖지 않을 것으로 생각될 수 있다. 그러나 주요부위 마감재나 장비의 선정 또는 에너지 사용량 검토 등을 위해 수명주기비용평가가 필요하다. 수명주기비용평가를 통해 임대료에 영향을 미치는 운영유지비의 절감방안을 강구할 수 있기 때문이다.

초기투자비와 유지관리비의 합을 최소화하는 것만이 수명주비용평가의 목적은 아니다. 보다 중요한 사항은 발주자(건축주)의 요구조건에 적합한 비용흐름을 추구하는 것이다. 이러한 관점에서 표 16.2는 건축주(발주자)의 재정적 관점에 따라 특정 비용요소가 훨씬 더 중요하게 고려될 수 있다는 것을 시사해 준다.

표 16.2 발주자(건축주)의 재정적 관점

구 분	요구되는 질문 유형의 예시
건설목적	• 단기적/중장기적 수익을 얻기 위한 것인가? • 공공의 요구조건을 충족시키기 위한 것인가?
시간척도 (time scale)	• 얼마나 오랫동안 건물을 소유할 것인가? • 얼마나 오랫동안 건물을 임대(임차)할 것인가?
자본출처	• 어디에서 자본을 조달하는가? 예 : 차입금, 축적된 수익금, 정부지원, 보조금, 투자비 등
운영비 출처	• 운영유지재원 출처는 어디인가? 예 : 임대수익, 정부재정 등
세금여건	• 어떤 종류의 세금이 부과되는가? • 어느 비용이 세액절감에 효과적인가? • 세율은 어느 정도인가?

따라서 건설경영 의사결정자는 어떤 비용요소가 특정 발주자(건축주)에게 상대적으로 더 중요한가를 판단해야 한다. 이를 위해 본 장에서는 표 16.3과 같은 몇 가지 유형의 건설경영 의사결정에 중점을 두고자 한다.

표 16.3 건설경영 의사결정 유형

의사결정 유형	내 용
초기단계의 투자의사결정	• 자본지출에 대한 최단기 회수나 최적회수기간을 제공하는 대안의 판단 • 제한적 자본의 효과적 지출
설계개요단계 의 대안 선정	• 설계대안 선정 예 : 특정 대안이 다른 대안보다 재정적 관점에서 더 낫다는 의미의 판단
실시설계단계의 건물 구성요소 또는 부위시스템 선정	• 실시설계 대안의 선택 예 : 건물 구성요소, 부위, 마감재 등의 선택 • 적정수준의 자재 또는 시설의 판단 예 : 단열재설치비와 건물운영비를 종합적으로 고려한 경제적 단열방법
평 가	• 계획/설계를 계속 진행할 것인가 혹은 중단할 것인가의 결정 • 의도된 목적의 달성정도 평가 예 : 사업추진 목적을 어느 정도 달성할 수 있는가?

건설사업 초기단계의 의사결정에 따른 소요비용은 수명주기비용에 비해 극히 적지만 그 절감효과는 매우 크기 때문에 후속단계의 결정보다 훨씬 더 중요한 의미를 갖는다. 예를 들어, 초기단계에서 결정되는 연면적, 용적률, 건폐율, 층수 등은 실시설계단계에서 이루어지는 구성요소나 부위시스템 선정보다 수명주기비용의 관점에서 훨씬 더 중요한 의미를 갖는다. 같은 맥락에서 냉방기 유형 선택은 냉방기 제조업체의 선정에 관한 것보다 훨씬 더 중요하다.

최종 선택이 이루어지는 단계에서 초기단계의 결정을 변경시키기 위한 소요비용은 기하급수적으로 증가된다. 따라서 수명주기비용 평가기법을 개략적인 자료 및 정보가 유용한 건설초기의 투자의사결정단계부터 적용해야 한다.

지금까지 언급된 사항을 종합하면 효과적인 수명주기비용평가를 위해서는 (1)발주자(건축주)의 핵심적 관심이 명확히 정의되어야 하고, 아울러 (2)수명주기비용평가를 위한 구조적 틀이 설정되어야 하고, (3)건설과정에서 평가가 원활히 이루어질 수 있도록 각 단계별로 필요한 유형의 모델이 구체화되어야 하며, (4)평가모델들은 또한 각 단계에서 유용한 자료를 분석하여 그 다음 단계의 분석을 위해 활용될 수 있는 정보를 생성할 수 있어야 한다.

이제 특정 유형의 모델과 건설과정 각 단계의 문제를 연관시키기 위해 활용될 수 있는 수명주기비용평가의 구조적 틀을 설정해 보도록 하자.

수명주기비용평가의 구조적 틀

Antilla(1990)에 의하면 수명주기비용평가는 투자의사결정자의 관심을 포함하는 경제성 전반을 고려할 수 있어야 한다고 강조한다.[84)]Pollock(1990)은 수명주기비용평가가 건설사업의 계획 및 관리에 대한 계량적 접근을 통해 기술적 · 재정적 조건을 예측할 수 있는 수단이라고 언급하며 투자의사결정자의 관심사는 건설 자체는 물론 건설계획 및 운영까지도 포함하는 광범위한 것이라고 주장한다. 이러한 관점에서 필자는 두 가지 유형의 수명주기평가 모델로서 수명주기투자평가 모델(LCIM : life cycle investment appraisal model)과 수명주기비용평가 모델(LCCM : life cycle cost appraisal model)을 제시한다. 표 16.4는 두 종류 모델의 차이점을 보여준다.

표 16.4 LCI모델과 LCC모델의 비교

구 분	LCI모델	LCC모델
결정 유형	초기단계의 전략적(strategic), 전술적(tactical) 결정	설계단계 이후의 세부적(minor), 운용적(operational) 결정
모델의 목적	수명주기에 걸친 수익 최대화 → 시장지향적 (수요/공급의 상호작용 고려)	최소 수명주기비용의 실현을 위한 투자비, 유지관리비 등의 비용 최소화 → 공급지향적
필요 자료	외부/내부자료 동시 활용(소득/비용자료 처리)	내부자료(비용자료)만 고려
해결안 유형	**개략적 최적안(approximate optimal solution) 추구** : 위치 적정 연면적, 최적임대조건, 개보수/철거 후 신축을 위한 수익성 판단	**하위최적안(suboptimal solutions)** : 에너지 비용을 최소로 하는 부품 및 부위 결정을 위해 적합한 수명주기 결정, 비용/품질의 최적관계를 유지하는 설계대안 선정

수익 극대화(profit maximising)를 추구하는 수명주기투자평가 모델의 필요정보를 구체화하는 것은 매우 어려운 작업이지만 투자의사결정

84) Antilla, E. J., The Effect of Quality on the Economy of Steel Framed Office Buildings, Ireland, V., Giriti, H., Roberts, C., and Skitmore, Martin (Eds.), CIB 90 Building Economics and Construction Management, Volume 2, 1990.

자에게는 필수적인 것이다.

Flanagan과 Norman(1983)은 수명주기비용평가 모델의 관점에서 설계진행 과정에 적용할 수 있는 절차를, 수명주기비용계획(life cycle cost planning), 수명주기비용분석(life cycle cost analysis) 및 수명주기비용관리(life cycle cost management)로 설명한다.

LCCP는 설계단계에서 초기투자비와 운영유지비를 파악하는 것인 반면, LCCA는 투입된 비용자료를 기존 건물(시설)로부터 체계적으로 수집하는 것으로, 설계특성, 운영유지비 실태, 성능자료 등에 관한 자료를 대상건물(시설)의 수명주기비용분석을 위해 활용할 수 있도록 데이터베이스를 구축하는 과정이다. LCCM은 기존 건물(시설)의 성능과 비용에 관한 조사와 분석을 통해 건물(시설) 운용방식이나 시스템을 변경시켜 수명주기비용을 감소시킬 수 있는 영역을 파악하는 과정이다.

의사결정자의 주요관심사는 수명주기투자(LCI)에 있을 수도 있고 수명주기비용(LCC)에 있을 수도 있기 때문에, 이 두 가지 관점을 종합하여 건설 전 과정을 포괄할 수 있는 구조적 틀의 설정이 필요하다. 그림 16.1은 건설과정에서 수명주기투자평가 모델과 수명주기비용평가 모델이 어떻게 연관될 수 있는지를 보여준다.

활용가능한 정보가 부족한 건설사업 초기단계에서는 통계적 예측기법의 응용이 바람직하다. 통계적 방법은 초기단계의 제한적 정보와 자료를 효과적으로 활용하여 건설경영 의사결정의 전반적 범위를 설정할 수 있기 때문이다.

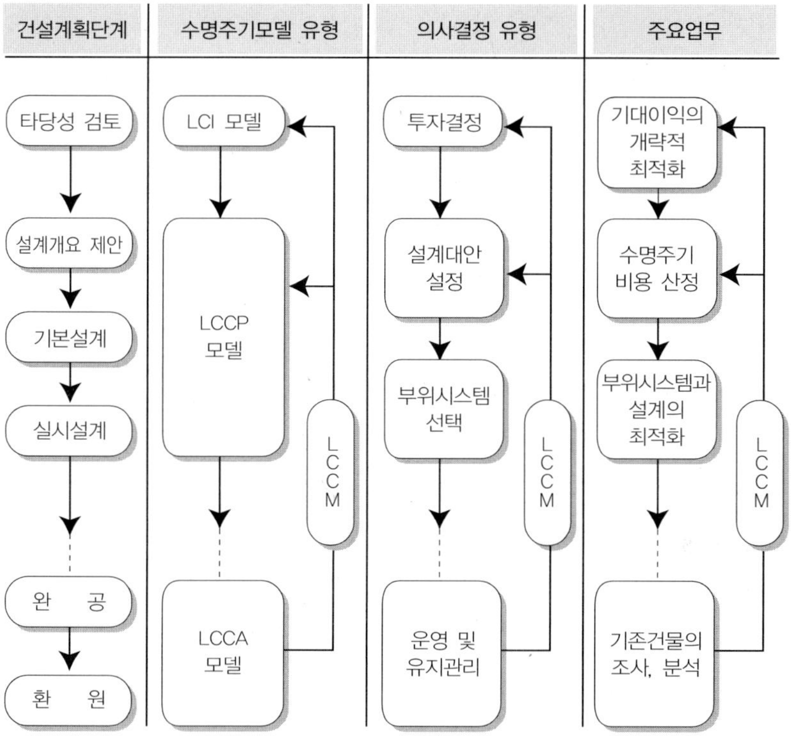

그림 16.1 건설과정의 LCI 모델과 LCC 모델

초기단계의 통계분석 모델은 분석대상 건물(시설)에 대한 정보의 부족으로 기존 건물(시설)로부터 자료를 확보해야 한다는 점에서 변화하는 의사결정상황을 평가에 반영할 수 없다. 즉, 통계분석 모델은 시간적으로 정태적 특성을 갖는다. 그럼에도 이 모델은 제한적 자료를 효과적으로 활용하여 건설사업의 개략적 최적화를 실현할 수 있다는 장점을 갖는다.

의사결정의 전반적 범위를 설정하는 건설사업 초기단계에 이어서 설계개요 제안단계로 접어들면 설계대안의 수명주기비용 산정을 위해 LCCP 모델을 사용할 수 있다. 그러나 이러한 정태적(static) 관점의 수명주기비용 산정은 건설사업 추진과정의 동태적 특성을 평가과정에 반영할 수 없다.

설계과정에서는 시간의 경과에 따라 건물(시설)에 대한 정보가 점점 더 많아지고 설계도 지속적으로 세련되어 간다. 설계상황의 특성을 반영하면서 효과적인 수명주기비용평가가 이루어지도록 하기 위해서는 수명주기비용평가 모델 역시 시간의 경과에 따라 그 구조를 변화시키면서 점차적으로 증가하는 정보를 흡수할 수 있어야 한다. 이러한 모델을 개발하여 구체적으로 제시하기에는 아직도 많은 한계에 직면하고 있기 때문에 다양한 분야의 전문적 지식을 체계적으로 접목시키는 폭넓은 연구가 필요하다. 그럼에도 이러한 기법 개발의 기본개념으로 활용되어야 할 원리는 이 책에서 언급된 계층구조적 접근(hierarchical approach)과 사람의 정보처리방식에 근거한 지식 베이스 접근을 접목시키는 것에서 파악될 수 있다.

실시설계단계에서는 이전의 단계에 비해 건설활동을 직접적으로 지원할 수 있는 보다 많은 정보를 활용할 수 있기 때문에 건물(시설) 자체 또는 부위시스템의 운영 유지와 관련된 미래상황의 예측이 상대적으로 용이하다. 이 단계에서는 설계변수와 수명주기비용의 인과관계를 설명할 수 있는 수학적 모델이 적용될 수 있다.

본 장의 나머지 부분에서는 각 단계별 모델의 주요특성을 언급하고자 한다.

수명주기 투자평가 모델_건설 초기단계의 투자분석수단

Antilla(1990)는 건물(특히 사무실) 소유자의 필요조건을 수명주기에 걸쳐 최대수익(임대소득 등)을 확보하거나 최소비용을 지출하는 것이라고 말한다. Phyrr과 Cooper(1982)도 투자의사결정의 핵심적 목표는 건물의 사용기간에 걸쳐서 최대 이익을 확보하는 것이라고 언급한다.

건물(시설)에 대한 투자의 경제성을 분석하기 위해서는 초기투자비, 운영유지비, 소득 사이의 상관관계를 파악해야 한다. 기존의 수명주기비용평가 방식은 수명주기비용 모델의 범주를 벗어나지 못하고 있기 때문에 평가과정에서 소득인자(income factor)의 경제적 효과를 설명할 수 없다. 그러나 소득인자를 포함시킬 수 있다면 건설사업 초기단계에서 최적의 경제적 해결대안을 훨씬 더 용이하게 파악할 수 있다. 사실 최적 해결대안은 중요한 경제변수 중의 하나인 소득인자의 고려 없이 추구될 수 없다. 따라서 수명주기비용평가를 확장시켜 소득요소를 반영하는 수명주기 투자의사결정의 개념을 정립해야 한다.

수명주기 투자평가의 핵심내용은 건설 및 운영을 통해 기대이익을 최대화하거나 예상손실을 최소화시키는 것이다. 구체적으로 경제적 투자기간에 걸쳐 건물(시설)의 소유 및 운영에 필요한 비용지출을 최소화하거나 기대수익을 최대화시킬 수 있는 조건을 추구하는 것이다. 이러한 조건을 파악하기 위해서는 건물의 경우 연면적, 층수, 건폐율, 용적률, 점유율, 임대면적과 같은 인자들을 충분히 검토해야 한다. 보다 구체적인 의미에서 가장 중요한 과제 중의 하나는 건축주(발주자)의 요구조건을 주요인자들과 연관시켜 최적조건을 확보하는 것이다. 이를 위해 활용되는 수명주기 투자평가모델은 건설사업 초기단계에서 제한적 정보와 비용자료를 활용하여 건설사업 전반의 업무영역을 효과적으로 설정할 수 있도록 단순하면서도 사용이 간편해야 한다.

초기투자비, 유지관리비, 소득 등은 서로 상관성을 가지면서 수익과 지출에 영향을 미친다. 특히 초기투자비의 상당 부분을 차지하는 지가(地價)는 연면적, 층수, 건폐율, 용적률 등에 영향을 미친다. 지가가 높을 경우는 지출비용을 상쇄시키기 위해 층수를 증가시켜야 한다. 따라서 투자의사결정자 또는 건물(시설)관리자는 초기투자비, 유지관리비, 임대소득 등을 포괄하는 수명주기투자의 관점에서 지가와 건물(시설) 규모 사이의 관계를 최적화시켜 수익 최대화와 비용 최소화를 실현할 수 있는 조건을 파악해야 한다.

기존의 수명주기비용평가 방법은 설정된 설계대안 중에서 최적안을 선택하는 것에 중점을 두고 있기 때문에 개발 및 관리분야에서 중시하는 소득인자 효과를 고려하지 못한다. 기존 방법이 대안의 수명주기비용을 산정하는 측면만을 설명할 수 있는 반면, 지가와 건물(시설) 규모의 최적관계를 규명할 수 있는 수명주기 투자평가기법은 의사결정자와 발주자(건축주) 모두에게 건설사업 초기단계에서 이루어지는 다양한 유형의 투자의사결정에 탄력적으로 대처할 수 있는 수단이 될 수 있다.

지금까지 언급된 개념에 근거하여 수명주기 투자평가모델과 수명주기비용평가모델을 수식으로 표현해 보면 표 16.5와 같다.

표 16.5 수명주기 투자평가모델과 수명주기 비용평가모델

구 분	평 가 모 델
수명주기투자	$LCI = V - V' \cdot (1+r)^{-n} + \sum_{t=1}^{n} O_t \cdot (1+r)^{-t} - \sum_{t=1}^{n} \cdot (1+r)^{-t}$
수명주기비용	$LCC = V - \sum_{t=1}^{n} O_t \cdot (1+r)^{-t}$
범 례	V : 초기투자비 V' : 잔존가치 $V' \cdot (1+r)^{-n}$: 이자율 r인 경우의 잔존가치 현재가 O_t : 유지관리비 $O_t \cdot (1+r)^{-t}$: 이자율 r인 경우의 유지관리비 현재가 I_t : 소득 $I_t \cdot (1+r)^{-t}$: 이자율 r인 경우의 소득의 현재가

수명주기 투자평가모델 설정을 위한 고려요소

건설사업 초기단계의 수명주기 투자평가를 위해서는 연면적, 임대/분양수준, 부지면적, 지가, 법적 규제사항과 같은 수익성 관련인자를 검토해야 한다. 이러한 요소의 고려를 통해 투자자 의사결정자(investor decision-maker)는 제안된 건물(시설)의 개발이익과 투자수준을 평가할 수 있다. 따라서 수명주기 투자평가모델의 목적은 건설사업 초기단계에서 제한적 정보를 효과적으로 활용하여 투자자 의사결정자의 관점에서 건물(시설)의 건설 및 운영을 통한 기대이익이나 예상비용을 개략적으로 최적화시키는 것이다. 이를 위한 고려요소는 다음과 같다.

■ 자료수집방법_표본조사 및 질문지 작성

표본조사는 모집단(population)의 특성을 반영하는 표본(sample)으로 구성된 부분집합을 얻기 위해 실시되는 것으로 주로 사용되는 방법은 (1)무작위 확률표본추출과 (2)편의표본추출(convenience sampling)이나 할당표본추출(quota sampling)에 의한 비확률표본추출(nonprobability sampling)이다.[85] 통계분석 이론은 표본처리과정에서 겪는 수학적 어려움 때문에 주로 무작위 표본추출만을 다루는 경향이 있다.[86] 그러나 건설사업의 특성에 부합되는 무작위 표본추출은 결코 쉬운 일이 아니다. Ireland(1983)는 무작위 표본추출이라는 전제 하에서 모집단을 일반화할 수 있을 만큼 광범위한 대상으로부터 특정 자료를 추출하는 과정에서 겪는 어려움을 토로한다.[87] 그는 건물(시설)을 건설하고 운영하는 조직 또는 단체로부터 대외적인 공개를 원치 않는 구체적인 정보와 자료를 얻는 것이 너무나 어려운 일이므로, 몇몇 관심 있는 연구자가 대규모의 무작위 자료를 축적한다는 것은 불가능하다고 주장한다. 결국 Carver(1977)가 언급하였듯이 이러한 작업은 정부 차원에서 이루어져야 할 일이지, 결코 개인이나 소규모 집단이 할 수 있는 일은 아닌 것으로 사료된다.

무작위 표본추출이 제한적 여건으로 불가능하다고 판단될 경우 비확률 표본추출, 즉 편의추출(convenience sampling) 또는 할당추출(quata sampling) 방법에 의한 표본조사가 도입될 수 있다. Maxwell과 Delany(1989)의 제안에 따르면, 이러한 경우 통계적 원칙에 의존하지

85) Leedy, P. D., Practical Research Planning and Design, 4th Edition, MacMilian, 1989.
86) Beeston, D. T., Statistical Methods for Building Price Data, London, E. & F. N. Spon Ltd., 1983.
87) Ireland, V., The Role of Managerial Actions in the Cost, Time and Quality Performance of High Rise Commercial Building Projects, PhD Thesis, University of Sydney, 1983.

않고서도 보다 실질적인 의미에서 대규모 모집단의 일반화가 이루어질 수 있다고 한다.[88] Beeston(1983)도 조사대상의 특성이 정확한 비율로 반영되도록 의도적으로 조정하면 표본의 대표성을 향상시킬 수 있다고 주장한다. 이러한 방법의 실례는 표본추출의 목적을 위해 모집단을 특정 성격에 따라 분류하는 경우이다.

질문서(questionnaire)는 표본자료 수집자의 물리적 한계를 극복하기 위해 효과적으로 활용될 수 있다. 표 16.6은 필자가 작성한 질문서의 실례이다.

■ 평가모델의 요구조건

수명주기 투자평가모델은 건설 초기단계에서 극히 제한적인 정보 및 자료를 효과적으로 활용하여 기대수익을 개략적으로 최적화하기 위해 사용된다. 이러한 목적을 효과적으로 달성하기 위해 이 모델은 다음과 같은 조건을 갖추어야 한다.

1) 건설사업 초기단계에서 제한적인 정보 · 자료를 쉽게 사용할 수 있도록 단순해야 한다.
2) 보다 구체적인 후속절차의 출발점을 제공할 수 있도록 업무의 전반적 범위를 제시하는 개략적 최적치를 산출할 수 있어야 한다.
3) 투자의사결정자의 관심사를 반영할 수 있어야 한다.

88) Maxwell, S. E., and Delaney, H. D., Designing Experiments and Comparing Data : A Model Comparison Perspective, Wadsworth Publishing Company, California, 1989.

표 16.6 수명주기 투자평가를 위한 질문지 작성 예

1. 일 반 정 보	
1.1 건물기능 :	
1.2 위　　치 :	
1.3 착 공 일 :	1.4 완 공 일 :
1.5 구조형식 : 철근콘크리트조, 철골조, 철골철근콘크리트조, 조적조, 기타(　　　)	
1.6 점유시간 : (　　　)시간/일	(　　　)日/1週日
1.7 점유유형 : 임대용, 판매용, 사용자점유, 복합형	
1.8 주요마감재 1.8.1 바닥 : 1.8.2 내벽 : 1.6.3 외벽 : 1.6.4 천장 :	
2. 측 정 자 료	
2.1 부지면적 : m²	2.2 총 층 수 :
2.3 연 면 적 : m² 2.3.1 지하층 면적 : m² 2.3.2 1층 면적 : m² 2.3.3 기준층 면적 : m² 2.3.4 기타층 면적 : m²	2.4 지하층수 : 2.5 임대면적 : 2.6 평균층고 2.6.1 지하층 : m 2.6.2 1층 : m 2.6.3 기준층 : m 2.8.4 기타 층 : m
2.7 승강기수 : 대	
3. 비 용 자 료	
3.1 초기투자비	
비 용 항 목	포 함 비 용 요 소
3.1.1 부지매입비 : (　　　) 만 원 (　　　) 만 원/m²	취득비, 조사평가비, 철거 및 이설비, 세금 기타 행정비
3.1.2 설계비 : (　　　) 만 원	컨설팅비, 조사비, 설계비, 시험비
3.1.3 건설비 : (　　　) 만 원 (　　　) 만 원/m²	자재비, 노무비, 경비, 제잡비, 이익 (설비비 포함)
3.1.4 설비비 : (　　　) 만 원 (　　　) 만 원/m²	기계설비비, 전기설비비 (제잡비 및 이익 포함)
3.1.5 기타비 : (　　　) 만 원 (　　　) 만 원/m²	위의 비용요소에 포함되지 않은 비용
3.2 연간 운영유지관리비	
3.2.1 운영 및 유지비 '03/'04 (　　　) 만 원 '04/'05 (　　　) 만 원	건물의 운영비 및 유지비(operation and maintenance costs)
3.2.2 보수 및 교체비 '03/'04 (　　　) 만 원 '04/'05 (　　　) 만 원	건물의 성능을 원래상태로 되돌리기 위해서 소요되는 비영(repair and replacement costs)
3.2.3 개조비용 '03/'04 (　　　) 만 원 '04/'05 (　　　) 만 원	건물에 대한 계획적인 개조, 개선, 附加 비용(alteration and improvement costs)
3.3 임대수익 기타	
3.3.1 임대료 (　　　) 만 원/m²	3.3.2 임대계약기간 (　　　)년
3.3.3 공익비 기타 (　　　) 만 원/m²	
4. 기타의견, 문의처	

모델의 변수도 상기 요구조건을 용이하게 달성할 수 있도록 선정되어야 한다. 이를 위해 다음과 같은 사항을 우선적으로 고려해야 한다.

1) 선정되는 변수는 수명주기적 관점에서 수익 최대화 또는 비용 최소화에 직접적으로 영향을 미치는 것이어야 한다.
2) 선정되는 변수는 초기단계에 이어 후속적으로 출현하는 다른 변수들을 개념적으로 포괄할 수 있는 광범위성을 가져야 한다.

한편, 평가모델의 유형도 투자의사결정의 특성을 고려하여 결정해야 한다. Baum과 Mackmin(1989)이 제시한 통계분석방법(특히 회귀분석)은 다음과 같은 유익한 점을 갖기 때문에 개발평가(development appraisal)에 주로 활용된다.[89)]

1) 건물(시설)의 규모와 가격 또는 임대수익 등과의 상관관계를 용이하게 설정하고 검증할 수 있다.
2) 시간의 경과에 따라 변화하는 건물(시설) 가치의 추세를 분석할 수 있다.
3) 운용수익과 규모, 위치, 편의시설, 유지관리비 등의 상관관계를 반영한 회귀분석을 실시하여 함수로 표현할 수 있다.
4) 건물(시설) 운용을 통한 기대소득을 예측할 수 있다.
5) 건물(시설)의 유지관리기록에 근거하여 적정 유지관리비를 결정할 수 있다.

이러한 장점은 통계적 회귀분석모델이 수명주기 투자평가에 유익한 수단이 될 수 있다는 것을 시사해 준다. 상기의 목표를 달성하기 위한 분석도구로써 통계분석 패키지인 SPSS(statistical package for social

---

89) Baum, A. and Mackmin, D., The Income Approach to Property Valuation, 3rd Edition, London, Routledge, 1989.

science)나 SAS(Statistical Analysis System) 등이 활용될 수 있다.

■ 모델변수의 선정

Gilchrist(1984)는 선형관계를 나타낼 수 있는 두 개의 변수를 사용하거나, 서로 다른 두 가지 이상의 변수를 조합하여 새로운 모델변수를 도출할 수 있다고 제안한다.[90]

일반적으로 건설사업비에 가장 큰 영향을 미치는 변수는 건물(시설)의 건립위치이다. 건립위치에 따라 건설사업비의 편차가 매우 크기 때문에 표본수에 다소 제한을 받더라도 조사대상을 동일지역의 건물(시설)로 고정시킬 필요가 있다. 건립위치를 고정시키면 건설공사비, 유지관리비, 임대수익 등에 직접적으로 영향을 주는 핵심변수는 연면적(gross floor area)과 층수(number of storeys)가 된다.

건설사업 초기단계에서는 개략적인 계획안 이외의 정보는 없기 때문에, 주로 단위면적당 공사비(원/m^2)에 근거하여 투자규모를 판단한다.[91] 이 단계에서는 층수와 평면형태를 개략적으로 정하여 여러 가지 유형의 변수와 연면적 사이의 상관관계를 예비적으로 평가할 수 있어야 한다. 이러한 변수들이 건설비, 유지관리비, 임대수익 등에 상당한 영향을 미치기 때문이다.

연면적(gross floor area) : 건설사업비는 주로 연면적에 근거하여 측정되는 경우가 많다. 기능단위(예 : 병원의 경우, 사업비/bed)가 유용한

---

90) 새로운 변수를 고안하기 위해서는 두 가지 이상의 변수를 효과적으로 조합하여 평가척도가 될 수 있는 별도의 변수를 생성해낼 수 있어야 한다. 예로써 건물 형상의 복잡도에 따른 비용의 변화를 파악하기 위해서 "형태계수"를 고안할 수 있다.

$$\text{건물의 형태계수} = \frac{\text{건물의 연면적}}{\text{기준층의 면적} \times \text{층수}} \times 100(\%)$$

91) Darlow, C., Valuation and Development Appraisal, 2nd Edition, London, The Estates Gazette Limited, 1988.

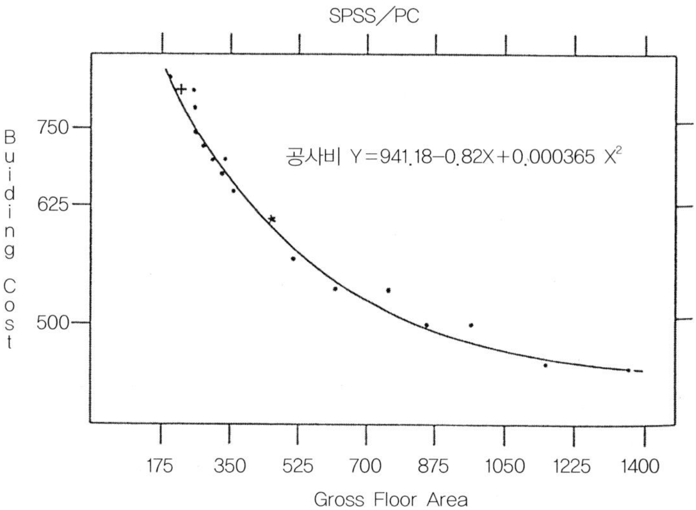

그림 16.2 숙소 건물의 연면적과 공사비의 관계

경우 외에는 단위면적당 비용이 소요예산 판단을 위해서 뿐만 아니라 질적 수준에 따른 비용한계 설정을 위해서도 효과적이다(Beeston, 1983). 가장 용이한 방법은 단위면적당 비용(원/m^2)과 연면적의 관계를 도출하는 것이다. 즉 연면적은 건설사업비에 강력한 영향력을 미치는 변수이기 때문에 비용분석을 위해 우선적으로 고려되어야 한다. 그림 16.2는 필자가 실제자료를 수집하여 분석한 특정 지역 숙소 건물의 연면적에 대한 공사비의 관계를 회귀식으로 나타낸 결과이다. 또한 대부분의 경우 임대료도 임대가능 면적에 근거하여 결정되기 때문에(Baum and Mackmin, 1989), 연면적은 임대소득과도 어느 정도의 상관성을 가질 수 있을 것으로 생각된다.

층수(number of storeys) : 층수는 최하층의 지하실부터 지붕을 제외한 가장 높은 층까지로 산정한다. Seeley(1989)는 층수와 관련된 몇 가지 원칙을 제시한다.[92]

1) 일정 층수 이상이 되면 건물의 단위공사비(unit costs)는 상승한다. 그러나 추가공사비는 토지의 효율적 이용을 통해 어느 정도 상쇄될 수 있다.

2) 고층건물은 시공과정에서 타워크레인(tower crane), 콘크리트 펌프(concrete pump) 등이 사용되기 때문에 공사비가 상승된다.

3) 엘리베이터, 계단 등의 수직이동수단은 설치비용이 비싸기 때문에 공사비의 증가요인이 된다.

4) 건물이 고층화될수록 유지관리비가 상승한다. 고층부분의 유지관리비가 더 많이 소요되기 때문이다.

5) 난방비는 층수의 증가에 따라 감소된다. 열손실이 가장 심한 지붕의 면적이 감소되기 때문이다. 그러나 층수의 증가에 따라 더욱 정밀한 기계/전기설비 등이 필요하기 때문에 다소간의 비용상승은 불가피하다.

6) 건물이 고층화 될수록 기초 및 골조, 기계 · 전기설비 등의 설계를 위한 전문가와 기술자의 수수료가 높아진다.

7) 층수가 증가할수록 구조부재(structural components)의 수가 많아지고 통로면적이 증가하기 때문에, 순 사용면적은 줄어들고, 순 사용면적에 대한 비용효율도 감소된다. Seeley(1989)에 의하면 일반사무실의 경우 4개층의 증가에 따라 약 2%씩 단위공사비가 증가된다고 한다.

8) 타워형(tower form) 고층건물 공사비는 매우 비싸다. 그러나 층당 연면적이 약 1,000m²가 되면 임대수익을 통해 추가비용을 상쇄시킬 수 있다고 판단된다.

---

92) Seeley, I. H., Building Economics, Appraisal and Control of Building design Cost and Efficiency, 3rd Edition, London, Macmilian Education Ltd., 1989.

Darlow(1988)는 표 16.7을 통해 냉난방설비를 갖춘 사무실 건물의 통로 및 설비시스템 설치를 위한 소요면적과 순수임대면적의 상대적 관계를 설명한다.

표 16.7 층수의 변화에 따른 공사비 지수

층 수	통로 및 설비 면적 비율(%)	순수임대면적 비율(%)	연면적당 공사비 지수 (index)	순수임대면적당 공사비 평균지수 (index)
2−4	15−18	85−82	100	100
5−9	18−24	82−76	115	122
10−14	24−28	76−62	138	156
15−19	28−32	72−68	150	178
20 −	32−35	68−65	169	197

표 16.7에 나타난 지수(index)는 층수의 증가에 따라 단위면적(연면적 및 임대면적)당 공사비용이 어떻게 증가되는지를 보여준다. Darlow(1988)는 층수의 증가에 따라 공사비가 증가하는 이유를 연면적에 대한 통로 및 설비면적의 비율이 상대적으로 증가하기 때문이라고 설명한다. Ferry와 Brandon(1984)은 적정 층수를 결정하기 위한 노력의 일환으로 다음과 같은 관계식을 제시한다.[93]

$$N^2 = \frac{X \cdot f}{2 \cdot S \cdot W}$$

여기서, N = 적정 층수

$X = \frac{\text{지붕의 단위비용}}{\text{벽체의 단위비용}}$

f = 바닥연면적(m^2)

93) Ferry, D. J. O., and Brandon, P. S., Cost Planning of Buildings, London, Granada, 1984.

S = 층고(m)

W = 건물의 폭(m)

지금까지 언급된 사항은 층수가 건물의 초기공사비, 유지관리비, 임대수익 등의 비용을 설명하는 주요변수가 될 수 있음을 시사해 준다.

상관분석(correlation analysis) : Ferguson(1978)은 상관성이 높은 변수를 식별하는 일이 상상(imagination)과 상식(common sense)에 의존해야 하는 문제라고 말한다.[94] Maxwell과 Delaney(1989) 또한 어떠한 변수가 설정되어야 하는지를 객관적으로 입증할 수 있는 논리적 법칙은 존재하지 않는다고 언급한다.[95] 다만 변수 사이의 상관관계를 입증할 수 있는 최소한의 시도로서 상관분석(correlation analysis)을 할 수 있다.

무작위(random)로 변하는 한 쌍의 변수에서 한 변수와 다른 변수의 변화 사이에 관계가 있으면 두 변수 사이에 상관성(correlation)이 있다고 하고, 그 해석방법을 상관분석(correlation analysis)이라고 한다. 변수 사이의 상관 정도는 상관계수(R)로 표현되며, 그 의미는 다음과 같다.

R≥0.7	강한 상관이 있다.	R≤−0.7
0.4≤R≤0.7	상당한 상관이 있다.	−0.7≤R≤−0.4
0.2≤R≤0.4	조금 상관이 있다.	−0.4≤R≤−0.2
0≤R≤0.2	상관이 있다고 할 수 없다.	−0.2≤R≤0

상관분석은 회귀분석을 위한 변수설정의 단서를 제공한다. 서울

94) Ferguson, R., Linear Regression in Geography, Concepts and Techniques in Modern Geography, No.15, Norwich, Geo Abstracts Limited, 1978.

95) Maxwell, S. E., and Delaney, H. D., Designing Experiments and Comparing Data : A Model Comparison Perspective, Wadsworth Publishing Company, California, 1989.

중심지역의 주요건물을 대상으로 층수(Number of Storeys)와 연면적(Gross Floor Area)에 대한 초기공사비(Initial Capital Cost), 유지관리비(Running Cost), 임대수익(Rental Income)의 상관관계를 분석해 본 결과는 표 16.8과 같다.

표 16.8 상관분석

SPSS/PC+The Statistical Package for IBM PC CORRELATIONS/VARIABLES GEA UICOST RCOST RENF TSTOEY					
Correlations	Gross Floor Area	Initial Capital Cost	Running Cost	Rental Income	Number of Storey
	↓	↓	↓	↓	↓
Number of Storeys	1.0000	.6262**	.0574	.6897**	.7606**
	.7606**	.9341**	−.0273	.7777**	1.0000

N of cases : 23 1-tailed Signif : * −.01 ** −.001
" . " is printed if a coefficient cannot be computed

표 16.8에 따르면 층수 및 연면적에 대한 초기공사비와 임대료의 상관성은 비교적 높은 반면, 동일 변수들에 대한 유지관리비의 상관성은 미약한 것으로 보인다.

표 16.8의 분석결과는 건물의 층수가 연면적에 비해서 더 높은 상관성을 갖는다는 것을 보여준다. 이러한 상관관계를 보다 구체적으로 확인하기 위해 층수에 대한 초기공사비와 임대수익의 관계를 산점도(scatter diagram)로 표시하면 그림 16.3~16.4와 같다.

그림 16.3에서 층수와 초기공사비의 관계는 다음과 같이 선형회귀식(linear equation)으로 표현되며, r^2(r square)=0.8726은 회귀식이 산점도에서 보이는 공사비 분포현상을 설명할 수 있는 정도, 즉 신뢰도가 87.26%임을 나타낸다.

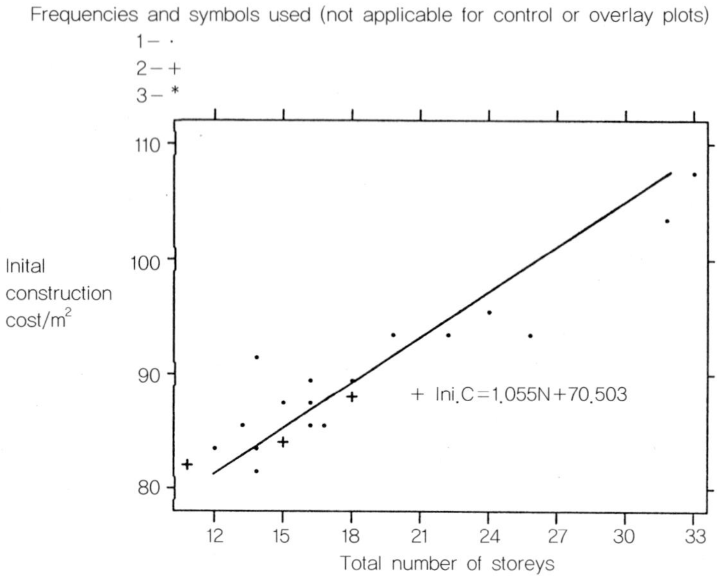

MULTIPLE REGRESSION

Equation Number 1.
Dependent Variable. Initial construction cost per m^2
Variable entered on Step Number. Total number of storeys

Multiple R	.93411
R Square	.87256
Adjusted R Square	.86649
Standard Error	2.46913

Analysis of Variance

	DF	Sum of Squares	Mean Square
Regression	1	876.59769	876.59769
Residual	21	128.02839	6.09659

F = 143.78491 Signif F = .0000

Variables in the Equation

Variable	B	SE B	Beta	T	Sig T
No.of Storeys	1.05519	.08800	.93411	11.991	.0000
(Constant)	70.50321	1.65099		42.704	.0000

그림 16.3 층수와 초기공사비의 산점도와 회귀분석

초기공사비 Ini.C=1.055 · N+70.503 (만 원) (N : 층수)

또한 그림 16.4에서 층수와 임대료의 관계는 다음과 같은 Log 함수식으로 표현되며, 신뢰도 r^2=0.6464가 된다.

임대료 Ren.V=0.1929−0.0093 · N+1.22 · $\log_{10}N$

건물의 밀도(density of buildings) : 건물의 건설 및 운용에 따른 수익을 최적화하기 위해서는 토지사용의 지표인 건물의 밀도를 고려해야 한다. 대개 상업용 건물(특히 사무실)에서 가장 중요한 밀도지표는 건폐율과 용적률이다.

건폐율은 대지에서 건축물이 차지하는 비율이다. 건축법에서 건폐율을 제한하는 이유는 대지에 최소한의 공지(空地)를 제공하여 (1)일조, 채광, 통풍의 문제를 해결하고, (2)화재발생시 인접 건물의 연소를 방지하고 소방활동을 용이하게 하는 한편, (3)재해발생시 피난을 효과적으로 하기 위한 것이다.

용적률은 대지면적에 대한 연면적의 비율이다. 용적률 규정의 목적은 시가지에서 건물을 입체화 · 고층화하여 도시 전체에 여유공지를 확보하는 것에 있다.

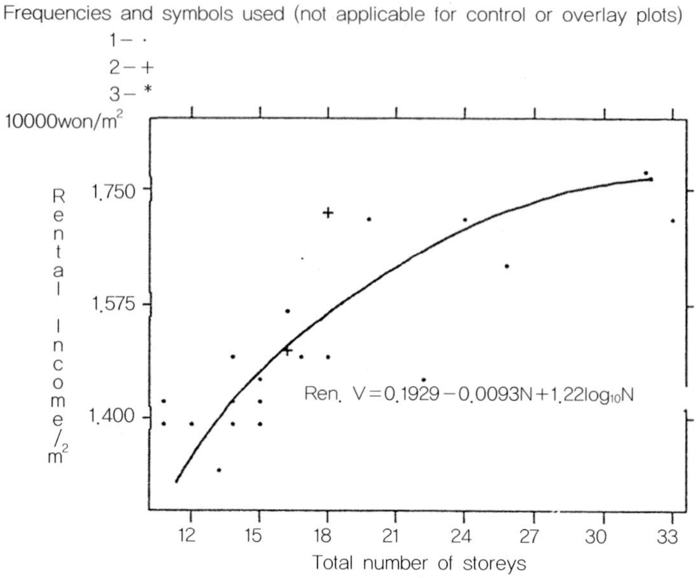

**** MULTIPLE REGRESSION ****

Equation Number 1   Dependent Variable.. Rental incom/m^2

Variable(s) Entered on Step Number

1. Total number of storeys 2. Log(number of storeys)

Multiple R	.80398
R Square	.64639
Adjusted R Square	.61103
Standard Error	817.45289

Analysis of Variance

	DF	Sum of Squares	Mean Square
Regression	2	24430195.10892	122150977.55446
Residual	20	13364587.49977	668229.37499

F =   18.27980   Signif F = .0000

Variables in the Equation

Variable	B	SE B	Beta	T	Sig T
TSTOREY	−92.68544	174.09424	−.42303	−.532	.6003
LSTOREY	12235.57789	7982.60613	1.21792	1.533	.1410
(Constant)	1929.19317	6789.07409		.284	.7792

그림 16.4 층수와 임대수익의 산점도와 회귀분석

밀도지표는 건물운용에 따른 수익산정의 기준이 되는 건축면적, 연면적, 층수, 층고 등을 제한하는 요인이 되기 때문에, 제약조건 내에서 최대밀도를 얻을 수 있도록 계획하는 것이 중요하다. 이러한 상황에서 지가(地價)는 층수나 건물 높이에 직접적인 영향을 미친다. 특히 상업용 건물의 경우 토지를 획득하기 위해 어느 정도 자본의 지출을 감수할 것인가 하는 결정은 대단히 중요하다.

일반적으로 지가는 지리적 위치의 적절성과 깊은 관련이 있기 때문에 지가가 높은 지역의 선정이 불가피한 경우 건물을 고층화시켜 값비싼 토지를 효율적으로 이용하는 노력이 필요하다. 표 16.9는 서울 중심지역에서 임의로 수집된 사무실 표본건물들의 건폐율과 용적률 분포이다. 건폐율은 32%~69%이고 용적률은 370%~1,558%로 다양한 추세를 보인다.

건설공사비 지수(construction cost indices) : 경제 · 사회적 여건과 자재비 및 노무비 수준, 시장조건 등이 지속적으로 변하기 때문에 수집된 비용자료는 건설공사비 지수를 적용하여 건설시점의 수준으로 조정되어야 한다.

우리나라의 경우 대한건설협회가 분기별로 제시하고 있는 건설공사비 지수가 건물(시설)유형 및 건립연도에 따른 보정계수로 활용되고 있으나 지역여건, 구조형식 등의 추가요소를 반영하여 보완 · 발전시켜야 할 것으로 생각된다.

표 16.9 도심지역 사무실건물의 건폐율과 용적률 분포

구분	층수	연면적(m^2)	1층면적(m^2)	부지면적(m^2)	건폐율(%)	용적률(%)
1	16	15,056	906	1,728	52.4	719
2	15	24,359	1,456	3,581	40.2	541
3	13	6,549	625	1,293	48.4	370
4	12	10,209	853	1,455	58.0	701
5	14	9,593	629	1,256	50.0	767
6	15	9,741	634	1,129	58.4	897
7	26	45,478	2,641	4,607	57.3	810
8	14	15,877	1,601	3,300	48.5	473
9	24	40,270	1,703	2,663	64.0	1,510
10	33	35,482	1,069	2,277	47.0	1,558
11	11	2,871	383	1,056	36.0	399
12	11	4,191	381	990	38.0	423
13	32	37,455	1,488	2,726	54.0	1,374
14	17	27,288	1,591	3,887	41.0	699
15	18	29,479	1,891	3,505	54.0	840
16	18	13,220	640	1,650	39.0	800
17	14	12,177	782	1,498	52.0	810
18	22	14,108	650	938	69.0	1,504
19	16	9,596	1,129	1,129	53.0	850
20	15	25,664	1,399	3,716	38.0	690
21	16	27,489	1,481	4,224	35.0	650
22	18	31,274	1,554	4,848	32.0	645
23	20	17,147	805	1,746	46.0	980

미국의 경우 Engineering News Record 사에서 1913년부터 Construction Cost Index와 Building Cost Index를 제시하고 있다. 기타 여러 기관 및 단체도 Chemical Engineering Plant Index, Marshall and Swift Installed Equipment Cost Index, Nelson Refinery Construction Cost Index 등과 같은 특정 목적의 비용지수를 발표하고 있다.[96)]

영국은 Building Cost Information Service 및 Directorate of

Quantity Surveying Service 등의 기관에서 다양한 종류의 Cost Index를 제시하여 실무적으로 활용되고 있다.

일본도 建設工業經營研究會, 不動産研究所 등의 기관에서 공사지역, 건물(시설)기능, 구조형식, 건립시기 등에 따라 세분화된 공사비지수를 작성하여 공표하고 있다[97].

공사비지수(construction cost index)와 입찰가격지수(tender price index)의 차이점을 이해할 필요가 있다. 공사비 지수는 노무비, 자재비, 경비 등과 같은 시공자 입장의 비용을 반영하는 것인 반면, 입찰가격지수는 건설 당시 시장조건(market conditions)의 영향을 받는 것이다. 장기적으로 입찰가격지수는 공사비지수와 비슷한 추세를 보이겠지만, 단기적으로는 크게 다를 수 있다(Darlow, 1988). 따라서 입찰가격지수는 과거 추세의 단순한 조정에서 탈피하여, 현재 및 미래 건설산업의 전망을 고려하여 설정되어야 한다.

설비공사비(service element costs) : Darlow(1988)에 의하면 사무실 건물의 설비공사비는 전체 공사비의 약 20~40%에 이른다고 한다. 건물외피(building fabric elements) 구조의 유형에 따라 설비시스템의 질적 수준이 달라지기 때문에 설비 공사비를 전체 공사비와 구분하여 생각할 수 없다. 설비시스템의 성능과 용량은 열원(heat source)의 종류, 습도, 냉난방 부하, 닥트의 규모 등에 따라 크게 달라진다. 예를 들어, 사무실 건물에 공조시스템을 도입할 경우 다음과 같은 사유로 공사비가 상승된다.

1) 공조시스템의 운용을 위한 전기설비가 추가된다.

96) Jelen Frederic C., and Black, James H., Cost and Optimisation Engineering, McGraw-Hill Book Co., New York, 1983, pp.334-337.

97) 島田良一, 建築工事の 價格, 費用と その 變動, 鹿島出版社, 昭和56年

2) 공조실의 설치를 위해 연면적이 3~4% 증가된다. 특히 중앙난방식의 경우 6~11% 정도의 연면적이 증가된다.
3) 닥트 설치시 그 하부에 천장의 설치가 필요하다.
4) 닥트 설치로 인해 층고가 높아진다.

공조시스템을 도입하는 건물에는 중앙난방식에 비해 더 높은 성능기준이 요구되기 때문에 각 요소별 비용효과를 충분히 검토해야 한다.

순 임대면적(net lettable area) : 건물(시설) 운용에 따른 수익은 순 임대면적을 기준으로 산정된다. 순 임대면적은 연면적에서 계단실, 경사로, 엘리베이터 등의 통로공간과 공동화장실과 같은 보조시설의 점유부분을 제외한 것이다. 만약 임대건물(시설)이 1인 이상의 임차인을 포함하고 있다면, 통행 및 대피 목적으로 사용되는 중앙통로부분도 순 임대면적에서 제외된다. 사무실의 임대 가능면적은 사용연수, 층고, 건물높이 등에 따라 다소 차이가 나지만 연면적의 17~20% 정도 감소된다. 오래된 건물의 경우는 두꺼운 내력벽, 넓은 복도면적, 다수의 소규모실 등으로 인해 연면적의 40% 이상이 순 임대면적에서 제외되는 경우도 있다. 고층형의 현대식 건물일수록 기둥이 두껍고 엘리베이터 대수가 증가하기 때문에 연면적의 25~40% 정도가 순 임대면적에서 제외된다. 표 16.10은 서울 도심지역에 위치한 건물들의 순 임대면적이다.

순임대 면적은 연면적의 68~73% 정도로 연면적의 27~32% 정도가 순임대 면적에서 제외되는 것으로 나타난다. 건설계획과정에서 일률적으로 반영할 수 있는 순 임대면적의 비율을 결정하기는 어렵다. 그럼에도 du Bosky(1976)는 적절히 계획된 건물은 연면적의 12.5~15%

정도가 순 임대면적에서 제외된다고 언급하고 있다는 점에서 우리나라의 경우와 많은 차이점을 보이고 있다.[98)]

표 16.10 건물연면적에 대한 순임대 면적 비율

건물구분	층 수	연면적(m^2)	임대면적(m^2)	임대율(%)
1	16	15,056	10,539	70.0
2	15	24,359	16,564	68.0
3	13	6,549	3,602	55.0
4	12	10,209	7,146	70.0
5	14	9,593	6,715	70.0
6	15	9,741	7,013	72.0
7	26	45,478	31,830	70.0
8	14	15,877	10,796	68.0
9	24	40,270	29,800	74.0
10	33	35,482	27,108	76.4
11	11	2,871	2,991	71.0
12	11	4,191	2,892	69.0
13	32	37,455	24,720	66.0
14	17	27,288	19,101	70.0
15	18	29,479	21,519	73.0
16	18	13,220	21,519	73.0
17	14	12,177	8,524	70.0
18	22	14,108	10,158	72.0
19	16	9,596	6,621	69.0
20	15	25,664	17,836	69.5
21	16	27,489	18,967	69.0
22	18	31,274	21,890	70.0
23	20	17,147	12,000	70.0

공실률(vacancy rate) : 임대가능 면적의 일부가 상당기간 임대되지 못하여 수입확보가 불가능한 기간을 고려해야 한다.[99] 이 기간 동안 임대가능 부분에 대한 공실의 비율을 공실률이라고 한다. 수요보다 많은 건물의 공급이 이루어지면 공실률은 높아지기 때문에 공실의 발생으로 인해 회수가 불가능한 설비시스템 운영비, 방범비, 보험료, 세금 등을 고려하여 임대료를 산정해야 한다(Briton, Davis and Johnson, 1989).

공익비(service charges) : 건물(시설)의 운용을 통해 얻어지는 임대료 수입에서 다양한 항목의 지출비용을 충당해야 한다. 지출항목은 건물 공용부분에 대한 보수유지비, 보험료, 기타 운영비 등이다. 외부 공용부분의 보수유지비를 충당하기 위해 임대수입의 10~12% 정도가 지출되고, 내부 공용부분에 대한 보수유지를 위해서도 임대료 수입의 10% 정도가 추가 소요된다고 한다(Seeley, 1989).

소유자가 건물을 직접 사용하는 경우에는 공용부분에 대한 비용을 모두 부담해야 한다. 그러나 한 건물(시설)이 다수의 임차인에 의해 점유되는 경우는 공용부분의 보수유지비를 특정 임차인에게 모두 부담시킬 수 없기 때문에 일정 비율에 따라 임차인 각자에게 분배해야 한다. 이러한 경우 일정비율에 따라 임차인 각자에게 분담되는 비용을 공익비(service charge)라고 한다.

공익비의 지출용도는 보험, 구조물 보수, 홀 · 계단실 · 공용화장실 등 공용부분의 청소 · 조명 · 난방비용, 안내 · 청소 · 관리 · 방범을

---

98) du Bosky, P. S., Building Costs, Davidson, A. W., and Leonard, J. E.(Eds.), The Property Development Process, Reading, Centre for Advanced Land Use Studies, College of Estate Management, 1976.

99) Briton, W., Davies, K., and Johnson, T., Modern Methods of Valuation, London, The Estate Gazette Limited, 1989.

위한 인력의 고용비용 등이다(Briton, Davis, and Johnson, 1989). 또한 건물의 정상적 운영을 위해 소요되는 엘리베이터, 냉난방설비 등의 교체비용도 공익비의 사용영역에 포함시키는 경향이 있다. 즉 건물의 관리, 운영을 위해 소요되는 비용 대부분을 공익비 항목에 포함시키는 것이 최근의 추세이다.[100)]

공익비는 설비시스템 교체와 같은 대규모 보수로 인해 소요되는 추가비용을 임차인들이 특정 시기에 일시적으로 부담하게 되지 않도록 장기간에 걸쳐 균등하게 배분하는 것이 바람직하다.

공익비의 분담을 위해 (1)각 임차인별 점유면적을 기준으로 하거나, (2)점유부분의 가격을 기준으로 하는 방식을 도입할 수 있다. 다만 공익비 산정의 원칙은 임대료 수입이 공용부분의 보수유지비로 지출되는 일이 없도록 하여 임대료 수입이 순수익으로 고려될 수 있도록 해야 한다는 것이다(Briton, Davis, and Johnson, 1989).

지금까지 건설사업 초기단계에서 고려해야 할 주요요소를 개략적으로 언급하였다. 그러나 상기요소 이외에도 보험료, 차입금리, 조사설계비, 세금공제액 등의 다양한 요소도 고려되어야 한다. 이에 대한 구체적인 내용을 이 책에 모두 포함시키기에는 한계가 있기 때문에 각 사항에 대한 구체적인 조언은 해당 분야의 전문가로부터 확보되어야 한다.

수명주기비용 산정 모델_설계단계의 비용평가수단

설계대안 선정을 위한 수명주기비용 산정 모델 : 설계 관련정보 · 자

---

100) Baum, A., and Mackmin, D., The Income Approach to Property Valuation, 3rd Edition, London, Routledge, 1989

료는 설계진행과정에서 점증적으로 증가하기 때문에 최종 설계안을 한 번에 생성해 낼 수는 없다(Bruce, 1970)[101).]

Locher와 Sriam(1990)의 지적에 의하면 설계 관련 의사결정 과정에서 필요한 기법, 경험, 전문지식, 직관은 설계자 개인지식의 범주를 훨씬 초과하기 때문에 분야별 전문가의 주기적 검토가 필요하고, 이러한 상황에서의 수명주기비용평가 역시 결코 쉬운 일이 아니다.[102)]

설계단계에서 수명주기비용을 산정하기 위해서는 "비용의 상관관계(CERs : Cost Estimating Relationship)"를 근거로 과거의 비용실적자료, 입찰관련자료, 발주자(건축주)의 제안, 유사 시스템의 실적자료로부터 확보된 자료는 물론 기타 통계분석 결과도 활용해야 한다.[103)] 그러나 자료를 획득하기 위해서는 많은 시간이 소요되고, 자료가 유용하다 할지라도 자료준비와 적용시점 사이의 시간차로 인해 획득정보의 가치가 무의미해질 수도 있다. 또한 건설과정의 "구매비용(construction trade costs)"은 수명주기비용 분석요소에 포함시키기 어렵다.

이러한 문제를 해결하기 위해 체크리스트(check list) 형태의 비용분류방식이나(Flanagan and Norman, 1983), 정형화된 비용분류구조(fixed cost breakdown structure)를 사용하는 방식(Dell'Isola and Norman, 1983) 등이 건설과정의 수명주기비용 요소를 정의하기 위해 사용된다.

그러나 이러한 고정적 형식의 비용분류로는 건설경영 의사결정상황에 대처하기 어렵다. 건물(시설)에 관한 정보는 건설사업의 진행경

101) Bruce, A. L., An Overview of the Structure of the Design Process, Moore, G. T.(Ed.), Emerging Methods in Environmental Design and Planning, MIT Press, 1970.
102) Logcher, R. D., and Sriam, D., CAE Techniques for Distributed Design, CIB 1990.
103) Blanchard, B. S., Design and Manage to Life Cycle Cost, Portland, Oregon : M/A Press, 1978.

과에 따라 점차 증가되고, 아울러 의사결정도 점차 구체화된 시스템을 대상으로 전개된다.

건설사업 초기단계에서 건설경영 의사결정자는 건물형태(building shape), 공간배치(spatial layout), 구조유형(structural type) 등과 같은 다소 추상적인 문제를 다루지만 시간의 경과에 따라 특정 설계에 관련된 보다 구체적인 문제를 해결해야 한다. 따라서 적어도 논리적으로는 정보가 증가할수록 보다 세련된 수명주기비용 산정이 이루어질 수 있다고 생각할 수 있다. 그러나 추가적인 정보가 보다 세련된 수명주기비용의 산정에 어느 정도 기여할 수 있는가 하는 문제는 심층적으로 검토되어야 할 사안이다.

예를 들어 초기단계에서 전문가는 건물부위 시스템에 대한 구체적 지식이 없어도 대상 건물의 수명주기비용을 개략적으로 산정할 수 있다. 그러나 시간의 경과에 따라 주요 부위시스템의 구체적 정보가 제시됨에 따라 수명주기비용 산정이 얼마나 세련되게 이루어질 수 있느냐 하는 것을 정의하는 것은 결코 쉽지 않다. 따라서 점차 증가하는 지식, 정보, 자료를 어떻게 다루어야 하는가 하는 문제는 대단히 중요한 사항이다. 설계과정의 지식과 정보는 겉으로 드러나지 않는 음성적 측면을 내포하고 있는 반면, 어떤 내용은 너무 복잡해서 개인적 차원에서 다루어질 수 없다. Keeney와 Winterfeldt(1989)는 음성적 사고과정(implicit thought process)을 양성적(explicit)인 지식체계로 전환시킬 수 있다면 바람직한 결과를 얻을 수 있다고 제언한다.[104)]

전문가의 수명주기비용 산정절차를 정형화시킬 수 있다면 건설사

104) Keeney, R. L., and Winterfeldt, D. V., On the Use of Expert Judgment on Complex Technical Problems, IEEE Transactions on Engineering Management, 36(2), 1989, pp.124-126.

업 추진과정에서 필요한 전문지식 · 정보 · 자료 등을 일관된 방법으로 사용할 수 있을 뿐만 아니라 각 설계단계에 부합될 수 있도록 수명주기비용 분석절차를 체계화시킬 수도 있을 것이다. 이러한 수명주기비용 산정방식은 설계의 진행경과에 따라 점차 증가하는 정보 · 자료를 처리하기 위해 반복적으로 많은 시간을 소모하는 기존 방법에 비해 훨씬 더 효과적일 것으로 판단된다.

수명주기비용 산정 모델의 기본개념 : 공사비의 예비견적이 정당화될 수 있는 것처럼, 건설사업 초기단계에서의 수명주기비용 산정은 비록 정확하지는 않더라도, 수명주기비용 산정의 중요한 출발점이 된다. 이 단계에서 대상시스템이 적절히 표현될 수 있다면 다양한 출처의 비용자료를 활용하여 비교적 정확하게 수명주기비용을 산정할 수 있다.

사업초기단계의 추상적 수준에서는 총괄적 척도에 근거한 주관적 판단도 포함시킬 수 있다. 주관적 판단은 전문가에 따라 각기 다른 추론과정을 포함하기 때문에 이 단계에서의 수명주기비용 산정은 비용산 정을 위한 전문가의 음성적 추론과정을 양성화 하는 것에 중점을 두어야 한다. 이러한 과정에서 비용 산정결과의 정확도는 당장 중요한 문제가 아니다. 왜냐 하면 일단 비용산정방법론이 명확히 정립되면 건설사업 추진과정에서 확보되는 추가지식을 활용하여 정확도를 지속적으로 향상시킬 수 있기 때문이다.

이러한 관점의 수명주기비용 산정을 위해 필요한 접근법은 관련지식을 두 가지의 기본요소인 수명주기비용 산정절차(LCC estimating procedure)와 수명주기비용 산정기준(LCC estimating standards)으로 구분하여 활용하는 것이다. 수명주기비용 산정절차는 대상시스템의 유형에 관계없이 적용할 수 있는 일반규칙(rule)이다. 반면, 수명주기비용 산정기준은 특정단계에서 대상시스템의 비용 산정을 위해 필요한 지식이다. 이 두 가지 기본요소의 상호연관성은 그림 16.5와 같다.

수명주기비용 산정절차 : 수명주기비용 산정절차는 대상시스템의 수명주기비용을 산정하기 위해 보편적으로 적용될 수 있는 과정적 지식(procedural knowledge)이다. 그러나 어느 한가지의 산정방법에만 의존하는 것은 바람직하지 않다.

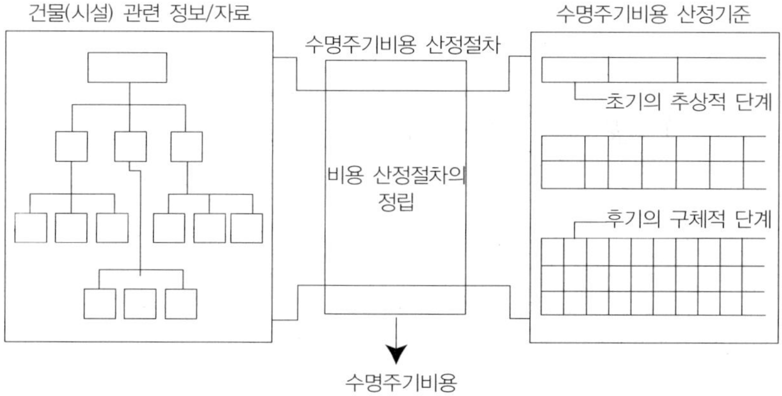

그림 16.5 수명주기비용 산정절차와 기준의 상호 연관성

예를 들어, 건물의 단위면적당/단위체적당 비용, 학생 1인당 비용(학교), 1베드당 비용(병원) 등 다양한 비용 산정 척도가 여건에 따라 효과적으로 활용될 수 있다. 대상시스템의 수명주기비용 산정을 위해 일반적으로 활용될 수 있는 절차를 제시하면 다음과 같다.

1) 대상시스템의 수명주기비용 산정에 적합한 척도(연면적, 기능단위, 설비용량 등)를 결정한다.
2) 대상시스템의 수명주기 비용요소(초기투자비, 유지관리비, 에너

지비 등)를 결정한다.

3) 대상시스템의 초기투자비를 결정한다.
4) 대상시스템의 수명주기와 가정사항(할인율, 이자율 등)을 결정한다.
5) 대상시스템의 초기투자비를 제외한 다른 수명주기비용을 산정한다.
6) 각 비용요소를 합하여 전체 수명주기비용을 파악한다.

상기방법의 준용과정에서 대상시스템의 수명주기비용요소별 단위단가를 결정하기 위해 과거의 실적자료, 시스템의 운용과 관련된 정보 등을 참고해야 하고, 이들을 현실적 여건에 맞도록 조정하는 과정에서 관련분야 전문가의 주관적 판단도 활용되어야 한다.

수명주기비용 산정기준(LCC estimating standards) : 수명주기비용 산정기준은 특정 대상시스템의 수명주기비용을 판단하기 위해 필요한 자료이다. 예로써, 대상시스템의 수량에 단위비용을 적용하여 수명주기비용을 산정하기 위해 필요한 지식을 체계적으로 구성한 단가기준을 생각할 수 있다. 만약 이러한 단가기준 적용방법이 더 이상 유효하지 못하다면 과거 실적자료, 경험, 전문가의 판단 등 그 출처가 무엇이든 간에 획득 가능한 자료를 활용할 수 있다.

그러나 이러한 방법의 한계로 지적되는 사항은 건물(시설)의 수명주기비용이 너무나 많은 변수에 근거하고 있고, 변수들 사이의 상관관계 또한 수명주기비용의 산정방법에 따라 다양하게 표현될 수 있기 때문에 엄청난 분량의 변수를 다루어야 한다는 것이다. 또 한가지 문제점은 건물(시설) 부위시스템의 상관성에 대한 이해 정도와 표현능력이 불완전하다는 것이다. 예를 들어 창호시스템의 수명주기비용을 산정하는 경우 에너지 사용량은 창호면적에 의해서만 결정되는 것이 아니라 실내외 온도차, 유리의 종류, 방향, 건물의 위치 및 용도 등 다양한 요소의 영향을 받는다. 또한 1일 24시간 사용하는 건물과 1일 8~10시간의 점유주기를 갖는 건물에서 얻어진 각 자료를 일관성 있게 비교할 수는 없다. 마찬가지로 방범(security) 및 고수준의 건물관리 등을 위해 많은 인력을 고용해야 하는 건물은 별도로 고려되어야 한다. 이러한 문제를 감소시키기 위해 체계적인 수명주기비용 산정기준이 마련될 수 있다면 다음 목적을 위해 유용하게 활용될 수 있다.

1) 건물의 물리적 및 질적 기준 또는 성능의 특성에 따라 대상시스템의 특징을 정의할 수 있다.
2) 일반적 조건하에서 산정된 표준 수명주기비용을 주어진 여건과 특성에 맞게 조정할 수 있다.

이러한 기준의 작성 및 활용방법에 관한 예를 제시하면 다음 표 16.11과 같다. 물론 다양한 건물 및 그 구성요소의 유형에 따라 유연하게 적용할 수 있는 수명주기비용 산정기준을 체계적으로 설정하는 것은 방대한 작업을 요하는 복잡한 절차의 준용을 전제로 한다. 또한 건설사업 추진과정에서 의사결정자, 전문가, 기술자가 보유하고 있는 다양한 지식의 사용절차를 투명화하기 위해서는 지식베이스 접근법(knowledge-base approach)이 필요하다. 이는 또 다른 분야의 학문영역과 접목해야 하는 사항으로 별도의 연구가 필요하다. 그럼에도 수명주기비용 산정을 위한 규칙 설정과 자료구성은 본 장에서 언급된 방향으로 이루어질 수 있을 것이다.

표 16.11 수명주기비용 산정기준

수명주기비용 적용기준 (예시)		
적용항목 구분	**항목별 적용 예**	**의의**
대상시스템	사무실	기준적용 대상시스템으로 특정 건물 전체뿐만 아니라, 외벽, 기초, 바닥 등 건물의 하위시스템도 될 수 있다.
적용범위	• 연면적 : 4,000~6,000m^2 • 층 수 : 5~7층	대상시스템의 적용범위 또는 적용상 한계
수명주기 비용요소	• 에너지비	대상시스템이 포함하는 수명주기비용요소
측정단위	• 연면적(m^2)	수명주기비용 산정 척도로 건물의 경우 연면적, 외벽의 경우 외벽면적 등으로 대상시스템의 유형에 따라 달라진다.
비용 산정 기본조건	• 창호종류 : 이중창 • 단열재두께 : 50mm • 난방방식 : 중앙난방식 • 위치 : 서울 • 점유시간 : 8시간/일, 5일/1주일	비용 산정시 적용된 기본 가정 또는 조건
비용 산정 기본정보	• 연면적 기준 4000m^2 8,000원/m^2 4,001~5,000m^2 7,200원/m^2 5,001~6,000m^2 7,000원/m^2	비용 산정 기본조건 하에서 산정되는 비용
비용조정계수	(창호종류) 단창 : 1.4 (단열재두께) 60mm : x 0.9 70mm : x 0.85 (난방방식) 지역난방 : +200원/m^2 4구획난방 : +800원/m^2 (위치) 서울 : x 1 부산 : x 0.7 (점유시간) 24시간/일, 7일/1주일 : x 2.5	대상시스템의 수명주기비용 산정여건에 따라 비용 산정 기본정보의 활용에 의해서 결정된 결과를 조정하기 위해 필요한 지식

수명주기비용 최적화 모델_실시설계단계의 비용평가수단

부위시스템 선정과 수명주기비용 : 건설사업 추진이 점점 구체화되어 실시설계단계에 이르면 건물(시설)의 부위시스템(element system) 선택이 최적화의 중요문제로 대두된다. 부위는 건물(시설)의 구성요소로서 기하학적인 형태를 결정하는 주요인자이다. 기존의 수명주기비용평가 기법은 미리 설정된 대안 중에서 최소 수명주기비용의 대안을 선택하는 것에 중점을 두고 있기 때문에 건물(시설) 부위시스템이 수명주기비용의 관점에서 최적설계에 어떻게 영향을 미치는가를 파악할 수 없다.

비록 벽, 바닥, 창호, 지붕 등의 각 부위시스템이 개별적으로 수명주기비용과 성능의 관점에서 최선의 것이라고 해서 이들의 조합을 통해 형성되는 전체 시스템이 항상 최적일 수는 없다. 건물(시설)의 특정 시스템에 대한 지나친 강조는 종합적 효과성을 저하시킬 수 있기 때문이다. 따라서 최적의 개념을 "개별적 부위시스템의 관점에서는 다소 불만족스러워도, 이들의 상호조합 결과인 건물(시설)의 평면, 형태, 성능 등을 포함하는 종합적인 관점에서 가장 효과적인 선택"으로 이해해야 한다.

이러한 관점을 염두에 두고 최적 설계대안을 선정하기 위해 외벽, 창호, 내벽, 바닥, 출입문 등을 포함하는 건물 부위시스템의 수명주기비용을 분석하면, 건설경영 의사결정자는 개별시스템의 수명주기비용을 건물(시설)이라는 종합적 시스템의 관점에서 검토할 수 있다. 아울러 수명주기비용, 설계대안, 그리고 각 부위시스템 사이의 상관관계를 파악할 수 있다.

이러한 개념을 구체화하기 위해 건물(시설) 부위시스템의 선택에 따른 설계대안의 수명주기비용에 대한 의미를 파악할 수 있는 수학적 모델을 설정하는 절차는 다음과 같다.

1) 건물(시설) 부위시스템과 설계대안 수명주기비용 사이의 최적 인과관계를 표현할 수 있는 인과모델(causal-optimisation model)의 개념을 정립한다.
2) 상기 모델을 구체화하기 위한 일련의 절차를 설정한다.
3) 설정된 절차에 따라 수학적 모델을 구축한다.
4) 부위시스템의 대안 선택에 따른 문제를 해결하기 위해 구축된 수학모델에 실제 자료를 입력하여 모델을 운용한다.
5) 감도분석(sensitivity analysis) 기법으로 수명주기비용과 주요예측변수의 상관관계를 분석하여 예측인자의 불확실성을 고려한다.

본 장에서는 위의 절차 중에서 2단계까지만 언급하고, 그 이후 단계의 실무 적용부분은 이 책 후반부에서 (사례연구)를 통해 다룬다. 아울러 비용요소 외에 추가적으로 고려해야 하는 질적 성능인자는 "18. 성능평가"에서 구체적으로 언급된다.

인과모델(causal model)의 구성요소 : 부위시스템의 인과관계를 설정하기 위해서는 주요상태변수(primary state variables)와 결과상태변수(end-result state variable), 그리고 이들을 연결하는 과정변수(process variables)를 고려해야 한다. 주요상태변수로는 부위시스템의 수명주기비용과 건물(시설)형태 결정에 지배적인 역할을 하는 부위시스템의 수량을 고려할 수 있고, 결과상태변수로는 건물(시설) 전체시스템의 수명주기비용을 생각할 수 있다. 두 종류 상태변수의 연결과정은 여러 가지의 과정변수를 포함한다. 그림 16.6은 건물 부위시스템의 선정과 수명주기비용 사이의 상관관계를 규명하는 인과관계 모델을 설

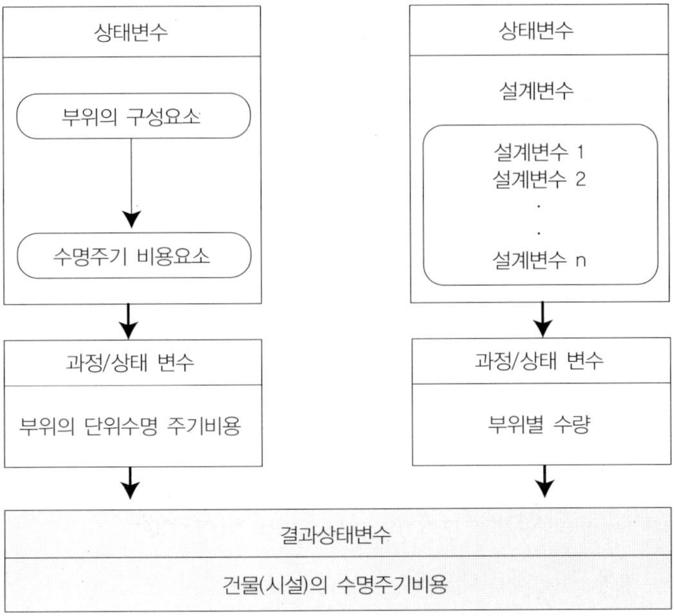

그림 16.6 변수의 인과관계

정하기 위해 필요한 기본변수들을 보여준다. 부위시스템 구성요소 변경은 단위 수명주기비용을 변하게 하는 반면, 설계변수의 변화는 부위별 수량의 변동을 통해 결과상태변수인 수명주기비용의 변화를 초래한다. 여기서 건물(시설)부위별 단위수명주기비용은 할인율(discount rate), 리스크 인자 등과 같은 "구체화될 수 없는 개입변수(unspecified intervening variables)"의 영향을 받는다. 개입변수는 수명주기비용의 산정과정에서 정의되어 입력상태변수와 결과상태변수의 연결고리 역할을 한다.

그럼에도 불구하고 계량화시킬 수 없는 질적 특성 때문에 모델에 포함시킬 수 없는 변수는 대안의 선정단계에서 사람의 주관적 판단을 체계적으로 수렴하는 과정을 포함하는 성능평가 및 리스크관리

과정에서 다루어질 수 있다.

최적화 기법의 개발(문제영역의 선택) : Radford와 Gero(1987)는 설계과정에서 인식되는 대부분의 문제가 최적화 기법을 적용하기 어려운 특성을 지니고 있다고 언급한다.[105] Newton(1990) 또한 설계과정의 의사결정은 다음의 사유로 인해 최적화 요구조건과 잘 부합되지 않는다고 주장한다.[106]

1) 변수의 종류가 다양하여 주요변수의 선정에 어려움이 따른다.
2) 변수의 대부분이 불연속적이다.(층수, 실의 수 등)
3) 변수 사이의 상관관계가 비선형적(non-linear)인 경향이 있고, 어떤 관계는 확률적으로만 표현될 수 있다.
4) 설계목표와 해결대안의 평가기준이 설계의 진행에 앞서 명확히 결정되기 어렵다.

이러한 주장은 건설과정에서 최적화 기법을 활용하기 위해 문제영역을 적절히 설정해야 한다는 것을 시사한다.

건설사업 추진과정의 의사결정은 건물(시설)의 물리적 형태나 다양한 유형의 부위시스템 결정 등 수많은 하위시스템의 결정사항을 포함한다. 실시설계단계의 수명주기비용평가에서 필자가 관심을 갖는 부분은 바로 이러한 물리적 형태결정과 부위시스템 선정에 따른 수명주기비용의 최적화이다.

과정의 최적화와 결과의 최적화는 명확히 구별되어야 한다. 본 장

---

105) Radford, A. D., and Gero, J.S., Design Optimisation in Architecture, Building, and Construction, New York, Van Nostrand Reinhold, 1987.

106) Newton, S., Formal Optimisation and Informal Design, CIB 90, Building Economics and Construction Management, Volume 2, Design Economics, Ireland, V., Giritli, H., Roberts, C., and Skitmore, M.(Eds.), 1990, pp.182-193.

에서 최적화의 의미는 최선의 것을 추구한 결과라기보다는 최선의 상태에 이르기 위한 대안탐구과정으로 이해되어야 한다. 대안의 비교 · 평가과정에서 어떤 대안은 기존의 것에 비해 다소 개선된 것으로 판단될 수 있을 것이다. 이러한 경우 지속적인 대안탐구과정을 통해 의사결정자는 이 책의 전반부에서 언급된 전략적 의사결정모델의 관점에서 기존의 것보다 나은 대안에 한층 더 가까이 접근할 수 있을 것이다. 따라서 건설사업 추진과정의 다양한 단계 중에서 실시설계 단계의 수명주기비용평가 목적은 잠재적인 개선 가능성에 대하여 보다 나은 관점을 제공하는 것이어야 한다.

최적화기법 개발(모델분류 : model classification) : Newton(1988)은 비용모델을 시뮬레이션 모델(simulation model), 생성모델(generation model), 최적화모델(optimisation model)의 3가지로 구분한다.[107] Radford와 Gero (1987) 또한 "컴퓨터의 지원에 의한 설계(CAD : computer aided design)"의 관점에서 동일한 분류체계를 제안한다. Radford와 Gero(1987)에 의하면 시뮬레이션 모델은 건물(시설)의 성능에 관한 많은 정보를 제공(묘사)할 수 있으나, 각 대안의 상대적 장점만을 설명하는 것에 그친다는 한계가 있고, 생성모델은 가능한 해결대안의 범위를 제시할 수 있는 반면, 각 대안의 상대적 장점에 근거한 우선순위를 결정하지 못한다는 단점을 갖는다고 한다. 그러나 최적화 모델은 당초 설정된 목표의 관점에서 대안을 평가하고, 그 결과에 따라 대안의 우선순위를 결정할 수 있다고 한다. 즉 최적화 모델은 개념적으로 시뮬레이션 모델과 생성모델을 포괄하는 가장 광범위한 모델로 인식되어야 한다는 것이다.[108]

---

107) Newton, S., Cost Modelling Techniques in Perspective, Proceedings of 10th International Cost Engineering Congress, New York, AACE, 1988, pp.B.7.1-B.7.7

108) Radford와 Gero(1987)는 이러한 관점을 다음과 같이 언급한다.

Newton(1990)은 이 세 가지 유형의 모델을 표 16.12에서 보이는 것과 같이 전형적인 합리적 절차인 분석(analysis), 종합(synthesis) 및 평가(appraisal)의 각 단계와 접목시킨다.

표 16.12 의사결정모델의 분류

<table>
<tr><th>단계</th><th>분석(analysis)</th><th>종합(systnesis)</th><th>평가(appraisal)</th></tr>
<tr><td rowspan="3">모델유형</td><td>묘사(description)</td><td></td><td></td></tr>
<tr><td colspan="2">생성(generation)</td><td></td></tr>
<tr><td colspan="3">최적화(optimisation)</td></tr>
</table>

실시설계단계에서 부위시스템, 건물형태, 및 수명주기비용 사이의 상관관계를 최적화하기 위해서는 이 세 가지 유형의 모델 모두를 단계적으로 고려해야 한다.

1) 성능 예측 및 기술(記述)을 위한 기술모델(descriptive model) 또는 시뮬레이션 모델
2) 부위시스템 대안 범위의 인식을 위한 생성모델
3) 부위시스템과 건물형태를 함께 고려하여 수명주기비용 최적화 대안을 선정하기 위한 최적화 모델

상기 내용을 구체화시켜 수명주기비용 최적화 모델을 설정하기 위한 단계를 제시하면 다음과 같다.

1) 의사결정 목표를 설정한다.
2) 가용정보의 질과 양에 적합한 성능묘사모델(performance description

"...within an optimisation model, generation is necessary to create the solution space to be searched, and simulation is necessary to describe and predict the performance to be optimised. Optimisation models are therefore more complex than simulation or generation models at the same degree of modelling."

model)을 설정한다. 최적화 모델의 구축을 위해 어떠한 정보가 어느 정도 구체적으로 필요한지 알 수 있도록 성능묘사모델에는 다양한 유형의 내부요인변수(endogenous variables)와 외부요인변수(exogenous variables)109)가 포함되어야 한다.

3) 주어진 조건에서 잠재적 해결대안을 추구하는 생성모델을 구축한다.
4) 최적화 기법을 구현하기 위한 수학적 모델을 설정한다.

본 장의 나머지 부분에서는 이러한 절차에 따라 수명주기비용을 최적화할 수 있는 모델을 구축한다.

목표식별(identification of the objective) : 실시설계단계의 수명주기비용 평가목적은 수명주기비용의 관점에서 건물의 부위시스템과 설계대안의 상관관계를 최적화시키는 것이다. 설계변수인 건물(시설) 부위시스템의 유형과 수량은 공간요구조건(spacial requirements), 유지관리효율성(maintenance efficiency), 에너지 사용(energy usage), 미관(aesthetic view) 등의 다른 평가기준과 성능에도 영향을 미친다. 따라서 이 단계에서 모델이 추구하는 또 한 가지 목적은 설계변수와 관련된 의사결정의 의미를 파악하여 수명주기비용과 다른 평가기준에 의한 성능목표가 적절한 균형을 이루도록 하는 것이다.

기술(記述)모델(description model)**의 설정** : 기술모델은 실시설계단계에서 활용 가능한 주요정보를 의사결정에 반영하기 위해 설정된다. 수명주기비용을 예측하기 위해서는 우선적으로 건물(시설) 부위시스

109) 외부요인변수(exogenous variables)는 의사결정자가 통제할 수 없는 변수이다. 따라서 이러한 변수는 특정문제 해결과정에서 필요한 입력자료가 된다. 반면에 내부요인변수(endogenous variables)는 의사결정자가 최적의 해결대안을 추구하는 대상의 설계변수이다.

템의 수명주기비용요소를 파악해야 한다.

부위시스템(building element system)**의 비용**은 공사비의 대부분을 점유한다. 특히 내외벽, 창호, 바닥 등은 건물의 형태를 결정하는 지배적인 요소이다. 기존의 비용계획(cost planning) 이론에 따르면 벽체의 길이나 수량은 전체 공사비에 지대한 영향을 미친다고 한다(Seeley, 1989 ; Bathrust and Butler, 1980 ; Ferry and Brandon, 1984).[110)111)] 특히 사무실, 공동주택, 학교와 같이 동일한 유형의 부위시스템(내벽, 외벽, 창호, 바닥 등)이 반복적으로 사용되는 경우 특정 부위시스템의 수명주기비용을 최소화하면 전체적으로 상당한 수준의 수명주기비용을 절감할 수 있다. 또한 설계 이전에 각 실 면적이 결정되기 때문에 수평부위(horizontal elements)인 바닥의 수량이 고정된 상태에서 벽체, 창호 등과 같은 수직부위(vertical elements) 수량의 변화만으로 전체 수명주기비용이 결정된다. 따라서 수명주기비용과 건물(시설) 부위시스템의 상관관계 검토는 수직부위시스템에 집중하여 이루어지는 것이 보다 효과적이다.

부위시스템의 수명주기비용 요소 중에서 주요인자로 고려되는 것은 일반적으로 초기공사비, 보수교체비 그리고 부위시스템을 통해 실내에서 실외로 이동하는 에너지로 인해 소요되는 비용이다. 물론 부위시스템의 유형에 따라 이러한 비용요소 외에도 고려할 사항이 많을 수 있으나 실시설계단계의 수명주기비용평가에 대한 기본원리를 제공하는 것이 본장의 목적임을 감안하여, 이러한 세 가지 비용요소만을 고려하도록 한다. 이들 비용요소에 대한 구체적 설명은 다음 표

110) Bathrust, P. E., and Butler, D. A., Building Cost Control Techniques and Economics, 2nd Edition, London : Heinemann, 1980.

111) Ferry, D. J. O, and Brandon, P. S., Cost Planning od buildings, London, Granada, 1984.

16.13에서 제시된다.

표 16.13 건물의 수평/수직 부위시스템 수명주기비용 요소

수명주기비용 요소	내 용
초기공사비(Ic)	• 단열재 및 마감재를 포함하는 벽/바닥의 공사비용 • 창문의 설치 공사비용 • 출입문의 설치 공사비용
보수교체비(On)	• 벽 및 바닥의 주기적 보수 및 교체비용 • 창문 및 출입문의 주기적 보수 및 교체비용
에너지비(En)	• 외벽을 통한 에너지 이동에 의해 발생되는 비용 • 창문/출입문을 통한 에너지 이동으로 발생되는 비용

초기공사비 모델(initial cost model) : 부위시스템의 초기공사비는 각 부위의 설치를 위해 소요되는 자재비 및 노무비의 합으로서, 주구조체, 단열재, 내외부(바닥의 경우 상하부) 마감재의 비용으로 구성된다. 창문 또는 출입문의 비용은 문틀과 문의 설치비용으로 구성된다. 이를 수식으로 표현하면 다음과 같다.

1) 벽 또는 바닥의 경우

$$Ic_1 = A_1 \cdot [Inc + (ms + m) + (Oefc + Oifc)(\text{원}) \quad \cdots\cdots\cdots\cdots\text{식 } (16.1)$$

여기서, Ic_1 =초기공사비(원)

A_1 =부위(벽 또는 바닥)의 면적(m^2)

Inc =주구조체 설치비(자재비/노무비)(원/m^2)

m =단열재의 단위 열저항당 자재비(원/$m^2 \cdot$ C/W)

ms =단열재의 설치를 위한 노무비(원/m^2)

Oefc =외부(상부)마감재 설치비(자재비/노무비)(원/m^2)

Oifc =내부(하부)마감재 설치비(자재비/노무비)합 (원/m^2)

2) 창문 또는 출입문의 경우

$$Ic_2 = A_2 \cdot (Tfc + Twc) \text{ (원)} \quad \cdots\cdots \text{식 (16.2)}$$

여기서, Ic_2 =초기공사비(원)

A_2 =부위(창문 또는 출입문)의 면적(m^2)

Tfc =창문(출입문) 틀 설치비(자재비/노무비)(원/m^2)

Twc =창문(출입문) 설치비(자재비/노무비)(원/m^2)

보수유지비 및 교체비 모델(maintenance and replacement cost model) : 보수유지 및 교체비용은 건물 부위시스템의 부분 또는 전체를 주기적/비주기적으로 보수/교체하여 당초 설정된 수준의 성능을 유지하기 위해 필요하다. 대개 내외벽의 주구조체는 철근콘크리트, 벽돌(또는 블록), 철골 등과 같이 물리적 수명이 최소 60년 이상인 재료로 구성된다. 건물의 경제적 수명주기가 25~40년 정도이기 때문에 주구조체의 보수/교체비용 산정은 불필요한 것으로 판단되어, 본 장에서는 내 · 외부벽 마감재의 보수/교체비만을 다룬다. 한편 창문 및 출입문에 대해서는 문틀과 문 모두의 보수/교체비를 고려한다. 청소비 또한 고려 대상에 포함시키지 않는다. 이는 본 장에서 추구하는 모델이 각 대안의 차이점을 규정하는 주요 비용요소만을 다루어 모델의 단순화 효과를 도모함으로써 보다 효과적인 분석이 가능하도록 하기 위해서이다. 이러한 관점에서 각 부위별 비용관계식을 작성하면 다음과 같다.

1) 벽 또는 바닥의 경우

$$Oc_1 = A_1 \cdot [(Efrc \cdot XE + Efmc \cdot YE) + (Ifrc \cdot XI + Ifmc \cdot YI) \text{(원)} \quad \cdots\cdots \text{식 (16.3)}$$

여기서, Oc_1 =부위의 보수/교체비(원)

A_1' =부위(벽 또는 바닥)의 면적(m^2)

Efrc =외부마감의 교체비용(원/m^2)

XE =Efrc의 현가계수

Efmc =외부마감의 보수비용(원/m^2)

YE =Efmc의 현가계수

Ifrc =내부마감의 교체비용(원/m^2)

XI =Ifrc의 현가계수

Ifmc =내부마감의 보수비용(원/m^2)

Y_1 =Ifmc의 현가계수

2) 창문 또는 출입문의 경우

$$Oc_2 = A_2' \cdot [Tfrc \cdot TE + (Tfmc \cdot TEf_1 + Twmc \cdot TEw_1)](원) \quad \cdots 식\ (16.4)$$

여기서, Oc_2 =부위의 보수/교체비(원)

A_2' =부위(창문 또는 출입문)의 면적(m^2)

Tfrc =창문(출입문)의 교체비용(원/m^2)

TE =Tfrc의 현가계수

Tfmc =창문(출입문)의 문틀 보수비용(원/m^2)

YEf_1 =Tfmc의 현가계수

Twmc =창문(출입문)의 문 보수비용(원/m^2)

TEw_1 =Twmc의 현가계수

에너지비 모델(Energy cost model) : 건물의 에너지비를 계산하기 위해서는 부위시스템을 통한 에너지의 이동현상을 파악해야 한다. 에너지 이동을 설명하는 다양한 모델이 있지만 본 장에서는 정상상태에서의 열적 균형을 고려하는 정적부하계산법(steady-state method)에 의한다. 이 방법은 냉난방부하를 개략적으로 산정하기 위한 것이지만 각 설계대안의 상호비교를 위해 유용하게 활용될 수 있다. 사실상 아무리 정밀한 방법을 사용한다 해도 미래의 기상조건과 건물사용방식 등과 같은 불확실한 조건으로 인해 완벽한 정확도를 기대할 수는 없다. 본 장에서는 난방부하를 위주로 열량(熱量)의 이동에 의한 각 대안별 수명주기비용의 차이점을 식별하여 기본적으로 각 대안의 상대적 비교가 명확히 이루어질 수 있도록 하고자 한다. 이러한 이유 때문에 본 장에서는 비교적 쉽게 이해할 수 있는 정적부하계산법(steady-state method)을 따른다.

1) 열 이동에 의한 에너지 비용

건물(시설)의 부위를 통해서 이동되는 열량

$Q = U \cdot A \cdot (t_i - t_o)$ (W)이므로

벽체 또는 바닥을 통한 에너지 비용은 다음의 식으로 구 할 수 있다.

$Ekn = (D \cdot Ho \cdot Fo/Ef) \cdot Ex \cdot U \cdot A \cdot (t_i - t_o) \cdot$ (원) ·····식 (16.5)

여기서, Ekn = 에너지비(원)

D = 난방도일(℃일/년)

Ho = 난방시간(시간/일)

Fo = 단위발열량당 연료가격(원/Kcal)

Ef = 난방기기의 열효율

U = 열이동계수($W/m^2 \cdot ℃$)

ti = 실내온도(℃)

to = 설계외기온도(℃)

A = 부위(벽체 또는 바닥)의 면적(m^2)

Ex = 에너지비 현가계수

2) 창호 틈새바람에 의한 열손실 비용

창호 틈새를 통해 실내로 들어오는 외부 공기를 데우기 위해 손실되는 열량은 다음과 같다(IHVE guide, 1970).[112]

$$Qv = C \cdot P \cdot V \cdot (t_i - t_o) \quad \cdots\cdots \text{식 (16.6)}$$

여기서, Qv = 외기를 실내온도 t_i 수준으로 데우기 위해 소요되는 열량(W)

C = 비열(specific heat capacity of air)(J/Kg℃)

P = 공기의 밀도(density of air)(Kg/m^3)

V = 침투공기량(m^3/hour)

ASRAE Handbook에 의하면 C=0.240, p=0.075를 사용하면 정확한 결과를 기대할 수 있다고 한다.[113] 이 값들을 위의 식에 대입하면 다음과 같이 단순화된다.

$$Qv = 0.018 \cdot V \cdot (t_i - t_o) \quad \cdots\cdots \text{식 (16.7)}$$

단위시간당 실내로 침투하는 외기량 V를 산정하는 방법에는 두 가지가 있다. 첫째는 구성부위(창호부위)의 틈새량과 바람의 작용압력에 근거하여 산정하는 방법이다. 이 방법은 창호 주위의 틈새가 침투공기의 주요인이라는 전제 하에서 크랙법(crack method)이라고 한다. 또 한 가지는 공기교환법(air change method)으로 시간당 실내공기의 교환횟수를 고려하는 방식이다. 이 경우 실의 유형, 용도, 위치 등에 따라 실내공기 교환횟수가 달리 가정된다. 이 두 가지 방법 중 크랙

112) IHVE Guide Book A, The Institution of Heating and Ventilating Engineers, 1970.

113) ASHRAE Handbook of Fundamentals, American Society of Heating, Refrigerating, and Air-Conditioning Engineers, Inc, 1968.

법이 더 정확한 것으로 알려져 있다. 그러나 정확성을 기하기 위해서는 틈새의 양과 특징, 그리고 바람의 작용에 의한 실내외 기압차가 적절히 평가되어야 한다. 이러한 조건이 충족될 수 없을 경우 공기교환법을 활용할 수도 있을 것이다.

수명주기비용의 최적화 모델을 설정하기 위해서는 크랙법이 적절하다. 크랙법은 각 부위시스템을 개별적으로 고려해야 하는 상황에서 적절한 계산방식을 제공해 주기 때문이다. IHVE handbook은 바람의 속도, 건물높이, 창호유형 등에 따라 장방형 건물의 외기 침투량을 용이하게 계산할 수 있는 도표(infiltration chart)와 교정계수(correction factor)를 제공한다. 크랙법에 따르면 틈새바람에 의한 에너지 손실비용은 다음과 같다.

$$\begin{aligned} Evn &= (D \cdot Ho \cdot Fo/Ef) \cdot Ex \cdot Qv \\ &= 0.018 \cdot (D \cdot Ho \cdot Fo/Ef) \cdot V \cdot (t_i - t_o)(\text{원}) \quad \cdots\cdots\cdots\cdots \text{식 } (16.8) \end{aligned}$$

지금까지 열손실에 의한 에너지 비용의 계산방법에 관하여 언급하였다. 그러나 실내에는 열손실뿐만 아니라 점유인원, 사용장비 및 기구, 인공조명 등에 의한 열량도 있다. 또한 여름철의 경우 외부에서 유입된 공기를 냉각시키기 위한 에너지 비용도 소요된다. 그러나 본 모델의 목적은 LCC 비용의 상대적 차이를 비교 · 평가하는 것이므로 이러한 요소비용은 고려하지 않는다.

지금까지의 내용을 근거로 부위시스템을 통과하는 에너지 비용을 구해 보면 다음과 같다.

• 벽 또는 바닥의 경우

$$En = Ekn = (D \cdot Ho \cdot Fo/Ef) \cdot Ex \cdot U \cdot A \cdot (t_i - t_o)(\text{원}) \quad \cdot \text{식 } (16.9)$$

• 창호의 경우

$$En = Evn = 0.018 \cdot (D \cdot Ho \cdot Fo/Ef) \cdot Ex \cdot V \cdot (t_i - t_o)(원) \quad \cdots 식\ (16.10)$$

부위시스템의 수명주기비용 모델(LCC model of Building Elements System) : 본장의 수명주기비용 모델은 건물 수직부위의 수명주기비용 요소, 즉 초기공사비, 보수유지비 및 교체비, 에너지비 등에 근거하여 건물의 경제성을 평가하는 것이다. 이를 위해 지금까지 언급된 내용을 종합하여 각 부위시스템의 수명주기비용을 수식으로 표현하면 다음과 같다.

1) 벽체의 경우

$$\begin{aligned} LCCW &= Ic_1 + Oc_1 + Ekn \\ &= A_1 \cdot [Inc + (ms + m) + (Oefc + Oifc)] + \\ &\quad A_1' \cdot [(Efrc \cdot XE + Efmc \cdot YE) + (Ifrc \cdot XI + Ifmc \cdot YI)] \\ &\quad + (D \cdot Ho \cdot Fo/Ef) \cdot Ex \cdot U \cdot A \cdot (ti\text{-}to) \quad \cdots\cdots 식\ (16.11) \end{aligned}$$

2) 창문 또는 출입문의 경우

$$\begin{aligned} LCCO &= Ic_2 + Oc_2 + Evn \\ &= A_2 \cdot (Tfc + Twc) + \\ &\quad A_2' \cdot [Tfrc \cdot TE + (Tfmc \cdot TEf_1 + Twmc \cdot TEw_1)] + \\ &\quad 0.018 \cdot (D \cdot Ho \cdot Fo/Ef) \cdot Ex \cdot V \cdot (t_i - t_o) \quad \cdot 식\ (16.12) \end{aligned}$$

그림 16.7은 건물의 수직부위별 비용요소를 나타내 준다.

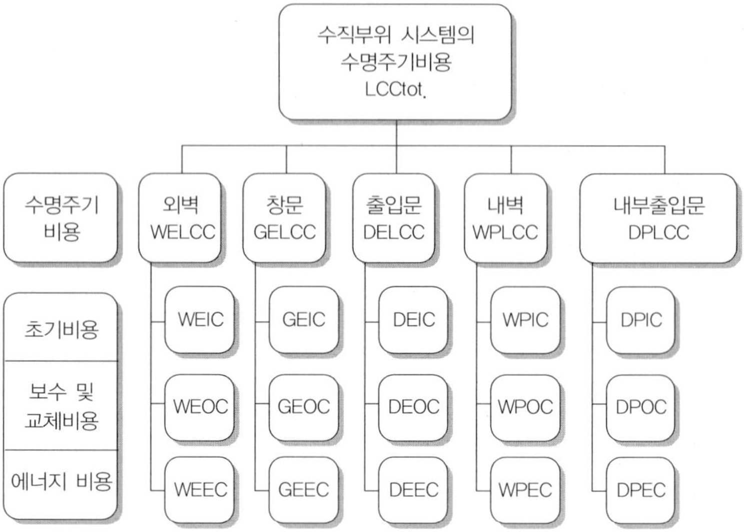

그림 16.7 건물 수직부위의 수명주기비용 요소

위의 그림에서 보이는 각 부위에 대하여 특정 내부변수(endogenous variables)와 외부변수(exogenous variables)의 값이 주어지면 기술모델(description model)이 완성된다. 표 16.14는 변수의 유형과 관련비용요소 그리고 관련부위를 보여준다. 즉 표 16.14는 결과적으로 수명주기비용의 최적화 모델을 설정하기 위해 필요한 자료범위, 변수유형, 관련비용요소 및 부위시스템의 상호관계를 나타내 준다.

생성모델(generation model)**의 설정** : 모델의 목적이 건물부위의 수명주기비용에 대한 설명을 제공하는 것이라면 앞에서 설정된 기술모델(description model)로 충분하다. 즉 부위시스템에 표 16.14에서 제시된 변수값을 대입하여 수명주기비용을 구할 수 있다. 그러나 문제에 대한 해결대안의 가능범위를 파악하기 위해서는 생성모델이 추가적으로 필요하다. 예를 들어 외벽의 주구조체 종류, 단열재 유형 및 두께,

표 16.14 변수의 관련비용 요소 및 관련부위

변 수	변수유형		관련비용 요소			관 련 부 위					
	외부 변수	내부 변수	초기 비용	보수 교체 비용	에너지 비 용	종 합	외 벽	외벽 창문	외 벽 출입문	내 벽	내 벽 출입문
수명주기	●			●	●	●					
물가 상승률	●			●		●					
이자율	●			●	●	●					
에너지비 상승률	●				●		●	●	●		
난방도일	●				●		●	●	●		
난방시간	●				●		●	●	●		
난방기기 효율	●				●		●	●	●		
실내 · 실외 온도차	●				●		●	●	●		
건물높이		●			●			●	●		
주구조체 종류		●	●				●			●	
벽체마감 종류		●	●				●			●	
창호종류		●	●	●	●			●			
마감 보수/교체	●			●			●			●	
창호 보수/교체	●			●				●	●		●
단열재종류/두께		●	●		●		●				
열전도율		●	●		●		●	●	●		
표면열전도저항		●			●		●				
부위의 방향		●			●		●	●	●		
창호높이		●			●			●	●		

창호유형 등에 따라 창출할 수 있는 다양한 외벽시스템 대안을 검토할 필요가 있다. 이러한 관점에서 본 장에서는 건물의 수직부위에 대한 생성모델의 설정과정에 대하여 언급한다.

수명주기비용 변수(LCC parameters) : 변수는 변화하는 양이다.114) 건

114) Ferry와 Brandon(1984)은 변수(parameter)를 같이 정의한다.
"..Parameter is a quantity which is constant in a particular case, but which varies in different cases."

물의 수명주기비용 변수에는 연면적, 구성부위, 층고, 층수, 높이 등 모든 영향인자들이 포함될 수 있다. 수명주기비용 변수는 (1)각 부위별 시스템의 종류 및 수량이 수명주기비용에 영향을 미친다는 구성요소의 관점과 (2)건물의 모양, 높이의 변화에 중점을 두는 건물형태적 측면으로 구분된다.[115) 생성모델을 개발하기 위해 구성요소의 관점이 필요한 반면, 최적화 모델의 구축을 위해서는 형태적 관점이 중요하다.

부위론적 사고(thought process based on building elements) : 부위(building elements)의 의미는 "전체에 대한 부분의 점유위치" 또는 "전체에 대한 부분의 지위"이고 생물학, 해부학, 의학 등의 분야에서는 "동일한 기능을 가지는 기관 또는 조직의 계통"이라는 의미로 사용된다.[116) 건물도 많은 부품으로 구성되어 있고, 동일기능을 갖는 부품군으로 분류할 수 있기 때문에, 이를 부위(building elements)로 표현할 수 있다. 부위의 관점에서 "바닥"은 바닥판의 주구조체와 상하면 마감을 포함하고, "벽"은 벽의 주구조체와 양면마감, 개구부와 벽의 부속물을 포함한다. 黑田降(1978)는 부위의 관점에서 건물형성에 대한 사고과정을 다음과 같이 언급한다.

1) 건물은 사람에게 "공간"을 제공한다.
2) 건물의 공간은 "바닥"과 "벽"으로 구성된다.
3) 바닥과 벽을 지지하기 위해 "골조"가 필요하다.
4) 골조를 토지에 구축하기 위해 "기초"가 필요하다.

---

115) 이러한 관점의 연구는 건물형태론(building morpology)에서 다루어진다. "morpology"의 사전적 의미는 "형태의 과학"으로 그리스어로 "꿈의 신"이라는 의미인 "morpheus"에서 파생되었다. 이 말은 형상 또는 형태의 기원이 상상 속에 있음을 의미하는 것으로 판단된다. 따라서 "건물형태의 근원"이라는 표현이 적합한 듯하다.

116) 黑田降, 建築計劃コスト概論, 經濟調査出版部, 昭和53年, p.83.

5) 구성공간에 전기, 물, 안전, 운송기능을 제공하기 위해 "설비"를 필요로 한다.
6) 이상 요소를 생산하고 지원하기 위해 생산설비와 관리체계와 같은 간접요소가 필요하다.

부위에 근거한 이러한 사고방식은 그림 16.8과 그림 16.9에서와 같다.

Radford와 Gero(1987)도 부위가 결합하여 건물을 구성하는 과정을 설명하고 있다. 그 개념은 그림 16.10과 같다. 그림 16.10은 黑田隆(1978)의 부위론적 사고방식에 동태성을 부여하여 과정적 관점으로 표현한 것이다.

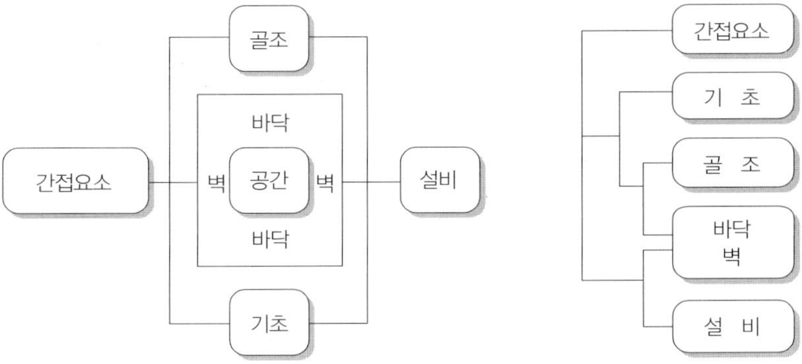

*골조는 바닥, 벽에 예속되고, 기초는 골조, 바닥, 벽에 예속되며, 간접요소는 모든 것에 관련된다.

*골조는 바닥, 벽의 수단이 되고 기초는 골조, 바닥, 벽의 수단이 관련되며, 간접요소는 모든 것의 수단이 된다.

그림 16.8 건물부위의 예속관계

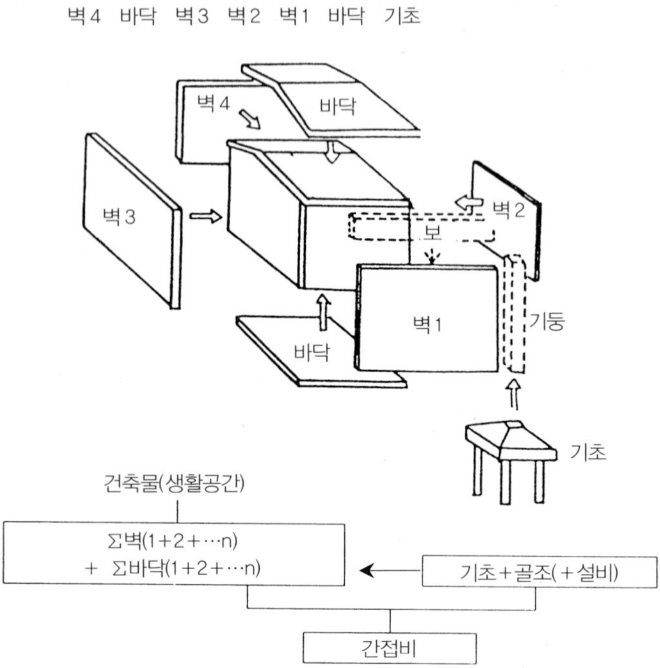

그림 16.9 부위에 근거한 건물구성방식

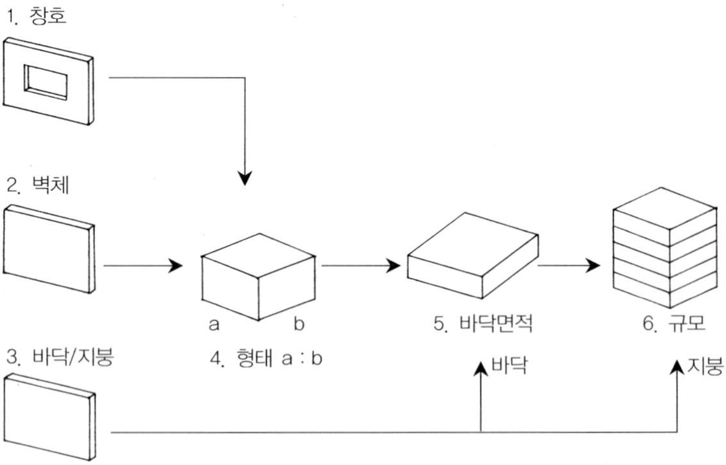

그림 16.10 부위의 동태적 결합

특정 부위가 변수로 입력되어 출력된 결과에 새로운 부위가 부가되어 또 다시 새로운 변수가 생성되는 과정이 반복되고 있다. 창호, 벽체, 지붕 등의 부위는 초기단계에서 개별적으로 선정되어 후기시점에서 상호 결합된다. 이렇게 생성된 결과에 새로운 부위가 추가되면서 최종형태에 접근하게 된다. 즉 상호 인과성을 가지면서 변화하고 있는 것이다. 이러한 개념은 인과모델의 상태변수(state variables)와 과정변수(process variables)의 개념으로 이해될 수 있다.

이러한 과정의 각 단계에서 최소 3개의 대안만을 고려해도 검토대안의 수는 기하급수적으로 증가된다. 따라서 생성모델에서 다루어지는 다양한 변수를 하나의 방정식에 응축시켜 종합적으로 고려할 수 있는 최적화 모델(optimisation model)의 설정이 불가피하다.

부위론적 사고에 근거한 비용 계획/조정 : 부위론적 사고로 건설과정을 조명하기 위해서는 비용의 계획 및 조정도 부위론적 관점에서 이루어져야 한다. 黑田隆(1978)은 설계단계에서 비용을 효과적으로 계획하고 조정하기 위해 부위를 성능등급에 따라 체계적으로 조합하는 부위별 합성단가 산정을 권장한다. 이에 대한 예를 들면 다음 표 16.15 및 그림 16.11과 같다.

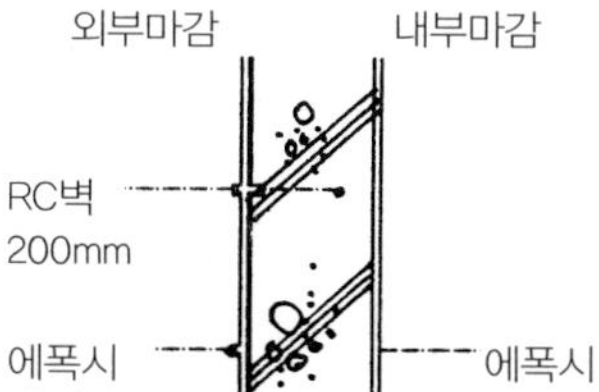

{(구조체III)+(외부마감II)+(내부마감III)}×(1−WF)+(개구부)×WF
=(16,000+22,000원+9,500원)×0.7+(35,000원)0.3
=43,750원/m²

*WF(window factor) : 벽체면적에 대한 창호면적의 비율로 상기계산에서 30%로 가정되었음.

그림 16.11 부위별 합성단가의 계산

표 16.15 외벽자재의 성능별 단가

등급	구 조 체	벽 체	외부마감	내부마감	개 구 부
I	두께 300mm RC 벽체 D16 @150	AL 커튼월	화강석 두께 30mm	쿼리타일	35,000원/m^2 ~ 45,000원/m^2
	36,000원/m^2	62,000원/m^2	87,000원/m^2	16,000원/m^2	
II	두께 300mm RC 벽체 D13 @150	PC 커튼월	외장타일 두께 15mm	세라믹타일 두께 9mm	
	33,000원/m^2	53,000원/m^2	22,000원/m^2	9,500원/m^2	
III	두께 250mm RC 벽체 D13 @200	벽돌 두께 100mm	에폭시페인트	수성페인트	
	16,000원/m^2	30,000원/m^2	15,000원/m^2	3,500원/m^2	

*상기 수치는 가정된 것임.

위와 같은 방법으로 요소별 단가를 조합하여 부위시스템의 합성단가를 산정함으로써 비용과 성능 사이의 균형을 고려할 수 있다. 그러나 비용의 범위를 초기공사비와 보수교체비는 물론 건물부위를 통해 소모되는 에너지 비용도 고려하고자 하는 본 장의 목적상 상기 방법만으로는 충분하지 않다. 따라서 부위의 초기공사비 자료는 물론 에너지 관련정보까지도 포함시킨 부위별 합성단가표를 표 16.16과 같이 제안한다.

최적화 모델(optimisation model)**의 설정** : 인과관계에 근거한 최적화모델 설정의 첫 단계는 상태 및 과정 변수의 상호작용인 부위의 동태적 결합과정(그림 16.10)을 재점검하는 것이다. 이는 문제를 다단계 과정(multi-stage process)으로 표현한 그림 16.12에 의해 이루어질 수 있다. 다단계 과정이란 한 가지 이상의 변화를 포함하는 일련의 사안들이 연속적으로 일어나는 것을 말한다.[117] 시간의 경과에 따른 연속적 변

117) Bellman과 Kalaba(1965)는 다단계과정(multi-stage process)을 다음과 같이 정의한다. "A multi-stage process is one in which a prescribed sequence of events take place

표 16.16 부위별 합성단가표

pattern no.	1			사용부위			외 벽	
부위상세	재료	두께 (mm)	비용(원/m²) 자재비	노무비	계	열전도율 (W/m℃)	열저항 (m²℃/w)	U-value (W/m²℃)
	o.외표면 저항					28.8	0.035	
012345 67i 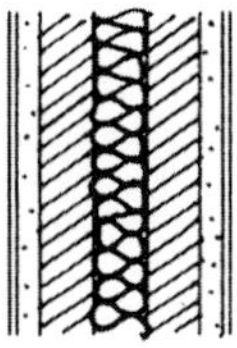	1.수성 페인트	0.5	1,000	1,500	2,500	–	–	
	2.모르타르	24	1,400	3,500	4,900	1.2	0.020	
	3.벽돌	90	3,400	3,200	6,600	1.2	0.075	
	4.단열재	50	2,600	600	7,100	0.033	1.515	1/1.942 =0.515
	5.벽돌	90	3,400	3,200	6,600	1.2	0.075	
	6.집섬 보드	9	3,800	3,300	7,100	0.11	0.081	
	7.벽지	0.5	1,800	900	1,700	0.18	0.0027	
	i.내표면 저항					7.2	0.139	
	계		17,400	16,200	33,600			0.515

*상기 비용은 가정된 것임.

화과정은 세분화(decomposition) 전략으로 설명될 수 있다. 문제를 처리 가능한 수준의 하위문제(subproblems)로 구분하는 것은 고전적인 문제 해결 전략이다.118) Mackinder와 Marvin(1982)에 의하면 문제의 세분화에 의해 설계자는 설계대안, 즉 상태(state)를 독립적·연속적으로 선택할 수 있다고 한다. 하나의 과정은 연속적 단계를 통해 진행되며, 각 단계에서는 한 가지 이상의 상태가 존재한다. 상태는 과정의 특징을 반영하는 단일 변수이다. 과정은 한 단계에서 다음 단계에 이르면서 변화(transformation)를 겪는다. 중요한 사항은 각 하위문제가 독

---

involving one or more transformations between the start and finish."
Bellman, R. E., and Kalaba, R., Dynamic Programming and Modern Control Theory, Acamedic Press, New York, N. Y., 1965.

118) Grogono, P., and Nelson, S. H., Problem Solving and Computer Programming, Addison- Wesley, Reading, M. A., 1982.

립적인 것으로서 독자적인 해결대안을 가져야 한다는 것이다. 최적화 기법을 적용하기 위해서는 이러한 독립성의 조건을 만족시킬 수 있도록 문제를 구성하여, 각 단계의 하위문제를 해결하는 일련의 과정을 거치면서 결과적으로 문제 전체가 해결될 수 있도록 해야 한다. 이러한 방식으로 문제를 세분화하면 의사결정자는 설정된 평가기준에 근거하여 건물부위의 성능을 평가할 수 있고, 각 부위시스템의 유형과 수명주기비용 그리고 건물형태 사이의 상관관계도 검토할 수 있다.

그림 16.12는 각 부위시스템 선정에서 건물 전체 시스템 효과의 파악에 이르는 동안 8단계의 문제해결과정을 거친다는 것을 보여 준다. 8단계는 건물 전체의 관점에서 각 부위의 수명주기비용을 최적화하기 위해, 그 성격에 따라 다시 3단계의 주요절차, 즉 단위수명주기비용 모델(unit LCC model), 부위수량 모델(quantity model of building elements), 그리고 수명주기비용의 기하학(LCC geometry)으로 구분된다.

단위수명주기비용 모델(models of unit LCC) : 이 모델은 건물부위를 구성요소(building components)로 구분하여 설정된다. 그림 16.12는 각 부위시스템의 단위수명주기비용 산정을 위한 입출력 상태변수를 보여 준다. 부위시스템의 대안을 선택하기 위해 의사결정자는 비용뿐만 아니라 질적 성능인자도 고려해야 한다. 특정 부위시스템이 반복적으로 사용되는 건물의 경우, 단일 부위시스템의 검토만으로도 건물 전체의 효과를 파악할 수 있다. Llewelyn-Davis와 Petty(1966)에 의하면 전문가에 따라 비용요소와 타협을 이루어야 하는 다양한 평가기준을 제시한다고 한다.[119)]

119) Llewelyn-Davis, R., and Petty, D. J., Building Elements, 3rd Edition, London, The Architectural Press, 1966.

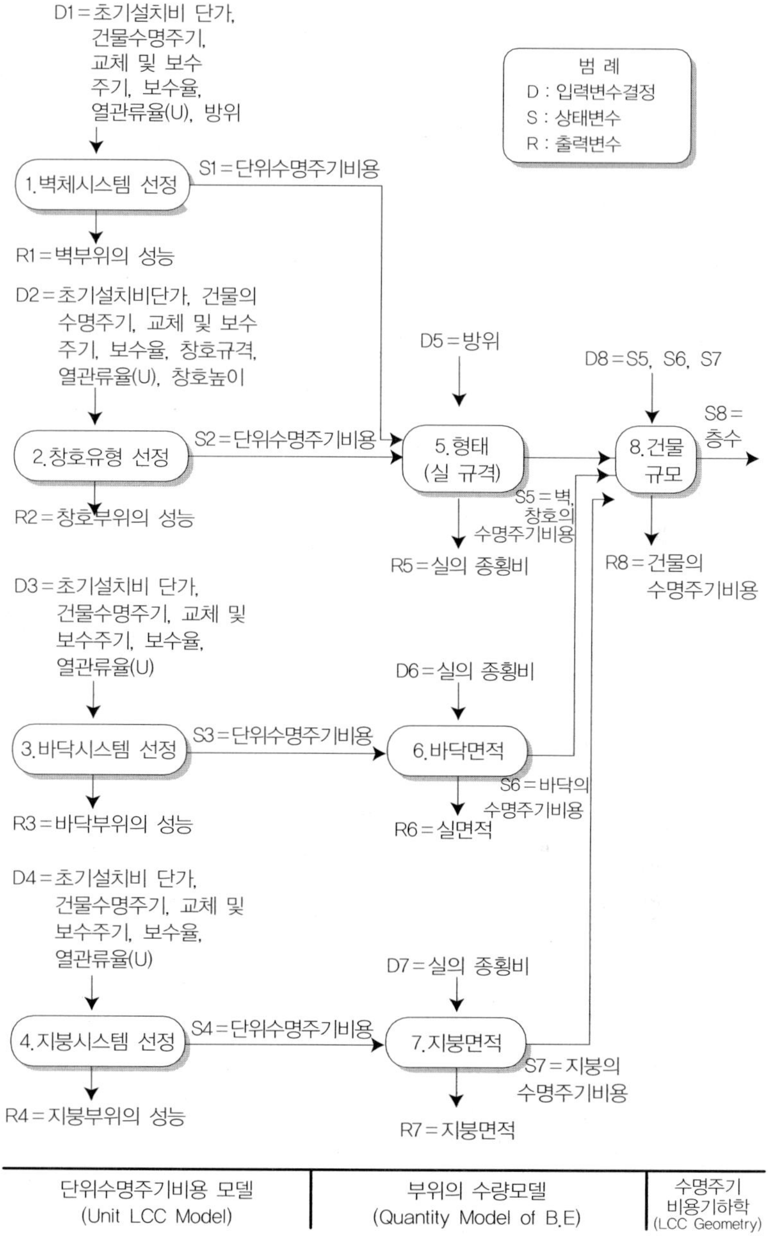

그림 16.12 최적화를 위한 문제의 8단계 구성

예를 들어, 건축적 고려를 위한 미적 요구조건은 계량적으로 표현될 수 없기 때문에 설계자의 상상력과 직관력에 의존할 수밖에 없다. 그럼에도 색감(colors), 질감(texture), 척도(scale), 형태(pattern) 등 여러 가지 유형의 미적 특성은 대안의 선정을 위해 비교 · 검토되어야 할 중요요소들이다. 이 책의 "제18장 성능평가"에서는 이러한 질적 요소의 체계적 평가방법론을 제시한다.

부위수량 모델(quantity models of building elements) : 이 모델에서 건물부위는 건물형태에 영향을 미치는 주요인자로 고려된다. 건물형태는 외벽, 내벽, 창호 등과 같은 건물수직부위(vertical elements) 수량에 의한 변화의 직접적인 영향을 받는다. Ferry와 Brandon(1984)은 건물의 체적과 면적에 근거하여 건물형태의 비용효용성을 측정할 수 있는 몇 가지 지표를 제시한다.[120] 이러한 시도는 사실상 건설사업 추진과정에서 대지경계(site boundary), 지형(topography), 방위(orientation) 등의 제한적 요소 때문에 그 효용가치에 의문이 제기되기도 한다.

그러나 이러한 시도가 의미하는 분명한 사실은 형태에 대한 건물부위의 영향도가 매우 크다는 것이다. 그림 16.13은 부위의 조합으로 결정되는 건물 평면형태가 공사비에 영향을 미치는 정도를 보여준다.

---

120) Ferry와 Brandon은 이들의 공저 "Cost Planning of Buildings"에서 건물형태의 비용효용성을 측정할 수 있는 다양한 지표를 소개한다. 이들 중에서 가장 일반적으로 쓰이는 것은 "바닥면적에 대한 벽체면적의 비율"로써 QF(quantity factor)로 불리는 지표이다.

평면유형	벽체 길이	지표	공사비에 대한 영향도
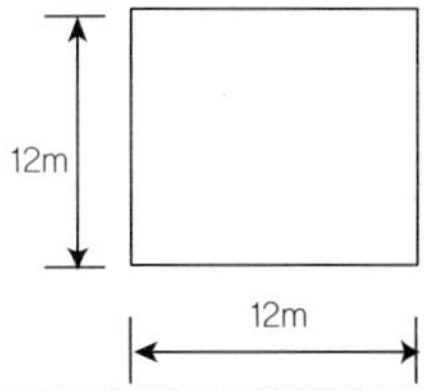 면적 : 144m^2	48m	100%	20%*
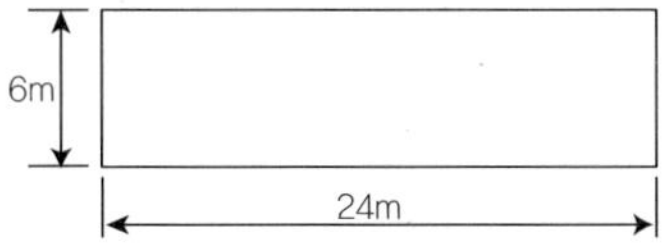 면적 : 144m^2	60m	125%	25%
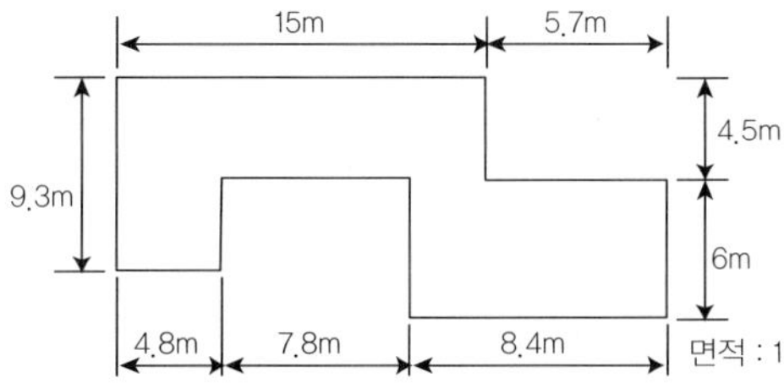 면적 : 144m^2	72m	150%	30%

* 외벽공사비는 전체 건물공사비의 20%로 가정되었음.(Browning, 1967)[121]

그림 16.13 건물 평면형에 다른 벽체길이의 변화

그림 16.13은 복잡한 형태의 건물 공사비가 단순한 형태의 건물에 비해 10% 이상 더 소요된다는 것을 나타낸다. 따라서 수명주기비용의 경제성을 추구하기 위해 건물형태별로 부위수량의 변화효과를 고려할 필요가 있다.

수명주기비용의 기하학(LCC geometry) : Bathrust와 Butler(1980)는 부위수량의 상대적 비율에 따른 비용효과를 검토하기 위해 "원가기하학(cost geometry)"의 개념을 제시한다. 필자는 이 개념을 확장시켜 초기공사비 뿐만 아니라 유지관리비와 에너지비도 포함시켜 "수명주기

121) Browning, Building Economics and Cost Planning, Batsford, 1967, p.22.

비용기하학(LCC Geometry)"을 제안한다. 수명주기비용 기하학을 통해 부위와 건물형태의 상관관계를 파악하면 수명주기비용의 관점에서 최적 평면형을 결정할 수 있다. 즉 특정 부위의 선택에 따른 최소 수명주기비용의 평면형을 결정할 수 있다. 다음 그림 16.14의 예를 통해 건물부위 수량의 변화가 전체 수명주기비용의 변화에 어떻게 영향을 미치는가를 보여 준다.

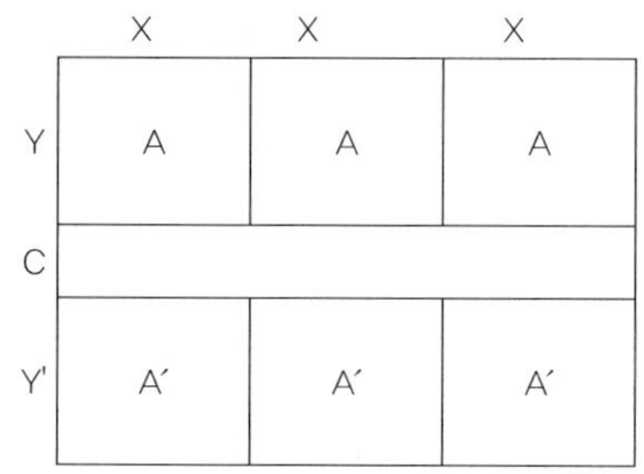

범 례

A,A' : 실면적(m^2)
H : 층고(m)
W : 벽체의 수명주기비용(원/m^2)
G : 창호의 수명주기비용(원/m^2)
P : 칸막이벽의 수명주기비용(원/m^2)
F : 바닥의 수명주기비용(원/m^2)
R : 지붕의 수명주기비용(원/m^2)
h : 천장고(m)
*창호면적은 외벽면적의 15%로 가정

그림 16.14 건물 평면형의 예와 범례

그림 16.14의 평면형을 근거로 상기 범례를 이용하여 수명주기비용을 산정하면 다음과 같다.

$$LCC = [\{2\times 3X + 2(Y + Y' + C)\}\cdot H - 3(A + A')\times 0.15]\cdot W + (2\times 3X + 2Y + 2Y')\cdot h\cdot P + 3(A + A')\times 0.15G + 3(A + A')\cdot (F + R)$$

이 식에 $Y = A\cdot X - 1$과 $Y' = A'\cdot X - 1$을 대입하면(왜냐하면 $XY = A$, $XY' = A'$이므로),

$$LCC = 6(WH + HP)\cdot X + 2(AWH + A'WH + AhP + A'hP)\cdot (1/X) + 2CHW - 0.45(A + A')\cdot W + 0.45(A + A')\cdot G + 3(A + A')\cdot (F + R)$$

이 된다. 여기서 $A = 30m^2$, $A' = 25m^2$, $C = 2m$, $H = 3m$, $h = 2.7m$, $W = 120$(천 원/m^2), $G = 180$(천 원/m^2), $P = 80$(천 원/m^2) $F = 70$(천 원/m^2),

R=150(천 원/m^2)이라고 가정하면

$$LCC = 3600 \cdot X + 31680 \cdot (1/X) + 33834.75(\text{천 원})$$

이 된다. 이 식을 함수로 처리하면 그림 16.15와 같이 X=2.96m인 지점에서 최소수명주기비용을 갖는 그래프를 그릴 수 있다. 즉 상기 LCC 방정식을 실 치수 X로 1차 미분한 결과를 0(Zero)로 하는 X값을 구하면

$dLCC/dX = 3600 - 31680/X^2 = 0$에서 $X = (31680/3600)^{\frac{1}{2}} = 2.96m$가 되고, 이 값을 다시 LCC 방정식에 대입하여 극소값을 구하면 최소 LCC값은 5,510만 원이 된다. 표 16.17은 실 치수 X의 변화에 따른 수명주기비용의 변화를 나타내 준다.

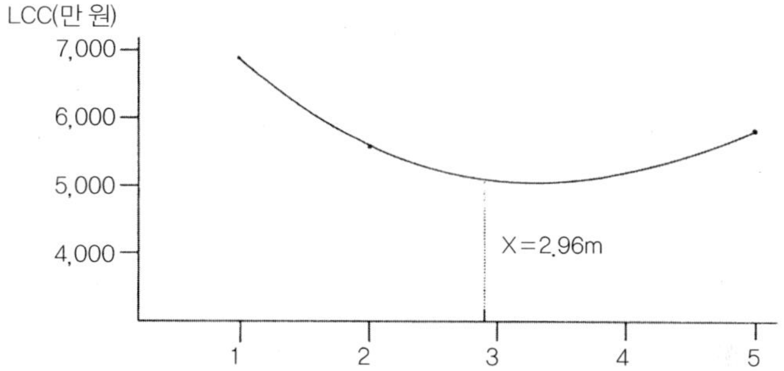

그림 16.15 LCC 방정식의 함수 표현

표 16.17 실 치수 변화에 따른 LCC의 변화

X(m)	1	2	2.96	3	4	5
LCC(만 원)	6,910	5,690	5,510	5,520	5,610	5,820

감도분석(sensitivity analysis) : 모델을 설정하기 위해 가정된 주요변수의 값이 특정범위 내에서 변화하는 경우에 모델운용 결과치가 어떻게 변화하는가를 파악하기 위해서 감도분석을 실시한다.[122] Daellenbach(1983)는 감도분석이 다음의 목적을 위해 효과적으로 활용될 수 있다고 언급한다.[123]

1) 입력자료의 정확도를 검토한다.
2) 최적대안을 선정하기 위해 가정 또는 예측된 주요변수의 변화에 대한 한계치를 설정한다.
3) 제한된 재원 모두를 투입했을 때 산출되는 결과를 파악한다.

본 장에서 감도분석은 최적대안을 산정하기 위해 주요인자의 변화에 따른 수명주기비용의 변동효과를 파악하기 위해 활용된다. 수명주기비용 최적화 모델의 설정을 위해 사용된 변수의 종류는 매우 다양하다. 따라서 모든 변수를 감도분석 대상으로 고려할 수는 없기 때문에 기준이나 법령 등에 의해 확정된 사항은 상수로 간주하고 제외시키는 대신, 변화효과가 수명주기비용에 직접적으로 영향을 미치는 주요 예측인자를 선정하여 변동범위를 설정하면 표 16.18과 같다.

표 16.18 감도분석 대상변수 및 변동범위

주 요 변 수	분 석 범 위
건물의 수명주기(life cycle of building)	15~50 년
이자율(interest rate)	0~20 %
물가상승률	0~20 %
에너지비 상승률	0~20 %
난방기기의 열효율	70~90 %
난방도일(degree-days)	2,000~3,000 ℃.Days
1일 난방시간	2~10 시간
실내온도	12~24 oC

122) Mitchell, W. J., Computer-Aided Architectural Design, Van Nostrand Reinhold, New York, NY., 1977

123) Daellenbach, H. G., George, J. A., and McNickle, D. C., Introduction to Operations Research Techniques, 2nd Edition, Allyn and Bacon, Newton, MA., 1983.

모델운용 절차 : 수명주기비용 최적화 모델의 운용절차를 도시하면 그림 16.16과 같다.

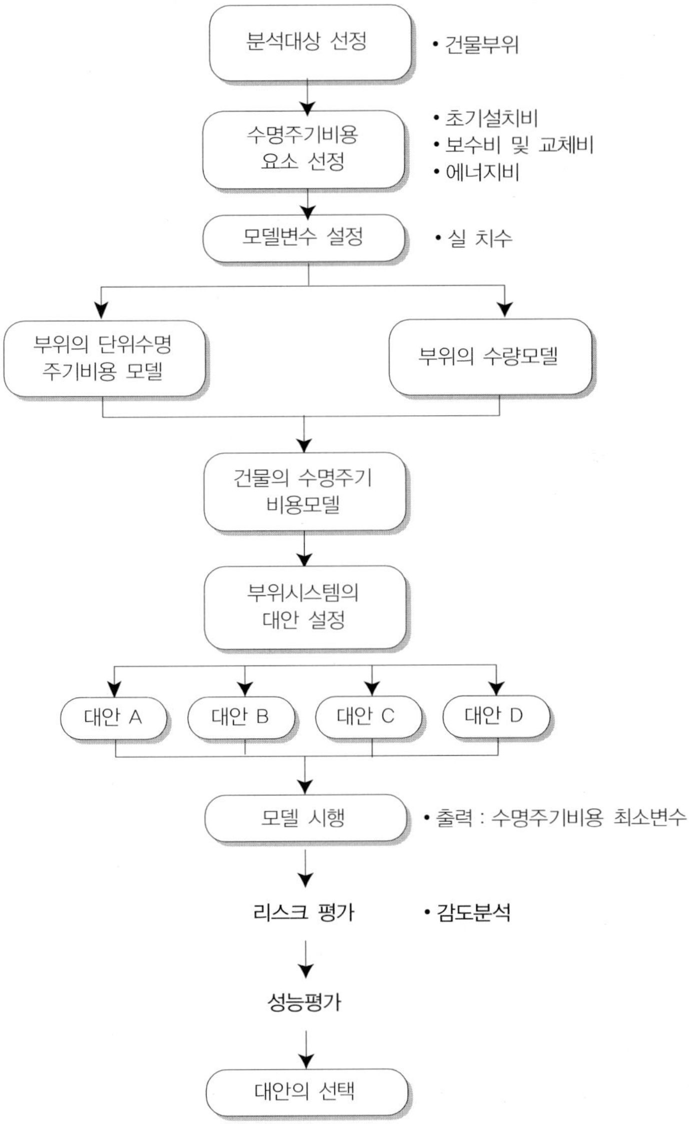

그림 16.16 수명주기비용 최적화 모델의 운용절차

1. 유치원 건물의 수명주기비용 산정

1) 정보 및 자료

① 일반정보(general information)

• 건 물 명 : 유치원	• 산 정 일 : '94년 10월
• 수용인원 : 240명	• 실질 할인율 : 2%
• 위 치 : ㅇㅇ 지역	• 수 명 주 기 : 30년
• 건물개요 : 평지붕, 단층 철근콘크리트 라멘조, 가스 보일러 난방 시스템	

② 가정사항(assumptions)

- 사용일수 및 시간 : 공휴일 제외, 매주 5일, 하루 8.5시간 사용
- 수명주기(life cycle) : 30년 (잔존가치는 고려하지 않는다.)
- 할인율(discount rate) : 각 비용요소(에너지비, 인건비 등)에 대하여 동일한 실질 할인율 적용

$$\text{실질 할인율} = \frac{1+i_n}{1+p}$$

여기서, i_n = 명목할인율(실질이자율)

p = 인플레이션

③ 건물관련 자료(building data)

• 연면적 : 904m^2	• 내벽마감면적 : 2,074m^2
• 통로면적 : 80m^2	• 내벽 출입문 면적 : 70m^2
• 1층면적 : 904m^2	• 벽체 마감면적 : 840m^2
• 건물용적 : 2,440m^2	• 바닥 마감면적 : 830m^2
• 지붕면적 : 936m^2	• 천장마감면적 : 813m^2
• 외벽마감면적(창호면적 제외) : 316m^2	• 부지면적 : 10,000m^2
• 창호 및 외벽 출입문 면적 : 106m^2	

④ 설계자료(design data)

• 사용인원 : 243인	• 1인당 면적 : 0.27m^2

• 총면적에 대한 사용면적(순면적) 비율 : 84%
• 시방개요 : 경량콘크리트 벽체위 타일, AL 창호, 아스팔트 방수 지붕, 블록칸막이 벽체, 바닥 마룻널 설치, 철제 라디에이터 사용 가스보일러 난방시스템, 형광등 설치

⑤ 비용자료

• 건물신축비 : 1,800천 원/m^2	• 토목 및 조경 공사비 : 15천 원/m^2
• 관리인 인건비 : 800천 원/월	• 청소비 : 4,500원/m^2 · 년
• 소규모 보수비 : 2,000원/m^2 · 년	• 전기료 : 5,500원/m^2 · 년
• 수도료 : 1,800원/m^2 · 년	• 난방비(가스난방) : 3,500원/m^2 · 년
• 냉방비 : 4,800원/m^2 · 년	• 일반관리비 기타 : 7,000원/m^2 · 년

2) 수명주기비용 산정

① 초기투자비

• 건물신축 904m^2@1,800천 원= 1,627,200천 원
• 토목 및 조경비 2,700m^2(건물제외 부지면적의 30%) @15천 원= 40,920천 원

1,668,120천 원

• 조사설계비 기타= 50,043천 원

1,718,163천 원

② 관리운영비(천원/년)

• 관리인 인건비 (12개월) @ 800천 원= 9,600천 원
• 청소비 904m^2@8천 원= 7,232천 원
• 전기료 904m^2@5.5천 원= 4,972천 원

- 수도료 904m²@1.8천 원= 1,627.2천 원
- 난방비 904m²@3.5천 원= 3,164천 원
- 냉방비 904m²@4.8천 원= 4,339.2천 원
- 일반관리비 904m²@7천 원= 6,328천 원
- 토목 및 조경 관리비 2,728m²@0.5천 원= 1,364천 원

계 38,626.4천 원/년

(42.73천 원/m² · 년)

(연간 등가액의) 현재가치 (30년) 860,570천 원

(957천 원/m²)

③ 소규모 보수비(천 원/년)

- 일상 소규모 보수비 904m²@2천 원= 1,808천 원/m² · 년

(연간 등가액의) 현재가치(30) 40,492천 원

(44.8천 원/m²)

④ 보수교체비(천 원/년)

교 체
보 수

항 목	수 량	시 공 비	보 수 · 교 체			현 가 계 수	현재가치* (천 원)
			주기 (년)	비율 (%)	횟수 (회)		
지 붕 방 수 (아 스 팔 트)	936m²	18천 원/m²	15 5	100 18	1 5	0.7385 3.7306	12,442 11,313
외 벽 (타 일)	316m²	27천 원/m²	40 8	100 10	– 3	– 4.5683	– 3,897
내 벽 (본 타 일)	2,074m²	21천 원/m²	25 7	100 10	1 4	0.6035 2.8440	26,284 12,386
바 닥 (마 룻 널)	830m²	43천 원/m²	25 7	100 15	1 4	0.6035 2.8440	21,539 15,225
천 장 (본 타 일)	813m²	21천 원/m²	25 7	100 10	1 4	0.6035 2.8440	10,303 4,855
창 문 (알 루 미 늄)	92m²	38천 원/m²	20 15	100 10	1 1	0.6676 0.7385	2,334 258

(계속)

항 목	수 량	시 공 비	보 수 · 교 체			현 가 계 수	현재가치* (천 원)
			주기 (년)	비율 (%)	횟수 (회)		
출 입 문 (목 재)	14m²	490천 원/m²	25 10	100 20	1 2	0.6035 1.4846	4,140 2,036
전 기 배 선	904m²	220천 원/m²	20 –	100 –	1 –	0.6676 –	30,175 –
보 일 러	1대	1,900천 원	10 –	100 –	2 –	1.4846 –	2,820 –
배 관	904m²	120천 원/m²	15 –	100 –	1 –	0.7385 –	80,112 –
계							240,119 (265.6/m²)

* 계산방법은 다음 페이지 공식 활용

※ 보수주기와 교체주기의 중복을 고려해야 하나 본 사례에서는 문제의 단순화를 위해 생략함. 이에 대한 구체적 사항은 "p.371의 2." 참조

* 보수 · 교체비의 현가가치 계산은 다음 방식에 따른다.

• 교체비의 현가가치

교체비 RC

$$=\text{수량}\times\text{단가}\times\left\{\left(\frac{1}{1+i}\right)^{R}+\left(\frac{1}{1+i}\right)^{2R}+\cdots+\left(\frac{1}{1+i}\right)^{KR}\right\}$$

단, K=교체횟수, R=교체주기

여기서 $X=\dfrac{1}{1+i}$ 라면,

초항 $=X^R$, 공비 $=X^R$, 항수 $=K$인 등비수열임.

따라서

$$\text{교체비 RC}=\text{수량}\times\text{단가}\times\frac{X^R(1-X^{KR})}{1-X^R}$$

$$=\text{수량}\times\text{단가}\times\text{현가계수}$$

• 보수비의 현가가치

보수비 RC

$$=수량\times 단가\times 보수율\left\{\left(\frac{1}{1+i}\right)^{M}+\left(\frac{1}{1+i}\right)^{2M}+\cdots+\left(\frac{1}{1+i}\right)^{LM}\right\}$$

단, L=보수횟수, M=보수주기

여기서 $Y=\dfrac{1}{1+i}$ 라면,

초항 $= Y^M$, 공비 $= Y^M$, 항수 $= L$인 등비수열임.

$$따라서\ 보수비\ MC=수량\times 단가\times 보수율\times \frac{Y^M(1-Y^{LM})}{1-Y^M}$$

$$=수량\times 단가\times 보수율\times 현가계수$$

3) 수명주기비용 요약

• 건 물 명 : 240명 수용 유치원

• 수명주기 : 30년

• 산정년월 : '94.10

비 용	현재가치	구성비율
1. 초기투자비	1,718,163천 원 (1,895천 원/m^2)	60%
2. 관리운영비	860,570천 원 (957천 원/m^2)	30%
3. 소규모 보수비	40,492천 원 (44.8천 원/m^2)	1.4%
4. 보수 · 교체비	240,119천 원 (265천 원/m^2)	8.6%
계	2,859,344천 원 (3,162천 원/m^2)	100%

2. 수명주기비용 최적화 모델 설정(Modelling Building Elements for LCC Optmisation)

본 (사례연구 4)에서는 제16장에서 제시된 수명주기비용 최적화 모델의 구체적 실례를 제시하기 위해 건물부위를 모델링하는 것이다. 이를 위해 우선 외벽, 외벽 창문, 외벽 출입문, 내벽, 내벽 출입문 등의 각 부위에 대한 수명주기비용 모델을 설정한다. 그 후에 아파트 건물을 선정하여 각 부위별 수량모델을 구축하고, 이를 이미 설정된 각 부위의 수명주기비용 모델과 접목시킴으로써 건물 전체시스템의 수명주기비용 모델을 도출해 낸다. 다음에 설정된 대안으로부터 최적 대안을 선정하기 위해 필자가 작성한 컴퓨터 프로그램의 도움에 의해 이 모델을 실제 운용한다. 마지막으로 감도분석의 방법에 의해 모델이 제시한 수명주기비용 결과치가 가정사항의 변동에 의해 어떻게 변화하는지를 파악해 봄으로써 계획단계에서 철저한 검토가 필요한 주요변수를 인식할 수 있도록 한다. 본 사례연구에서 제시된 대안의 질적 인자까지 포함시켜 이루어지는 성능평가는 이 책의 "제18장 성능평가"에서 구체적으로 이루어진다.

본 사례연구에서 제시되는 방법론과 기법의 사용근거는 제13장에서 구체적으로 언급된 것이다. 따라서 본 사례연구에서는 개념의 중복서술을 피하기 위해 요점만 간략히 언급하도록 한다.

1) 외벽부위 시스템의 수명주기비용 모델

① 용어의 정의

n : 건물의 수명주기(년)

WEC : 단열재 비용을 포함하는 외벽의 초기공사비(원/m^2)

m : 단위면적 단위 열저항당 단열재 비용(원/m^2)

ms : 단열재 설치비(원/m^2)

Efcl : 외부마감 1의 공사비(원/m^2)

Efc2 : 외부마감 2의 공사비(원/m^2)

Ifc1 : 내부마감 1의 공사비(원/m^2)

Ifc2 : 내부마감 2의 공사비(원/m^2)

ME1 : 외부마감 1의 교체주기(년)

ME2 : 외부마감 2의 교체주기(년)

MI1 : 내부마감 1의 교체주기(년)

MI2 : 내부마감 2의 교체주기(년)

ME′1 : 외부마감 1의 보수주기(년)

MI′1 : 내부마감 1의 보수주기(년)

UE1 : 외부마감 1의 보수율(－)

UI1 : 내부마감 1의 보수율(－)

L2 : 단열재 두께(m)

R : 단열재를 제외한 벽체의 열저항(m^2 · ℃/W)

r : 단열재의 열저항(m^2 · ℃/W)

i : 이자율(－)

P : 물가상승률(－)

D : 난방도일(℃ · 일/년)

Ho : 난방시간(hrs/일)

Fo : 연료가격(원/W.Hr)

EF : 난방기구의 열효율(－)

e : 연료비 상승률(－)

WEA : 난방실의 외벽면적(m^2)

WEAO :비난방실의 외벽면적(m^2)

② 초기공사비(WEIC)

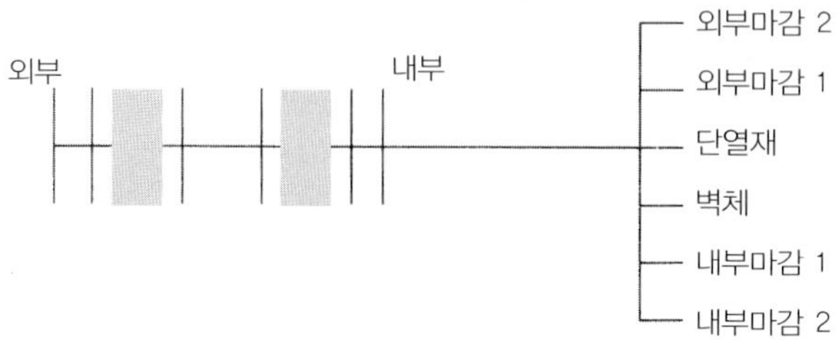

위의 그림에서 초기공사비를 구하면

WEIC＝(WEC＋m · r＋ms) · (WEA＋WEAO) ……………………식 (1)

③ 보수비 및 교체비(WEOC)

벽체 주구조의 수명은 보통 60년 이상으로 건물의 수명주기보다 길고 또한 내외부 마감재 속에 포함되어 있기 때문에 건물의 수명주기에 걸쳐서 거의 보수 및 교체가 불필요한 것으로 생각된다. 따라서 벽체 주구조에 대한 보수비 및 교체비의 고려는 본 사례에서 제외된다.

- 외벽마감의 교체비 : WERC

 이는 외벽마감 1과 외벽마감 2의 교체비 합으로, 이들 두 종류 마감재의 교체주기 중복을 고려해야 한다. 즉 이들 두 종류의 교체주기가 중복될 경우 외벽마감 2의 교체비는 제외되어야 한다.

 WERC＝XE1(Ef1c＋Efc2)＋XE2 · Efc2－XEO · Efc2

 ＝XE1 · (BE1 · WEIC＋BE2 · WEIC)＋XE2 · BE2 · WEIC

 XEO · BE2 · WEIC

 ＝{XE1 · (BE1＋BE2)＋XE2 · BE2－XEO · BE2} · WEIC

 ＝{XE1 · (BE1＋BE2)＋XE2 · BE2－XEO · BE2} · (WED＋m · r＋ms) · (WEA＋WEAO) ……………………………식 (2)

여기서, BE1＝초기공사비에 대한 외벽마감 1의 공사비 비율

(BE＝Efcl/WEIC)

BE2＝초기공사비에 대한 외벽마감 2의 공사비 비율

(BE2＝Efc2/WEIC)

XE1＝외부마감 1의 교체비 현가계수

즉, $XE1 = \left[\frac{1+P}{1+i}\right]^{ME1} + \left[\frac{1+P}{1+i}\right]^{2ME1} + \cdots + \left[\frac{1+P}{1+i}\right]^{Kel \cdot ME1}$

여기서, Kel＝건물수명주기 범위 내에서 이루어지는 외부마감 1의 교체횟수

즉, MEl/n보다 작은 최대정수

XE2＝외부마감 2의 교체비 현가계수

즉, $XE2 = \left[\frac{1+P}{1+i}\right]^{ME2} + \left[\frac{1+P}{1+i}\right]^{2ME2} + \cdots + \left[\frac{1+P}{1+i}\right]^{Ke2 \cdot ME2}$

여기서, Ke2＝건물수명주기 범위 내에서 이루어지는 외부마감 2의 교체횟수

즉, n/ME2 보다 작은 최대정수

XEO＝외부마감 1과 2의 교체주기 중복으로 제외되는 교체비 현가계수

즉, $XEO = \left[\frac{1+P}{1+i}\right]^{ge} + \left[\frac{1+P}{1+i}\right]^{2ge} + \cdots + \left[\frac{1+P}{1+i}\right]^{Keo \cdot ge}$

여기서, ge＝ME1과 ME2의 중복교체주기, 즉 ME1과 ME2의 최소공배수

Keo＝외부마감 1과 2의 교체 중복횟수, 즉 n/ge보다 작은 최대정수

• 외벽마감의 보수비 : WEMC

외벽마감 보수비는 건물의 수명주기 내에서 설정된 마감재가 정상적인 교체주기에 이를 수 있도록 부분적인 보수를 하기 위해

서 소요되는 비용이다. 따라서 보수율과 보수주기가 설정되어야 한다. 본 사례에서는 건설부 "공동주택관리령"에서 제시된 교체주기, 보수주기 및 보수율을 따른다. 또한 외부마감 1의 보수 및 교체주기가 중복될 경우 외부마감 1의 보수비는 제외되어야 하며, 외부마감 1의 보수주기와 외부마감 2의 교체주기가 중복될 경우 보수되는 외부마감 1만큼 외부마감 2의 교체비가 제외되어야 한다.

$$
\begin{aligned}
WEMC &= YE1 \cdot UE1 \cdot (Efc1 + Efc2) - ZE1 \cdot UE1 \cdot (Efcl + Efc2) - \\
&\quad VE1 \cdot UE1 \cdot Efc2 \\
&= (YE1 - ZEl) \cdot UE1 \cdot (Efcl + Efc2) - UE1 \cdot VE1 \cdot Efc2 \\
&= (YE1 - ZE1) \cdot UE1 \cdot (BE1 + BE2) \cdot WEIC - UE1 \cdot VEI \cdot BE2 \cdot WEIC \\
&= \{(YE1 - ZE1) \cdot (BE1 + BE2) - VE1 \cdot BE2) \cdot UEI \cdot WEIC \\
&= \underline{\{(YE1 - ZE1) \cdot (BE1 + BE2) - VE1 \cdot BE2\} \cdot UEI \cdot WEIC +} \\
&\quad \underline{m \cdot r + ms) \cdot (WEA + WEAO)} \quad \cdots\cdots\cdots \text{식 (3)}
\end{aligned}
$$

여기서, YE1 = 외부마감 1의 보수비 현가계수

$$YE1 = \left[\frac{1+P}{1+i}\right]^{ME'1} + \left[\frac{1+P}{1+i}\right]^{2ME'1} + \cdots + \left[\frac{1+P}{1+i}\right]^{Ke'1 \cdot ME'1}$$

여기서, Ke′1 = 건물수명주기 범위 내에서 이루어지는 외부마감 1의 보수횟수

즉, n/ME′1보다 작은 최대정수

ZE1 = 외부마감 1의 교체주기와 보수주기의 중복으로 제외되는 보수비 현가계수

$$\text{즉,} \quad ZE1 = \left[\frac{1+P}{1+i}\right]^{Le} + \left[\frac{1+P}{1+i}\right]^{2Le} + \cdots + \left[\frac{1+P}{1+i}\right]^{Me \cdot Le}$$

여기서, Le = ME1과 ME′1의 중복교체주기, 즉 ME1과 ME1′의 최소공배수

여기서, Me = 외부마감 1의 교체 및 보수주기의 중복횟수

즉, n/Le보다 작은 최대정수

VEI＝외부마감 1의 보수주기와 외부마감 2의 교체주기 중복으로 제외되는 외부마감 2의 교체비 현가계수

즉, $VE1 = \left[\frac{1+P}{1+i}\right]^{Uel} + \left[\frac{1+P}{1+i}\right]^{2Uel} + \cdots + \left[\frac{1+P}{1+i}\right]^{Ne \cdot Uel}$

여기서, Uel＝ME′1과 ME2의 중복교체주기, 즉 ME′1과 ME2의 최소공배수

Ne ＝외부마감 1의 보수주기와 외부마감 2의 교체주기 중복횟수

즉, n/Uel보다 작은 최대정수

• 내부마감의 교체비 : WIRC

이는 내부마감 1과 내부마감 2의 교체비 합으로 이들 두 종류 마감재의 교체주기 중복을 고려해야 한다. 즉 외벽의 경우와 마찬가지로 이들 두 종류의 교체주기가 중복될 경우 내부마감 2의 교체비는 제외되어야 한다.

WIRC＝XIl · (Ifcl＋Ifc2)＋XI2 · Ifc2－XIO · Ifc2

＝XIl · (BIl · WEIC＋BI2 · WEIC)＋XI2 · BI2 · WEIC－XIO · BI2 · WEIC

＝{XIl · (BI1＋BI2)＋XI2 · Bl2－XIO · BI2} · WEIC

＝{XIl · (BIl＋BI2)＋XI2 · BI2－XIO · BI2} · (WEC＋m · r ＋ms) · (WEA＋WEAO) ··식 (4)

여기서, BIl＝초기공사비에 대한 내부마감 1의 공사비 비율 (BIl＝Ifcl/WEIC)

BI2＝초기공사비에 대한 내부마감 2의 공사비 비율 (BI2＝Ifc2/WEIC)

XIl＝내부마감1의 교체비 현가계수

즉, $XI1 = \left[\frac{1+P}{1+i}\right]^{MI1} + \left[\frac{1+P}{1+i}\right]^{2MI1} + \cdots + \left[\frac{1+P}{1+i}\right]^{Ki1 \cdot MI1}$

여기서, Kil = 건물수명주기 범위 내에서 이루어지는 내부마감 1의 교체횟수

즉, n/Mi1보다 작은 최대정수

XI2 = 내부마감 2의 교체비 현가계수

즉, $XI2 = \left[\frac{1+P}{1+i}\right]^{MI2} + \left[\frac{1+P}{1+i}\right]^{2MI2} + \cdots + \left[\frac{1+P}{1+i}\right]^{Ki2 \cdot MI2}$

여기서, Ki2 = 건물수명주기 범위 내에서 이루어지는 내부마감 2의 교체횟수

즉, n/MI2보다 작은 최대정수

XIO = 내부마감 1과 2의 교체주기 중복으로 제외되는 교체비 현가계수

즉, $Xi0 = \left[\frac{1+P}{1+i}\right]^{gi} + \left[\frac{1+P}{1+i}\right]^{2gi} + \cdots + \left[\frac{1+P}{1+i}\right]^{Kio \cdot gi}$

여기서, gi = MI1과 MI2의 중복교체주기, 즉 MI1과 MI2의 최소공배수

Kio = 내부마감1과 2의 교체 중복횟수, 즉 n/gi보다 작은 최대정수

• 내부마감의 보수비 : WEMC

외벽마감 보수비가 마찬가지로 교체주기, 보수주기 및 보수율, 보수주기와 교체주기의 중복 등을 고려해야 한다.

$WIMC = YI1 \cdot UI1 \cdot (Ifc1 + Ifc2) - UI1 \cdot (Ifc1 + Ifc2) - VI1 \cdot UI1 \cdot Ifc2$

$= (YI1 - ZI1) \cdot UI1 \cdot (Ifc1 + Ifc2) - UI1 \cdot VI1 \cdot Ifc2$

$= (YI1 - ZI1) \cdot UI1 \cdot (BI1 + BI2) \cdot WEIC - UI1 \cdot VI1 \cdot BI2 \cdot WEIC$

$= \{(YI1 - ZI1) \cdot (BI1 + BI2) \cdot VI1 \cdot BI2\} \cdot UI1 \cdot WEIC$

$= \{(YI1 - ZI1) \cdot (BI1 + BI2) \cdot VI1 \cdot BI2\} \cdot UI1 \cdot (WEIC + m \cdot r + ms) \cdot (WEA, WEAO)$ ……………………………………식 (5)

여기서, YIl＝내부마감1의 보수비 현가계수

즉, $YI1 = \left[\frac{1+P}{1+i}\right]^{MI'1} + \left[\frac{1+P}{1+i}\right]^{2MI'1} + \cdots + \left[\frac{1+P}{1+i}\right]^{Ki'1 \cdot MI'1}$

여기서, Ki′1＝건물수명주기 범위 내에서 이루어지는 내부마감 1의 보수횟수

즉, n/M′I1보다 작은 최대정수

ZIl＝내부마감 1의 교체주기와 보수주기의 중복으로 제외되는 보수비 현가계수

$ZI1 = \left[\frac{1+P}{1+i}\right]^{Li} + \left[\frac{1+P}{1+i}\right]^{2Li} + \cdots + \left[\frac{1+P}{1+i}\right]^{Mi \cdot Li}$

여기서, Li＝MIl과 MIl′의 중복교체주기, 즉 MIl과 MI′1의 최소공배수

여기서, Mi＝내부마감 1의 교체 및 보수주기의 중복횟수

즉 n/Li보다 작은 최대정수

VI1＝내부마감 1의 보수주기와 내부마감 2의 교체주기 중복으로 제외되는 내부마감 2의 교체비 현가계수

즉, $VI1 = \left[\frac{1+P}{1+i}\right]^{Ui'1} + \left[\frac{1+P}{1+i}\right]^{2Ui1} + \cdots + \left[\frac{1+P}{1+i}\right]^{Ni \cdot Ui1}$

여기서, Uil＝MI′1과 MI′2의 중복교체주기, 즉 Mi′1과 MI2의 최소공배수

Ne＝내부마감 1의 보수주기와 내부마감 2의 교체주기 중복횟수

즉, n/Uil보다 작은 최대정수

• 외벽의 보수교체비 : WEOC

외벽의 보수비 및 교체비는 상기 식들의 합으로 구해질 수 있다.

WEOC = WERC + WEMC + WIRC + WIMC

= [{(XE1 · (BE1 + BE2) + XE2 · BE2 − XEO · BE2} + {(YE1 − ZE1) · (BE1 + BE2) − (VE1 · BE2)} · UE1 + {XI1 · (BI1 + BI2) + XI2 · BI2 − XIO · BI2} + {(YIl − ZIl) · (BIl + BI2) − VI1 · BI2} · UI1] · (WEC + m · r + ms) · (WEA + WEAO)

여기서,

al = XE1 · (BE1 + BE2) + XE2 · BE2 − XEO · BE2

a2 = {(YE1 − ZE1) · (BE1 + BE2) − VE1 · BE2) · UEI

a3 = {XI1 · (BIl + BI2) + XI2 · BI2 − XIO · BI2}

a4 = {(YI1 − ZIl) · (BIl + BI2) − VI1 · BI2) · UI1이라면

WEOC = (al + a2 + a3 + a4) · (WEC + m · r + ms) ············식(6)

④ 에너지비(WEEC)

다음 그림의 열이동 구조에서 열손실 Q는 다음과 같이 주어진다.

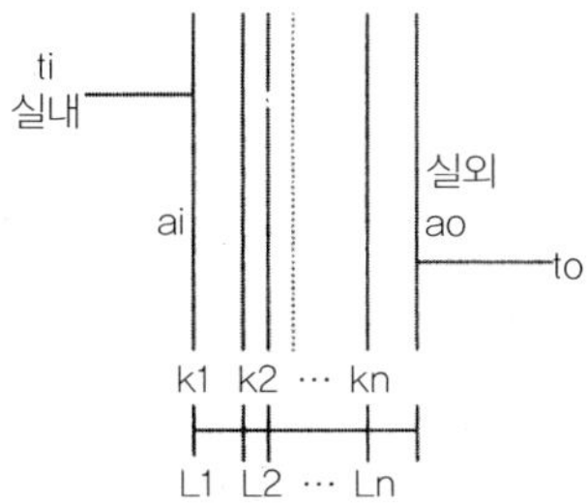

여기서,
ai = 단위면적당 내부 표면열저항(m^2 · ℃/W)
ao = 단위면적당 외부 표면열저항(m^2 · ℃/W)
ti = 실내온도(℃)
to = 실외온도(℃)
kl ··· kn = 구성요소의 열전도율(W/m · ℃)
L1 ··· Ln = 구성요소의 두께(m)

$$Q = \frac{ti - to}{\frac{1}{ai}\left[\frac{L1}{k1} + \frac{L2}{k2} + \cdots + \frac{Ln}{kn}\right] + \frac{1}{ao}}$$

여기서 단열재의 열저항 r = L2/k2(m^2 · ℃/W)

다른 요소의 열저항 R = (1/ai) + (Ll/k1) + (L3/k3) + · · · · + (Ln/kn) + (1/ao)

실내의 온도차 △t = ti − to(℃)라면 열이동량 Q = △t(r + R)이 된다.

따라서 외벽을 통해 유출되는 에너지 비는 다음과 같은 식으로 표현된다.

$$WEEC = \frac{D \cdot Ho \cdot \triangle t \cdot Ex}{(r+R)} \cdot \frac{Fo}{EF}$$

여기서, Ex＝에너지비 현가계수, 즉

$$Ex = \left[\frac{1+e}{1+i}\right]^0 + \left[\frac{1+P}{1+i}\right]^1 + \cdots + \left[\frac{1+e}{1+i}\right]^n$$

상기 식에서 a5＝(D · Ho · △t · Ex) · (Fo/EF)라면

$$WEEC = \frac{a5}{(r+R)} \cdot WEA \quad \cdots\cdots \text{식(7)}$$

여기서 비난방실의 외벽면적 WEAO는 제외된다. 이는 비난방실의 난방부하는 난방실과 비난방실의 경계벽을 통해서 구해지기 때문이다.

⑤ **외벽시스템의 수명주기비용**(WELCC)

외벽시스템의 수명주기비용은 상기에서 유도된 각 비용요소의 합으로 구해진다.

$$\begin{aligned} WELCC &= WEIC + WEOC + WEEC \\ &= WEIC + (a1+a2+a3+a4) \cdot WEIC + \{a5/(r+R)\} \cdot WEA \\ &= \underline{(1+a1+a2+a3+a4) \cdot (WEC+m \cdot r+ms) \cdot (WEA+} \\ &\quad \underline{WEAO) + \{a5/(r+R)\} \cdot WEA} \quad \cdots\cdots \text{식(8)} \end{aligned}$$

여기서 한 건물을 구성하는 다양한 유형의 외벽시스템을 고려하여 위의 식(8)을 일반화시키면 다음과 같이 된다.

$$WELCC \sum_{j1}^{j1} \{(1+a1i+a2i+a3i+a4i) \cdot (WECi+mi+ri+msi) \cdot$$
$$(WEiA+WEiAO) + \{a5i/(ri+Ri)\} \cdot WEiA \quad \cdots\cdots \text{식(9)}$$

단, j1＝외벽시스템의 유형수

2) 다른 부위 시스템의 수명주기비용 모델

다른 부위 시스템의 수명주기비용 모델도 상기 외벽시스템의 수명주기비용 모델의 유도과정과 유사한 방법으로 구해질 수 있다. 이 책에서는 지면상의 이유 때문에 구체적인 유도과정을 생략하고 최종적으로 유도된 결과만을 표시하면 다음과 같다.

- 외벽창문의 LCC 모델

$$GELCC = \sum_{i=1}^{j2} [\{(+bli) \cdot GECi + (1 + b2i) \cdot GICi\} \cdot (GEiA + GEiAO) + AG5i \cdot (AG51i \cdot GEAi + AG52i)$$

- 외벽출입문의 LCC 모델

$$DELCC = \sum_{i=1}^{j3} [\{(1 + cli + c2i) \cdot DECi \cdot DEAi + AD5i \cdot (AG51i \cdot DEAi + AD52i)$$

- 내벽의 LCC 모델

$$DELCC = \sum_{i=1}^{j4} \{(1 + dl + d2i) = WPCi \cdot (WPiA + WPiAO) + AP5i \cdot WPiAO\}$$

- 내벽출입문의 LCC 모델

$$DELCC = \sum_{i=1}^{j5} \{(+eli + e2ie3i) \cdot DPCi(DPiA + APiAO) + ADP5i \cdot DPiAO\}$$

3) 정보 및 자료, 가정사항, 모델변수 설정

① 정보 및 자료

- 대상건물 : ○○지역 아파트(단위세대면적 58m^2) 15층
- 대상층 : 5층 6세대
- 난방방식 : 중앙난방식
- 대상층 실의 배치 및 단위세대 평면 : 부록그림 16.1 및 부록그

림 16.2 참조

• 가정사항

항 목	기 호	사용단위	가정치
건물의 수명 주기	n	년	30
물가상승률	P	%	2
이자율	i	%	10
연료비 상승률	e	%	1
난방도일	D	℃ Day	2,978
1일 난방시간	Ho	hrs/day	6
난방기기 열효율	EF	%	88
연료가격	Fo	원/KW · hr	0.07826
실내온도	ti	℃	18
실외온도	to	℃	–10

• 보수 및 교체주기 : 건설부제정 "공동주택관리령"상의 기준〈본 사례연구 후반부의 참고자료 1 "보수 및 교체주기"(p.401 참조)〉

• 측정 데이터

항 목	기 호	사용단위	값
건물높이	Ht	m	13.0
층당 세대수	Nu	–	2
층고	Hs	m	2.6
천장고	Hc	m	2.33
난방도일	D	℃ Day	2,978
Rooml의 면적	S1	m^2	12.87
Room2의 면적	S2	m^2	10.56
거실면적	S3	m^2	23.76
storage 규격	c×1×cy1=1.8×1.5	m^2	2.7
화장실 규격	c×3×cy2=2.1×1.6	m^2	3.36
Rooml의 창호규격	GE1		1.5m×1.2m
거실의 창호규격	GE2		1.8m×2.0m
Room2의 창호규격	GE3		1.2m×1.1m
Storage 창호규격	GE4		0.9m×0.9m
외벽출입문 규격	DE1		0.9m×2.1m
Rooml의 출입문 규격	DP1		0.9m×2.0m
Room2의 출입문 규격	DP2		0.9m×2.0m
Storage 출입문 규격	DP3		0.7m×2.0m
화장실의 출입문 규격 0.63m×2.0m			DP4

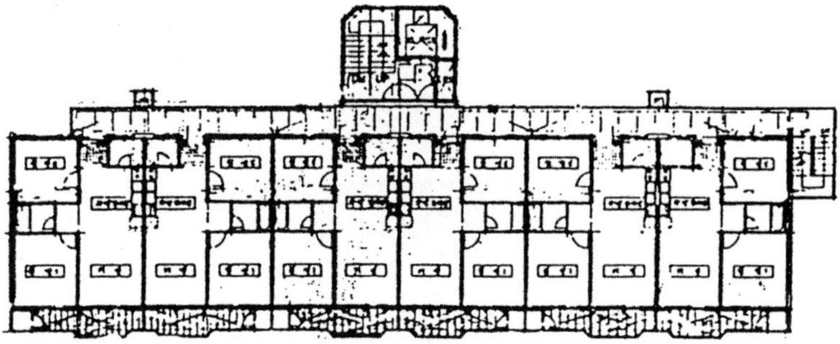

부록 그림 16.1 대상층(5층)의 실 배치

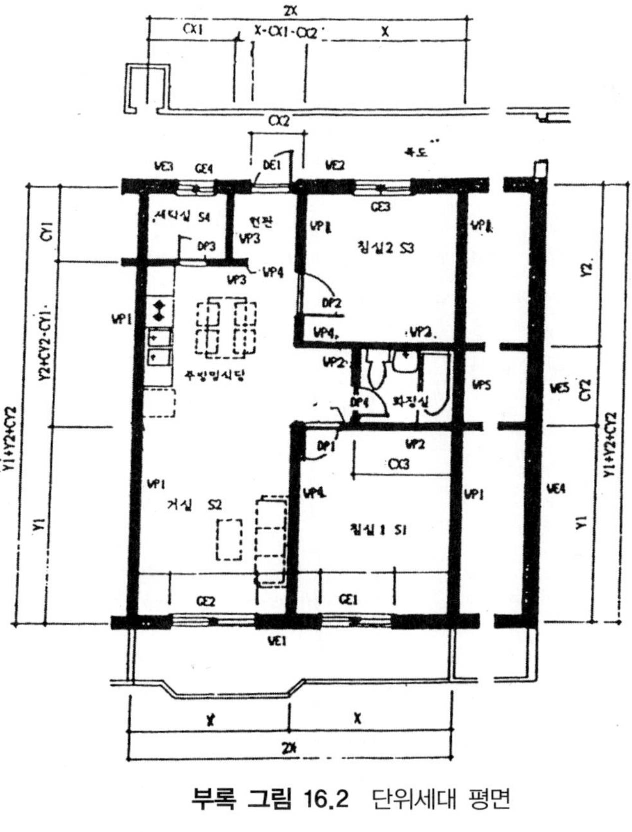

부록 그림 16.2 단위세대 평면

부 위	기 호	부위상세
외 벽	WE1 WE2 WE3	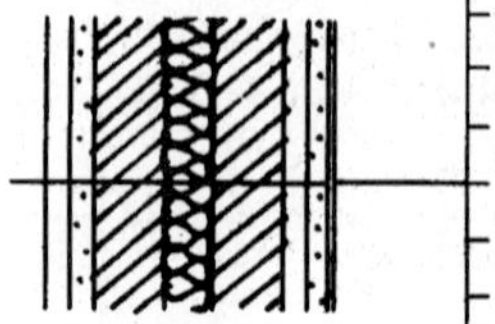 타일 8mm 모르타르 20mm 시멘트 벽돌 90mm 단열재 50mm 방수필름 0.2mm 시멘트벽돌 90mm 모르타르 20mm 벽지 0.5mm
	WE4	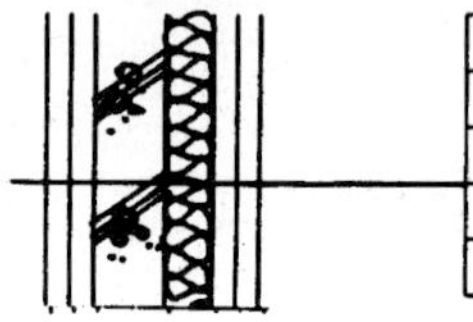 타일 8mm 콘크리트 180mm 단열재 70mm 방수필름 0.2mm 짚섬보드 9mm 벽지 0.5mm
	WE5	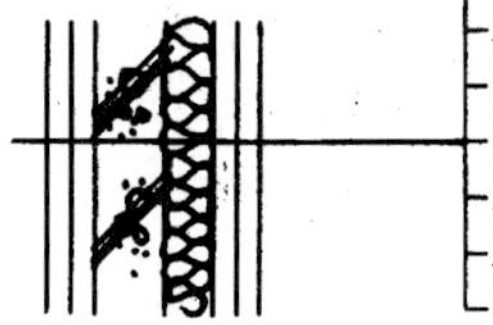 타일 8mm 콘크리트 180mm 단열재 70mm 방수필름 0.2mm 시멘트벽돌 90mm 모르타르 20mm 타일 8mm
창 문	GE1, GE2 GE3, GE4	내부창문 : 80mm 알루미늄 sash+5mm 유리 외부창문 : 100mm 목재틀+5mm 유리
외벽 출입문	DE1	철제문+철제문틀
내벽 출입문	DP1, DP2 DP3, DP4	철제문+철제문틀
내 벽	WP1	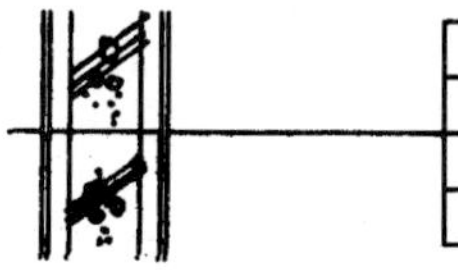 벽지 0.5mm 짚섬보드 9mm 콘크리트 180mm 짚섬보드 9mm 벽지 0.5mm
	WP2	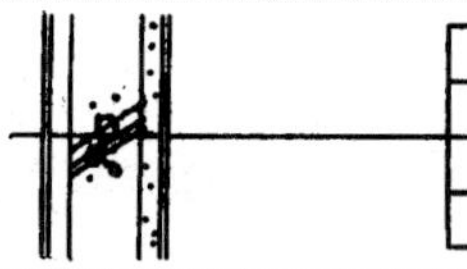 벽지 0.5mm 짚섬보드 9mm 시멘트벽돌 90mm 모르타르 20mm 타일 8mm
	WP3 WP4	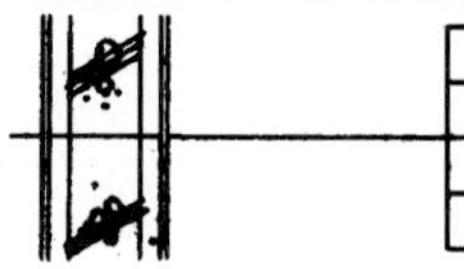 벽지 0.5mm 짚섬보드 9mm 시멘트벽돌 90mm 짚섬보드 9mm 벽지 0.5mm

부록 그림 16.3 부위 시스템의 상세

② 결과변수(end result variable)의 결정

부록 그림 16.2에서 결과변수 X(실치수)를 다음 순서에 따라 결정한다.

- 室의 한변 치수를 X로 결정한다. 따라서 다른 변의 실치수 Y1과 Y2는 각각 S1/X, S3/X가 된다.
- 화장실, 창고(storage), 출입문 등과 같이 규격화되어 실치수의 변경이 어려운 부분의 치수는 CX1, CX2, CX3, CY1, CY2 등의 상수(constant)로 결정한다.
- 정상적으로 室이 형성될 수 있도록 하기 위해서 실치수 X〉CX1+CX2가 되도록 조건을 결정한다.

4) 건물의 수명주기비용 모델 설정

① 건물부위의 수량모델(quantity model of building elements)

앞에서 제시된 "측정데이터(measurement data)"를 이용하여 아파트 건물 5층 6세대의 부위벽 수량을 산정하면 다음과 같다.

㉠ 외벽의 수량

WE1 : WE1A=(2X · Hs−GE1A−GE2A) · Nu

=2 · Hs · Nu · X−(GE1A+GE2A) · Nu

WE2 : WE2A={(2X−CX1−CX2) · Hs−GE3A−DE1A} · Nu

=2Nu · Hs · X−(CX1 · Hs+CX2 · Hs+GE3A+DE1A) · Nu

WE3 : WE3A=(CX1 · Hs−GE4A) · Nu

WE4 : WE4A=2(Y1+Y2) · Hs=2(S1/X+S3/X) · Hs

=2(S1+S3) · (1/X)

WE5 : WE5A=2CY2 · Hs

㉡ 내벽의 수량

WP1 : $WP1A=(Y1+Y2+CY2)\cdot Hc\cdot Nu1+\{(Y1+Y2)\cdot Hc\cdot Nu2\}$

$=(S1+S2)\cdot(Nu1\cdot Hc+Nu\cdot Hc+Hc\cdot Nu2)\cdot(1/X)$

$+CY2\cdot Hc\cdot Nu1-DP2A\cdot Nu$

여기서 $Nu1=Nu/2$ 보다 작은 최대정수

$Nu2=(Nu-1)/2$ 보다 작은 최대정수

WP2 : $WP2A=\{(2CX3+CY2)\cdot Hc-DP4A\}\cdot Nu$

$=(2CX3\cdot Hc+CY2\cdot Hc-DP4)\cdot Nu$

WP3 : $WP3A=\{(CX1+CY1)\cdot Hc-DP3A\}\cdot Nu$

$=(CX1\cdot Hc+CY1\cdot Hc-DP3A)\cdot Nu$

WP4 : $WP4A=\{2(X-CX3)\cdot Hc-DP1A+(X-CX1-CX2)\cdot Hc\}\cdot Nu\}$

$+CX1\cdot Hc+CY1\cdot Hc-DP3A)\cdot Nu$

$=3Hc\cdot Nu\cdot X-(Hc\cdot CX1+Hc\cdot CX2+2Hc\cdot CX3+$

$DP1A)\cdot Nu$

WP5 : $WP5A=CY2\cdot Hc\cdot Nu2$

ⓒ 외벽창문

GE1 : $TGE1A=GE1A\cdot Nu$

GE2 : $TGE2A=GE2A\cdot Nu$

GE3 : $TGE3A=GE3A\cdot Nu$

GE4 : $TGE4A=GE4A\cdot Nu$

ⓓ 외벽출입문 DE1 : $TDE1A=DE1A\cdot Nu$

ⓔ 내벽출입문

DP1 : $TDP1A=DP1A\cdot Nu$

DP2 : $TDP2A=DP2A\cdot Nu$

DP3 : $TDP3A=DP3A\cdot Nu$

DP4 : $TDP4A=DP4A\cdot Nu$

② **건물부위의 수명주기비용 방정식**(LCC equation of building elements)

건물 부위별 수명주기비용은 부위별 수명주기비용 모델에 앞에서 언급된 부위별 수량을 대입하면 얻어진다.

㉠ 외벽의 수명주기비용 : WEiLCC

- WE1LCC=2Hs · Nu(1+a11+a21+a31+a41)(WEC1+m1 · r1+ms1)+{a51/(r1+R1)} · X−(1+a11+a21+a31+a41)(WEC1+m1 · r1+ms1)+{a51/(r1+R1)} · (GE1A+GE2A) · Nu

  여기서 AQE1=2Hs · Nu(1+a11+a21+a31+a41)(WEC1+m1 · r1+ms1)+{a51/(r1+R1)},

  AZE1=(1+a11+a21+a31+a41)(WEC1+m1 · r1+ms1)+{a51/(r1+R1)} · (GE1A+GE2A) · Nu 라면

  WE1LCC=AQE1 · X+AZE1

- WE2LCC=2Nu · Hs(1+a12+a22+a32+a42)(WEC2+m^2 · r2+ms2)+{a52/(r2+R2)} · X−(1+a12+a22+a32+a42)(WEC2+m^2 · r2+ms2)+{a52/(r2+R2) · (CX1 · Hs+CX2 · Hs+GE3A+ DE1A) · Nu

  여기서 AQE2=2Nu · Hs(1+a12+a22+a32+a42)(WEC2+m^2 · r2+ms2)+{a52/(r2+R2)}

  AZE1=(1+a12+a22+a32+a42)(WEC2+m^2 · r2+ms2)+{a52/(r2+R2) · (CX1 · Hs+CX2 · Hs+GE3A+DE1A) · Nu 라면

  WE2LCC=AQE2 · X+AZE2

- WE3LCC=(1+a13+a23+a33+a43)(WEC3+m3 · r3+ms3)(CX1 · Hs−GE4A) · Nu

여기서 AZE3=(1+a13+a23+a33+a43)(WEC3+m3 · r3+ms3)(CX1 · Hs−GE4A) · Nu 라면

WE3LCC=AZE3

- WE4LCC=2(S1+S3)(1+a14+a24+a34+a44)(WEC4+m4 · r4+ms4)+{a54/(r4+R4)} · (1/X)

여기서 AVE4=2(S1+S3)(1+a14+a24+a34+a44)(WEC4+m4 · r4+ms4)+{a54/(r4+R4)} 라면

WE4LCC=AVE4 · (1/X)

- WE5LCC=(1+a15+a25+a35+a45)(WEC5+m5 · r5+ms5)+{a55/(r5+R5)} · CY2 · Hc · Nu2

여기서 AZE5=(1+a15+a25+a35+a45)(WEC5+m5 · r5+ms5)+{a55/(r5+R5)} · CY2 · Hc · Nu2 라면

WE5LCC=AZE5

따라서 외벽의 수명주기비용 방정식 WELCC는

WELCC=WE1LCC+WE2LCC+WE3LCC+WE4LCC+WE5LCC
=(AQE1+AQE2) · X+AVE4 · (1/X)+(AZE1+AZE2+AZE3+AZE5)

㉡ 외벽창문의 수명주기비용 : GEiLCC

- GE1LCC=GE1A · Nu · {(1+b11) · GEC1+(1+b21) · GIC1}+AG51 · (AG511 · GE1A · Nu+AG521)

여기서 AZG1=GE1A · Nu · {(1+b11) · GEC1+(1+b21) · GIC1}+AG51 · (AG511 · GE1A · Nu+AG521) 라면

GE1LCC=AZG1

- GE2LCC=GE2A · Nu · {(1+b12) · GEC2+(1+b22) · GIC2}+AG52 · (AG512 · GE2A · Nu+AG522)

여기서 AZG2=GE2A · Nu · {(1+b12) · GEC2+(1+b22) · GIC2}+AG52 · (AG512 · GE2A · Nu+AG522) 라면

GE2LCC=AZG2

- GE3LCC=GE3A · Nu · {(1+b13) · GEC3+(1+b23) · GIC3}+AG53 · (AG513 · GE3A · Nu+AG523)

여기서 AZG3=GE3A · Nu · {(1+b13) · GEC3+(1+b23) · GIC3}+AG53 · (AG513 · GE3A · Nu+AG523) 라면

GE3LCC=AZG3

- GE4LCC=GE4A · Nu · {(1+b14) · GEC4+(1+b24) · GIC4}

여기서 AZG4=GE4A · Nu · {(1+b14) · GEC4+(1+b24) · GIC4} 라면

GE4LCC=AZG4

따라서 외벽창문의 수명주기비용 방정식 GELCC는

GELCC=GE1LCC+GE2LCC+GE3LCC+GE4LCC=AZG1+AZG2+AZG3+AZG4

ⓒ 내벽의 수명주기비용 : WPiLCC

- WP1LCC=(1+d11+d21) · WPC1 · (S1+S2)(Nu1 · Hc+Nu · Hc+Hc · Nu2) · (1/X)+(1+d11+d21) · WPC2 · (CY2 · Hc · Nu1−DP2A · Nu)

여기서 AVP1=(1+d11+d21) · WPC1 · (S1+S2)(Nu1 · Hc+Nu · Hc+Hc · Nu2),

AZP1=(1+d11+d21) · WPC1 · (CY2 · Hc · Nu1−DP2A · Nu) 라면

WP1LCC=AVP1 · (1/X)+AZP1

- WP2LCC=(1+d12+d22) · WPC2 · (2CX3 · Hc+CY2 · Hc−DP4A) · Nu

여기서 AZP2=(1+d12+d22) · WPC2 · (2CX3 · Hc+CY2 · Hc −DP4A) · Nu WP2LCC=AZP2

- WP3LCC={(1+d13+d23) · WPC3 · (WP3A+WP3AO} · (CX1 · Hc+CY1 · Hc−DP3A) · Nu

  여기서 AZP3={(1+d13+d23) · WPC3 · (WP3A+WP3AO} · (CX1 · Hc+CY1 · Hc−DP3A) · NuWP3LCC =AZP3

- WP4LCC=(1+d14+d24) · WPC4 · 3Hc · Nu · X−(1+d14+d24) · WPC4(Hc · CX1+Hc · CX2+Hc · CX3+DP1A) · Nu

  여기서 AQP4=(1+d14+d24) · WPC4 · 3Hc · Nu,
  AZP4=−(1+d14+d24) · WPC4(Hc · CX1+Hc · CX 2+Hc · CX3+DP1A) · Nu 라면

  WP4LCC=AQP4 · X+AZP4

- WP5LCC=(1+d15+d25) · WPC5 · CY2 · Hc · Nu2

  여기서 AZP5=(1+d15+d25) · WPC5 · CY2 · Hc · Nu2 라면

  WP5LCC=AZP5

따라서 내벽의 수명주기비용 방정식 WPLCC는

WPLCC=WP1LCC+WP2LCC+WP3LCC+WP4LCC+WP5LCC
=AQP4 · X+AVP1 · (1/X)+AZP1+AZP2+AZP3+AZP4+AZP5

㉣ 외벽창호의 수명주기비용 : DEiLCC

DELCC=(1+c11+c21) · DE1A · Nu+AD51 · (AD511 · DE1A · Nu +AD521)

여기서 AZDE1=(1+c11+c21) · DE1A · Nu+AD51 · (AD511 · DE1A · Nu+AD521) 라면

DELCC=AZDE1

ⓜ 내벽창호의 수명주기비용 : DPiLCC

- DP1LCC=(1+e11+e21+e31) · DPC1 · DP1A · Nu

  여기서 AZDP1=(1+e11+e21+e31) · DPC1 · DP1A · Nu 라면

  DP1LCC=AZDP1
- DP2LCC=(1+e12+e22+e32) · DPC2 · DP2A · Nu

  여기서 AZDP2=(1+e12+e22+e32) · DPC2 · DP2A · Nu 라면

  DP2LCC=AZDP2
- DP3LCC=(1+e13+e23+e33) · DPC3 · DP3A · Nu+ADP53 · DP3A · Nu

  여기서 AZDP3=(1+e13+e23+e33) · DPC3 · DP3A · Nu+ADP53 · DP3A · Nu라면

  DP3LCC=AZDP3
- DP4LCC=(1+e14+e24+e34) · DPC4 · DP4A · Nu

  여기서 AZDP4=(1+e13+e23+e33) · DPC3 · DP3A · Nu 라면

  DP4LCC=AZDP4

따라서 내벽출입문의 수명주기비용 방정식 DPLCC는

DPLCC=DP1LCC+DP2LCC+DP3LCC+DP4LCC=AZDP1+AZDP2+AZDP3+AZDP4

③ 건물의 수명주기비용 모델(LCC model of the building)

상기 부위별 수명주기비용 방정식의 합을 구함으로써 건물의 수명주기비용 모델이 얻어진다. 여기서 바닥부위는 생략된다. 이는 바닥면적이 미리 확정되어 常數의 역할을 하여 건물 형태의 변화에 관계없이 수명주기비용은 역시 일정하기 때문이다. 즉 본 모델의 목적이 대안의 경제성의 차이점을 인식하기 위한 것이므로 각 대안별로 항

상 일정한 바닥부위는 비교대상에서 제외한 상태에서 수직부위(vertical elements)의 변화에 따른 수명주기비용의 효용성을 측정한다. 건물의 수명주기비용 TotLCC는 다음과 같다.

TotLcc=WELCC+GELCC+DELCC+WPLCC+DPLCC

=(AQE1+AQE2+AQP4)·X+(AVE4+AVP1)·(1/X)+(AZE1+AZE2+AZE3+AZE5+AZG1+AZG2+AZG3+AZG4+AZP1+AZP2+AZP3+AZP4+AZP5+AZDE1+AZDP1+AZDP2+AZDP3+AZDP4)

여기서 A=AQE1+AQE2+AQP4

B=AVE4+AVP1

C=AZE1+AZE2+AZE3+AZE5+AZG1+AZG2+AZG3+AZG4+AZP1+AZP2+AZP3+AZP4+AZP5+AZDE1+AZDP1+AZDP2+AZDP3+AZDP4

따라서 TotLCC=A·X+B·(1/X)+C

④ 건물의 적정 실치수 결정

수명주기비용을 최소화하는 실치수를 결정하기 위해 상기 방정식을 실치수 X로 미분하여 극소값을 구하면 다음과 같다.

$d(TotLCC)/dX=A-B/X^2=0$에서

$X=(B/A)^{1/2}$ (단, X〉CX1+CX2)

Y1=S1/X, Y2=S2/X

5) 모델의 운용

모델의 운용은 부록 그림 16.4의 flowchart에서 보여진 바와 같다. 이 모델의 운용을 위해서 컴퓨터 프로그램이 작성, 운용된다.

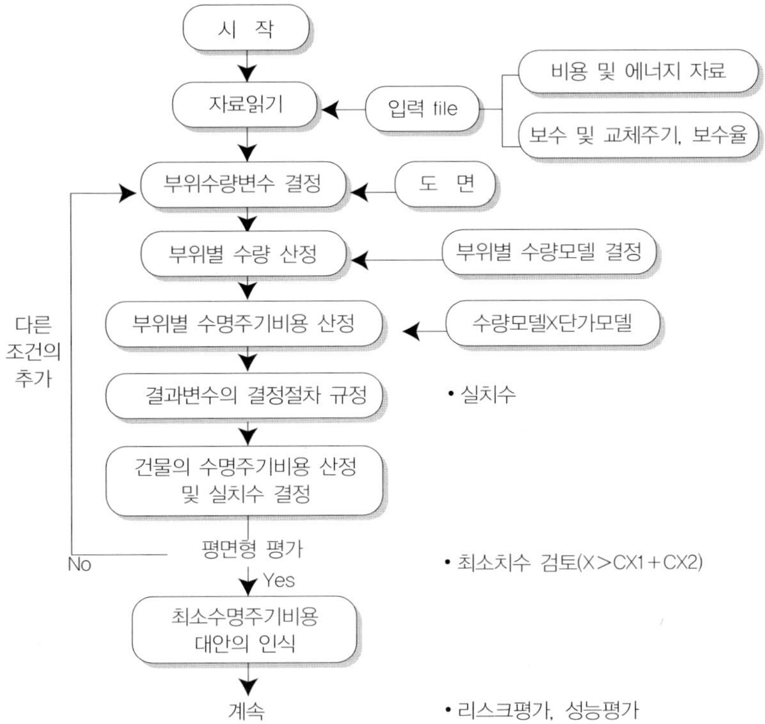

부록 그림 16.4 모델운용 Flowchart

상기 절차에 의해 컴퓨터 프로그램을 운용한 결과는 다음과 같은 수명주기비용 방정식이 결정되었다.

TotLCC=3,709,883 · X+31,283,773 · (1/X)+20,192,023

상기 식의 미분을 통해 수명주기비용을 최소화하는 실치수를 결정하면 다음과 같다.

$X=(31,283,773/3,709,883)^{\frac{1}{2}}=2.9m \rangle CX1+CX2=2.71m$

Y1=S1/X=12.87/2.9=4.43m

Y2=S2/X=10.56/2.9=3.64m

이러한 조건에서의 수명주기비용은

$TotLCC_{(X=2.9)}$=3,709,883X2.9+31,283,773X2.9+20,192,023

=41,738,173원이 된다.

최종적으로 모듈(module)을 고려 실치수를 조정하면 다음과 같다.

X=2.9m, Y1=4.4m, Y2=3.6m

6) 대안의 설정 및 비교

건물을 구성하는 모든 부위의 대안을 설정하여 비교할 수 있으나, 본 사례에서는 절차의 단순화를 위해 외벽(WE1,WE2,WE3)과 내벽(WP1)의 대안만을 설정하여 설계와 수명주기비용을 비교한다. 원안(대안 4)을 포함하여 각 대안의 유형 및 모델운용결과는 부록 그림 16.5와 부록 표 16.1과 부록 표 16.2에 나타나 있으며, 이에 대한 구체적 출력자료는 참고자료 2(p.404)와 같다. 한편 이들 운용결과를 근거로 작성된 평면형은 부록 그림 16.6에 나타나 있다.

이들 운용결과와 계량화 불가능한 정성적 인자를 함께 고려하여 실시한 성능평가는 "제16장 성능평가"에서 언급된다.

7) 감도분석(sensitivity analysis)

물가상승률, 이자율, 에너지비 상승률, 난방시간, 실내온도, 난방기기 열효율, 난방도일 등, 건물의 수명주기비용에 직접적 영향을 미치는 주요변수를 대상으로 실시한 감도분석 결과는 부록 그림 16.7~부록 그림 13에 나타나 있다.

대안구분	외벽상세	내벽상세
대안 1	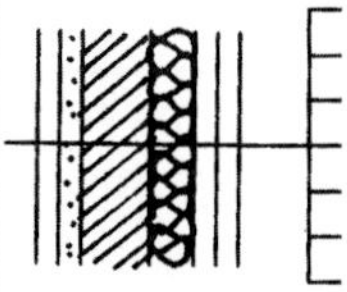 화강석 25mm 모르타르 25mm 시멘트벽돌 190mm 단열재 70mm 방수필름 0.2mm 짐섬보드 9mm 벽지 0.5mm	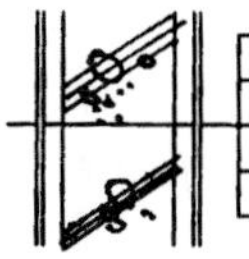 벽지 0.5mm 짐섬보드 9mm 콘크리트 120mm 짐섬보드 9mm 벽지 0.5
대안 2	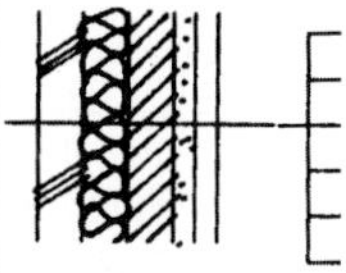 pc 패널 150mm 단열재 70mm 방수필름 0.2mm 시멘트벽돌 90mm 모르타르 20mm 벽지 0.5mm	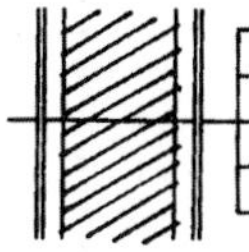 벽지 0.5mm 모르타르 20mm 시멘트벽돌 190mm 모르타르 20mm 벽지 0.5mm
대안 3	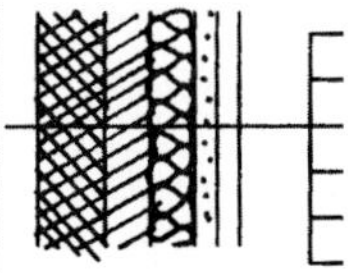 붉은벽돌 90mm 시멘트벽돌 90mm 단열재 70mm 방수필름 0.2mm 모르타르 20mm 벽지 0.5mm	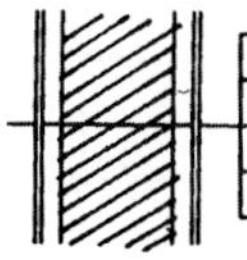 수성페인트 모르타르 20mm 시멘트벽돌 190mm 모르타르 9mm 수성페인트
대안 4	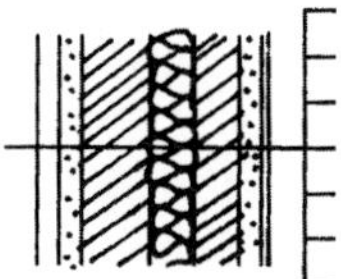 타일 8mm 모르타르 20mm 시멘트벽돌 90mm 단열재 70mm 방수필름 0.2mm 시멘트벽돌 90mm 모르타르 20mm 벽지 0.5mm	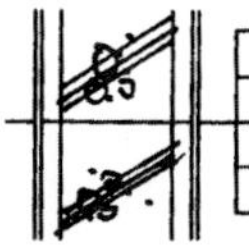 벽지 0.5mm 짐섬보드 9mm 콘크리트 120mm 짐섬보드 9mm 벽지 0.5mm

부록 그림 16.5 대안의 시스템 상세

부록 표 16.1 대안의 수명주기비용 (단위 : 원)

대 안	초기공사비	보수교체비	에너지비	계
대 안 1	15,374,731	1,956,916	20,855,739	38,187,385
대 안 2	20,308,729	1,827,721	20,812,585	42,948,535
대 안 3	18,232,703	1,584,372	21,195,129	41,012,205
대 안 4(원안)	18,270,602	2,018,351	21,449,221	41,738,173

부록 표 16.2 대안의 실 치수

대 안	X	Y1	Y2
대 안 1	2.8m	4.6m	3.9m
대 안 2	3.1m	4.2m	3.4m
대 안 3	2.8m	4.6m	3.9m
대 안 4(원안)	2.9m	4.4m	3.6m

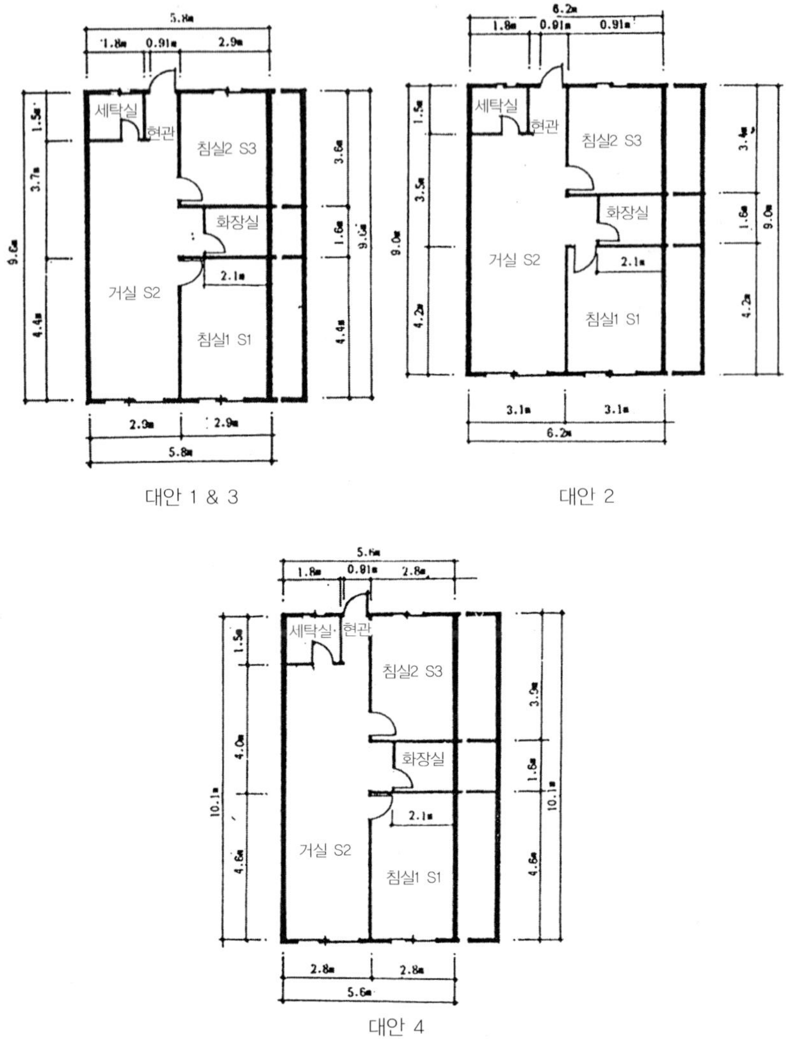

부록 그림 16.6 각 대안의 평면형

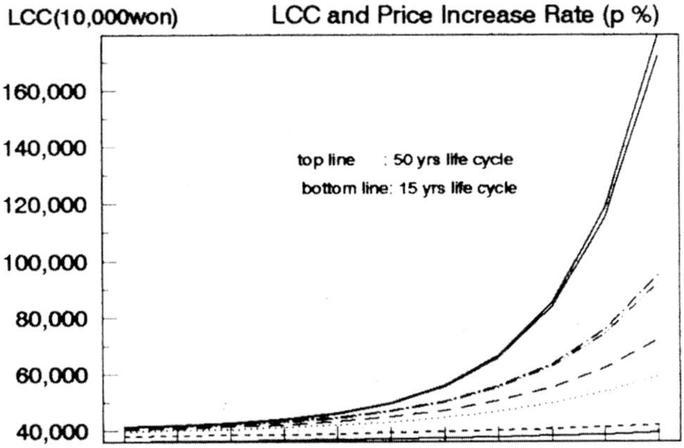

Price Increase Rate (%)	p = 0	p = 2	p = 4	p = 6	p = 8	p = 10	p = 12	p = 14	p = 16	p = 18	p = 20
15 yrs ———	36,348	36,479	36,635	36,820	37,040	37,299	37,603	37,980	38,379	38,688	39,438
20 yrs - - - -	38,308	38,459	38,641	38,860	39,124	39,441	39,821	40,278	40,822	41,474	42,253
25 yrs ·······	39,854	40,205	40,677	41,316	42,181	43,354	44,947	47,109	50,040	54,012	59,384
30 yrs — —	40,610	41,012	41,586	42,365	43,517	45,128	47,433	50,744	55,516	62,410	72,385
35 yrs —··—·	41,095	41,569	42,255	43,259	44,746	46,963	50,298	55,340	62,994	74,645	92,410
40 yrs —·—	41,339	41,816	42,507	43,523	45,032	47,295	50,715	55,922	63,688	76,124	94,972
45 yrs ———	41,535	42,075	42,902	44,205	46,312	49,807	55,730	65,955	83,882	115,585	172,102
50 yrs ———	41,623	42,165	42,988	44,316	46,457	50,029	56,127	66,744	85,515	119,099	179,679

부록 그림 16.7 수명주기비용과 물가상승률

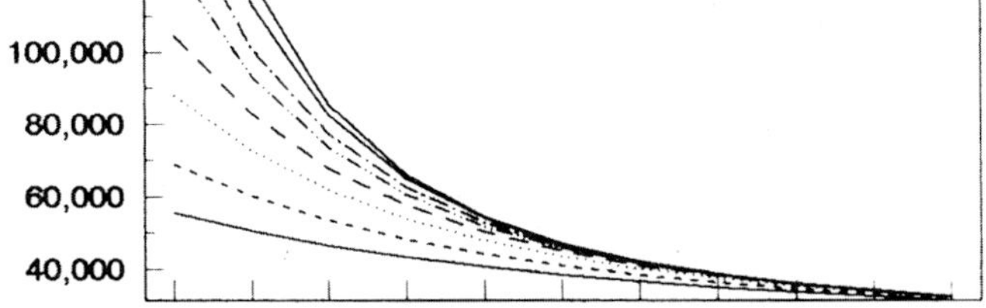

Interest Rate	i = 0	i = 2	i = 4	i = 6	i = 8	i = 10	i = 12	i = 14	i = 16	i = 18	i = 20
15 yrs ——	55,569	50,653	46,659	43,388	40,688	38,441	36,559	34,970	33,619	32,464	31,469
20 yrs - -	68,797	60,109	53,469	48,328	44,293	41,090	38,517	36,426	34,709	33,283	32,088
25 yrs ····	88,194	72,802	61,851	53,910	48,043	43,630	40,250	37,618	35,534	33,858	32,492
30 yrs —	104,575	82,898	67,814	57,470	50,191	44,939	41,012	38,117	35,847	34,056	32,618
35 yrs —··	124,861	93,277	73,444	60,582	51,910	45,905	41,605	38,433	36,030	34,163	32,681
40 yrs —·	140,857	100,965	77,194	62,419	52,641	46,379	41,849	38,580	36,097	34,199	32,701
45 yrs ——	168,033	112,983	82,598	64,888	53,987	46,918	42,106	38,685	36,158	34,230	32,716
50 yrs ——	186,070	120,100	85,460	66,059	54,475	47,125	42,195	38,724	36,175	34,237	32,720

부록 그림 16.8 수명주기비용과 이자율

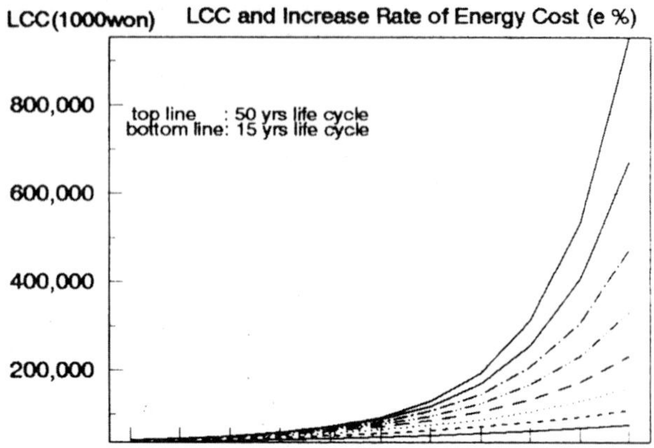

Increase Rate of Energy Cost (%)		e=0	e=2	e=4	e=6	e=8	e=10	e=12	e=14	e=16	e=18	e=20
15 yrs	————	35,617	37,407	39,482	41,660	44,080	47,952	51,756	56,196	61,383	67,448	74,540
20 yrs	- - - - -	37,305	39,733	42,678	46,289	50,670	56,086	62,775	71,063	81,358	94,173	110,152
25 yrs	....	38,690	41,758	45,443	50,148	56,204	64,082	74,331	87,835	105,885	129,381	160,940
30 yrs	— — —	39,465	42,771	47,605	52,786	60,444	70,928	85,411	105,827	134,086	174,428	231,924
35 yrs	—··—··—	39,927	43,472	48,240	54,796	64,015	77,227	96,505	125,067	167,922	232,879	332,106
40 yrs	—·—·—	40,100	43,825	48,955	56,236	66,874	82,854	107,457	146,349	209,077	308,570	473,355
45 yrs	————	40,311	44,158	49,580	57,438	69,389	88,107	118,518	169,292	258,042	406,935	672,898
50 yrs	————	40,369	44,298	49,902	58,266	71,357	92,606	129,469	194,455	313,073	534,482	954,481

부록 그림 16.9 수명주기비용과 에너지비 상승률

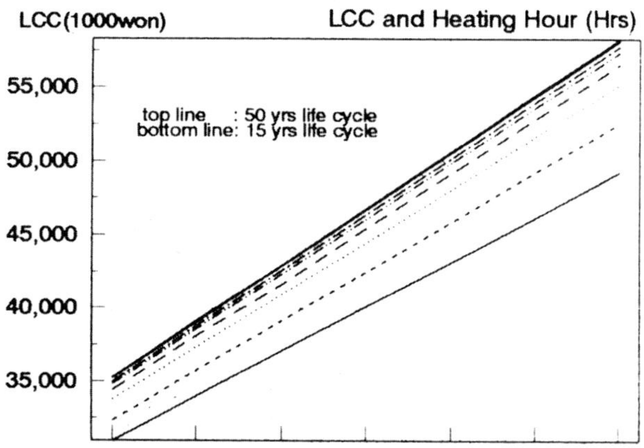

Heating Hour (Hrs)		H=4	H=5	H=6	H=7	H=8	H=9	H=10
15 yrs	———	30,973	34,018	37,062	40,107	43,151	46,196	49,240
20 yrs	- - -	32,367	35,742	39,118	42,493	45,868	49,243	52,619
25 yrs	......	33,788	37,361	40,933	44,506	48,078	51,651	55,224
30 yrs	— —	34,392	38,082	41,612	45,463	49,153	52,843	56,534
35 yrs	—··—	34,618	38,578	42,339	46,099	49,860	53,620	57,380
40 yrs	—·—	34,990	38,793	42,595	46,397	50,199	54,002	57,804
45 yrs	———	35,209	39,038	42,864	46,691	50,518	54,345	58,173
50 yrs	———	35,273	39,115	42,957	46,799	50,641	54,483	58,325

부록 그림 16.10 수명주기비용과 난방시간(hrs/day)

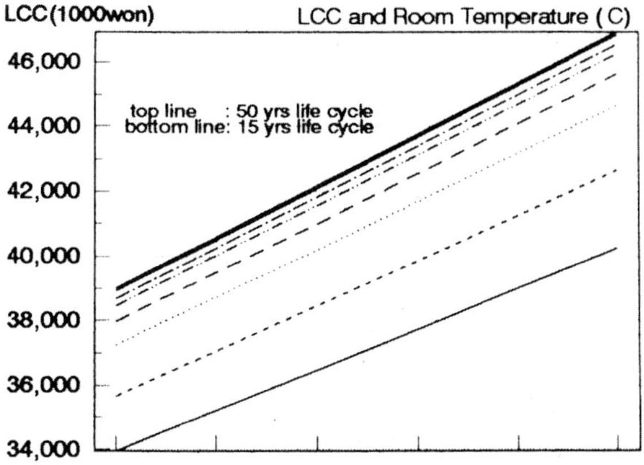

Rm Temperature(C)		ti=14	ti=16	ti=18	ti=20	ti=22	ti=24
15 yrs	———	33,965	35,224	36,482	37,741	39,000	40,259
20 yrs	- - - -	35,676	37,072	38,467	39,863	41,258	42,654
25 yrs	·······	37,263	38,740	40,217	41,694	43,171	44,648
30 yrs	— —	37,980	39,506	41,012	42,557	44,063	45,608
35 yrs	—··—	38,475	40,029	41,584	43,139	44,694	46,248
40 yrs	—·—	38,687	40,259	41,831	43,403	44,975	46,548
45 yrs	———	38,927	40,509	42,091	43,674	45,255	46,838
50 yrs	———	39,004	40,593	42,181	43,770	45,358	46,947

부록 그림 16.11 수명주기비용과 실내온도

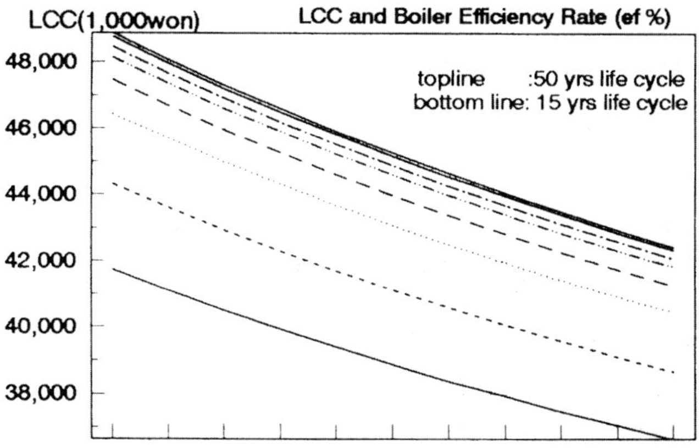

Efficiency Rate		ef=70	ef=72	ef=74	ef=76	ef=78	ef=80	ef=82	ef=84	ef=86	ef=88	ef=90
15 yrs	——	41,759	41,121	40,518	39,946	39,404	38,889	38,374	37,932	37,487	37,062	36,656
20 yrs	- -	44,325	43,618	42,949	42,315	41,714	41,143	40,599	40,082	39,588	39,118	38,667
25 yrs	·····	46,445	45,697	44,989	44,318	43,681	43,077	42,502	41,954	41,432	40,933	40,457
30 yrs	—	47,466	46,693	45,961	45,269	44,611	43,987	43,393	42,827	42,287	41,747	41,280
35 yrs	—··	48,141	47,363	46,607	45,901	45,231	44,595	43,990	43,413	42,863	42,339	41,837
40 yrs	—·	48,461	47,665	46,911	46,197	45,520	44,876	44,264	43,681	43,125	42,595	42,088
45 yrs	——	48,768	47,967	47,208	46,489	45,808	45,160	44,544	43,957	43,398	42,864	42,353
50 yrs	——	48,865	48,060	47,318	46,597	45,912	45,262	44,644	44,055	43,493	42,957	42,445

부록 그림 16.12 수명주기비용과 난방기기 열효율

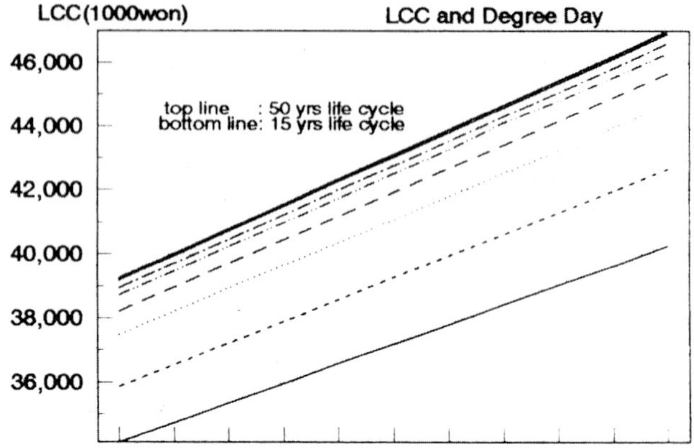

Degree Day (CDAY)		D=2500	D=2600	D=2700	D=2800	D=2900	D=3000	D=3100	D=3200	D=3300	D=3400	D=3500
15 yrs	———	34,130	34,743	35,357	35,970	36,584	37,197	37,810	38,424	39,037	39,651	40,264
20 yrs	- - - -	35,867	36,547	37,227	37,907	38,587	39,267	39,947	40,627	41,307	41,987	42,667
25 yrs	········	37,493	38,212	38,932	39,652	40,372	41,092	41,811	42,531	43,251	43,971	44,691
30 yrs	— —	38,219	38,962	39,706	40,449	41,193	41,936	42,680	43,423	44,167	44,910	45,654
35 yrs	—··—	38,717	39,475	40,232	40,990	41,748	42,505	43,263	44,106	44,778	45,536	46,294
40 yrs	—·—	38,933	39,699	40,465	41,231	41,997	42,763	43,530	44,296	45,062	45,828	46,594
45 yrs	———	39,178	39,949	40,720	41,491	42,262	43,033	43,804	44,575	45,347	46,118	46,889
50 yrs	———	39,257	40,031	40,805	41,579	42,353	43,127	43,901	44,675	45,450	46,224	46,998

부록 그림 16.13 수명주기비용과 난방기기 열효율

참고자료 1 : 보수율, 보수 및 교체기

교 체	주기 : 년
보 수	율 : %

부 위	구성요소	일본건축학회기준		건설부 ('87.6)		대한주택공사 ('90)		주택은행 ('83)	
		주기	율	주기	율	주기	율	주기	율
지 붕	액체방수	10	100	15	100	9	100	8	100
		5	18	5	18	–	–	5	18
	아스팔트방수	25	100	25	100	18	100	15	100
		15	10	8	10	8	10	8	20
	보호모르타르마감 (방수층 상부)	15	100	15	100	–	100	15	100
		5	15	5	–	8	10	8	20
	경량콘크리트	–	–	–	–	–	–	15	100
		–	–	–	–	–	–	8	20
	시이트방수	20	100	20	100	–	–	15	100
		10	20	8	20	–	–	8	20
	콩자갈깔기	–	–	–	–	–	–	15	100
		5	15	5	15	–	–	8	20
	단열층 설치 (스티로플)	–	–	–	–	–	–	15	100
		–	–	–	–	–	–	8	20
바 닥	모르타르마감	20	100	20	100	–	–	20	100
		5	15	5	15	–	–	5	15
	콩자갈	–	–	15	100	–	–	–	–
		–	–	8	20	–	–	–	–
	방수모르타르마감	–	–	30	100	–	–	10	100
		–	–	8	10	–	–	5	15
	타일붙이기 (크링커타일)	30	100	30	100	–	–	30	100
		10	10	8	10	–	–	8	10
	아스타일깔기	20	100	18	100	–	–	20	100
		10	10	6	15	–	–	8	15
	인조석깔기	30	100	30	100	–	–	30	100
		15	10	15	10	–	–	10	15
	마룻널깔기	25	100	25	100	–	–	25	100
		5	15	7	15	–	–	10	15
	화강석붙이기	–	–	–	–	–	–	–	–
		25	10	–	–	–	–	25	10
	테라초타일	–	–	–	–	–	–	30	100
		–	–	–	–	–		15	10
천 장	천장지	–	–	10	100	10	100	–	–
		–	–	–	–	–	–	–	–
	모르타르마감	30	100	30	100	–	–	30	100
		7	12	–	–	–	–	7	10
	회반죽마감	30	100	–	–	–	–	30	100
		7	20	–	–	–	–	7	20

교 체
보 수

주기 : 년
율 : %

부 위	구 성 요 소	일본건축학회기준		건설부 ('87.6)		대한주택공사 ('90)		주택은행 ('83)	
		주기	율	주기	율	주기	율	주기	율
천 장	보드(텍스)	25	100	25	100	–	–	30	100
		10	20	–	–	–	–	5	10
	수성페인트	4	100	–	–	–	–	5	100
		–	–	–	–	–	–	–	–
	조합페인트	4	100	–	–	–	–	5	100
		–	–	–	–	–	–	–	–
	합성수지페인트	6	100	6	100	–	–	6	100
		–	–	–	–	–	–	–	–
내 벽	모르타르마감	30	100	–	–	–	–	30	100
		5	18	5	18	–	–	12	10
	회반죽마감	30	100	30	100	–	–	30	100
		7	20	7	20	–	–	7	20
	타일붙이기 (각종)	50	100	50	100	–	–	30	100
		20	10	20	10	–	–	7	10
	벽지붙이기	10	100	10	100	–	–	10	100
		–	–	–	–	–	–	–	–
	본타일	–	–	–	–	–	–	25	100
		–	–	–	–	–	–	7	10
	수성페인트	5	100	5	100	–	–	5	100
		–	–	–	–	–	–	–	–
	조합페인트	4	100	–	–	–	–	5	100
		–	–	–	–	–	–	–	–
	합성수지페인트	6	100	6	100	–	–	6	100
		–	–	–	–	–	–	–	–
	보드류	25	100	20	100	–	–	20	100
		10	20	–	–	–	–	10	20
	모르타르마감	–	–	25	100	25	100	10	100
		–	–	8	15	7	10	7	10
외 벽	리신마감 (모르타르뿜칠)	25	100	–	–	–	–	25	100
		8	15	–	–	–	–	8	10
	합성수지페인트 (모르타르면)	6	100	15	100	–	–	6	100
		–	–	8	20	–	–	–	–
	수성페인트 (모르타르면)	5	100	5	100	7	100	5	100
		–	–	–	–	–	–	–	–
	벽지	–	–	15	100	–	–	–	–
		–	–	8	20	–	–	–	–
	조합페인트 (모르타르면)	–	–	–	–	–	–	5	100
		–	–	–	–	–	–	–	–

교체	주기 : 년
보수	율 : %

부 위	구 성 요 소		일 본 건 축 학 회 기 준		건 설 부 ('87.6)		대 한 주 택 공 사 ('90)		주 택 은 행 ('83)	
			주기	율	주기	율	주기	율	주기	율
외 벽	인조석갈기		–	–	30	100	–	–	30	100
			–	–	10	5	8	10	10	10
	타일붙이기 (각종)		50	100	40	100	–	–	30	100
			20	5	8	10	–	–	8	20
	돌붙이기 (화강석)		–	–	–	–	–	–	–	–
			25	5	25	5	–	–	25	5
창 호	목재 미세기창		25	100	–	–	–	–	20	100
			10	17	–	–	–	–	10	20
	목재문프래쉬	전면	28	100	28	100	–	–	25	100
		문	10	20	10	20	–	–	10	20
		문틀	15	20	13	8	–	–	15	20
	철재 창호	전면	20	100	30	100	25	100	25	100
		문	10	15	15	15	–	–	10	10
		문틀	–	–	15	20	10	20	15	10
	알루미늄 창호	전면	40	100	40	100	25	100	30	100
		문	20	15	20	15	–	–	10	10
		문틀	20	10	20	10	15	10	15	10
	목부유성페인트		5	100	–	–	–	–	5	100
			–	–	–	–	–	–	–	–
	철부유성페인트	마감	3	100	5	100	7	100	5	100
		방청	6	100	6	100	–	–	10	100
	철부합성수지 페인트	마감	6	100	6	100	–	–	6	100
		방청	12	100	12	100	–	–	10	100
계단실	바닥모르타르		20	100	20	100	–	–	20	100
			5	15	8	15	–	–	5	15
	바닥아스타일		15	100	15	100	–	–	25	100
			7	10	8	10	–	–	8	10
	계단논슬립 (PVC제품)		15	100	15	100	–	–	15	100
			–	–	–	–	–	–	8	15
	계단논슬립 (놋쇠제품)		–	–	–	–	25	100	25	100
			–	–	–	–	10	10	15	15
	인조석갈기		25	100	30	100	–	–	25	100
			7	10	10	5	8	10	7	10
	철제난간		–	–	23	100	–	–	23	100
			10	14	–	–	–	–	10	5
	철부유성페인트 (철제난간)		5	100	5	100	–	–	5	100
			–	–	–	–	–	–	–	–
	목부유성페인트 (목재난간)		–	–	5	100	–	–	5	100
			–	–	–	–	–	–	–	–

참고자료 2 : 수명주기 최적화모델 운용결과

* TYPE OF BUILDINGS: FLAT
* AREA OF EACH FLAT: 69.3M²
* LCC EQUATION: TOTLCC= 3270945. X + 23163788.(1/X) + 20775601
* ROOM DIMENSIONS: X1=2.71 Y1=4.75 Y2=3.90

LCC ITEM	INITIAL COST (Ic)	MAINTENANCE COST (Mc)	ENERGY COST (Ec)	TOTAL LCC OF B.E (TOTLCC)
EXT. WALL(WE)	WEIC: 4,972,811	WEOC: 299,552	WEEC: 2,368,964	WELCC: 7,641,326
WINDOW(GE)	GEIC: 2,193,290	GEOC: 223,574	GEEC: 11,551,774	GELCC: 13,968,637
DOOR(DE)	DEIC: 787,812	DEOC: 83,034	DEEC: 6,312,834	DELCC: 7,183,680
INT. WALL	WPIC: 6,924,049	WPOC: 1,240,705	WPEC: 474,552	WPLCC: 8,639,306
INT. DOOR	DPIC: 496,769	DPOC: 110,051	DPEC: 147,616	DPLCC: 754,435
TOTAL	15,374,731	1,956,916	20,855,739	38,187,385

** COST ITEM COMPARISON **

Mc/Ic=0.13 (Mc+Ic)/Ic=1.48 (Ic+Mc+Ec)/Ic=1.98

** MAJOR ASSUMPTION FACTORS **

LIFE CYCLE OF BUILDING : 30 YEARS
PRICE INCREASE RATE : 2 %
INTEREST RATE : 12.0 %
FUEL COST INCREASE RATE: 1.0 %
DEGREE DAY : 2,978 DEGREE DAY
INDOOR TEMPERATURE : 18 °C
OUTDOOR TEMPERATURE : -10 °C
HEATING HOURS A DAY : 6 HRS

* TYPE OF BUILDINGS: FLAT
* AREA OF EACH FLAT: 69.3M²
* LCC EQUATION: TOTLCC= 4323581. X + 31283773.(1/X) + 19687801
* ROOM DIMENSIONS: X1=2.71 Y1=4.75 Y2=3.90

LCC ITEM	INITIAL COST (Ic)	MAINTENANCE COST (Mc)	ENERGY COST (Ec)	TOTAL LCC OF B.E (TOTLCC)
EXT. WALL(WE)	WEIC: 6,566,533	WEOC: 508,636	WEEC: 2,328,810	WELCC: 9,400,979
WINDOW(GE)	GEIC: 2,193,290	GEOC: 223,574	GEEC: 11,551,774	GELCC: 13,968,637
DOOR(DE)	DEIC: 787,812	DEOC: 83,034	DEEC: 6,312,834	DELCC: 7,183,680
INT. WALL	WPIC: 10,264,325	WPOC: 901,925	WPEC: 474,552	WPLCC: 11,640,803
INT. DOOR	DPIC: 496,769	DPOC: 110,051	DPEC: 147,616	DPLCC: 754,435
TOTAL	20,308,729	1,827,221	20,812,585	42,948,535

** COST ITEM COMPARISON **

Mc/Ic=0.09 (Mc+Ic)/Ic=1.11 (Ic+Mc+Ec)/Ic=2.02

** MAJOR ASSUMPTION FACTORS **

LIFE CYCLE OF BUILDING : 30 YEARS
PRICE INCREASE RATE : 2 %
INTEREST RATE : 12.0 %
FUEL COST INCREASE RATE: 1.0 %
DEGREE DAY : 2,978 DEGREE DAY
INDOOR TEMPERATURE : 18 °C
OUTDOOR TEMPERATURE : -10 °C
HEATING HOURS A DAY : 6 HRS

* TYPE OF BUILDINGS: FLAT
* AREA OF EACH FLAT: 69.3M²
* LCC EQUATION: TOTLCC= 3270945. X + 31283773.(1/X) + 20780793
* ROOM DIMENSIONS: X1=3.09 Y1=4.16 Y2=3.41

LCC ITEM	INITIAL COST (Ic)	MAINTENANCE COST (Mc)	ENERGY COST (Ec)	TOTAL LCC OF B.E (TOTLCC)
EXT. WALL(WE)	WEIC: 5,251,890	WEOC: 295,911	WEEC: 2,708,354	WELCC: 8,256,155
WINDOW(GE)	GEIC: 2,193,290	GEOC: 223,574	GEEC: 11,551,774	GELCC: 13,968,637
DOOR(DE)	DEIC: 787,812	DEOC: 83,034	DEEC: 6,312,834	DELCC: 7,183,680
INT. WALL	WPIC: 9,502,943	WPOC: 871,802	WPEC: 474,552	WPLCC: 10,849,297
INT. DOOR	DPIC: 496,769	DPOC: 110,051	DPEC: 147,616	DPLCC: 754,435
TOTAL	18,232,703	1,584,372	21,195,129	41,012,205

** COST ITEM COMPARISON **

Mc/Ic=0.09 (Mc+Ic)/Ic=1.25 (Ic+Mc+Ec)/Ic=2.16

** MAJOR ASSUMPTION FACTORS **

LIFE CYCLE OF BUILDING : 30 YEARS
PRICE INCREASE RATE : 2 %
INTEREST RATE : 12.0 %
FUEL COST INCREASE RATE: 1.0 %
DEGREE DAY : 2,978 DEGREE DAY
INDOOR TEMPERATURE : 18 °C
OUTDOOR TEMPERATURE : -10 °C
HEATING HOURS A DAY : 6 HRS

* TYPE OF BUILDINGS: FLAT
* AREA OF EACH FLAT: 69.3M²
* LCC EQUATION: TOTLCC= 3709833. X + 37098833.(1/X) + 20192023
* ROOM DIMENSIONS: X1=2.90 Y1=4.43 Y2=3.64

LCC ITEM	INITIAL COST (Ic)	MAINTENANCE COST (Mc)	ENERGY COST (Ec)	TOTAL LCC OF B.E (TOTLCC)
EXT. WALL(WE)	WEIC: 4,946,339	WEOC: 717,424	WEEC: 2,962,446	WELCC: 8,626,208
WINDOW(GE)	GEIC: 2,193,290	GEOC: 223,574	GEEC: 11,551,774	GELCC: 13,968,637
DOOR(DE)	DEIC: 787,812	DEOC: 83,034	DEEC: 6,312,834	DELCC: 7,183,680
INT. WALL	WPIC: 9,846,392	WPOC: 884,268	WPEC: 474,552	WPLCC: 11,205,212
INT. DOOR	DPIC: 496,769	DPOC: 110,051	DPEC: 147,616	DPLCC: 754,435
TOTAL	18,270,602	2,018,351	21,449,221	41,738,173

** COST ITEM COMPARISON **

Mc/Ic=0.11 (Mc+Ic)/Ic=1.28 (Ic+Mc+Ec)/Ic=2.17

** MAJOR ASSUMPTION FACTORS **

LIFE CYCLE OF BUILDING : 30 YEARS
PRICE INCREASE RATE : 2 %
INTEREST RATE : 12.0 %
FUEL COST INCREASE RATE: 1.0 %
DEGREE DAY : 2,978 DEGREE DAY
INDOOR TEMPERATURE : 18 °C
OUTDOOR TEMPERATURE : -10 °C
HEATING HOURS A DAY : 6 HRS

17. 의사결정자-모델의 상호작용기법

-판단모델의 유형 및 특성

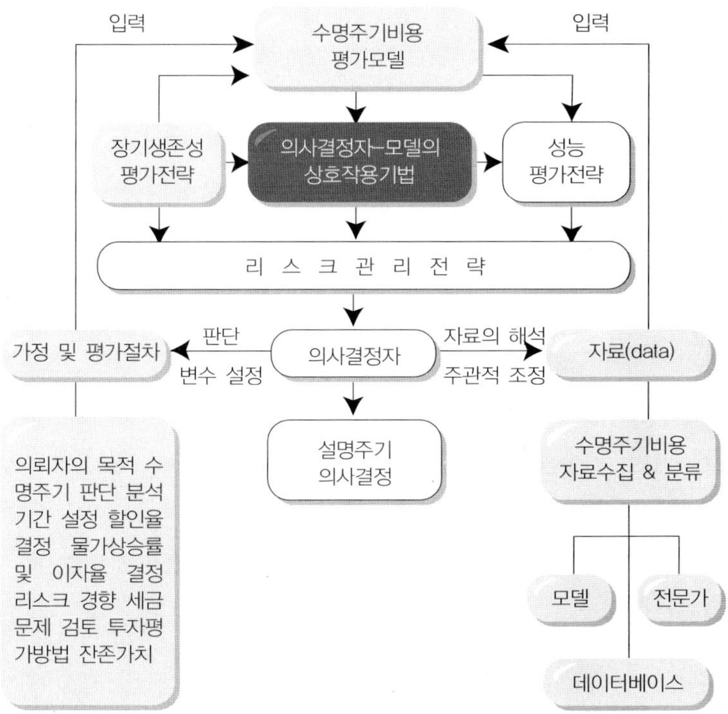

17. 의사결정자-모델의 상호작용기법

-판단모델의 유형 및 특성

의사결정상황에서 모델은 대상 시스템을 구성하는 하나의 요소이다. 실제상황은 입력자료를 선별 · 수집하여 모델에 입력하고 출력결과를 해석하여 바람직한 대안을 판단 · 선택하는 의사결정자를 보다 중요한 또 하나의 구성요소로서 포함한다. 이러한 상황에서 의사결정자와 모델의 상호작용은 정형적인 계량모델의 해결범위를 벗어나는 문제와 의사결정상황 자체의 변화를 고려하기 위해서 필요하다.

모델과 의사결정자_의사결정 시스템의 구성요소

정형적인 모델은 단일목적(single objective)의 효용(utility)을 측정하여 최적의 대안을 모색한다. 모델은 계량적 목적함수(objective function)로 표현되어야 하고, 대상시스템 또한 명확히 정의되어야 한다. 정형적 · 계량적 모델의 설정에 의한 최적화 접근법은 문제해결을 위한 강력한 수단이지만 구체적인 기술적 기준(technical criteria)으로 평가가 이루어질 수 있는 단순한 경우에만 활용될 수 있을 뿐, 복잡 · 다양한 문제를 포함하는 건설경영 의사결정상황과는 잘 부합되지 않는다.

West와 Harrison(1989)에 의하면 정형화된 수학적 · 통계적 모델로 성공적인 예측을 하기 위해서는 모델이 의사결정자의 간섭(intervention)에 개방되어야 한다고 한다.[124] 이는 계량적 모델이 의사결정을

124) West, M., and Harrison, J., Subjective Intervention in Formal Models, Journal

지원하기 위해 사용될 경우 의사결정자는 입력자료 또는 출력결과에 적어도 부분적으로는 동의하지 않고, 스스로의 주관적 판단에 부합하는 결과를 얻기 위해, 이들을 다소 수정할 수 있다는 것을 의미한다. "계량화 불가능한 인자(intangible factors)"의 영향을 고려하여 입출력 자료를 현실에 맞게 수정하고, 궁극적으로 최적대안을 선정하는 의사결정자의 역할이 중요하게 고려되어야 한다는 것을 의미한다.

건설경영 의사결정상황에서 모델은 대상시스템을 구성하는 하나의 요소이다. 실제상황은 입력자료를 선별적으로 수집하여 모델에 입력하고, 출력결과를 해석하여 바람직한 대안을 판단 · 선택하는 의사결정자를 보다 중요한 요소로 포함한다. 이러한 상황에서 의사결정자와 모델의 상호작용은 계량모델의 해결범위를 벗어나는 문제와 의사결정상황 자체의 변화를 고려하기 위해 필요하다. Ashworth와 Au-Yeung(1987)은 건물의 수명주기비용 분석이 부족한 정보와 자료에 근거한 수많은 가정 하에서 이루어질 수밖에 없는 현실을 지적하면서, 바람직한 결과를 얻기 위해서는 전문가의 판단이 도입되어야 한다고 주장함으로써[125] 이러한 개념을 뒷받침해 준다.

이러한 관점을 배경으로 본 장에서는 의사결정자의 주관적 판단과 모델의 계량적 결과가 건설경영 의사결정상황에서 상호작용할 수 있도록 하는 기법을 모색하고자 한다. 상호작용기법을 모색하기 위해 필자가 기본적으로 가지고 있는 생각은 정형모델을 통한 예측이 의사결정자의 판단을 체계적으로 수렴하는 구조적 방법에 의해 합리적으로 조정될 수 있다는 것이다.

Forecasting, 8, 1, 1989, pp.33-54.

125) Ashworth, A., and Au-Yeung, P., The Evaluation of Life Cycle Costing as a Practical Tool during Building Design, Peterson, D. O., and Sonderberg (Eds.), Building Economics, Danish Building Research Institute, Copenhagen, 1987.

모델에 대한 의사결정자의 간섭유형_사전예측과 사후환원

West와 Harrison(1989)은 모델에 대한 의사결정자의 간섭(interventions) 유형을 사전예측(feedforward)과 사후환원(feedback)으로 구분한다. 사전예측은 모델의 설정 및 활용 이전에 이루어지는 예상적(anticipatory) 조치인 반면, 사후환원은 사전예측에 반영하지 못한 사항을 고려하여 예측결과를 수정하는 것이다. 이러한 개념을 Bon(1989)은 계획의 사전예측(ex-ante)과 과거의 설명(historical accounts)을 위한 사후조치(ex-post)로 표현한다.[126][127]

건설경영 의사결정은 사전예측 및 사후환원 모두에 대하여 개방되어야 한다. 의사결정자는 새로운 자료에 대한 모델의 적응능력을 높여서 변화가 보다 신속히 파악되고 평가될 수 있도록 해야 한다. 이러한 관점에서 건설경영 의사결정시스템은 다음 그림 17.1과 같이 표현될 수 있다.

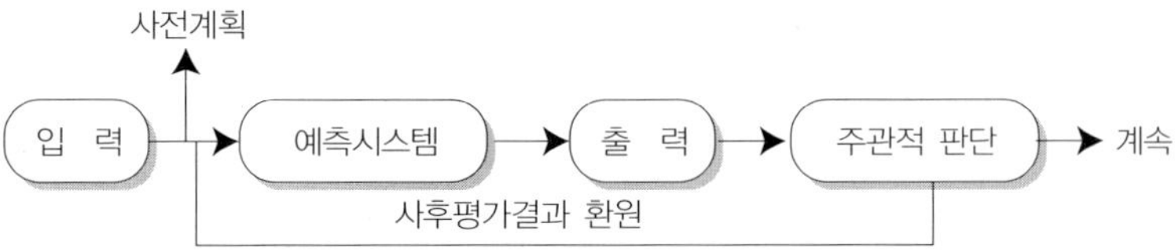

그림 17.1 건설과정의 의사결정시스템

상기 의사결정시스템은 필자가 추구하는 전략적 의사결정의 틀에 흡수되어 보다 구체화된다.

---

126) Bon, R., Building as an Economic Process, An Introduction to Building Economics, New Jersey, Prentice-Hall, Inc., 1989.

127) Myrdal(1931)에 의해 정립된 개념을 Bon(1989)은 건설과정의 의사결정에 도입하였다.
Myrdal, G., Monetary Equilibrium, London : William Hodge, 1931.

판단모델에 의한 접근_사전예측과 사후환원의 체계적 방법

건설사업 추진과정에서 주관적인 판단을 도입하는 목적은 객관적 자료가 존재하지 않거나 부족한 상황에서 활용가능한 모든 정보를 의사결정에 반영하기 위한 것이다. 의사결정자는 직관과 경험에 따른 주관적 판단을 활용하여 제한된 자료를 근거로 설정된 불완전한 모델의 운용결과를 보완할 수 있다. 주관적 판단이 의사결정 과정에서 중요한 역할을 하고 있다는 것이 인식되면서 전문가의 판단을 체계적으로 수렴할 수 있는 수단으로서 판단모델(judgmental model)을 설정하여 활용하기에 이르렀다.[128)129)130)] 판단모델은 사람의 기대감(expectations) 및 기호(preferences)와 모델의 예측 사이에 개입하여 의사결정자가 문제를 정확히 인식할 수 있도록 해 줄 수 있을 뿐만 아니라, 보다 적극적으로 당면한 문제를 해결이 가능한 형태로 재구성할 수 있도록 해 준다. 즉 "모델의 개발과정(model development process)"에 참여하여 문제상황과 문제에 대한 이해를 공유하도록 해 준다.

건설경영 의사결정의 맥락에서 판단모델에 의한 접근법은 다음 목적을 위해 필수적이다.

1) **계량화 불가능한(intangible) 정성적, 질적 요소의 반영** : 의사결정에 영향을 주지만 계량화 불가능하여 생략된 정성적 · 질적 인자로 인해 모델의 효용이 떨어지는 경우가 있다. 의사결정자는 계량화 가능한 인자이든 불가능한 요소이든 중요한 모든 사항을 고려해야 한다.

---

128) Keeny, R. L., and Raiffa, H., Decisions with Multiple Objectives : Preferences and Value Trade-offs, New York : John Wiley & Sons, 1976.

129) Saaty,, T. L., The Analytic Hierarchy Process, New York : McGraw-Hill, 1980.

130) Roy, B., and Vincke, B., Multicriteria Analysis : Survey and New Directions, European Journal of Operations Research, Vol.8, pp.207-218, 1981.

2) **평가기준 사이의 타협** : 다양한 평가기준을 고려해야 하는 건설경영 의사결정은 최적의 대안을 선택하기 위해 특정 기준의 지나친 강조를 지양하고 다양한 유형의 평가기준 사이에서 적절한 타협을 추구해야 한다.

3) **대안의 우선순위 설정** : 특정 목표의 달성을 위한 의사결정상황에서 중요한 과제중의 하나는 하위 수준의 각 평가기준이 상위 목표 달성에 어느 정도 기여하는지를 파악하는 것이다. 각 기준의 기여 정도가 균일하지 않기 때문에 의사결정자는 중요요소를 우선적으로 고려하여 그 영향도(intensity)에 따라 대안의 우선순위를 설정해야 한다.

4) **주관적 판단의 반영** : 자료를 모델에 입력하고 처리결과를 해석하는 과정에서 의사결정자는 다양한 이해관계를 갖는 사람들의 주관적 관점을 적절히 반영해야 한다. 또한 각 참여자는 가장 중요한 것이 무엇인지를 이해하고, 설정된 우선순위가 자신의 관심사에 잘 부합되고 있는지 여부도 파악할 수 있어야 한다. 즉, 의사결정자는 문제를 명확히 인식 · 평가하여 대안의 우선순위를 설정하는 과정에서 각 개인의 주관적인 관점을 합리적으로 반영하는 다기준 평가모델을 필요로 한다.

5) **복잡성의 처리** : 복잡한 문제를 체계적으로 구성하여 효과적으로 다룰 수 있는 강력한 접근법이 필요하다.

상기 개념에 근거하여 이 책의 전반부에서 제시된 전략적 의사결정모델의 점증적 과정에서 판단모델의 도입위치와 판단유형을 제시하면 그림 17.2와 같다.

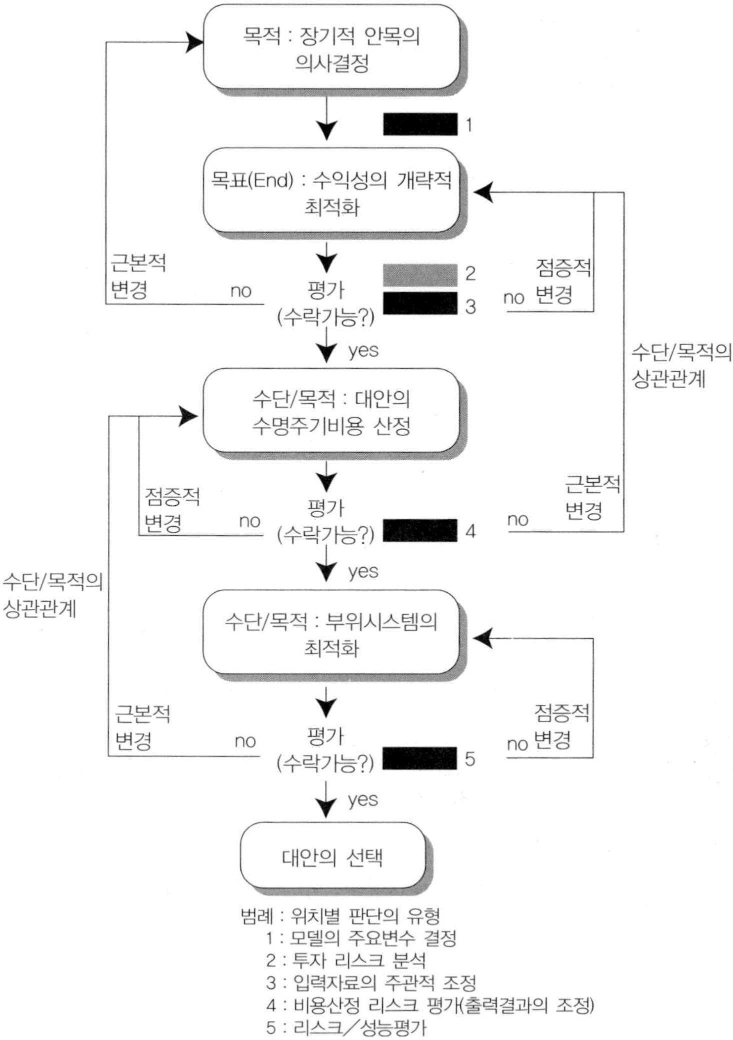

그림 17.2 전략적 모델의 점증적 과정과 판단의 도입

판단모델_개별비교법과 AHP기법

필자는 편견과 오류를 배제하고, 복잡하게 얽혀 있는 문제를 체계적으로 재구성하여 분석 · 평가할 수 있는 판단모델로서 개별비교법

과 AHP기법을 제안한다.

개별비교법(pairwise comparison)

Thomas Saaty(1980)가 고안한 개별비교법(pairwise comparison method)은[131] 동시에 여러 가지의 대안을 고려하는 과정에서 발생되는 일관성 결여의 문제를 배제하기 위해 전문가가 한 번에 두 개의 대상(objects) 또는 기준(criteria) 만을 비교하도록 하여 결과적으로 전체를 평가할 수 있도록 하는 방법이다. 따라서 n가지 대상을 비교하기 위해서는 n(n-1)/2회의 비교를 시행해야 한다.

이 방법에 의해 대상 A와 B를 비교할 경우 의사결정자는 "A와 B중 어느 것이 더 중요한가?"라는 질문에 답한 다음 "어느 것이 얼마만큼 더 중요한가?"라는 후속 질문에 대응하게 된다. 이러한 경우 표 17.1과 같은 평가척도를 사용한다.

표 17.1 상대적 중요도의 평가척도

상대적 중요도	내 용
1	똑같은 정도로 중요하다.
3	약간 중요하다.
5	꽤 중요하다.
7	상당히 중요하다.
9	절대적으로 중요하다.

* 위의 수치 사이의 중간값 2,4,6,8 의 사용도 가능함.

많은 것을 동시에 비교하는 서열법에 비해 이 방법은 한 번에 두개의 대상만을 비교하기 때문에 정보처리능력상의 한계를 초과하지 않는 범위 내에서 비교가 이루어질 수 있다.

131) Saaty, T. L., The Analytic Hierarchy Process, New York : McGraw-Hill, 1980.

개별비교법과 평가척도는 Saaty(1980)가 제시한 AHP기법의 일부이다. AHP기법은 개별비교법을 사용하여 전문가가 주관적으로 산출한 결과의 수학적 일관성을 검증할 수 있는 수단을 제공해 줄 뿐만 아니라, 정성적 평가결과를 용이하게 정량화시킬 수 있도록 해 준다.

AHP(Analytic Hierarchy Process) 기법

70년대 중반에 Saaty(1977)가 개발한 AHP기법은 강력하면서도 유연한 "다기준 결정분석 방법론(multicriteria decision analysis methodology)"으로, 대안의 우선순위를 설정하기 위해 효과적인 역할을 할 수 있다. 특히 평가기준이 측정 불가능한 정성적 성격을 띠고 있는 경우 유용하게 쓰일 수 있다.

AHP 기법의 원리 : AHP기법은 (1)세분화(decomposition) (2)비교판단(comparative judgment) (3)우선순위종합(synthesis of priorities)이라는 세 가지 기본원리에 근거하고 있다.

세분화(decomposition) 과정은 문제의 계층구조 설정을 위해 필요하다. 문제의 계층구조구성이 AHP기법의 출발점이다. 전형적으로 계층구조의 최상위 수준은 평가목표이고 가장 낮은 수준은 대안이며, 목표와 대안 사이는 평가기준으로 구성된다. 계층구조는 의사결정에 영향을 미치는 모든 인자들의 상호관계를 일반적이고 개념적인 수준에서 보다 특정적이고 구체적인 수준으로 표현하여 복잡한 문제를 명확하고 쉽게 이해할 수 있도록 하는 수단이 된다. 그림 17.3은 계층구조적 표현의 예시이다.

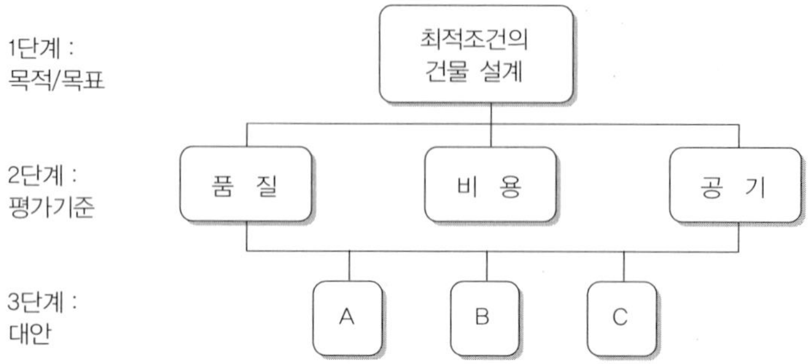

그림 17.3 최적조건의 건물설계에 관한 계층구조적 표현의 예

Saaty(1980)는 계층구조적 표현의 장점을 다음과 같이 언급한다.

1) 상위수준의 우선순위 변화가 하위수준 결정요소의 우선순위에 어떻게 영향을 미치는가를 설명할 수 있다.
2) 의사결정구조와 하위수준 시스템의 기능에 관한 구체적 정보를 제공하여 줄 뿐만 아니라, 보다 상위수준 의사결정자의 유형 및 목적까지도 보여 준다. 또한 특정 수준의 제약조건이 상위단계의 조건을 만족시킬 수 있을지 여부를 나타내 준다.
3) 계층구조는 안정적이면서도 유연하다. 적은 변경은 적은 변화만을 유도한다는 점에서 안정적이고, 새로운 요소를 추가해도 의사결정의 전체적 성능에 손상을 주지 않는다는 점에서 유연하다.

계층구조가 설정되면 각 단계별 구성요소의 상대적 중요도를 결정하기 위해 비교판단을 시작한다. 비교판단은 상위단계의 목표에 근거하여 하위수준의 상대적 중요도를 결정하기 위한 것으로 개별비교법에 따른다. 개별비교를 위해 비교 매트릭스(martrix)가 구성되고, 표 17.2의 평가척도를 사용하여 평가를 실시한다. AHP기법에서 사용되는 평가척도는 의사결정자가 스스로의 주관적 판단, 경험, 지식 등을 의사결정에 체계적으로 반영할 수 있도록 해 준다.

비교가 끝나면 각 구성요소의 상대적 가중치를 도출한다. 바로 상위수준의 요소에 대한 각 단계별 구성요소의 상대적 가중치는 비교 매트릭스의 값을 벡터(vector) 요소로 처리하여 계산한다. 대안의 가중치 합은 계층구조의 최상위 수준에서부터 가장 하위수준에까지 이르는 경로(path)를 통해 그 대안과 관련된 각 가중치를 합산하여 산정한다. 최종적으로 각 대안의 우선순위는 계층구조를 통해 결정된 가중치(local weights)를 상위수준 평가기준의 가중치와 곱하여 구한다. 가중치 결정의 수학적 근거를 이해하기 위해서는 Saaty(1980)의 저서 "The Analytic Hierarchy Process"를 참고하는 것이 바람직하다.

AHP기법에 대한 몇 가지 우려사항 : AHP기법은 (1)사용이 간편하고, (2)평가결과의 일관성을 쉽게 점검할 수 있으며, (3)정성적 요소를 어렵지 않게 정량화시킬 수 있다는 장점을 가지고 있기 때문에 전문가의 판단이 관여되는 문제의 해결에 적합하다. 이러한 이유 때문에 필자는 계량적 모델의 운용결과를 주관적으로 조정하기 위해 AHP기법의 사용을 제안한다. 그럼에도 AHP기법의 사용과 관련된 몇 가지 우려사항이 있기 때문에, 이를 조명하고 그 해결방안을 강구할 필요가 있다.

> 문제점 1 : 의사결정의 계층구조를 설정하고, 상황에 따라 수정하는 과정에서 많은 시간이 소요되고 가중치의 결정을 위해서는 복잡한 수학적 원리를 이해해야 한다.

문제해결이 요구될 때마다 복잡한 수학적 이론의 전개과정을 거쳐야 한다면 수학적 지식이 풍부하다고 보기 어려운 각 부문의 전문가들이 용이하게 사용할 수 없을 것이다. 이러한 점을 고려하여 Forman과 Saaty(1985)는 복잡한 이론의 전개 없이 간편하게 사용할 수 있는 소프트웨어(software)를 개발하였다.[132] 이를 활용하면 계층구조의 설정은 물론, 평가요소들 사이의 개별비교(pairwise comparison)도 쉽게 할 수 있다.

> 문제점 2 : Miller(1956)의 심리학적 실험결과에 따르면 비교대상이 (7±2)개를 초과할 경우 비교의 일관성을 유지하기 어렵다고 한다. 그러나 실제상황에서 평가기준이나 대안의 수는 이 수치를 초과할 수 있다.

이러한 지적은 '구성요소의 수가 실질적으로 9개를 초과하는 경우 어떻게 해야 할 것인가?' 하는 문제를 제기한다. 구성요소의 수가 많을 경우 성격이 유사한 것끼리 모아, 몇 개의 군(cluster)이 형성되도록 하여 각 단계의 구성요소 수를 (7±2) 이하로 줄일 수 있다.

> 문제점 3 : 상대적 우선순위를 도출하기 위해 반복적으로 이루어지는 판단의 일관성을 확신할 수 없다.

개별비교를 여러 번 수행하는 과정에서 일관성이 결여될 가능성이 있다. 예를 들어 A보다 B가 2배 중요하고 B보다 C가 3배 중요하다면 A와 C의 비교결과는 C가 A보다 6배 중요한 것이어야 한다. 그러나 반복적으로 시행되는 다수의 개별비교 과정에서 인식능력의 한계로 인해 정확한 고려가 사실상 어렵다. 이러한 문제를 해결하기 위해 Saaty(1980)는 행렬식을 이용한 수학적 방법을 활용하여 비교의 일관성을 검증할 수 있는 방법을 고안하였다. 즉, 개별비교의 비정합도(非整合度)를 나타내는 계수가 0.1을 초과하면 일관성이 결여된 것으

132) Forman, E., and Saaty, T. L., Expert Choice, Decision Sopport Software, McLean, VA, 1985.

로 보고 비교를 다시 하도록 하고 있다. 이러한 과정에 대한 자세한 설명은 매우 복잡한 수학적 이론의 전개과정을 통해 입증될 수 있는 것으로 Saaty(1980)의 저서 "The Analytic Hierarchy Process"를 참조하는 것이 바람직하다고 생각된다. 그러나 Foreman과 Saaty(1985)가 개발한 소프트웨어 패키지인 "Expert Choice"를 이용하면 복잡한 원리의 이해 없이도 개별비교의 비정합도를 쉽게 구할 수 있다.

문제점 4 : 비교판단 과정에서 의견차로 인한 갈등이 유발되어 개별비교의 진행에 차질을 빚을 수 있다.

많은 경우 한 가지 문제에 대한 답변을 얻기 위해 다양한 전문가들의 의견을 구해야 한다. 이러한 경우 분야별 전문가의 서로 다른 의견을 조정해 나가면서 계층구조를 설정하고, 개별비교를 위한 주관적 판단을 시행하기 위해 많은 시간이 소요된다. 이러한 상황에서 필자는 단일 결과치를 얻을 수 있는 두 가지 방법을 제안한다. 첫째는 참여자들이 단일합의에 이를 때까지 지속적으로 토론을 하도록 하는 만장일치적(behavioural aggregation) 방법을 시도하는 것이고, 둘째는 참여자 각자의 주관적 산정치를 수학적으로 처리하여 단일값을 얻어내는 방법이다.

만장일치적 접근은 설득 또는 합의를 통해 전문가들이 일치된 결과에 이르도록 하는 방법이다.[133] 이 방법에 의한 산정치는 전체적 노력의 결실이기 때문에 익명으로 처리된다. 또한 이 방법은 전문가의 의견에 포함되어 있는 다양한 종류의 편견(bias)을 제거하기 위해

133) Seaver, D. A., Assessments of Group Preferences and Group Uncertainty for Decision-Making, Social Science Research Institute, University of Southern California, Losangeles, California, 1976.

충분한 사전계획이 필요하다. 그렇지 않을 경우 어느 누구도 신중하게 생각하지 않고 무의식적으로 동의하는 "집단사고 상황(group-think situation)"을 야기할 수 있는 반면, 합의에 이르지 않으려고 할 경우에는 단일 결과치를 얻기 위해 많은 시간이 소요된다. 만장일치적 접근은 의견차의 발생을 억제하는 효과를 낼 수 있다는 점에서 정확한 답을 찾을 수 있는 경우가 많다. 그러나 한편으로는 이해와 분석 그리고 자료 사용에 중대한 영향을 미치는 의견차의 발생이유를 명확히 설명할 수 없다는 단점이 있다.

수학적접근법(mathematical aggregation)은 단일 결과치를 산출하기 위해 다수 전문가의 산출결과를 수학적으로 처리하여 평균치를 계산하는 방법이다. 평균치를 산출하는 과정에서 각 전문가의 의견에 동일한 가중치를 부여할 수 있는 반면, 특정 상황에서는 더 영향력이 있는 전문가나 자료에 더 높은 가중치를 부여할 수도 있다. 수학적 접근법은 만장일치적 접근법과 달리 전문가의 주관적 판단을 도출하는 상황에 대비해서 사전계획을 수립할 필요가 없다. 그러나 만장일치적 접근법과 마찬가지로 수학적 접근법 역시 전문가들의 의견차를 명확히 설명할 수 없다. 또한 전문가들은 문제해결 과정에서 서로 다른 가정 하에서 산정된 결과치를 단순하게 조합하는 오류를 범하기도 한다. 아울러 의사결정에 참여한 어느 누구도 만족시키지 못하는 결과치를 산출해 내기도 한다.

Saaty(1980)는 만장일치적 접근방법에 비해 그다지 바람직하지는 않을 지라도 참여자들이 토론을 원치 않을 경우에 한해서 각 전문가의 판단결과에 대한 산술평균치나 기하평균치의 사용을 권장한다.

AHP기법과 효용이론(utility theory)의 비교 : 효용이론은 실수(real numbers)를 사용하여 일련의 요소에 대한 개인의 상대적 기호(preferences)를 표현하는 방법으로, 각 속성에 대한 영향도(impacts)의 관점에서 일련의 대안을 평가하기 위해 유용하게 사용될 수 있다. 영향도는 벡터(vector)의 수치적 표현(x_1, x_2, …, x_n)에 의해 설명된다. 결정이 이루어지는 시점에서 의사결정자는 어떠한 결과가 발생될지 확신할 수 없기 때문에 각 결과의 가능성을 반영하는 확률함수 $P(x_1, x_2, \ldots, x_n)$를 이용해서 효용함수(utility function)인 $U(x_1, x_2, \ldots, x_n)$를 산출한다. 그리고 각 대안의 기대효용(expected utility)이 계산되고, 결과적으로 가장 높은 기대효용의 대안이 선정된다. 동시에 두 가지 이상의 속성을 갖는 대안의 효용평가는 매우 어렵기 때문에 효용함수를 도출하기 위해서는 다음과 같이 가정에 대한 대폭적인 단순화가 불가피하다.

$$U(x) = f[u1(x_1),\ u_2(x_2),\ \ldots,\ un(x_n)]$$

여기서 $u_i(x_i)$ = 각 속성에 대한 효용함수

따라서 효용이론에 대한 비판은 효용함수 설정과정에 집중된다. Finch(1989)는 기계 및 전기 설비시스템의 선택에 따른 리스크와 성능을 평가하기 위해 효용이론을 도입하였다.[134] 이 방법론은 객관적 변수뿐만 아니라 의사결정자의 주관적 기호도 다룰 수 있다. Finch(1989)는 연구의 영역을 건물의 설비시스템에 국한시켜 효용이론을 활용하였다. 그럼에도 이 방법의 주요결점은 동태적 변화를 거듭하는 건설경영과정에서 시간의 경과에 따른 의사결정자의 취향 변화를

134) Finch, E. F., A Requisite Decision Model for the Selection of Mechanical and Electrical Services in Buildings, PhD Thesis, Department of Construction Management, University of Reading, 1989.

포착하기 어렵고, 집단구성원의 주관적 판단을 수렴하여 의사결정에 반영하기 어렵다는 것이다.

효용이론과 비교하여 AHP기법의 장점을 제시하면 다음과 같다.

1) AHP기법은 개별비교를 통해 개인의 판단을 도출하고 종합하여 일관성 있는 우선순위를 확보할 수 있다.
2) AHP기법은 집단적 의사결정을 가능하게 한다. 각자의 판단은 타협 또는 기하학적 평균에 의해 융합되어 단일의 결과치로 표현된다. 반면에 효용이론은 오직 개인의사결정만을 위해 사용될 수 있다.
3) 효용이론은 계층구조상 2단계 이상의 복잡한 문제를 다룰 수 없다. 이에 비해 AHP 방법은 여러 계층의 복잡한 문제를 처리할 수 있다.

AHP기법은 사용이력이 짧아 효용이론과 같이 정밀하고 철저한 검증과정을 거칠 수 없었다고 주장하며 우려를 표하는 저자도 있다.[135] 그러나 Winkler(1990)는 효과적인 모델의 설정과 향상된 의사결정을 위해 모든 방법을 철저히 검토하는 것이 바람직하다고 언급하면서도, 효용이론은 사람들이 실제로 어떻게 행동하는가에 관한 기술적(記述的) 측면의 설명능력이 결여되어 있다고 지적한다.

AHP기법의 적용사례 : AHP기법은 마케팅[136], 신상품의 개발(Saaty, 1980), 전력배분[137], 연구개발 프로젝트 선정[138] 분야에서 다양한 유

135) Winkler, R. L., Decision Modelling and Rational Choice : AHP and Utility Theory, Management Science, Vol.36, No.3, March, 1990.

136) Wind, Y., and Saaty, T., Marketing Applications of the Analytic Hierarchy Process, Management Science, Vol.26, No.7, pp.641-658, 1980.

137) Saaty, T., and Mariano, R. S., Rationing Energy to Industries : Priorities and Input-Output Dependence, Energy Systems Policy, Winter, 1979.

형의 우선순위 설정과 자원배분 문제를 해결하기 위해 활용되어 왔다. 또한 이 기법은 제조시스템(manufacturing system)의 성능평가[139], 기술 선정(technology selection)[140], 연구개발 프로젝트의 성능평가[141], 입찰의 평가(evaluation of biddings)[142] 등과 같은 분야에서도 도입, 활용되었다.

이러한 적용실례를 검토한 결과 AHP기법은 건설경영과정의 수명주기 의사결정상황과 같이 평가기준 및 선정대상의 범위가 광범위하여 고려중에 있는 모든 대안을 동일한 정도의 신뢰성을 가지고 평가할 수 없는 경우에 특히 위력을 발휘할 수 있다는 판단을 하였다. 이러한 관점에서 필자는 수명주기 의사결정을 위한 성능평가과정에서 모델에 대한 입력자료와 모델운용 결과를 체계적으로 조정하기 위해 AHP기법을 활용하고자 한다.

---

138) Liberatore, M. J., An Extension of the Analytic Hierarchy Process for Industrial and Resource Allocation, IEEE Transactions Engineering Management, Vol.EM-34, No.1, pp.12-18, 1987.

139) Arbel, A., and Seidman, A., Performance Evaluation of Flexible Manufacturing Systems, IEEE Transactions Systems Management Cybernetics, Vol.SMC-14, No.4, 1984.

140) Bord, J.F., and Feinberg, A., A Two-phase Method for Technology Selection and System Design, IEEE Transactions Engineering Management, Vol.36, No.1, p.28, 1989.

141) Gupta, S. K., and Taube, L. R., State of the Art Survey on Project Management, Dean, B. V.(Ed.), Project Management Methods and Studies, Amsterdam : North Holland, 1985.

142) Mustafa, M. A., and Murphree, E. L., Decision Support Approach for Project Compression, Project Management Journal, Vol.XX, No.2, pp.29-34, 1989.

제Ⅱ부 | 건설경영 의사결정전략
-건설경영 의사결정상황의 공략방법론-

18. 성능평가

-정량적 · 정성적 인자의 종합적 고려

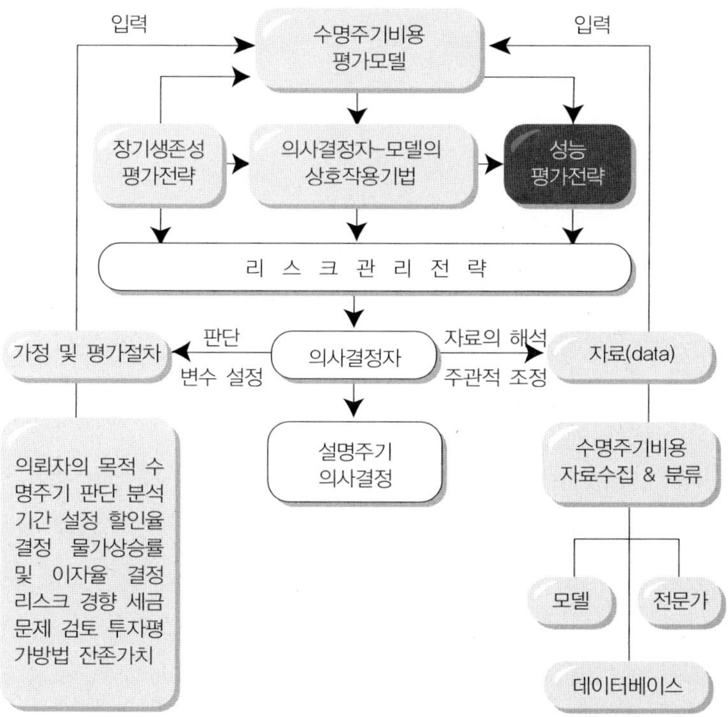

18. 성능평가

– 정량적 · 정성적 인자의 종합적 고려

> 경합관계에 있는 여러 가지의 대안을 평가하여 우선순위를 결정하는 것은 (1)불가피하게 개입되는 사람의 주관적 판단 (2)정보 · 자료의 부족 (3)목적에 대안이 기여하는 정도의 불확실성을 고려해야 하는 복잡 · 다난한 작업이다.…건설경영 의사결정상황에서는 건설목적뿐만 아니라 집단(조직)의 목표, 사회적 · 기술적 · 경제적 제한요소 등도 고려해야 한다. 이를 위한 평가기준은 계량적 측정이 가능한 인자와 함께 계량화 불가능한 질적 요소도 포함한다.

건설사업 추진과정에서 서로 경합관계에 있는 여러 가지의 대안을 평가하여 우선순위를 결정하는 것은 (1)불가피하게 개입되는 사람의 주관적 판단과, (2)정보 · 자료의 부족, (3)건설목적에 대안이 기여하는 정도의 불확실성을 고려해야 하는 복잡 · 다난한 작업이다.

대안의 우선순위를 결정하기 위한 평가방법은 주로 연구개발 프로젝트 선정(project selection)과 자원배분(resource allocation)을 위해 사용되어 왔다.[143)144)145)] 평가방법에는 비용편익분석, OR 모델, 통계분석

143) Baker, N., and Freeland, J., Recent Advances in R & D Benefit Measurement and Project Selection Methods, Management Science, Vol.21, No.10, pp.1164-1175, 1975.

144) Gupta, S. K., and Taube, L. R., Statem of the Art Survey on Project Management, Dean, B. V.(Ed.), Project Management Methods and Studies, Amsterdam : North Holland, 1985.

145) Wind, Y., and Saaty, T., Marketing Applications of the Analytic Hierarchy Process,

모델 등의 규범적 모델(normative model)뿐만 아니라 정책분석(policy analysis)과 같은 기술적(記述的 : descriptive model) 모델도 포함된다.

그러나 건설사업 추진과정의 문제를 해결하기 위해 제시되는 대안의 유형과 평가기준은 연구개발 프로젝트의 평가보다 훨씬 더 광범위하고 복잡하다.

Lutz와 Chang(1990)은 건물(시설)에 대한 체계적 성능평가를 위해 활용될 수 있는 광범위한 분석의 틀을 제공한다.[146] 이들은 기술평가(technical assessment), 수명주기비용 분석(life cycle cost analysis) 및 리스크평가(risk assessment)를 포함하는 종합적 효용(utility)을 측정하기 위해 다속성 효용평가(multiattribute utility assessment)방법과 유사한 가중치법(weight scoring method)을 사용하였다. Finch(1992)는 이들이 제시한 평가모델에 대하여 다음과 같은 결점을 제기하였다.[147]

1) **변수의 독립성**(separability of variables) : 변수들 상호간에 영향을 미치지 않도록 독립적 조건이 유지되어야 한다. Finch(1992)는 변수들의 상호 의존성을 배제하기 위해 각 속성의 개별비교(pairwise comparison)를 제안한다.

2) **시간의존적 평가**(time-dependent appraisal) : 변화하는 사람의 기호(preferences)와 기대감(expectations)을 평가과정에 반영해야 한다.

따라서 평가기준의 가중치 결정을 위해 직접적인 평가(direct rating)에 의존해야 하는 다속성 모델(multiattribute model)의 정태적 특성(static

Management Science, Vol.26, No.7, pp.641-658, 1980.

146) Lutz, J. D., and Chang, L., Evaluation of New Building Technology, Journal of Construction Engineering and Management, Vol.116, No.2, June, 1990.

147) Finch, E. F., Evaluation of New Building Technology, Discussion Paper, Journal of Construction Engineering and Management, Vol.118, No.1, March, 1992.

characteristics)은 건설사업 추진과정의 성능평가를 위해 극복되어야 할 중요사항이다.

이러한 정태성의 한계 외에도 고려해야 할 또 하나의 문제는 평가기준의 복합성이다. 건설경영 의사결정상황에서는 건설목적뿐만 아니라 집단(조직)의 목표와 사회적 · 기술적 · 경제적 제한요소도 고려해야 한다. 이를 위한 평가기준은 계량적 측정이 가능한 인자와 함께 계량화 불가능한 질적 요소(qualitative factors)도 포함한다.

Sharif와 Sundarajan(1983)은 정량적 요소와 정성적 인자를 함께 고려할 수 있는 평가모델 설정방법 4가지를 제시한다.[148)]

1) 정량적 · 정성적 모델 중 하나만을 고려하고 다른 모델은 무시한다.
2) 정량적 모델(quantitative model)만을 설정하고 정성적 요소에 대해서는 임의적인 값을 부여한다.
3) 정성적 모델(qualitative model)만을 선정하고 정량적 · 정성적 인자 모두를 정성적으로 취급한다.
4) 정량적 · 정성적 인자 모두를 적정 모델을 사용하여 별도로 분석하고 수학적 모델(mathematical model)을 활용하여 각각의 평가결과를 하나로 통합한다.

이러한 4가지 대안은 그림 18.1과 같이 표현될 수 있다. 각 대안을 평가해 보면 표 18.1과 같다.

148) Sharif, N., and Sundarajan, V., A Quantitative Model for the Evaluation of Technological Alternatives, Technological Forecasting and Social Change, Vol. 24, pp.15-29, 1983.

표 18.1 각 대안의 분석 및 평가

대안	분 석	평 가
1	정량적 · 정성적 요소 모두가 중요하기 때문에 어느 한쪽을 무시하는 것은 바람직하지 못하다.	부적합
2	정성적 인자에 임의적인 값을 부여하는 과정에서 오류 발생의 가능성이 높다.	부적합
3	의사결정자에게 지나칠 정도로 의존한다. 리스크 분석 · 평가에 적용될 수 있을 것으로 판단된다. 리스크의 정량적 분석모델(예 : 감도분석)이 사용되어도 분석결과를 해석하고 평가하기 위해서는 불가피하게 주관적 판단에 의존해야 하기 때문이다.	리스크 분석 및 평가에 적합
4	각 대안의 성능척도를 산출하여 의사결정자에게 종합적인 관점을 제공할 수 있다.	적합

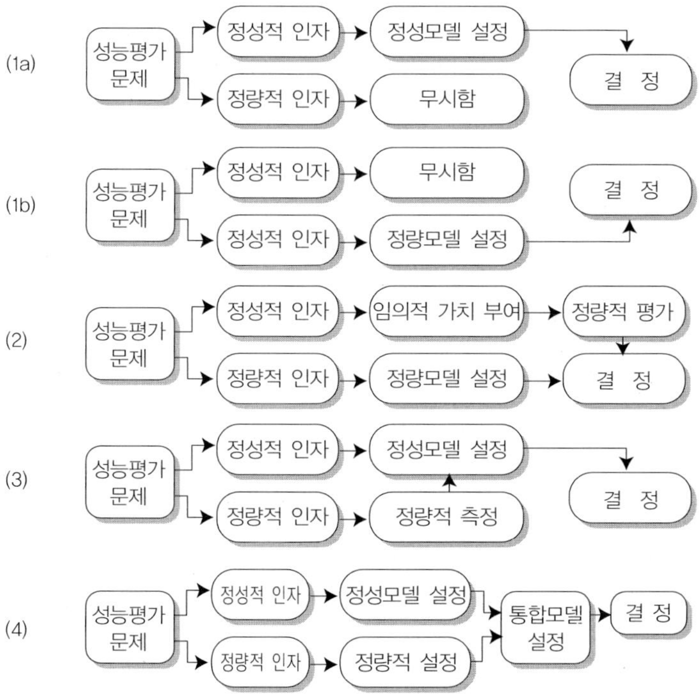

그림 18.1 정성적 · 정량적 요소의 처리 방법론

표 18.1에서 언급된 것과 같이 필자는 각 대안의 종합적 성능척도를 산출하기 위해 정성적 · 정량적 인자 모두를 하나로 통합할 수 있는 모델을 설정하고자 한다.

방법론_개념의 구체화

평가기준의 상대적 가중치를 결정하기 위해 필자는 Saaty가 제시한 AHP(analytic hierarchy process)기법의 일부인 개별비교(pairwise comparison)를 사용한다.[149)150)] 아울러 계층구조에서 1가지 수준 이상의 평가기준을 사용해야 할 필요성이 있기 때문에 여러 단계의 평가기준 및 대안의 계층구조(hierarchical structure)를 설정한다.

평가기준은 주관적인 것과 객관적인 것으로 구분된다. 각 대안의 주관적 판단기준에 대한 정성적 판단을 실시하고 객관적 평가기준에 대해서는 다양한 출처에서 얻어진 계량적 자료를 활용하여 서열평가를 시행한다. 그리고 주관적 · 객관적 평가기준을 통합하기 위한 수학적 모델을 개발하고, 이 모델을 통해 정성적 · 정량적 평가결과에 대한 각각의 가중치를 통합하여 종합적 성능지수를 산출한다.

방법론 적용실례를 구체적으로 보여주기 위해 필자는 본장을 (1) 모델개발과 (2)모델적용으로 구분하여 상기개념을 전개해 나가고자 한다.

---

149) Saaty, T. L., A Scaling Method for Priorities in Hierarchical Structures, Journal of Mathematical Psychology, Vol.15, 1977, pp.234-281.

150) Saaty, T. L., Multicriteria Decision-Making-The Analytic Hierarchy Process, University of Pittsburgh, PA, 1988.

모델의 개발_개념의 구체화 수단 설정

대안의 우선순위 결정 모델은 다음 3단계를 거쳐 개발된다.

1) 대안의 평가기준을 식별 · 분류한다.
2) 대안의 성능척도 결정을 위한 수학적 모델을 설정한다.
3) 성능척도 산출을 위한 가중치 결정 방법론을 개발한다.

성능평가기준의 식별 : 대안의 우선순위는 여러 가지 평가기준의 복합적인 고려를 통해 결정되어야 한다. 평가기준은 수명주기비용 절감, 유지관리의 용이성, 미적 외관 등 다양한 인자를 포함한다.

본 장에서 평가기준은 각 집단을 대표하는 3인의 의사결정자(DM1, DM2, DM3)에 의해 식별된다. 의사결정자에게 4가지의 대안과 11가지 평가기준이 제시되었다. 또한 계량적 평가모델을 통해 4가지 대안의 수명주기비용이 분석되었다.[151] 한편 11가지 평가기준의 타당성 검토를 위해 다음의 원칙이 적용된다.

1) **평가기준의 독립성** : 각 평가기준은 상관 · 중복 관계에 있지 않고 상호 독립성을 유지해야 한다.
2) **평가기준의 광범위성** : 각 집단의 목표와 관련된 모든 기준이 고려되어야 한다.
3) **비교적 적은 수의 평가기준** : 평가기준의 수는 일관성 있는 개별 비교가 가능하도록 비교적 적어야 한다. Saaty(1988)와 Gupta 및 Taube(1985)는 (7±2)개 이상을 동시에 비교하는 경우 일관성이 결여된다는 Miller(1956)의 심리학적 관찰결과에 근거하여 7가지 평가기준을 최대수로 제안한다.[152][153][154]

---

151) 4가지 대안에 대하여 (사례연구)의 수명주기비용 분석결과를 활용한다.

첫 번째 원칙을 준수하기 위해 중복되거나 상관성이 높은 기준을 합쳐서 평가기준의 수를 줄일 수 있었다. 6가지의 평가기준이 합쳐졌고 2가지 평가기준이 삭제되었으며 새로운 1가지의 기준이 추가되었다. 그 결과 평가기준의 수는 5가지로 줄어들었기 때문에 3번째의 원칙은 자연스럽게 지켜질 수 있었다. 각 기준의 개념정의와 함께 최종적으로 결정된 평가기준은 표 18.2와 같다. 이러한 기준들은 의사결정자들에 의해 각 집단의 이해관계를 잘 반영하는 것으로 검토되었다.

성능평가기준 분류 : "미적경관(aesthetic view)"과 같은 주관적 평가기준을 계량적으로 표현하기는 어렵다. 그러나 "부위별 시스템의 요구조건(SNBE : system needs of building elements)"에 대한 각 대안의 기여도는 구체적인 것으로 대안의 선택을 통해 얻을 수 있는 혜택의 정도에 따라 객관적으로 측정될 수 있다.

"부위시스템의 요구조건"을 제외한 모든 평가기준은 주관적인 것으로 분류된다. 주관적 평가기준을 설정하기 위해 필요한 자료는 모델, 데이터베이스, 전문가 등 여러 출처로부터 얻어질 수 있다.

---

152) Saaty, T. L., Multicriteria Decision-Making－The Analytic Hierarchy Process, University of Pittsburgh, PA, 1988.

153) Gupta, S. K., and Taube, L. R., State of the Art Survey on Project Management, Dean, B. V.(Ed.), Project Management Methods and Studies, Amsterdam : North Holland, 1985.

154) Miller, G. A., The Magic Number Seven Plus or Minus Two : Some Limits on Our Capacity for Processing Information, The Psychological Review, Vol.63, 1956, pp.81-97.

표 18.2 평가기준의 정의와 강도

평가기준	정 의	기준강도의 정의
1. 부위시스템의 필요조건 (SNBE)	각 대안이 시스템의 문제를 해결할 수 있는 가능성의 척도	객관적 기준으로 기준강도 표현이 안 됨.
2. 의사결정자의 관심(DMI)	의사결정자가 각 대안에 대하여 갖는 관심의 정도	1. 전적인 관심을 갖고 있다. 2. 다른 것과 바꿀 수 없다. 3. 다른 것과 바꿀 수 있다. 4. 다른 것과 확실히 바꿀 수 있다.
3. 공간요구조건 (SR)	각 부위시스템에 의해 형성되는 형태에 대한 만족 정도	1. 매우 만족(major satisfaction) 2. 중간정도 만족(medium satisfaction) 3. 최소한의 만족(minor satisfaction) 4. 불만족(unsatisfactory)
4. 미적경관(AV)	각 부위시스템에 의해 제공되는 외관에 대한 만족 정도	1. 최우수(excellent) 2. 우수(above average) 3. 보통(average) 4. 보통이하(below average)
5. 장기생존성 (LV)	새로운 기술 대안으로 각 대안이 미래상황에서 경쟁우위를 점유할 수 있는 정도	1. 현저함(outstanding) 2. 보통이상(above average) 3. 보통(average) 4. 후진적임(backward looking)

각 의사결정자는 17가지의 문제영역을 인식하고, 그 영역 내에서 각 대안이 문제해결에 기여할 수 있는 가능성을 제시하였다. "부위시스템의 요구조건"에서 문제영역과 그에 대응하는 개선사항의 수는 표 18.3의 시스템 속성 매트릭스에서 보여진다.

표 18.3 시스템 개선의 상대적 중요도 (rk)

시스템의 속성	문제영역 (k)	대 안 (j)							
		외 벽				내 벽			
		1	2	3	4	1	2	3	4
수명주기 비용절감	1. 초기공사비	1	2	3	4	1	2	3	4
	2. 유지관리비	2	1	3	2	2	1	3	2
	3. 에너지비	2	2	2	1	–	–	–	–
내 구 성	4. 강도	2	3	2	3	3	2	2	2
	5. 내습성	3	2	2	4	–	–	–	–
	6. 온도변화저항	2	2	2	3	–	–	–	–
	7. 내침식성	4	2	2	3	–	–	–	–
	8. 내화학성	1	3	3	3	–	–	–	–
	9. 기상저항	3	3	3	3	–	–	–	–
안 전 성	10. 내화성	2	3	3	1	1	3	3	1
	11. 내연성	2	2	2	2	1	3	3	1
	12. 독성저항	–	–	–	–	–	–	–	–
	13. 방사능저항	–	–	–	–	–	–	–	–
	14. 물리적 위험성	–	–	–	–	–	–	–	–
운 용 성	15. 보수 용이성	3	1	1	3	2	1	1	2
	16. 교체 용이성	2	1	1	2	2	1	1	2
	17. 청소 용이성	2	2	3	3	–	–	–	–

예를 들면 위의 표에서 "외벽대안 3"은 17가지 문제영역 중 14개의 문제해결에 기여하는 것으로 판단되었다.

수학모델(mathematical model) **설정** : 주관적 · 객관적 평가기준, 그리고 이들 기준에 대한 대안의 기여도를 고려한 복합성능척도(composite performance measure)를 산출하기 위해 단순선형 부가모델(simple additive linear model)이 설정된다.

대안 j(alt.j)의 성능척도(performance measure : PMj)는 객관적 · 주관적 평가기준과 각 대안의 가중 평가치 관점에서 다음과 같이 수학적으로 표현된다.

$$PM_j = \sum_{i=1}^{n} ws_i \cdot x_{ij} + w_o \cdot xo_j,\ j=1,\ 2,\ \ldots\ldots,\ m$$

$$\cdots\cdots \text{식 (18.1)}$$ [155]

여기서 w_{si} : i번째 주관적 평가기준에 대한 가중치

x_{ij} : i번째 평가기준에 대한 j번째 대안의 평가결과

w_o : 객관적 평가기준의 가중치

x_{oj} : 객관적 평가기준에 대한 j번째 대안 평가결과

주관적 평가기준과 객관적 평가기준 사이의 균형(parity)이 유지될 수 있도록 x_{ij}와 x_{oj} 각각의 합은 1이 되어야 한다. 즉

$$\sum_{j=1}^{n} x_{ij} = 1\ \ i=1,\ 2,\ \ldots\ldots,\ n \quad \cdots\cdots \text{식 (18.2)}$$

$$\sum_{j=1}^{n} x_{oj} = 1 \quad \cdots\cdots \text{식 (18.3)}$$

이와 같이 각 평가기준에 대한 대안평가 결과의 합이 1이 되어야 한다는 조건을 지정하는 이유는 객관적 평가기준과 주관적 평가기준이 대등하게 양립되도록 하기 위해서이다. 또한 객관적 평가기준과 주관적 평가기준의 합도 다음과 같이 1이 되어야 한다.

$$\sum_{j=1}^{n} ws_i + w_o = 1 \quad \cdots\cdots \text{식 (18.4)}$$

---

155) 이 모델은 다중평가기준을 단일평가기준의 문제로 줄여준다. 이 방법의 기본원리는 다중평가기준에 의한 해결대안의 성능값이 각 기준에 따라 가중 평가된 성능의 합과 같다고 고려할 수 있다는 것이다. 이를 수학적으로 표현하면 다음과 같다.

$$\sum_{i=1}^{p} W_i \cdot Z_i(X)$$

여기서 R : 대안의 종합성능

$Z_i(X)$: 각 기준에 대한 대안의 성능

W_i : P가지의 각 성능 $Z_i(X)$에 할당된 가중치

따라서 P차원의 평가기준은 단일기준 벡터(vector)로 통합될 수 있다.

평가기준의 가중치 결정과 대안의 평가 : 주관적 평가기준의 가중치(wsi), 문제영역(k), 평가기준강도(criteria intensities)는 Saaty의 AHP(analytic hierarchy process) 기법 일부인 개별비교에 의해 결정된다.

주관적 평가기준의 가중치 ws_i(i=1, 2, ..., n)와 객관적 평가기준의 가중치 w_o는 "건물 부위시스템과 설계대안의 최적선택"이라는 목적에 근거하여 개별비교 매트릭스를 사용하여 결정된다(부록 3. p.450 참조).

주관적 평가기준에 근거하여 각 대안을 평가하기 위해 4단계의 성능평가척도가 설정된다. "평가기준강도"로 언급되는 이러한 평가척도는 표 18.2의 3번째 칸(column)에서 보여지는 것과 같고, 각 집단을 대표하는 의사결정자에 의해 결정된다. 주관적 평가기준 i에 대한 4단계 척도인 v_{i1}, v_{i2}, v_{i3}, v_{i4}의 가중치는 개별비교 매트릭스에 의해 결정된다. 이러한 가중치는 대안의 평가를 위해 사용된다. 예를 들어 대안 j(alt.j)가 평가기준 i에 대하여 척도 1로 평가되면 $x_{ij}=v_{ij}$의 관계가 성립된다.

여기서 대안의 수가 7 이하이면 각 평가기준에 대한 직접적 개별비교가 이루어질 수 있다. 이 경우 평가기준강도와 대안의 평가는 불필요하다. 그러나 본 장에서는 가능한 방법을 모두 나열한다는 관점에서 이 방법 전부를 사용한다.

객관적 평가기준인 "부위 시스템 요구조건"에 대한 대안의 평가기준결과(xoj)에 따라 대안을 평가하기 위해 "수명주기비용 절감" 기준은 수명주기비용평가 모델과 문헌[156][157]을 통해 수집되었다. 객관적

156) Dell'Isola, A. J., and Kirk, S. J., Life Cycle Costing for Design Professionals, New York : McGraw-Hill, 1981.

평가기준에 의한 평가결과 x_{qj}는 대안 j(alt.j)이 문제영역(k)을 해결하는 정도와 문제영역(k)의 상대적 중요도 rk_j에 따라 결정된다.

대안은 주어진 수의 시스템 개선을 위해 보다 높은 상대적 중요도를 가질수록, 그리고 보다 많은 문제영역의 해결이 가능할수록 우월한 위치를 갖는다. "부위 시스템 요구조건"에 대한 대안 j(alt.j)의 평가는 모든 문제영역에 걸친 상대적 중요도(rkj)의 가중치 합으로 얻어진다. 이는 다음과 같이 수학적으로 표현될 수 있다.

$$PM_j = \sum_{k=1}^{p} u_k \cdot rk_j \quad (j=1,\ 2,\ \ldots\ldots,\ m) \quad \cdots\cdots\cdots\text{식 } (18.5)$$

여기서 u_k : 문제영역(k)의 가중치(k=1, 2, ..., p)

문제영역 가중치(uk)는 개별비교 대상 수의 한계 이하($p \leq 7$)인 경우 개별비교 매트릭스를 사용하여 직접 구할 수 있다. 그러나 본 장에서는 문제영역의 개수 p=17이기 때문에 문제영역은 객관적 평가기준의 속성과 같은 원리에 의해 7개 미만으로 구성된 몇 개의 군으로 묶어졌다(표 18.3 참조). 여기서 문제영역의 수가 6개이고 속성의 수가 4개이기 때문에 문제영역에 대한 가중치를 얻기 위해 특별한 수정 없이 AHP 방법이 적용될 수 있다.

"부위시스템 요구조건"에 관한 속성의 개별비교는 각 속성의 가중치를 얻기 위해 필요하다. 객관적 평가기준에 대한 문제영역(k)의 전반적 가중치(uk)는 k번째 문제영역이 속하는 속성과 그 속성에 대한 문제영역 가중치의 곱으로 얻어진다. 대안의 우선순위 설정모델의 계층구조적 표현은 그림 18.2와 그림 18.3과 같다.

157) Dell'Isola, A. J., and Kirk, S. J., Life Cycle Cost Data, New York : McGraw-Hill, 1983.

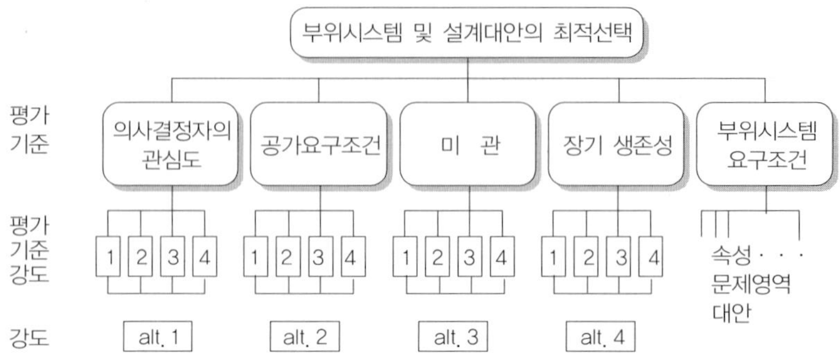

그림 18.2 주관적 평가기준의 계층구조적 표현

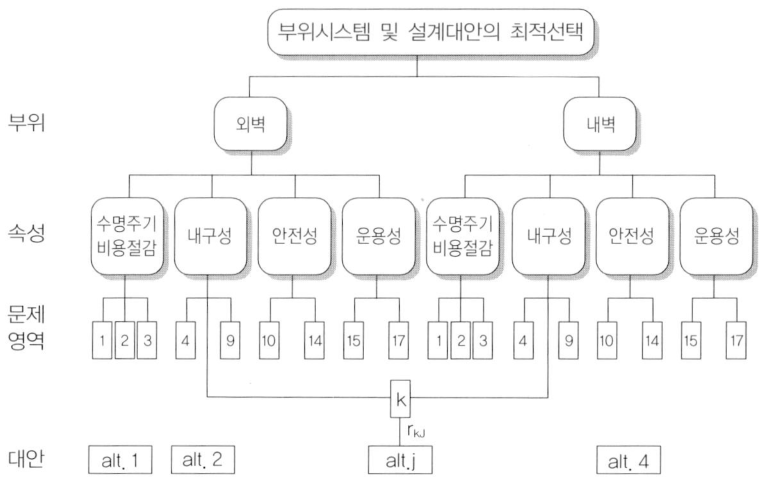

그림 18.3 객관적 평가기준의 계층구조적 표현

모델의 적용_사례연구

이제 설정된 수학적 모델을 활용해 보자. 모델의 목적은 부문별 의사결정자의 의견을 수렴하여 대안의 우선순위를 설정하는 것이다. 의사결정자를 평가주체로 선정한 이유는 다음 2가지이다.

1) 의사결정자는 평가결과에 더 큰 책임감을 느낀다.
2) 해당 분야의 의사결정자만이 실질적으로 타당한 대안을 검토할 수 있다.

소프트웨어 패키지 Expert Choice(Foreman and Saaty, 1985)가 가중치 결정을 위해 사용된다.[158] Expert Choice는 개별비교 매트릭스로부터 평가기준의 가중치를 계산하는 대화형 소프트웨어 패키지(user-friendly interactive software package)이다. 평가기준 ws_i(i=1, ..., 4)와 w_o에 대한 가중치, 평가기준강도 v_{i1}, v_{i2}, v_{i3}, v_{i4}, (i=1, 2, 3, 4), 시스템의 속성과 문제영역 u_k(k=1, ..., 17)는 표 18.4에 나타나 있다.(산출과정은 부록 3. p.450 참조) 최종단계는 주관적 평가기준에 근거하여 각 대안을 평가하는 것이다. 의사결정자는 4가지 대안을 포함하는 표와

표 18.4 개별비교 matrix에서 얻어진 가중치

주관적 평가기준(i)	가중치	평가기준의 강도			
	ws_i	v_{i1}	v_{i2}	v_{i3}	v_{i4}
의사결정자 관심도(DM)	0.082	.533	.272	.139	.056
공간 요구조건(SR)	0.324	.534	.310	.113	.043
미관(AV)	0.072	.586	.272	.094	.048
장기 생존성(LV)	0.104	.614	.248	.101	.037
객관적 평가기준	w_o				
부위시스템 요구조건	0.418				

	LCC절감(.467)			내구성(.095)						안전성(.16)				
k	1	2	3	4	5	6	7	8	9	10	11	12	13	14
uk	.120	.049	.298	.010	.031	.020	.008	.008	.018	.038	.072	.017	.016	.016
k	운용성(.277)													
uk	.016	.067	.152											

158) Foreman, E., and Saaty, T. L., Expert Choice, Decision Support Software, McLean, VA, 1985.

평가기준 및 각 기준에 대한 평가기준강도의 개요를 제시받는다(표 18.2 p.452 참조). 합의가 이루어진 평가결과는 표 18.5와 같다.

표 18.5 주관적 평가기기준에 대한 합의결과

대 안	의사결정자의 관심사 (DMI)	공간요구조건 (SR)	미관(AV)	장기생존성 (LV)
alt.1	2	2	1	1
alt.2	3	1	2	2
alt.3	4	3	2	2
alt.4	2	3	1	2

각자의 다른 평가 결과치는 두 가지 이유 때문에 수학적 평균치를 채택하지 않았다. 첫째, 평가기준강도는 불연속적인 정수 값으로 표현되기 때문에 평균치 계산결과가 정수 값으로 표현되지 못할 경우 의사결정자는 이에 대응하는 입력치를 찾기 위해 결과치를 조정해야 한다. 이러한 조정은 불합리한 의사결정 결과를 낳을 우려가 있다. 둘째, 의사결정자가 단순 평균치를 받아들이는 것보다는 만장일치적 접근방법을 취하는 것이 더 바람직하다고 판단되었다. 단순평균값을 사용할 경우 각 의사결정자 입장에서 볼 때 어느 누구도 만족시킬 수 없는 결과를 받아들여야 하는 경우가 생기는 반면, 만장일치적 방법은 의사결정자 모두를 충족시키는 값이 얻어지도록 할 수 있다.

주관적 기준에 대한 평가결과의 편차는 상당히 낮다. 이는 합의과정에서 의견차를 좁힐 수 있었기 때문이다. 물론 각 의사결정자의 입장에 따라 "1" 또는 "4"와 같은 극단적인 평가치를 선택할 수도 있지만 합의과정에서 이는 어느 정도 조정되는 경향을 보인다.

너무 낮거나 높은 수치의 점유비율이 많지 않다는 사실이 합의과정에서 의견들이 생략되었다는 사실을 의미하는 것은 아니다.

미관평가에서 각 의사결정자는 대안 모두가 어느 정도의 미관을 확보할 수 있다고 판단하였다. 따라서 평가결과치는 모두 1 또는 2로 제시되었다.

장기생존성 평가에서 각 의사결정자는 첨단기술분야에서 사람들의 관심을 지속적으로 유지할 수 있는 가능성 측면에서 대안을 평가하도록 요청받았다. 각 대안은 오랜 기간에 걸쳐 보편적으로 사용되어 온 것들일 뿐만 아니라, 향후에도 거의 공통적으로 사용될 것으로 인식되었기 때문에 평가기준에 대한 기여도가 비교적 높게 나타났다.

의사결정자의 관심도 평가에서 각 결과치는 2~4의 범위에 있다. 여기서 중요한 것은 어느 대안도 특정 건물의 요구조건을 충족시키기 위해 제각기 활용될 수 있다는 이유 때문에 최저치 "1"을 부여받지는 않았다는 것이다. 건설사업 추진과정의 의사결정에서 선정되는 설계대안은 특정 의사결정자에게만 독점적인 것이 되어서는 안 된다. 따라서 대안의 선정에 대한 의견 사이에서 다소 차이가 발생될 수 있다는 것을 이해해야 한다.

공간요구조건에 대한 평가에서 결과치는 1~3으로 다양하게 나타나고 있다. 이는 서로 다른 부위를 가지는 건물이 공간요구조건 면에서 매우 다른 효과를 나타낸다는 사실에 기인한다. 시스템 개선사항수(표 18.3 참조)와 주관적 평가기준 (표 18.5 참조)에 근거한 대안평가와 이를 근거로 결과치(표 18.4 참조)를 도출하기 위한 계산은 Spreadsheet 프로그램에 의해 이루어졌다.

"부위시스템의 요구조건"에 대한 대안의 평가치 x_{oj}는 식 (18.5)에 따라 spreadsheet상에서 벡터(vector)의 곱에 의해 얻어진다. 표 (18.6)

은 "대안 1"의 x_{oj} 계산예를 보여준다.(다른 대안의 x_{oj} 계산은 본 장의 부록 4. p.452 참조)

표 18.6 시스템 요구조건에 대한 "대안 1"의 평가결과치

K	r_k		u_k	$r_k \cdot u_k$	$x_{oj} = \Sigma r_k \cdot u_k$
	외벽 (0.630)	내벽 (0.370)			
1	1	1	0.120	0.1200	
2	2	2	0.049	0.0980	
3	22	–	0.298	0.3755	
4	2	3	0.010	0.0237	
5	3	–	0.031	0.0589	
6	2	–	0.020	0.0252	
7	4	–	0.008	0.0202	
8	1	–	0.008	0.0050	
9	3	–	0.018	0.0340	1.4232
10	2	1	0.038	0.0619	
11	2	1	0.072	0.1174	
12	–	–	0.017	–	
13	–	–	0.016	–	
14	–	–	0.016	–	
15	3	2	0.067	–	
16	2	2	0.058	0.1160	
17	2	–	0.152	0.1915	

평가기준강도는 표 18.5에서 각 대안의 평가(1, 2, 3, 4)를 그에 부응하는 기준강도(v_{i1}, v_{i2}, v_{i3}, v_{i4})로 대체하여 얻어진다. "부위시스템의 요구조건"을 포함해서 이는 표 18.7에 나타나 있다. 각 대안의 평가는 다른 spreadsheet 데이터베이스로 처리되어 식 (18.2) 및 식 (18.3)

표 18.7 주관적 평가기준에 대한 기준강도표

대 안	의사결정자의 관심도 (ws_1=.082)	공간요구 조 건 (ws_2=.324)	미 관 (ws_3=.072)	장기생존성 (ws_4=.104)	부위시스템 요구조건 (wo=.418)
대안 1	0.272	0.310	0.586	0.614	1.42322
대안 2	0.139	0.534	0.272	0.248	1.41542
대안 3	0.056	0.113	0.272	0.248	1.72288
대안 4	0.272	0.113	0.534	0.248	1.70707

표 18.8 기준강도의 "1"에 대한 비율

대 안	의사결정자의 관심도 (ws_1=.082)	공간요구 조 건 (ws_2=.324)	미 관 (ws_3=.072)	장기생존성 (ws_4=.104)	부위시스템 요구조건 (wo=.418)	성능 척도 (PM_j)
대안 1	0.3681	0.2897	0.3522	0.4521	0.2270	0.2913
대안 2	0.1881	0.4991	0.1635	0.1826	0.2258	0.3023
대안 3	0.0758	0.1056	0.1635	0.1826	0.2748	0.1861
대안 4	0.3681	0.1056	0.3209	0.1826	0.2723	0.2203

에 따라 "1"에 대한 비율이 계산된다. 이는 표 18.8에 나타나 있다.

최종적으로 식 (18.1)이 성능척도 PM_j(j=1, 2, 3, 4)를 산출하기 위해서 사용되었다. 이는 표 18.8의 7번째 칸에 표시된다. "대안 3"의 성능척도 계산 예는 다음과 같다.

$$PM_3 = \sum_{i=1}^{4} ws_i \cdot x_{i3} + w_o \cdot x_{o3}$$

$$= (.082)(.0758) + (.324)(.1056) + (.072)(.1635) + (.104)$$

$$= 1(.1826) + (.418)(.2748) = 0.1861$$

이러한 과정은 나머지 두 의사결정자의 평가를 위해서도 반복된다. 그 결과는 표 18.9에 나타나 있다.

표 18.9 성능척도의 종합결과

대 안	PM_j	대 안	PM_j	대 안	PM_j	대안	PM_j (종합)
1 : alt.2	0.3023	1 : alt.2	0.3119	1 : alt.2	0.3056	1 : alt.2	0.3065
2 : alt.1	0.2913	2 : alt.1	0.2879	2 : alt.1	0.2735	2 : alt.1	0.2841
3 : alt.4	0.2203	3 : alt.3	0.1988	3 : alt.3	0.2305	3 : alt.4	0.2052
4 : alt.3	0.1861	4 : alt.4	0.1785	4 : alt.4	0.2119	4 : alt.3	0.2043

의사결정자의 평가결과를 종합하는 과정에서 만장일치를 위한 합의적 접근은 시도되지 않았다. 이는 세 의사결정자의 평가결과를 비교해 보면 많은 교훈이 얻어질 수 있다고 생각한 반면, 거의 불가능해 보이는 합의에 도달하기 위해 노력하는 것은 무의미하다고 생각되었기 때문이다.

이 모델은 각 의사결정자가 자료를 독립적으로 제공하도록 하였기 때문에 어느 특정 대안에 치우치는 경향은 모델의 처리결과를 통해 쉽게 파악될 수 있다. 의도적으로 객관적이기 위해 노력할지라도 자신의 업무영역을 포함하는 대안을 선호하는 경향이 있다는 것은 지극히 당연한 것이라고 생각된다. 그럼에도 최종평가 결과치는 상당한 유사성이 있다. 이는 사용된 모델이 의사결정자들에게 객관적인 입장에서 자료를 입력하도록 독려하는 효과를 제공했기 때문이라고 생각된다.

"대안 2"가 각 집단의 의사결정자에 의해 가장 높은 평가치를 받았다. "대안 1"과 "대안 2"는 각 의사결정자 모두에게 공통적 우선순위를 얻었다.(표 18.9 참조) 이는 각 의사결정자가 객관적 평가기준인 "부위시스템의 요구조건"에 가장 높은 가중치를 주었기 때문이라고 판단된다.

평가기준의 개별비교에서 다소간의 비일관성은 사람이기 때문에 어쩔 수 없이 나타나는 자연스러운 현상이다. Expert Choice와 AHP는 이러한 문제를 예상하고 비정합도 지수(inconsistency index)를 통해 이를 설명한다. Foreman과 Saaty(1985)에 의하면 비정합도 지수가 0.1 이상이 되면 개별비교 판단이 다시 이루어져야 한다고 한다. 본 장에서 이 지수는 모두 0.1 이하이기 때문에 재 판단과정은 필요 없는 것으로 생각되었다.(본 장의 부록 3. p.450 참조)

종합성능척도를 산출하기 위해 각 의사결정자가 평가치를 조합하는 방법에는 여러 가지가 있다. 첫 번째 방법은 각 의사결정자에게 상대적으로 다른 가중치를 제공하고 이에 근거하여 각각의 결과를 조합하는 것이다(예 : 건설비 부담비율에 따른 가중치 등). 두 번째 방법은 각 의사결정자에게 동일한 가중치를 부여하여 산출된 성능척도를 조합하는 것이다.

본 장에서는 Saaty(1980)의 제안대로 기하평균(geometric average)을 사용하였다. 즉 각 대안의 성능척도를 곱한 것에 대한 세제곱근의 값이 취해졌다. 최종적으로 산정된 종합성능척도는 표 18.9의 마지막 칸에 나타나 있다. 이와 관련된 다른 방법은 산술평균값을 취하는 것이다.[159] 그러나 이 방법에 의해서 얻어진 결과는 기하평균 방법에 의해 얻어진 것과 대동소이하게 나타난다.

159) Harsanyi, Cardinal Welfare, Individualistic Ethics and Interpersonal Comparison of Utility, Journal of Political Economy, Vol.63, pp.309-321, 1955.

1. 부위시스템 대안별 LCC 산정결과

부록 그림 18.1 부록부위시스템 대안

구 분	외 벽		내 벽	
대안 1	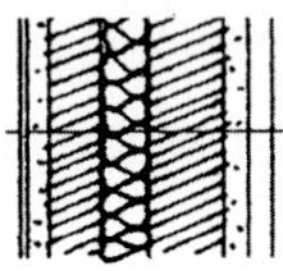	타일 8mm 모르타르 20mm 시멘트벽돌 90mm 단열재 70mm 방수필름 0.2mm 시멘트벽돌 90mm 모르타르 20mm 벽지 0.5mm	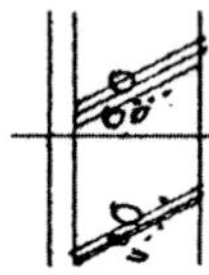	벽지 0.5mm 짚섬보드 9mm 콘크리트 120mm 짚섬보드 9mm 벽지 0.5mm
대안 2	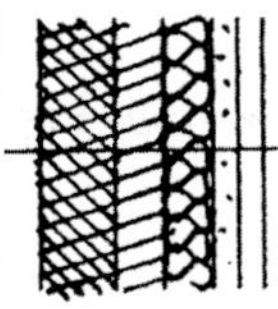	붉은벽돌 90mm 시멘트벽돌 90mm 단열재 70mm 방수필름 0.2mm 모르타르 20mm 벽지 0.5mm	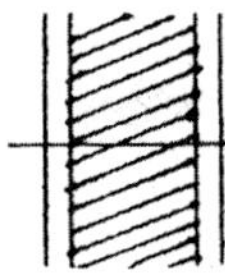	수성페인트 모르타르 20mm 시멘트벽돌 190mm 모르타르 9mm 수성페인트
대안 3	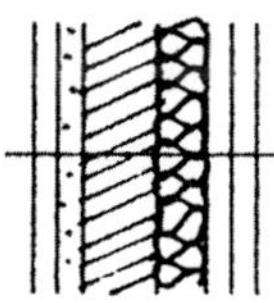	화강석 25mm 모르타르 25mm 시멘트벽돌 190mm 단열재 70mm 방수필름 0.2mm 짚섬보드 9mm 벽지 0.5mm	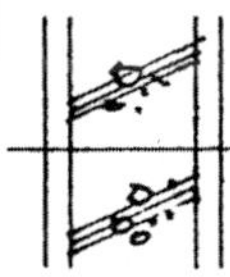	벽지 0.5mm 짚섬보드 9mm 콘크리트 120mm 짚섬보드 9mm 벽지 0.5mm
대안 4	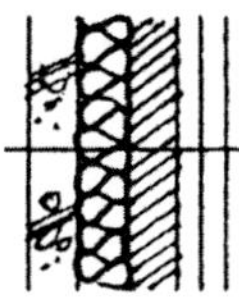	PC 패널 150mm 단열재 70mm 방수필름 0.2mm 시멘트벽돌 90mm 모르타르 20mm 벽지 0.5mm	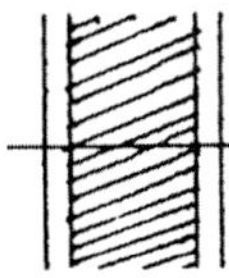	벽지 0.5mm 모르타르 20mm 시멘트벽돌 190mm 모르타르 20mm 벽지 0.5mm

부록 표 18.1 부록부위시스템 대안

구 분	대 안 1	대 안 2	대 안 3	대 안 4
LCC (원)	41,738,173	41,012,205	38,187,385	42,948,535
초기비용에 대한 LCC비율	LCC/IC =2.17	LCC/IC =2.16	LCC/IC =2.36	LCC/IC =2.02

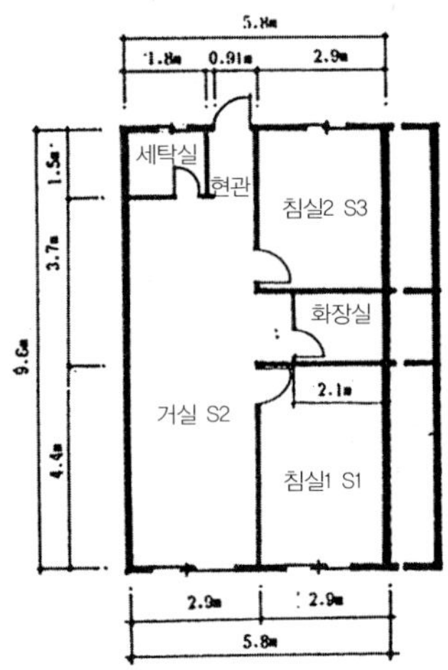

대안 1

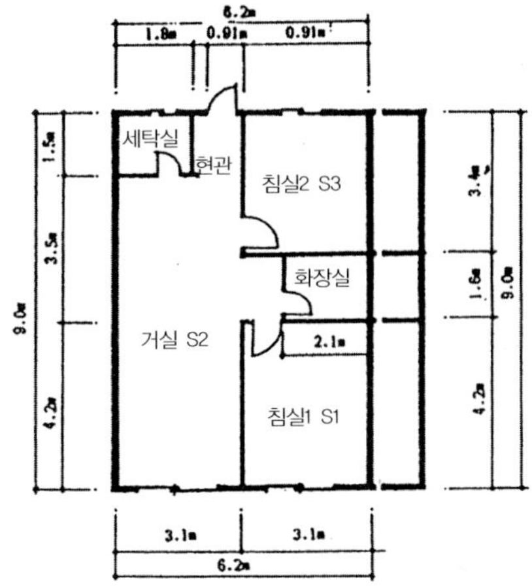

대안 2

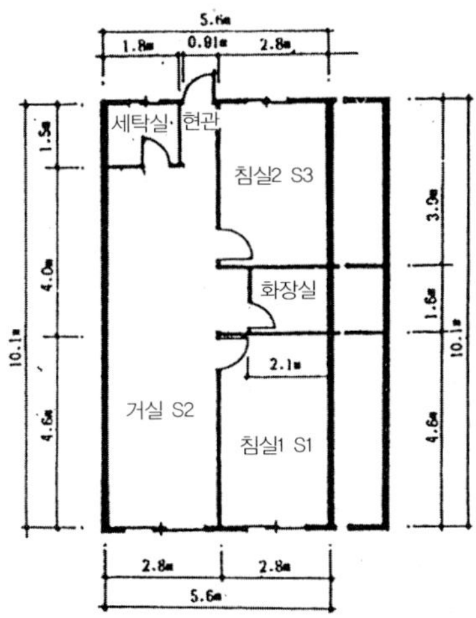

대안 3 & 4

부록 그림 18.2 평면유형(공간요구조건)의 대안

2. 개별비교를 위해 사용된 평가척도

상대적 중요도	내용
1	똑같은 정도로 중요하다.
3	약간 중요하다.
5	꽤 중요하다.
7	상당히 중요하다.
9	절대적으로 중요하다.

* 위의 수치 사이의 중간값 2,4,6,8의 사용도 가능함.

3. 개별비교 matrices

목표에 대한 각 기준의 중요도 (Goal)

	DMI	SR	AV	LV	SNBE	Weights
DMI	1	1/4	1	1	1/5	0.082
SR	4	1	5	4	1/2	0.324
AV	1	1/5	1	1/2	1/5	0.072
LV	3	1/3	2	1	1/3	0.104
SNBE	5	2/1	5/1	3/1	1	0.418

** inconsistency index=0.033

DMI : decision-maker's interests

SR : spacial requirements

AV : aesthetic view

LV : long-term viability

SNBE : system needs of building elements

목표에 대한 객관적 평가기준의 중요도 (Goal>SNBE)

	LCC	Durability	Safety	Service	Weights
LCC	1	4	3	2	0.467
Durability	1/4	1	1/2	1/3	0.095
Safety	1/5	2	1	1/2	0.160
Service	1/2	3	2	1	0.277
** inconsistency index=0.012					

목표에 대한 각 기준의 중요도 (Goal>SNBE>LCC)

	initial cost	maintenance cost	energy cost	weights
initial cost	1	3	1/3	0.258
maintenance cost	1/3	1	1/5	0.105
energy cost	3/1	5/1	1	0.637
** inconsistency index=0.037				

목표에 대한 각 기준의 중요도 (Goal>SNBE>Durability)

	strengrh	Moisture resist.	thermal resist.	weather resist.	corrosion resist.	chemical resist.	weights
strength	1	1/2	1/2	1/2	1	1	0.102
moisture resistance	2	1	3	2	3	3	0.329
thermal resistance	2	1/3	1	2	2	3	0.212
weather resistance	2	1/2	1/2	1	3	3	0.188
corrosion resistance	1	1/3	1/2	1/3	1	1	0.088
chemical resistance	1	1/3	1/3	1/3	1	1	0.082
** inconsistency index=0.040							

목표에 대한 각 기준의 중요도 (Goal>SNBE>Safety)

	fire resist.	smoke preven.	toxicity	radiation	hazardousness	weights
fire resistance	1	1/2	2/1	3/1	2/1	0.236
smoke prevention	2/1	1	4/1	4/1	5/1	0.453
toxicity	1/2	1/4	1	1	1	0.108
radiation	1/3	1/4	1	1	1	0.100
hazardousness	1/2	1/5	1	1	1	0.103
** inconsistency index=0.017						

목표에 대한 각 기준의 중요도 (Goal>SNBE>Service)

	repairability	replaceablity	cleanability	weights
repairability	1	1	1/2	0.240
replaceablity	1	1	1/3	0.210
cleanability	2/1	3/1	1	0.550
** inconsistency index=0.017				

4. SNBE에 대한 대안평가

시스템 요구조건에 대한 "대안 2"의 평가결과치 계산

K	r_k		u_k	$r_k \cdot u_k$	$x_{oj} = \Sigma r_k \cdot u_k$
	외벽(0.630)	내벽(0.370)			
1	2	2	0.120	0.2400	1.41542
2	1	1	0.049	0.0490	
3	2	–	0.298	0.3755	
4	3	2	0.010	0.0263	
5	2	–	0.031	0.0391	
6	2	–	0.020	0.0252	
7	2	–	0.008	0.0101	
8	3	–	0.008	0.0151	

(표 계속)

K	r_k		u_k	$r_k \cdot u_k$	$x_{oj} = \Sigma r_k \cdot u_k$
	외벽(0.630)	내벽(0.370)			
9	3	–	0.018	0.0340	
10	3	3	0.038	0.1140	
11	2	3	0.072	0.1706	
12	–	–	0.017	–	
13	–	–	0.016	–	
14	–	–	0.016	–	
15	1	1	0.067	0.0670	
16	1	1	0.058	0.0580	
17	2	–	0.152	0.1915	

시스템 요구조건에 대한 "대안 3"의 평가결과치 계산

K	r_k		u_k	$r_k \cdot u_k$	$x_{oj} = \Sigma r_k \cdot u_k$
	외벽(0.630)	내벽(0.370)			
1	3	3	0.120	0.3600	1.72288
2	3	3	0.049	0.1470	
3	2	–	0.298	0.3755	
4	2	2	0.010	0.0200	
5	2	–	0.031	0.0391	
6	2	–	0.020	0.0252	
7	2	–	0.008	0.0108	
8	3	–	0.008	0.0151	
9	3	–	0.018	0.0340	
10	3	3	0.038	0.1140	
11	2	3	0.072	0.1706	
12	–	–	0.017	–	
13	–	–	0.016	–	
14	–	–	0.016	–	
15	1	1	0.067	0.0670	
16	1	1	0.058	0.0580	
17	3	–	0.152	0.2873	

시스템 요구조건에 대한 “대안 4”의 평가결과치 계산

K	k		u_k	$r_k \cdot u_k$	$x_{oj} = \Sigma r_k \cdot u_k$
	외벽(0.630)	내벽(0.370)			
1	4	4	0.120	0.4800	1.70707
2	2	2	0.049	0.0980	
3	1	–	0.298	0.2980	
4	3	2	0.010	0.0263	
5	4	–	0.031	0.0781	
6	3	–	0.020	0.0378	
7	3	–	0.008	0.0151	
8	3	–	0.008	0.0151	
9	3	–	0.018	0.0340	
10	1	1	0.038	0.0380	
11	2	1	0.072	0.1174	
12	–	–	0.017	–	
13	–	–	0.016	–	
14	–	–	0.016	–	
15	3	2	0.067	0.1762	
16	2	2	0.058	0.1160	
17	3	–	0.152	0.2873	

III

리스크관리 전략

-미래의 불확실성에 대한 전략적 관리 방법론-

제Ⅲ부 리스크관리 전략

-미래의 불확실성에 대한 전략적 관리 방법론-

19. 왜, 리스크관리 전략인가?

-리스크 인자의 식별, 분석, 대응

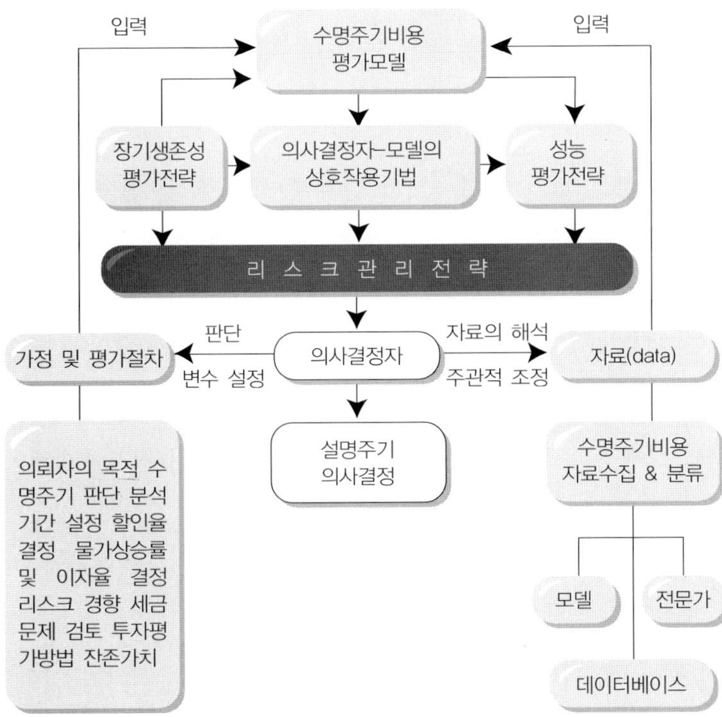

19. 왜, 리스크관리 전략인가?

– 리스크 인자의 식별, 분석, 대응

리스크는 적극적으로 관리될 수 있다는 관점에서 (1)건설사업의 다양한 리스크 인자를 체계적으로 식별 · 분석하여 전략적으로 대응할 수 있는 이론체계를 정립하고 (2)이론체계의 실무 적용을 위해 필요한 리스크 분석기법을 소개하고 (3)리스크 분석기법의 실무 적용에 대한 구체적 이해를 도모하기 위해 다양한 유형의 리스크 분석기법 적용 사례를 소개하고자 한다.

건설사업은 초기 기획 · 계획 단계부터 설계 및 계약을 거쳐 시공 · 준공 · 사용 · 유지관리에 이르는 전 과정에 걸쳐 다른 어떠한 사업보다도 더 복잡 · 다양하면서도 심각한 유형의 위험성과 불확실성에 노출된다.

신축이든 증축이든, 보수이건 개수이건 건설경영자는 건설사업의 추진과정에서 설정된 목적의 차질 없는 달성을 위해 자연재해와 물리적 사고에 능동적으로 대처해 나가야 하는 한편, 다양한 기술과 기능을 제각기 다른 수준으로 보유한 많은 사람들의 제반업무를 균형적 시각에서 종합적으로 관리해야 한다.

건설사업의 리스크는 '90년대 후반에 발생하여 우리나라 건설업의 심각성을 단적으로 드러낸 성수대교 붕괴, 대구 가스참사, 구포 무궁화호열차 전복, 삼풍백화점 붕괴 등으로 대표되는 물리적 사고에만 국한되는 것이 아니다.

국내외 건설시장에서 더욱 더 심화되고 있는 사업유치 경쟁으로 인해 건설사업을 통한 기대이익의 감소가 불가피해진 반면, 자재비 · 노무비 · 경비 등의 건설관련 제 비용은 지속적으로 상승하고 있다.

또한 공사비 부족으로 인한 재설계, 시공과정에서 불가피하게 이루어지는 설계변경, 예기치 못한 상황에서 발생되는 파업과 민원, 공사품질의 확보 미달로 인한 재시공, 자재조달 지연, 불안정한 시장상황에서 비롯되는 인력수급의 불균형, 열악한 기상조건에 의한 공기지연, 기능 및 성능의 장애로 인한 하자보수 등 이루 헤아릴 수 없을 정도로 많은 사안들이 건설사업의 리스크로 작용한다.

건설사업 리스크 인자의 다양성과 심각성을 고려해 볼 때, 건설경영을 위한 리스크관리 이론체계와 실무적용 방법론 정립의 필요성은 아무리 강조해도 결코 지나침이 없다. 그러나 이러한 필요성과는 별개로, 리스크관리 이론은 1964년 Hertz에 의해 소개된 이래[1] 투자분석, 신제품 개발 및 판매전략 수립, 금융 · 보험관리 등의 분야에서 활용되어 왔을 뿐, 건설사업에 도입 · 적용되기 시작한 것은 불과 20여 년 전의 일에 불과하다.

건설사업의 리스크관리 이론체계가 비록 학문적으로 짧은 내력을 가진 다소 불완전한 것임에도 불구하고, 선진 외국의 건설업계는 리스크관리 개념의 필요성을 일찍부터 깊이 인식하고 적극적으로 도입 · 적용해 온 한편, 적용과정에서 도출된 미비점을 지속적으로 수정 · 보완하여 발전시킴으로써 실질적으로 다양한 효과를 거두어 왔다.

---

1) Herts, D. B., Risk Analysis in Capital Investment, Harvard Business Review, 1964, pp.95-106.

우리나라 건설사업의 리스크관리 실태는 어떠한가? 건설시장의 국제화 · 개방화에 따른 무한경쟁 상황에서 '90년대 후반에 잇달아 발생된 대형 참사로 인해 우리 건설업계에서도 리스크관리의 중요성이 부각되고는 있다.

그러나 아직까지도 그 수준은 "기술적(技術的) 시각에서 협의적 · 소극적으로 실시되고 있을 뿐, 보다 적극적인 관점에서 건설사업과 관련된 다양한 리스크 인자를 체계적으로 식별 · 분석하여 전략적으로 대응하기 위한 '건설경영 전략적 차원의 접근방법론'에는 아직 이르지 못하고 있는 실정이다.

이러한 제한적 여건에서 재해대책, 사고방지, 안전관리 등과 같은 물리적 측면의 리스크 인자를 대상으로 이루어지는 우리나라 건설사업의 리스크관리는 상호 극단적인 특성을 보이는 두 가지 방향의 어느 한쪽으로 치우치는 경향이 없지 않다.

첫째는 풍부한 경험과 직관 그리고 배짱으로 마치 "믿음으로 산도 옮길 수 있다"는 듯이 확신과 자신감으로 건설사업을 추진해 나가면서 실패 가능성에 대한 의혹이나 부정적인 사고 자체를 금기시하는 태도이다.

둘째는 건설사업 추진과정에는 수많은 종류의 리스크 인자가 만연해 있음을 알면서도, 대부분의 리스크를 통제할 수 없는 것으로 인식한 결과 적극적 대응을 아예 포기해 버리는 자세이다.

필자는 이러한 상호 극단적 경향을 모두 배제하고 리스크는 적극적으로 관리될 수 있다는 관점에서 (1)건설사업의 다양한 리스크 인자를 체계적으로 식별 · 분석하여 전략적으로 대응할 수 있는 이론체계를 정립하고, (2)그 이론체계의 실무 적용을 위해 필요한 리스크 분석기법을 소개하고, (3)리스크 분석기법의 실무 적용에 대한 구체적인 이해를 도모하기 위해 다양한 리스크 분석기법의 적용사례를 소개하고자 한다.

제Ⅲ부 리스크관리 전략

-미래의 불확실성에 대한 전략적 관리 방법론-

20. 리스크관리 개념 정립

-리스크와 리스크관리의 의미는?

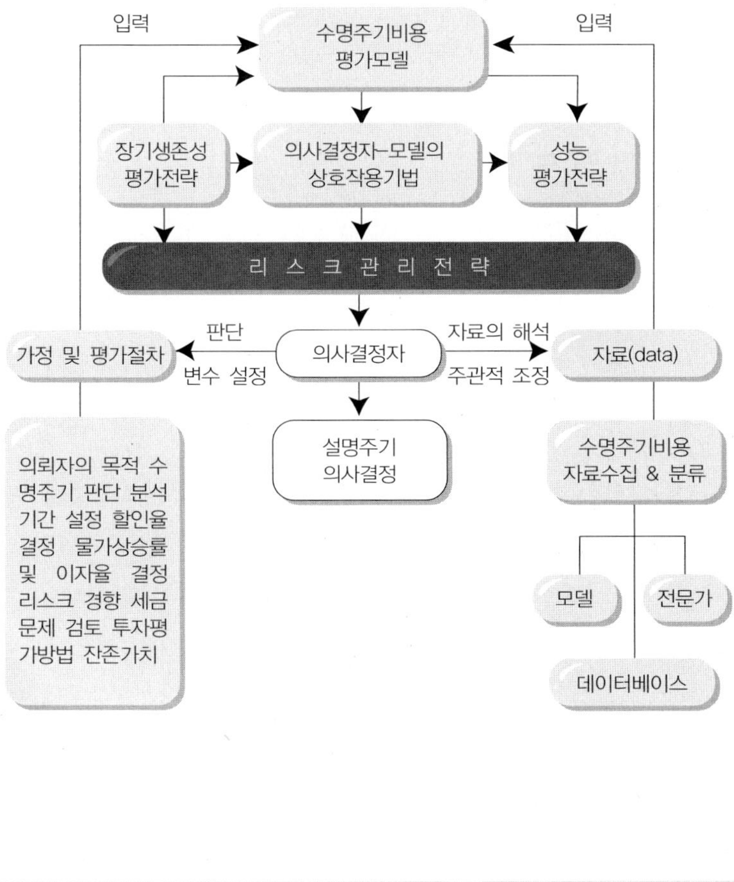

20. 리스크관리 개념 정립

– 리스크와 리스크관리의 의미는?

건설사업의 리스크는 손실과 피해는 물론 획득과 기회도 포함하는 포괄적 개념을 갖는다. '건설사업의 리스크관리'는 획득과 손실 가능성 모두를 대상으로 하는 리스크를 최적조건 또는 수용 가능한 정도로 조정하기 위해 건설과정에서 직면하는 제반 리스크 인자를 식별 · 분석 · 대응하는 체계적 접근방법"이다.

리스크와 리스크관리

Rothkopf(1975)는 리스크를 '손해(loss), 손상(injury), 불이익(disadvantage), 파괴(destruction) 등의 가능성'으로 정의한다.[2] 리스크는 또한 '(1)기대한 것을 얻지 못할 가능성, (2)기대와 현실 사이의 격차, (3)불확실성 자체 또는 불확실성의 결과' 등으로 표현되기도 한다. 결국 리스크는 '결과예측 가능성의 결여'라는 의미로 요약될 수 있다.

이러한 개념의 리스크는 결과예측의 어려움 때문에 발생될 수 있는 손실(loss), 피해(damage), 결여(lack) 등과 관련된 부정적 측면만을 강조한 나머지, 또 한 가지 중요한 관점인 수익(profit), 획득(gain), 기회(opportunity) 등과 같은 긍정적인 면을 등한시한 결과, 리스크관리의

2) Rothcopf(1975)는 다음과 같이 정의한다.
… the risk is the possibility of loss, injury, disadvantage, or destruction
Rothkopf, M. H., On Measuring Risk, Working Paper, Xerox Palo Alto Research Center, 1975.

목적을 손실 또는 비손실 중의 하나와 관련된 경제적 보험관리의 조건을 찾아내는 것으로 간주하고 있다.[3)]

보험관리 측면의 리스크는 순수 리스크(pure risk), 정태적 리스크(static risk), 비시장 리스크(non-market risk), 체계화되지 않은 리스크(unsystematic risk) 등으로도 언급된다.

반면에 건설사업의 리스크는 손실과 피해는 물론 획득과 기회도 포함하는 포괄적 개념을 갖는다. 소극적 관점의 보험 리스크와 대비되는 이러한 리스크는 투기성 리스크(speculative risk)[4)], 동태적 리스크(dynamic risk), 시장 리스크(market risk), 체계적 리스크(systematic risk) 등의 용어로 표현되기도 한다.

필자는 건설사업의 리스크관리를 '획득과 손실 가능성 모두를 대상으로 하는 투기성 리스크를 최적 조건 또는 수용 가능한 정도로 조정하기 위해 건설사업 추진과정에서 불가피하게 직면할 수밖에 없는 불확실성 인자를 체계적으로 식별 · 분석하여 전략적으로 대응할 수 있는 방법론'으로 정의한다.[5)]

---

3) International Risk Management Institute, Inc., The Construction Risk Management Manual, Dallas, Tex., 1987.

4) 이러한 관점에서 'risk'의 단어적 의미를 파악해 볼 필요가 있다. 'risk'라는 단어는 '뱃심 좋게 도전하다'라는 의미를 갖는 초기 이탈리어 'riscare'에서 유래된 것이다. 이런 의미에서 리스크는 투기적 선택의 의미를 갖는다고 볼 수 있다.

5) 건설과정의 리스크와 불확실성을 인식하고 대처하기 위해 분석모델을 설정하는 것이 리스크관리의 핵심으로 인식되는 경향이 있다. 그러나 보다 어려우면서도 중요한 측면은 리스크 분석기법과 수단을 찾는 것이 아니라 (1)건설과정에는 불확실성이 만연해 있고 (2)불확실성을 무시하기보다는 장악하는 것이 더 낫다는 관점을 확실히 인식하고 받아들이는 것이다.

리스크, 불확실성, 기회 그리고 위기

리스크(risk)와 불확실성(uncertainty)의 의미는 호환적으로 사용되는 경우가 많다. 그럼에도 확률분포(probability distribution)의 존재 여부에 따라 이들 사이의 개념이 구분되기도 한다.

Schumpeter(1934)는 결과에 대한 확률분포가 알려져 있거나 직관적 또는 합리적으로 산정될 수 있다면 리스크가 존재하는 것이고, 그렇지 못할 경우에는 불확실성이 따르는 것으로 본다.[6)]

경험이나 합리적인 방법으로 특정 사안의 발생 가능성을 평가할 수 있는 경우의 의사결정은 리스크 상황에서 이루어진다. 예를 들어 신축건물의 공사비를 판단하는 경우는 리스크가 포함되는 것으로 본다. 왜냐 하면 과거 자료나 경험을 활용하여 어느 정도 확실성이 있는 공사비를 예측할 수 있을 것으로 사료되기 때문이다.

불확실성은 실적자료나 경험이 없는 상황에서 비롯된다. 예를 들어 첨단기술시스템을 보유하는 신축건물의 공사비 예측은 불확실한 상황에서 이루어진다고 볼 수 있다. 해당 건물의 공사비 예측에 활용할 수 있는 실적자료의 확보가 거의 불가능하기 때문이다.

Lindley(1971)는 통계분석(statistical analysis)의 가능 여부에 따라 리스크와 불확실성을 구분한다.[7)] 특정 업무영역에서 반복적으로 발생되어, 통계적인 접근이 가능한 사안에 대해서는 리스크 분석이 이루어질 수 있다고 보는 반면, 본질적으로 고유한 것이어서 통계처리가 불가능한 경우에는 불확실성이 내재된 것으로 본다. 이러한 관점에서

---

6) Schumpeter, J. A., The Theory of Economic Development, Harvard University Press, 1934.

7) Lindley, D. V., Making Decisions, John Wiley, London, 1971.

리스크는 '계량화 가능한 불확실성'으로 이해될 수 있다.

건설사업의 리스크는 비반복적 고유상황의 인자, 즉 사회적 추세(social trends), 기술발전(technology developments), 경제적 변화(economic change) 등과 같이 통계처리가 불가능한 불확실성을 다수 포함한다.[8)]

따라서 건설사업의 리스크를 관리하기 위해 리스크와 불확실성의 개념을 명확히 구분하는 것은 그다지 큰 의미를 갖지 못할 것으로 사료된다. 이러한 이유 때문에 필자는 이 책에서 리스크와 불확실성의 의미를 호환적으로 사용한다. 즉 리스크를 계량적 측면의 리스크는 물론 주관적 판단이 개입되는 불확실성도 포함하는 포괄적인 것으로 보고자 한다.

리스크, 불확실성, 기회(opportunity)의 상관관계도 살펴볼 필요가 있다. 불확실성은 미래상황에 대한 지식의 부족에서 비롯된다.[9)] 불확실성이 바람직한 결과로 이어질 가능성은 기회가 되는 반면, 그렇지 못한 결과의 발생 가능성은 리스크로 인식된다.

기회 역시 리스크와 관련되어 있다. 기회가 많을수록 불확실성에 대한 노출이 심해져서 리스크와의 관련성도 더 높아진다. 이러한 관점에서 불확실성 · 기회 · 리스크의 상관관계는 다음 그림 20.1과 같이 표현될 수 있다.

---

8) Hertz, D. B., Practical Risk Analysis, John Wiley and Sons, Inc., New York, N. Y., 1984.

9) 불확실성은 의사결정의 본질이 불확실한 미래를 지향하고 있기 때문에 발생한다. 따라서 '시간(time)'이야말로 리스크를 다루는 과정에서 고려해야 할 가장 '중점적 변수(central variable)'이다. 시간의 경과와 함께 다가오는 미래가 없다면 리스크는 존재하지 않을 것이기 때문이다. 즉 리스크가 위력을 발휘하는 영역은 '미래'라는 '시간의 영역'인 것이다. 미래에 관한 불완전한 정보를 토대로 이루어지는 의사결정 과정에서 시간과 리스크는 동전의 양면과 같이 서로 밀접한 관계를 가지고 있다.

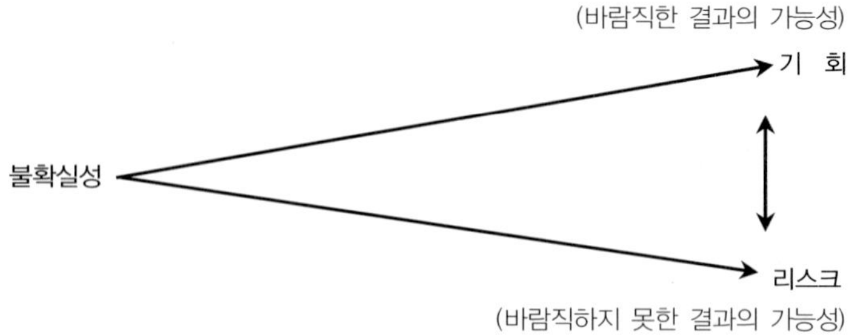

그림 20.1 불확실성 · 기회 · 리스크의 상관관계

결국 리스크 상황의 본질적 구성요소는 특정 사안의 발생에 따르는 불확실성과 잠재적 손실 또는 획득으로 생각될 수 있다. 따라서 리스크는 다음과 같이 불확실성 · 손실 · 획득을 변수로 갖는 함수로 고려될 수 있다.

> 리스크(Risk) = f (u, c)
>
> 여기서 u : 특정 사안의 발생에 대한 불확실성
> c : 특정 사안의 발생에 따르는 잠재적 손실/획득

상기 함수에서 기회로 연결될 수 있는 잠재적 획득 가능성을 리스크로 간주하는 것에 개념적으로 무리가 따른다고 볼 수도 있다. 그러나 건설사업 추진과정에서는 획득 가능성이라도 불확실성은 바람직한 것이 아니라는 것에 유념해야 한다. 왜냐 하면 특정 상황의 불확실성이 과연 획득의 기회로 연결될 수 있을지 여부를 정확히 판단할 수 있는 지식과 정보가 알려져 있지 않은 상태에서 건설경영 의사결정자는 불안감을 느낄 수밖에 없기 때문이다.

리스크관리에서 용어상의 혼란을 피하기 위해 리스크와 위기(crisis)의 개념도 구분할 필요가 있다. 이 두 가지 용어의 개념 차이는 리스

크관리와 위기관리(crisis management)가 각각 대상으로 하는 불확실성 인자와 그에 대한 접근방식의 차이점을 파악해 봄으로써 명확해질 수 있다.

리스크관리가 불확실한 미래 사안에 대응하기 위한 사전준비작업에 중점을 두고, 건설사업 목적의 성공적인 달성을 위해 여러 가지 대안의 행동계획(alternative action plan)을 수립하여 시행하는 일련의 과정이라면, 위기관리는 과거 사안의 미숙한 처리가 원인이 되어 불리해진 상황에 대처하기 위해 현 시점에서 최선의 노력을 기울이는 것이다.

보다 명확한 이해를 위해 우리가 적이 쏘는 총탄에 일방적으로 저격당할 수밖에 없는 상황에 놓여 있다고 가정해 보자. 우리가 취할 수 있는 조치로는 (1)몸을 재빨리 움직여 총탄을 피하는 것, (2)장애물로 총탄을 막아내는 것, (3)총탄에 맞아 부상당한 부위를 치료하는 것 등을 생각할 수 있다.

반면에 (4)무장한 저격범과 마주치지 않기 위해 위험지역을 회피하거나, (5)적극적으로 이쪽에서 더 강력한 무기를 사용하여 저격범을 사살하는 방법도 고려할 수 있을 것이다.

위기관리는 처음 3가지의 사후대응(reactive) 조치에 해당하는 것들인 반면[항목 (1)~(3)], 리스크관리는 사전대응적(proactive) 조치인 나머지 두 가지 대안[(4)~(5)]을 강구하는 것이다.

결국 위기(crisis)가 사전준비가 안된 상태에서 갑자기 당하는 불리한 사안이라면, 리스크는 사전에 예측하여 회피하거나 계획적으로 대응할 수 있는 사안이다.[10]

리스크, 사고(peril) 그리고 위태(hazard)

사고(peril), 위태(hazard), 리스크의 의미가 상황에 따라 호환적으로 사용되기도 한다. 사고(peril)는 화재, 폭풍, 우박, 도난 등과 같은 손해의 원인인 반면, 위태(hazard)는 사고로 인한 손해의 가능성을 증가시키는 상태이다.

어떤 것은 사고이면서 동시에 위태이기도 하다. 예를 들어 병(病)은 경제적 손해를 유발하는 사고이고, 동시에 조기 사망사고에 의한 손해의 가능성을 증가시킬 수 있다는 의미에서 위태이기도 한다. 위태는 다음과 같이 5개의 범주로 분류될 수 있다.

- **물리적 위태**(physical hazard) : 사고로 인한 손해의 가능성을 증가시키는 물리적 속성이다. 예를 들면 화재사고에 의한 물리적 위태로는 건설방식(type of construction), 재산소재지(location of the property), 건물점유(occupancy of the building) 등을 고려할 수 있다.
- **도덕적 위태**(moral hazard) : 보험가입자(insured persons)의 악의(evil tendencies)로 인해 손해 가능성이 증가되는 경우를 의미한다. 예를 들면 보험가입자가 보상을 유도하기 위해 의도적으로 손해를 유발하거나, 더 많은 보상금을 받기 위해 손해금액을 과장하

---

10) 사후대응에 중점을 두는 위기관리와 대비, 리스크관리의 사전준비적 측면을 강조하기 위해 리스크 대응의 몇 가지 기본원칙을 살펴보면 아래와 같다.
- 작은 것을 위해 많은 리스크를 감수하지 마라.
- 항상 미리 계획을 세워 두라.
- 항상 리스크의 근원과 결과를 함께 분석하라.
- '우발적 상황에 대한 대응조치(contingency measure)'를 강구하라.
- 나태함(inaction)을 변명하기 위해 다른 사람을 탓하지 마라.
- 체면손상을 우려하여 리스크를 감수하지 마라.
- 감당할 수 있는 만큼 이상의 손실을 유발하는 리스크는 감수하지 마라.
- 전문가의 조언을 중시하라.
- 리스크의 통제 가능한 측면과 통제 불가능한 측면을 동시에 고려하라.

는 경우이다.

- **방관적 위태**(morale hazard) : 도덕적 위태(moral hazard)와 달리 보험 가입자의 부주의로 인한 손해 가능성의 증가를 의미한다. 즉 보험회사가 손해를 감수할 것이라고 인식하고 보험가입자가 무의식적으로 주의를 소홀히 하는 경우를 말한다.

- **법적 위태**(legal hazard) : 법적 판결에 의한 손해의 빈도(frequency) 및 심각성(severity)이 증가되는 경우이다. 불법적인 사안으로 고소된 개인이나 조직은 법적 위태에 직면할 수 있다. 법적 위태는 또한 재산소유자에게 발생될 수도 있다. 예를 들면 재산의 손실이나 철거로 인한 잔해 제거의 법적 의무를 재산 소유자에게 부과하는 판결이 이루어지는 경우를 생각할 수 있다.

- **범죄적 위태**(criminal hazard) : 도덕적 위태와 마찬가지로 부정직한 인간성 때문에 발생되는 것으로 도난이나 횡령 등의 가능성 증대를 생각할 수 있다. 도덕적 위태나 방관적 위태는 보험상의 손실이 실제보다 부풀려지는 경우를 초래하기 때문에 보험회사에게만 중요한 것일 뿐 리스크관리 측면에서는 그다지 중요한 것으로 볼 수 없다. 그러나 법적 위태나 범죄적 위태는 매우 중요한 리스크로서의 의미를 갖는다.

리스크 유형

리스크는 기업 내·외부의 환경적인 불확실성에서 비롯된다. 따라서 건설사업의 리스크를 종합적으로 파악하기 위해서는 내부적 리스크(internal risk)와 외부적 리스크(external risk)를 동시에 고려해야 한다. 내·외부적 리스크를 구체적으로 분류하면 그림 20.2와 같다.

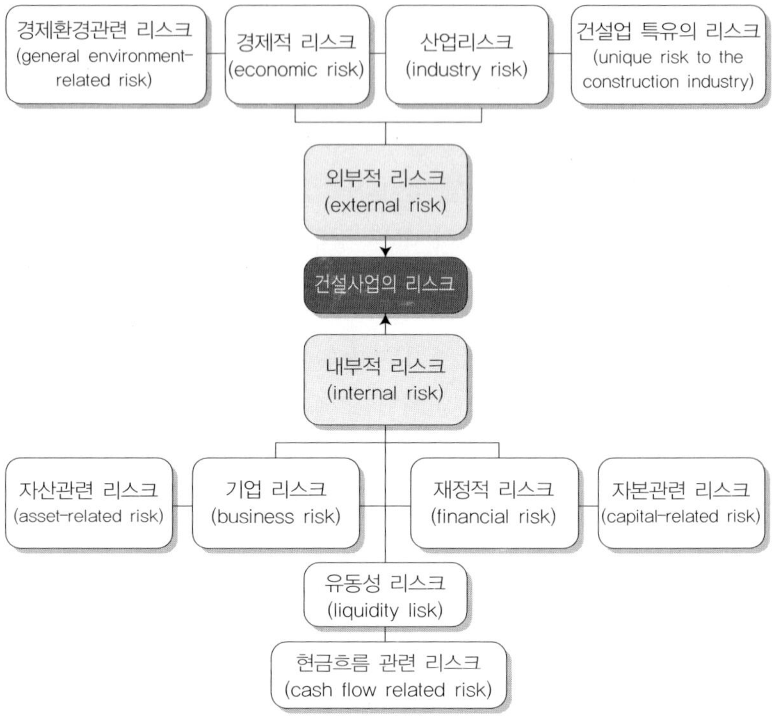

그림 20.2 리스크의 분류체계

내부적 리스크(internal risk)

내부적 리스크는 현금흐름(cash-flow)의 불확실성에서 비롯되는 것으로 기업 리스크(business risk), 재정적 리스크(financial risk), 유동성 리스크(liquidity risk)로 구성된다. 따라서 다음과 같이 표현될 수 있다.

내부적 리스크 = f(기업리스크, 재정적 리스크, 유동성 리스크)

기업리스크(business risk)는 자본지출(capital expenditure), 소득(gross possible income), 운영비용(operating expense), 재산가치(property value)의 변화로 발생되는 '자산관련 리스크(assets related risk)'로[11] '투자자산에 대

한 기대효과를 획득할 수 있는 가능성의 결여'를 말한다.

사업의 연장선상에 존재하는 것이 기업이기 때문에 기업 리스크는 모든 기업이 불가피하게 직면하는 현금흐름의 불확실성에서 비롯된다. 기업리스크의 유발인자는 (1)경쟁수준(level of competition), (2)고정비용비율(operating leverage), (3)사업특성(project characteristics) 등이다.

경쟁수준(level of competition)은 건설시장[12], 사업의 복잡성, 시장진입 용이성[13] 등의 영향을 받는다. 따라서 기업은 제한적인 역량을 집중시켜 경쟁력을 발휘할 수 있는 시장을 찾아 진입해야 한다. 예를 들어 정부가 공공 건설사업에 대한 규제를 강화하면 민간건설사업으로 관심을 전환시켜야 한다.

고정비용비율(operating leverage)은 총비용에 대한 고정비(fixed cost)의 점유비율이다. 수주물량이 감소되어도 고정비용은 같은 비율로 줄어들지 않는다. 따라서 고정비용비율이 높을수록 더 많은 리스크에 노출된다. 예를 들어 다수의 중장비를 보유한 기업은 높은 고정비용 지출의 리스크를 감수해야 한다. 이러한 경우 장비임대사업을 추진하면 고정비용 감소효과를 얻을 수 있을 것이다.

사업특성에 따른 불확실성은 (1)경영(management), (2)기상조건(weather condition), (3)공기지연(delay), (4)하수급자의 실행능력(subcontractors performance), (5)자원 유용성과 생산성(availability and productivity of the resources), (6)주요사항의 변경지시(major change order), (7)정치적 · 환경적 지원(political and environmental support), (8)전문성(expertise) (9)사업

11) Pyhrr, S. A., Real Estate Investment, Gorham and Lamon, Boston, 1982.

12) 건설시장에서 유망사업이 확실할수록 기업리스크는 줄어든다.

13) 소규모 자본으로 정부규제를 적게 받으면서 건설시장에 진입할 수 있는지의 여부를 말한다.

유형(type of project), (10)발주자의 재정능력(owner's financial strength) 등의 예기치 못한 변화에 기인한다.

기업리스크는 현금흐름의 불안정성(volatility)에 기인한다. 현금흐름의 불안정성은 기업의 경쟁수준, 고정비용비율, 사업성격의 영향을 받기 때문이다.

현금흐름의 불안정성은 표준편차(standard deviation)로 측정될 수 있다. 그러나 표준편차는 값의 크기에 영향을 받기 때문에 규모가 다른 회사의 리스크 비교에는 사용하기 어렵다. 이 경우 표준편차를 평균값으로 나눈 값인 변동계수(coefficient of variation)를 기업리스크의 비교척도로 사용할 수 있다.

재정적 리스크는 기업리스크에 부채증가로 인한 리스크가 추가된 것으로, 기대수준의 수익률을 확보하지 못하거나 파산할 가능성을 의미한다.

재정적 리스크는 부채로 인해 발생하는 내부적 리스크로 총자본(total capital)에 대한 부채비율(ratio of debt)로써 측정된다.

건설사업은 초기에 손실 또는 피해를 어느 정도 감수하면서라도 상당액의 지출을 감수하지 않으면 안 되는 경우가 많다. 빚(debt)이나 비용지출이 증가되는 상황에서 재정적 리스크를 잘 관리하지 못하면 기업의 생존이 위협받을 수도 있다.

적정 부채율은 (1)인플레이션과 이자율, (2)세법(tax law), (3)수익 안정성 등에 따라 달라진다. 높은 수익 안정성을 갖는 기업은 더 많은 빚을 쓸 수 있다. 또 소득세율이 높을수록 차입금에 대한 세금우위(tax-advantage)를 더 많이 기대할 수 있다.

가격의 양보 없이 빠른 시간 내에 자산을 현금으로 교환할 수 있는 정도가 유동성(liquidity)이다. 자산을 '현금으로 전환(liquidating)'시키는 과정에서 따르는 불확실성을 유동성 리스크(liquidity risk)라고 한다. 유동성 리스크를 유발하는 두 가지 주요인자는 (1)자산의 현금화를 위해 필요한 시간과 (2)처분가격(selling price)이다. 자산처분의 가능 여부에 대한 불확실성이 클수록, 처분과정에서 가격양보(price concession)가 더 많이 요구될수록 유동성 리스크는 증가하게 된다.

유동성 리스크가 전혀 없는 자산은 현금이다. 반면에 대표적인 비유동성 자산은 건설중장비(heavy construction equipment)와 부동산(real estate)이다. 특히 부동산은 잠재적 구매자(potential buyer)의 물색에 상당한 시간이 소요되고 처분가격도 불확실하다.

유동성 리스크는 유동성 자산(liquid assets)과 총자산(total assets)의 관계로 측정된다. 또한 현금, 처분 가능한 담보(marketable securities), 받을 어음(receivables) 등의 합이 총자산에서 점유하는 비율로 설명된다. 이 비율이 높을수록 유동성 리스크는 감소한다.

외부적 리스크(external risk)

외부적 리스크는 기업의 통제범위를 초과하는 불확실성으로 경제적 리스크(economic risk)와 산업리스크(industry risk)로 구분되며, 다음과 같이 표현될 수 있다.

외부적 리스크 = f (경제적 리스크, 산업리스크)

경제적 리스크는 경제환경의 불확실성에서 비롯된다. 경제적 리스크를 유발하는 주요변수는 (1)예상 외의 이자율 변동(unexpected fluctuation in interest rates)과 (2)예기치 못한 임금·가격의 변화(unanticipated changes in wages and prices)이다.

통화정책(monetary policy)의 변화로 인한 자본시장의 상대적 안정(relative ease)과 경색(tightness)은 단기 이자율 변동에 직접적인 영향을 미친다. 이자율은 통화공급량, 인플레이션, 실질 경제성장률의 영향을 받는다. 긴축적 금융정책은 통화량을 감소시켜 높은 이자의 지불을 불가피하게 한다. 예기치 못한 인플레이션은 건설자재비의 인상을 초래하여 견적비용(estimated cost)과 실제 투입비용 사이의 격차를 벌려 놓는다.

예를 들어 에너지 비용의 불확실성은 70년대 후반과 80년대 초반의 두 차례에 걸쳐 주요 리스크로 인식되었다. 에너지 위기는 건설장비 운용에 필요한 연료 부족현상을 초래하여 공기가 지연되기도 하고 심지어는 사업이 중단되기도 한다. 특히 건설중장비를 사용하는 대규모 토공사에는 상대적으로 더 많은 비용투입이 이루어지게 된다.

한편, 실질 경제성장은 인구증가(population growth), 노동생산성(labor productivity), 자원가용성(availability of natural resources) 등의 영향을 받는다.

산업리스크(industry risk)는 건설업 고유의 불확실성으로 노조협정(labor union agreements), 보험요율(insurance rate), 정부의 정책, 세법(tax law), 건설자재비 등의 변화에서 비롯된다. 자재비 상승률은 경제적 리스크에 포함될 수도 있다. 이러한 경우 리스크가 중복 고려되지 않도록 주의해야 한다.

리스크의 측정

기업의 종합적 리스크 측정(risk measurement)을 위해 포트폴리오 이론(portfolio theory)14)이 도입된다. 포트폴리오의 관점에서 각 리스크를 결합하여 종합적으로 표현하면 다음과 같다.

종합적 리스크(total risk) $= f(\sigma_e, \ \sigma_i, \ \sigma_b, \ \sigma_f, \ \sigma_1, \ \sigma_{j,k})$

여기서 σ_e : 경제적 리스크
σ_i : 산업리스크
σ_b : 기업리스크
σ_f : 재정적 리스크
σ_1 : 유동성 리스크
$\sigma_{j,k}$: 리스크 인자들 사이의 상관계수

종합적 리스크는 리스크의 발생범위와 확률로 파악된다. 확률분석 결과의 불확실성은 표준편차로 측정된다. 표준편차 값이 클수록 더 큰 리스크에 노출되는 것으로 본다. 종합적 리스크 측정을 위해서는 (1)각 리스크 요소의 분석과 아울러, (2)분석결과의 편차를 산정하고, (3)각 리스크 요소들 사이의 상관계수를 계산해야 한다. 이어서 (4)다음 식을 적용한다.

$$\sigma = \sqrt{\sum_{j=0}^{m} \sum_{j=0}^{m} \rho_{j,k} \ \sigma_j \ \sigma_k}$$

여기서 σ = 종합적 리스크
σ_j와 σ_k = 요소 j와 k의 리스크
$\sigma_{j,k}$ = 리스크 요소 j, k 사이의 상관계수
m = 리스크 인자의 총수

14) 포트폴리오 이론은 이 책의 '리스크 분석' 내용 중 포트폴리오 분석을 참조할 수 있다.

제Ⅲ부 리스크관리 전략

-미래의 불확실성에 대한 전략적 관리 방법론-

21. 건설사업의 특성과 리스크

-건설사업의 리스크 인자 도출

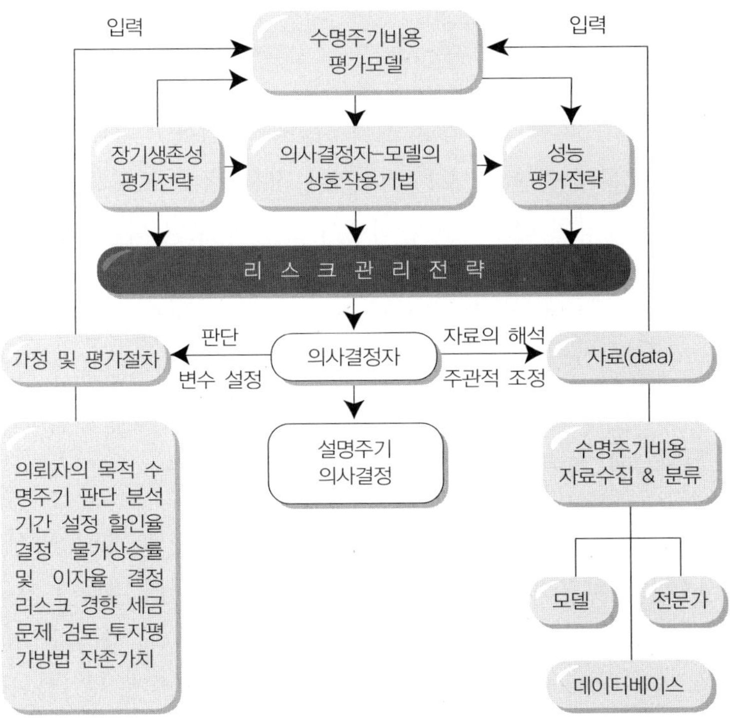

21. 건설사업의 특성과 리스크

–건설사업의 리스크 인자 도출

리스크에 대한 인식이 주관적으로 형성되기 때문에 건설경영 의사결정자는 일반적으로 높은 발생 가능성과 큰 피해범위를 갖는 리스크에만 관심을 집중하는 경향이 있다. 그러나 실제 상황에서는 피해범위가 적으면서도 발생빈도가 높은 리스크가 있음에 유념해야 한다.

건설사업은 일반 제조업 분야의 사업과 확연히 구분되는 여러 가지 특성 때문에 훨씬 더 많은 리스크에 직·간접적으로 노출된다. 건설사업의 특성을 리스크의 관점에서 조명해 보면 다음과 같다.

1) 건물(시설)은 본질적으로 토지에 고착될 수밖에 없는 실체이다. 건물(시설)을 생산하는 건설사업 역시 특정지역의 현장을 중심으로 형성된 수동적 환경에서 이루어지기 때문에 불가피하게 인위적 통제가 불가능한 자연적·물리적 영향을 직접 받는다.

이와 같이 지역적인 한계를 갖는 건설사업은 규모, 형태, 입지, 재원, 품질 등의 제반조건과 관련된 수요자(의뢰자)의 다양한 요구를 개별적으로 수용해야 하는 일품생산형 주문사업이다. 따라서 어떠한 경우에도 완벽하게 같은 건물(시설)이 존재하는 경우를 생각할 수 없다. 두 개 이상의 건물(시설)을 같은 설계도에 따라 동일한 시공자가 같은 지역에서 같은 방식으로 시공한다 할지라도 엄격한 의미에서 이들을 동일한 건물(시설)로 볼 수는 없다. 적어도 이들의 점유공간과 지하구조는 다를 수밖에 없기 때문이다.

이러한 특성으로 인해 최근의 첨단화 · 자동화된 기술로도 건물(시설)을 전면 표준화 · 규격화 한다는 것은 불가능하다. 아직도 생산과정의 대부분이 노동 의존적이어서 양질의 저렴한 노동력의 확보는 건설업의 성공적 수행을 위해 필수적이다. 그러나 노동력의 확보 여건은 사업의 규모와 성격, 건설경기 등에 따라 극히 유동적이기 때문에 수급불안정에 의한 공사차질이 발생하기도 한다.

따라서 건설경영 의사결정자는 자연적 · 지리적 환경에서 비롯되는 물리적 리스크(physical risk)는 물론 건설사업 추진 시점의 사회 · 경제적 여건에서 비롯되는 리스크(social and economic risk)도 심층적으로 고려해야 한다.

2) 단일사업에 대한 투입자본의 규모가 대단히 크다. 특히 초기에 막대한 자본이 소요되기 때문에 견실한 자본능력이 없이는 사업 완료시까지 만성적 재정부담에 시달리게 된다. 또한 특정건설사업에서의 손실발생 여부가 기업경영에 직접적 영향을 미친다.

건설사업은 결과적 실체인 건물(시설)의 직접적 구성요소가 아니면서도 건설과정에서 불가피하게 요구되는 가설물의 구축 · 철거를 필요로 한다. 또한 전체 공사비에 대한 운반비의 비중이 매우 높다. 건설공사비의 약 25%가 운반비인 것으로 알려져 있다. 따라서 효율적 원가관리의 중요성이 강조된다. 그러나 건설사업은 제조분야 사업과 같은 수준의 정밀한 생산관리를 할 수 없기 때문에 관리 불충분, 작업 비능률, 재시공, 여분의 가설물 설치로 인한 추가운반 소요, 과잉설계 · 시방 등으로 인한 비용손실 가능성이 매우 높다.

이러한 사항에 유념하여 건설경영 의사결정자는 자본의 동원 · 운용 및 공사원가 상승과 관련된 재정 · 경제적 리스크 인자(financial and economic risk)를 체계적으로 식별 · 분석하여 전략적으로 대응하지 않으면 안 된다.

3) 생산활동이 사업건수에 따라 단속적으로 이루어지기 때문에 수요와 공급의 균형을 고려한 계획생산이 불가능하다. 각 사업별로 재원, 생산수단(기자재, 장비 등)과 노동 · 기술인력을 새롭게 조달해야 한다. 건설사업 추진조직도 특정 사업관리 위주로 형성된 불안정한 구조를 갖는다.

따라서 특정 사업의 특성을 반영하는 리스크(construction project risk)를 다루어야 함은 물론, 다수 사업의 수행주체인 건설기업 차원의 리스크(construction company risk)도 고려해야 한다.

4) 전체적으로 개별수주사업이면서 부분적으로는 조립생산업이다. 따라서 수많은 관련산업이 도급 · 하도급에 의한 분업생산체제를 전제로 분야별 전문화 및 계열화가 이루어진다. 이러한 경우 어느 한 산업의 문제는 곧 건설사업의 애로와 직결된다.

따라서 건설기업이나 개별사업 단위의 리스크 차원을 넘어 건설업 전체를 하나의 분석단위로 생각하는 리스크(construction industry risk)의 관점도 필요하다.

5) 건설사업의 결과적 산물인 건물(시설)은 주택을 제외한 그 어느 것도 최종소비재가 아니고 경제활동을 위한 중간 투입재 또는 생산재로서의 성격을 갖는다. 따라서 건설사업은 최종수요가 아니라 다른 생산재의 유발수요로서 고용 및 산업연관 효과를 창출한다. 이러

한 관점에서 건설사업은 국가경제의 안정적 성장을 위한 전략적 수단이 될 수 있다.

건설시장은 대형업체와 소규모업체가 병존하는 중층적 구조로 형성된다. 낮은 수준의 기술과 적은 자본으로도 건설업에 비교적 쉽게 진입할 수 있는 반면, 경기 동향과 수요자(발주자) 여건에 매우 민감한 반응을 보인다.

따라서 건설경기와 발주자 여건에 직·간접적 영향을 받는 상황을 염두에 두고 국가경제 전반에 대한 파급효과로서의 경제리스크(national economy risk) 분석이 이루어져야 함은 물론, 더 나아가서는 정치환경이나 정부정책의 변화에 따라 발생하는 정치적 리스크(political risk), 법적·제도적 리스크(legal risk)도 검토되어야 한다.

6) 사용기술의 종류가 광범위하다. 전통 재래기술에서부터 첨단공법까지 다양한 유형의 기술이 건설사업에 도입된다. 같은 종류의 건설사업이라도 적용 기술에 따라 공기, 비용, 품질, 인력수요 등에서 엄청난 차이가 발생한다.

또한 생산기간이 매우 길어 건설사업 추진과정에서 물가, 환율, 이자율 변동의 영향을 받는다. 건물(시설)은 일단 건설되면 수십 년에서 수세기에 이르는 수명주기(life cycle) 동안 존속하면서 지속적인 유지관리 소요를 발생시킨다.

건물(시설)의 수명주기에 걸친 시간의 경과에 따라 사람들의 요구수준, 취향, 유행 등이 지속적으로 변화한다. 이러한 과정에서 건물(시설)이 사회적 변화를 유연하게 수용하지 못하면 더 이상 존속할 수 없게 된다.

이러한 특성을 고려하여 건설경영 의사결정자는 계획 · 설계 · 시공과정에서 직면하는 단기적 리스크(short-term risk)는 물론 점유, 사용, 유지관리 과정에서 건물(시설)이 직면하게 될 장기적 리스크(long-term risk)도 함께 고려해야 한다. 아울러 보다 포괄적 안목에서 불확실한 미래의 환경변화를 장기 생존성(long-term viability)의 관점에서 인식하여 신기술 · 신공법 · 신사업의 개발로 연계시키지 않고서는 지속적인 경쟁력을 유지할 수 없다.

건설사업의 리스크 식별체계

지금까지 건설사업의 제반 특성을 여러 각도에서 조명한 결과 파악된 다양한 리스크를 요약하면 다음과 같다.

- 자연적 · 지리적 여건에서 비롯되는 환경적 · 물리적 리스크
- 건설시점의 제반여건에서 파생되는 사회적 · 경제적 리스크
- 자본 동원 · 운용 및 원가상승에 의한 재정적 · 경제적 리스크
- 특정 건설사업의 특성을 반영하는 사업단위 리스크
- 다수 사업의 수행주체인 건설기업 차원의 리스크
- 건설업 전체를 하나의 분석대상으로 고려하는 건설산업 수준의 리스크
- 국가경제 전반의 변화에서 비롯되는 파급효과로서의 리스크
- 정치 환경이나 정부 정책의 변화에 따른 정치적 · 법적 · 제도적 리스크
- 계획, 설계, 시공과정에서 직면하는 단기적 리스크
- 점유, 사용, 유지관리 과정의 장기적 리스크
- 불확실한 미래의 환경변화를 인식하고 신기술 · 신공법 · 신사

업을 개발 · 도입하는 과정에서 직면하는 장기 생존성 관점의 리스크

상기에서 언급된 제반 리스크는 다소 산만하게 나열되어 있을 뿐만 아니라 부분적으로 중복되는 요소도 없지 않다. 따라서 중복성을 배제하여 식별이 가능한 형태로 리스크 유형을 분류할 필요가 있다. 여러 가지 분류방식이 존재하지만 필자는 광범위하면서도 부분적 · 미시적 관점의 리스크 요소도 놓치지 않겠다는 생각에서 다음과 같이 3가지 관점의 접근을 시도한다.

- 리스크의 성격상 분류
- 시간차원의 건설사업 추진단계별 리스크 분류
- 공간차원의 발생영역별 리스크 분류

건설사업의 리스크는 성격상 (1)물리적 리스크(physical risk), (2)환경적 리스크(environmental risk), (3)천재지변(Acts of God), (4)정치적 · 법적 · 제도적 리스크(political and legal risk), (5)재정 · 경제적 리스크(financial and legal risk) 등으로 구분된다.

리스크는 또한 시간차원에서 (1)타당성 분석(feasibility study)단계, (2)계획 · 설계(planning and design)단계, (3)계약 · 시공(contract and construction) 단계, (4)점유 · 사용(occupancy and use) 및 유지관리(operation and maintenance)단계 등으로 구분 · 접근될 수 있다.

마지막으로 공간 차원에서 리스크의 발생영역별로 (1)사업단위 리스크(project-level risk), (2)건설기업 수준의 리스크(company-level risk), (3)건설산업 차원의 리스크(construction industry risk), (4)국가경제 차원의 리스크(economy-level risk) 등으로 구분될 수 있다.

이러한 분류체계를 요약하여 리스크의 식별유형을 정리하면 표 21.1과 같다.

표 21.1 건설사업의 리스크 분류체계

분류기준	건설업 리스크 유형
리스크 성격	• 물리적 리스크 • 천재지변 • 재정적 · 경제적 리스크 • 환경적 리스크 • 정치적, 법적, 제도적 리스크
건설과정 (시간차원)	• 타당성 분석단계의 리스크 • 계획 및 설계단계의 리스크 • 시공단계의 리스크 • 점유 · 사용 및 유지관리단계의 리스크 • 미래환경 변화에 대비한 장기생존성 리스크
발생영역 (공간차원)	• 특정사업단위 수준의 리스크 • 건설회사 수준의 리스크 • 건설산업 차원의 리스크 • 국가경제 차원의 리스크

필자의 의도는 이와 같이 분류된 리스크의 구체적 인자를 체계적으로 식별 · 분석하여 대응할 수 있는 이론체계와 실무 적용 방법론을 정립하는 것이다.

건설사업 리스크의 주관적 인식

건설사업 추진과정에서 건설경영 의사결정자는 '본 사업의 리스크는 상당히 크다.' 또는 'A 사업은 B 사업보다 더 높은 리스크를 갖는다.'라고 말하고는 한다. 건설사업의 리스크에 대한 이해도를 높이기 위해 이러한 말들의 진정한 의미가 무엇인가를 검토할 필요가 있다.

리스크의 개념은 사람에 따라 제각기 다르게 인식된다. 왜냐 하면 건설사업 추진과정에서 이미 발생된 적이 있거나 향후 발생될 것으로 예상되는 리스크의 인식과정에서 불가피하게 사람의 주관적 판단이 개입되기 때문이다.

예를 들어 여행을 위해 교통수단을 선택하는 과정에서 제기되는 리스크를 고려해 보자. 어떤 사람은 자동차 사고의 통계적 확률이 높다는 이유 때문에 항공기편을 선택하는 반면, 또 다른 사람은 자동차 사고 가능성에 대한 확률보다는 항공기 사고에서 발생되는 피해의 심각성을 우려하여 자동차 여행을 선호하기도 한다.

건설경영 의사결정자 역시 리스크를 주관적으로 인식한 결과 발생 가능성이 높고 피해범위가 큰 리스크에만 관심을 집중하는 경향이 있다. 그러나 피해범위가 적으면서도 발생빈도가 높은 리스크가 있다는 것에 유념해야 한다.

건설사업의 리스크를 보다 정확히 파악하기 위해서는 사람에 따라 제각기 다르게 나타나는 리스크의 주관적 인식 측면도 고려해야 한다.

주관적 리스크의 분류기준으로는 (1)우선 리스크의 발생 가능성(probability)이나 빈도(likelihood)를 생각할 수 있다. 실례로 '공사비가 책정예산의 범위를 초과할 가능성'을 들 수 있다. (2)또 다른 관점에서 리스크 발생 결과의 심각성(severity)을 고려할 수 있다. 예를 들면 '건설공사비가 책정예산의 범위를 초과할 경우 건설사업의 수익성에 미치는 영향'을 생각할 수 있다. (3)마지막으로 고려할 수 있는 또 하나의 분류기준은 특정 리스크의 발생으로 인해 유발되는 파급효과 범위(affecting scale)이다. 이에 대한 예로써 '공사비가 책정예산의 범위를 초과할 경우 공기, 품질, 기타 후속 공사에 대한 직 · 간접적 영향'을 생각할 수 있다.

건설경영 의사결정자는 상기 세 가지의 어느 한 측면도 간과하지 않겠다는 생각으로 리스크를 식별하지 않으면 왜곡되거나 잘못된 분석결과의 희생물이 될 수 있다.

필자의 또 한 가지 중요한 의도는 객관적 · 계량적 리스크뿐만 아니라 주관적 · 정성적 리스크도 식별하여 분석 · 대응하기 위한 이론체계와 실무 적용 방법론을 정립하는 것이다.

22. 건설사업의 리스크관리 시스템

-건설사업 리스크에 대한 접근방법의 틀

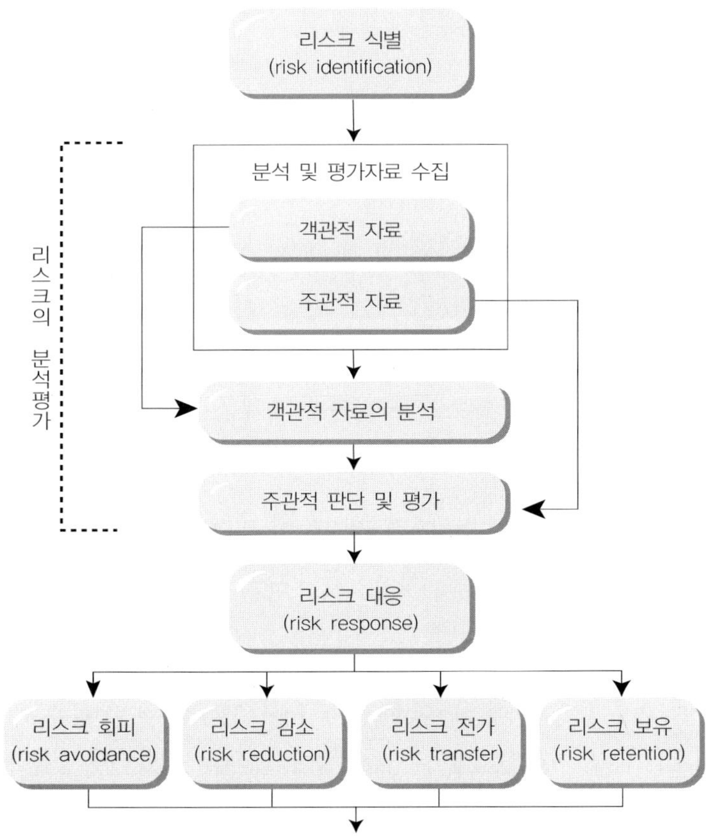

22. 건설사업의 리스크관리 시스템

–건설사업 리스크에 대한 접근방법의 틀

리스크관리 시스템의 운용을 통해 리스크를 완전히 제거할 수는 없을 지라도 건설사업의 특성상 불가피하게 존재하는 리스크 인자를 체계적으로 식별하고 특정 리스크에 효과적으로 대응할 수 있는 현실적 정보를 획득 · 분석하여 리스크 상황에 보다 효과적으로 대처할 수 있다.

리스크관리 절차

리스크관리는 (1)특정 상황과 관련된 리스크의 근원을 파악하여 관련 리스크 인자를 식별하고, (2)식별된 리스크의 발생시 예상되는 결과를 다양한 기법을 통해 측정하여 분석하고, (3)리스크의 부정적 영향을 감소시키거나 리스크 유발인자 자체를 제거하기 위한 전략을 수립하여 시행하는 연속적인 과정이다.

리스크관리를 연구하는 여러 저자들이 건설사업 추진과정에서 직면하는 리스크관리 절차를 제시하였다.[15][16][17] 표 22.1은 이들이 제안한 리스크관리 절차이다.

---

15) Perry, J. G., Construction Projects-Know the Risks, Management, February, pp.42-45, 1985.

16) Hayes, R. W., Management of Risk in Engineering : Risk Allocation through Contractual Approaches, The Geneva Papers on Risk and Insurance, 10, No.37, October, 1985, 293-305.

17) Flanagan, R., and Stevens, S., Risk Analysis, Quantity Surveying Techniques : New Directions, BSP Professional Books, 1990.

표 22.1 리스크관리 절차[18)19)]

저자 / 단계	Flanagan & Stevens(1990)	Fellows(1989)	Al-Bahar & Crandell(1990)
1	리스크 식별 (risk identification)	리스크 식별 (risk identification)	리스크 식별 (risk identification)
2	리스크 분류 (risk classification)	리스크 계량화 (risk quantification)	리스크분석 및 평가 (risk analysis & evaluation)
3	리스크 분석 (risk analysis)	리스크 할당 (risk allocation)	대응관리 (response management)
4	리스크 대응 (risk response)	리스크 대응 (risk response)	시스템 운용 (system administration)

그러나 상기 표 22.1의 각 저자별 절차는 동일한 개념을 서로 다른 용어로 표현한 것일 뿐, 그 본질은 대동소이한 것으로 사료된다. 필자는 리스크관리의 본질은 간과하지 않으면서도 현실적으로 실용성이 높은 리스크관리 절차를 정립하기 위해 그림 22.1과 같이 리스크 식별(risk identification) → 리스크 분석(risk analysis) → 리스크 대응(risk response)의 3단계 절차를 제시한다.

그림 22.1 리스크관리 절차

18) Fellows, R. F., The Management of Risk, Technical Information Service, No.111, The Chartered Institute of Building, 1989.

19) Al-Bahar, J. F., and Crandall, K. C., Systematic Risk Management Approach for Construction Projects, Journal of Construction Engineering and Management, Vol.116, No.3, September, 1990.

리스크 식별(risk identification)은 리스크의 근원을 인식하고 리스크 인자의 유형과 특성을 파악하여 발생 가능한 리스크의 성격을 이해하는 과정이다. 후속적인 두 단계의 리스크관리 절차인 리스크의 분석 및 대응은 리스크 식별단계에서 인식된 인자만을 대상으로 이루어진다. 따라서 리스크 식별단계에서 발생 가능성이 있는 모든 리스크 근원인자를 철저하게 파악해야 한다.

리스크 분석(risk analysis)은 다양한 기법을 사용하여 리스크의 식별단계에서 인식된 리스크 인자의 결과적 중요도를 계량적으로 파악하는 과정이다. 분석단계에서는 리스크의 발생규모, 리스크 변수의 개별적 영향이나 종합적 파급효과를 측정하고 평가해야 한다. 이 과정에서 유념해야 할 사항은 리스크 분석의 목적이 리스크 인자를 제거하거나 감소시키는 것이 아니라, 리스크를 보다 명확하게 이해하고 대응하기 위한 대안의 설정이나 전략수립 가능성 여부를 판단하는 것이라는 것이다.

리스크 대응(risk response)은 식별 · 분석된 리스크 인자의 처리방안을 강구하는 과정이다. 리스크 대응을 위해 건설경영 의사결정자는 특정 리스크를 (1)다른 집단(조직)에 전가시킬 수 있고(risk transfer), (2)투자나 사업을 철회하여 회피할 수도 있으며(risk avoidance), (3)경우에 따라서는 다양한 대책을 수립하여 리스크를 감소시킬 수도 있다(risk reduction). (4)또한 투기적 효과(혜택/기회)를 기대하며 다소의 위험을 무릅쓰고 리스크를 보유한 채 사업을 진행시킬 수도 있다(risk retention). 이러한 대응전략은 건설경영 의사결정자의 리스크에 대한 취향에 따라 선택적 또는 종합적으로 활용될 수 있다.

리스크의 전가 및 보유와 대비시켜 리스크 분담(risk sharing)을 이해할 필요가 있다. 리스크 분담은 리스크 전가의 특정 경우이면서 동시에 리스크 보유의 한 가지 형태이다. 리스크가 분담될 때 그로 인한 피해 가능성은 개인으로부터 집단이나 조직에게 전가된다. 리스크 분담은 또한 리스크가 전가된 집단이나 조직의 입장에서 다른 리스크들과 더불어 보유해야 하는 리스크가 된다.

리스크는 개인 · 집단 · 조직에게 다양한 방법으로 분담될 수 있다. 리스크를 분담하는 한 가지 두드러진 방식은 기업에 대한 투자이다. 많은 사람이 투자한 기업이 파산할 경우 각 투자자는 투자분에 대한 리스크를 분담한다. 보험도 분담을 통한 리스크관리 방안이다. 보험의 기본적 특징 중의 하나가 다수의 구성원들에 의한 리스크 분담이기 때문이다.

리스크의 주관적 인식과 평가

필자는 리스크의 계량적 분석뿐만 아니라 주관적 인식 및 평가방안도 강구하여 기존 리스크관리 이론의 한계를 극복하고자 한다. 리스크의 주관적 인식과 평가는 리스크의 식별 · 분석 · 대응에 이르는 모든 과정에 개입되어 리스크 관련 의사결정에 영향을 미친다.

리스크 인자의 식별과정에서 사람들은 경험에 비추어, 마음속에 쉽게 떠오르는 사안에 더 높은 발생 가능성을 부여하는 경향이 있다.[20)]

특히 최근에 보다 생생하게 경험한 사안일수록 발생 가능성이 더 높은 것으로 고려한다. 리스크 상황은 지극히 객관적으로 존재하는

20) Tversky, A. and Kahneman, D., Judgment under Uncertainty, Heuristics and Biases, Science, 85, 1974, pp.1124-1131.

것이지만, 그 상황의 인식은 판단의 주체인 사람의 성장과정, 교육배경, 가치체계, 경험, 직관 등에 따라 제각기 달라지기 때문에 리스크 식별도 달라질 수 있다.

리스크 분석과정에서도 주관적 측면을 완전히 배제할 수는 없다. Cohen(1982)은 리스크의 분석과 수락을 구분해야 한다고 강조한다.[21] 리스크의 분석결과는 객관적 · 계량적으로 표현될 수 있을 지라도, 분석결과의 해석 · 평가 과정에서 (1)판단의 주체가 누구인가에 따라, 그리고 (2)개별적 리스크와 집합적 리스크 중 어느 쪽에 더 많은 관심을 갖는가에 따라 리스크의 수준과 결과에 대한 인식이 달라진다. 따라서 어떤 사람에게 부정적인 리스크는 다른 사람에게 긍정적인 것이 될 수도 있다.

리스크 대응도 사람에 따라 달리 나타난다. 더 많은 이익을 기대하며 리스크를 감수하는 경향이 있는 사람(risk seeker)이 있는 반면, 기대이익에 무관심한 반응을 보이며 중립적 자세를 유지하는 유형(risk neural type)의 사람도 있다. 한편, 기대이익 자체를 포기하면서 리스크에 대한 혐오적 경향을 보이는 유형(risk averse type)의 사람도 있다. 따라서 어떠한 경향이 상황을 더 강력하게 지배하는가에 따라 리스크 대응전략도 달라진다.

리스크관리는 객관적 상황의 주관적 인식과 심리적 반응에도 영향을 받는다. 그럼에도 객관적 · 계량적 분석기법에만 집착한 결과, 리스크관리의 주관적 측면이 갖는 중요성을 간과하는 경향이 있다. 주관적 판단은 리스크 상황을 인식하고 평가하는 사람의 가치, 경험,

---

21) Cohen, A. V., Decisions in Risk Management, Dealing with Risk, The Planning, Management and Acceptability of Technological Risk, Griffiths, R. F.(Ed.), Manchester University Press, 1982.

직관 등에 상당 부분 의존할 수밖에 없기 때문에 불가피하게 편견(bias)과 오류(error)를 내포한다. 따라서 건설사업이 포함하는 다양한 리스크 인자를 식별 · 분석하여 대응전략을 수립해야 하는 건설경영 의사결정자는 이러한 편견과 오류를 최대한 배제할 수 있는 체계적인 방법을 정립하여 활용해야 한다. 필자는 주관적 판단이 갖는 편견과 오류를 최대한 배제하고 긍정적 측면만을 체계적으로 수렴하여 리스크의 계량적 분석결과와 주관적 판단과정을 종합적으로 고려할 수 있는 방법론을 강구하고자 한다.

리스크관리 시스템

지금까지 리스크관리의 일반적 개념을 파악하고 아울러, 주관적 판단의 중요성을 강조하였다. 리스크관리 과정에서 고려해야 할 주관적 · 객관적 인자를 체계적으로 다루기 위해 필자 나름대로 정립한 건설사업의 리스크관리 시스템을 제안하면 그림 22.2와 같다.

리스크관리 시스템의 운용을 통해 건설사업관리자는 건설사업 추진과정의 제반 리스크를 완전히 제거할 수는 없다. 건설환경을 더 친근하게 바꿀 수도 없고, 경쟁자, 제품 · 장비공급자, 근로자의 태도나 취향을 호의적으로 바꿀 수 있는 것도 아니다. 리스크관리의 효용은 건설사업의 특성상 불가피하게 존재하는 리스크 인자를 체계적으로 식별하고, 특정 리스크에 효과적으로 대응할 수 있는 현실적 정보를 획득 · 분석하여 리스크 상황에 효과적으로 대처할 수 있는 방법론을 제공하는 것에 있다. 과학적 · 체계적인 방법으로 리스크 상황에 대응할 수 있는 전략적 사고의 틀을 제공한다는 것에 있다.

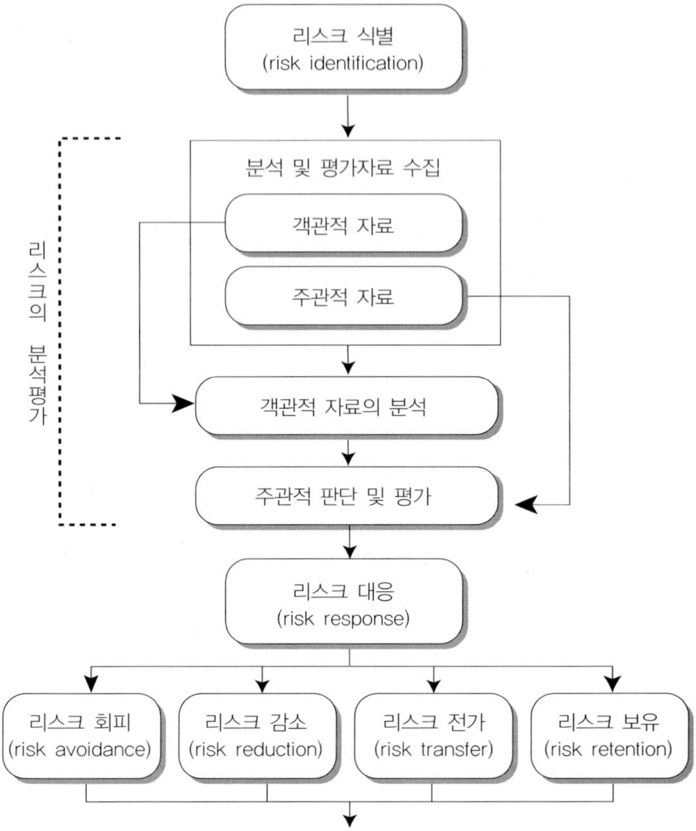

그림 22.2 리스크관리 시스템

이제 리스크관리 시스템의 각 구성요소 내용을 순차적으로 언급하여 건설사업의 리스크관리 방법론을 정립하고자 한다.

제Ⅲ부 리스크관리 전략

-미래의 불확실성에 대한 전략적 관리 방법론-

23. 리스크 인자의 식별

-리스크 근원인자 파악과 분석대상 변수 선정

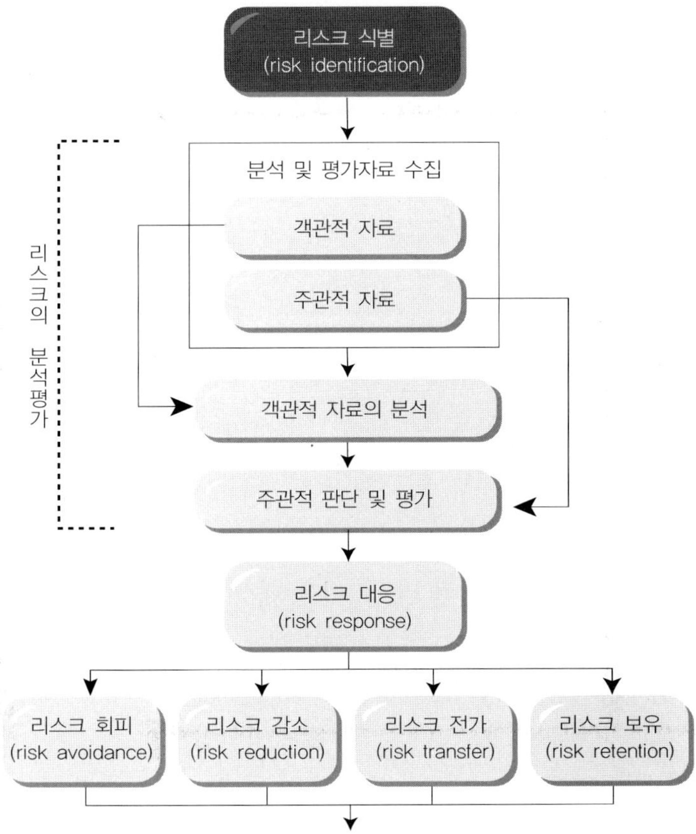

23. 리스크 인자의 식별

-리스크 근원인자 파악과 분석대상 변수 선정

고도의 불확실성 속에서 시간과 비용을 상대로 치루는 치열한 전투가 바로 건설이다. 건설상황에서 리스크를 관리하는 것은 결코 쉬운 일이 아니다. 특히 리스크 인자의 식별이 집중적으로 이루어져야 할 건설 초기단계에서는 리스크 관련 경험과 정보도 충분하지 못한 경우가 대부분이다. 따라서 제한된 시간과 재원 범위 내에서 최대한 효율적이면서도 일관성 있는 리스크 식별 절차가 필요하다.

리스크 식별 절차

리스크 식별(risk identification)은 (1)특정 건설사업과 관련된 리스크의 근원을 파악하여 일관성 있는 기준에 따라 체계적으로 분류하고, (2)리스크 발생결과의 중요도를 판단하여, (3)리스크 분석단계에서 중점적으로 고려해야 할 변수를 선정하는 과정이다.

후속적인 리스크 분석(risk analysis)과 리스크 대응(risk response)은 리스크 식별단계에서 선정된 리스크만을 대상으로 이루어지기 때문에 건설경영 의사결정자는 리스크 식별단계에서 특정 건설사업과 관련된 모든 리스크 인자를 철저히 파악해야 한다.

건설경영 의사결정자는 건설사업과 관련된 리스크뿐만 아니라 건설사업 추진과정에서 스스로 부담해야 할 리스크도 파악하여 대처해야 한다. 그러나 고도의 불확실성 속에서 시간과 비용을 상대로 치루는 치열한 전투가 바로 건설이다. 건설상황에서 리스크를 관리하는 것은 결코 쉬운 일이 아니다. 특히 리스크 인자의 식별이 집중적으로 이루어져야 할 건설 초기단계에서는 리스크 관련 경험과 정보도 충분하지 못한 경우가 대부분이다.

이러한 점을 고려하여 필자는 제한적 시간과 재원의 범위 내에서 최대한 효율적이면서도 일관성 있는 리스크 식별이 가능하도록 하기 위해 다음과 같은 절차를 제시한다.

1) 특정 건설사업과 관련된 리스크 인자를 조사하여 체크 리스트를 작성한다.
2) 리스크 인자를 일관성 있는 기준에 따라 체계적으로 분류한다.
3) 리스크 분석단계에서 심층적으로 고려해야 할 리스크를 요약 · 정리하고 리스크 분석모델을 설정하기 위해 필수적인 리스크 변수를 결정한다.

리스크 인자의 조사

특정 건설사업의 경제성 · 생산성 · 성능 · 품질 등과 관련된 리스크 인자를 파악하기 위해서는 활용 가능한 모든 방법을 동원하여 폭넓은 조사를 실시해야 한다.

과거에 시행된 유사 사업의 리스크 발생 사례를 조사해야 함은 물론, 질문서에 의한 의견조사, 관련분야 전문가의 조언청취, 해당분야 실무자의 경험적 지식과 주관적 판단 등을 반영하여 광범위한 리스크 인자 식별 체크리스트를 작성해야 한다. 이러한 과정에서 건설경영 의사결정자는 그림 23.1에 제시된 것과 같은 상관관계를 파악해야 한다. 먼저 리스크 발생의 근원과 결과의 상관성, 즉 리스크 발생의 인과관계를 파악해야 한다. 리스크 발생의 근원과 결과 사이에는 그림 23.2와 같은 순차적 관계가 존재한다. 표 23.1은 리스크의 근원 · 사안 · 결과에 관한 실례를 보여준다. 그러나 건설사업 추진과정에서 리스크의 발생과정을 표 23.1과 같이 순차적으로 명확하게 인식하는 것은 결코 쉬운 일이 아니다. 따라서 리스크 인자의 식별은 위의 세 가지 요소 중 리스크의 근원에 중점을 두고 전개하는 것이 바람직하다.

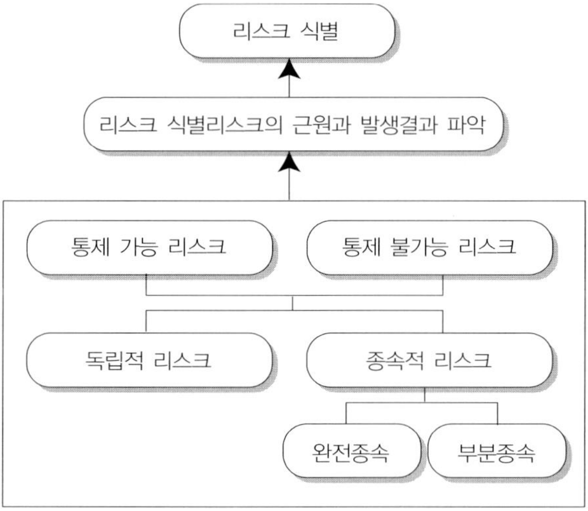

그림 23.1 리스크 인자 식별의 상관관계

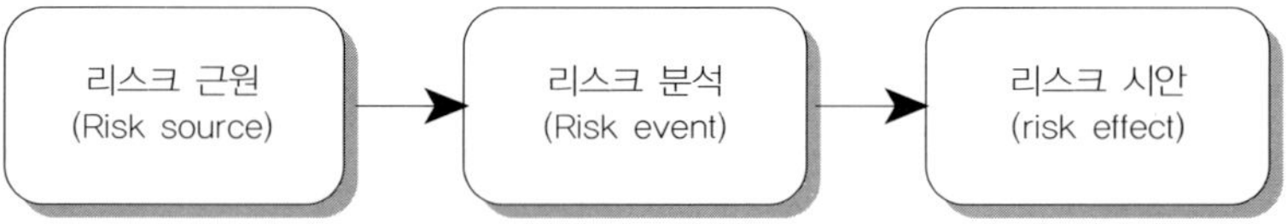

그림 23.2 리스크 발생의 순차적 관계

그럼에도 건설사업 추진과정에서 상당수의 전문가들이 리스크 발생의 근원과 결과에 대한 명확한 구분 없이 리스크 식별에 착수한 결과, 분석범위의 설정과정에서 한계에 직면하는 경우가 적지 않다. 이러한 점을 감안하여 리스크 발생의 근원과 결과에 대한 구분을 예로 들어보면 표 23.2와 같다.

표 23.1 리스크의 근원 · 사건 · 결과의 인식

가능한 근원 (possible source)	사 건 (event)	가능한 결과 (possible effects)
• 안전규정 미비 • 현장안전관리 부적절 • 전문건설업자의 업무체계 미숙지 • 장비 결함 • 작업인력의 경험 미숙 • 예기치 못한 기상여건 • 작업인력의 방심/부주의	현장작업인력의 상해/손상	• 사망 • 부상 • 안전관리규정에 의한 현장 작업 중단 • 준공지연 • 사기저하/인간관계 악화 • 책임자 구속/벌금징수 • 비용부담 • 보험료 상승

리스크 발생의 근원은 리스크 유발 가능성이 높은 조건이나 상태인 반면, 리스크 발생결과는 재정 · 경제적 측면의 획득과 손실, 인적 자원의 피해와 물적 자원의 손실 정도, 시간과 비용의 절감 또는 낭비 등으로 표현된다.

대부분의 리스크는 비용과 관련되어 있기 때문에 평가척도로 재정 · 경제적 기준이 우선적으로 중시되는 경향이 있다. 그러나 돈으로 환산할 수는 없지만 건물(시설)의 궁극적인 성능과 안전에 직 · 간접적인 영향을 미치는 정성적 인자도 간과해서는 안 된다. 정성적 리스크 인자의 평가방법은 이 책의 "리스크 분석결과의 평가"에서 구체적으로 언급된다.

표 23.2 리스크 발생의 근원과 결과 예시

구 분	인 자
리스크 근원인자 "예시"	• 불규칙적인 기후조건 • 부정확한 설계/시공 • 지반조건의 불안정 • 도급업체의 파산 • 인플레이션 과다 • 주요자재의 납기지연 • 하도급 공정 상호간의 불일치
리스크 결과인자 "예시"	• 책정공사비 범위 초과 · 공기 지연 • 적정품질 미확보 · 운영유지상의 기능장애 • 재난(화재, 홍수 등)으로 인한 재산손실/피해 • 부적합한 작업환경에서의 근로자 안전사고

리스크 인자는 인위적인 통제의 가능여부에 따라 통제 가능 리스크(controllable risk)와 통제 불가능 리스크(uncontrollable risk)로 분류될 수 있다.[22]

통제가능 리스크는 리스크 발생 결과의 전부 또는 일부가 특정 건설사업을 주관하는 건설경영 의사결정자의 통제범위 내에 있는 것으로, 기술력 미비에 따른 품질 · 성능상의 리스크나 새로운 설비시스템의 설치 · 지원에 따른 재정적 리스크 등을 그 예로 들 수 있다. 이러한 리스크를 적절히 관리하면 품질 · 성능향상, 기술축적, 유지관리비 절감 등의 긍정적 효과를 기대할 수 있다.

통제 불가능 리스크는 천재지변이나 정치 · 경제 · 사회상황의 예

22) 리스크는 통제 가능 범위에 따라 다음 4가지로 구분될 수 있다.
① 통제범위에 속하는 리스크
예) 설비전문업자와 현장시공업자 사이의 업무협조 미비
② 다른 사람의 통제범위에 속하는 리스크
예) 인허가기관, 소방관청, 거래은행 업무담당자의 요구조건
③ 정부기관이 주관하는 법규, 제도, 정책 등과 관련된 리스크
예) 계획상 규제, 건설관련법규, 세율
④ 통제범위를 벗어나는 리스크
예) 기상여건

외적 변화로 인해 발생하는 것으로, 급격한 기후변화, 자재비 · 인건비 폭등, 세금관련 정책 · 제도의 변화 등이 그 예에 해당된다. 이러한 리스크는 인위적 통제가 불가능하기 때문에 건설경영 의사결정자는 다소 소극적인 입장에서 피해의 심각성을 최소화할 수 있는 대책을 강구해야 한다. 예를 들어 연료비 상승과 관련된 리스크는 에너지 효율이 높도록 건물을 설계하여 어느 정도 극복할 수 있는 경우를 생각할 수 있다.

한편, 독립적 리스크(independent risk)와 종속적 리스크(dependent risk)를 구분하여 리스크의 분석 · 대응전략을 수립하지 않으면 안 된다. 독립적 리스크는 특정 건설사업의 추진과정에서 외부환경의 변화나 천재지변 등에 의해 다른 유형의 리스크와 무관하게 발생하는 리스크이다. 종속적 리스크는 독립적 리스크로 인해 연쇄적으로 발생하는 리스크이다. 예를 들어 지진이나 지반침하는 독립적 리스크인 반면, 이로 인해 파급적으로 발생되는 화재, 도난 등은 종속적 리스크에 해당된다.

통제 가능 리스크와 통제 불가능 리스크 사이에 종속적인 관계가 존재하는 경우도 있다. 예를 들어 건물구성부품(building component)의 수명주기는 설계, 기능인력의 숙련도, 자재품질 등에 종속적이다. 건물에 설치된 구성부품은 경과연수, 물리적인 마모 · 파손은 물론 부적절한 유지관리에서 비롯되는 오용(abuse)의 영향도 받는다. 아울러 부품수명주기는 기술적 노후(technological obsolescence)와 유행(fashion)의 영향을 받기도 한다. 예를 들어 위생기구류(sanitary fittings)는 그 기능이 완벽해도 새로운 유행을 반영한 제품으로 교체되기도 한다. 이러한 상황에서 직면하는 대부분의 리스크는 통제 가능한 것으로 인식되지만 환경변화의 영향을 받는 몇 가지는 통제 불가능한 리스크로 파악된다.

건설경영 의사결정자는 독립적 리스크에 중점을 두고 리스크 인자를 식별하는 한편, 종속적 리스크 발생에 따른 파급효과의 유형과 범위도 고려해야 한다. 리스크 종속관계에는 다음 세 가지 유형이 존재한다.

1) 변수들이 상호배타적(mutually exclusive)이어서 종속관계가 전혀 존재하지 않는 경우
2) 완벽한 종속관계(total dependence)가 성립하는 경우
3) 부분적 종속관계(partial dependence)가 존재하는 경우

부분적 종속관계의 예로써 20층 건물을 21층으로 변경하는 조치가 단위 연면적당의 가격에 미치는 영향을 생각해 보자. 바닥이나 벽체의 마감재 비용에는 거의 변화가 없지만 하중 증가로 인한 구조체 비용의 상승이 불가피하게 된다. 따라서 단위 연면적당의 가격과 층수 사이에는 부분적 종속관계가 형성된다.

리스크 인자의 체계적 분류

조사된 다양한 종류의 리스크 인자는 일관성 있는 기준에 따라 유사한 성격의 것은 함께 묶고, 서로 성격이 다른 인자는 별도로 고려할 수 있도록 분류 · 표현해야 한다. 리스크 분류의 목적은 (1)여러 가지 리스크 인자들의 상호 관련성을 파악하여, (2)리스크 인자에 대한 이해를 증진시킴으로써, (3)특정 상황과 리스크의 성격에 가장 잘 부합되는 분석기법과 대응전략을 설정하기 위해서이다.

여러 저자들이 건설사업의 리스크 인자를 체계적으로 분류하였

다.[23)24)25)26)27)] 이들의 분류기준은 주로 리스크의 성격 또는 발생결과에 따른 것으로, 그 내용을 요약하면 표 23.3과 같다.[28)]

표 23.3 건설사업의 리스크 인자

분류기준	리 스 크 인 자
재정 및 경제	인플레이션, 발주자의 재정능력, 환율변동, 하도급자의 의무불이행, 보험가입 적정성, 자금유통의 적정성, 세금 등
설 계	설계범위의 미확정, 설계 결함 및 누락, 시방서의 불완전, 현장조건의 상이, 신기술의 발전 및 적용, 조사분석상 결함, 설계자와 시공자의 의사소통 장애
인력, 자재 운송 및 가용 여부	자재, 장비의 운반 손실 및 손상, 전문가 · 설계자 · 도급자 · 자재공급자 · 장비 · 자재 등의 가용 여부
건 설	기상조건에 의한 공기지연, 노사분규 및 파업, 노동생산성의 부족, 공법의 부적절성, 건설안전, 타 산업과의 관계, 공사의 관리 · 감독능력 저조
건물(시설) 운영	제품 · 서비스에 대한 시장여건의 불규칙적 변동, 유지관리의 필요성 발생, 안전운영 장애, 운영목적에 대한 부적합성
정치, 법, 환경	법, 규정, 정책의 변경, 전쟁 및 내란의 발생, 공해 및 안전문제, 생태적 손상, 폐기물 처리, 대중의 이해관계, 수출(통상)규제, 토지수용 또는 몰수
물리적 인자	구조물의 손상, 장비의 손상, 화재, 도난, 산업재해
천 재 지 변	홍수, 지진, 태풍, 산사태, 낙뢰

23) Byrne, W. S., Responsibilities of the Engineer and Contractors under Fixed Price Construction Contracts, Journal of Construction Division, ASCE, March, 98, No.1, 1972.

24) Bladwin, J. R., et al., Cause of Delay in Construction Industry, Journal of Construction Division, ASCE, March, 98, No.1, 1971, pp.105-106.

25) Ashley, D. B., Construction Risk-Sharing, Technical Report, No.220, Construction Institute, Dept. of Civ. Engrg., Stanford University, July, 1977.

26) Perry, J. G., and Hayes, R. W., Risk and Its Management in Construction Projects, Proc. Instr. Civ. Engrs, Jun, 78, 1985, pp.499-521.

27) Al-Bahar, J. F., and Crandall, K. C., Systematic Risk Management Approach for Construction Projects, Journal of Construction Engineering and Management, Vol.116, No.3, September, 1990.

28) 여러 저자들이 나름대로 분류한 리스크 인자를 본 장의 부록에 첨부하여 놓았다.

이러한 분류방식은 건설사업의 특성, 사업추진의 과정 및 결과 등과 관련된 제반 리스크 인자가 불완전한 상태로 혼합되어 있어, 일관성 있는 리스크 인자의 식별을 어렵게 한다. 또한 건설사업의 전개영역별 리스크, 즉 공간차원의 리스크 인자는 언급조차 되지 않아 실무 적용과정에서 리스크 상황의 폭넓은 이해에 적지 않은 무리를 초래한다.

이러한 점을 고려하여 필자는 이 책의 제21장에서 광범위하게 설정한 분류체계, 즉 (1)리스크의 성격, (2)건설과정(시간 차원)의 리스크, (3)건설사업 전개영역별(공간차원) 리스크에 따라 리스크 인자를 분류 · 표현한다.

리스크는 그 성격에 따라 (1)물리적 리스크, (2)천재지변, (3)환경적 리스크, (4)재정 · 경제적 리스크, (5)정치 · 법 · 제도적 리스크로 분류될 수 있다.

물리적 리스크와 천재지변은 비록 발생 가능성이 다소 희박하다 할지라도 일단 발생되면 구조물의 손상 · 붕괴는 물론 인적 · 물적 측면에서도 엄청난 피해를 유발한다. '90년대 중반 이후 발생된 성수대교 붕괴, 대구가스참사, 구포무궁화열차 전복, 삼풍백화점 붕괴 등은 대표적인 물리적 리스크에 해당된다. 물리적 리스크는 건설현장에서 화재, 도난, 장비손상, 산업재해사고 등으로 유발되기도 한다.

계절적 주기를 갖고 반복적으로 발생하는 태풍, 폭우, 장마, 낙뢰 등은 천재지변에 인한 대표적 리스크로 인위적 통제가 거의 불가능하다. 그럼에도 이러한 리스크의 발생에 대비한 피해 최소화 방안을 다각적으로 검토해 두지 않으면 안 된다.

환경적 리스크는 선진 각국에서 가장 중요한 리스크 근원중의 하나로 인식되고 있다. 우리나라에서도 환경보전의 중요성이 강조되면서 건설사업 추진에 따른 환경 생태계의 파괴와 손상, 소음, 악취, 수질오염, 건설폐기물 등과 관련된 민원이 급증하고 있다. 또한 특정 건물이나 시설(특히 원자력발전소, 쓰레기처리장, 방사능 폐기물 처리장 등)이 특정 지역의 안전이나 쾌적한 삶을 저해하는 요소로 인식될 경우 인근지역 주민들 사이에 빚어지는 이해관계의 대립이 심각한 리스크로 작용한다.

사회적 · 지리적 · 문화적 환경도 리스크의 근원이 된다. 친숙하지 못한 사회적 · 지리적 조건은 건설사업에 대한 위협요소로 작용한다. 특히 해외 건설사업의 추진과정에서 우리나라와 전혀 다른 언어 · 종교 · 역사 · 문화 · 환경 등은 심각한 리스크 근원인자로 작용한다.

재정 · 경제적 리스크는 모든 건설사업에 공통적으로 존재한다. 특히 정치적 · 법적 · 제도적 리스크나 물리적 리스크에 대비한 사전조치가 보편화되어 있는 선진 각국에서는 재정능력, 자금유통, 환율변동, 보험가입 여부 등이 보다 더 중요한 리스크의 근원이 된다. 또한 경제상황의 급격한 변동이 빈번한 개발도상국에서는 인플레이션 심화, 이자율 변동, 자재 및 인력의 품귀현상, 세금관련 정책 · 제도의 잦은 변경 등이 리스크의 근원이 된다.

정치적 · 법적 · 제도적 리스크는 국내 건설사업의 경우에서는 물론 해외 건설사업의 추진과정에서도 가장 심각한 리스크 인자로 고려된다. 중동지역이나 동유럽의 국가와 같이 전쟁, 혁명, 내란 등이 빈번하게 발생하는 경우 건설사업이 중단되고, 상황에 따라서는 사업을 포기하지 않으면 안 된다. 이라크의 쿠웨이트 침공에 따른 중동 건설시장의 침체가 대표적 예에 해당된다.

국제 건설사업의 경우 국내기업의 해외진출 및 통상규제정책 등의 영향을 직접적으로 받는다. 일단 진출에 성공했어도 건설환경의 차이는 물론 적용법규와 계약제도 그리고 기술력의 차이를 극복해야 하고, 부가적으로 제기되는 각종 클레임에 대처해야 한다. 또한 외국업체에게 불리하도록 형성된 법과 제도는 뛰어 넘기 어려운 진입장벽(entry barrier)으로 작용하면서 또 다른 유형의 시장리스크(market risk)를 유발한다. 국내건설사업의 추진과정에서 발생되는 법, 규정, 제도, 정책 등의 잦은 변경이나 국가적 기간사업 추진을 위해 이루어지는 토지수용 등도 정치적 · 법적 · 제도적 측면의 중요 리스크 인자이다.

지금까지 언급된 리스크를 정리하면 그림 23.3과 같다.

리스크

성격	물리적	천재지변	환경적	재정경제	정치, 법, 제도
인자	• 구조물 손상/붕괴 • 장비손상 • 지반침하 • 화재 • 도난 • 산업재해 사고	• 홍수 • 지진 • 태풍 • 산사태 • 낙뢰	• 공해/안전 • 생태적 손상 • 폐기물 처리 • 소음/악취/수질오염 • 환경관련 민원 • 대중의 이해관계 • 지리적 조건 • 언어장벽 • 종교, 역사, 문화 • 악성유행병 • 범죄 • 역사적 유물 발굴/보전	• 경제 변동 • 재정능력 • 인플레이션 • 환율 변동 • 이자율 변동 • 노동력 부족 • 자재 품귀 • 세제 변경 • 보험 가입 • 자금 유통	• 전쟁/혁명/내란의 발생 • 법, 규정, 정책의 변경 • 지역, 국가 간의 건설환경, 적용법규, 계약제도, 기술의 차이 • 수출(통상)/해외진출 규제 • 클레임 제기 • 토지 수용/몰수

그림 23.3 건설사업 리스크의 성격상 분류

건설사업 추진과정의 리스크, 즉 시간 차원의 리스크는 (1)초기단계의 기획 · 타당성 분석부터 (2)계획 · 설계와 (3)계약 · 시공과정을 거쳐 (4)점유 · 사용 · 유지관리에 이르기까지의 시간의 경과에 따라 직면하는 리스크 인자를 말한다.

기획 · 타당성 분석단계의 리스크는 주로 기대수익을 충족시키지 못할 가능성과 관련된 것으로, 사전조사 및 타당성 분석의 결함, 불규칙적 지가상승이나 차입금리 인상, 부적절한 할인율 선정, 예상 밖의 세율변경으로 인한 기대와 실제 사이의 격차 등이다. 이러한 리스크는 건물의 연면적, 층수, 층고, 건폐율, 용적률 등을 적정수준으로 결정하지 못하거나 임대면적, 임대수익, 예상점유율, 공실률 등을 정확히 예측하지 못하여 발생되기도 한다. 이러한 요소 외에도 향후 출현될 신기술의 적시 도입을 위해 필요한 유연성(flexibility)을 확보하지 못한 결과 건물(시설)의 수명주기(life cycle)가 대폭적으로 줄어들어 투자비 효과를 조기에 상실하는 경우도 생각할 수 있다.

이러한 유형의 리스크는 초기에 식별 · 분석하여 적절히 대처해야 한다. 그렇지 못할 경우 건물(시설) 수명주기에 걸쳐 심각한 영향을 지속적으로 받게 된다.

초기의 기획 · 타당성 분석단계에서 식별된 리스크 인자는 계획 · 설계과정에서 재검토되어 부정적 효과를 최소화시키는 한편, 긍정적 효과가 극대화할 수 있어야 한다. 이러한 노력이 부족할 경우 계획 · 설계범위를 명확히 확정하지 못하고, 설계 · 시공이 상당히 진행된 시점에서 누락사항이 발견되어 재설계, 설계변경, 재시공이 불가피해지기도 한다.

설계과정에서는 설계기간 부족의 리스크가 가장 빈번히 발생한다.

설계기간이 부족할 경우 시공과정에서 품질향상 및 공사비 절감에 기여할 수 있는 신기술 · 신공법의 도입에 차질을 빚기도 한다. 부적합한 자재 · 공법이 선정되어 공사 전반에 부정적 영향을 미치기도 하고, 공사과정에서 준수해야 할 사항을 정확히 반영한 정밀한 시방서의 작성에 차질을 빚기도 한다.

설계단계에서의 공사비 산정이 정확하지 못하면 시공과정에서 적정수준의 성능을 확보할 수 없다. 계획 · 설계과정에서 공사에 직 · 간접적 영향을 주고받는 사람들(설계자, 전문가, 의뢰자, 시공자, 사용자 등) 사이의 의사소통이 원활하지 못할 경우 공사추진과정에서 이해관계의 대립과 충돌이 발생되기도 한다.

계약 · 시공 관련 리스크는 이전 단계의 것에 비해 훨씬 더 구체적이고 실질적이다. 입찰 · 계약과정에서 지나치게 낮은 금액으로 낙찰되거나 적정공사기간을 보장받지 못하면 공사비 부족으로 인한 기대이익의 확보가 불가능하게 된다.

설계과정에서 작성된 시방서가 부적합하거나, 설계조건과 현장여건이 지나치게 상이할 경우 설계변경 범위가 과다해지고 공기부족 및 공사비 상승 문제가 발생한다. 또한 검증되지 않은 신기술 · 신공법의 적용은 공사 전반에 악영향을 미칠 수 있다.

이러한 요소 외에도 불합리한 하도급으로 인한 갈등과 분쟁, 안전사고에 의한 인적피해 및 물적 손실, 노사분규 · 파업에 따른 공사중단, 기상악화로 인한 공기지연, 건설경기의 이상현상에 따른 자재 · 인력 · 장비의 과부족 발생, 자재 · 장비 운반과정의 손실 및 피해, 공사관리 · 감독부실 등도 극복하지 않으면 안 될 주요 리스크 인자들이다.

건설과정의 최종단계인 점유 · 사용 · 유지관리 단계에는 그다지 심각한 리스크 인자가 존재하지 않는 것으로 인식하는 경향이 있다. 그러나 유지관리는 계획 · 설계 및 시공단계와 시간상으로 격리되어 있기 때문에 충분히 검토되지 못하는 경향이 있을 뿐, 이 단계에도 심각한 리스크가 만연되어 있다. 운영목적의 적합성을 충분히 고려하지 못하거나 부적절한 사용 · 유지관리방식의 채택으로 계획 · 설계 · 건설단계에서 의도한 기대효과가 충족되지 못할 수 있다. 특히 안전사고나 붕괴조짐을 미리 파악하여 적극적으로 대처하지 못하면 그 여파가 걷잡을 수 없이 확산된다는 것을 우리는 성수대교 · 삼풍백화점 등의 붕괴사고를 통해 직접 체험하였다.

또한 부실시공으로 인한 하자발생의 경우 즉각적인 후속조치를 통해 건물(시설)의 성능장애를 방지하고, 고효율 냉난방 기기의 도입 · 운영으로 운영유지비 과다상승을 예방해야 한다. 아울러 주변여건 변화에 신축적으로 대처하기 위해 용도변경 · 개수 · 개조 · 증개축이 필요하기도 하다. 운영과정에서 출현되는 신기술을 적기에 도입하지 못하면 건물(시설)의 수명주기가 대폭적으로 단축되어 투자비 효과의 조기상실을 유발할 수도 있다.

지금까지 언급된 건설사업 추진과정의 리스크를 체계적으로 정리하여 표현하면 그림 23.4와 같다. 외국의 경우 건설과정의 리스크 관점에서 공사비 · 공기 · 품질에 중점을 둔 리스크관리 연구가 활성화되어 있다. Perry(1986)는 표 23.4와 같이 건설과정의 리스크 인자를 표현한다.

리스크

건설과정	기획 · 타당성 분석단계	계획 · 설계단계	계약/시공 단계	사용/유지 관리단계
인자	• 사전조사/타당성 분석상의 결함 • 자금조달능력 부족 • 기대수익(임대면적, 임대수익, 예상 점유율, 공실률 등)의 예측 오류 • 지가상승 • 차입금리 인상 • 건물규모 (연면적, 층수, 층고, 건폐율, 용적률 등) • 건물수명주기 • 자본투자기간 • 신기술 예측 • 할인율/세율	• 설계범위 미확정 • 설계누락/생략 • 신기술 도입 • 설계자/전문가/의뢰자/시공자/사용자의 의사소통 미비 • 설계기간 부족 • 자재 · 공법 선정의 오류 및 이해관계 대립 • 시방서 누락 • 공사비 예측 오류	• 부적합한 시방 • 설계조건과 현장여건 상이 • 공사비 부족 • 공기 부족 • 신기술 적용 • 낙찰률 저조 • 불합리한 공사 하도급 관계 • 자재, 인력, 장비의 가용여부 • 자재, 장비의 운반, 손실, 손상 • 기상악화 • 노사분규/파업 • 설계변경 • 공법 부적절 • 안전사고 • 관리/감독 부실	• 안전성(사고, 붕괴 등) • 부적절한 유지관리방식 • 에너지비 상승 • 냉난방 기기의 성능 미비 • 운영목적의 적합성 • 하자발생 • 용도변경, 개수, 개조, 증개축, 철거 • 운영과정의 신기술 출현/미래환경 변화로 인한 장기 생존성 저하

그림 23.4 건설과정별 리스크 인자 분류[29)]

29) 실무적으로 성격상 리스크와 시간차원의 리스크를 동시에 고려하기 위해 다음과 같이 '성격/건설과정 리스크인자 매트릭스'를 활용할 수 있다.

과정 \ 성격	물리적	천재지변	환경적	재정경제	정치, 법, 제도
타당성 분석					
계획설계					
계약시공					
사용유지관리					

본 매트릭스에 주요 리스크를 기입하여 리스크를 식별하고, 식별결과에 따라 분석/대응하면 대부분의 리스크를 관리할 수 있다.

표 23.4 사업추진 단계별 주요 리스크

건설단계	사업추진 과정	주요리스크
기획 · 타당성분석		투자비 회수(investment return)
계획 · 설계		기술 및 품질(technical/quality)
입찰 · 계약		입찰/가격(tendering/price)
시 공		비용/시간/품질(cost/time/quality)
점유 · 사용	완공 →	유지운영비(running cost)

건설사업의 기획 · 타당성 분석단계에서 사업규모와 품질수준에 관한 의사결정이 이루어지고 이어서 재원조달방법이 구체화된다. 이러한 상황에서 미래의 불확실성을 감수해야 하는 주체인 투자자(investor)의 주요 리스크는 특정 기간 내에 투자비 회수가 가능한지 여부의 불확실성이다. 아울러 재원조달, 설계자 · 도급자 선정에 따른 리스크도 검토해야 한다.

계획 · 설계 단계에서는 새로운 건축양식(architectural style)과 구조기술, 신자재 · 신공법 적용 등과 같은 기술적 변화요소가 주요 리스크로 작용한다. 이 단계에서는 기술적인 리스크(technical risk)에 대한 대응책을 강구해야 한다.

입찰단계에서는 사업비 가격을 제시해야 한다. 이 경우 최종 투입액과 제시가격의 격차가 심각한 리스크 인자로 작용한다. 입찰단계에서는 제한적 정보만으로 비용을 산정해야 한다. 계약단계에서도 대부분의 작업에 대한 하도급 계약(subcontract)이 체결되면 특정 기술을 보유한 전문건설업체들이 참여하여 보다 구체적인 공사비를 제공한다. 이 때 사업 종료시점에서 적정이익을 확보할 수 있는지 여부를 주의 깊게 검토해야 한다. 입찰 · 계약단계의 리스크관리를 위해 다음 질문에 답변할 수 있어야 한다.

- 사업의 주요 리스크는 무엇인가?
- 주요 리스크로부터 어떠한 영향(impacts)을 받는가?
- 기대이익 확보 가능성은 어느 정도인가?
- 주어진 시간 · 비용 내에서의 목표달성은 가능한가?
- 리스크관리를 위해 어떤 방법을 활용해야 하는가?

계약전략(contract strategy)의 수립과정에서도 건설사업에 참여하는 다양한 집단이 감수해야 할 리스크를 검토해야 한다. 각 참여집단에게 할당되는 리스크의 내용과 규모가 계약조건에 지대한 영향을 미치기 때문이다. 그림 23.5는 가장 보편적으로 활용되는 두 가지 유형의 계약전략이다.

그림 23.5 건설사업의 계약전략

'가격계약(price-based contract)'은 총액계약(lump-sum contract)과 단위가격계약(unit price contract)을 포함하며, 내역서(Bills of Quantities)나 요율표(Schedule of Rates)에 따라 이루어진다. 즉 입찰을 통해 선정된 수급자(contractor)의 제출가격과 요율(rate)에 따라 지불(payment)이 이루어진다. 제출가격은 공사비, 간접비(overheads), '리스크 대응을 위한 예비비(risk contingencies)', 이익(profit) 등의 비용항목을 모두 포함한다.

'비용계약(cost-based contracts)'의 주요 검토내용은 목표공사비(target cost)와 비용상환(cost reimbursement)이다. 실제 부담비용과 수수료(fee)가 이익 보장과 당초 파악되지 못한 비용 및 간접비의 충당을 위해 지불된다.

가격계약은 비용계약에 비해 훨씬 더 많은 리스크를 감당해야 한다. 이 경우 리스크 대응비용(hidden risk contingency)은 가격이나 요율에 반영된다. 비용계약에서는 발주자가 대부분의 리스크를 부담한다. 발주자는 리스크 대응에 투입된 실제비용을 '공개계정(open book accounts)'의 확인을 통해 지불해야 하기 때문이다.

이러한 방법 외에도 수수료계약(fee contracting), 관리계약(management contract), CM(construction management)계약, 설계시공일괄(design-build)계약 등의 방식이 설계, 감리, 설계관리(design management), 시공 등에 대한 책임규명을 위해 건설사업 추진과정의 개별적 · 전체적 업무에 선택적으로 활용될 수 있다.

시공단계에는 수급자(contractor)와 다양한 전문건설업자(specialist trade contractors)들이 참여한다. 이 때 가격계약방식이 주로 활용되기 때문에 수급자의 주요 리스크는 공기 지연, 공사비 부족, 품질 저하 등이다.

유지관리단계의 주요 리스크는 점유에 따르는 비용과 사용과정의 관리운영비용으로 사용자(또는 소유자)가 건물(시설)의 수명주기에 걸쳐 지속적으로 부담해야 할 비용이다. 또한 유지관리단계에서는 미래의 건설환경변화에 대비하기 위해 신기술 · 신공법 · 신사업 개발과 관련된 리스크를 장기생존성 차원에서 광범위하게 식별하여 체계적으로 분석하고 전략적으로 대응해야 한다.

리스크 성격이나 건설사업 추진과정에 따른 분류방식과는 별개로 건설사업의 전개지역 또는 공간 차원에서 리스크를 식별할 수 있다. 이러한 리스크는 (1)가장 좁은 의미로 특정 사업단위로 고려될 수 있고, (2)여러 건설사업의 종합적 추진 주체인 건설기업 수준에서 생각될 수도 있다. (3)특정 지역 또는 국가의 건설산업 차원까지 인식범위를 확장시켜 리스크를 파악할 수도 있고, (4)건설사업이 경제 전반에 지대한 영향을 미친다는 점을 고려하여 국가경제 차원에서 리스크 인자를 식별할 수도 있다.

특정사업과 관련된 리스크는 개별 프로젝트를 수행하기 위해 필요한 자본조달, 생소한 지리 및 기상, 공사비 상승, 공기부족, 발주자 · 수급자 · 하도급자 사이의 불합리한 계약, 건설업체의 기술 · 공사관리능력 부족 등과 깊이 관련되어 있다.

이러한 유형의 리스크는 높은 불확실성을 포함하고 있고, 특정 상황에 국한된 비반복적 · 고유의 인자이기 때문에 사전에 식별하여 분석 · 대응하는 것이 쉽지 않다. 그럼에도 이러한 리스크는 개별 프로젝트 단위에서 직접적인 조정 · 통제가 가능하고, 리스크 효과가 기업에 직접적으로 미치지는 않는다는 점에서 상대적으로 비교적 적은 파급효과를 유발한다고 볼 수 있다.

건설기업 수준의 리스크는 주로 특정 시장영역의 건설업체에 국한된 것으로 건설환경 변화에 따른 시장다변화, 경쟁심화로 인한 기대이익감소, 재정능력 부족 및 생산성 약화, 노사분규 · 파업에 의한 경쟁력 약화 등을 생각할 수 있다. 이러한 리스크는 결과적으로 개별 프로젝트의 품질 · 성능에도 부정적 영향을 미칠 수 있기 때문에 철저히 식별 · 분석되어야 한다. 또한 특정 시장에서 경쟁기업의 정보를 충분히 획득 · 분석해야 한다는 점에서 전략적인 접근을 시도하지 않으면 안 된다.

건설산업 차원의 리스크는 특정 지역(국가)의 건설경기나 건설정책의 변동으로 발생하는 것으로 국내외 건설시장 규모의 축소 및 확대, 건설경기의 과열 또는 침체, 자재 · 장비 · 노동력의 수급불균형, 건설관련 법규의 복잡 · 다변화 등으로 그 파급효과가 상대적으로 매우 크게 나타나지만, 발생빈도는 특정사업단위나 기업 차원의 리스크에 비해 그다지 크지 않다. 건설산업 수준의 리스크를 개별기업이 직접 통제할 수는 없지만 예측할 수 없는 것은 아니기 때문에 사전준비를 해두어야 한다.

국가경제 차원의 리스크는 건설산업영역에서 통제가 거의 불가능하면서도 리스크 발생의 결과적 여파가 건설산업 전체에 광범위하면서도 지속적으로 미친다. 이러한 인자는 통제가 불가능한 반면, 충분한 정보의 수집 · 분석을 통해 예측할 수 있기 때문에 사전대응책을 염두에 두고 있어야 한다. 국가경제 차원의 리스크 인자는 광범위한 성격을 띠고 있기 때문에 일일이 나열할 수 없지만, 대표적 인자만을 언급하면, 특정 지역이나 국가의 GDP · GNP 성장률, 인플레이션, 이자율 · 환율 · 세율의 불규칙적 변동 등이다.

공간 차원의 리스크를 정리하면 그림 23.6과 같다.

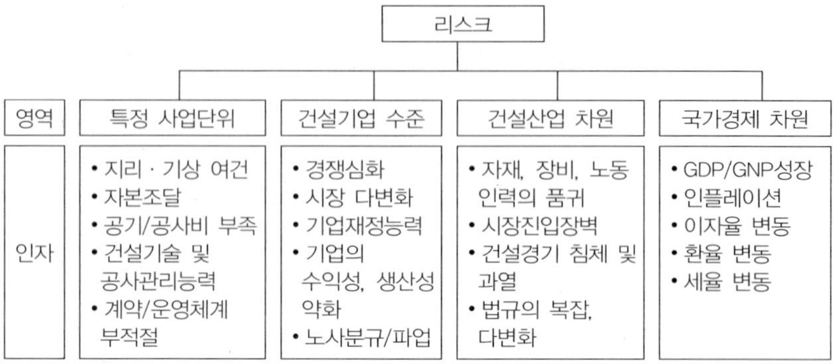

그림 23.6 건설활동 영역별 리스크 인자 분류

리스크 인자의 요약 · 정리 및 분석대상 변수 결정

리스크 식별의 마지막 과정은 특정 사업과 관련된 리스크 인자의 중복을 배제하고 체계적으로 요약 · 정리하여 분석해야 할 리스크 인자를 선정하는 것이다. 이 과정에는 사업과 관련된 모든 사람이 함께 참여해야 한다. 특정 리스크 인자의 중요도는 어느 한 사람의 판단에 의해 이루어질 수 있는 것이 아니기 때문이다.

정보의 유형과 규모가 변하여 새로운 리스크가 식별되면 정리된 내용도 변화시켜 리스크 인자에 이해를 증진시켜야 한다. 이러한 목적을 효과적으로 달성하기 위해 활용될 수 있는 것이 표 23.5의 "리스크 식별결과 요약표"이다.

수많은 종류의 리스크가 복잡하게 얽혀 있는 상황에서 표 23.5와 같은 양식을 다양한 유형으로 고안하여 활용한다면 건설경영 의사결정자는 리스크 관련 구체적인 정보를 모두 수집하지 않더라도 집중적 분석이 요구되는 중요한 리스크에 보다 높은 우선순위를 부여하여 리스크를 관리할 수 있다.

표 23.5 리스크 식별결과 요약표

사 업 명 : ______________________________

사업개요

작 성 일 : ______________________________

작성책임자 : ____________________________

리스크 근원인자	리스크 발생결과	주요변수
1. . . . . 2. . . . . 3.		

리스크 인자의 중요도에 따른 우선순위를 결정하기 위해서는 발생결과에 대한 주관적 판단이 불가피하다. 이러한 경우 발생빈도, 발생결과의 심각성, 파급효과를 종합적으로 검토하여 분석 우선순위를 설정해야 한다.

특정 리스크는 발생빈도가 높고 다른 리스크는 발생빈도가 낮은 대신 발생결과의 심각성이 크기도 하고, 후속적인 공정이나 관련활동에 심각한 파급효과를 미치기도 한다.

이러한 과정에서 각자의 경험과 가치판단에 따라 평가결과가 달라진다. 리스크 우선순위 설정을 위한 주관적 판단의 정형화 방법을 "25. 리스크의 주관적 평가기법"에서 언급할 예정이다.

1. 리스크 식별체계

◆ Perry and Hayes (1985)

구 분	리스크 인자
물리적 리스크 (physical risk)	• 화재, 홍수, 사고, 산사태(loss or damage by fire, flood, landslip)
환경 리스크 (environmental risk)	• 생태적 손상(ecological damage) • 환경오염(pollution) • 쓰레기(폐기물)처리(waste treatment) • 공공관심사(public interests)
설계 리스크 (design risk)	• 신기술 도입 · 적용(reliability on the innovative applications of new technology) • 시방서의 정밀도와 적합성(precision and appropriateness of specifications) • 조사 · 연구결과의 설계반영(design risks arising from surveys and investigations)
조달 · 운송 리스크 (logistics risk)	• 자재, 수목의 운반(loss of damage in the transportation of materials and plant) • 전문지식, 설계자, 도급자, 제품 · 기술공급자, 도급자, 수목, 자재 등의 가용여부(availability of expertise, designers, contractors, suppliers, plant, materials)
재정적 리스크 (financial risk)	• 가용자금(availability of funds) • 보험(adequacy of insurance) • 현금유동성(adequate provision of cash flow), • 환율(exchange rate fluctuations) • 인플레이션(inflation) • 세금(taxation)
법적 리스크 (legal risk)	• 타인 행위에 대한 법적책임(liability for acts of others) • 법적책임(direct liability) • 지방법(local law)
정치적 리스크 (political risk)	• 정책 · 법의 변경(changes in political policies and law)
공사 리스크 (construction risk)	• 공법의 타당성(feasibility of construction methods) • 안전(safety) • 산업연관성(industrial relations) • 설계변경(extent of change) • 기후(climate) • 관리 · 감독(quality and availability of management and supervision)
운영 리스크 (operational risk)	• 시장수요의 변화(fluctuations in market demand for product or service) • 유지관리 소요(maintenance needs) • 사용목적에 대한 적합성(fitness for purpose) • 운영상의 안전(safety of operation)

◆ Baldwin (1971)

기상조건(weather), 노무공급(labour supply), 하도급자(sub-contractor) 선정, 공사항목(manufactured item), 지반조건(foundation condition), 자재부족(materials shortage), 상세도면(shop drawings), 설계변경(design changes), 인허가사항(permits), 법정분쟁(jurisdictional disputes), 장비파손(equipment failure), 계산착오(calculation mistakes), 견본승인(sample approvals), 계약(contracts), 검측(inspections), 법률기준(building codes)

◆ Smith et al (1975)

설계 부적정(adequacy of design), 자재비(cost of materials), 자본조달(financing), 하도급자의 법적의무(liability of subcontractors), 작업조정(coordination of work), 사고(accidents)

◆ Byrne (1972)

기후조건(unusual weather), 홍수 및 전염병(flood and pestilence), 노무비(labour cost), 장비비(construction equipment cost), 불확실한 물리적 조건(unknown physical conditions), 유물의 기록 및 보존(recording and preserving archaeological finds), 정부규정 변동의 불확실성(hazards of government regulations), 임금지급의 지연(slow action of employer's finance)

◆ Ashley (1977)

지질조건(site geology), 노동생산성(labour productivity), 환경규제(environment regulatory), 장비생산성(equipment productivity), 변경조건(changed conditions), 자금(funding), 인허가승인(permit approval), 기후(weather), 사고(accidents)

◆ Abrahamson (1973)

물리적 작업(The physical works)
서비스, 합리적 수준 이하의 이익, 물량산출 오류, 작업항목 생략 또는 오기(誤記), 설계결함, 자재결함, 작업인력의 솜씨 부족, 시험 및 표본 비용 등을 포함하는 물리적 조건이나 인위적 장애요소(physical conditions, artificial obstructions, including
services, variations at less than cost plus a reasonable profit, errors in quantities in bill, omissions or misdescription in the bill, defective design of temporary or permanent works, defective material or workmanship by contractor, cost of tests and samples)

사업의 지연 및 중단(Delay and disruption)
부지확보지연(possession of site), 계약 및 지침의 지연(late contract drawings and instructions, 도급자 및 하도급자의 무능력(contractor's inefficiency, nominated subcontractor's inefficiency), 참여집단의 통제 불가능 지연사유(delay outside both parties control)

기술자와 기타 감리자(The Engineer and other supervisors)
무능력(incompetence), 불합리(unreasonableness), 불공평(partiality)

상해 및 손상(Damage and injury to persons and property)
도급자, 기술자, 고용인, 하도급자의 태만(due to negligence of contractor in design or building temporary works or otherwise, due to neglience of engineer or employer in design or otherwise, due to nominated subcontractors' neglience), 전쟁이나 탈권 같은 보험가입 불가능 리스크(due to uninsurable risks such as war and usurped power)

자원부족(Shortage of resources)
노동력, 자재, 설비의 부족(shortage of labour, materials or plant)

정부의 관여(Government interference)
세금, 노동, 안전 관련 법규(taxes, labour or safety or other laws), 노동협약의 입안거부(planning refusal for works or temporary contractor's agreements)

지불(Payment)
평가절하(devaluation), 클레임 해결 및 보증 지연(delay in settling claims and certifying), 보증서 지급 지연(delay in paying certificates), 도급자의 채무초과로 인한 지불불능(insolvency of contractor, nominated sub-contractor or employer)

인플레이션(Inflation)
중재 및 법(Arbitration and law)
분쟁해결 지연(delay in resolving disputes) ; 기록부재로 인한 결과의 부당 및 불확실성(injustice and uncertainty of result due to lack of records), 법적 과정의 불공평, 애매한 계약, 무효(unfair or ambiguous contract or inefficiency of legal process) ; 결과획득비용(cost of obtaining decision)

◆ Inyany, E.D. (1983)

통제가능 리스크(controllable risks)
- 고유기술의 설계 도입(project design may utilise unique technology)
- 작업방법 미숙지(work methods may be unfamiliar to project personnel)
- 설계 · 시공 동시수행(concurrent design and construction)
- 설계 허용오차 결여(lack of adequate design tolerance)
- 조잡하게 정의된 성능(poorly defined performance characteristics)
- 수명주기비용의 중요성 간과(lack of early attention to life cycle cost)
- 부정확한 견적(poor estimating)
- 불명확하거나 지나치게 낙관적인 사업목표(unclear or overly optimistic project objectives)
- 부적절한 계약방식/기준 [inadequate contracting methods (criteria)]
- 부적합한 자재 · 장비(inappropriate materials, equipment)

통제 불가능 리스크(uncontrollable risks)
- 비정상적 인플레이션(abnormal rate of inflation)
- 산업연관성 문제(industrial relations problems)
- 파산(bankruptcy of any of the parties)
- 환경문제(environmental issues)
- 정부규제(government regulations)

제Ⅲ부 리스크관리 전략

-미래의 불확실성에 대한 전략적 관리 방법론-

24. 리스크 분석

-리스크 발생결과의 계량적 의미 파악

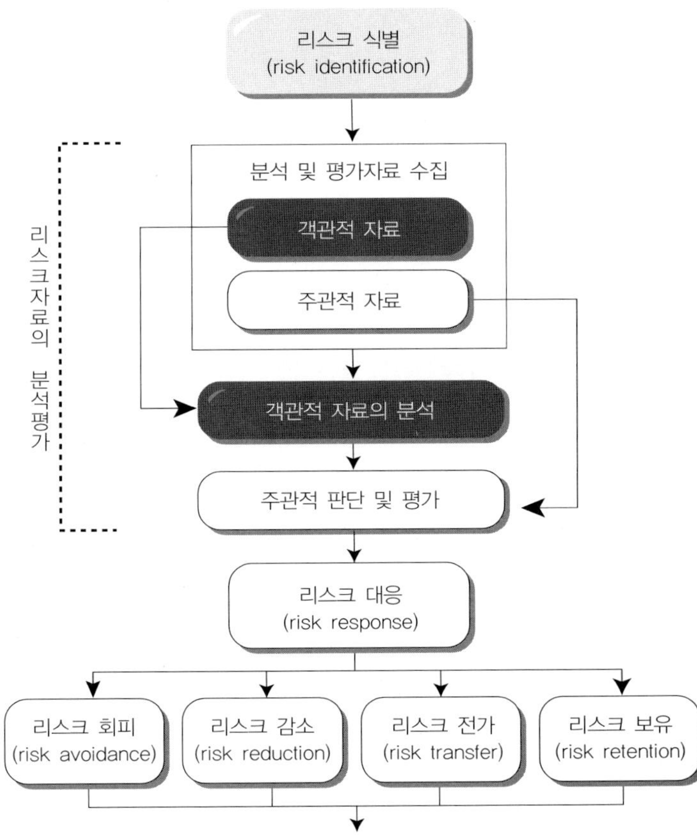

24. 리스크 분석

– 리스크 발생결과의 계량적 의미 파악

리스크 분석은 활용가능한 모든 객관적 · 계량적 정보 · 자료를 수학적 · 통계적으로 처리하여 특정 리스크의 발생 가능성과 잠재적 결과를 계량화시키고, 인위적 방법으로 다양한 유형의 리스크 변수를 조작하여 미래의 리스크 발생상황을 예측 · 통제하기 위해 리스크의 발생 가능성을 그래프나 확률 등으로 표현하고, 그에 따른 결과를 재정적 · 계량적 수치로 제시하는 것이다.

리스크 분석자료와 분석기법

리스크의 식별을 통해 조사 · 분류 · 정리된 리스크 인자들 중에서 보다 중요하게 고려되어야 할 특정인자는 심층적으로 분석 · 평가되어야 한다. 리스크의 분석 · 평가는 "리스크의 잠재적 영향도 판단을 위해 다양한 종류의 정량적 · 정성적 모델을 활용하여 불확실성을 파악하는 과정"이다.

리스크의 분석 · 평가는 특정 리스크와 관련된 자료의 수집부터 시작된다. 관련 자료는 리스크 발생 사례의 분석결과나 기타 문헌자료를 통해 얻어지는 객관적인 것과, 발생 전례가 없거나 본질적으로 고유한 사안이어서 불가피하게 관련분야 전문가나 실무경험자의 판단에 의존해야 하는 주관적인 것으로 구분된다.

객관적 자료에 근거한 리스크 분석기법의 유형별 특성과 활용방법은 본 장에서 언급하고, 객관적 분석결과에 주관적 판단을 가미하여 종합적으로 리스크를 평가하는 방법은 다음 장(25. 리스크의 주관적 평가)에서 구체적으로 다루도록 한다.

리스크 분석은 (1)활용 가능한 모든 객관적 · 계량적 정보와 자료를 수학적 · 통계적으로 처리하여 특정 리스크의 발생 가능성과 잠재적 결과를 정량화시키고, (2)인위적인 방법으로 다양한 유형의 리스크 변수를 조작하여 리스크 발생상황을 예측 · 통제하기 위해, (3)리스크 발생 가능성을 그래프나 확률 등으로 표현하고, (4)그에 따른 결과를 재정적 · 계량적 수치로 제시하는 것이다.

본 장에서 다루는 리스크 분석기법의 종류는 다음과 같다.

- 감도 분석(sensitivity analysis)
- 결정계도 분석(decision tree analysis)
- 베이시안 분석(Bayesian analysis)
- 확률적 결정계도 분석(stochastic decision tree analysis)
- 확률분포(probability distribution)
- 확률 분석(probability analysis)과 시뮬레이션(simulation)
- 기대치법(expected value method)
- 포트폴리오 분석(portfolio analysis)

감도 분석(sensitivity analysis)

가장 자주 활용되는 리스크 분석기법은 감도분석과 확률 분석(probability analysis)이다. 이 두 가지 방법은 리스크 요소에 대한 확률분포(probability distribution)의 필요성 여부에 의해 구분된다. 먼저 감도 분석에 대하여 언급하고 확률분포, 확률 분석 등은 본장의 나머지 부분에서 설명한다.

감도 분석은 가장 단순한 유형의 리스크 분석기법으로 "…하면 어떻게 될까?(what if…?)"라는 질문에 반복적으로 대응하는 과정에서 요구되는 결정론적(deterministic) 분석기법이다. 감도분석은 다른 변수 값을 고정시킨 상태에서 특정 단일 리스크 인자의 값을 다양하게 변화시키고, 그에 따른 결과치의 변동효과를 관찰하여 특정 리스크 발생의 결과에 대한 영향도를 파악하는 것이다.

감도 분석은 간편하고 용이하며 이해하기 쉽다는 장점을 갖지만, 한 번에 한 가지 변수만을 독립적으로 고려해야 하는 결점도 내포한다.

감도 분석은 결과에 가장 민감한 영향을 미치는 리스크 변수를 밝혀내는데 유용한 역할을 한다. Flanagan(1987)은 감도 분석의 두 가지 중요역할로 (1)각 리스크 변수 값의 정확도를 증가시키기 위해 노력이 집중되어야 할 영역을 식별하고, (2)대안의 비교과정에서 우선순위가 바뀌는 조건을 파악하는 것을 강조한다.

예를 들어 수명주기비용을 분석하는 경우 연료비용(costs of fuel)이 기대치를 10% 이상 초과하면 대안의 우선순위가 바뀌는지 여부를 파악할 수 있다. 각 리스크 변수의 변동범위 전체에 걸친 모든 변화에도 대안의 우선순위가 바뀌지 않는다면, 특정 변수의 결과에 대한 민감도는 그다지 문제가 되지 않는 것으로 고려될 수 있다. 이러한 경우 선정된 대안이 강력한 우위를 점유한다고 볼 수 있다.

감도 분석의 가장 단순한 형태는 수치행렬(matrix of values)을 사용한 감도 분석표(sensitivity analysis table)이다. 감도 분석표의 수치를 그래프에 표현하면 단일 변수값의 연속적 변화현상을 시각적으로 관찰할 수 있다.

연면적 1,120m^{2}인 숙소건물의 공사비가 자재비 및 노무비 변동에 따라 어떻게 변화하는가를 파악하기 위한 감도 분석표의 예를 들어 보자. 분석시점에서 건물공사비는 다음과 같은 통계적 회귀방정식에 의해 표현되었다. 동 회귀식의 도출과정은 이 책의 말미에 수록된 (사례분석 1)을 참조할 수 있다.

연면적 X=1,120m^2
공사비 Y=560,118(1+0.62iL+0.38im)
여기서 iL=노무비 상승률(0~30%)
im=자재비 상승률(0~14%)

상기 공사비 예측 식을 근거로 자재비 상승률 0~14%, 노무비 상승률 0~30%의 범위 내에서 공사비가 어떻게 변동되는가를 표현하면 감도 분석표로 표현하면 표 24.1과 같다.

표 24.1 자재비/노무비 상승률 변화에 따른 공사비 분포

	iL=0	iL=3	iL=6	iL=9	iL=12	iL=15	iL=18	iL=21	iL=24	iL=27	iL=30
im=0	560,118	570,536	580,954	591,373	601,791	612,209	622,627	633,045	643,434	663,662	664,300
im=2	564,376	574,793	585,211	596,629	606,048	616,465	622,627	637,302	647,720	658,138	668,567
im=4	568,632	579,060	589,466	599,886	610,306	620,726	626,884	641,569	651,977	652,306	672,814
im=6	572,669	583,307	593,725	604,143	614,561	624,980	631,141	645,816	656,234	666,652	677,071
im=8	577,146	587,564	597,982	606,400	618,818	629,237	639,654	650,073	660,491	670,909	681,328
im=10	581,402	591,821	602,230	612,667	623,076	633,493	643,912	654,330	664,748	675,166	685,584
im=12	586,669	596,078	605,496	616,914	627,332	637,760	648,169	658,587	669,006	679,423	689,841
im=14	589,916	600,334	610,753	621,174	631,589	642,007	652,425	662,844	673,262	683,680	694,098

또한 표 24.1의 감도 분석표에서 제시된 값들을 그래프로 표시하면 그림 24.1과 같이 공사비(Y)의 연속적 변화현상을 시각적으로 관찰할 수 있는 감도 분석도를 완성할 수 있다.

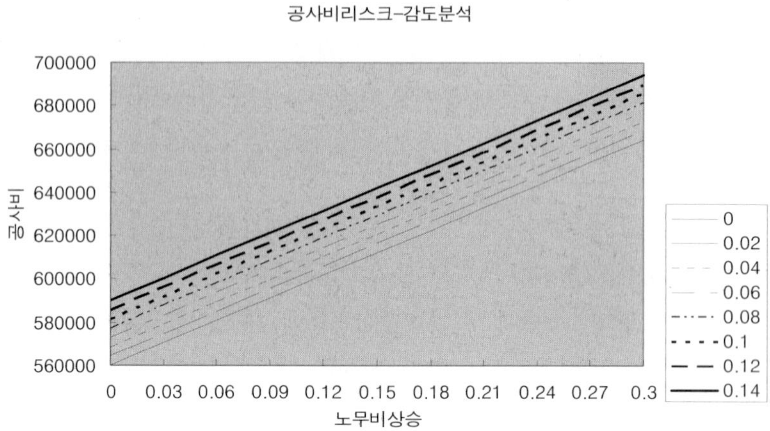

그림 24.1 자재비/노무비 상승률에 대한 공사비의 변화

반면에 여러 변수가 동시에 변화하는 수치적 결과를 하나의 그래프에 표시할 수 있다면 가장 민감도가 높은 변수를 밝혀낼 수 있을 뿐만 아니라, 각 변수의 상대적 불확실성도 식별할 수 있다. 이러한 요구조건을 효과적으로 충족시킬 수 있는 spider diagram이 Perry와 Hayes(1985)에 의해 건설사업의 리스크 분석을 위해 도입되었다.[30)]수명주기비용 분석(life cycle costing)을 위해 이 방법을 활용하는 예를

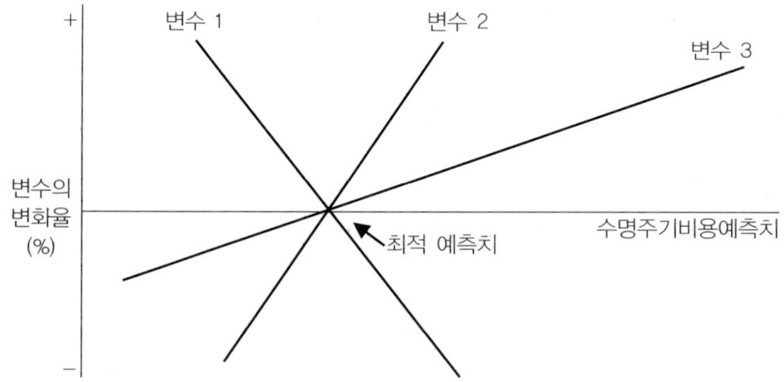

그림 24.2 감도 분석 Spider Diagram

그림으로 표시하면 그림 24.2와 같다.

수명주기비용 분석을 위한 spider diagram의 작성과정을 설명하면 다음과 같다.

1) 수명주기비용을 예측한다.
2) 결정계도(decision tree)를 활용하여 리스크에 영향을 받는 변수를 식별한다.
3) '변수 1'에 해당하는 특정 리스크 변수를 선정하고, 이 변수값에 대한 가정치를 순차적으로 변화시키면서 수명주기비용을 재산정한다.
4) 재산정된 수명주기비용들을 spider diagram에 점으로 표시한다. 이렇게 하여 그림 24.2와 같이 '변수 1'의 선(line)을 그린다.
5) 다른 리스크 변수에 대해서도 3)~4) 과정을 반복한다.

spider diagram의 각 선은 결과예측 리스크 변수이고 각 선의 기울기를 결정하는 변수의 변화율은 수명주기비용의 예측결과에 대한 변수의 영향도이다. 선의 기울기가 적을수록 변수의 변화율이 예측결과에 대해서 갖는 영향도는 더욱 민감한 것으로 고려된다. 그림 24.2에서 수명주기비용은 변수 1, 2보다는 변수 3의 변화에 더 많은 영향을 받는다.

spider diagram에서 많은 변수들을 동시에 읽어내기 어렵기 때문에 실제는 몇 개의 spider diagram만을 그리는 것이 바람직하다. spider diagram은 (1)특정사안에 대한 기대확률을 표현할 수 없고, (2)리스크 인자의 동시변화에 따른 종합적 결과를 나타낼 수 없다는 단점을

30) Perry, J. G., and Hayes, R. W., Risk and its Management in Construction Projects, Proc. Int. Civ. Engrs, Jun., 78, 1985, pp.499-521.

갖는다. 이러한 단점은 Perry(1985)가 제시한 확률등고선(probability contour) 개념을 spider diagram에 접목시켜 극복할 수 있다.[31]

그림 24.3은 각 변수가 최적 예측치의 8%에서 −6% 범위에 있을 확률이 70%, 10%에서 −8%의 범위에 있을 확률이 90%인 경우를 spider diagram에 표현한 것이다. 이러한 표현방식에 대한 비판은 (1) 관련변수의 변동범위에 대한 예측치를 주관적으로 산정해야 한다는 사실과 (2)확률분포상에서 특정 비율의 확률상태만을 연결 · 표현할 수밖에 없다는 사실에서 비롯된다. 또 (3)확률등고선의 표시영역은 결과치의 위치를 나타내지 못한다.

예를 들어 그림 24.3에서 공사비 예측결과는 모든 리스크 변수의 결합효과(combined effect)이기 때문에 예측의 정확도가 70% 또는 90%로 표현된 영역 안에 존재한다는 것을 의미하지 않는다. 결과는 리스크 변수들의 융합효과(aggregate effect)에 따라 확률등고선의 내부 또는

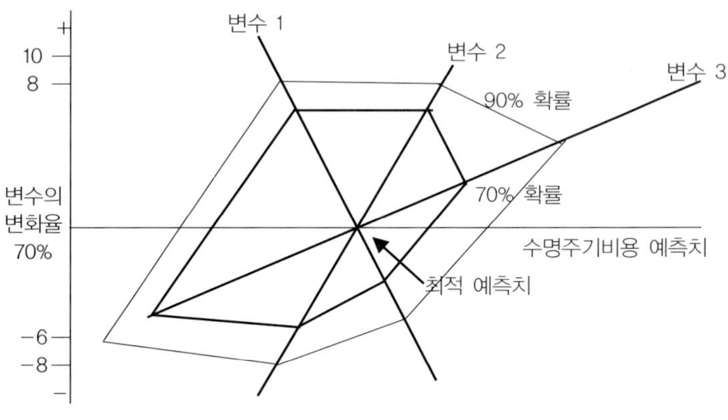

그림 24.3 감도 분석 Spider Diagram상의 확률등고선 표현

31) Perry, J. G., Construction Projects, Know the Risks, Management February, 1985, pp.499–521.

외부 어느 곳에든지 있을 수 있다. 그러나 이러한 단점에도 불구하고 이 방법은 다음 목적을 위해 유익하게 활용될 수 있다.

1) 각 변수의 상대적 중요도 파악
2) 불확실성 감소로 혜택을 받는 영역의 표현
3) 특정 리스크에 대한 결과치의 민감도 식별

감도 분석의 단점은 확률 분석을 통해 어느 정도 극복될 수 있다. 특히 비용의 변동 가능성을 보다 구체적으로 설명하기 위해 '중앙한계값의 정리(central limit theorem)'를 사용할 수 있다. 각 리스크 변수에 대한 객관적 · 주관적 정보가 변수의 편차식별을 위해 사용될 수 있다. '중앙한계값 의 정리'로부터 변수가 당초 기대값에 대한 ±2의 표준편차 사이에 놓일 확률이 95%라는 것을 판단할 수 있다. 이는 다음 그림과 같이 95%의 신뢰확률을 정의하기 위해 사용될 수 있다. 예를 들어 그림 24.4에서 점 A는 다음과 같이 정의된다.

변수 A가 기대값의 $\pm a_1$% 내에 있을 확률이 95%이다.

감도 분석기법은 경합관계에 있는 대안 사이에서 최적의 것을 선

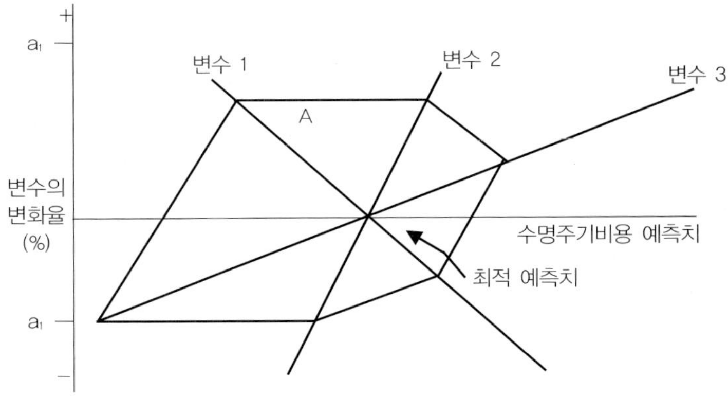

그림 24.4 확률등고선

택할 수 있는 명확한 방법을 제공해 주지는 못하지만, 그 사용 여부에 따라 의사결정의 질을 향상시킬 수 있다는 본질적인 장점을 지니고 있다.

결정계도 분석(decision tree analysis)

결정계도(decision tree)는 일련의 결정과정을 통한 문제의 설명수단으로 결정순서와 기대결과를 보여준다. 결정계도와 같은 분석적 접근방법을 통해 건설경영 의사결정자는 문제구성요소의 실체를 규명할 수 있다.

예를 들어 특정 시점부터 운용할 예정인 상업용 건물의 차질 없는 준공을 위해 다소 높은 건설비용을 감수하지 않으면 안 되는 경우가 있다. 이러한 경우 건설경영 의사결정자는 결정대안을 모색하기 위해 편견 없는 마음(open mind)을 유지해야 한다.

결정계도가 의미를 갖기 위해서는 가능한 결과를 가치의 척도로 표현할 수 있어야 한다. 가장 빈번히 사용되는 것은 사안별 확률가중치를 합한 값인 기대금액(EMV : expected monetary value)이다. 확률값은 객관적 측정치일 수도 있고 개략적 평가나 추측의 결과일 수도 있다. 결정계도 분석의 가장 중요한 특징은 특정 문제에 대한 구조적 접근방식을 취한다는 것이다.

그림 24.5는 수주 가능성이 있는 3개의 사업 중 하나만을 수행할 수 있는 재원이 확보된 상태에서 가장 이윤이 높은 대안을 선택하는 경우의 예이다.

첫 번째 대안은 방파제(sea wall) 건설공사비를 제출하여 일괄도급을

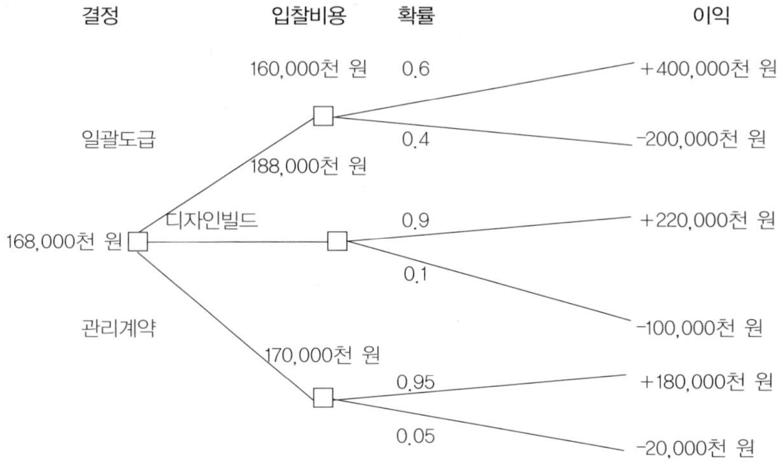

그림 24.5 결정계도

받아 수행하는 것으로 4억 원의 이익이 예상되는 반면 2억 원의 손실 가능성도 있다.

두 번째 대안은 급수펌프장 공사를 디자인빌드(design-build)로 수주하는 것으로 예상이윤이 2.2억 원인 반면, 1억 원의 손실 가능성도 배제할 수 없다.

세 번째 대안은 1.6억 원의 잠재적 이익과 2천만 원의 손실 가능성이 따르는 항공기 격납고 출입문(aircraft hanger) 개수공사이다.

그림 24.5를 좌에서 우로 읽어가면서 각 사업의 이윤과 손실에 가능성을 부여하고, 각 사업의 입찰에 따르는 비용을 기대금액(EMV)에서 공제하면 순수기대금액(net EMV)이 산정된다.

방파제(sea wall) 공사를 일괄도급으로 수행하는 경우 순수기대금액의 계산 예는 다음과 같다.

EMV=4억 원×0.6−2억 원×0.4=1.6억 원

여기서 입찰비용 5백만 원을 공제하면 순수기대금액(net EMV)은 1.55억 원이 된다.

결정계도는 리스크 상황에서 객관적이면서도 일관성이 있는 방법으로 문제를 구성할 수 있는 장점을 가지고 있다. 아울러 어느 대안이 가장 우선적으로 고려되어야 하는지를 보여준다. 상기 예에서는 해수벽 공사를 일괄도급으로 수행하는 것이 가장 바람직한 대안으로 판단된다.

베이시안 분석(Bayesian analysis)

베이시안 분석은 '리스크의 조정(risk adjustment)' 방법이다. 리스크 조정은 기존 리스크의 확률분포(probability distribution)에 새로운 정보를 부가하여 확률 산정의 정확도를 증가시키기 위한 것이다.

기존 확률분포는 사전확률분포(prior probability distribution)로 표현되고 추가정보를 근거로 수정된 확률분포는 사후확률분포(posterior probability distribution)라고 명명된다.

공통적으로 리스크는 발생 이전의 확률분포로 묘사된다. 그러나 시간의 경과에 따라 상황이 변하면서 관련 리스크에 대한 새로운 정보가 출현된다. 새로운 정보는 기존 확률분포를 변화시켜 기존 확률분포와 실제 확률분포 사이에 격차가 생기게 된다.

'베이스의 정리(Bayes' Theorem)'는 기존 확률분포를 수정하여 실제 확률과의 격차를 줄이고 의사결정의 신뢰성을 증진하기 위해 사용된

다. 이러한 과정에서 다음과 같은 '베이스의 공식(Bayes' formula)'이 사용된다.[32)]

만약 B_1, B_2,· · 그리고 B_k가 상호 배타적인 리스크 사안이라면

$$P(B_{i/A}) = \frac{P(B_i)P(A/B_i)}{P(B_1)P(A/B_1) + P(B_2)P(A/B_2) + \cdots + P(B_k)P(A/B_k)}$$

$$(i = 1,\ 2, \cdots,\ k)$$

여기서 $P(B_i/A)$ = 사후확률(posterior probability)

$P(B_i)$, $P(A/B_i)$ = 사전확률(prior probability)

베이시안 분석은 단일연구나 실험자료에만 의존하지 않고 서로 다른 출처에서 획득된 모든 정보와 자료를 조합하여 최종값을 도출하기 위해 간편하게 활용될 수 있다. 최종값은 객관적인 자료와 전문가의 판단자료의 조합으로 얻어진다. 또 시간상으로 다른 시기에 제공된 동일한 전문가의 판단자료나 서로 다른 전문가들로부터 얻어진 판단자료의 조합을 통해 얻어질 수도 있다.

건물구성부분의 파손을 예측하기 위해 베이시안 분석기법을 사용하는 과정에서 서로 다른 유형의 자료를 하나로 융합(aggregation)하는 간단한 경우를 생각해 보자.

10개의 건물을 대상으로 파손상황을 관찰해 본 결과 손상된 것이 전혀 없었고, 다른 전문가는 100개의 건물 중에서 하나만이 손상될 것이라는 판단결과를 제공했다고 가정해 보자. 이 경우 관찰결과와 전문가의 판단은 다음 방법으로 융합될 수 있다.

---

32) Thomas Bayes(1702~1761)는 1731년부터 1752년까지 영국의 장로교회 목사로 일했다. 그는 'An essay towards solving a problem in the Doctrine of Chances' 라는 에세이를 썼고 이는 그의 사후에 발표되었다.

$$\frac{0+1}{10+100}=0.009$$

이 방법은 다양한 출처의 정보를 쉽게 조합할 수 있다. 다만 각 출처로부터 도출된 자료의 분포를 명확히 가정할 필요가 있다.

보다 구체적 예로 Bayes에 의해 개발된 확률이론을 적용하여 콘크리트 타설 장비생산업체인 A사가 새로운 자료를 추가 반영하여 시장 상황에 대한 기존 예측결과의 수정사례를 고려해 보자.

A사는 5,000만 원의 비용을 지출하여 시장수요 변동에 대한 컨설턴트의 예측결과를 수렴하였다. 사전확률과 컨설턴트의 시장수요 예측결과는 아래와 같다.

실제시장수요 발생결과	사전확률	컨설턴트의 예측결과		
		15% 증가	현 수준 유지	10% 감소
증가	0.6	0.7	0.2	0.1
현 수준 유지	0.3	0.2	0.6	0.2
감소	0.1	0.1	0.2	0.7

상기 표에서 제시된 컨설팅 보고서의 70%는 시장이 확대될 경우 수요가 증가될 것으로 예측하고 있다. 예측보고서의 20%는 시장안정을 전망했고, 나머지 10%는 수요 감소를 예견하였다. 현 수준이 유지되는 상황과 시장이 축소될 경우에 대한 예측결과도 같은 방식으로 표현되어 있다.

상기 보고서의 결과를 참조하여 사전확률(prior probabilities)을 수정하기 위해 Bayes정리를 활용할 수 있다. 사전확률 $P(B_i)$를 갖는 상호배타적(mutually exclusive)인 r개의 사건들(events) $E_i(i=1\cdots r)$가 있다고 가정해 보자. 그리고 별도 사건 A가 있고, 사건 B_i가 발생될 때 사건

A가 발생될 확률을 $P(A/B_i)$라고 가정해 보자. 그러면 사건 A가 발생된다는 것을 알고 있는 경우 E_i가 발생될 확률은 다음과 같이 주어진다.

$$P(B_j/A) = \frac{P(B_j) \times P(A/B_j)}{\sum P(B_i) \times P(A/B_i)}$$

여기서 $P(B_i)$ = 사건 B_i의 사전확률

$P(A/B_j)$ = B_j가 발생되었다는 전제에서 결과 A가 발생될 조건부 확률

$P(B_i/A)$ = 사건 A가 발생되었다는 전제에서 사건 B_i의 사후확률(posterior probability)

본 예에서 각 결과의 사전확률은 다음과 같다.

B_1 − 시장수요 상승 → $P(B_1) = 0.6$

B_2 − 현 수준 유지 → $P(B_2) = 0.3$

B_3 − 시장수요 감소 → $P(B_3) = 0.1$

만약 A가 시장수요 증가를 나타내는 조사결과라면, 표에서 시장수요 증가로 예측된 경우 그 결과는 증가 0.7, 현 수준 안정 0.2, 감소 0.1이었다는 것을 알 수 있다. 따라서

$P(A/B_1) = 0.7$

$P(A/B_2) = 0.2$

$P(A/B_3) = 0.1$이 된다.

Bayes 공식을 활용하여 증가보고서가 주어진 경우 시장수요가 확대될 확률은 다음과 같다.

$$P(B_1/A)=\frac{P(B_1).P(A/B_1)}{P(B_1)\cdot P(A/B_1)+P(B_2)\cdot P(A/B_2)+P(B_3)\cdot P(A/B_3)}$$

$$=\frac{0.6\times 0.7}{(0.6\times 0.7)+(0.2\times 0.3)+(0.1\times 0.1)}=0.854$$

시장조사 보고서를 참조하여 같은 방법으로 각 결과의 확률을 변화시키면 다음과 같다.

실제 시장수요 발생결과	컨설턴트의 예측결과		
	15% 증가	현 수준 유지	10% 감소
증가	0.85	0.38	0.32
현 수준 유지	0.12	0.56	0.32
감소	0.02	0.06	0.37

이제 새로운 결정계도(decision tree)가 그려질 수 있다. 이는 당초의 목적으로 돌아가 기대값을 추적하면 해결될 수 있다. 결정계도의 아래쪽 가지(bottom branch)는 당초 제시된 결정계도(initial decision tree)이다. 그러나 새로운 결정계도는 증가, 현 수준 유지, 감소의 확률이 알려질 때까지 결정될 수 없다.

수요증가 확률은 각 결과의 수요증가 확률과 그 결과를 얻을 확률의 곱(multiplication)을 합하여 구해진다. 즉 수요증가의 확률은

(0.7)(0.6)+(0.2)(0.3)+(0.1)(0.1)=0.49가 된다.

현 수준 안정 확률은 0.32이고 수요감소 확률은 0.19이다. 이러한 값들로 결정계도의 값들을 대체하면 컨설턴트의 보고서 내용을 고려한 기대값은

(0.49)(219.6)+(0.32)(168.0)+(0.19)(141.1)=188.17백만 원이 된다.

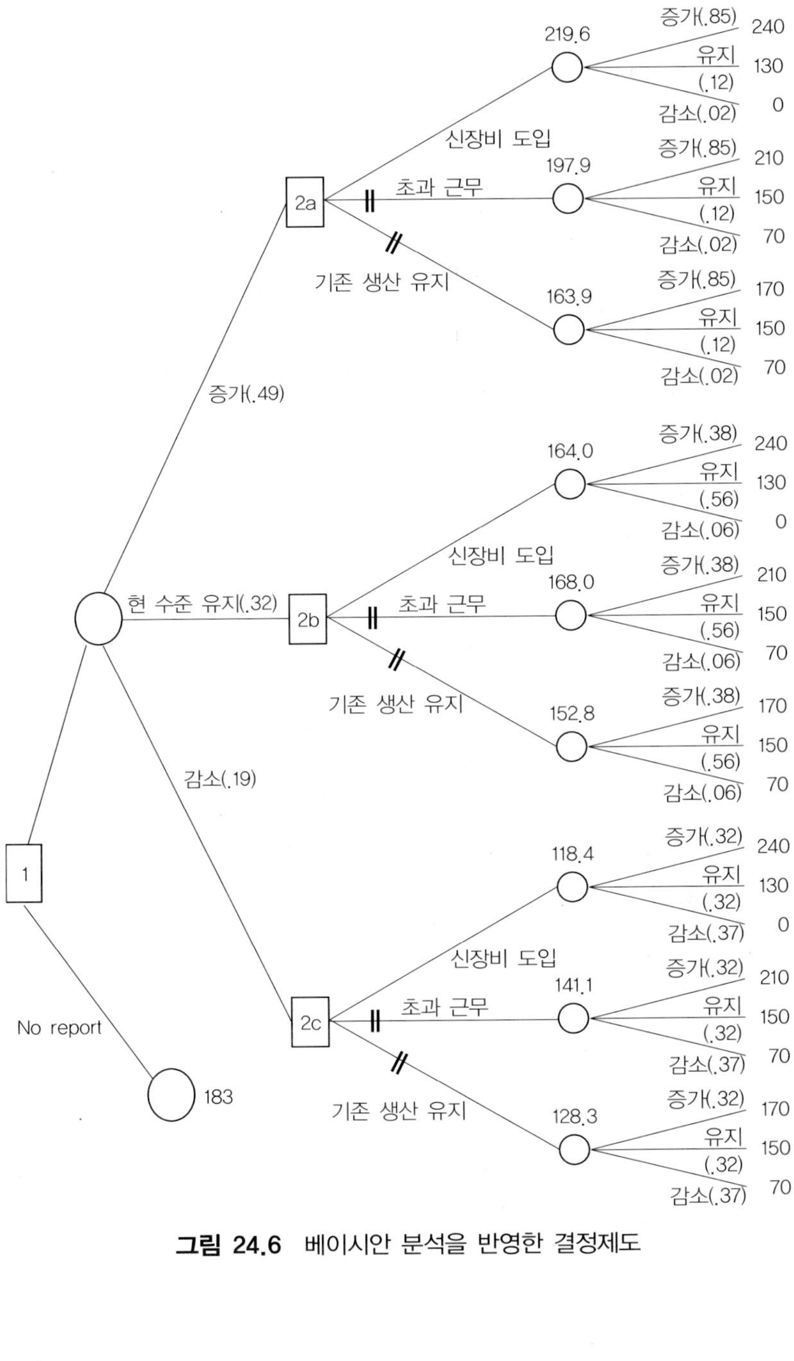

그림 24.6 베이시안 분석을 반영한 결정제도

보고서 작성을 위해 지출된 5,000만 원을 제외하면 순수 기대값은 138.17백만 원이 된다. 이 값은 보고서 작성 이전의 결과치보다 적기 때문에 A사는 보고서를 통해 어떠한 혜택도 얻을 수 없게 된다. 이러한 정보는 그림 24.6에서 보여지는 바와 같이 베이시안 분석을 반영하는 결정계도상에서 보여진다.

결정계도는 결정결과의 영향도를 보여준다. 문제가 설정되고 순차적인 결정이 이루어질 수 있다. 이 방법의 정확도는 기대결과(expected outcomes)와 확률의 정확도에 달려 있다. 더 많은 정보가 획득될 경우 베이시안 분석을 통해 추가 반영할 수 있다. 결정계도는 논리적 구조(logical structure)를 갖춘 상태에서 추가정보를 반영한 확률의 수정이 가능하다는 장점을 갖는다.

확률적 결정계도 분석(Stochastic decision tree analysis)

확률적 결정계도는 결정계도의 논리와 몬테카를로 시뮬레이션(Monte Carlo Simulation)을 결합하여 시간경과에 따라 변화하는 문제의 분석방법을 제공한다. 예를 들어 투자의사결정과 관련된 리스크 평가는 단일의사결정의 문제(single-stage decision problems)로 것처럼 다루어지는 경우가 많다. 그러나 대부분의 결정은 사업 분석을 위해 설정된 시간(time horizon)에 걸쳐 변화하는 많은 문제와 연관되어 있다. 따라서 이 두 가지 접근을 결합하면 투자평가를 위한 강력한 기법이 될 수 있다. 확률적 결정계도의 특징은 다음과 같다.

- 기대금액(EMV)의 원리를 사용하는 대신, 기회사건(chance events)을 포함하는 모든 인자들이 연속적 · 경험적 확률분포로 표현될 수 있다.

• 순차적 결정 결과에 관련된 정보가 확률형태로 확보될 수 있다.
• 특정 결정들의 조합으로 얻어지는 결과의 확률분포를 효용(utility)과 리스크 개념을 사용하여 분석할 수 있다.

확률적 결정계도의 절차는 기존 결정계도에서 언급된 것과 유사하다. 대안 설정범위, 기회사건, 그리고 결정계도를 작성하기 위해 우선적으로 평가해야 할 문제들을 탐색해야 한다. 일단 결정계도의 구조가 설정되면 확률분포의 관점에서 가능한 결정의 모든 조합을 평가한다. 결정계도는 미래상황 분석(forward-analysis)을 위한 전형적 모델로서 가능한 전략적 행로(strategy path)는 순 현재가치(NPV)에 근거한 확률분포로 평가된다.

이러한 접근은 유연하다는 장점을 갖는다. 일단 확률 산정의 결과가 파악되면 역수정(modified rollback) 작업이 이루어진다. 그리고 결정계도의 분기(branches)는 확률적 원리(stochastic dominance principles)에 근거하여 제거될 수도 있다. 예를 들어 특정 분기(branch)가 다른 대안보다 더 높은 편차(variance)를 갖는다면 그 분기는 제거될 수 있다. 즉 관련이 있는 경로(relevant path)에 분석을 집중하여 결정과정의 부담을 줄일 수 있다.

복잡한 문제를 해결하기 위한 결정과정에서 지나치게 어려운 기법을 사용하여 의뢰자(client)를 혼란스럽게 해서는 안 된다. 이러한 관점에서 결정계도는 문제를 순차적(sequential) · 다단계(multi-stage)적으로 표현하는 시각적 수단을 제공해 준다는 강력한 장점을 갖는다.

다속성 가치이론(multi-attribute value theory)

건설목표가 참여자의 입장에 따라 상호 대립적인 경우 한 가지 목표를 달성하기 위해 또 다른 것의 희생이 요구된다.

예를 들어 냉난방시스템의 목표는 비용 · 리스크 · 고장(disruption) 최소화, 가용공간 확보, 시각적 효과(visual appeal), 사용자 조정(user control)능력 극대화 등 다양한 형태로 존재할 수 있다.

다속성 가치이론은 목표들의 상호 대립에 따르는 문제에 대응하기 위해 고안된 정형적(formalised) 의사결정 기법이다. 결정계도 분석과 달리 다속성 가치이론은 추가정보의 필요성을 식별하기보다는 기존 정보를 보다 효과적으로 이용할 수 있는 수단을 제공한다.

건설경영 의사결정자는 먼저 관련 속성들 x_1, x_2, … x_n의 목표에 대한 바람직한 정도(desirability)를 반영하는 종합적 효용함수(overall utility function), $U(x_1, x_2, \cdots x_n)$를 산출한다.

결정대안은 각 속성(attribute)들 x_1, x_2, … x_n의 집합에 의해 설명될 수 있다. 목표를 반영하는 이러한 속성들이 스칼라 값이나 성능수준(performance level)으로 표현될 수 있다면 요구조건을 만족시키는 성능수준의 조합을 평가하여 효용을 극대화하는 대안을 선택할 수 있다.

다속성 이론의 목표는 대안의 효용지표(utility index)나 가치척도(measure of worth)를 반영하는 종합적 효용함수(overall utility function) $U(x_1, x_2, \cdots x_n)$를 얻는 것이다. 효용함수는 건설 참여자의 기호구조(preference structure)를 반영해야 한다.

종합적 효용함수 $U(x_1, x_2, \cdots x_n)$는 개별속성의 효용함수에서 도출된다. 즉 $U(x_1, x_2, \cdots x_n)=\{U(x_1), U(x_2), \cdots U(x_n)\}$이다.

이에 대한 한 가지 예는 다음과 같이 표현되는 부가사건(additive case)의 경우이다.

$$U(x_{1,}\ x_{2,}\ \cdots\ x_{n)} = \sum_{i=1}^{n} k_i v_i(x_i) \quad \cdots\cdots (1)$$

효용함수(utility function)의 특별한 형태인 가치함수(value function) $v(x_1, x_2, \cdots x_n)$는 확실성의 조건하에서 평가된다. 어떤 속성은 보다 단순한 형태로 확실히 파악될 수 있다. 예를 들어 가치 x_2는 확률범위(probability range)가 아닌 불연속값(discrete value)으로 표현될 수 있다. 다음은 부가적 관계(additive relationship)를 나타내는 예이다.

$$U(x_{1,}\ x_{2,}\ \cdots\ x_n) = \sum_{i=1}^{n} k_i v_i(x_i) \quad \cdots\cdots (2)$$

상기 식에서 $v_1(x_1)$은 단일속성가치함수(single attribute value function)이다. 단일속성가치함수는 성능수준과 건설 참여자의 가치 사이에 존재하는 관계를 설명한다. 각 척도상수(scaling constant) k_i는 0과 1 사이의 값이며, 이들의 합은 1(unity)이 된다. 이러한 표현은 상호간의 기호적 독립성(preferential independence)이 만족될 때 적합하다. 만약 x_1의 특정 결과가 x_2의 값에 의존적이 아니라면 속성 x_1은 속성 x_2와 기호적으로(preferentially) 독립적이다. x_2에 대한 기호(preference) 역시 x_1에 의존하지 않는다면, 이 두 가지 속성은 상호간에 기호적 독립성(preference independence)을 유지한다.

본 방법의 구체적 사용방법에 대해서는 '부록의 '공조시스템 리스크 분석' 사례를 참조할 수 있다.

확률분포(probability distribution)

사용하기에 간편 · 용이하지만 리스크 인자를 개별적으로 고려해야 하는 감도 분석의 본질적 한계를 극복하고, 다양한 리스크를 종합적으로 고려하기 위해 확률 분석이 활용된다. 확률 분석을 위해서는 리스크 확률분포를 미리 설정하고, 개별적 리스크를 조합할 경우 발생되는 결과의 변화추세를 파악해야 한다. 즉 개별적 리스크 확률을 조합하여 발생 가능한 모든 결과치가 확률분포에 포함되도록 해야 한다.

적합한 확률분포의 선택을 위해서는 다음 3가지 규칙을 따라야 한다.

1) 변수와 그 변수 주변여건에 대하여 알고 있는 모든 것을 열거해야 한다.
2) 확률분포의 기본유형을 이해해야 한다.
3) 고려대상 변수의 특징을 잘 반영하는 분포를 선택해야 한다.

확률분포는 주관적인 평가를 통해 얻어지든 전반적 빈도분포(frequency distributions)를 통해 파악되든 일관된 유형으로 표현되는 경우가 있다. 이러한 유형을 확률밀도함수(pdf : probability density function)라고 하며 수학적으로 표현된다. 확률밀도함수가 관찰된 분포상황을 반영한다면 전체 분포를 나타내기 위해 몇 개의 제약조건만을 인식하면 되기 때문에 리스크 산정과정을 대폭적으로 단순화시킬 수 있다.

선정된 확률밀도함수의 적절성 평가를 위해 다음과 같은 몇 가지의 기준이 적용된다.

1) 참여자의 주관적인 의견의 반영이 용이해야 한다.
2) 변수의 결정이 쉽게 이루어져야 한다.
3) 다양한 분포유형의 제공이 가능하도록 충분한 유연성(flexibility)을 확보해야 한다.

4) 구간한계(finite ends), 즉 폐쇄확률 밀도함수(closed p.d.f)를 가져야 한다.
5) 비대칭분포(asymmetric distribution)를 표현할 수 있어야 한다.
6) 단일형식(unimodal)으로 표현할 수 있어야 한다.
7) 계산과정이 단순해야 한다(simple computation).

각 리스크의 확률분포를 정의하는 작업은 통계적 의미의 파악능력은 물론 풍부한 관리경험까지 포함하는 창조적 과정으로 대단히 복잡하고 까다로운 절차를 요구한다. 확률분포의 정의과정에서 가장 중요한 사항은 선정된 확률분포형태가 실제상황을 얼마나 정확히 묘사할 수 있느냐의 여부이다.

건설사업의 리스크를 설명하기 위해 활용될 수 있는 몇 가지 확률분포를 살펴보면 다음과 같다.

이산확률분포(Discrete Probability Distribution)

불연속 변수의 확률분포를 이산분포라고 한다. 제한적인 단일 값만을 갖거나 다수의 값을 갖는 변수 모두가 이산형으로 가정될 수 있다. 리스크 변수의 이산확률분포로 다음과 같은 몇 가지 유형을 생각할 수 있다.

0-1 확률분포 : 하나의 리스크 변수가 오직 두 개의 상호 배타적(mutually exclusive) 결과치(x_1, x_2)만을 갖는 경우의 확률분포를 말한다. 따라서 하나의 발생확률이 p라면 또 다른 하나의 확률은 자연스럽게 (1-p)가 된다. 이러한 개념은 그림 24.7과 같이 표현된다.

결과	X_1	X_2
확률	p	1−p

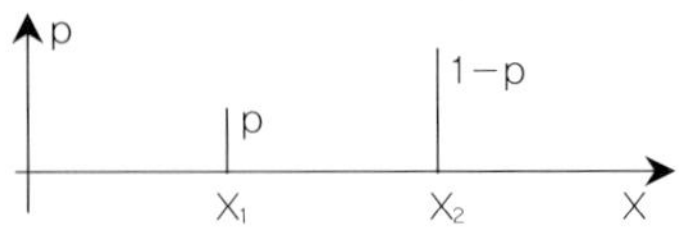

그림 24.7 0−1 확률분포

건설사업 추진과정에서 0−1의 확률관계를 갖는 전형적인 예는 입찰시 낙찰여부를 고려하는 경우이다.

이항분포(Binomial Distribution) : 이항분포는 0−1 확률분포의 리스크 변수를 포함하는 것으로 시행착오(trial and error) 과정을 거쳐 얻어진다. n번의 독립시행 결과 x가 k번 발생하는 확률분포의 경우이다. 이러한 확률은 다음과 같은 이항분포함수(Binominial Distribution Function)를 통해서 얻어질 수 있다.

$$p(x=k)=\binom{n}{k}p^{k}(1-p)^{n-k}\ (k=0,\ 1\ 2,\cdots,\ n)$$

여기서 p=각 실험에서 결과 x가 발생될 확률

'특정 기업이 0.6의 낙찰확률로 20개의 건설공사입찰에 참여하는 경우, 11개의 공사에 낙찰될 수 있는 확률은 얼마인가?' 하는 의문이 제기될 수 있다. 이에 대한 해답을 얻기 위해서는 상기 공식에 시행횟수 n=20, 기대횟수 k=11, 확률 p=0.6을 대입하면 된다. 즉

$$p(x=11)=\binom{20}{11}0.6^{11}(1-p)^{20-11}=0.16$$ 이 된다.

이 기업이 20개의 건설공사입찰에 응찰하여 11개의 공사에 낙찰될 확률은 16%라는 결론을 얻을 수 있다.

푸아송 분포(Poisson Distribution) : 푸아송 분포는 특정시간 내에서 기대결과를 k번 얻을 수 있는 확률 계산을 위해 도입된다. 이러한 확률

은 다음 식으로 표현된다.

$$p(x=k)=\frac{m^k}{k!}\cdot e^{-m}\ (k=0, 1, 2,\ \cdots)$$

여기서 m=시간당 평균발생횟수

x =기대결과가 단위시간에 발생되는 횟수를 나타내는 무작위변수(random variable)

예를 들어 어떤 건설경영자가 매일 평균 5번 고객과의 협상을 시도하는 경우, 예외적으로 7번의 협상을 하게 될 확률은 얼마나 되겠는가를 생각해 보자. 이에 대한 해답을 얻기 위해 상기 공식에 m=5, k=7을 대입하면 다음과 같은 값이 얻어진다.

$$p(x=7)=(\frac{5^7}{7!})e^{-5}=0.104$$

상기 결과는 하루에 7번의 상담이 이루어질 확률이 10.4%라는 것을 의미한다. 즉 10일에 한 번 정도는 7명의 고객과 상담하게 될 수 있음을 말한다.

연속확률분포(Continuous Probability Distribution)

이산변수와 달리 하나의 변수에 대한 모든 값을 연속적으로 가정할 수 있을 경우 이를 연속이라 하고, 이러한 연속변수를 나타내는 확률분포를 연속확률분포라고 한다. 대부분의 건설사업 추진활동은 여러 가지 값들이 주어진 범주 안에서 발생하는 연속분포로 나타난다. 반면에 불연속분포(discrete distribution)는 주어진 범주 안에서 특정 값들로 표현된다. 주로 사용되는 연속확률분포는 다음과 같다.

균등분포(uniform distribution) : 균등분포에서는 최소값과 최대값 사이의 모든 값들이 항상 균등하게 나타난다. 균등분포는 가능한 모든 리스크 결과가 거의 동일하게 표현될 수 있을 때 도입된다. 다음 3가지 조건이 균등분포에 적용된다.

- 최소값이 고정된다.
- 최대값이 고정된다.
- 최소값과 최대값 사이의 모든 값들이 균등하다.

균등분포의 확률밀도함수는 다음 그림 24.8과 같다.

$$P(X) = \begin{cases} \int \frac{1}{b-a} & (a \leq X \leq b) \\ 0 & (\text{기타}) \end{cases}$$

여기서 a : 최소값
b : 최대값

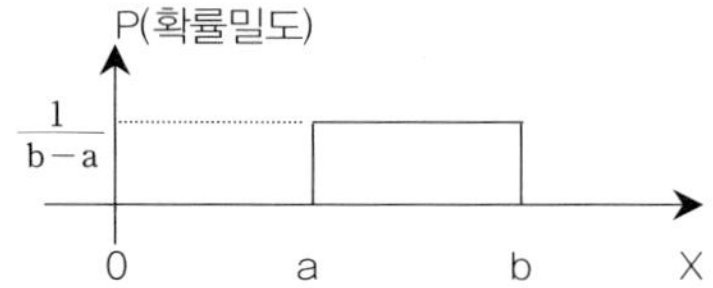

그림 24.8 균등분포

삼각분포(Triangular Distribution) : 삼각분포는 최소값, 최대값 그리고 가장 가능성이 높은 값이 발생하는 상황을 표현한다. 최소값과 최대값 주변의 값들은 가능성이 높은 값 주변에서는 발생되지 않는 것으로 고려된다. 삼각분포는 중앙값의 인근에 가장 큰 기회가 있을 경우 적절히 활용될 수 있다. 삼각분포는 사용이 용이하지만 '개략적 산정에 불과하다'는 단점을 갖는다. 삼각분포의 확률밀도함수는 그림 24.9와 같다.

정규분포(Normal Distribution) : 정규분포는 가장 빈번히 활용되는 통계분포로 종(bell) 모양으로 표현된다. 정규분포는 평균값(mean)과 표준편차(standard deviation)로 표현되는 두 개의 변수를 사용한다. 값들은 평균값 주변에 대칭으로 분포되고, 가장 가능성이 높은 값에 관한 상

$$P(X) = \begin{cases} \int \dfrac{2(X-a)}{(b-a)(c-a)} & (a \leq X \leq b) \\ \int \dfrac{2(c-X)}{(c-b)(c-a)} & (b \leq X \leq c) \end{cases}$$

여기서 a : 최소값
b : 가능성이 높은 값
c : 최대값

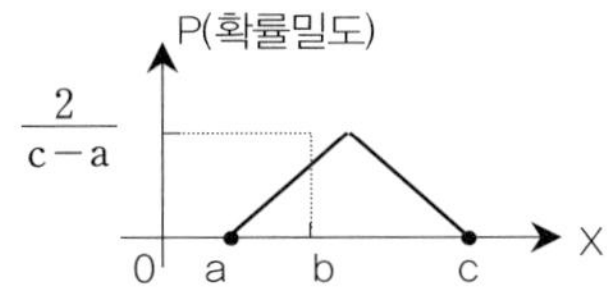

그림 24.9 삼각분포

당한 수준의 신뢰가 있을 때 사용된다.

특정 부위의 가장 가능성이 높은 시공비용이 67,000원/m^3라고 하자. 물론 실제 비용은 67,000원보다 더 많거나 적을 수 있다. 정규분포는 평균값 한쪽의 표준편차 이내에 모든 값의 68%를 갖는 표준편차를 사용한다. 경험을 통해 시공비용이 평균의 10,000/m^3원 이내, 다시 말해서 57,000원/m^3에서 77,000원/m^3 사이에 있을 확률이 68%라는 것을 안다. 이러한 경우 표준편차는 10,000원/m^3이 된다.

그림 24.10은 동일한 평균값과 서로 다른 표준편차를 갖는 정규분포를 보여준다. 정점을 갖는 분포가 보다 적은 표준편차를 갖는다.

정규분포는 평균으로부터의 편차가 미소하고 정/부(positive/negative) 편차가 거의 같은 무작위변수(random variable)에 적용된다. 정규분포는 다양한 유형의 수많은 리스크 인자가 전체 불확실성에 조금씩 영향을 미치는 경우의 분포를 나타내기 위해 활용된다. 따라서 상당히 많은 경우의 리스크가 정규분포로 고려될 수 있다. 정규분포의 확률밀도함수는 다음과 같다.

$$P(X) = \frac{1}{\sigma \cdot \sqrt{2\pi}} \cdot e^{-A} \quad (-\infty < X < +\infty)$$

$$\text{여기서} \quad A = \frac{(X-\mu)^2}{2\sigma^2}$$

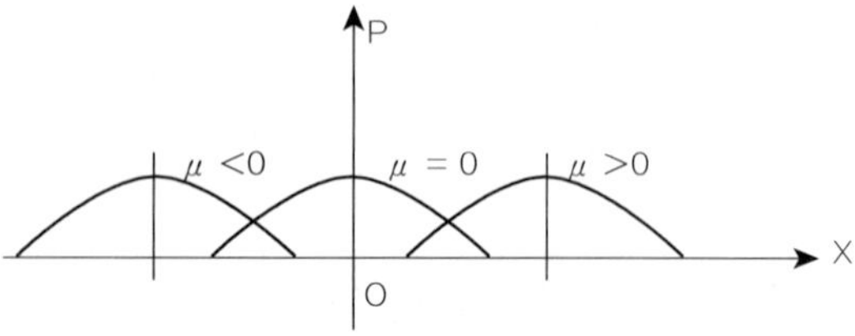

서로 다른 기대값을 갖는 정규분포

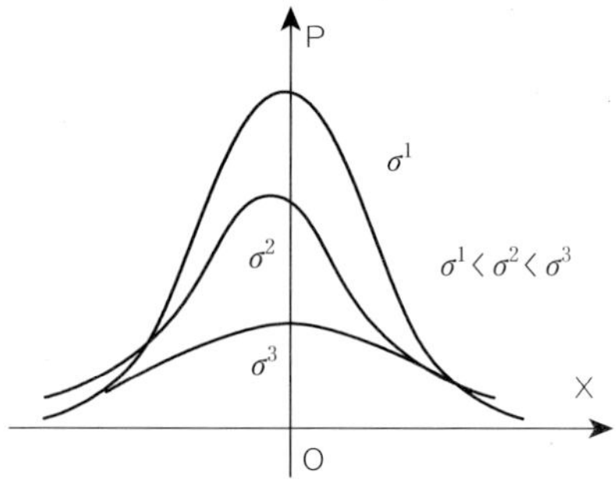

서로 다른 표준편차를 갖는 정규분포

그림 24.10 정규분포

정규분포 변수 μ(기대값)와 σ(표준편차)의 영향은 그림 24.10과 같이 표현된다.

대부분의 경우 삼각분포는 정규분포보다 더 큰 편차를 갖는다. 이는 삼각분포의 정점(peak) 주변에서는 발생빈도가 거의 없기 때문이다. 이러한 관계는 그림 24.11에서 나타난다.

정규분포는 단지 2개의 매개변수(parameters) 만을 필요로 하기 때문에 쉽게 정의될 수 있다. 한편 리스크 분석과정에서 정규분포가 갖는 한계점은 (1)개략적 통계법(numerical method)의 적용이 가능한 폐쇄형태(closed form) 표현을 갖지 못하고, (2)구간한계(finite ends)를 갖지 않기 때문에 비용 등의 리스크가 정/부 방향(positive/negative direction)으로 무

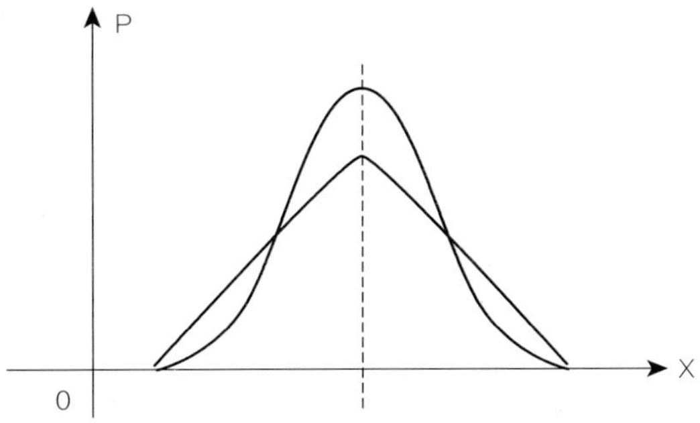

그림 24.11 삼각분포와 정규분포의 비교

한대(infinity)까지 확장되는 것으로 가정되고, (3)분포형태가 제한적일 뿐만 아니라, (4)평균에 대하여 대칭을 이루어야 한다는 것이다.

결국 정규분포는 비대칭성(skewness)을 반영할 수 없기 때문에 전형적인 비대칭성을 나타내는 리스크(예 : 공사비 산정)의 표현에는 적합하지 않다.

이러한 분포의 특징을 반영하는 매개변수로 평균과 표준편차가 있다. 이는 최소값(b)과 최대값(a)을 활용하여 다음과 같이 산정될 수 있다.

$$평균(mean) = \frac{a+b}{2}$$

$$표준편차(standard\ deviation) = \frac{b-a}{6}$$

베타분포(Beta Distribution) : 앞에서 언급된 정규분포가 갖는 한계는 (1)무한범위값(−∞에서 +∞까지의 값)을 갖고, (2)분포형태가 벨 모양(bell shaped)이어서 자료의 불균형(skewness) 분포에 적용하기 어렵다는 것이다. 푸아송(Poisson)분포, 이항(binomial)분포, 균등(uniform)분포도 이와 유사한 한계점을 노출한다. 베타분포는 이러한 문제점의 극복을 위해 도입된 것으로 다음과 같이 표현된다.

$$P(X)=\frac{1}{B(p,q)}\ \frac{(X-a)^{p-1}(b-X)^{q-1}}{(b-a)^{p+q-1}}\ (a\leq X\leq b\ ;\ p,\ q>0)$$

여기서 a = 최소값(minimum value)

b = 최대값(maximum value)

p, q = 분포변수(parameters of distribution) ; p, q > 0

B(p, q) = 베타함수(beta function)

베타분포는 다음과 같은 형태로도 표현될 수 있다.

$$P(X)=\frac{1}{B(p,q)}X^{p-1}(1-X)^{q-1}\ \ (a\leq X\leq b\ ;\ p,q>0)$$

$$\text{여기서 } p=\frac{\mu^2(1-\mu)-\mu\sigma^2}{\sigma^2}\ ;\ q=\frac{\mu(1-\mu)^2-(1-\mu)\sigma^2}{\sigma^2}$$

$$\text{그리고 } \mu=\frac{a+4m+b}{6}\ ;\ \sigma^2=\frac{(b-a)^2}{6}$$

B(p, q)는 다음 방정식으로부터 얻어진다.

$$\int_0^1 P(X)dX=\int_0^1\frac{1}{B(p,q)}X^{p-1}(1-X)^{q-1}dx=1$$

여기서 a = 최소값

b = 최대값

m = 가장 가능성이 높은 값(most-likely value)

적절한 베타분포는 첫 번째 식의 변수 p, q, a, b와 두 번째 식의 변수 a, b, m에 의해서 결정된다. 이들 값은 분포와 관련된 자료에서 쉽게 구해질 수 있다.

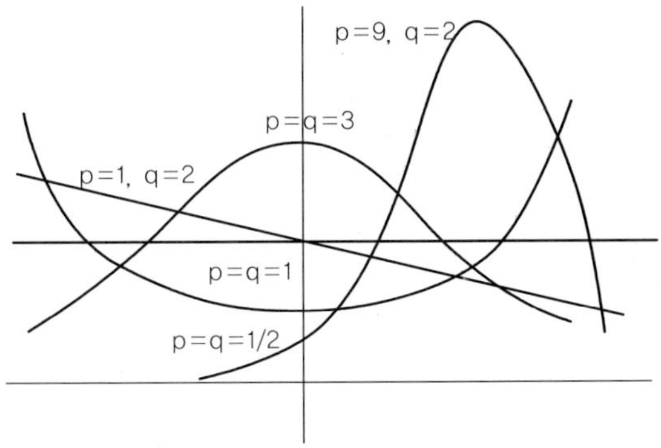

그림 24.12 베타분포

특정요소를 포함하는 베타분포는 추가자료가 당초 표본에 추가될 경우 빠르고 쉽게 수정 · 보완될 수 있다. 베타분포의 유형은 그림 24.12에서 나타난 바와 같이 변수 p, q에 의해 결정된다.

상기 그림에서 나타난 바와 같이 베타분포는 어느 한쪽 방향으로 치우친 불균형 분포와 전혀 치우치지 않은 완전균형 분포, 그리고 극도로 치우친 완전불균형 분포 어느 경우에도 적용 가능하다. 베타분포는 분포자료에 의해 결정되는 유한영역(finite bounds)을 갖는다. 베타분포상의 변수 p, q를 조정함으로써 다른 분포유형까지 얻어낼 수 있다. 예를 들어 정규분포는 p, q의 값이 3인 경우에 얻어지는 반면, 균등분포는 이들의 값이 모두 1인 경우 얻어질 수 있다.

확률 분석과 시뮬레이션

모든 리스크 변수들이 동시다발적으로 변화하는 상황에서 확률 분석은 단일해결안을 갖지 않는 문제를 해결할 수 있는 강력한 도구가 된다. 확률 분석은 '단일변수적 접근(univariate approach)'이라는 감도분석의 한계점을 극복할 수 있다. 확률분석은 리스크에 영향을 주는 모든 변수의 변화를 확률분포 형식을 빌어 동시에 표현할 수 있기 때문에 다변수(多變數)에 근거한 접근이 가능하고 특정 리스크에 대한 노출 정도를 종합적으로 평가할 수 있다.

그럼에도 확률 분석은 두 가지의 주요결점을 갖는다. 첫째, 확률분석은 세련된 통계적 방법을 포함하는 매우 복잡한 기법의 이해를 필요로 한다. 각 리스크 인자의 확률분포를 정의하는 작업은 "선정된 확률분포가 과연 실체를 정확히 반영하고 있는가?"라는 본질적인 질문에 답하기 위해 통계적 지식뿐만 아니라 풍부한 관리경험(management experience)도 요구되는 창조적 과정이다. 둘째, 특정 인자의 리스크에 대한 영향도를 파악하기 어렵다.

가장 널리 쓰이는 확률분석기법은 시뮬레이션(simulation)이다. 가장 보편적인 시뮬레이션 사례는 실제 비행상황을 가상적으로 느껴 봄으로써 조종사가 발생 가능한 위험요소를 식별할 수 있도록 해 주는 모의비행훈련장치(flight simulator)이다.

이러한 관점에서 시뮬레이션(simulation)은 실제 시스템(real system)과 같은 방식으로 작용하는 모델(model)을 고안해서 운용하는 기술(art)이며 과학이다.

시뮬레이션은 각 리스크에 대한 무작위 변수값을 선정하여 수많은 횟수에 걸쳐 반복적인 분석을 시행하는 방법이다. 시뮬레이션은 불확실성에 영향을 받는 모든 변수가 확률분포로 표현될 수 있다는 기본가정에 근거한다.

시뮬레이션은 예측치 산정의 불확실성을 다루는 일련의 과정이다. 첫째, 하나의 프로젝트는 합리적으로 예측 가능한 값을 갖는 기본단위로 세분된다. 예측 값은 대개 가장 낙관적인 값(optimistic or lowest value), 가장 비관적인 값(pessimistic or highest value), 가장 가능성이 높은 값(the most likely value)을 포함한다. 가장 가능성이 높은 값은 확률분포의 정점값(peak value)으로 표현된다. 실제상황에서 모든 활동이 최선 또는 최악의 값을 경험할 수는 없다. 전체 값은 합리적으로 예측 가능한 결과분포로 실제상황에서 직면할 수 있는 범위를 나타내는 것이다. 시뮬레이션은 3가지 값을 사용하여 범위값 사이에 존재하는 모든 경우를 설명한다.

복수의 확률변수를 다루어야 하는 실제상황에서 강력한 수단이 되는 시뮬레이션도 결코 완벽한 것은 아니다. 현실적으로 이 방법을 사용하는 건설경영 의사결정자는 다음 두 가지의 한계점에 직면하게 된다.[33]

1) 시뮬레이션 모델은 실제 상황에서 정상적으로는 획득 불가능한 매우 구체적이고 세부적인 계량적 정보의 존재를 전제로 한다.
2) 실제 리스크 상황에서 발생하는 대부분의 문제는 정의하기 어렵고(ill-defined), 문제의 성격도 애매하기 때문에 시뮬레이션 모델의 적용 가능성은 매우 제한적이다. 이러한 문제는 대개 주관적인 성격을 띠고 있는 반면, 시뮬레이션 모델은 주관적 변수를 다룰 수 없다. 그럼에도 건설사업의 리스크는 비반복적 · 고유의 성격을 내포하는 것이 많아 객관적 자료도 부족하고 확률적 판단도 불가능한 경우가 많기 때문에 리스크에 대한 주관적 취향과 판단의 반영이 필요하다.

다시 말해서 리스크관리는 객관적 상황에 대한 계량적 분석결과와

---

33) Kangary, R., and Riggs, L. S., Construction Risk Assessment by Linguistics, IEEE Transactions Engineering Management, Vol.36, No.2, May, 1989, pp.126-131.

리스크에 대한 주관적 인식의 통합과정으로 인식되어야 한다.

또한 건설사업 추진과정의 리스크 상황을 고려해 볼 때 다음과 같은 한계점이 존재한다.

- 특정 결과의 발생 가능성을 정확히 계산할 수 있는 객관적 자료의 획득이 어렵다.
- 그러한 자료가 얻어질 수 있다 해도 세련되고 복잡한 수학적 방법에 의존하는 것은 많은 시간과 노력을 필요로 하기 때문에 비실용적인 경우가 많다.
- 암암리에 확률분포의 해석에는 상당 수준의 주관성이 개입된다. 또한 높은 수준의 수학적 능력을 겸비한 사람들이 매우 드물기 때문에 베이스의 정리(Bayes' theorem), 시뮬레이션, 효용이론 등의 원리는 사용자에게 충분한 이해와 만족감을 제공하기 어렵다.

몬테카를로 시뮬레이션(montecarlo simulation)

몬테카를로 시뮬레이션은 확률적 시뮬레이션(stochastic simulation)의 일종으로 모든 리스크 변수는 확률분포로 표현될 수 있다는 것을 기본전제로 한다. 몬테카를로 시뮬레이션으로 불리는 이유는 승수(winning number)의 선택을 위해 룰렛바퀴(roulette wheel)를 무작위로 멈추게 하는 것처럼, 결과를 얻기 위해 무작위로 선정된 숫자(random numbers)를 사용하기 때문이다.[34)]

34) 'monte'는 '스페인에서 비롯된 카드도박'을 의미한다. 'montecarlo'의 사전적 의미를 살펴보면 '관영도박장으로 유명한 모나코 공국(公國)의 도시'이다. 이 용어는 모나코 공국의 그리말디 가문이 재정악화로 독립주권국을 지탱하기 어려워지자 1861년 몬테카를로에 거대한 도박장을 열고 '그랑 카지노(Grand Casino)'란 간판을 건 데에서 비롯된 것으로 사료된다.

몬테카를로 시뮬레이션은 대안의 시험과정에서 사용되는 무작위 수치(random numbers)가 요구된다. 무작위 수치는 주사위를 던지는 등 다양한 방법으로 생성할 수 있다. 실제로는 컴퓨터프로그램을 사용하는 것이 무작위 수치[35]를 만들어 내는 가장 효과적인 방법이다.

몬테카를로 시뮬레이션 방법의 주요원리는 다음과 같다.

- 모든 리스크 값의 범위는 각각의 확률분포와 함께 평가된다.
- 특정 범위 내의 리스크 변수 값들은 확률분포 유형의 고려와 함께 무작위로 선정된다.
- 결정변수의 결과는 각 리스크로부터 선택된 값들의 논리적 조합을 통해 계산된다.
- 결과분포를 얻기 위해 수많은 횟수의 반복적 계산을 시행한다.

몬테카를로 시뮬레이션은 적절한 확률값을 얻고 필요한 시뮬레이션 횟수를 알기 위해 확률분포를 활용한다. 몬테카를로 시뮬레이션에서 실제 프로젝트의 특성을 반영하기 위해 수많은 가상 프로젝트들이 고안된다. 각 시뮬레이션, 즉 반복(iteration)은 리스크 변수를 설명하기 위해 그 변수를 확률분포에서 도출된 무작위 값으로 대체시킴으로써 이루어진다. 각 시뮬레이션의 반복횟수(iterations)는 최종정확도에 결정적인 영향을 미친다. 원시자료를 대표할 수 있을 정도의 결과치를 확보하기 위해 필요한 반복횟수는 100회 정도로 알려져 있다. Bennet와 Ormerod(1984)의 실험결과에 따르면 100회 정도의 반

35) 무작위 수치(random number) : 컴퓨터 모델링에 의해 선정되는 무작위 수치는 0.0과 1.0 사이에서 무작위 선정된 것으로 전후에 나타나는 수치와 아무런 관련성을 갖지 않는다. 단지 발생기회에 비례하여 생성된 값으로 확률분포의 형상에 따라 결정된다. 생성된 수치의 집합은 그 수치들을 산출해 낸 분포를 닮는다. 무작위 수치는 확률값으로서의 역할을 함과 아울러, 그 확률값에 해당하는 누적확률분포상의 값을 찾도록 해 준다.

복적 시행을 통해 ±2% 이내로 오차를 줄일 수 있다고 한다.[36] 물론 더 많은 횟수를 반복하면 보다 정확한 결과를 얻을 수 있지만 계산비용(computing costs)이 대폭적으로 증가되기 때문에 비용과 기대혜택을 동시에 고려한 균형적 타협이 필요하다.

이러한 과정에서 신뢰구간(confidence intervals)을 산정하기 위해 통계적 방법을 사용할 수 있다. 아울러 그림 24.13과 같은 누적분포곡선이 결과의 한 부분으로 제시된다. 이러한 결과로부터 특정 활동이 제한적인 시간과 비용을 초과하지 않을 가능성을 파악할 수 있다.

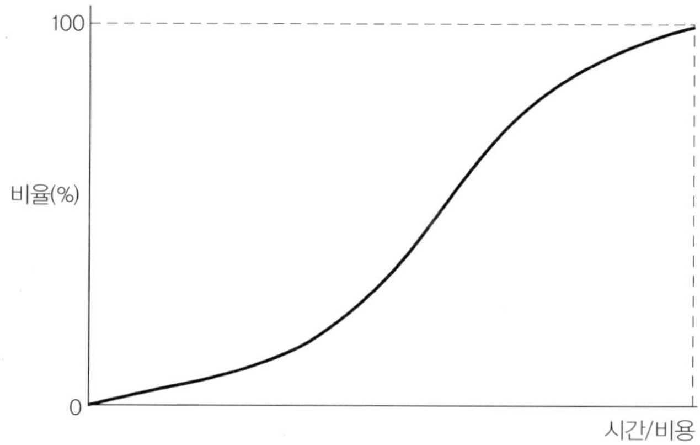

그림 24.13 누적분포곡선

공사비 예측과 몬테카를로 시뮬레이션 예시

공사비는 발주자가 지불할 수 있는 비용과 수급자(contractor)가 이익을 내며 수행할 수 있는 공사가격 사이의 타협 결과치이다. 가격은 극단적(최고/최저) 가격과 가장 가능성이 높은 가격(most likely price)으

36) Bennet, J., and Ormerod, R. N., Simulation applied to Construction Projects', Construction Management and Economics, 2, 1984, pp.225-263.

로 표현된다. 일반적으로 설계단계에서는 정상조건에서 가장 가능성이 높은 단일가격(single value price)을 제시하는 경향이 있다. 그러나 실제상황에서 공사비는 예측가격보다 지나치거나 부족할 수 있다는 사실에 유념해야 한다.

공사비 예측은 프로젝트 계획/설계의 어느 단계에서도 활용될 수 있지만 여기서는 기본설계단계에서의 적용방법을 예로 제시한다.

공사비 예측은 정밀한 과학적 업무가 아니라 직관(intuition)과 판단(expert judgement)을 포함하는 기술(art)이다. 편향되지 않은(unbiased) 예측이 바람직하겠지만 확률적인 예측은 객관적 검증이 불가능하다. 또한 공사비의 예측치는 많은 부분들의 합산결과이기 때문에 그 정밀성에 대한 객관적 평가는 통계적 기법에 의해서만 가능할 뿐이다.

기존 방식(공사비 추정 및 가격 예측) : 향후 건설될 특정 건물(시설)의 공사비 가격은 과거에 건설된 유사 건물(시설) 자료의 분석 및 조정으로 예측될 수 있다고 가정한다. 그러나 과거 비용자료 및 정보의 수집 · 분석과정에는 풍부한 경험과 숙련된 기술이 필요하다.

공사비 예측결과는 예측근거가 된 표본의 신뢰성에 의존한다. 다른 조건이 일정하다면 표본이 클수록 바람직하다. 표본은 대상 프로젝트와 유사한 것만을 포함해야 한다. 활용 가능한 자료가 제한되어 있는 경우는 표본 크기와 자료의 동질성 사이에서 타협이 이루어져야 한다.

비용자료만으로는 공사의 지역적 편차와 프로젝트의 규모 · 품질 · 복잡성 · 시공성에 대한 공사비의 영향을 제대로 설명할 수 없다. 따라서 전문적 기술과 세련된 판단을 동원하여 대상 프로젝트와 유사한 프로젝트를 선정해야 한다.

공사비 계획의 고려요소(항목의 상호의존성) : 공사비 항목들 사이에는 상호의존적 관계가 존재한다. 예를 들어 전기설비의 공사비는 공조설비를 포함한 건물인 경우 더 높아지고, 이로 인해 기계설비의 공사비가 증가한다.

설계단계의 공사비 예측을 위해 영국의 BCIS(building cost information service)에서 사용하고 있는 부위별 공사비 계획과정을 소개하면 그림 24.14와 같다.

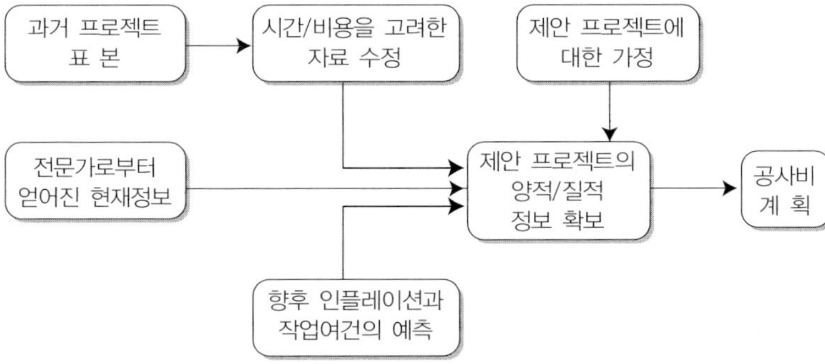

그림 24.14 BCIS의 공사비 계획과정

부위별 수량을 파악하고 표본의 산술평균(arithmetic mean)이나 중간값(central tendency)에 근거하여 부위별 단위가격(unit price rate)을 산정한다. 부위별 단위가격에 부위수량을 곱하여 공사비를 계획한다.

부위별 단위가격은 표본의 평균값이다. 따라서 과거자료가 달라지면 부위별 단위가격도 달라진다. 즉 동일한 확률분포에서도 서로 다른 표본 평균치가 도출될 수 있다. 물론 특정 비용요소별로 높아지고 낮아지는 과정에서 어느 정도의 상쇄효과를 기대할 수도 있다. 그러나 부위별 단위가격 산정을 위한 표본이 동질적이라도, 표본이 한 가지 건물 이상에서 도출된 자료를 포함하는 한, 부위별 단위가격은 어느 정도의 잔여편차(residual variation)를 가질 수밖에 없다. 따라서 최종 예측에 대한 확률분포를 묘사하기 위해서는 이러한 잔여편차를 고려해야 한다.

다시 말해서 단위가격은 확률분포로부터 도출되기 때문에 예측결과도 확률분포의 일부이고, 확률분포는 각 부위별 단위가격의 개별 분포에 의한 영향을 받는다. 따라서 다음과 같은 사항의 검토가 필요하다.

- 공사비가 예측치를 초과하지 않을 가능성
- 공사비가 포함될 가능성의 범위

확률적 리스크 분석 : 설계단계에서 다음과 같은 3가지의 공사가격 예측치를 고려할 수 있다.

- 가장 가능성이 높은 가격(a most likely price)
- 최저가격(the lowest price)
- 최고가격(the highest price)

가스주관(gas main)의 설치를 예로 들어보자. 기존 가스주관은 지상에 노출되지 않았기 때문에 설계단계에서는 그 여건을 파악할 수 없다. 다만 가장 가능성이 높은 가격은 기존 가스주관을 약간 변경하는 경우에 소요되고, 최소가격은 기존 가스주관에 대한 추가작업이 조금도 필요하지 않은 경우이다. 최고가격이 필요하게 될 최악의 경우는 기존 가스주관의 전면적 변경작업이 요구되는 경우이다. 이러한 상황에서 어느 정도의 변경이 요구될 확률은 0.5, 추가작업이 전혀 필요치 않을 확률은 0.3, 전면 변경작업이 불가피할 확률은 0.2라고 하자.

확률평가는 정확한 과학이라기보다는 전문가의 주관적 판단과 경험적 직관이 중시되는 기술적 작업이다. 앞에서 언급된 상황에 비용을 고려하여 확률평가를 실시한 결과를 정리하면 다음과 같다.

항목	내 용	비 용	확률	할당액
A	기존 가스주관에 대한 어느 정도의 변경	5,000만 원	0.5	2,500만 원
B	조사 이외의 어떠한 변경도 요구되지 않음	2,000만 원	0.3	600만 원
C	기존 가스주관에 전면 변경	1억5,000만 원	0.2	3,000만 원
계				6,100만 원

리스크 프리미엄(risk premium) 반영의 일환으로 A, B, C의 모든 경우에 대응하기 위해 6,100만 원을 추가하는 것은 바람직하지 않다. 또한 2,000만 원, 5,000만 원, 1억5,000만 원의 비용범위도 가용정보에 근거한 예측치에 불과하다. 이러한 상황에 보다 세련된 접근을 하기 위해 몬테카를로 시뮬레이션을 사용할 수 있다.

몬테카를로 시뮬레이션(단계적 접근) : 우선 시뮬레이션을 생성하기 위해 해당 프로젝트의 개별적 요소에 대한 공사비 예측치를 판단한다. 공사비 예측치는 누적빈도곡선(cumulative frequency curve)으로 표시하고 이어서 막대그래프(histogram)로 나타낸다. 각 단계별 내용을 구체적으로 설명하면 다음과 같다.

1단계(확률분포 선택) : 하부구조(substructure)와 같이 특정 범주에 대한 단위면적당 가격의 확률분포를 식별한다. 단위면적당 가격은 여러 개의 프로젝트에서 도출되기 때문에 평균단위가격(mean unit price rate)으로 표현된다. 확률분포의 선택은 선험적으로(apriori) 실시해야 하는 가장 중요하면서도 어려운 분석작업이다. 단위가격에 대한 표본 확률분포는 중앙값(평균)과 분산을 제공한다.

확률분포는 다음과 같은 몇 가지 특성을 포함해야 한다.

- 확률분포는 정규분포가 평균(mean)과 편차(variance)로 식별될 수 있는 것처럼 제한적인 자료로부터 쉽게 파악될 수 있어야 한다.
- 확률분포는 추가자료가 도입될 경우 쉽게 갱신될 수 있어야 한다.

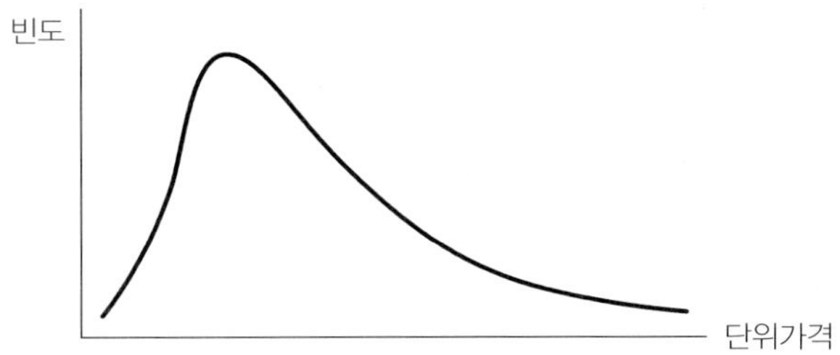

그림 24.15 한쪽으로 편향된 확률분포

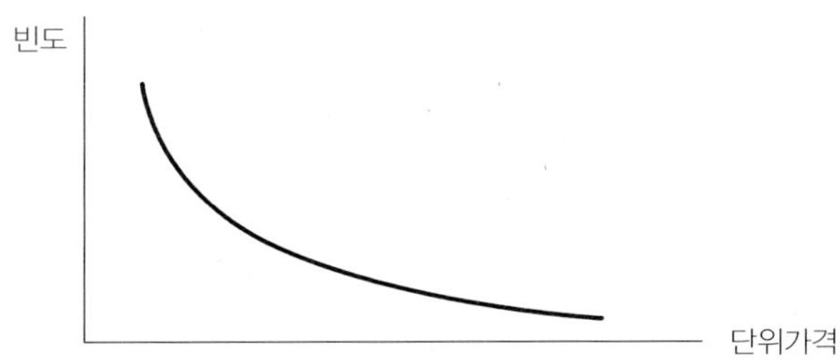

그림 24.16 편향된 확률분포

- 확률분포는 유연(flexible)해야 한다. 즉 다양한 형태를 취할 수 있어야 한다. 그림 24.15는 한쪽으로 편향된(skewed) 확률분포의 형태를 보여준다. 한편, 명확한 편향성이 없거나 오히려 너무 강해서 그림 24.16과 같은 분포를 형성하는 상황도 발생할 수 있다.

동시에 건물의 하부구조 등에 적합한 확률분포가 외벽과 같은 다른 요소의 확률분포와 같다고 볼 수는 없다. 따라서 확률분포는 다양한 형태를 채택할 수 있는 풍부함을 내포할 수 있어야 한다.

- 확률분포는 유한의 한계점(finite end points)을 갖는 것이 바람직하다. 재원규모, 설계수준, 이윤에 영향을 미치는 각 요소별 단위가격의 하한(lower bound) 및 상한(upper bound)이 제시되고, 선정된 확률분포는 그러한 단위가격의 범주 내에서 정의될 수 있어야 한다.

이러한 특징을 반영하는 확률분포는 베타분포(beta distribution)이다. 베타분포는 이미 앞의 '확률분포'에서 언급된 바와 같이 다음과 같은 방정식으로 표현된다.

$$P(X) = \frac{1}{B(p, q)} \cdot \frac{(X-a)^{p-1} \cdot (b-X)^{q-1}}{(b-a)^{p+q-1}}$$

$$(a \leq X \leq b\ ;\ p,\ q > 0) \quad \cdots\cdots (1)$$

여기서 a = 최소값(minimum value)
b = 최대값(maximum value)
p, q = 분포변수(parameters of distribution)
$B(p, q)$ = 베타함수(beta function)

유념해야 할 첫 번째 사항은 적합한 베타분포는 그 분포가 설명하는 실제자료로부터 쉽게 생성되는 변수 p, q, a, b에 의해 결정된다는 것이다. 표본에서 하한값을 a, 상한값을 b로 취하면 이어서 p, q 값이 다음 공식에 의해 산정된다.

$$p = [(\mu_1 - a)/(b-a)]^2 \cdot [1 - (\mu_1 - a)/(b-a)^2][\mu_2/(b-a)^2] - (\mu_1 - a)/(b-a) \quad \cdots\cdots (2)$$

$$q = [(\mu_1 - a)/(b-a)] \cdot [1-(\mu_1 - a)/(b-a)^2][\mu_2/(b-a)^2]$$
$$-[1-(\mu_1 - a)/(b-a)] \cdots\cdots(3)$$

여기서 μ_1 = 평균(mean)

μ_2 = 편차(variance)

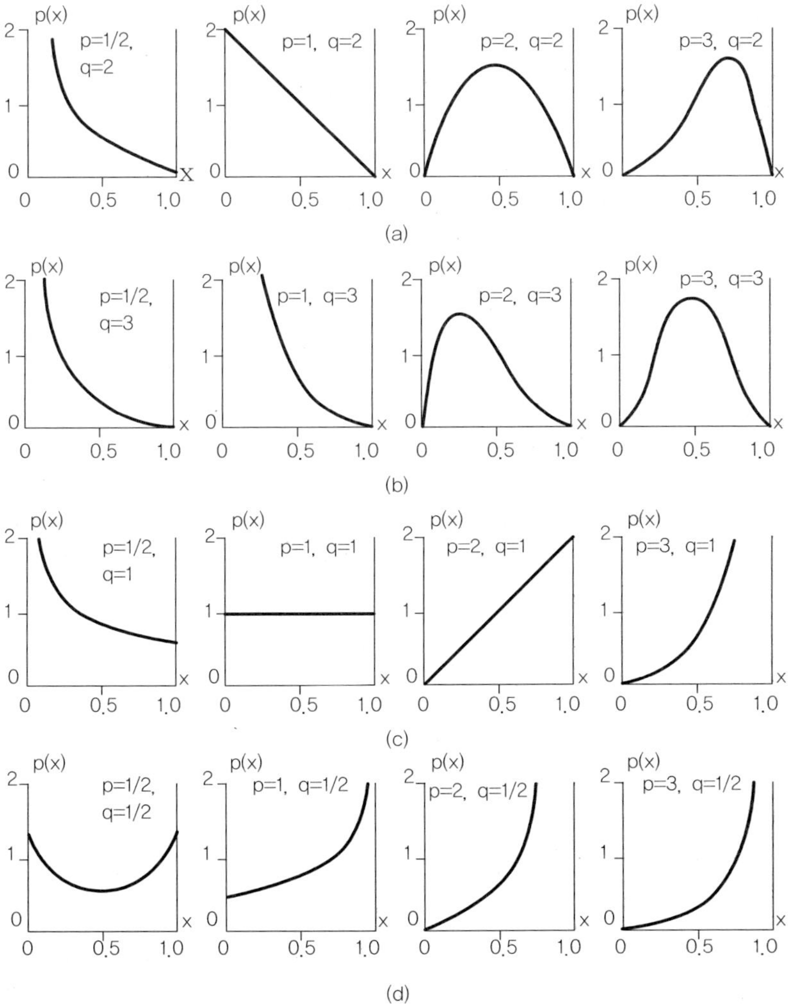

그림 24.17 베타분포의 형태

추가자료가 표본에 더해지면 특정요소에 대한 베타분포가 쉽고 빠르게 갱신될 수 있다. 베타분포의 형태는 그림 24.17(a)~24.17(d)에서 보여 지는 것처럼 변수 p와 q에 의해 다양하게 결정된다.

베타분포는 어느 한쪽 방향으로 치우친 자료와 어느 쪽으로도 전혀 치우치지 않은 자료 모두를 수용할 수 있다

가상의 예로 하부구조(substructure)와 상부구조(superstructure)에 대한 평균단위가격(mean unit price)이 표 24.2에서와 같이 10가지의 단위가격에서 생성되었다고 생각해 보자.

표 24.2 단위가격 예시 (단위 : 1,000원)

	1	2	3	4	5	6	7	8	9	10
하부구조	120	100	125	135	145	110	130	145	150	160
상부구조	190	200	225	340	250	210	231	237	240	205

하부구조
평균단위가격=132천 원
편 차=35.1천 원

상부구조
평균단위가격=132.8천 원
편 차=171.9천 원

이러한 자료는 평균 단위가격이 속하는 범위의 식별을 위해 활용될 수 있다. 상기 자료에서 최저치(하부구조 100천 원/m^2, 상부구조 190천 원/m^2)부터 최대치(하부구조 160천 원/m^2, 상부구조 340천 원/m^2)로 거슬러 올라가면서 평균단위가격의 범위를 식별할 수 있다. 이러한 수치를 방정식 (2)와 (3)에 평균, 편차, 최소값, 최대값으로 대입하면 표 24.3과 같이 하부구조와 상부구조에 대한 베타분포 변수값을 산정할 수 있다.

표 24.3 베타분포 변수 산정

변 수	하부구조	상부구조
a	100천 원	190천 원
b	160천 원	340천 원
p	0.83	0.45
q	0.72	1.11

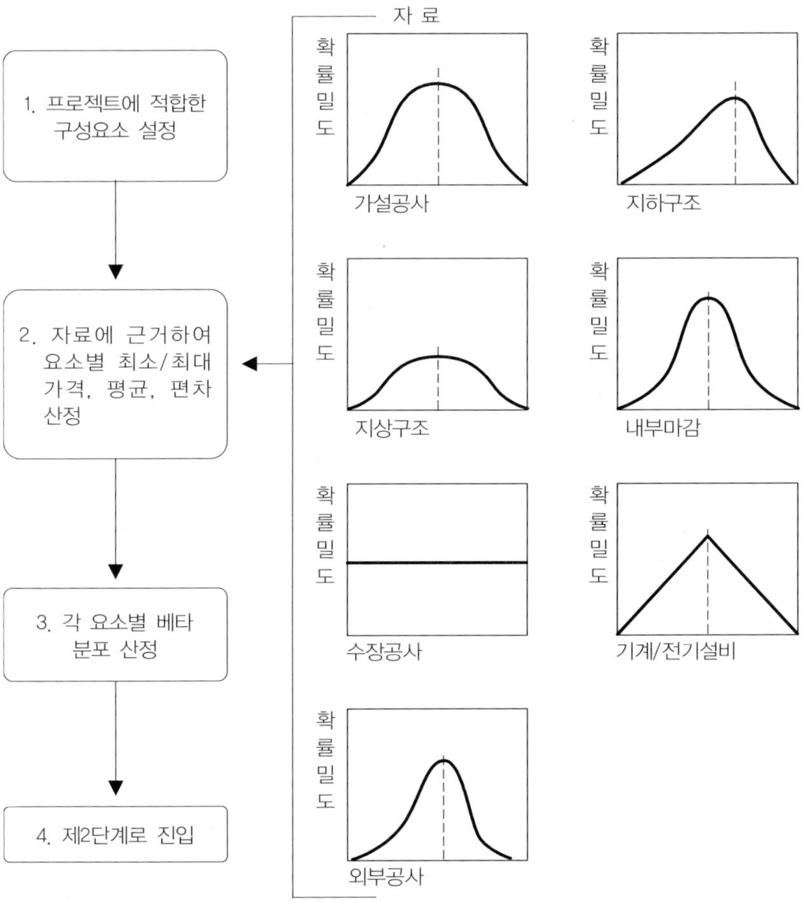

그림 24.18 1단계 접근에 대한 도식적 표현

그림 24.18은 1단계 접근에 대한 도식적 표현이고 그림 24.19는 제2단계에서 제5단계에 이르는 도식적 표현이다.

2단계(무작위 수치 생성) : 각 요소의 베타분포 형태를 식별하고 이어서 각 분포에 대한 무작위 수치를 생성해야 한다. 무작위 수치는 각 요소의 단위가격이다. 상기 예에서 지하구조물의 단위가격은 127.5천 원/m^{2}로 산정될 수 있다. 유념해야 할 사항은 이 수치가 실제 관측치의 어느 것과 꼭 같아야 하는 것은 아니지만, 반드시 최소값과 최대값의 범위(a,b) 즉 100천 원/m^{2}과 160천 원/m^{2}의 사이에 있어야 하고 아울러 평균단위가격(132천 원/m^2)과 동일한 기대값을 가져야 한다는 것이다.

3단계(각 요소별 비용 산정) : 무작위로 선정된 단위가격과 대상 건물의 요소별 규모를 곱하여 각 요소의 비용규모를 산정한다. 만약 하

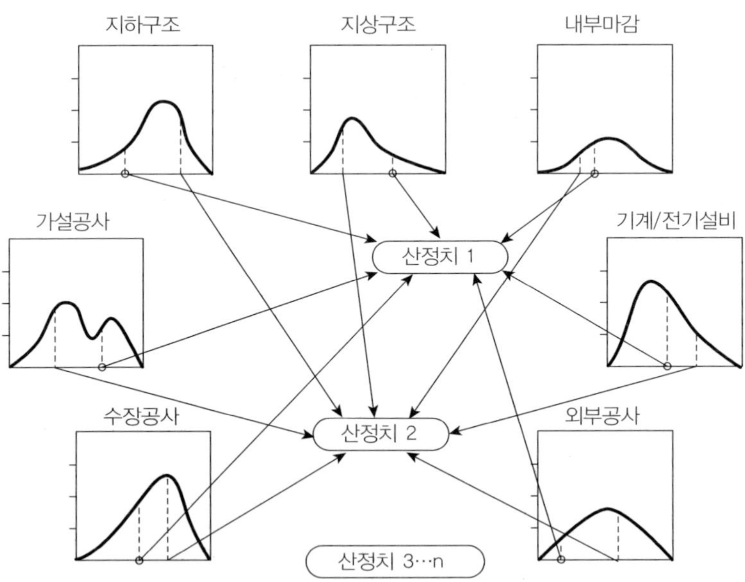

그림 24.19 2단계~5단계 접근에 대한 도식적 표현

부구조 규모가 1000m²라면 127.5천 원/m² × 1000m² = 127,500천 원이 된다.

4단계(시뮬레이션 실시) : 각 요소별로 산정된 3단계 결과를 합하여 총사업비 예측치를 산정한다. 이러한 과정을 통해서 산정된 예측치를 저장하고 다시 2단계로 돌아가 전 과정을 N회(통상 N=50, 100, 200…)에 걸쳐 시뮬레이션을 반복한다.

5단계(결과의 도식적 표현) : 반복횟수 N회에 걸쳐 산정된 값들을 누적빈도곡선(cumulative frequency curve)과 막대그래프(histogram)로 표현한다. N이 크면 클수록 보다 매끄러운 누적빈도곡선과 막대그래프를 생성할 수 있다. N값의 선정은 표본이 특정 성격을 갖는 모 집단에서 도출되었는지 여부를 검증하기 위해 사용되는 카이제곱(chi-square)분포를 고려하여 얻을 수 있다. 5% 유의수준(significance level)에서 카이제곱(chi-square)의 임계값(critical value)은 그림 24.20에 표시되어 있다.

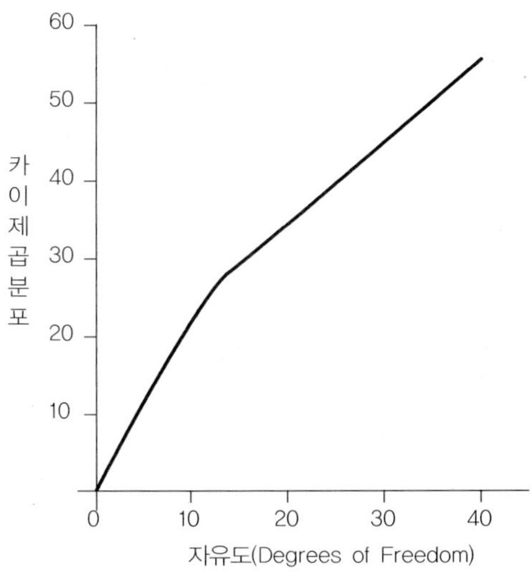

그림 24.20 5% 유의수준에서 카이제곱의 임계값

상기 그림에서 자유도(degrees of freedom)는 막대그래프(histogram)의 간격수(numbers of intervals)보다 개략 3배 정도 적게 취해지는 반면, 막대그래프를 만들기 위해서는 적어도 그 간격수의 5배 정도를 관찰을 하는 것이 바람직하다. 카이제곱 분포가 자유도보다 20~30배 빨리 증가하기 때문에 제4단계에서는 적어도 100회, 바람직하게는 200회의 시뮬레이션을 시행해야 한다는 것을 의미한다. 그럼에도 필요하다면 500회 이상의 시뮬레이션이 요구될 수도 있을 것이다.

6단계(결과의 해석) : 결과를 주의깊게 해석하고 비용요소들 사이의 상호의존성을 찾는다. 결과분포의 형상과 누적빈도표를 조사하여 누적빈도분포로 선정된 값 이하의 값을 얻을 수 있는 확률값을 파악한다. 누적빈도분포로부터 가장 가능성이 높은 값의 기회를 알기 위해 자료에서 도출된 통계치를 활용한다.

7단계(민감도 검증) : 주요 요소에 관한 감도분석을 실시하여 자료의 민감도를 검증한다.

시뮬레이션 결과의 예시 : 그림 24.21은 500회의 시뮬레이션이 실시된 누적빈도곡선의 예이다. 이 곡선은 건물공사비가 특정범위 내에 있을 확률을 도출해 내기 위한 것이다. 수직축의 빈도 250을 읽으면 공사비가 481백만 원 미만일 확률이 50%(250/500)임을 알 수 있다. 반면 수직축 빈도 400을 읽으면 공사가격이 531백만 원 이하일 확률은 80%(400/500)로 파악된다. 그림 24.22의 막대그래프는 가장 가능성이 높은 공사비 범위를 보여 줌으로써 누적빈도곡선을 보완해 준다.

분석대상 프로젝트의 공사비 예측치는 461백만 원이었다. 누적빈도곡선은 공사비가 예측치를 초과하지 않을 확률이 30%라는 것을 보여준다. 반면에 막대그래프는 공사비가 예측치의 10% 이내에 있을

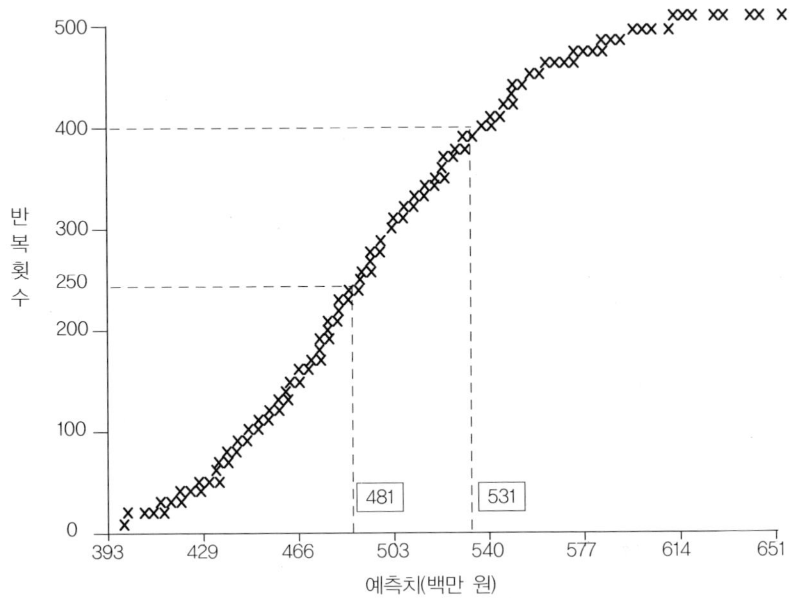

그림 24.21 누적빈도곡선의 예시

확률이 개략 60%라는 것을 보여준다. 461백만 원이라는 예측치가 다소 낮다 할지라도 이러한 확률값의 정확성 여부를 객관적으로 평가할 수 있는 방법은 없다. 이러한 의미에서 건설경영 의사결정자의 개인적 판단을 결코 배제할 수 없다.

누적빈도곡선과 막대그래프의 높은 편차는 원시자료(original data)의 높은 편차에서 비롯된다. 그림 24.21과 그림 24.22에서 보이는 전체 예측치들은 일련의 베타분포들의 종합이다. 각 요소에 대한 개별분포로부터 생성된 것이다. 전체적인 예측치 역시 베타분포의 형태로 표현된다.

공사비 예측치는 개별적 요소의 분포와 마찬가지로 오른쪽으로 편향된 모습을 나타내고, 그 편차는 이러한 요소들에 대한 평균단위가

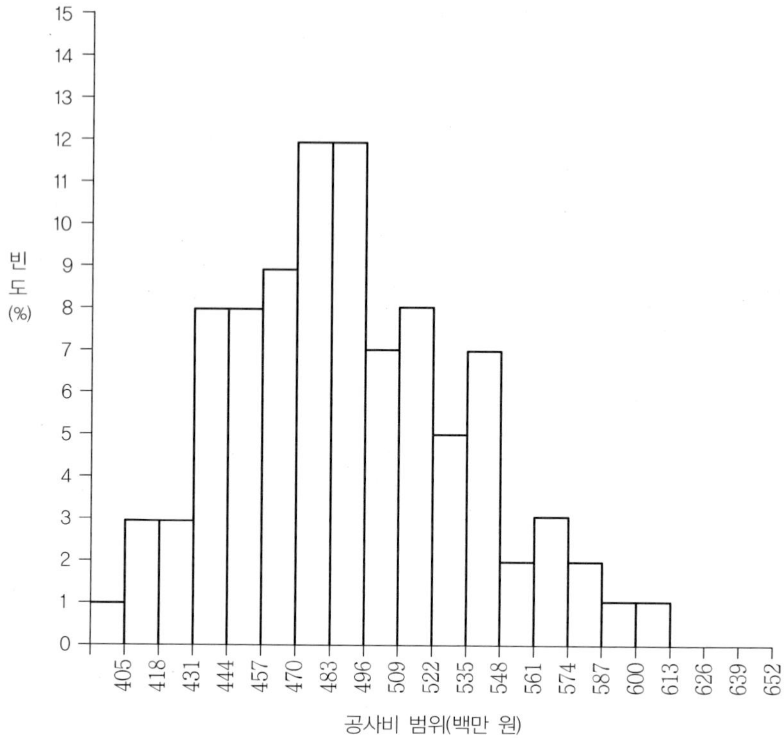

그림 24.22 산정된 예측치의 막대그래프

격 편차와 관련된다. 이는 자료의 가변성이 클수록 결과치가 더 분산된다는 것을 의미한다.

막대그래프가 매우 뾰족하고 누적빈도곡선이 매우 가파르다면 아무런 문제가 되지 않는다. 문제는 예측치가 넓게 분산될 경우에 발생한다. 이러한 상황에서 (1)거시적(macro) 접근, (2)미시적(micro) 접근, (3)사실(truth)에 입각한 접근의 3가지 방법을 고려할 수 있다.

- 거시적 수준(macro level)에서, 자료의 수집원인 건물들이 동질적(homogeneous)이지 않기 때문에 동질적 자료를 확보하기 위해서

는 표본의 규모를 줄일 필요가 있다. 아울러 동질성(homogeneity)이 손상되지 않도록 하기 위해 자료 선택에 신중해야 한다.

- 미시적 수준(micro level)에서, 요소별 가격은 광범위한 가변성을 갖는다. 예를 들어 하부구조(substructure element)는 외벽창호에 비해 많은 다양성을 갖는다. 따라서 이에 따른 가변성을 줄이기 위해서는 특정요소를 더 자세히 조사해야 할 경우가 있다.
- 불확실성은 예측과정의 필수요소이기 때문에 불확실성의 평가가 이루어져야 한다.

결과적으로 분석대상 건물에 대한 입찰에 5개의 업체가 참여하였고, 이 때 접수된 입찰가격은 472백만 원, 496백만 원, 502백만 원, 507백만 원, 551백만 원이었다.

기대치법(Expected Value Method)

리스크 분석은 '어느 대안(사업)에 더 많은 리스크가 따르는가?' 또는 '특정 대안(사업)의 리스크 규모는 어느 정도인가?'와 같은 질문에 답하기 위해 이루어진다. 이러한 과정에서 리스크의 규모를 판단하기 위해 가장 간단한 측정지표로 활용할 수 있는 것이 기대치이다. 예를 들어 비용손실 측면에서 사업 B의 기대치가 사업 A의 기대치보다 더 크기 때문에 사업 A의 리스크가 사업 B의 리스크보다 더 크다고 말하는 경우, 비용손실 기대치가 리스크의 측정지표가 된다.

기대치(μ) 산정공식은 다음과 같다.

$$\mu = \sum_{i=1}^{n} p_i \cdot x_i$$

여기서 n = 결과 발생빈도

x_i = 각 결과치에 부여된 값

p_i = 각 결과의 발생확률

기대치법은 각 리스크 변수에 대한 결과치의 평균을 구하고, 리스크 인자의 중요도를 검토하여 모든 확률 산정의 결과에 가중치를 부여하는 방법이다.

기대치법은 개념적으로 단순 · 용이하고 적용이 간편하여 개별적으로 선택된 대안의 평가를 위해 널리 활용된다. 그럼에도 이 방법은 리스크의 중요한 특징인 결과분포 유형을 고려할 수 없다는 단점을 갖는다. 예를 들어 확실히 천만 원의 이익을 얻을 수 있는 경우와 일억 원의 이익을 낼 확률이 10%인 경우인 두 가지의 사업을 생각해 보자. 이 두 가지 사업에 대한 이익의 기대치는 동일할 지라도 실질적 의미는 전혀 다르기 때문에 기대치만으로는 충분한 리스크 측정이 이루어졌다고 말할 수 없다. 따라서 기대치는 통상적 판단기준으로 활용할 수 있을 지라도 리스크 규모의 종합적 측정을 위해서는 사용하기 어렵다.

기대치에 통계적 개념을 부가하여 리스크 측정의 객관성을 높일 수 있다. 그림 24.23에서 보여 지는 바와 같이 특정 대안의 결과치에 대한 확률분포가 좁을수록, 그 리스크 변수는 덜 민감하고, 결과적으로 리스크도 더 적다는 것을 의미한다. 그림 24.23에서 대안 A는 대안 B보다 더 적은 리스크를 갖는 것으로 볼 수 있다.

리스크의 분포척도(distribution measure)를 고려하기 위해 기대값(μ), 표준편차(σ), 변동계수(C_o)가 사용된다.

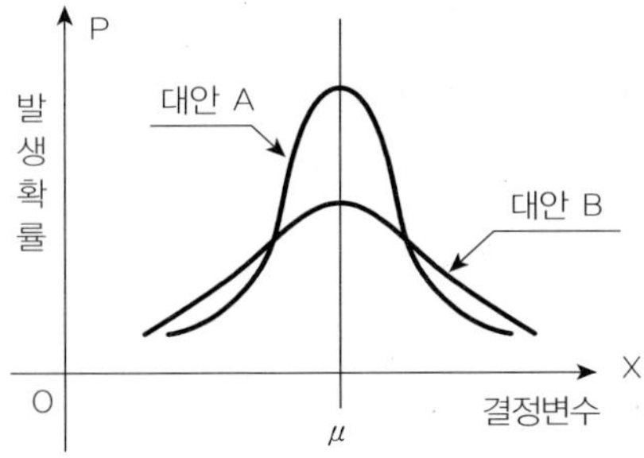

그림 24.23 확률분포

표준편차(Standard Deviation) : 표준편차는 기대치 주변에 가능한 값들이 흩어져 있는 정도를 나타내는 것으로 결과치 분포의 집중경향을 파악하기 위해 활용된다. 표준편차가 적을수록 확률분포의 범위도 적어지고 부담하는 리스크도 더 적어진다. 반면에 리스크가 증가할수록 분포범위가 넓어져 표준편차는 더 커지게 된다. 표준편차는 다음 공식을 통해 구해진다.

$$표준편차\ (\sigma) = \sqrt{\Sigma(X_i - \mu)^2 p_i}$$

여기서 X_i = 특정 결과치

μ = 결과치 X_i의 기대값 $(i=1,\ 2,\ \cdots,\ n)$

p_i = 결과치 X_i의 발생확률

변동계수(Coefficient of Variation) : 표준편차(σ)의 실제 응용과정에서 유념해야 할 사항은 대안의 기대값 사이에 현저히 차이가 있을 경우 리스크 상황과 부합되지 않는 결과가 얻어질 수 있다는 것이다. 정상적으로 더 큰 표준편차를 갖는다고 해서 반드시 더 많은 리스크를 감수하는 것은 아니다. 예를 들어 특정 사업의 기대소득(expected income)이 1억 원이고 표준편차가 100만 원인 경우의 리스크는, 기대소득이 100만 원이고 표준편차가 50만 원인 경우보다 더 적은 리스크를 갖는 것으로 나타난다. 이러한 문제는 표준편차를 기대값으로 나누어서 얻어지는 '변동계수(coefficient of variation)'를 분포된 리스크의 측정지표로 활용함으로써 해결될 수 있다. 즉 변동계수는 서로 다른 기대값의 리스크 대안 분포를 비교하기 위해 활용될 수 있다. 변동계수는 다음 공식을 통해 얻어진다.

$$변동계수(C_o) = \mu \ / \ \sigma$$

여기서 σ = 표준편차

μ = 결과치의 기댓값

포트폴리오 분석(Portfolio Analysis)

Markowitz(1952, 1959)는 기대치에 편차(variance)의 개념을 추가하여 포트폴리오 이론(MPT : modern portfolio theory)이라는 투자결정 이론 체계를 정립하였다.[37][38]

포트폴리오 이론의 기본개념은 한 바구니에 모든 계란을 다 담지 말라(Don't put all your eggs in one basket)는 것이다. 포트폴리오 분석의 목적은 리스크를 최소화하면서 기대 수익을 확보하는 것이다. 투자자는 현금, 주식, 토지 등과 같은 여러 가지 유형의 포트폴리오[39]를

37) Markowitz, H. M., Portfolio Selection, Journal of Finance, 7, pp.77–91.

38) Markowitz, H. M., Portfolio Selection : Efficient Diversification of Investments, Wiley, New York, 1959

39) 포트폴리오(portfolio)는 원래 '서류가방' 또는 '자료수집철'을 의미한다. 경제용어로는 투자자가 보유한 주식이나 채권 등의 유가증권 일람표를 뜻한다. 투자자들은 일반적으로 리스크의 최소화를 위해 자산을 현금과 예금(금융상품), 부동산, 주식 등으로 분산시켜 놓는다. 이 투자일람표가 바로 포트폴리오(portfolio)이다. 리스크관리 차원의 포트폴리오는 투자목적에 따라 운용방법을 달리하기 위해 어떤 사업에 얼마의 돈을 투자할 것인지를 미리 계획하는 것을 의미한다.

소유한다. 포트폴리오를 구성하는 개별적 투자는 나름대로의 기대수익과 리스크를 갖는다. 포트폴리오 이론(portfolio theory)에서 총기대수익은 개별적 투자의 가중평균인 반면, 전체 리스크는 동일한 방식으로 측정될 수 없다. 이러한 경우 상관계수가 유용하게 활용될 수 있다.

상관계수(correlation coefficient)는 개별적 투자리스크들 사이의 관계를 +1과 -1 사이의 값으로 표현한다. 상관계수 +1은 전체 리스크가 개별적 투자 리스크의 증감과 완벽한 비례관계에 있음을 의미한다. 상관계수 0(zero)은 포트폴리오의 개별적 투자들 사이에 어떠한 관계도 존재하지 않음을 의미한다. 포트폴리오의 전체 리스크는 상관계수가 1 이하일 때 다각화된다.

포트폴리오 리스크는 어느 한 가지 투자에만 관련이 있는 특정 리스크(specific risk)와 경제환경이나 세무정책(taxation policy)과 같이 투자의 전반에 영향을 미치면서도 그 속성상 다각화(diversification)시킬 수 없는 시장리스크(market risks)로 구분된다. 그림 24.24는 특정리스크, 시장리스크, 전체리스크 사이의 관계를 보여준다.

건설사업에 포트폴리오 이론을 적용하기 위한 초기연구는 Vergara와 Boyer(1979)[40], Kangari와 Boyer(1981)[41], Kangari와 Riggs(1988)[42] 등에 의해 제기되었다. 그러나 이들은 포트폴리오 이론을 사용하여 건설사업의 리스크를 완전히 다각화시킨다는 것이 불가능하다

40) Vergara, A. J. and Boyer, L. T., Portfolio theory : application in construction, Journal of the Construction Division, ASCE, 103, 1979, pp.23-38.

41) Kangari, R. and Boyer, L. T., Project Selection under Risk, Journal of the Construction Division, ASCE, 107, 1981, pp.597-608.

42) Kangari, R. and Riggs, L. S., Portfolio Management in Construction, Construction Management and Economics, 6, 1988, pp.161-169.

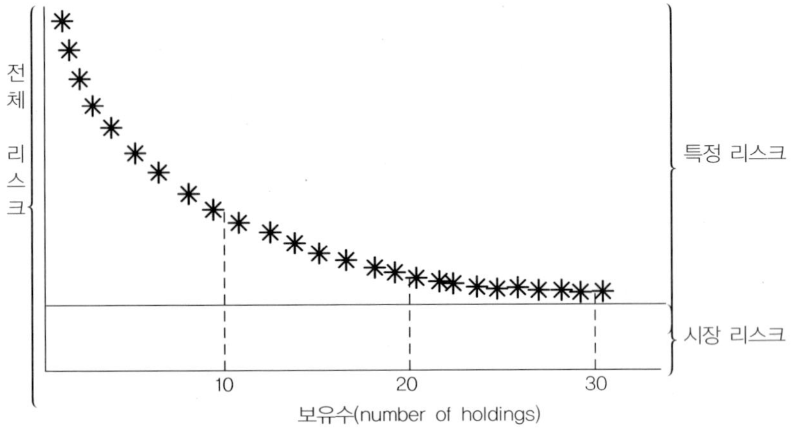

그림 24.24 다각화에 의한 리스크 감소

는 견해를 피력하였다. 특정 사업을 단일기업이 수행하는 경우가 대부분이기 때문에 포트폴리오 이론의 적용으로 감소시킬 수 있는 리스크는 건설회사 수준의 것으로 국한되기 때문이다.

건설회사는 프로젝트별로 기대수익과 리스크를 포함하는 포트폴리오를 구성할 수 있다. 건설사업의 속성상 어떠한 경우에도 완벽하게 동일한 사업은 존재하지 않기 때문에 포트폴리오 전체 리스크는 감소될 수 있다.

주택과 고도기술을 포함하는 사무소 건물의 건설을 생각해 보자. 주택은 오랜 기간에 걸쳐 친숙해진 자재나 설계가 사용되기 때문에 상대적으로 리스크가 적은 반면, 시장에 대한 진입장벽이 낮고 경쟁이 심하여 기대수익이 저하될 우려가 있다.

한편, 사무소 건물의 건설은 고도기술을 요하는 혁신적 설계와 공법, 신자재를 필요로 하는 만큼 더 많은 리스크를 포함하는 반면, 누구나 참여할 수 있는 것이 아니기 때문에 상대적으로 경쟁이 덜 심하고 기대수익도 더 높다.

두 가지 서로 다른 유형의 건설사업은 서로가 완벽한 상관성을 갖지 않기 때문에 동시에 추진할 경우 리스크가 다각화(diversification)되어, 어느 한쪽에 집중적으로 투자하는 것보다 더 나은 기대수익과 리스크의 조합이 이루어질 수 있다.

서로 다른 영역의 건설사업을 동시에 추진하기 위해서는 풍부한 전문지식이 필요하다. 전문지식이 부족한 상황에서 이루어지는 다각화는 생산성 저하, 비용 상승, 경쟁력 저하 등의 부정적 결과를 초래한다.

포트폴리오 다각화(portfolio diviersification)는 특정 공사에 전문화되어 있는 전문건설업체에게 그다지 매력적인 것은 되지 못한다. 반면에 포트폴리오 이론은 대규모 복합건설사업의 다각화된 업무영역에서 다양한 발주자들을 상대하는 도급자에게 유용한 리스크관리 수단으로 활용될 수 있다.

건설회사가 다양한 업무영역에 관련되어 있을 때 포트폴리오 이론을 적용하여 건설사업의 리스크를 다각화시킬 수 있다. 일반적으로 다각화된 사업의 포트폴리오 리스크는 개별적으로 고려되는 각 사업에 대한 리스크의 평균치보다 그 심각성이 덜한 것으로 고려된다.

건설업의 포트폴리오 역시 두 가지 이상이 관련된 사업의 조합으로 정의될 수 있다. 포트폴리오 이론은 효율적인 포트폴리오의 선택 문제를 다룬다. 효율적인 포트폴리오는 수락 가능한 리스크의 범위 내에서 가장 가능성이 높은 기대수익이나 특정 기대수익에 대한 가장 낮은 리스크를 기대할 수 있도록 구성된다.

건설사업의 포트폴리오 분석은 사업의 특성에 무관하게 다음 사항이 정의·평가될 수 있어야 한다.

1) 기대수익(expected return) 또는 운용이익(operating profit)
2) 수익의 표준편차로 측정되는 리스크
3) 상관계수에 의해 측정되는 서로 다른 업무의 상관성

다각화의 문제를 다루기 위해 시장모델(Market Model)이 가장 많이 활용된다. 시장모델은 개별사업의 기대수익을 다음과 같이 정의한다.

$$R_i = a + b_i \times R_m + e_i$$

여기서 R_i : 사업 I의 기대수익률

a : 리스크가 없을 경우의 기대수익(risk free expected return)

b_i : 사업 i에 대한 수익에서 시장과의 관련성

R_m : 시장에서의 기대수익(expected return on the market)

e_i : 무작위 변수로서의 사업잔여기간(random residual term ofbusiness i,) $E(e_i)=0$

기대수익의 편차로서 리스크는 다음과 같이 정의한다.

$$\begin{aligned} Var(R_i) &= Var[a + b_i \times R_m + e_i] \\ &= 0 + b_i^2 \times Var(R_m) + Var(e_i) \\ &= b_i^2 \times V_m + V_i \end{aligned}$$

여기서 $Var(R_i)$: 기대수익의 편차, 즉 리스크

V_m : 시장편차(market variance), 즉 시장관련 리스크(market-related risk)

V_i : 사업 i의 잔여편차(residual variance)

이 식에서 유념해야 할 사항은 세 가지 조건이 각각 독립적이기 때문에 세분화(decomposition)의 과정에서 상관편차(covariance)가 발생하지 않는다는 것이다.

포트폴리오 리스크를 고려하는 과정에서 분석상의 편의를 도모하기 위해 여기서는 두 개의 사업 i와 j가 시장과 관련된 변화를 하지만 상호 독립적인 것으로 가정한다. 즉 $Cov(e_i, e_j)=0$ 이다. 따라서

$$Cov(R_i, R_j)=Cov(b_iR_m, b_iR_m)+Cov(e_i, e_j)$$

$$=b_ib_jCov(R_m, R_m)+0$$

$$=b_ib_jV_m$$ 이 된다.

포트폴리오 수익(portfolio return)은 다음과 같이 정의된다.

$$R_p=X_1\times R_1+X_2\times R_2$$

여기서 X_i=투자비율(propotional investment of business)

또 $X_1+X^2=1$

결국 포트폴리오 리스크는 다음과 같이 된다.

$$\begin{aligned}Var(R_p)&=Var(X_1R_1+X_2R_2)\\&=Var(X_1R_1)+Var(X_2R_2)+2Var(X_1R_1+X_2R_2)\\&=X_1^2[b_1^2V_m+V_1]+X_2^2[b_2^2V_m+V_2]+2X_1X_2(b_1b_2V_m)\\&=(X_1b_1+X_2b_2)^2V_m+X_1^2V_1+X_2^2V_2\\&=b_p^2V_m+V_p\end{aligned}$$

여기서 시장상관성(market correlation) : $b_p^2=(X_1b_1+X_2b_2)^2$

잔여편차(residual variance) : $V_p=X_1^2V_1+X_2^2V_2$

예를 들어 건설회사가 부동산개발과 건설공사의 두 가지 사업을 동시에 시작할 경우, 두 사업을 어떤 조합비율로 구성해야 최대수익을 낼 수 있는지 생각해 보자. 통계(historical statistics)에 따르면 시장에서 부동산 개발과 건설공사 수익률은 다음 표 24.4에서 보여지는 바와 같이 각각 매출액의 10%와 2.5%이다.

표 24.4 포트폴리오의 예시

포트폴리오	X비율 (%)	Y비율 (%)	수익 (%)	시장상관성 (β)	잔여편차 (V_i)	총편차 (Var)
부동산개발(X)	100	0	10.0	0.80	2.00	2.64
공사도급(Y)	0	100	2.50	1.00	0.50	1.50
A	80	20	8.50	0.84	1.30	2.00
B	60	40	7.00	0.88	0.80	1.57
C	50	50	6.25	0.90	0.63	1.44
D	40	60	5.50	0.92	0.50	1.35
E	20	80	4.00	0.96	0.40	1.32
F	10	90	3.25	0.98	0.43	1.39

표 24.4에서 부동산개발은 비교적 높은 수익률(10%)을 보여주지만 상당히 큰 잔여편차($V_i=2$)를 보이고, 건설공사의 수익률에 대한 잔여편차는 상당히 적은 수치($V_i=0.5$)로 표현되기 때문에 부동산개발이 더 많은 리스크를 포함하는 것으로 고려된다.

표 24.4에서 시장관련 리스크의 합을 1로 볼 때 부동산개발과 건설공사에 대한 6가지의 포트폴리오(A, B, C, D, E, F)가 제시되어 있다. 여기서 A에 대한 포트폴리오 수익

$R_A=0.8\times10.0+0.2\times2.5=8.5\%$가 되고 포트폴리오 리스크는

$$Var(R_A)=(0.8\times0.8+0.2\times1.0)^2\times1.0+0.8^2\times2.0+0.2^2\times0.5=2.0$$

이 된다.

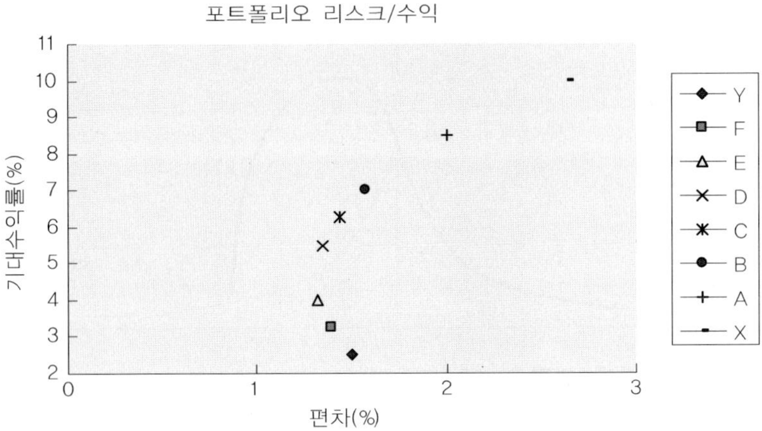

그림 24.25 포트폴리오 리스크와 수익의 상관성

이와 같은 방식으로 산정된 포트폴리오 리스크는 표 24.4의 우측 열에 기록되어 있다. 이러한 포트폴리오 리스크와 수익률의 상관성을 그림으로 표시하면 다음 그림 24.25와 같다. 그림 24.25는 두 가지 대안의 조합을 통해 얻어질 수 있는 포트폴리오를 포함하고 있다.

건설회사 입장에서 포트폴리오 리스크를 최소화하고자 한다면 E점의 조합이 가장 바람직하다는 것을 알 수 있다. 건설회사가 기대수익에 대한 편차를 1.5% 이내로 제한한다면 C점의 조합이 최적 포트폴리오가 된다. 이 경우 부동산개발과 건설공사의 수익을 동일한 것으로 기대할 수 있고, 기대수익률은 약 6.25%가 된다.

그러나 포트폴리오 이론에서 리스크의 척도로 편차(variance)를 사용하는 데에 따르는 약점도 없지 않다. 예로써 다음 그림 24.26을 보자.

그림 24.26의 a와 b는 두 가지 서로 다른 유형의 수익분포를 나타낸다. 이 두 가지는 동일한 기대값과 편차를 갖지만 동일한 리스크를 갖는다고 말할 수는 없다.

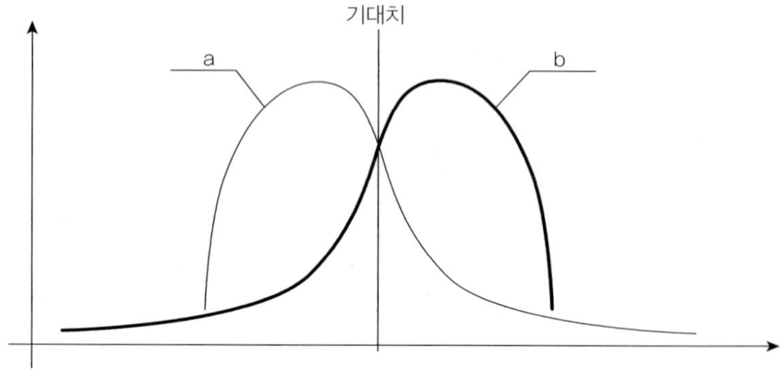

그림 24.26 수익분포의 두 가지 사례

또한 어떤 경우의 관련변수 분포는 유한편차(finite variance)를 갖지 않는 경우도 있다. 따라서 리스크의 척도로 편차를 사용하는 데에는 그 나름대로의 제약이 따를 수밖에 없다.

결국 포트폴리오 이론도 오직 한 가지의 리스크 변수만을 다룰 수 있기 때문에, 다양한 리스크를 동시에 다뤄야 하는 상황에서는 한계에 직면한다. 이러한 한계의 극복을 위해 앞에서 언급된 시뮬레이션(simulation) 방법이 적극적으로 활용될 수 있다.

제Ⅲ부 리스크관리 전략

-미래의 불확실성에 대한 전략적 관리 방법론-

25. 리스크의 주관적 평가기법

-리스크 분석결과의 주관적 조정

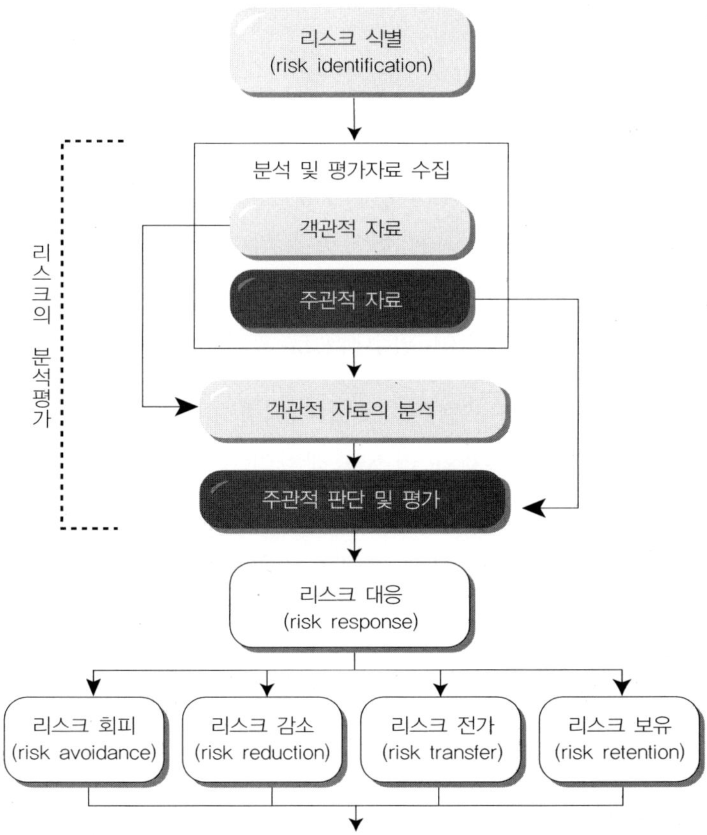

25. 리스크의 주관적 평가기법

– 리스크 분석결과의 주관적 조정

리스크의 평가과정에서 활용되는 전문가의 주관적 판단은 단순한 의견이 아니고 체계적이고 일관성 있게 정돈된 평가이다. 이러한 판단이 포함할 수 있는 편견과 오류를 제거하면서 판단결과를 객관적 확률로 표시하거나 체계적으로 계량화시킬 수 있는 방법론의 활용이 필수적이다.

리스크 분석모델은 그 유용성에도 불구하고 리스크 상황을 구성하는 부분적 요소에 불과하다. 건설경영 의사결정상황에서는 객관적 분석자료를 선별적으로 수집하여 분석하고, 분석결과를 해석하는 의사결정자의 주관적 역할이 필수적으로 요구된다.

건설경영 의사결정자는 분석모델의 해결범위를 벗어나서 계량화할 수 없는 정성적 문제와 리스크 상황의 동태적 변화를 고려하기 위해 경험적 직관을 활용하거나 분야별 전문가의 조언을 체계적으로 수렴하여, 객관적 분석결과를 주관적으로 수정 · 보완할 수 있어야 한다.

리스크의 평가과정에서 관련분야 전문가나 실무자의 주관적 판단도 도입 · 활용하는 목적은 직접적으로 활용 가능한 관련자료가 적절한 분량으로 존재하지 않거나 부족한 상황에서 가능한 모든 정보를 최대한 활용하기 위한 것이다.

리스크 평가과정에서 직면하는 계량화 불가능한 불확실성의 유형으로 다음과 같은 사항을 생각할 수 있다.

- **모델 자체의 오류** : 분석모델의 운용결과가 적절하지 못한 것으로 판명된 경우, 모델을 다시 설정하기보다는 그 모델의 적절성을 저해하는 요인을 파악하여 분석결과를 조정하는 것이 바람직한 경우가 있다. 이러한 오류는 모델의 불완전성(생략된 변수, 통계처리 불가능한 계수의 변화 등)에서 비롯된다.

- **통계처리 불가능한 불확실성** : 본질적으로 반복되지 않는 고유상황에 기인하는 것으로 사회변화, 기술발전, 경제, 기술, 유행 등의 변화로 인해 발생된다.

- **의사결정방식의 변경** : 건설사업관리방식의 변경에서 비롯되는 불확실성이다. 건설, 사용, 유지관리 등의 방식은 시간의 경과에 따라 변화한다. 이러한 불확실성은 재원가용여부, 정책, 사용자의 요구조건 및 취향 등의 변화로 인해서 발생한다.

- **자료의 부적합성** : 수집된 정보 · 자료를 분석목적으로 활용하기에 부적합하여 발생한다.

- **자료의 신뢰성** : 과거에 어떠한 일이 있었는지를 정확히 파악할 수 없기 때문에 발생되는 불확실성이다. 예를 들어 건물(시설)의 유지관리비를 정확히 파악할 수 없는 이유는 수치상 오류에서 발생되는 경우보다 분석요소에 대한 서로 다른 해석에서 비롯되는 경우가 많다. 온도조절장치의 교체비를 생각해 보자. 이러한 비용은 교체비용, 성능개선비용, 에너지절감비용 등 여러 가지 항목으로 분류될 수 있다.

• **예측의 불확실성** : 정보 및 자료가 특정사안의 예측을 위해 활용될 수 있는 정도를 나타내는 것이다. 이러한 불확실성은 엄청난 규모의 데이터베이스, 수년간의 경험과 기술로도 단 며칠 후의 날씨조차도 정확히 예측하기 어려운 기상예측의 불확실성과 비유될 수 있다.

주관적 판단은 관련지식을 보유한 전문가 또는 실무자에게 적절한 질문을 하여 얻어내야 한다. 물론 의사결정자 스스로의 논리적 판단과 경험적 직관도 평가자료에 포함시킬 수 있다.

리스크의 평가과정에서 전문가와 실무자를 통해 도입되는 주관적 판단은 단순한 의견이 아니고 일관성 있게 정돈된 평가이다. 주관적 판단이 포함할 수 있는 편견과 오류를 제거하면서, 판단결과를 객관적 확률로 표시하거나 체계적으로 계량화시킬 수 있는 방법론의 활용이 필수적이다.

이러한 관점에서 본 장의 나머지 부분에서는 건설사업의 리스크에 대한 주관적 관점을 반영하여 평가할 수 있는 다음의 방법들에 대하여 설명한다.

- 리스크 할증(risk premium)
- 리스크 조정 할인율(risk-adjusted discount rate)
- 확률산정 및 확률분포
- 서열법 또는 척도법
- 결정매트릭스(decision matrix)
- 확률기호화(probability encoding)
- 효용이론(utility theory)

상기 기법 외에도 이 책의 전반부에서 언급된 개별비교법과 AHP

기법, 시나리오 분석 및 델파이 예측방법을 추가적으로 활용할 수 있을 것임을 첨언한다.

리스크 할증(risk premium)

건설경영 의사결정자의 리스크에 대한 심리적 취향(psychological attitude)이나 민감도(degree of sensitivity)를 평가하기 위한 측정지표로서 '리스크 할증(risk premium)' 개념이 활용된다. 리스크 할증(π)은 리스크 상황에 대한 건설경영 의사결정자의 주관적 관점을 반영하기 위해 리스크 결과에 대한 확률기대값(μ)과 그 결과에 대한 주관적 확신을 반영하는 계수(C)의 차, 즉 '$\pi = \mu - C$'이다(Jack, 1980).

주관적 확신을 반영하는 계수(C)는 건설경영 의사결정자의 취향에 따라 기대값보다 클 수도 있고 작을 수도 있다. 따라서 리스크 할증(π)은 양수와 음수 모두로 표현될 수 있다.

리스크 할증은 기대값의 개념과 본질적으로 다르다. 기대값이 통계적 관점의 리스크를 설명하는 것에 그치는 것이라면, 리스크 할증은 통계적 결과로서의 기대값(μ)과 리스크에 대한 건설경영 의사결정자의 취향이 결과에 미치는 영향(C)을 동시에 고려하는 것이다.

리스크 할증은 '리스크를 수반하는 선택(risky choice)'을 확신을 갖고 수락하기 위해 감수해야 할 기대값을 의미한다. 리스크 할증이 크면 클수록 건설경영 의사결정자가 리스크를 혐오하는(risk averse) 것으로 볼 수 있다. 리스크 혐오형 의사결정자는 피해의 측면에서 볼 때는 손실을 적게 겪는 반면, 기회의 관점에서는 이익을 덜 얻게 된다.

리스크 할증은 몇 가지 단점을 갖는다. 예를 들어 어떤 사람의 기대값과 주관적 확신을 반영하는 계수가 같을 경우 리스크 할증값은 0(zero)가 된다. 그러나 '리스크 중립적(risk neutral)'이라고 언급되는 이러한 유형의 의사결정자가 리스크에 전혀 노출되지 않는다고 볼 수는 없다. 본질적으로 건설사업은 불확실성을 내포하기 때문에 리스크에 대한 취향이 어떠하든 불가피하게 리스크에 노출될 수밖에 없다.

통계적 리스크는 리스크에 대한 건설경영 의사결정자의 취향에 적지 않은 영향을 미친다. 통계적 리스크가 클수록 의사결정자는 '리스크를 혐오하는(risk averse)' 경향을 보인다. 특히 비용이나 수익과 같이 돈과 관련된 재정적 리스크는 더욱 회피하려는 경향을 보인다.

통계적 리스크와 의사결정자의 리스크 취향을 상호 연관시키는 과정에서 겪는 가장 큰 어려움은 이들이 서로 다른 차원의 의미를 갖는다는 데에서 비롯된다. 리스크의 분포결과는 관련된 리스크 변수의 결과치에 대한 분산도를 나타내는 반면, 리스크 취향(risk attitude)은 각 개인의 리스크 할증 정도(degree of risk premium)를 나타낸다.

의사결정자는 통계적 리스크와 리스크 취향을 동시에 고려해야 한다. 왜냐 하면 신뢰성 있는 해석결과를 바탕으로 스스로의 상식과 취향에 부합되는 결정이 이루어지도록 해야 하기 때문이다. 이러한 관점에서 통계적 리스크와 리스크에 대한 주관적 취향을 어떻게 결합시켜야 하는가의 문제는 건설사업 추진과정의 리스크관리에서 고려해야 할 가장 중요한 문제중의 하나이다.

재정적 리스크(financial risk)의 관리를 위해 중점적으로 다루어지는 할인율(discount rate)의 결정과정에서 리스크 할증을 적용할 수 있다. 예를 들어 A지역에 투자하는 것이 B지역에 투자하는 것보다 더 안전하다고 판단되었다면, 향후의 현금흐름을 고려하여 A지역 할인율을

11%로 고려하고, B지역에는 이보다 높은 15%의 할인율을 적용할 수 있다. 이 경우 B지역에 추가 적용된 4%는 투자자에게 적정하다고 고려되는 리스크 할증이다.

또한 건설업자나 전문건설업자도 계약자를 신뢰하기 어려운 경우 리스크 할증의 적용 차원에서 추가이익(additional margin)을 포함시키기도 한다.

보다 먼 미래의 리스크일수록 더 많은 할인이 필요하다. 초기 건설시점의 재정적 불확실성이 가장 심각한 것으로 인식되는 반면, 일단 착공이 되고 미래 입주자나 사용자가 결정되면 리스크는 감소하기 시작한다. 그리고 일단 건물(시설)이 사용되기 시작하면 미래의 자금흐름을 더 정확히 예측할 수 있게 된다. 따라서 의사결정자는 건설사업 추진과정의 다양한 단계에 적용할 수 있는 리스크 할증을 고려해야 한다.

리스크 할증은 '리스크가 배제된 할인율(risk free discount rate)'에 적용된다. 바로 이 '리스크가 배제된 할인율'을 객관적으로 결정할 수 없다는 이유 때문에 리스크 할증의 결정에 많은 애로가 따른다. 사실상 리스크가 배제된 할인율은 모든 리스크의 절대적 부재(absolute absence)를 의미하는 것이 아니라, 채무 불이행 리스크(default risk)의 가상적 부재(virtual absence)를 지칭하는 것이다. 재정적 관점에서 '리스크가 배제된 할인율'은 차용자의 신용과 담보가 매우 확실하기 때문에 예정기간 내에 확실히 대출금을 회수할 수 있다는 주관적 의미를 내포하고 있다.

결국 리스크 할증은 리스크와 기대수익률 사이의 타협과정에서 건설사업의 특성, 건설경영 의사결정자의 리스크 취향, 리스크 할증의 적용기준이 되는 '리스크가 배제된 할인율(risk free discount rate)'의 주관적 인식에 따라 다양하게 결정되기 때문에 적정수준의 리스크 할증을 결정할 수 있는 정형화된 방법의 존재를 기대할 수는 없다.

리스크 조정 할인율(risk-adjusted discount rate)

투자평가를 위한 리스크를 고려하기 위해 리스크 조정 할인율을 사용할 수 있다. 예를 들어 수명주기비용평가(life cycle cost appraisal) 과정에서 사용되는 할인율은 돈의 시간가치(time value of money), 기대 인플레이션의 조정(adjustment for expected inflation), 리스크 할증(risk premium)의 3가지 인자로부터 영향을 받는다.

리스크 할증은 리스크 인자가 건설사업에 대하여 갖는 민감도를 반영하기 위해 추가된다. 리스크 할증의 규모는 건설사업과 관련된 리스크의 정도와 투자자의 리스크 취향에 따라 결정된다. 리스크가 클수록 리스크 할증도 커지게 된다. 따라서 리스크 상황에서 다음과 같은 리스크 조정 할인율이 할인인자에 부가된다.

$$RA = (RF + I + RP)$$

RA = 리스크 조정 할인율

RF = 리스크가 전혀 없는 할인율(risk free rate)

I = 인플레이션을 고려한 할인율

RP = 추가 리스크 부담을 위해 조정된 리스크 할증

이러한 접근방식의 잠재적인 단점은 할인계수(discount factor)가 복리 기능을 하기 때문에 시간의 경과에 따라 증가한다는 것이다. 이는 미래 비용 · 수입과 관련된 리스크가 시간의 경과에 따라 기하급수적으로 증가한다는 것을 의미한다. 이러한 가정은 대개 예측의 정확성이 시간의 경과와 더불어 감소된다는 점에서 정당화될 수 있다.

이러한 경우 확실성 등가(CEV : certainty equivalent value) 개념을 사용하여 시간과 리스크 조정을 분리할 수 있다. 확실성 등가의 개념을 설명하기 위해 다음 두 가지 전략의 예를 생각해 보자.

- 전략 A : 확실하게 주어지는 특정 금액
- 전략 B : 3000만 원을 얻을 확률 p, 전혀 얻지 못할 확률 (1−p)

여기서 전략 B에서 언급된 확률 p=0.5라고 가정하면 1−p=0.5가 된다. 또한 전략 A에서 확실하게 주어지는 금액이 0(zero)에서부터 증가하는 것으로 가정하면 그림 25.1에서 보여지는 바와 같이 전략 A에서 확실하게 주어지는 금액이 1000만 원이 될 때 전략 A와 전략 B 둘 중 하나를 선택하는 의사결정에 차이가 없게 된다.

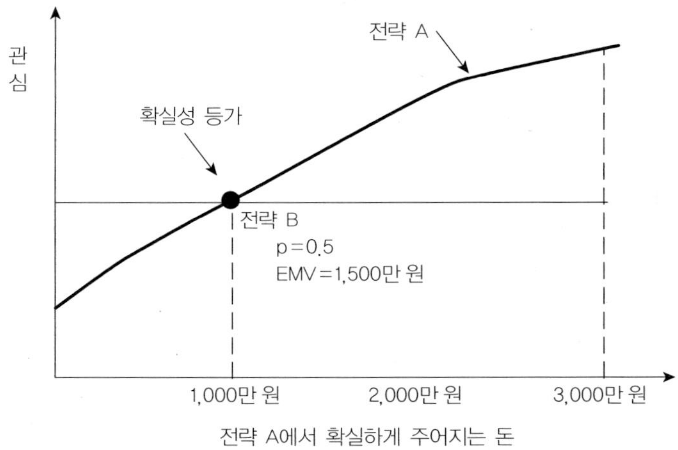

그림 25.1 확실성 등가의 결정

따라서 1000만 원이 전략 A와 전략 B 사이의 확실성 등가가 된다. 그리고 그 때의 전략 A의 효용은 전략 B의 기대효용과 동일해지고 그 값은 다음과 같다.[43]

$$U(1{,}000\text{만 원}) = pU(3{,}000\text{만 원}) + (1-p)U(0) = 0.5 \times 1 + 0.5 \times 0 = 0.5$$

주어진 연도에서 현금흐름에 대한 확실성 등가(CEV)는 그 해에 부담해야 하는 리스크 조정값(risk adjusted value)이다. 따라서 미래의 모든 현금흐름을 확실성 등가로 변환시키고 '리스크가 배제된 단일할인율(single risk free discount rate)'을 적용하여 현재의 시점으로 할인할 수 있다.

만약 리스크 유형에 관계없이 모든 사업에 동일한 할인율을 적용한다면 수익성이 높고 리스크가 적은 사업을 거부하고 수익성이 낮으면서도 리스크가 심각한 사업에 투자하는 결과를 초래할 수 있다. 이러한 이유 때문에 많은 기업들은 리스크와 자산의 유형에 따라 서로 다른 할인율을 사용한다.

따라서 리스크 조정 할인율을 사용하여 비용과 혜택의 흐름을 분리시켜 할인할 필요가 있다. 미래 혜택이 불확실하여 리스크가 증가하면 리스크 조정 할인율도 상향 조정되는 반면, 비용흐름 리스크가 증가되면 리스크 조정 할인율은 하향 조정된다. 이는 미래 비용이 불확실해질수록 더 낮은 비율이 반영된다는 것을 의미한다.

예를 들어 투자기간을 10년으로 고려하여 볼링장(bowling alley)을 건설한 경우 지난 5년 동안에 걸쳐 적용되던 이율이 변경되었다면 나머지 5년의 기간에 발생되는 수입의 흐름이 어떻게 유지될 것인지 알기

---

43) 확실성 등가에 대한 구체적 언급은 본 장의 '효용이론(utility theory)'에서 이루어진다.

어렵게 된다. 따라서 나머지 기간은 더 높은 리스크를 갖게 된다. 반면 비용흐름의 측면에서는 기호변화에 대응하기 위한 추가적 개수공사의 필요성에 영향을 받아 나머지 투자기간의 리스크가 추가된다.

리스크 조정 할인율을 사용하는 대부분의 기업들은 각각 서로 다른 리스크와 리스크 할증을 갖는 4가지 리스크 분류체계(risk classification scheme)를 사용한다. 그림 25.2는 요구되는 수익률과 리스크 수준 사이의 관계를 보여준다.

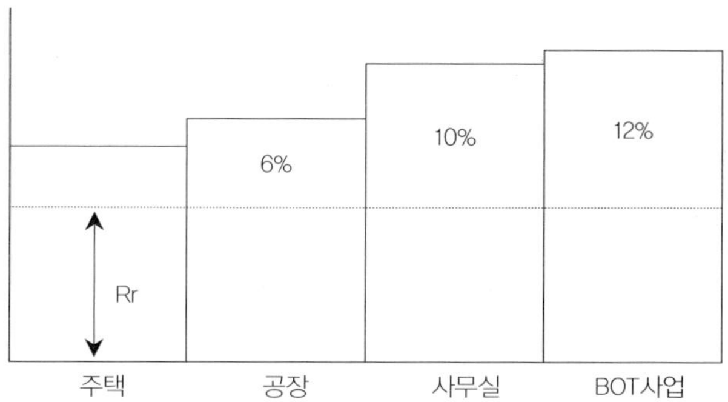

그림 25.2 요구 수익률(Rr)과 리스크 수준

상기 그림은 주택건설사업에 비해 BOT(build-operate-transfer) 사업에 더 높은 리스크 할증이 반영됨을 보여준다.

확률 산정 및 확률분포

확률 산정(probability estimate)은 문제에 대한 전문가의 단일예측이다. 동일문제에 대한 다수 전문가들의 확률 산정치를 모아 놓으면 확률분포(probability distribution)가 된다. 확률분포는 각 예측치에 대한 가능성, 즉 확률을 나타내는 것으로 확률 산정보다 폭넓게 사용될 수 있다. 확률분포가 포함하는 일련의 예측치는 가능한 범주에서의 최대값 및 최소값과 더불어 각 결과치의 크기 순서를 나타내는 확률분포 함수(probability distribution function)로 표현된다.

이러한 방법은 사람의 주관적 판단을 정량화할 수 있는 매우 간편한 방법으로, 문제에 대한 전문가의 반응을 평가에 반영하기 위해 유익하게 활용될 수 있다. 그러나 대부분의 전문가들은 정확한 확률치를 산정하지 못하는 경우가 많을 뿐만 아니라, 이 방법에 대해서 다소 거부감마저 갖는 것으로 알려져 있다. 심리학적 연구결과에 의하면 전문가도 확률치 산정과정에서 편견에 사로잡히고 오류를 범하는 경우가 많다고 한다.[44] 또한 표본자료의 편차, 통계적 독립성, 무작위성 등과 같은 확률현상을 적절히 해석하지 못할 뿐만 아니라[45] 이러한 방법의 사용에 능숙하지 못한 경우마저도 있다고 한다.[46] Hogarth(1980)는 확률 이론의 내용 자체가 다소 어렵기 때문에 쉽게 배워 활용하기 어렵다는 점을 지적한다. 즉 확률 산정 또는 확률분포를 정확히 사용하기 위해서는 많은 시간에 걸친 노력이 필요하고, 이로 인해 전문가들도 쉽게 지쳐버리는 경향이 있다.

서열법 또는 척도법

서열법 또는 척도법(rank or ratings)은 주관적 판단을 평가에 반영하기 위해 가장 보편적으로 사용되는 것으로, 문제의 중요성을 주관적으로 구분하고 중요도의 평가가 가능하도록 수치를 부여하는 방법이

---

44) Tversky, A., and Kahneman, D., Judgment under Uncertainty : Heuristics and Biases, Science, 1974, 185, pp.1124-1131.

45) Hogarth, R. M., Judgment and Choice : The Psychology of Decisions, Chicago, Illinois : John Wiley & Sons, 1987.

46) Spetzler, C. S., and Stael von Holstein, C. A., Probability Encoding in Decision Analysis, Management Science, 22, 1975, pp.340-352.

다. 예를 들어 어떠한 문제를 대상으로 중요도를 평가하는 과정에서 가장 중요하다고 판단되는 경우에는 "수치 5"를, 전혀 중요성이 없다고 생각되는 경우에는 "수치 0"을 부여하는 방법이다. 주관적 평가들 사이에 일관성을 부여하기 위해 각 수치에 기술적(記述的) 설명을 추가하는 것이 일반적이다. 이에 대한 예를 들면 다음 표 25.1과 같다.

표 25.1 서열법(또는 척도법)의 예

3	아주 밀접한 관련이 있음
2	상당히 밀접한 관련이 있음
1	어느 정도 관련이 있음 (20% 미만)
0	전혀 관련이 없음

그러나 Keeney와 Winterfeldt(1989)의 조사결과에 의하면 주관적 평가의 오차는 전문가에 따라 1~40%나 된다고 한다.[47] 또한 Miller(1956)의 연구에 의하면, 고려대상이 7±2개 이상인 경우에는 이를 판단하는 사람의 인식능력상 한계 때문에 일관성 있는 비교가 어려워 부정확한 결과를 산출하는 경우가 많다고 한다.[48] 이러한 주장은 주관적 판단과정에서 일관성의 결여로 인해 많은 오류가 야기될 수 있음을 시사해 준다.

결정매트릭스(decision matrix)

결정매트릭스는 제시대안, 결정인자 그리고 결정결과를 체계적으

47) Keeney, R .L., and Winterfeldt, D. V., On the Use of Expert Judgment on Complex Technical Problems, IEEE Transactions on Engineering Management, 36(2), 1989, pp.124-126.

48) Miller, G. A., The Magical Number Seven Plus or Minus two : Some Limits on Our Capacity for Processing Information, The Psychological Review, Vol.63, pp.81-97, 1956.

로 표현할 수 있는 유용한 기법이다. 단순한 예를 들어 결정매트릭스 개념을 이해해 보자.

콘크리트 타설장비의 생산회사 A는 향후 1년 동안 시장수요가 약 15% 증가될 것으로 예측하고, 이러한 수요변화에 대응하기 위해 다음 3가지 전략을 고려하고 있다.

- 전략 1 : 생산성 향상을 위한 설비 확장
- 전략 2 : 야간 및 주말 근무를 통한 생산성 증대
- 전략 3 : 현 수준 생산유지, 잔여수요는 경쟁사/신규 진출사 충당

각 전략을 통해 향후 1년 동안 창출할 수 있는 이익은 다음과 같이 판단되었다.

- 대안 1-설비 확장 : 240,000천 원
- 대안 2-근무 연장 : 210,000천 원
- 대안 3-현 수준 유지 : 170,000천 원

상기 값은 향후 시장수요가 15% 정도 증가될 것이라는 가정에 근거한 것이다. 그러나 일본의 신기술 장비가 도입될 경우 10% 정도 시장수요가 감소될 수 있고, 건설경기가 활성화되지 못할 경우 현재의 시장수요가 유지될 수도 있다는 판단에 근거한 대안의 검토도 필요하였다. 이러한 개념의 결정매트릭스는 다음과 같다.

전략	시장수요		
	15%	현 수준	-10%
전략 1	240,000	130,000	0
전략 2	210,000	150,000	70
전략 3	170,000	150,000	70

한편, 시장수요 변화의 확률은 다음과 같이 판단되었다.

시장수요	확 률
15% 증가	0.6
현 수준 유지	0.3
10% 감소	0.1

따라서 〈전략 1〉에 대한 기대값은 다음과 같이 구해진다.

시장수요	이윤	×	확률		기대값
15% 증가	240,000천 원		0.6	=	144,000천 원
현 수준 유지	130,000천 원		0.3	=	39,000천 원
10% 감소	0천 원		0.1	=	0천 원
전체 기대값				=	183,000천 원

동일한 방법으로 〈전략 2〉와 〈전략 3〉의 기대값을 구하여 정리하면 다음과 같다.

전 략	기대값
전략 1-설비 확장	183,000천 원
전략 2-근무 연장	178,000천 원
전략 3-현 수준 유지	154,000천 원

상기 결과에 따르면 〈전략 1〉이 가장 높은 기대값을 갖기 때문에 우선적인 대안으로 판단된다. 그러나 각 전략이 갖는 리스크를 측정하기 위해 〈전략 1〉이 갖는 기대값의 표준편차(standard deviation)를 구하면 다음과 같다.

이윤	기대값	편차(D)	D^2	확률		계
240백만 원	183백만 원	+57	3,249	0.6	=	1,949.4
130백만 원	183백만 원	−53	2,809	0.3	=	842.7
0	183백만 원	−183	33,489	0.1	=	3,348.90
			분산(variance)		=	6,141.00
		표준편차(standard deviation)			=	78.36

상기 결과는 두 가지 정보로서 기대값과 표준편차를 제시해 준다. 그러나 높은 기대값은 보다 큰 표준편차를 갖기 때문에 객관적 척도를 구하기 위해 다음 공식을 활용하여 변동계수(coefficient of variation)를 산정할 필요가 있다.

$$변동계수(\text{coefficient of variation}) = \frac{표준편차(\text{standard deviation})}{기대치(\text{expected value})}$$

최종적으로 산정된 각 전략의 변동계수는 다음과 같다.

전략	기대치	표준편차	변동계수
전략 1	183백만 원	71.37	0.39
전략 2	178백만 원	44.50	0.25
전략 3	154백만 원	32.34	0.21

상기 결과에 따르면 〈전략 1〉은 가장 높은 기대값을 갖지만 리스크도 가장 큰 대안으로 인식된다. 따라서 최종 결정은 기대수익과 리스크를 동시에 고려하여 이루어져야 한다. 예를 들어 리스크 혐오형(risk averse) 의사결정자는 기존전략을 유지하는 〈전략 3〉을 대안으로 선정할 것이다. 결정과정에서 주관적인 판단을 배제할 수는 없지만 결정 매트릭스를 이용하여 가능한 객관적 기준에 근거한 결정을 할 수 있을 것이다.

확률기호화

확률기호화는 불확실성을 수치확률분포(numerical probability distribution)로 전환시키는 방법이다.

확률 산정(probability estimate)은 리스크에 대한 의사결정자의 관점과 일관성을 유지하면서 이루어져야 한다. 그리고 확률기호화는 확률산정치의 도출대상에 적합한 형태로 전개되어야 한다. 바쁜 업무에 쫓기는 건설경영 의사결정자는 많은 시간을 모델링 과정(modelling process)에 쏟을 수 없을 뿐만 아니라 확률적 표현으로 신념을 계량화시키는 기법에 익숙하지 못한 경우가 많다.

그러나 이들은 '연간 조명시간이 2,000시간을 초과하지 않을 것이라고 상당한 확실성을 갖고 말할 수 있다.' 또는 '플랜트 A가 8년 후에 교체될 확률이 꽤 높다' 등과 같은 말로 생각을 표현할 수는 있을 것이다. 따라서 상당히 확실함(pretty good chance)이나 거의 확실함(pretty sure) 등과 같은 언급을 확률적 진술로 변환시킬 수 있어야 한다. 이를 위한 기호화(encoding) 방법에는 확률 산정치를 직접적으로 제공하는 직접응답방식(direct response mode)과 의사결정자가 두 개 이상의 대안 중에서 선택하도록 하는 간접응답방식(indirect response mode)의 두 가지가 있다. 우선 여기서는 실무적으로 간편하게 활용할 수 있는 직접응답방식을 언급한다. 간접응답방식에 대해서는 앞에서 언급된 '개별비교법(pairwise comparison)과 AHP기법'을 참조할 수 있다.

직접응답방식의 범주에 들어가는 확률기호화법은 다시 P방법(P-methods)과 V방법(V-methods)으로 분류된다. P방법은 확률척도(probability scale)상에 점수를 명기하도록 요구하는 것인 반면, 수치값은 일정하게 유지한다. V방법은 수치척도(value scale)상에 점수를 명기하는 한편, 확률을 일정하게 유지한다.

P방법(P-method direct encoding system)

제1단계 : 결과치가 포함되는 범위의 외부적 한계를 고려하여 상하한값 범위(upper and lower limits)를 설정한다. 예를 들어 전문가가 특정 시스템의 수명주기(life cycle)를 최소 3년 이상이고 최대는 8년 이내로 판단했다고 하면[49] 이를 근거로 범위를 결정한 후, 그 범위를 5~6개의 등간격(equal interval)으로 구분한다.

제2단계 : 구분된 각 간격을 변수가 포함될 수 있는 가능성에 따라 순서를 부여한다. 가장 가능성이 높은 구간에 수치 '1'을 부여하고, 이어서 가능성의 순서에 따라 수치 '2', '3', '4'…를 부여한다.

제3단계 : 구분된 각 구간에 변수가 포함될 상대적 가능성(relative likelihood)을 산정한다. 구간 '1'에 포함될 확률을 P_1로 표현하고 구간 '2' 이하의 확률을 P1에 대한 상대값으로 표시한다. 예를 들어 구간 '1'에 포함될 가능성이 구간 '2'에 들어갈 가능성의 2배 정도로 판단된다면 $P1=0.5P_2$로 표현한다. 이러한 방법을 각 구간별로 반복 시행하여 나머지 확률을 모두 P_1로 표현한다.

제4단계 : 표현된 각 확률을 합산하여 구간별 상대적 확률을 구한다.

지금까지 언급된 방법을 특정 시스템의 수명주기 예측을 예로 들

---

49) 이 경우 특정 시스템의 교체는 파괴(failure)로 인한 것이 아니고 노후(obsolescence)에 의한 경우를 의미한다. 파괴로 인한 교체시기는 제조업자로부터 확보되는 누적파괴율(cumulative failure rates) 자료에서 얻어질 수 있기 때문에 주관적 판단(subjective assessment)을 필요로 하지 않는다.

어 설명하면 다음과 같다.

1) 불확실성의 범위(range of uncertainty)를 일정구간으로 구분한다.

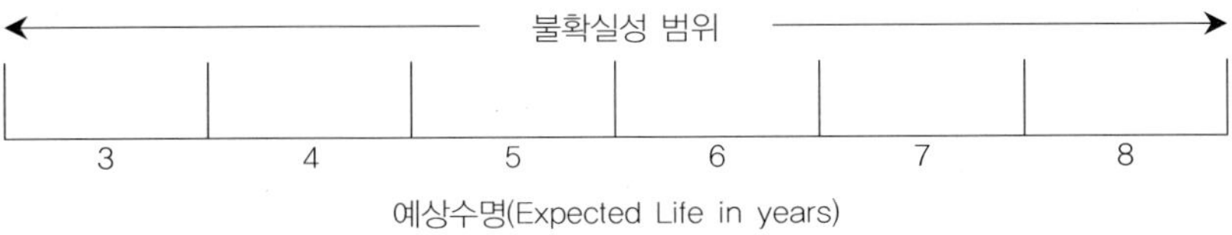

2) 불확실성 변수의 발생 가능성(likelihood)에 대한 우선순위를 정한다.

6	5	2	1	3	4
3	4	5	6	7	8

예상수명(Expected Life in years)

3) 기준확률(P_1)을 정하고, 이를 근거로 상대적 확률(relative probabilities)을 산정한다.

$0.1P_1$	$0.3P_1$	$0.7P_1$	P_1	$0.5P_1$	$0.3P_1$
3	4	5	6	7	8

예상수명(Expected Life in years)

4) 최종 확률을 계산한다.

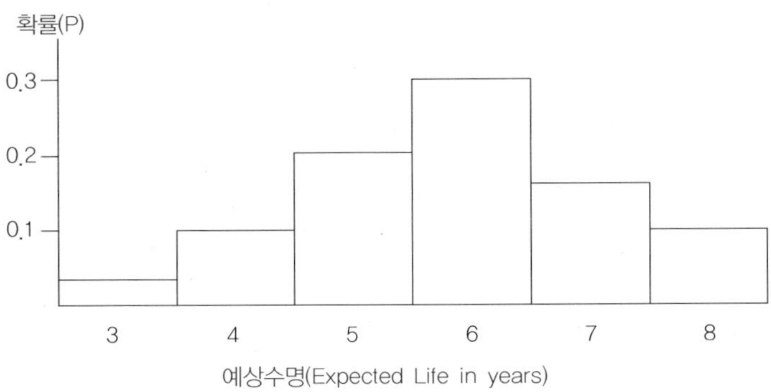

(P=0.034) (P=0.103) (P=0.241) (P=0.345) (P=0.172) (P=0.103)

V방법(A Direct Response V Encoding System)

확률기호화(encoding)를 위한 보다 간편한 방법으로 특정 사안의 특징을 반영하는 확률을 정량적으로 표현하기 위해 '구두표현을 확률로 전환하는(verbal encoding)' 방식이다.

첫째, 평가자는 다음과 같이 상(high estimate), 중(medium), 하(typically low)의 3가지 표현결과(descriptors)에 값을 부여하도록 요청 받는다.

- 이 값을 넘지 않을 가능성이 매우 높다.(Highly probable that this value will be exceeded.)
- 이 값을 초과하거나, 그 값에 이르지 못할 확률이 거의 같다.(Equally likely that outcome will fall above or below value)
- 이 값을 초과할 가능성이 거의 없다.(Highly improbable that this value will be exceeded.)

각 표현결과에 할당된 값은 상(H : high), 중(M : Medium), 하(L : Low)로 구분된 값에 부합된다. 평가자는 이 범위 밖의 결과치에 이를 수 있는 시나리오를 고려해야 한다.

둘째, 표현값의 해석결과를 특정 확률에 반영한다. 상하값(high/low estimates)은 결과치가 될 수 없는 극단값(extreme value)이다. 중간값(medium)은 최빈값(mode)으로 고려된다. 또한 보다 현실적인 해석으로 결과가 상하값 밖으로 나갈 확률을 산정한다. 공통적인 해석방법으로 상하위값(high/low estimates) 밖의 끝부분이 총 분포의 5%에 해당된다고 본다. 이는 좌표상에서 x=0.05와 x=0.95의 상하한 값으로 각각 L0.05와 L0.95로 표시된다. 그림 25.3은 전체 확률분포에서 산정값의 위치를 보여준다.

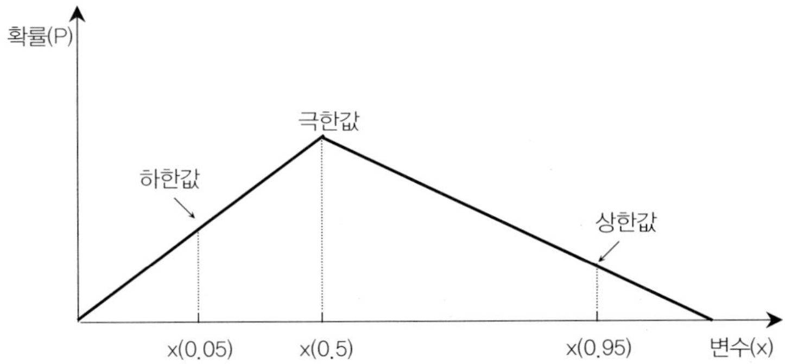

그림 25.3 극한값과 상하한값의 주관적 확률분포

효용이론(utility theory)

효용이론(utility theory)은 리스크에 대한 사람의 주관적 취향을 계량화하여 리스크의 비교 근거를 제공할 수 있다.

건설사업에 참여하는 다양한 사람들은 리스크에 대하여 나름대로의 가치를 내포하는 주관적 취향(subjective attitudes)을 갖는다. 보다 많은 회수(return)를 기대하며 리스크를 감수하는 사람이 있는 반면, 회수 가능성에 무관하게 '리스크 중립적(risk neutral)' 경향을 보이는 사람도 있다. 상대적으로 적은 리스크마저도 회피하면서 보다 높은 회수 가능성을 희생시키는 '리스크 혐오형(risk-averse type)'의 사람도 있다.

일반적으로 대안의 선택과정에서 취해지는 선택행위(choice behaviour)에는 2가지가 있다. 첫째, 특정 대안의 직접적 선택(direct preference)이다. 예를 들면 제품공급자가 제시하는 여러 가지 대안 중에서 신뢰성이 가장 높은 대안을 직접 선택하는 경우이다. 둘째, 취향(attitude preference)이 반영된 선택이다. 예를 들어 보유 토지를 활용하여 '안정성이 높은 사업을 할 경우 1억 원의 이익을 얻을 확률이 60%인 반면 2000만 원의 손실 가능성도 40%인 고급빌라의 건설보다는 5000만 원의 이익을 낼 가능성이 90%인 연립주택의 건설을 더 선호하는 경우이다.

실제 리스크 상황에서 이루어지는 의사결정(특히 돈과 관련된 경우)은 이러한 두 가지 선택행위 모두를 포함하는 경우가 대부분이다. 따라서 어느 '선택이론(theory of choice)'이든지 직접적 선택과 취향에 따른 선택 모두의 경우를 설명할 수 있어야 한다. 이러한 관점에서 효용이론은 선택행위에 대한 적절한 접근법이 될 수 있다.

리스크 노출(risk exposure) : 리스크 노출은 특정 개인이나 조직이 직면하는 리스크의 규모를 의미하는 것으로 확률분포에 의해 측정될 수 있다. 예를 들어 고속철도의 설계 · 건설 · 운영에 참여하는 회사는 주로 설계비, 건설비, 운영유지비, 교통량(traffic density), 기대수익 등에 관심을 가질 것이다. 특히 비용 견적치와 기대수익의 신뢰성에 문제가 생겨 사업이 투자목표를 달성하지 못하고 지불불능의 상황을 초래할 가능성이 크다면, 그러한 리스크에 노출되지 않도록 조치해야 한다.

리스크 취향을 평가에 반영하는 과정에서는 비정형적(informal) 접근과 정형적(formal) 접근의 두 가지 방법 모두를 사용해야 한다. 정형적 접근방법은 확률분포, 평균과 표준편차, 기타 관련 통계값들로 리스크 노출 정도를 측정하는 것이다. 그러나 실제 리스크 상황의 의사결정은 경험, 지식, 직관 등의 비정형적 요소도 포함한다.

효용(utility) : 효용은 리스크 상황에서 이루어지는 각 대안의 가치나 기호에 대한 주관적 평가척도이다. 이 평가척도를 활용하여 사람의 주관적 판단 및 선택 행위를 계량화할 수 있다.

효용이론의 개념을 파악하기 위해 다음 두 가지 대안 A, B 중 어느 하나를 선택하는 의사결정을 예로 들어보자.

- 대안 A : 1,500만 원의 이익을 얻을 확률이 100%인 경우
- 대안 B : 3,000만 원의 이익을 얻을 확률이 50%, 이익이 0(zero)일 확률이 50%인 경우

우선 대안 B의 기대이익을 계산해 보면

기대값 $\mu = 0.5 \times 3,000 + 0.5 \times 0 = 1,500$만 원이 된다. 여기서 유념해야 할 사항은 대안 B가 실제로는 1,500만 원의 기대이익을 보장하는 것이 아니라는 것이다. 기대이익이 시사하는 것은 대안 B의 사안이 끊임없이 반복될 경우 평균적으로 1,500만 원의 이익을 기대할 수 있다는 의미이다. 반면 대안 A는 1,500만 원의 이익을 확실히 보장할 수 있다는 것을 의미한다.

이제 기대이익에 따른 대안의 우선순위를 설정해 보자. 리스크 혐오형 의사결정자는 1,500만 원의 이익을 100% 보장할 수 있는 대안 A를 선택할 것이다. 이 경우 대안 A의 효용가치(utility value)는 대안 B보다 더 클 것이다. 반대로 리스크 추구형 의사결정자는 대안 B가 아무 것도 얻지 못할 확률을 50%나 갖더라도 3,000만 원의 이익을 얻을 수 있는 확률 또한 50%나 되기 때문에 대안 B에 더 큰 효용가치(utility value)를 부여할 것이다. 반면에 리스크 중립형 의사결정자는 두 가지 대안 중 어느 것을 선택하든 무관하다는 태도를 보일 것이다. 효용이론은 리스크 혐오형 의사결정자와 리스크 추구형 의사결정자 사이의 차이를 명확하게 규명할 수 있다는 특징을 갖는다.

효용이론(utility theory) : 효용이론의 핵심은 리스크 대안의 선택과 관련된 의사결정이론으로 최적대안은 가장 높은 기대효용가치(EUV : Expected Utility Value)를 갖는다는 것이다.

기대효용이론(expected utility theory)은 약 200년 전에 형성되었지만 실제 의사결정에 도입된 것은 상대적으로 최근의 일이다. 1931년 영국의 논리학자 Frank Ramsey의 논문내용이 알려진 것을 계기로 1944년 John von Neumann과 Oskar Morgenstern이 게임이론에 관한 논문을 발표하여 기대효용 가설의 우월성을 입증하고자 하였다.

효용이론은 사람이 불확실성에 직면할 경우 기대효용을 극대화하는 대안을 선택하는 것으로 가정한다. 기대효용은 리스크 상황에서 각 대안이 갖는 가치 또는 기호의 척도이다. 이러한 척도는 획득 및 손실과 관련된 수치값으로 가치의 효용을 표현한다.

효용척도는 일관성 있게 기호를 반영할 수 있도록 다음 원리가 적용되어야 한다.

- 결과가 바람직할수록 효용척도는 더 높아진다. 예를 들어 리스크 없이 500만 원을 얻는 것은 리스크 없이 50만 원을 얻는 것보다 더 높은 효용척도를 갖는다.
- 결과 B보다 결과 A가 더 바람직하고, 결과 C보다 결과 B가 더 바람직하다면 결과 A는 결과 C보다 더 바람직해야 한다.
- 두 개의 결과 사이에 어느 것이 선택되어도 문제가 없다면 이들은 동일한 효용을 갖는다.
- 리스크를 포함하는 상황에서 결정의 기대효용은 결정의 실제효용과 같다. 예를 들어 특정 전략이 확률 P_1, 결과 O_1을 갖고, 확률 $P_2=1-P_1$, 결과 O_2를 갖는다고 가정해 보자. 만약 O_1의 효용을 $U(O_1)$으로 정의하고 O_2의 효용을 $U(O_2)$로 정의하면 전략의 기대효용 EU (전략)$=P_1 \cdot U(O_1)+(1-P_1) \cdot U(O_2)$이 된다.

대안의 기대효용가치는 각 결과의 효용가치에 발생확률을 곱한 값을 합산함으로써 결정된다. 이는 다음 공식으로 표현된다.

$$EUV = \Sigma[P_i \cdot U(X_i)]$$

여기서 P_i = 각 결과(X_i)의 발생확률
$U(X_i)$ = 각 결과(X_i)의 효용가치

건설경영 의사결정자는 상기 공식을 활용하여 가장 높은 EUV가 얻어지는 대안을 선택한다. 예를 들어

$EUV(A) = P_1 \cdot U_1$(1,000만 원) $= 1 \times 0.6 = 0.6$

$EUV(B) = P_1 \cdot U_1$(3,000만 원) $+ P_2 \cdot U_2$(0만 원) $= 0.5 \times 1 + 0.5 \times 0 = 0.5$

Option(?) $= Max_i\{EUV(A), EUV(B))$이다.

따라서 대안 A가 선택된다.

이는 기대금액가치(EMV : Expected Monetary Value)에 근거한 결정과 비교될 수 있다. 각 대안의 기대금액가치(EMV)는 각 결과치에 발생확률을 곱한 것을 합산하여 구한다.50) 이를 수학적으로 표현하면 다음과 같다.

$$EMV = \Sigma[P_i \cdot M(X_i)]$$

여기서 P_i = 각 결과(X_i)의 발생확률
$M(X_i)$ = 각 결과(X_i)의 효용가치

50) 기대금액가치의 산정순서를 정리하면 다음과 같다.
1. 선택 가능한 대안을 설정한다.
2. 각 대안의 금액가치를 계산한다.
3. 각 대안의 발생확률을 계산한다.
4. 각 대안의 금액가치에 각 대안의 발생확률을 곱한다.
5. 각 대안의 기대금액가치를 합산한다.
6. 기대금액가치가 가장 큰 대안을 선정한다.

예를 들어 3,000만 원을 얻을 확률 0.5와 한 푼도 확보하지 못할 확률 0.5인 대안의 기대금액가치는 다음과 같이 구해진다.

EMV = 0.5 × 3,000만 원 + 0.5 × 0 = 1,500만 원

의사결정자의 대안 선택기준은 다음 규칙에 근거한다.

선정대안 = $MAX_i\{EMV_i\}$

그러나 두 가지 전략은 동일한 기대금액(1,500만 원)을 갖는다.

기대금액가치를 적용하는 또 다른 예를 살펴보자. 특정 건설회사는 5,000만 원의 가치가 있는 장비를 임차하고자 한다. 장비가 손상될 경우 장비를 교체해 주는 보험은 50만 원이고 장비 손상을 입을 확률은 0.05이다. 이러한 상황에서 다음의 두 가지 전략을 고려할 수 있다.

전략 1 : 보험에 가입하지 않는다.
전략 2 : 보험에 가입한다.

이때 발생될 수 있는 사안은 다음과 같다.

사안 1 : 장비가 손상되지 않는다.
사안 2 : 장비가 손상된다.

이를 근거로 각각의 확률 P(사안1) = 0.95, P(사안2) = 0.05를 적용하여 기대금액가치 계산매트릭스(payoff matrix)를 작성하면 다음과 같다.

	사안 1 : 장비 손상 안 됨	사안 2 : 장비 손상됨	기대금액가치(EMV)
전략 1 : 보험가입 안함	0	−5000만 원	EMV=0.95×0−5000×0.05 =−250만 원
전략 2 : 보험에 가입함	−50만 원	−50만 원	EMV=−50×0.95−50×0.05 =−50만 원

만약 보험에 가입한다면 장비가 손상이 되든 안 되든 50만 원의 비용이 지출된다. 손실(losses)을 음(陰)의 소득(negative income)으로 보면 건설회사는 (전략 1)을 선택하여 보험에 가입하지 않아야 할 것이다. 그러나 실제로는 많은 건설회사들이 보험에 가입하는 것이 현실이다. 매우 낮은 확률일지라도 5,000만 원의 손실은 50만 원을 훨씬 능가하기 때문이다.

앞의 예는 매우 단순하지만 결정에 가장 중요한 영향을 미치는 인자가 확률이라는 것을 보여준다. 만약 확률이 현실적이지 못하다면 분석을 통해 오히려 잘못된 정보를 제공하는 결과를 초래한다. 또한 결정결과가 기대금액가치 이론과 항상 부합하는 것은 아니다. 기대금액가치 이론은 리스크 상황에서 사람의 행태를 적절히 설명하지 못한다. 이는 의사결정을 위한 기준으로서의 기대금액가치 극대화가 리스크에 대한 사람의 취향을 간과하기 때문이다.

기대금액가치(EMV)는 결정계도 분석(decision tree analysis)과 결합되어 보다 강력한 의사결정 보조수단이 될 수 있다. 그림 25.4는 대안 B가 더 높은 기대금액가치를 갖는 경우를 예로 보여주는 결정계도분석의 예이다.

그림 25.4에서 보이는 대안의 기대가치와 대안 선택결과를 정리하면 다음과 같다.

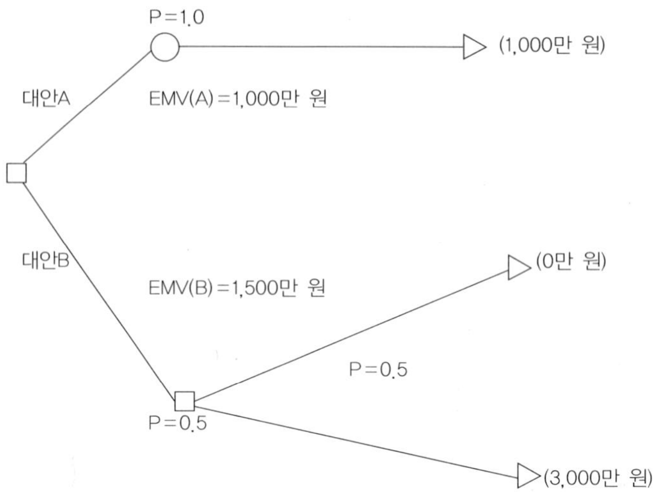

그림 25.4 결정계도 분석

$$EMV(A)=1\times 1{,}000\text{만 원}=1{,}000\text{만 원}$$

$$EMV(B)=0.5\times 0\text{만 원}+0.5\times 3{,}000\text{만 원}=1{,}500\text{만 원}$$

$$\text{선정대안}=MAX_i\{EMV(A),\ EMV(B)\}=EMV(B)$$

효용함수(utility function) : 대안의 선택은 리스크의 유형에 따라 변하기 때문에 리스크 상황에서의 의사결정을 위해서는 효용가치를 가능한 모든 결과에 할당해야 한다. 기대결과와 선택 사이의 이러한 관계는 효용함수로 표현된다. 효용함수는 Y축에 효용척도(utility scale), X축에 기대결과(expected outcome)를 나타내는 효용곡선(utility curve)으로 표현된다.

기대결과에는 돈으로 표현할 수 없는 것도 있다. 예를 들어 직업선택과 관련된 결정에서 지리적 여건, 승진기회, 급여수준, 휴가일수 등의 요소가 고려될 수 있다. 이러한 과정에서 기대효용가치를 활용하여 금전적 액수로 표현할 수 있음은 물론 돈으로 환산 불가능한 결과에도 효용가치를 할당할 수 있다. 효용은 기대결과가 돈으로 환산 가능하든 불가능하든, 계량화 가능하든 불가능하든, 분석대상이 단일변수(single variable)이든 다중변수(multiple variable)이든 어떠한 경우에도 적용될 수 있다(Herts, 1983).

효용함수는 다음의 속성을 갖는다.

- 각 결과는 단일수치(single number)로 정의된다.
- 선호되는 결과부터 우선적으로 표현된다.
- 효용함수의 사용목적은 기대효용을 최대화시키는 것이다.

그러나 대부분의 리스크 상황에서 금전적 가치가 우선적으로 중시되는 경향이 있다는 점을 감안하여 필자는 본 장에서 돈에 대한 효용함수평가에 중점을 두고자 한다.

효용함수평가방법에는 NM(von Neumann-Morgenstern)법, 램시법(Ramsey method), 직접법(direct measurement) 등이 있지만 가장 효과적인 방법은 NM법이다. NM법에 의한 효용함수 도출의 첫 번째 단계는 참고점(reference points)으로 두 개의 금전적 결과치를 설정하여 판단기준으로 활용하는 것이다. 가장 바람직한 결과와 허용가능한 최소의 결과를 설정하고, 이 두개의 결과에 효용가치를 할당한다. 효용은 서수(ordinal)로 표현된다. 효용가치는 돈의 획득과 더불어 효용이 증가된다는 원리에 따라 임의적(arbitrary)으로 부여된다.

편의상 앞에서 언급된 극단적인 금전적 결과에 1과 0의 효용가치를 임의적으로 부여하면 0은 0원에 1은 3,000만 원에 할당된다. 이를 효용함수로 표현하면

$U(0원)=0$, $U(3{,}000만\ 원)=1.0$이 된다.

두 번째는 서로 극단적인 두 개의 금전적 결과치 사이에 존재하는 모든 결과치에 효용가치를 배분하는 것이다. 효용가치는 확실성 등가개념을 근거로 결정된다.

효용가치 결정의 기본원리는 확실성 등가(certainty equivalent) 개념에 따른다. 만약 X_1을 X_2 보다 선호하고 X_2를 X_3 보다 선호한다면

$P \cdot U(X_1)+(1-P) \cdot U(X_3)=U(X_2)$와 같은 확률 P가 존재한다.

X_1, X_2, X_3의 특정 값에 대한 X_2의 효용은 X_2가 X_1과 X_3을 포함하는 투기적 확실성 등가인 P값은 '어떤 P값이 투기와 무관한 상황에서 확실히 X_2를 받아들일 수 있는가?'라는 질문에 답함으로써 결정될 수 있다. 임의적으로 $U(X_1)$과 $U(X_3)$에 각각 1과 0이 부여되면 다음 결과가 얻어진다.

$U(X_2)=P$ [즉 $(P) \cdot (1)+(1-P) \cdot (0)=U(X_2)$]

X_1과 X_3 사이의 X_2 값에 부합하는 P값을 찾으면 효용곡선(utility curve)은 X_1과 X_3 사이의 모든 X값에 적용될 수 있다. 이와 같이 확실성 등가개념에 근거하여 효용가치를 결정하는 절차를 설명하기 위해 아래와 같은 상황을 예로 들어보자.

대안 A : 확실하게 주어지는 특정금액
대안 B : 3,000만 원을 얻을 확률 P, 아무 것도 얻지 못할 확률 (1-P)

$x_1>x_2>x_3$인 상황에서 두 개의 알려진 효용 $U(x_1)$, $U(x_3)$를 사용하여 $U(x_2)$와 이들의 확률 p와 $(1-p)$를 결정한다. 전략 A에 대한 확률 $p=0.5$로 가정하면

기대금액가치 EMV(expected monetary value)=1,500만 원이 된다.

이제 의사결정 과정에서 확실하게 주어지는 특정 금액 x_2를 제시한다. x_2는 x_3부터 시작해서 의사결정자가 전략 A와 전략 B의 선택 사이에서 무관심해지는 시점에 이른 값이다. 예를 들어 x_2=1,000만 원이라면

U(1,000만 원)=0.5×1+0.5×0=0.5가 된다.

그리고 p(3,000만 원)=0.5, p(1,000만 원)=0.5로 가정하자. 다시 앞의 과정을 반복하여 전략 A와 전략 B의 3,000만 원~4,000만 원 사이의 금액을 결정하는 과정에서 확실한 값으로 주어지기 때문에 선택단계에서 무관심해지는 값이 2,000만 원이 되었다면

U(2,000만 원)=0.5×0.5+0.5×0=0.25가 된다.

이러한 과정을 거쳐 얻어진 값으로 효용함수를 작성하면 그림 25.5와 같다.

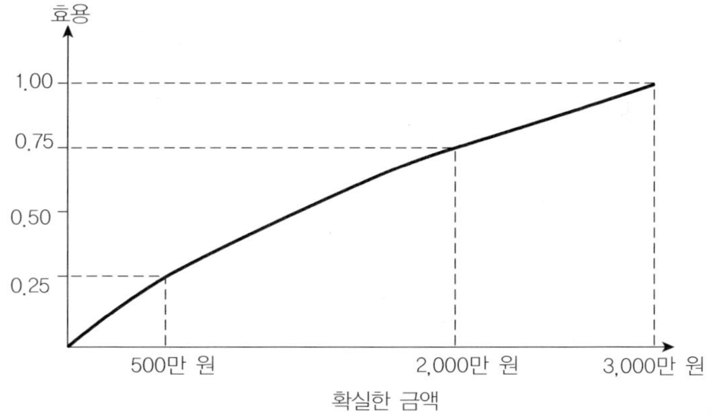

그림 25.5 효용함수

표 25.2 효용함수 측정자료

		대안선택 결과가 3,000만 원에서 0원이 될 확률의 조합										
확실한 금액 (대안A)	3,000만 원(P)	0.0	0.1	0.2	0.3	0.4	0.5	0.6	0.7	0.8	0.9	1.0
	0원 (1-P)	1.0	0.9	0.8	0.7	0.6	0.5	0.4	0.3	0.2	0.1	0.0
3,100만 원		A	A	A	A	A	A	A	A	A	A	A
3,000 〃		A	A	A	A	A	A	A	A	A	A	I
2,800 〃		A	A	A	A	A	A	A	A	A	A	B
2,600 〃		A	A	A	A	A	A	A	A	A	A	B
2,400 〃		A	A	A	A	A	A	A	A	A	I	B
2,200 〃		A	A	A	A	A	A	A	A	A	I	B
2,000 〃		A	A	A	A	A	A	A	A	A	B	B
1,800 〃		A	A	A	A	A	A	A	A	I	B	B
1,600 〃		A	A	A	A	A	A	A	I	I	B	B
1,400 〃		A	A	A	A	A	A	A	I	B	B	B
1,200 〃		A	A	A	A	A	A	A	I	B	B	B
1,000 〃		A	A	A	A	A	A	I	B	B	B	B
800 〃		A	A	A	A	A	I	I	B	B	B	B
600 〃		A	A	A	A	A	I	B	B	B	B	B
400 〃		A	A	A	A	I	B	B	B	B	B	B
200 〃		A	A	A	I	I	B	B	B	B	B	B
100 〃		A	I	I	B	B	B	B	B	B	B	B
0 〃		I	B	B	B	B	B	B	B	B	B	B
−100 〃		B	B	B	B	B	B	B	B	B	B	B

확실성 등가개념에 따라 효용함수를 측정하는 보다 구체적인 방법은 표 25.2에서 보인다. 표 25.2의 작성과정에서 A, B 중 어느 것을 더 선호하는지 또는 어느 쪽이 선택되든 무관심한지를 칸마다 표시

한다.

예를 들어 첫 번째 칸의 맨 아래부터 100만 원을 잃는 경우(대안 A), 3,000만 원을 얻을 확률이 0인 경우, 그리고 한 푼도 잃지 않을 확률이 1인 경우(대안 B) 중에서 하나를 선택한다. 여기서는 분명히 대안 B가 더 선호될 것이다.

다른 칸으로 옮겨서 다시 400만 원을 얻는 경우(대안A), 3,000만 원을 얻을 확률이 0.4인 경우, 전혀 얻지 못할 확률이 0.6인 경우(대안B) 중에서 선호하는 것을 선택한다. 이들 두 가지 대안 중 어느 것이라도 상관없다는 생각이 드는(무관심한) 경우는 "I"로 표현한다.

표 25.2에서 분명한 것은 첫 번째 칸과 마지막 칸을 제외하고는 사람에 따라 서로 다른 무관심점(indifference points)을 보일 수 있다는 것이다. 이러한 선택은 사람의 리스크 취향, 재정상황에 대한 인식 등과 같은 주관적 판단에 따라 달라진다.

표 25.2로부터 아래와 같이 효용값을 계산할 수 있다.

U(0) =0 × 1+1 × 0 =0	U(100) =0.1 × 1+0.9 × 0 =0.1
U(200) =0.2 × 1.0+0 × 0.8 =0.2	U(200) =0.3 × 1.0+0 × 0.7 =0.3
U(600) =0.4 × 1.0+0 × 0.6 =0.4	U(800) =0.5 × 1.0+0 × 0.5 =0.5
U(1400) =0.7 × 1.0+0 × 0.8 =0.7	U(1800) =0.8 × 1+0 × 0.2 =0.8
U(2400) =0.9 × 1+0 × 0.1 =0.9	U(3000) =1.0 × 1+0 × 0 =1.0

이제 무관심점을 찾는 방법을 생각해 보자. 무관심점의 분포경향은 X축에 금전적 가치, Y축에 효용가치를 갖는 좌표에 표시할 수 있다. 예를 들어 표를 완성하는 과정에서 의사결정자가 p=0.6인 칸의 1,000만 원에서 무관심점을 표현한 경우 이는 1,000만 원의 효용가치가 다음과 같음을 의미한다.

$$U(1,000\text{만 원}) = pU(3,000\text{만 원}) + (1-p)U(0) = 0.6 \times 1 + 0.4 \times 0 = 0.6$$

즉 표 25.2에서 1,000만 원은 3,000만 원을 얻을 확률이 0.6이고 한 푼도 얻지 못할 확률이 0.4인 것과 동일한 투기적 효과를 갖는다. 따라서 (1,000만 원, 0.6)인 무관심점이 존재한다. 이러한 과정을 반복하여 곡선상의 점들이 생성된다.

수직축에 p(또는 U), 수평축에 확실하게 주어지는 특정금액(certain money)을 갖는 무관심점은 이제 좌표상에 표시될 수 있다. 이는 앞의 그림 25.5와 같다. 그림 25.5는 상기 예에 대한 의사결정자의 효용곡선을 나타낸다. 이 곡선은 3,000만 원에서 0원까지의 결정범위에서 의사결정자가 선택할 수 있는 리스크 취향을 반영한다.

그러나 유념해야 할 사항은 사람들이 0.05, 0.1, 0.2 등의 확률값을 갖는 사안들 사이에서, 또는 0.8, 0.9, 0.95 등의 확률값을 갖는 사안들 사이에서 명확한 구분이 사실상 어렵다는 것이다. 이러한 사안들은 극단적으로 그럴 것 같기도 하고 그렇지 않을 것 같기도 한 것으로 인식되어 의사결정자는 상하위 범위값을 명확히 결정할 수 없을 것이다.

또한 표 25.2에서 효용함수는 1,000만 원에 0.6의 효용을 할당한다. 이는 3,000만 원을 확보할 수 있는 확률 0.6과 한 푼도 얻지 못할 확률 0.4를 가져서 기대금액가치 1,800만 원을 갖는 결정과 동일한 투기적 효과를 갖는다.

효용함수의 일반유형과 성격 : 효용곡선은 그림 25.6에서 보이는 바와 같이 3가지 유형으로 구분된다. 그림 25.6의 곡선 A는 확실성이 보장되는 금액을 우선적으로 추구하는 효용곡선을 나타낸다. 즉 리스크 회피형 의사결정자(risk avoider)의 경우를 나타낸다. 곡선 B는 리

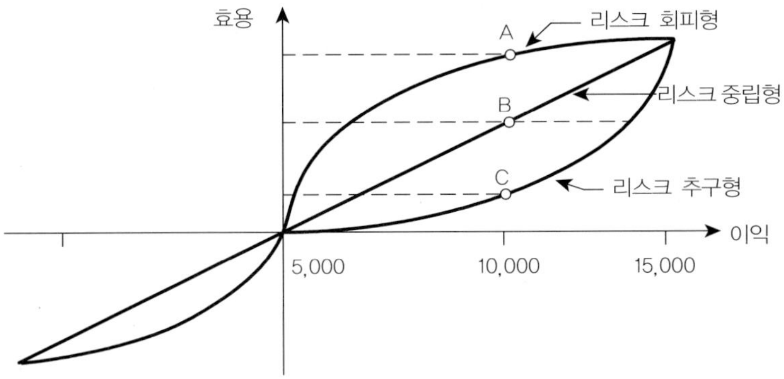

그림 25.6 3가지 유형의 효용곡선

스크 중립형(risk neutral)의 효용곡선을 보여준다. 곡선 C는 비록 적은 돈이지만 확실하게 얻을 수 있는 대안의 선택을 배제하고, 낮은 기대 가치를 갖는 대안의 투기적 선택을 시도하는 '리스크 추구형 의사결정자(risk seeker)'의 효용함수를 보여준다.

예를 들어 두 개의 기준값 $x_1=3,000$만 원, $x_3=0$일 때 건설경영 의사결정자가 추구하는 값이 x_2라면 의사결정자의 유형에 따른 추구 금액은 다음과 같다.

- 리스크 회피형 $x_2<1,500$만 원
- 리스크 중립형 $x_2=1,500$만 원
- 리스크 추구형 $x_2>1,500$만 원

사람의 효용함수가 항상 일정한 것은 아니다. 삶의 질과 기타 관련 요소들이 시간의 경과에 따라 변화하면서 추구하는 가치가 달라지고 효용함수도 달라진다.

예를 들어 사업가의 효용함수는 축적된 부(wealth)의 영향을 받는다. 만약 자산(assets)에 대한 효용함수가 축적된 부를 포함시키면, 그

효용함수는 리스크 혐오형(risk averse)이 되겠지만 파산(bankrupcy)의 지경에 이르면 리스크 추구형(risk seeker)이 될 것이다.

집단과 개인의 효용함수 또한 달리 나타난다. 집단의 효용은 구성원 각자의 효용을 종합한 것과 다르다. 왜냐 하면 각자가 서로 다른 유형의 효용함수를 갖기 때문이다.

기대효용가치(EUV)와 기대금액가치(EMV) : 기대효용가치와 기대금액가치는 둘 다 리스크 상황에서 활용되는 의사결정기준이다. 그럼에도 기대금액가치가 이해하기 쉽고 적용이 용이하여 보다 널리 사용된다. 기대금액가치의 극대화 추구에 대한 이의 사항은 선택기준으로서의 기대금액가치가 리스크 취향을 반영할 수 없다는 것이다.

기대금액가치와 기대효용가치는 의사결정자가 리스크 중립형(risk neutral)인 경우 동일한 결과를 제공한다. 그림 25.7은 리스크 회피형과 리스크 중립형 의사결정자를 비교한 것이다.

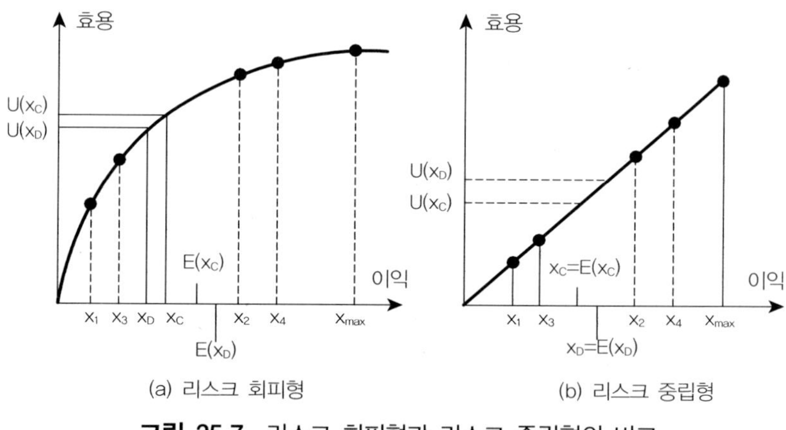

그림 25.7 리스크 회피형과 리스크 중립형의 비교

그림 25.7에서 리스크 회피형 의사결정자는 C와 D의 두 가지 리스크 전략을 갖는다.

전략 C : 두 가지 결과로서, 확률 0.5를 갖는 X_1과 X_2가 있다. 이 경우 기대가치 $E(X_C)$를 갖는다. 이에 대한 의사결정자의 등가효용 및 기대효용은 각각 X_C와 $U(X_C)$로 나타난다.

전략 D : 두 가지 결과로서, 확률 0.75를 갖는 X_3와 확률 0.25를 갖는 X_4가 있다. 이 경우의 기대가치는 $E(X_D)$이다. 여기서 의사결정자의 등가효용 및 기대효용은 각각 X_D와 $U(X_D)$이다.

전략 D는 더 높은 기대금액가치를 갖지만($E(X_D) > E(X_C)$), 더 낮은 기대효용을 갖는다($U(X_D) < U(X_C)$). 따라서 의사결정자의 리스크 취향을 고려한다면 전략 C를 선택해야 한다.

동일한 상황에서도 리스크 중립형 의사결정자는 달리 판단할 수 있다. 리스크 중립형 의사결정자의 확실성 등가(certainty equivalent)는 기대금액가치와 동일하다. 이는 의사결정자가 전략 C보다 전략 D에 더 높은 확실성 등가를 갖는다는 것을 의미한다. 이러한 상황에서 의사결정자는 전략 C보다 전략 D를 더 선호할 것이다.

효용이론의 실무 적용 : 특정 건설회사가 두 개의 공사계약 K와 L을 비교하여 선택하는 경우를 예로 들어 효용이론의 적용방법을 강구해 보자. 건설회사는 두 개의 계약을 동시에 채택할 수 없다. 상황을 단순화하기 위해 각 사업은 다음 표 25.3과 같이 3가지 결과에 이를 수 있는 것으로 가정되었다.

표 25.3 계약 K와 L의 확률 및 결과

계약 K		계약 L	
확률	결과	확률	결과
0.2	1억 원	0.2	2억 원
0.5	5억 원	0.7	1.5억 원
0.3	−1000만 원	0.1	0원

또한 표 25.3에 대한 대형 및 중소 건설회사의 효용가치는 표 25.4와 같다.

결 과	대형건설회사의 효용가치	중소건설회사의 효용가치
1억 원	1.0	1.0
5억 원	0.8	0.9
2억 원	0.5	0.85
1.5억 원	0.3	0.8
0	0.0	0.0
−1000만 원	0.0	0.0

기대금액가치 방법에 따른 기대금액의 계산결과는 다음과 같다.

EMV(K) = 1억 원 × 0.2 + 5억 원 × 0.5 − 1,000만 원 × 0.3 = 4.47억 원

EMV(K) = 2억 원 × 0.2 + 1.5억 원 × 0.7 − 0 × 0.1 = 1.45억 원

그리고 대형건설회사의 각 계약에 대한 기대효용가치는

계약 K : 0.2 × 0.3 + 0.5 × 0.8 + 0.3 × 0 = 0.6

계약 L : 0.2 × 0.5 + 0.7 × 0.3 + 0.1 × 0 = 0.31이 된다.

또한 중소건설회사의 각 계약에 대한 기대효용가치는

계약 K : 0.2 × 1.0 + 0.5 × 0.9 + 0.3 × 0 = 0.65

계약 L : $0.2 \times 0.85 + 0.7 \times 0.8 + 0.1 \times 0 = 0.73$이 된다.

이러한 계산결과에 따라 대형건설회사는 계약 K를, 중소건설회사는 계약 L을 선정할 수 있다.

상기 계산결과에도 불구하고 유념할 사항은 효용함수가 전문가의 판단을 완전히 대신할 수는 없다는 것이다. 오히려 전문가의 판단과정에 합리성을 부가해 주는 의사결정 보조수단으로서의 의미를 갖는다는 것이다.

26. 리스크 대응

-리스크 분석결과에 대한 대응전략

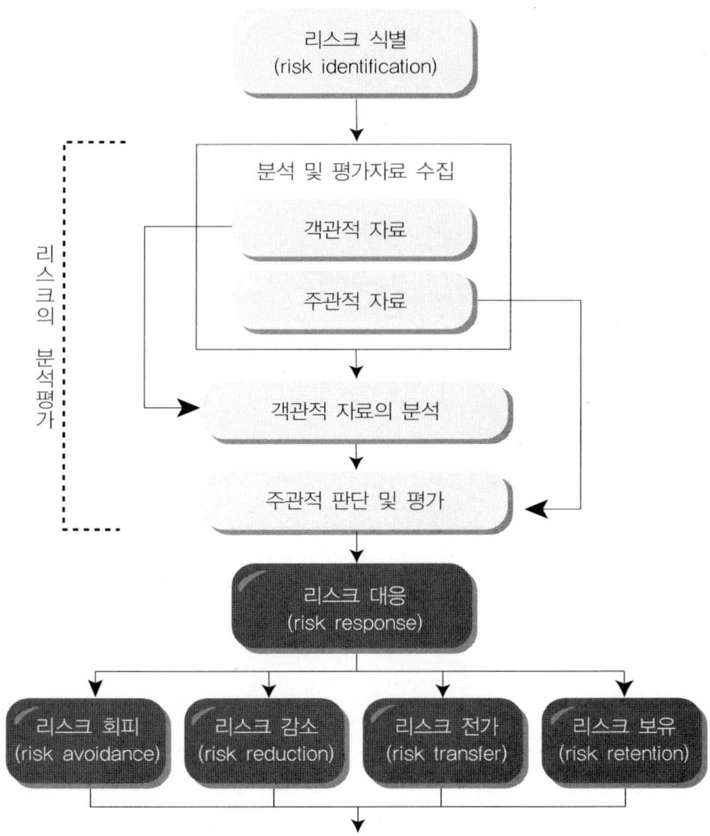

26. 리스크 대응

– 리스크 분석결과에 대한 대응전략

리스크 대응의 목적은 리스크의 부정적 영향을 제거하고 리스크에 대한 통제력을 증가시키기 위한 것이다. 리스크 대응은 대응전략의 수립과 특정 리스크에 대한 그 대응전략의 할당이라는 두 가지 기본방향으로 구분된다. 리스크 대응전략에는 리스크 회피, 리스크 감소, 리스크 전가, 리스크 보유의 4가지가 있다.

리스크 대응전략의 개발 및 할당

리스크에 대한 노출 정도를 식별하고 그 잠재적 영향도를 확률적으로 평가한 후에는 리스크 대응전략을 수립해야 한다. 대응전략의 목적은 (1)리스크의 부정적 영향을 제거하고, (2)리스크에 대한 통제력을 증가시키기 위한 것이다. 그림 26.1은 이 두 가지의 개념을 도식적으로 표현한 것이다.

리스크 대응은 (1)대응전략의 수립과 (2)특정 리스크에 대한 그 대응전략의 할당이라는 두 가지 기본방향으로 구분된다. 리스크 대응전략은 리스크 회피(risk avoidance), 리스크 감소(risk reduction), 리스크 전가(risk transfer), 리스크 보유(risk retention)의 4가지 방법으로 구분될 수 있다.

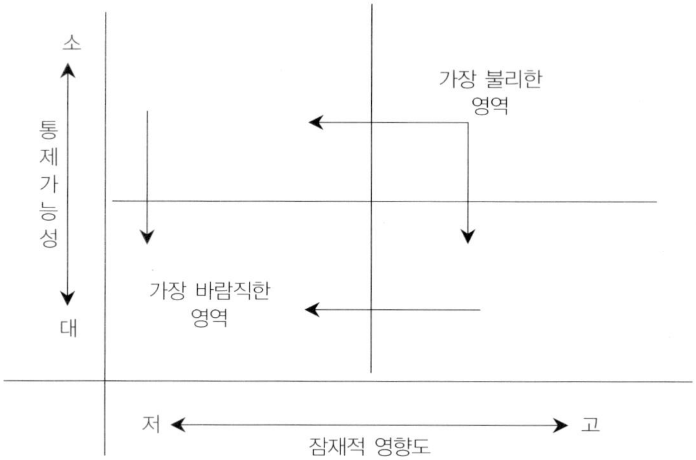

그림 26.1 리스크 대응 개념

리스크 회피 : 리스크 회피(risk avoidance)는 리스크에 대한 노출 자체를 회피함으로써 발생할 수 있는 잠재적 손실을 면하는 것이다. 그러나 손실의 회피와 아울러 리스크의 감수를 통해 얻을 수 있는 잠재적 이익 또는 기회도 포기하지 않으면 안 된다.

예를 들어 설계단계에서 새로운 시스템의 도입에 따른 잠재적 손실이 우려된다면 의사결정은 그 시스템을 포함하는 설계대안을 받아들이지 않음으로써 리스크를 회피할 수 있다. 입찰단계에서는 특정 공사에 포함되어 있는 리스크를 분석하여 감당할 수 있는 능력의 범위를 초과한다면 입찰참여 자체를 포기할 수도 있다.

리스크 감소 : 리스크 감소(risk reduction)는 가능한 모든 방법을 활용하여 리스크의 발생 가능성을 저감시켜 잠재적 리스크에 대한 노출 정도를 감소시키는 것이다. 이는 가정 조건의 명확한 이해, 보다 구체적인 설계, 불완전한 부분의 재설계 등을 통해 실현될 수 있다. 예를 들어 "리스크를 고려하여 조정된 할인율(risk adjusted discount rate)"을

사용하면 재정적 리스크를 줄일 수 있다. 또한 건물에 스프링클러(sprinkler) 시스템을 설치하면 화재발생에 따른 리스크를 감소시킬 수 있다.

리스크 감소 전략을 사용하기 위해서는 리스크 감소를 위해 소요되는 비용과 잔류 리스크에 따른 유발비용의 합계가 당초의 리스크로 인해 발생하는 비용보다 적어야 한다. 즉

잔류 리스크 비용+리스크 감소 비용〈당초 보유리스크 비용

의 관계가 성립되어야 한다.

리스크 전가 : 리스크 전가(risk transfer)는 계약(contract)을 통해 리스크의 잠재적 결과를 다른 집단(조직)에 떠넘기거나 공유(sharing)하는 방법이다. 특정 리스크를 더 효과적으로 다룰 수 있는 조직(집단)에 전가시키는 이러한 전략은 위험부담 없는 협정(hold-harmless agreements)과 보상조항(indemnity clauses)의 삽입을 통해서 이루어질 수 있다.

계약의 형태를 취함으로써 도입하는 리스크 처리방법 중에서 가장 빈번히 사용되는 것은 보험(commercial insurance)이다. 계약에 의한 리스크의 전가와 보험의 주요 차이점은 보험이 리스크에 대한 재정적 손실만을 부담시키는 것인 반면, 리스크 전가는 리스크에 대한 책임 모두를 부담하도록 하는 것이다.

리스크 보유 : 리스크 보유(risk retention)는 회피하거나 전가할 수 없는 리스크를 감수하는 전략이다. 계획적인 리스크의 보유는 무계획적인 리스크 감수와 큰 차이가 있다. 계획적인 리스크 보유는 의사결정자의 철학, 필요조건, 재정역량 등에 따라 리스크를 의식적이고 의도적으로 감수하는 것이다. 한편, 무계획적인 감수는 리스크의 존재

를 식별하지 못했거나 잠재적 리스크의 규모를 과소평가한 경우에 발생된다.

리스크 보유는 다음 조건에 속하는 경우 취해질 수 있다.

- 발생 가능성이 희박하거나 발생되더라도 자체 보유역량으로 감당해 낼 수 있는 리스크인 경우
- 리스크 감소나 전가가 불가능하고 회피도 바람직하지 않은 경우
- 일정 기간(적어도 1년 이내)에 발생될 수 있는 최대 손실량을 자체적으로 흡수할 수 있는 경우

특정 리스크에 대한 대응전략의 할당은 대상사업의 유형과 의사결정자의 판단에 의존한다. 의사결정자는 잠재적 리스크의 심각성, 발생 가능성, 리스크 감수에 따른 잠재적 혜택 또는 손실 등을 판단하기 위해 활용 가능한 재원을 고려해야 한다.

이러한 상황에서 중요한 것은 정보의 가치와 그 정보의 획득에 소요되는 비용 사이에서 균형과 타협이 이루어져야 한다는 것이다.

리스크 대응전략의 정리

리스크 대응전략의 할당은 건설경영 의사결정자와 사업의 특성에 따라 제각기 달리 적용될 수 있다. 의사결정자는 잠재적 리스크의 심각성, 발생확률 및 빈도, 리스크 발생 시 소요되는 재원규모 등을 고려하여 대응전략을 선택 적용해야 한다. 표 26.1은 리스크의 유형별 대응전략과 조치 필요사항을 참고로 제시한 것이다.

표 26.1 리스크 유형별 대응전략/필요조치 사항

리스크 유형	세부내용	대응가능전략	필요조치 사항
재정/ 경제적 리스크	• 인플레이션 • 외환파동 • 환율변동 • 하도급자 채무불이행	• 리스크 감수 • 리스크 전가 (리스크 공유) • 리스크 회피	• 에스컬레이션 조항 삽입 • 입찰시 예비비 반영 • 프로젝트금융에 의한 자금조달 • 장비/자재의 발주자 직접조달 • 이행보증서 청구 • 하도급자의 사전자격심사 강화 • 환율변경 위험방지를 위한 先物契約(forward contracts)
설계 리스크	• 부적합한 설계 • 설계오류/설계누락 • 불충분한 상세설계 • 지하구조 불일치	• 리스크 전가 • 리스크 회피	• 조건변경에 따른 계약변경조항 삽입 • 설계단계에 도급자 참여 (설계/시공 일괄입찰방식 도입 등) • 설계변경
정치/ 환경적 리스크	• 법/제도의 변경 • 전쟁/내란 • 수용/징발/몰수 • 억류/입출항 금지 • 오염 • 안전규정 위반	• 리스크 전가 (보험 등) • 리스크 감소	• 석유수출국개발기구(OPEC)/AID (Agency for International Development)보험 • 예비계획 수립 • 공기연장/추가지불 계약조항 삽입 • 계약조건의 명확화 • 보호/안전프로그램 운영
시공 관련 리스크	• 기상악화 • 노사분규/파업 • 지반조건 불일치 • 작업결함 • 장비손상/도난 • 상해/사고	• 리스크 감수 • 리스크 감소 • 리스크 전가 (보험 등)	• 예비계획 수립 • 보험(산재, 사고 등) • 공기지연에 따른 공기연장조합 삽입 • 사전조달/적기 공급 • 품질관리/품질보증계획 수립
물리적 리스크	• 구조물 손상 • 자재/장비 운반손상 • 상해 • 화재	• 리스크 전가 (보험 등) • 리스크 감소	• 시공자 보험 • 현장조사 • 공기연장조항 삽입 • 예비계획 수립
천재지변	• 홍수 • 지진 • 화재 • 산사태	• 리스크 전가 (보험 등)	• 발주자 보험 • 공기지연에 의한 공기연장 조항 삽입 • 손상에 대한 추가지불 조항 삽입 • 예비계획 수립

다양한 유형의 리스크에 공통적으로 적용할 수 있는 대응전략의 마련은 불가능하다. 바람직한 리스크 대응전략은 리스크를 보다 확실히 통제하여 그에 따른 재정적 영향을 최소화할 수 있는 대안을 강구하는 과정에서 지금까지 언급된 복수의 리스크 대응전략을 선택적/종합적으로 활용하는 것이다.

계약과 리스크 대응

건설사업의 발주자는 사업을 합의된 기간 내에 최소의 비용으로 만족스럽게 마무리하겠다는 의도로 사업을 착수하는 반면, 공사수급자, 전문건설업자, 제품/기술공급업자 등은 적정수준의 이익을 보장받고자 한다. 건설사업 추진과정에서 이 두 가지 목적이 서로 조화를 이루지 못할 경우 의견불일치, 분쟁, 공사중단 및 공기지연이 발생한다.

이러한 문제는 주로 다음의 사유에 기인한다.

- 계약서류, 계약상 합의, 입찰방법의 부적합성
- 특정 집단의 과다한 리스크 부담
- 사업유형/목적에 적합하지 않은 인력의 활용
- 인적관계와 의사소통의 두절
- 능력이 부족한 집단에 의한 계약 리스크의 부담
- 특정 집단의 파산
- 두 집단 이상이 관여하는 업무의 조율 미비

(예 : 천장공사의 경우 종합건설업체, 천장설치업자, 냉난방기설치업자, 전기설비업자 등에 의해 이루어지는 업무를 조율해야 한다.)

- 애매한 계약 및 변경조건에 대한 잘못된 해석
- 애매한 시방서 조항
- 시방서에 결과를 간과하고 방법만을 명시한 경우
- 건축, 구조, 엔지니어링 도면들 사이의 불일치를 유발하는 설계 결함

다음 표 26.2는 상기 사유로 인해 발생되는 주요 리스크의 부담주체를 표시한 것이다.[51] 아울러 다음 표 26.2는 입찰단계에서 건설사업 수급자가 파악하고 있어야 할 리스크의 근원과 대응전략을 나타낸다.[52]

---

51) Edward, R. F., Construction Project Administration, Prentice Hall, 1992
52) Engineering Construction Risks－A Guide to Project Risk Analysis and Risk Management, 1983, Thomas, Telford

표 26.2(a) 리스크의 근원과 대응전략

리스크	수급자	발주자	설계자
• 현장접근로(Site Access)		●	
• 지하조건(Subsurface Conditions)[1)]		●	
• 물량변동(Quantity Variations)[2)]		●	
• 기상조건(Weather)[3)]	●		
• 불가항력(Acts of God)	●	●	
• 파산(Financial Failure)	●	●	●
• 하도급자 파산(Subcontractor Failure)	●		
• 현장사고(Accidents at Site)	●		
• 부실시공(Defective Work)	●		
• 부적격관리(Management Incompetence)	●		●
• 인플레이션[4)]	●	●	
• 경제재앙(Economics Disasters)		●	
• 자금지원(Funding)		●	
• 자재 및 장비(Materials and Equipment)	●		
• 노무문제(Labor Problems)	●		
• 발주자 제공장비(Owner-Furnished Equipment)		●	
• 작업지연(Delays in the Work)[5)]	●	●	●
• 주변환경 통제(Environmental Controls)		●	
• 법령 및 규칙(Codes and Regulations)		●	
• 현장안전(Safety at Site)	●		
• 공공무질서(Public Disorder)		●	
• 노동조합 파업(Union Strike)	●		
• 오류/누락(Errors and Omissions)			●
• 서류상 분쟁(Conflicts in Documents)			●
• 부실설계(Defective Design)			●
• 현장시공도면(Shop Drawings)			●

1) 수급자에게 전가될 수도 있으나 발주자의 사전조사와 이를 근거로 한 설계자의 설계책임이 있음
2) 수급자는 15~25%의 변동을 예측할 수 있어야 함.
3) 비정상적 기후변동에 의한 작업 지연은 발주자의 책임에 속할 수 있음.
4) 리스크 분담기간은 대개 12~18개월 이내로 한정됨.
5) 주로 수급자의 리스크이지만 발주자/설계자에게 일부 부담될 수도 있음.

표 26.2(b) 리스크의 근원과 대응전략

리스크 근원	대응전략													
	계약조건	입찰서류	1차대가지급	선금지급	지급통화	하도급자대금지급	벌금한도	고정비용 산정	보 험	보증/배상	수익보증	세금	예비비/위험공제	투자
1. 발주자의 사업 취소	●			●					●					
2. 발주자의 공사비 미지불	●			●					●					
3. 발주자의 사업 일시중단	●													
4. 불가항력적 사고	●								●					
5. 수급자의 사업 취소	●			●										
6. 수급자의 수락 지연	●													
7. 발주자의 수락 지연		●	●											
8. 발주자의 사업착수 지연	●			●										
9. 납품업자의 사업착수 지연	●						●		●	●				
10. 운송업자 사업착수 지연	●								●					
11. 수급자의 사업착수 지연							●		●					
12. 외부요인에 의한 사업착수 지연	●	●	●						●					
13. 발주자에 의한 공기 지연	●			●					●					
14. 남품업자에 의한 공기 지연	●						●		●	●				
15. 운송지연에 의한 공기 연장	●								●					
16. 수급자에 의한 공기 지연							●		●					
17. 외부요인에 의한 공기 지연	●								●					
18. 기준비용 산정 오류								●					●	
19. 물가상승 판단 오류									●					●
20. 환율상승 예측 오류	●				●	●								
21. 투자수입 산정상 오류											●	●		
22. 투자상의 오류												●		
23. 납품업자의 이행불능							●		●	●				
24. 수급자의 이행불능									●					

27. 리스크 분석 사례

-리스크 발생결과의 계량적 해석 실례

27.1 공사비 계획과 리스크 분석-감도 분석

- 공사비 계획
- 감도 분석표
- 리스크의 주관적 평가
- Spider Diagram
- Probability Contour Diagram
- Bivariate Analysis

27.2 수명주기 투자리스크의 주관적 평가-AHP기법

27.3 공조시스템 선정과 리스크 분석-다속성 가치이론

27.4 설계단계에서의 환경 리스크 분석-효용이론

27.5 SOC 민간투자사업의 재무적 리스크 분석
-Monte Carlo 시뮬레이션

27.6 산사태 리스크관리-주관적/객관적 리스크의 종합분석

27.1 공사비 계획과 리스크 분석

-감도 분석

공사비 계획

■ 목 적

-공사비 계획과정에서 합리적인 수준의 공사비를 예측하고

-자재비/노무비 상승률이 예측된 공사비의 변동에 미치는 영향도를 분석한다.

■ 공사비 계획절차

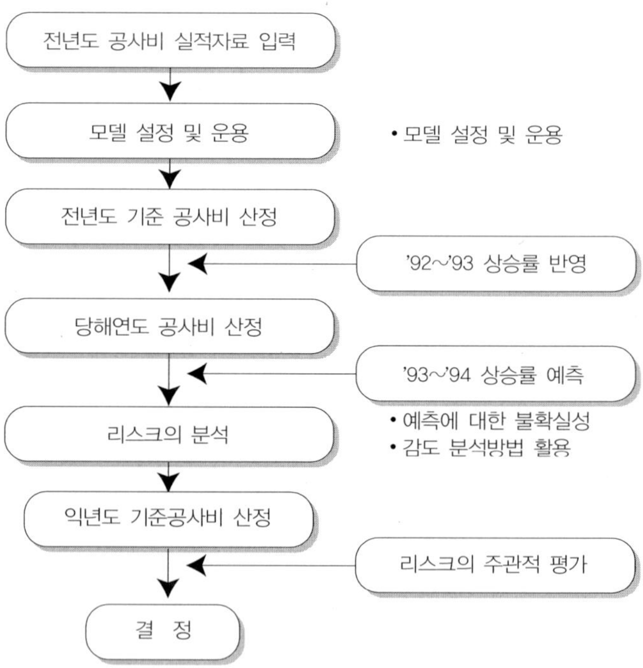

■ 공사비 예측 모델의 요건 및 획득 가능한 정보/자료

- 공사비 계획의 초기단계(특히 예산편성 시점)에서 극히 제한적인 정보와 자료를 효율적으로 활용하여 실집행 공사비에 근접하는 공사비를 예측해야 한다.
- 이 단계에서 획득 가능한 정보 · 자료는 (1)건립위치, (2)기능(용도), (3)건립규모(연면적)가 전부이다.[53]

■ 공사비 실적자료의 수집 및 정리

- 대상건물 : 숙소
- 표본자료 수집 및 정리 결과

번호	건립위치	구 조	층수	연면적 (m^2)	공사비 (천원/m^2)	노무비 비율(%)	부수시설비 비율(%)
1	안양	조적조	1	159	824.5	61.0	2.0
2	춘천	〃	1	202.9	800.8	63.0	6.8
·	·	·	·	·	·	·	·
·	·	·	·	·	·	·	·
21	진해	조적조	5	1,320	489.1	61.0	1.3
평균				514.8	652.8	62.0	7.5

■ 자료의 특성

- 분석대상 시설의 건립위치 : 대부분 경기, 강원지역
- 구조형식 : 조적조
- 층수 : 1~5층

53) 이와 같이 제한적인 자료와 정보만을 활용하여 공사비를 예측한다는 것은 불가능하다고 생각할 수도 있다. 그러나 한편으로는 이러한 "제한적인 자료/정보만으로도 정확하지는 않지만 실집행 공사비에 어느 정도 근접하는 공사비를 예측할 수 있다면, 적어도 초기계획단계에 활용할 수 있는 바람직한 공사비 예측모델이 될 수 있지 않겠는가?"라고 생각할 수도 있다. 특히 건물의 형태가 단순하고 규격, 마감 등이 어느 정도 표준화되어 있다면 제한적인 변수만으로도 어느 정도 정확한 예측을 할 수 있을 것이다.

– 평균연면적 : 514.8m²

– 공사비 특성 : 연면적의 증가에 따라 단위 면적당공사비는 감소

• 평균공사비 : 652.8천 원/m²

• 노무비와 부수시설비 평균비율 : 62%와 7.5%

■ 공사비 예측 모델 : 통계적 회귀분석모델

– 단순/정형화된 대상(숙소건물)을 소수의 영향요인으로 분석할 수 있다.

– 공사비와 연면적/층수/층고의 관계를 수식화할 수 있다.

– 초기계획단계에서 쉽게 사용할 수 있다.

■ 모델의 변수 설정 : 건립위치, 건물용도, 연면적

– 건립위치 및 건물용도는 계량화 불가능한 변수이므로 분석대상에서 제외시키고

– 위치는 공사여건이 비슷한 지역으로 국한시켜 지역차로 인한 공사비 편차를 최소화 시킨다.

– 결국 분석대상 건물의 용도를 숙소로 한정하면 연면적만을 분석대상 변수로 설정할 수밖에 없다.

■ 상관 분석(correlation analysis)

– 상관 분석의 의미

• 무작위(random)하게 변화하는 한 쌍을 이루는 변수에서 특정 변수와 다른 변수의 변화 사이에 관계가 있으면 두 변수 사이에 상관(correlation)이 존재한다고 하고, 이의 해석방법을 상관분석(correlation analysis)이라고 한다. 상관 정도는 상관계수(R)로 표현되며 그 구체적 의미는 다음과 같다.

• 상관계수의 의미

R≥0.7 ··················	강한 상관이 있다. ··························	R≤-0.7
0.4≤R≤0.7 ········	상당한 상관이 있다. ······················	-0.7≤R≤-0.4
0.2≤R≤0.4 ········	조금 상관이 있다. ··························	-0.4≤R≤-0.2
0≤R≤0.2 ············	상관이 있다고 할 수 없다. ··········	-0.2≤R≤ 0

－공사비/연면적의 상관 분석결과

	연면적	(연면적)^2	공사비
연면적	1.0	0.9278	-0.9234

- 매우 높은 상관관계를 나타내고 있으므로 연면적과 공사비의 관계를 회귀분석을 통해 규명하도록 한다.

■ **회귀분석**(regression analysis)

－회귀분석은 독립변수(연면적)와 종속변수(공사비) 사이의 관계를 수식으로 표현하는 분석기법이다.

－SPSS/PC＋통계분석 패키지(package)를 활용하여 산포도(scatter diagram)를 작성해 보면 다음 그림과 같다.

－산포도에서 보이는 연면적(X)과 공사비(Y)의 상관관계는 다음과 같이 2차곡선으로 표현될 수 있다.

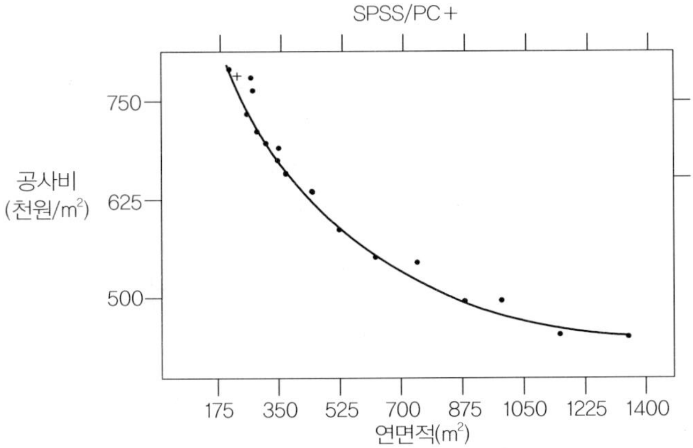

공사비 $Y = 941.18 - 0.82X + 0.000365X^2$
결정계수 $R^2 = 0.9710$
유의수준 signi F=0.0005

- 결정계수 R^2과 signi.F는 통계적 유의성의 판정을 위해 사용하는 척도로서 자연과학의 경우 결정 계수 0.9 이상, 유의수준 5% 이하이면 통계적으로 유의하다고 볼 수 있다.
- 그러나 공사비의 예측은 물리학 또는 재료과학 등과 같이 반복되는 실험결과와는 달리 사회 · 경제적 요인을 많이 내포하고 있으므로 일반적으로 사회과학에서 허용하는 결정계수 0.7(70%의 설명력) 이상이고 유의수준 5% 미만이면 분석의타당성이 있다고 할 수 있다.
- 따라서 결정계수 0.97 이상이고 유의수준 0.05%인 분석결과는 연면적이 공사비의 설명을 위해 충분한 타당성을 갖는다고 볼 수 있다.

■ 모델의 검증

- 도출된 공사비 예측 모델이 공사비를 어느 정도 정확하게 예측할 수 있는가를 측정하기 위해 예측 모델 설정과정에서 활용된 공사비자료 이외의 5개 표본자료를 선정하여 검증한 결과는 다음과 같다.

구분 / 자료	연면적(m^2)	모델 산정 공사비 (천 원/m^2)	실 소요공사비 (천 원/m^2)	예측의 정확도 (%)
자료 1	252	757.7	756.8	99.8
자료 2	360	693.2	695.4	100.3
자료 3	543	603.5	611.6	101.3
자료 4	750	531.5	525.6	98.8
자료 5	1,039	483.2	481.1	99.6

* 정확도=(실 소요공사비/모델 산정 공사비)×100

－실 소요공사비와 거의 근접(98.8~103.3%)하므로 모델은 예측력이 있는 것으로 판단된다.

－'92~'93 공사비 상승률 반영

구분 \ 비목	구성비율(%) (A)	'92～'93인상률(%) (B)	인상폭(%) (A×B)
자재비	38	1.75	0.665
노무비	62	25.6	15.872
계	100		16.537

－'93 공사비 산정 방정식

공사비 $Y_{93}=(1+0.16537)(941.18-0.82X+0.000365X^2)$

감도 분석표

■ '94(익년도) 공사비 상승률 예측

－'93~'94 기간에 걸친 상승률을 예측하고

－예측에 따른 불확실성을 분석한다.

■ 불확실성 분석방법

－자재비/노무비 상승률의 변화에 따른 공사비 변동범위를 파악한다.

－연면적 $X=1120m^2$인 경우의 자재비/노무비 상승률의 변화를 고려한 공사비 산정식은 다음과 같다.

• 공사비 $Y=560,118(1+0.62iL+0.38im)$

단 iL＝노무비 상승률, im＝자재비 상승률

－상기 식에 따라 자재비(0~14%)와 노무비(0~30%)의 상승률 변화에 따른 공사비 변동현황을 파악해보면 다음과 같다.

노무비 상승 / 자재비 상승	0	3%	6%	9%	12%	15%	18%	21%	24%	27%	30%
0%	560118	570536	580954	591372	601790	612209	622627	633045	643463	653881	664299
2%	564374	574793	585211	595629	606047	616465	626884	637302	647720	658138	668556
4%	568631	579050	589468	599886	610304	620722	631141	641559	651977	662395	672813
6%	572888	583306	593725	604143	614561	624979	635397	645816	656234	666652	677070
8%	577145	587563	597982	608400	618818	629236	639654	650073	660491	670909	681327
10%	581402	591820	602238	612657	623075	633493	643911	654329	664748	675166	685584
12%	585659	596077	606495	616914	627332	637750	648168	658586	669004	679423	689841
14%	589916	600334	610752	621170	631589	642007	652425	662843	673261	683680	694098

–공사비 변동범위의 파악을 위한 감도분석 결과는 아래와 같다.

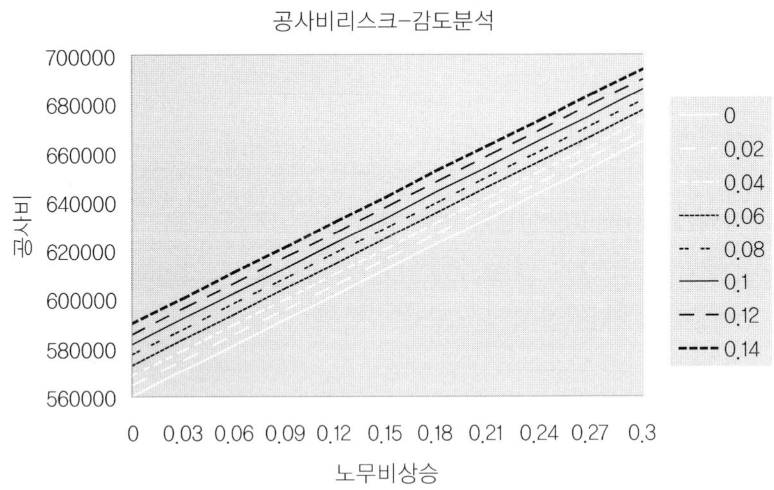

■ 공사비 변동 리스크의 분석결과

–노무비 상승률 변동범위 : 0~30%

–자재비 상승률 변동범위 : 0~14%

–공사비 변동범위

- 최소 560,118원/m^2
- 최대 694,098원/m^2

리스크의 주관적 평가

■ 판단모델

– 돈으로 환산 불가능한 질적 판단요소를 반영하고

– 다양한 평가기준 간의 타협을 위해 사람의 주관적 판단을 계량화 한다.

■ 평가척도

상대적 중요도 내용
1 똑같은 정도로 중요하다. 3 약간 중요하다. 5 꽤 중요하다. 7 상당히 중요하다. 9 절대적으로 중요하다. * 위의 수치 사이의 중간값 2, 4, 6, 8의 사용도 가능함.

■ 평가기준 설정 및 개별비교

– 평가기준 설정

제기부서	평가기준	내 용	공사비 증감
사업관리부서	• 원가절감	• 원가절감 노력에 의해 공사비를 절감할 수 있는 가능성	감소요인
	• 자재, 노무의 수급불균형	• 자재의 품질 및 인력확보 어려움이 발생될 가능성	증가요인
예산편성부서	• 예산의 제한	• 소요재원에 비해 예산은 한정되어 있음.	감소요인
	• 물가의 불안	• 물가상승으로 공사비가 증가될 가능성	증가요인
공사집행기관	• 시설의 질적 수준 향상	• 보다 나은 시설의 건립을 위한 공사비 상승 가능성	증가요인

– 평가기준의 계층도 작성

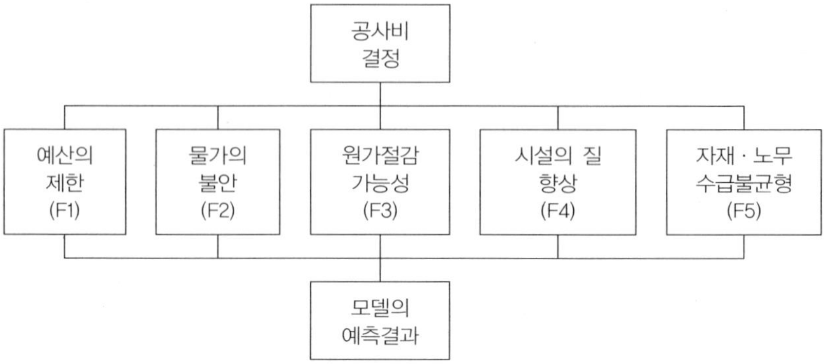

– 목표 : 모델의 운용결과를 조정하여 서로가 납득할 수 있는 수준의 공사비를 결정한다.

– 평가기준의 개별비교 및 각 기준의 가중치 결정

	F1 예산제한	F2 물가불안	F3 원가절감	F4 시설의 질	F5 자재 · 노무 수급불균형	상대적 중요도
F1 예산제한	1	3/1	1	2/1	3/1	0.319
F2 물가불안	1/3	1	1/2	1/2	1/2	0.097
F3 원가절감	1	2/1	1	1	3/1	0.260
F4 시설의질	1/2	2/1	1	1	2/1	0.206
F5 자재 · 노무 수급불균형	1/2	2/1	1/3	1/2	1	0.118

* 비정합도=0.066
* 평가척도
  1. 똑같은 정도로 중요함. 3. 약간 중요함 5. 꽤 중요함
  7. 상당히 중요함 9. 절대적으로 중요함 (*만장일치적 접근과 수학적 접근)

■ 공사비 예산액 결정

–주관적 정량화

항목 \ 확률	(0.10) 0.00–0.20	(0.30) 0.21–0.40	(0.50) 0.41–0.60	(0.70) 0.61–0.80	(0.90) 0.81–1.00
기준 A					
기준 B					
⋮					

■ 공사비 예측치 조정 : 예측치 조정범위 설정

제 1 단계 (평가기준 가중치)	F1 (0.319)	F2 (0.097)	F3 (0.26)	F4 (0.206)	F5 (0.118)
제 2 단계 (예측치의 조정범위)	16% to 25%	6% to 15%	–5% to 5%	–6% to –15%	–16% to –25%
제 3 단계 (조정범위 세부구분)	16% 21% to to 20% 25%	6% 11% to to 10% 15%	–5% 0% to to 0% 5%	–15% –10% to to 11% –6%	–25% –20% to to –21% –16%

■ 예측치 조정률 산정

영향인자		F1 예산제한		F2 물가불안		F3 원가절감		F4 공사의 질		F5 자재노무수급	
1 단계 : 평가기준의 가중치		0.319		0.097		0.26		0.206		0.118	
2 단계변동 범 위	3 단계변동 범 위	단계별 변동범위의 주관적 판단									
16~25%	16~20%	0	0.9	0.1	0.9	0	0.88	0.25	0.85	0.15	0.8
	21~25%		0.1		0.1		0.12		0.15		0.2
6~15%	6~10%	0	0.1	0.65	0.9	0	0.88	0.55	0.12	0.65	0.88
	11~15%		0.9		0.1		0.12		0.88		0.12
-5~5%	-5~0%	0.15	0.1	0.25	0.1	0.05	0.9	0.2	0.12	0.2	0.2
	0~5%		0.9		0.9		0.1		0.88		0.8
-15~(-6)%	-15~(-11)%	0.65	0.1	0	0.1	0.7	0.88	0	0.88	0	0.3
	-10~(-6)%		0.9		0.9		0.12		0.12		0.7
-25~-(-16)%	-25~(-21)%	0.2	0.1	0	0.9	0.25	0.88	0	0.85	0	0.88
	-20~(-16)%		0.9		0.1		0.12		0.15		0.12
(2단계 변동률) X (3단계 변동률)											
16~20%		0		0.09		0		0.2125		0.12	
21~25%		0		0.01		0		0.0375		0.03	
9~10%		0		0.585		0		0.066		0.572	
11~15%		0		0.065		0		0.484		0.078	
-5~0%		0.15		0.025		0.045		0.024		0.04	
0~5%		0.135		0.225		0.005		0.176		0.16	
-15~(-11)%		0.065		0		0.616		0		0	
-10~(-6)%		0.585		0		0.084		0		0	
-25~(-21)%		0.02		0		0.22		0		0	
-20~(-16)%		0.18		0		0.03		0		0	
[(2단계 변동률) X (3단계 변동률)] X (평가기준의 가중치)											
16~20%		0		0.09		0		0.043775		0.01416	
21~25%		0		0.01		0		0.007725		0.00354	
8~10%		0		0.585		0		0.013596		0.067496	
11~15%		0		0.065		0		0.0099704		0.009204	
-5~0%		0.004785		0.025		0.0117		0.004944		0.00472	
0~5%		0.043065		0.225		0.0013		0.036256		0.01888	
-15~(-11)%		0.020735		0		0.16016		0		0	
-10~(-6)%		0.186615		0		0.02184		0		0	
-25~(-21)%		0.00638		0		0.0572		0		0	
-20~(-16)%		0.05742		0		0.0078		0		0	

(변동범위의 평균치) X {[(2단계 변동률) X (3단계 변동률)] X (평가기준의 가중치)}					
0.18	0	0.001571	0	0.007879	0.002548
0.23	0	0.000223	0	0.001776	0.000814
0.09	0	0.004539	0	0.001087	0.005399
0.13	0	0.000819	0	0.012961	0.001196
-0.025	-0.00011962	-0.00006	-0.00029	0.004944	-0.00011
0.025	0.00107662	0.000545	0.000032	-0.00012	0.000472
-0.13	-0.00269555	0	-0.02082	0	0
-0.08	-0.0149292	0	-0.00174	0	0
-0.23	-0.0014674	0	-0.01315	0	0
-0.18	-0.0103356	0	-0.00140	0	0
평가기준별 가중치	-0.02847075	0.007638	-0.03738	0.024488	0.010313

－앞에서 제시된 단계를 거쳐 최종적으로 산정된 예측치 조정률은 아래와 같다.

예산제한	물가불안	원가절감	시설의 질	수급불균형	계
－0.02847075	0.007638	－0.03738	0.024488	0.010313	－0.02341

－조정률 －0.02341은 모델 예측치에 대한 2.341%의 감액을 의미한다.

－예를 들어 자재비 상승률 2%, 노무비 상승률 9%로 가정했을 경우의 예측공사비 596.629천 원/m^2를 조정하면

596.629천 원/$m^2 \times (1-0.02341) = 582.661$천 원/$m^2$가 된다.

－본 과정을 통해 자재비/노무비 상승률에 따른 공사비 변동범위에 대하여 공감대를 형성, 합의된 결정에 이를 수 있었다.

Spider Diagram

■ 목 적

－자재비/노무비 상승률 변화에 따른 공사비 변동 리스크를 감도 분석기법 중의 Spider Diagram 작성방법을 활용하여

－공사비 변동에 중점적 영향을 주는 변수를 식별한다.

■ Spider Diagram 작성순서

－제1단계 : 각 변수의 최적예측치를 활용하여 공사비를 산정한다.

－제2단계 : 공사비 계획 리스크에 영향을 미치는 주요변수(여기서는 자재비/노무비 상승률)를 식별한다. 상황이 복잡한 경우

결정계도(decision-tree)를 활용한다.

-제3단계 : 특정 리스크 변수가 X를 기준으로 ±X% 범위 내에서 일정 간격으로 변화한다고 가정하고, 변화단계별로 공사비를 재계산한다.

예를 들어 자재비 상승률을 기준 상승률의 −5%, −4%, −3%, −2%, −1%, 0%, 1%, 2%, 3%, 4%, 5%로 변화시키면서, 각 변화율별로 공사비를 재계산한다.

-제4단계 : 재계산된 공사비값을 좌표상에 표시하여 첫 번째 변수 "변수1"의 변화에 따른 공사비 변동선을 작성한다.

-제5단계 : 다른 리스크 변수들을 대상으로 제3 단계와 제4단계의 작업을 반복적으로 시행한다.

■ 최적공사비 산정-제1단계

-공사비 산정식 : Y=560118(1+0.62iL+0.38im)

-노무비 상승률 iL=10%, 자재비 상승률 im=5%로 최적예측치로 결정하면, 그때의 공사비

Y=605.487천 원이 된다.

■ 리스크 변수 식별-제2단계

-노무비 상승률 : iL=10%

-자재비 상승률 : im=5%

■ 변수 변동범위 설정 및 공사비 재계산-제3, 4단계

-노무비 상승률 변동범위

• 5%≤iL≤15% : 10%에 대한 −50%~50%

-자재비 상승률 변동범위

• 0%≤im≤10% : 5%에 대한 −50%~50%

-변동범위별로 공사비를 재계산하면 다음과 같다.

노무비 상승률	5%	6%	7%	8%	9%	10%	11%	12%	13%	14%	15%
변화율	-50%	-40%	-30%	-20%	-10%	0%	10%	20%	30%	40%	50%
iL	588123	591596	595069	598542	602014	605487	608960	612433	615905	619378	622851
im	594845	596973	599102	601230	603359	605487	607616	609744	611872	614001	616129
자재비 상승률	0%	1%	2%	3%	4%	5%	6%	7%	8%	9%	10%

■ 재계산 결과의 좌표상 표시-제5단계

-자재비 상승률(im)과 노무비 상승률(iL) 변화에 따른 공사비 재계산 결과를 좌표상에 표시하면 다음과 같다.

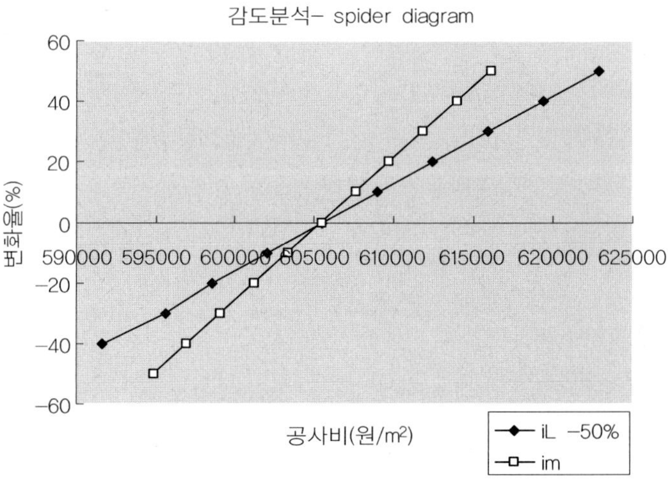

■ Spider Diagram의 해석

-상기 spider diagram의 각 선(line)은 공사비 예측에 대한 영향도를 나타낸다.

-선(line)의 기울기가 작을수록 공사비에 대한 민감도는 더 높아

진다. 상기 그림의 경우 노무비 상승률(iL)이 공사비에 대하여 더 높은 민감도를 갖는다.

– spider diagram은 리스크 변수의 민감도만 나타내 줄 수 있을 뿐, 각 변수의 변화영역을 보여주지 못한다. 이러한 결점을 극복하기 위해 probability contour diagram을 사용한다.

Probability Contour Diagram

■ 목 적

– 앞에서 언급된 Spider Diagram의 작성결과에 Probability Contour Diagram을 추가하여

– 변수의 변화영역을 식별한다.

■ 변동범위의 주관적 식별

– 특정 변수가 각 확률 수준에서 가질 것으로 예상되는 범위를 주관적으로 식별하여 작성한다.

– 예를 들어 변동범위가 –10%~20%에 있을 확률이 70%이고(굵은 선), –20%~30%에 있을 확률이 90%라면(얇은 선) 다음 그림과 같이 표현될 수 있다.

– 이는 주관적인 판단에 대한 다수의 공감을 확보하는 의사소통 수단으로 유용하게 활용될 수 있다.

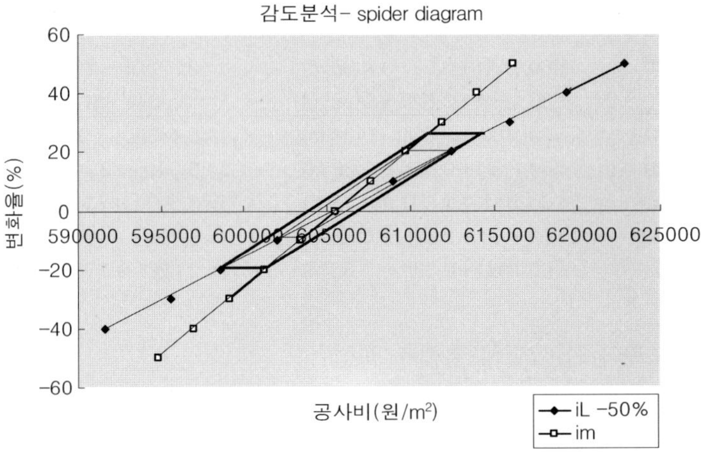

Bivariate Analysis

■ 목 적

- 확정된 결과에 도달하기 위한 과정에서 발생되는 변수들의 통제범위를 식별하기 위한 방법으로
- 본 사례에서 Bivariate Analysis의 활용목적은 확정공사비를 만족시킬 수 있는 자재비/노무비 상승률의 상관성을 분석하는 것이다.

■ 관련 수식의 도출

- 공사비 Y=560118(1+0.62iL+0.38im)에서 다음 식을 도출한다.

확정공사비 관련수식 정리된 수식			
570,000	=	560,118(1+0.62iL+0.38im)	→ 1=35.227iL+21.591im
585,000	=	560,118(1+0.62iL+0.38im)	→ 1=13.964iL+8.559im
614,000	=	560,118(1+0.62iL+0.38im)	→ 1=6.445iL+3.950im
629,000	=	560,118(1+0.62iL+0.38im)	→ 1=5.041iL+3.089im
654,000	=	560,118(1+0.62iL+0.38im)	→ 1=3.699iL+2.267im
669,000	=	560,118(1+0.62iL+0.38im)	→ 1=3.189iL+1.955im
683,000	=	560,118(1+0.62iL+0.38im)	→ 1=2.826iL+1.732im

■ 리스크 변수의 상관성 분석표 작성

-확정된 공사비별로 노무비 상승률의 변화에 대한 자재비 상승률의 변화를 표로 작성하면 다음과 같다.

	0%	2%	4%	6%	8%	10%	12%	14%	16%	18%	20%
570000	0.046316	0.013684	-0.01895	-0.05158	-0.08421	-0.11684	-0.14947	-0.1821	-0.21473	-0.24737	-0.28
585000	0.116836	0.084206	0.051576	0.018946	-0.01368	-0.04631	-0.07894	-0.11157	-0.1442	-0.17683	-0.20946
614000	0.253165	0.220532	0.187899	0.155266	0.122633	0.09	0.057367	0.024734	-0.0079	-0.04053	-0.07316
629000	0.323729	0.291091	0.258453	0.225814	0.193176	0.160537	0.127899	0.095261	0.062622	0.029984	-0.00265
654000	0.441112	0.408478	0.375845	0.343211	0.310578	0.277944	0.245311	0.212678	0.180044	0.147411	0.114777
669000	0.511509	0.478885	0.446261	0.413637	0.381013	0.348389	0.315765	0.283141	0.250517	0.217893	0.185269
683000	0.577367	0.544734	0.512102	0.479469	0.446836	0.414203	0.38157	0.348938	0.316305	0.283672	0.251039

■ Bivariate Analysis Diagram

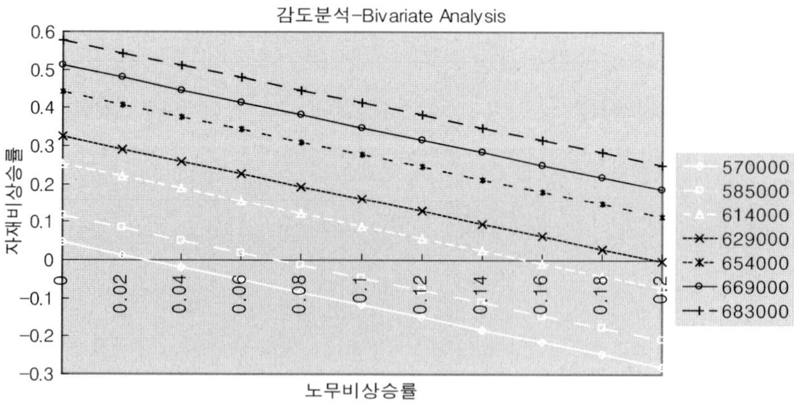

27.2 수명주기 투자리스크의 주관적 평가

– AHP기법

■ 건물의 수명주기를 고려한 투자 리스크 분석결과를 주관적으로 평가하는 예시를 제공한다.

■ 리스크 인자의 계층구조 설정

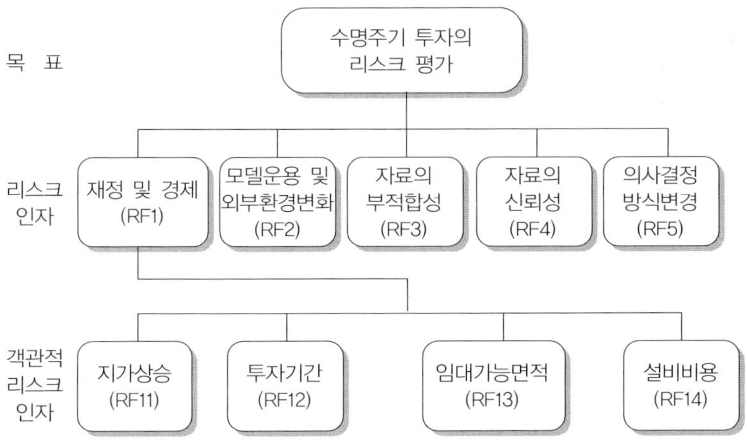

■ 객관적 리스크 인자의 중요도 우선순위 결정을 위한 개별비교(software Expert Choice)를 사용한다.

	RF11	RF12	RF13	RF14	중요도
RF11	1	1	3/1	3/1	0.385
RF12	1	1	2/1	2/1	0.312
RF13	1/2	1/2	1	3/1	0.193
RF14	3/1	1/2	1/3	1	0.110

■ 주관적/객관적 리스크 인자의 중요도 우선순위 결정 개별비교(software Expert Choice)를 사용한다.

	RF1	RF2	RF3	RF4	RF5	중요도
RF1	1	3/1	1	2/1	3/1	0.319
RF2	1/3	1	1/2	1/2	1/2	0.097
RF3	1	2/1	1	1	3/1	0.260
RF4	1/2	2/1	1	1	2/1	0.206
RF5	1/2	2/1	1/3	1/2	1	0.118

■ 주관적 · 객관적 인자의 중요도 우선순위 결정

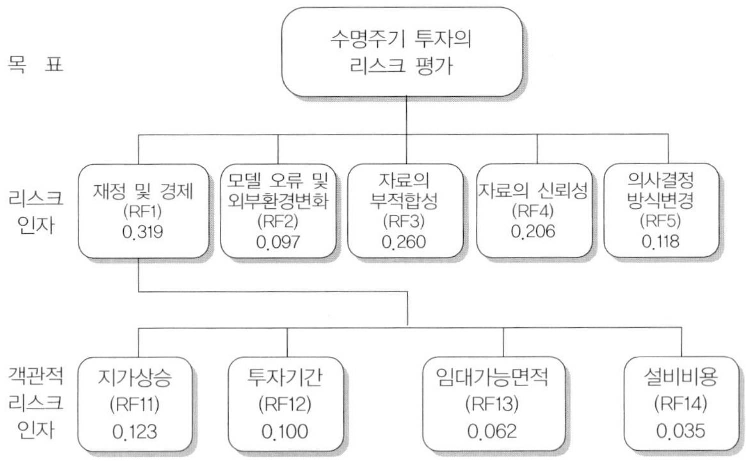

* 부여된 수치가 클수록 중요도가 큰 것으로 고려됨.

27.3 공조시스템 선정과 리스크 분석

-다속성 가치이론

■ 분석절차

다속성 가치이론(multi-attribute value theory)에 의한 공조시스템 선정과정의 리스크 분석은 다음 절차에 따른다.

1) 실행 가능한 대안을 창출한다.
2) 대안에 적합한 단일속성(single attribute)을 설정하고, 이를 효용함수와 결합한다.
3) 불확실성을 포함, 대안의 성능(performance)을 평가한다. 이는 객관적 평가는 물론 전문가들로부터 확보된 주관적인 평가결과도 포함한다.
4) 종합적 효용함수를 사용하고 우선순위의 잠재적 변화 가능성을 분석하기 위해 감도 분석을 활용하여 각 전략을 평가한다.

이러한 순서에 따라 사례 분석을 진행하면 다음과 같다.

■ 1단계 : 대안 창출(Generation of options)

-다음 10가지 유형의 공조시스템 대안을 창출하였다.

1. Double duct overhead VAV for heating and cooling
2. Overhead variable volume cooling and perimeter hot water heating
3. Overhead variable volume cooling with terminal re-heat on perimeter for heating

4. Perimeter four-pipe induction overhead for heating and cooling with internal VAV cooling
5. Perimeter induction floor mounted for heating and cooling with internal zone VAV cooling
6. Four-pipe fan coil overhead with ducted fresh air for heating and cooling
7. Perimeter four-pipe fan coil wall mounted, with ducted fresh air for heating and cooling
8. *Self-contained units air cooled, wall mounted
9. *Self-contained water source heat pump, wall mounted with ducted fresh air
10. *In floor VAV heating and cooling

※ " * "표시는 실행 불가능한 대안임.

–상기 예에서 적용대상은 상업용 사무실에 국한되며 소음수준(noise level)과 공기분배상의 특성(air distributioncharacteristic)에 따른 제약조건이 부가되었다. 이러한 과정에서 적절하지 못한 공기분배 때문에 (대안 8)과 (대안 9)가 검토대상에서 제외되었다. 아울러 (대안 10)은 과다한 소음수준으로 인해 제외되었다.

■ **2단계 : 평가척도 설정**(Specification of evaluation measures)

–공조시스템의 생존성(viability)에 영향을 미치는 10가지 속성이 다음과 같이 식별되었다.

속성 (attribute)	평가대상	목표	평가수단
x_1	수명주기비용 (life cycle cost)	최소화	금액
x_2	실내공간 잠식 (floor space encroachment)	〃	길이(meters)
x_3	보수기간 동안 점유자의 사용 두절 (Disruption to occupants during maintenance)	〃	주관적
x_4	천장공간의 필요성 (Ceiling space requirements)	〃	길이(meters)
x_5	주변 칸막이벽의 변경 가능성 (Perimeter partition flexibility)	최대화	주관적
x_6	모듈통합(module integration)	〃	〃
x_7	습도조정(humidity control)	〃	〃
x_8	사용자 만족(user satisfaction)	〃	〃
x_9	잠재적 확장부하 조건과의 부합성 (Degree of compatibility with potential expanded load requirements)	〃	〃
x_{10}	매각 가능성과 유지의 효용성 (vendor viability and the availability of support)	〃	〃

－수명주기비용(life cycle costs)은 초기투자비와 유지관리비를 포함한다. 여기서 유지관리비에는 점유자(occupants)의 사용 두절에 따르는 비용이 포함되지 않기 때문에 또 다른 속성 x_3가 기능손실(loss of functional use)을 반영하기 위해 사용된다.

■ 3단계 : 단일속성 가치함수의 평가(Assessment of single attribute value functions)

－속성 x_1에서 x_{10}까지의 개별가치함수를 고려한다.

이를 위해 측정척도(scale of measurement) 내의 간격(intervals)이나

변화(changes)를 조사한다. 간격은 기호(preferability)에 따라 등급이 매겨진다. 다시 말해서 가장 많은 돈부터 가장 적은 돈을 지불해야 하는 등의 변화간격을 식별한다.

– 간격들을 순서대로 등급을 정한 후, 최소의 간격변화(interval change)와 비교해서 각 간격의 성능향상을 위해 얼마나 많은 돈을 얼마나 자주 지출해야 할 것인가를 표시한다.

– 이에 대한 예를 제공하기 위해 상기 속성 x_8(사용자 만족감)을 성능범위(performance range) −1에서 +2를 갖는다고 생각해 보자. 가장 많은 돈을 지불하는 변화로 간격 −1에서 0까지를 선정했다. 아울러 간격 0~1 사이의 변화는 1~2 사이의 간격보다 더 중요한 것으로 인식되었다. 또한 간격 1~2 사이의 변화를 위해 지불하는 돈에 비해 −1~0까지의 변화를 위해 3배의 돈을 지불해야 하는 것으로 고려되었다. 이를 표현하면 다음과 같다.

$$v_8(0)-v_8(-1) = 3\{v_8(2)-v_8(1)\} \quad \cdots\cdots (a)$$

$$v_8(1)-v_8(0) = 2\{v_8(2)-v_8(1)\} \quad \cdots\cdots (b)$$

– $v_n(i)$는 0~1 사이의 임의의 위치 i에서 n이 갖는 속성값이다. 게다가 최소로 바람직한 수준은 0값을 갖기 때문에 $v_8(-1)=0$이고 가장 바람직한 수준은 1이 된다. 즉 $v_8(2)=1$이 된다. 이를 통해 우리는 2개의 방정식 (a), (b)와 연립방정식을 풀어 얻을 수 있는 두 개의 미지수 $v_8(0)$과 $v_8(1)$을 갖게 된다. 따라서 $v_8(1)=5/6$이고 $v_8(0)=1/2$이 된다.

– 이제 가치함수(value function)는 4개의 알려진 값을 사용하여 다음과 같이 그래프로 표현할 수 있다.

$$V(x) = 0.5 + 0.4163x_8 - 0.0835x_8^2 + 0.0017x_8^3$$

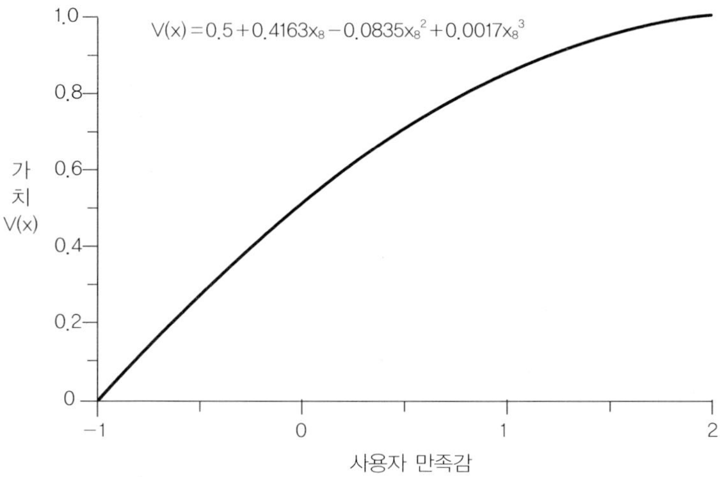

-본 예에서 기업의 전반적 지출은 충분히 커서 비용에 대한 기호는 선형(linear)으로 가정되었다.

-x_1에 대한 가치함수는 다음과 같다.

$v_1(x_1) = (x^* - x_1)/(x^* - x_*)$

여기서

x^* = 가장 낮은 수명주기비용(the lowest life cycle cost)

x_* = 가장 높은 수명주기비용(the highest life cycle cost)

이러한 가정은 속성 x_4, 천장높이(ceiling height)를 위해서도 사용되었다.

■ 4단계 : 척도상수평가(Scaling constant assessment)

-상충되는 목표들의 타협(trade-offs)을 위해 다음과 같은 개념을

고려하여 중요도에 따라 평가척도(evaluation measure)를 정한다. '각 속성이 최소로 바람직한 수준(their least desirable level)에 있을 경우는 최소로 바람직한 수준에서 가장 바람직한 수준으로 옮기기 좋은 속성을 선정하라.'
이러한 문제는 중요도의 서열이 정해질 때까지 매번 선정된 속성을 제거해 나가면서 반복적으로 언급된다. 본 예의 서열은 다음과 같다.

$$k_1 > k_6 > k_8 > k_{10} > k_9 > k_3 > k_2 > k_4 > k_5 > k_7$$

타협이 이루어진 값의 서열을 정하면, 각 척도상수에 대한 특정 값을 얻을 수 있다. 이는 속성들의 개별비교평가(pair-wise assessment)를 통해 얻어진다. 이를 위해 다음 사항을 시도해야 한다.
'덜 중요한 평가척도의 가장 바람직한 수준과 동일한 정도로 바람직한 보다 중요한 척도를 위한 수준을 찾아라.'
다시 말해서 덜 중요한 것을 뛰어 넘는 가장 바람직한 것과 동등한 수준이 되기 위해 필요한 평가척도를 찾기 위해 가장 낮은 수준으로부터 성능수준을 이동시켜라.

- 실례로 속성 x_4(소요천장공간)와 속성x_9(부하유연성)에 대한 개별비교평가(pair-wise evaluation)를 고려해 보자. 이미 x_9이 x_4보다 더 바람직한 평가척도라고 결정을 내린 바 있다. 이어서 x_9의 중간수준 (intermediate level)을 설정하여 x_9를 최소로 바람직한 수준으로부터 중간수준까지 이동시키거나 x_4를 최소로 바람직한 수준에서 가장 바람직한 수준으로 이동시켜도 무방하다. 이러한 상황에서 x_9를 위해 설정된 중간수준은 0.8이었다. 즉 $k_9v_9(0.8) = k_4v_4(0) = k_4$(왜냐하면 $v_4(0) = 1$이기 때문임)

– 다음 표는 중립값(indifference values)을 결정한 후에 k_1에 대한 다른 상수를 대체하면서 척도상수(scaling constants)가 어떻게 계산되었는가를 보여준다.

k_n	k_1과의 관계 (Relationship to k_1)	k_n 동등 값* (k_n equals)	k_n 값 (Value of k_n)
k_1	k_1	0.25	
k_6	$k_6=k_1v_1(2.9)$	$0.70k_1$	0.17
k_8	$k_8=k_1v_1(3.3)$	$0.57k_1$	0.14
k_9	$k_9=k_1v_1(3.6)$	$0.47k_1$	0.12
k_{10}	$k_{10}=k_9v_9(1.5)=k_1v_1(3.6)v_9(1.5)$	$0.38k_1$	0.09
k_3	$k_3=k_9v_9(1)=k_1v_1(3.6)v_9(1)$	$0.27k_1$	0.07
k_2	$k_2=k_9v_9(1)=k_1v_1(3.6)v_9(1)$	$0.27k_1$	0.07
k_4	$k_4=k_9v_9(0.8)=k_1v_1(3.6)v_9(0.8)$	$0.22k_1$	0.05
k_5	$k_5=k_4v_4(150)=k_9v_9(0.8)v_4(350)$ $=k_1v_1(3.6)v_9(0.8)v_4(350)$	$0.09k_1$	0.02
k_7	$k_7=k_4v_4(200)=k_9v_9(0.8)v_4(200)$ $=k_1v_1(3.6)v_9(0.8)v_4(350)$	$0.05k_1$	0.01
		$\Sigma=4.02k_1$	$\Sigma=1.00$

– $\Sigma k_1=4.02k_1=1$을 풀면 $k_1=0.249$가 된다. 이로부터 다른 k_n이 평가된다.

■ 5단계 : 대안의 성능 산정(Estimating the performance of options)

–7가지 가능한 대안의 성능수준이 산정되었다. 이들은 다음 표에 나타나 있다. 수명주기비용 x_1은 불확실한 변수로 표현되기 때문에 확률분포를 고려할 필요가 있다. 확률분포는 Pearson-Tukey 약산에 의해 3가지 값을 계산함으로써 개략적으로 파악될 수 있다.

$v_1=x_1(0.05)$ $\quad$ $p=0.185$

$v_m=x_1(0.05)$ $\quad$ $p=0.630$

$v_h = x_1(0.95)$ $p = 0.185$

– 여기서 $x_1(0.05)$는 x_1의 5% 수준의 하위값이고, $x_1(0.5)$는 50% 수준에서의 중간값(median)이며, $x_1(0.95)$는 95%에서의 상위값이다.

기호	내 용	전 략						
		1	2	3	4	5	6	7
x_1	수명주기(life cycle)	3.0	3.8	4.8	2.9	3.2	2.6	2.8
x_2	실내공간(floor space)	0	75	0	0	300	0	300
x_3	유지관리(maintenance)	0	0	-1	-2	-2	-2	-2
x_4	천장공간(ceiling space)	600	600	600	600	450	400	400
x_5	칸막이 유연성(partition flexibility)	2	2	2	1	1	0	1
x_6	모듈통합(module integration)	2	2	2	0	1	1	0
x_7	습도조정(humidity control)	2	2	2	1	1	0	1
x_8	사용자만족(user satisfaction)	2	1	2	0	2	0	-1
x_9	부하유연성(load flexibility)	2	2	2	0	0	1	1
x_{10}	매각가능성(vendor viability)	1	2	1	1	2	0	1

■ 6단계 : 평가전략(Evaluating strategies)

– 최종 평가단계는 종합적 기대효용값(overall expectedutility value)의 계산을 포함한다. 속성 x_1이 불확실한 변수이므로 기대효용값에 이르기 위해서는 3가지 산정치 각각에 대한 종합적 기대효용값을 계산해야 한다. 즉

$$U(x/S) = \Sigma u(x_1,\ x_2,\ x_3,\ \cdots\ x_{10})p(x_1/S)x_1$$

여기서 $u(x_1,\ x_2,\ x_3,\ \cdots\ x_{10})$ = 효용함수

$p(x_1/S)$ = S가 선정전략이라는 조건에서 x_1의 확률분포

x_1 = 평가척도 x_1에 대한 일련의 가능한 값들(대개 3개

의 불연속값임)

– 감도 분석이 후속적으로 척도인자들(scaling factors)의 변화를 평가하기 위해 사용된다. 감도 분석과정에서가장 우선순위가 높은 대안의 위치에 변화가 생기지 않는다면 그 대안은 우선순위가 높은 대안으로 인식된다. 다음 표는 7가지 공조시스템 대안의 최종 우선순위를 보여준다.

서열	대안	기대효용
1	1	0.86
2	2	0.78
3	3	0.66
4	5	0.61
5	6	0.59
6	4	0.44
7	7	0.43

■ 정리/요약

– 신기술을 포함하는 결정은 주의 깊은 분석을 필요로 한다. 이러한 문제를 다루는 과정에서 리스크 분석이 하나의 생존성을 결정하는 도구가 되도록 하기 위해서는 다중목표 분석에 근거해야 한다.

– 비선형(non-linearity)의 문제는 기존의 가중평가 매트릭스보다 더 정당화시킬 수 있는 접근방법이 되어야 한다. 특히 기계/전기 설비시스템은 실제운영과 긴밀히 연결되어 있기 때문에 경제적 생존성(economic viability)뿐만 아니라 기술노후(technological obsolescence)에 대한 저항도 반영해야 한다.

27.4 설계단계에서의 환경 리스크 분석

－효용이론

■ 리스크 상황

－최근 건설사업의 추진과정에서 환경영향에 대한 체계적인 분석의 필요성이 대두되고 있다. 발주자는 환경친화적인 사업수행의 중요성을 강조하는 반면, 설계자에게는 환경과 관련된 복잡한 문제의 고려가 두통꺼리로 인식되고 있는 실정이다.

－환경문제와 관련된 발주자의 가치체계와 지역사회의 고려 우선순위를 종합적으로 판단할 수 있는 투명화된 접근방법론의 필요성이 강조되고 있다.

－본 사례는 다속성 효용이론(MAUT : Multi-attribute Utility Theory)에 따라 전문가로부터 얻어진 정보/자료와 사용자/소유자로부터 도출된 가치체계를 반영하여 종합적으로 평가하는 방법론의 적용사례를 보여준다.

■ 환경리스크 인자의 특성

－상호대립적 리스크 인자의 동시 존재

• 한 가지 인자의 해결은 다른 차원의 환경 리스크로 진전됨.

－리스크 분석시 제기되는 문제점

• 한정된 재원과 시간의 범위 내에서 어떤 인자에 가장 중점을 둘 것인가?

• 어느 정도로 환경 리스크에 대처해야만 발주자로서의 한계혜택(marginal benefits)을 유지할 수 있는가?

- 어떻게 하면 환경 리스크 인자를 비환경적 설계문제와 조화시킬 수 있는가?

–주관적 판단의 반영 불가피

- 환경문제의 기술적 해결방안과 함께 주관적 평가가 요구되는 영역이 존재한다.

–주관적 평가가 요구되는 영역은 다음과 같다.

- 환경문제에 대한 지역사회의 가치 : 환경 리스크 인자의 결과적 영향에 대한 과학적 분석에도 불구하고, 각 인자의 상대적 중요도에 대한 의견 불일치로 인해 리스크 우선순위의 설정은 결코 쉽지 않다. 예를 들어 대기오염, 자원보존, 지구온난화(global warming) 중 어느 것이 가장 중요한 이슈(issues)인가를 결정하는 문제는 지역사회의 가치를 반영하는 매우 민감한 사안이다.
- 발주자의 가치 : 환경문제의 중요성은 발주자 조직의 가치체계뿐만 아니라 조직구성원 각자의 가치에 의해서도 영향을 받는다. 환경친화적 설계(green design)의 개념은 서로 다른 사람(조직)에게 각기 달리 인식되기 때문에 절대적 의미를 갖지 않는다. 환경설계는 현재 이익과 미래 세대의 혜택 사이에서 윤리적 타협(ethical trade-offs)을 시도하며 삶의 질에 대한 관점을 반영하는 과정이다. 이러한 이슈는 객관적 조사영역에 포함되지 않는다.

■ 다속성 효용이론(multi-attrubute utility theory)

–다속성 효용이론은 복수의 목표를 추구하는 의사결정 과정에서 효과적으로 활용된다.

–다양한 성능수준(x_1, x_2, x_3, ⋯ x_n)을 갖는 n가지 속성을 반영하여 각 대안의 바람직한 정도(relative desirability)를 나타내는 종합적 효용함수(overall utilityfunction)를 작성한다. 이 방법에 쓰이는 다양한 용어의 정의는 다음과 같다.

용 어	정 의
i	속성번호
n	속성의 수
x_i	대안의 속성 i에 대한 성능 수준
X_i	대안의 속성 i에 대한 가장 높은 가능성의 값
k_i	속성 i에 대한 비율(scaling factor)
$u(x_i)$	속성 i에 대한 단일효용함수(single utility function)
$u(x_1,\ x_2,\ \cdots\ x_n)$	n개의 속성에 대한 종합효용함수
$v(x_1,\ x_2,\ \cdots\ x_n)$	n개의 속성에 대한 종합가치함수
$V(X_1,\ X_2,\ \cdots\ X_n)$	n개의 속성에 대한 종합기대가치함수
r	실질 할인율

–다속성 효용이론에 의한 리스크 분석의 기대효과

- 각 설계대안에 대한 전문가의 정보와 발주자의 의견을 종합하여 설계초기단계에 설계자와 발주자 사이에서 이루어지는 대화의 구조적 틀을 설정할 수 있다.
- 이해관계자(건축주, 사용자, 유지관리자 등) 집단으로부터 이의가 제기될 경우 발주자는 이 모델을 활용하여 각 집단의 의견을 합리적으로 의사결정 과정에 반영할 수 있다.

–효용함수 설정(Specifying the utility function)

- 모든 대안은 성능수준 'x_1, x_2, ⋯ x_n'을 갖는 속성의 집합으로 설명될 수 있다. 이러한 속성은 발주자의 목표를 반영하는

것이어야 한다.

- 각 속성이 스칼라 값(scalar value)이나 성능수준(performance levle)으로 표현될 수 있다면 발주자를 가장 잘 만족시키는 성능의 조합을 식별할 수 있어야 한다.
- 리스크 분석의 목표는 주어진 각 대안의 효용지표(utility index)나 가치척도(measure of worth)를 제공하는 종합적 효용함수 $u(x_1, x_2, \cdots x_n)$를 얻는 것이다.
- 적합한 효용함수는 발주자의 모든 기호구조(total preference structure)를 포함해야 한다. 따라서 발주자는 함수를 극대화하는 대안을 선택할 수 있어야 한다.
- 종합적 효용함수 $u(x_1, x_2, \cdots x_n)$는 개별속성 효용함수로부터 얻어질 수 있다고 가정된다. 이는 다음과 같이 표현될 수 있다.

$$u(x_1, x_2, \cdots x_n) = f[u(x_1), u(x_2), \cdots u(x_n)] \quad \cdots\cdots(1)$$

- 이 식의 한 가지 형식은 다음과 같이 부가사례(additive case)로 표현될 수 있다.

$$u(x_1, x_2, \cdots x_n) = \sum_{i=1}^{n} k_i u_i(x_i) \quad \cdots\cdots(2)$$

- 가치함수(value function) $v[(x_1, x_2, \cdots x_n)]$는 확실한 조건에서 평가된 효용함수의 특별한 형태이다. 이러한 부가적 관계는 다음과 같이 표현될 수 있다.

$$v(x_1, x_2, \cdots x_n) = \sum_{i=1}^{n} k_i v_i(x_i) \quad \cdots\cdots(3)$$

여기서 $v_i(x_i)$는 성능수준 x_i인 속성 i에 대한 단일속성가치함수(single attribute value function)[54]를 의미한다. 비례상수(scaling constants) k_n은 각 속성에 할당된 가중치를 반영한다. 각 비례 상수 k_i는 0과 1 사이에 있고, 이들 비례상수들의 총합은 1이다.

- Keeney와 Raiffa(1976)에 의하면 이러한 부가적 세분화(additive decomposition)는 '상호간의 기호적 독립성이 유지되는 조건(condition of mutual preferential independence)'이 충족될 때 적합하다고 한다[55]. 만약 X_1의 특정 결과에 대한 기호가 X_2의 값에 의존하지 않는다면, 이때 속성 X_1은 속성 X_2에 대하여 기호적으로 독립적이라 고 한다. 마찬가지로 X_2에 대한 기호가 X_1에 의존하지 않는다면 이들 상호간에 기호적 독립성을 갖는다고 말할 수 있다. 이에 대한 예로써 신축 건물부지와 주차시설규모의 관계를 들 수 있다. X_1을 도시지역(또는 교외지역)을 나타내는 결과변수이고 X_2를 소형차(또는 대형차)를 위한 주차장을 의미하는 결과변수라고 하자. 그러면 신축건물 위치가 도시지역인가, 아니면 교외지역인가를 나타내는 변수 X_1의 값은 불가피하게 각 위치별로 요구되는 주차설비의 종류를 반영하는 과정에서 소형차나 대형차 둘 중의 하나에 대한 기호에 영향을 미칠 것이다. 기호적 의존성(preferentialdependence)은 모든 환경적인 속성에 대한 개별비교(pairwise comparison)를 통해 고려될 수 있을 것이다.

---

54) 단일속성가치함수(single attribute value function)는 성능수준(performance level)과 발주자에 대한 가치의 관계를 나타낸다.

55) Keeney, R. L. and Raiffa, H., Decisions with Multiple Objects, Wiley, New York, 1976.

-상기 방법에 따라 환경 리스크 분석을 위한 효용모델(Utility Model)의 작성 절차를 설정하면 다음과 같다.

- 제1단계, 리스크 인자의 식별(Risk Identification) : 설계단계에서 고려해야 할 환경 리스크 인자를 식별한다.
  - (a) 제약조건(constraints)으로서 리스크 인자의 인식
  - (b) 환경적 속성에서 비롯되는 리스크 인자의 인식

- 제2단계, 각 인자별 효용함수를 작성한다.
  - (a) 설계상 특징을 반영하는 환경적 제약조건과 리스크 인자를 모두 나열한다.
  - (b) 교환상수(trade-off constants) k_i와 단일차원의 가치함수(single dimension value functions) $v_i(x_i)$를 포함하여, 각 속성 i에 대한 효용함수를 설정한다.
  - (c) 불확실성 효과를 포함하여 제안된 각 설계에 대한 환경적 측면의 장점을 평가한다. 이는 관련분야의 전문가들로부터 확보된 객관적 · 주관적 평가 모두를 포함한다.
  - (d) 종합적 효용함수를 활용하여 설계대안을 평가한다. 이 때 대안우선 순위의 잠재적 변경 여부를 확인하기 위해 감도 분석을 활용한다.

- 제3단계, 각 리스크 인자의 불확실성을 고려하여 설계대안의 장점을 파악한다. 이 과정에서 관련분야 전문가로부터 얻어진 객관적 · 주관적 평가를 고려한다.
- 제4단계, 우선순위 설정에 영향을 줄 수 있는 잠재적 변화를 식별하기 위해 감도 분석(sensitivity analysis) 기법과 함께 종합적 효용함수를 활용하여 각 설계대안을 평가한다.

■ **제1단계 : 환경 리스크 인자의 식별**(Environmental Risk Identification)

–식별된 리스크 인자를 정리하면 다음과 같다.

환경리스크

지구환경적 영향 (Global effects)
- 온실가스 (Greenhouse gases)
- 오존고갈 (Ozone depletion)
- 목재생산 (Wood prtoducts)
- 재활용 (Recycling)

지역환경적 영향 (Neighbourhood effects)
- 레지오넬라 질병 (Legionnaires' disease)
- 바람의 영향 (Local wind effects)
- 토지개간 (Land reclamation)

실내환경 영향 (Indoor Effects)
- 레지오넬라 질병 (Legionnaires' disease)
- 조명 (Lighting)
- 위험물질 (Hazardous materials)
- 실내공기의 질 (Indoor Air Quality)

–상기 인자에는 장기적으로 중요한 '수명주기비용(life cycle cost) 절감' 항목이 포함되어 있지 않고, 특정 인자는 다른 경제설계 목표(economic design objectives)와 상충된다.

–환경설계와 관련하여 가장 직접적 영향을 받는 비용항목은 기술혁신(innovation)이다. 왜냐하면 이는 추가설계기간, 불확실한 성능조건, 공간적 제약 등을 유발하기 때문이다.

–상기 인자들의 특성은 다음 3가지로 분류될 수 있다.

- 설계상의 제약조건 : 설계과정에서 달성되어야 할 목표라기 보다는 바람직한 수준의 설계목표 달성을 위해 준수해야 할 지침으로 고려되어야 한다.
- 상충되는 설계목표 : 제약조건과 달리 설계목표는 다양한 수준으로 달성될 수 있다. 예를 들어 실내공기의 질과 에너지 효율은 냉난방을 위해 더 많은 에너지를 요구하는 환기량과 직접적으로 상충된다.

• 강화된 설계목표 : 다른 설계목표와 일관성을 유지하기 위한 것으로 보다 높은 수준의 구체적 목표를 부가한다. 예를 들어 '이산화탄소 방출량의 감소'는 '에너지효율'이라는 설계목표와 일관성을 유지하는 것이다.

– 따라서 우선적으로 설계상의 제약조건을 파악하고, 아울러 설계목표 달성에 영향을 주는 주관적 · 객관적 리스크 인자를 식별해야 한다.

– 환경 리스크 분석 모델은 상충 · 경합되는 목표들에 대한 가치의 공유를 통해 타협할 수 있는 방법을 제공해야 한다.

– 설계상의 제약조건

번호	제 약 조 건	비 고
1	허용 가능한 목재 사용량	지구환경적
2	냉방열 배제(air conditioning heat rejection) 설계의 CIBSE (1987) TM13 부합	지역환경적
3	지역온수온도(domestic hot water temperature)의 CIBSE (1987) TM13 부합	실내환경
4	형광등의 고주파안정기(high frequency ballast) 사용여부	실내환경
5	무연페인트(no lead paint) 사용	실내환경
6	석면(asbestos) 사용의 제한	실내환경
7	우레아폼(urea formaldehyde)의 영국기준(British standard) 부합 또는 동등 이상의 제품 사용	실내환경

(참고자료 : CIBSE(1987)[56])

• 환경설계 요구조건을 충족시키지 못하는 설계는 배제되거나 요구조건에 부합되도록 수정되어야 한다.

56) Chartered Institute of Building Services Engineers, Minimising the risk of legionnaires' disease, CIBSE Technical Memorandum No.13, 1987, CIBSE, London

–환경설계 측면의 리스크 인자

- 식별된 리스크 인자는 다음 표와 같다. 발주자는 리스크 인자를 설계목표로 인식하여 초기 설계단계에서 목표치를 최소화시키거나 최대화시켜야 한다.
- 수명주기비용(life cycle cost)은 대상 프로젝트의 현재 가치를 수명주기에 걸쳐 동일 연부금으로 지급하는 액수, 즉 연간등가액(annual equivalent)으로 표현된다. 이를 통해 발주자는 서로 다른 수명주기를 갖는 다른 대안과 비교하여 사업비가 기업의 연간지출에 어떻게 영향을 미치는지 파악할 수 있다.[57]
- 식별된 리스크 인자

리스크	최대치 (Least desirable)	최소치 (most desirable)	단 위 (units)
수명주기비용 (Life cycle cost)	3,200,000	2,500,000	1,000원/yr
기술혁신 (Innovation)	5	0	주관적 인자
오존파괴 (Ozone depletion)	> 0.06	No a-c	ODP(Ozone depletion potential : 오존파괴능력)
온실가스 (Greenhouse gases)	120	0	$kg/m^2/yr$
실내공기의 질 (Indoor air quality)	80	0	%
토지개간 (Land reclamation)	0	4	주관적 인자
재활용 설비 (Recycling provision)	0	3	주관적 인자

- 식별된 리스크를 대상으로 받아들일 수 있는 최소수준의 경우와 가장 바람직한 수준 사이의 간격을 식별해야 한다. 이

57) 수명주기비용 분석을 위해서는 설계결정에 따른 미래비용을 표현해야 한다. 이 개념의 핵심은 돈의 시간가치를 반영하는 할인율(discount rate) r의 적용이다. 할인율 r은 미래의 비용이 할인되는 수준을 결정한다. 할인율이 높을수록 미래비용의 중요성은 감소된다.

는 다음 표와 같다.

• 리스크 인자의 범위값/간격 식별

속성(attribute)	측정척도(measure and interval)
(x_1) LCC 연간 등가액	시험할인율 6%를 적용하여 산정된 수명주기비용의 연간 등가액
(x_2) 혁신 리스크 (innovation risk)	(5) 전반적 수준의 재구축 필요 (4) 상업용 목적의 설치 필요 (3) 상업적 목적으로 10가지 이상의 설치 필요 (2) 건축법규 내에서 혁신이 가능함 (1) 제시조건과 비슷한 환경조건에서 활용 (0) 과거의 설계가 완벽하게 이루어졌음
(x_3) 오존파괴 (ozone depletion)	오존파괴능력(1에 대한 상대값으로 표현)
(x_4) 온실가스 (greenhouse gases)	이산화탄소 방출량(kg/m^2/yr)
(x_5) 실내공기의 질 (indoor air quality)	공기순환율(percentage recirculated air)
(x_6) 토지개간 (land reclamation)	(0) 녹지대 활용 또는 할증(premium) 적용 (1) 표면잔해(surface debris)를 갖는 토지개간 (2) 부피가 큰 표면잔해를 갖는 토지개간 (3) 하부에 오염된 토양을 포함하는 토지개간
(x_7) 재활용 설비 (recycling provision)	(0) 재활용 설비 미구비 (1) 재활용 가능한 쓰레기의 저장공간 확보 (2) 재활용 가능한 재료의 용이한 제거를 위한 적재구획 확보 (4) 재활용 가능한 쓰레기의 분리수거

■ 제2단계 : 효용함수의 정의(Defining the utility function)

–방정식 (3)에서 표현된 효용함수의 정의는 다음 두 가지 과정을 포함한다.

–제2a단계 : 척도상수(scaling constants) k_1에서 k_n을 사용하여 타협안을 설정한다.

−제2b단계 : 단일속성가치함수 $v_i(x_i)$를 설정한다.

−이러한 두 가지 단계는 다음에 순차적으로 언급된다.

■ **제2a단계 : 척도상수를 사용한 속성의 서열화**(Ranking attributes using scaling constants)

−이 단계에서 서로 경합하는 목표들 사이의 타협을 위한 평가가 이루어진다. 타협은 척도상수 k_i의 관점에서 표현된다. 이러한 상수값을 산정하기 위해 먼저 '모든 속성들이 최소로 바람직한 수준에 있다고 가정하고, 최소로 바람직한 단계에서 가장 바람직한 수준의 순으로 속성을 선정하라.' 이러한 질문은 매번 선정된 속성을 제외시켜 가면서 중요도의 우선순위가 확보될 때까지 반복된다. 우선순위는 아래 표의 두 번째 칸에 나타나 있다. 본 예에서 각 척도상수의 상대적 중요성은 다음과 같다.

$$k_1 > k_3 > k_5 > k_6 > k_2 > k_4 > k_7$$

−척도인자 K_n의 산정

속 성	서 열	확률값	척도인자
(x_1)수명주기비용	1	0.4	0.26
(x_2)혁신 리스크	3	0.26	0.17
(x_3)오존파괴	5	0.15	0.10
(x_4)온실가스	6	0.12	0.08
(x_5)실내공기의 질	2	0.28	0.19
(x_6)토지개간	4	0.20	0.13
(x_7)재활용 설비	7	0.10	0.07
		$\Sigma=1.51$	$\Sigma=1$

−타협값 k_1~k_n의 서열을 결정한 후 각 상수에 대한 특정 값을

확보해야 한다. 이는 다음의 그림에서 보이는 인터뷰 질문에 의해 얻어진다.

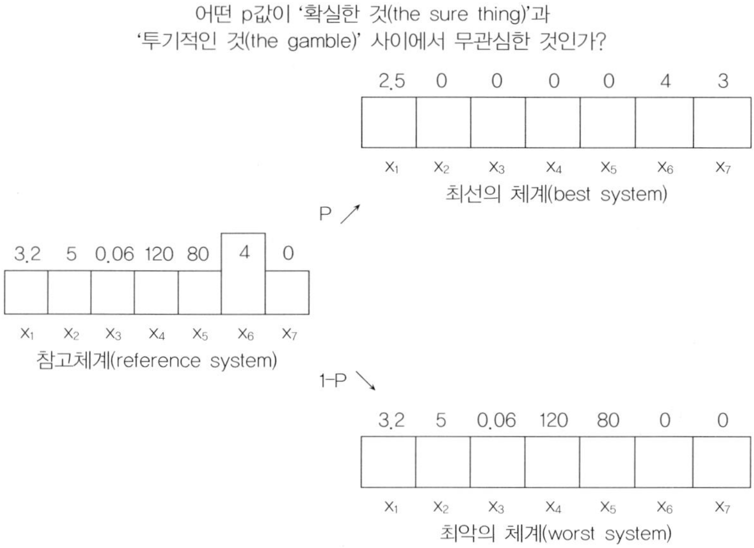

그림 27.1 타협 값의 설정

– 여기서 인터뷰 당사자는 참고체계(확실히 발생하는 값), 최선의 체계(발생할 확률 p), 최악의 체계(발생할 확률 1–p) 사이에서 무관심한 확률값 p를 선택해야 한다. 참고체계는 가장 높은 수준에 있는 관심사(interest)를 제외하고는 모든 속성들이 받아들일 수 있는 가장 낮은 수준에 있는 것이고, 최악의 체계는 모든 속성들이 받아들일 수 있는 가장 낮은 수준에 있는 것인 반면, 최선의 체계는 모든 속성들이 가장 바람직한 수준에 있는 것이다.

– (그림)은 속성 x_6, 토지개간에 대하여 척도상수의 평가를 실시한 것이다. 참고체계에서 토지개간(최대값 4)을 제외한 모든 속성들이 가장 낮은 수준에 있다. 이때의 확률값은 참고체계

와 투기적인 것 사이에서 무관심점으로 0.2가 선정되었다. 이 확률값은 다른 참고체계를 위해 도출된 확률값과 함께 앞의 표에 채워진다.

– 각 속성에 대하여 선정된 p값은 상대적 중요도를 의미한다. 척도상수의 합은 1이 되어야 하기 때문에 p값을 그 합으로 나누어 각 척도인자 k_i를 제공해야 한다.

■ **제2b단계 : 단일속성 가치함수의 평가**(Assessment of single attribute value functions)

– 이제 x_1에서 x_n까지의 개별 가치함수를 고려해야한다. 다음 표는 토지개간(속성 x_6)에 대하여 가치점수가 어떻게 산정되는가를 보여준다. 맨 윗줄은 받아들일 수 있는 토지상태 범위의 한계를 식별하고 있다.

표 27.1 가치점수의 산정

수 준	0		1		2		3		4
중요도 순서		4		3		1		2	
중요도		×1		×1.5		×4		×2	Σ=8.5
가 치	0		1/8.5		2.5/8.5		6.5/8.5		1

– 간격은 보다 바람직한 정도에 따라 그 서열이 정해진다. 즉 결정은 '가장 많은 돈을 지불할 용의가 있는 간격의 변화를 식별하라, 두 번째로 많은 돈을 지불할 용의가 있는 간격은? 등'이어야 한다.

– 토지개간에 대해서는 (표)에서 보인 바와 같이 가장 많은 돈을 지불하는 변화로서 간격 2~3이 선정되었다. 즉 '부피가 큰 표면잔해를 갖는 토지'로부터 '오염지역이 집중되어 있는 토지'로

가장높이 건너뛰도록 값을 매긴 것이다.(표 참조)

－간격 3~4는 간격 1~2보다 더 중요한 것으로 인식되고, 간격 1~2는 다시 간격 0~1보다 더 중요한 것으로 인식된다. 이러한 중요도의 순서는 위의(표)에서 범위 값 바로 밑의 칸에 표현된다.

－간격의 서열을 정한 후에, 각 간격의 성능 증가를 위해 최소값으로 매겨진 간격의 변화와 대비하여 몇 배의 돈을 지불할 용의가 있는가를 정해야 한다. 본 예에서 간격 0~1에 비해 격 2~3은 4배의 돈을 더 지불할 용의가 있다는 것을 의미하며, 간격 3~4는 2배의 돈을 더 지불할 용의가 있다는 것을 의미하고, 간격 1~2는 1.5배의 더 많은 돈을 지불할 용의가 있음을 의미한다. 이 중요도의 결과는 (표)에 기록되고, 이를 합산하여 위의 (표)에서 보여지는 값 8.5를 얻는다.

－이러한 숫자는 1과 0 사이의 값으로 표현된다. 따라서 척도에 따라 각 점에 값이 할당된다. 여기서 $v_i(x)$는 0과 1사이의 값으로 표현된 간격 x에서의 속성 값 I이다.

－5개의 알려진 점을 사용하여 가치함수는 그래프로 표현될 수 있다. 세 가지 주관적 속성인 혁신 리스크(x_2), 토지개간(x_6), 재활용 설비(x_7)에 대한 그래프는 다음 그림과 같다.

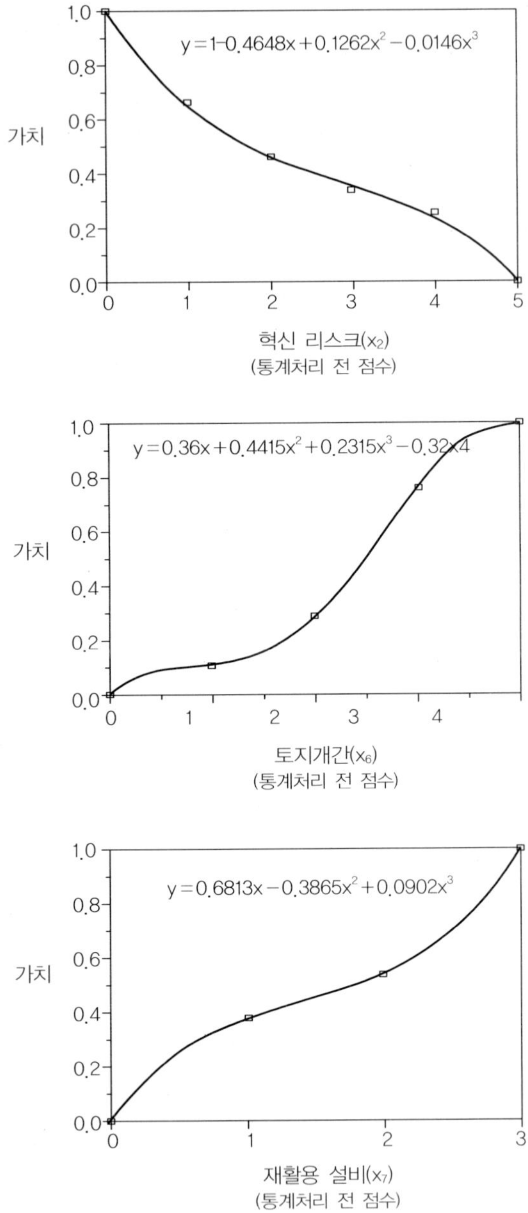

그림 27.2 통계처리 전 점수와 가치

– 다항식 표현은 단일 가치 점수의 계산에서 사용될 수 있는 함수를 제공한다. 상기 그림의 세 가지 속성을 제외한 나머지 4개의 속성, 즉 수명주기비용, 오존파괴, 온실가스, 실내공기의 질은 선형가치함수를 갖는 것으로 가정된다.[58] 이들 변수 x에 대한 가치함수는 다음과 같이 표현될 수 있다.

$$v_1(x_i)=\frac{x^{**}-x_i}{x^{**}-x^{*}}$$

여기서 x^*는 가장 바람직한 수준이고 x^{**}는 최소로 바람직한 수준이다. 이러한 연속함수를 이용하여 중간의 성능수준 값을 산정할 수 있다.

■ **제3단계 : 대안의 성능수준 판단**(Estimating the performance level of options)

– 불확실성 수준을 포함하여 각 대안의 성능수준을 판단해야 한다. 이 단계의 예시를 위해 상호배타적이고 다양한 기술적 해결안에 의해 대표되는 3 가지의 가상적인 설계개념을 고려해 보자.

– **대안 1 : 개방형 시스템**(the open system) – 환경 에너지의 효과적 사용으로 에너지 소비를 최소화한다. 자연환기시스템을 이용하기 때문에 교외지역에 위치할 필요가 있다. 전기열펌프(electric heat pump)가 열원(heat sinks)으로 해당 지역의 연못을 이용하여 난방과 냉방을 제공한다. 이 대안의 적용을 위해서는 녹지대가 필요하다.

---

58) 비용 가치에 대한 이러한 선형 가정에 대한 구체적 사항은 Kirkwood(1982)의 다음 논문을 참고할 수 있다.
Kirkwood, C.W., A case history nuclear power plant site selection, Journal of Operation Research Society 33, 356-3.

– 대안 2 : 폐쇄형 시스템(closed system) – 에너지 손실을 줄여서 에너지 사용량을 최소화한다. 열관류율이 높은 재료와 수요에 따라 사용량을 조절할 수 있는 감지기와 이산화탄소 감지기 등의 사용을 수반한다. 팬코일 유닛(fan-coil unit)이 냉난방 요구조건을 충족시킨다. 고수준의 재순환 및 열회수가 공간난방의 재사용을 최적화하기 위해 이루어진다. HCFC123이 냉매제(오존파괴능력 ODP=0.02)로 사용된다.

– 대안 3 : 개간체계(reclamation) – 도시지역의 버려진 땅을 활용한다. 환경에너지를 활용하기 위해 열사이폰(thermosyphon) 냉방 시스템을 갖춘 변풍량 공조시스템이 채택된다. HCFC22가 냉매제(오존파괴능력 ODP=0.05)로 사용된다.

– 다음 표는 3가지 대안에 대하여 가장 가능성이 높은 성능수준값 X_i를 제시한다. 아울러 낮은 값(low estimates) X_i^L과 높은 값(high estimates) X_i^H가 각 대안에 대하여 제시되어야 한다.

속 성	대안 1			대안 2			대안 3		
	X_i	$v(X_i)$	$k_i v_i(X_i)$	X_i	$v(X_i)$	$k_i v_i(X_i)$	X_i	$v(X_i)$	$k_i v_i(X_i)$
(x_1)LCC등가지불액/년	2.7	0.71	0.19	2.6	0.85	0.23	3.0	0.28	0.07
(x_2)혁신 리스크	3	0.35	0.06	2	0.46	0.08	1	0.65	0.11
(x_3)오존파괴	0	1.00	0.10	0.02	0.67	0.07	0.05	0.17	0.02
(x_4)온실가스	60	0.50	0.04	40	0.67	0.05	80	0.33	0.03
(x_5)실내공기의 질	0	1	0.19	80			60	0.25	0.05
(x_6)토지개간	0			0			4	1	0.13
(x_7)재활용 설비	3	1	0.07	0			0		
Σ	Σ=0.64			Σ=0.42			Σ=0.41		

■ 제4단계 : 대안의 평가 (Evaluating options)

– 최종 평가단계는 종합적인 가치점수를 산정하는 것이다. 각 대안 $v(x_1, x_2, x_3, \cdots x_n)$에 대한 가치함수는 2a단계에서 도출된 척도상수와 2b단계에서 얻어진 가치함수를 사용하여 (방정식 3)으로부터 산정될 수 있다. 상기 (표)에서 가장 가능성이 높은 X_i를 사용하여 3가지 대안 각각에 대한 종합적 기대가치점수 $V(X_1, X_2, \cdots X_n)$가 도출된 결과를 보인다.

– 이 단계에서 서열상의 척도인자, 리스크 취향 상수, 수명주기 비용 기타의 미세한 변화효과를 평가하기 위해 감도 분석이 활용된다. 성능상의 불확실성은 높은 X_i^H과 낮은 X_i^L 값을 활용하여 검토된다. 감도 분석을 거치는 동안 서열이 높은 대안에 변화가 없다면 우수한 대안으로 식별될 수 있다.

■ 모델의 한계 – 평가기준의 중복

– 모델의 한계는 하나의 평가기준(특히 에너지 소비)이 한 가지 이상의 목표를 만족시킬 때 발생될 수 있다. 에너지 절감은 이산화탄소 방출로부터 유발되는 오염을 줄여줄 뿐만 아니라 부족한 자원의 소비수준을 줄여주는 두 가지 효과를 갖는다. 에너지 보존과 오염감소의 관심사를 동시에 고려할 수 있는 효용함수를 설정하는 것은 다소 난해한 일이다. 이에 대한 대안은 각 목표를 별도로 분리하여 고려하는 것이다.

– 사람의 기호(preference)를 상호 독립적으로 고려해야 한다는 조건은 모델의 설정에 문제를 제기할 수 있다. 각 속성에 대한 세심한 개별비교(pairwise comparison)와 재정의(redefinition)를 통해 다속성 효용이론의 정당성을 저해하는 이러한 형태의 의존성을 방지할 수 있을 것이다.

27.5 SOC 민간투자사업의 재무적 리스크 분석

–Monte Carlo 시뮬레이션[59)]

■ 리스크 분석 모델

–경량전철 민간투자사업의 사업계획서 작성단계에서 적용할 수 있는 재무적 리스크 분석모델은 다음과 같다.

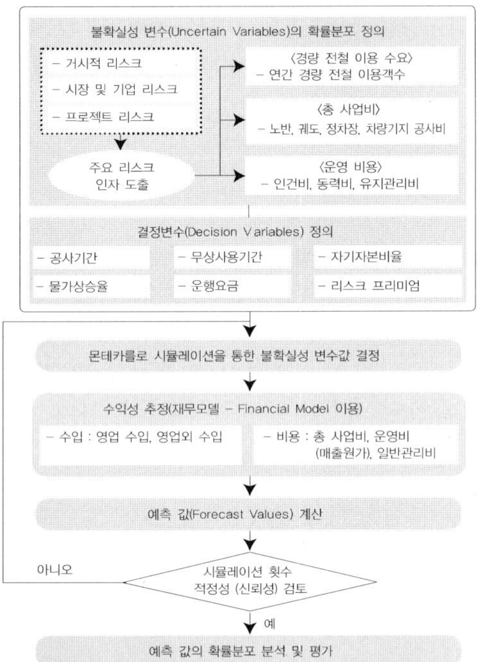

그림 27.3 경량전철 민간투자서업 재무적 리스크 분석 모델

---

59) 본 연구는 정동욱, 김형진, 현창택, 김인호에 의해 실시되었다. 보다 구체적인 내용은 '대한건축학회논문집(구조계) 2001.5 P109-116'을 참조할 수 있다.

– 경량전철 민간투자사업의 리스크 식별 프로세스를 거쳐 정리 · 요약된 리스크 인자를 총사업비, 운영수입, 운영비용 등의 불확실성 변수에 반영한다.

– 정의된 불확실성 변수의 확률분포 및 범위값들은 몬테카를로 시뮬레이션을 거쳐 그 변수 값의 범위를 결정한다. 다음으로 수입과 비용으로 분류된 각 항목 값들을 계산하여 수익성을 추정하고 예측 값을 분석한다. 마지막으로 적정 신뢰도 수준의 시뮬레이션이 이루어졌는지 확인하고 재무적 리스크를 분석 · 평가한다.

■ 불확실성 변수의 확률분포 정의

– 운영수입, 총사업비, 운영비용 등의 불확실성 변수를 확률분포[60]로 정의한다.

– 운영수입

• 경량전철의 운영수입에 영향을 미치는 리스크 인자들로 사

60) 확률분포의 모양결정 자체에 대한 것도 매우 심층적인 연구가 이루어질 수 있는 대상이 되지만, 본 연구는 단일 값 추정으로 인하여 발생할 수 있는 사고의 경직성을 극복하고, SOC 경량전철 민간투자사업의 불확실성 인자를 반영할 수 있는 방법론으로서 확률분포를 이용한 몬테카를로 시뮬레이션의 적용 가능성을 살펴본다.

분포형태	조 건
정규분포	• 평균값이 최빈값 • 평균을 중심으로 대칭 • 평균에 가까워지려는 경향 존재
로그 정규분포	• 상한값은 무한하지만, 값이 0 이하가 될 수는 없음. • 대부분의 값들이 하한값에 가까우면서 분포는 (+)방향 왜도 • 분포의 자연로그는 정규분포
삼각분포	• 최대 · 최소값 고정 • 최대값과 최소값으로 삼각형을 형성하는 꼭짓점에 최빈값 존재
일양분포	• 최대 · 최소값 고정 • 범위 내의 모든 값이 발생확률 동일

회/지역의 반응, 소비환경 변화, 인플레이션, 금리, 법/제도 변경, 예측하지 못한 수요감소가 도출되었다.

- 운영수입을 구성하는 불확실성 변수는 연간수요와 영업외 수입[61]의 비율이다. 연간 수송예상인원은 그 특성상 평균을 중심으로 대칭형태를 띠고, 시간의 경과에 따라 표준편차 범위가 증가하는 정규분포를 적용한다.
- 운영수입 대비 비율은 가능한 범위 내에서 발생 가능성이 동일하다고 추정되므로 일양분포를 이용한다. 특히 운영수입의 확률분포를 정의함에 있어서 유의해야 할 사항은 시간의 경과에 따라 해당 분포의 분산이 커진다는 것이다.

–총사업비

- 총사업비에 영향을 미치는 리스크 인자로는 거시적 리스크, 시장 및 기업 리스크, 프로젝트 리스크 등이다. 이 중 민간 사업 추진자가 통제할 수 있는 리스크는 대부분 프로젝트 리스크에 해당되므로, 본 사례에서는 프로젝트 리스크를 중심으로 총 사업비를 구성하는 불확실성 변수의 확률분포를 정의한다.

–운영비용

- 경량 전철시스템 및 차량기지, 역사 등의 시설에 대한 운영 및 유지관리 비용에 영향을 미치는 리스크 인자들로는 예측하지 못한 운영비용의 발생, 주요 수선비용 예측의 오류, 기술적 사고 및 상해 등이다.
- 이러한 리스크 인자를 반영하여 인건비, 동력비, 유지관리비

61) 운영외 수입이란 부대시설 운영으로 발생하는 수입을 말한다.

등의 불확실성 변수에 대한 확률분포를 추정하고, 그 범위를 결정한다.

–몬테카를로 시뮬레이션을 이용한 변수 추정

- 몬테카를로 시뮬레이션은 무작위의 난수를 발생시켜 확률적으로 리스크를 평가하는 기법으로 경험/기술/판단을 이용하여 범위 추정값을 결정한 후 정의된 확률분포 내에서 난수를 발생시켜 그 결과를 해석하는 방식이다.
- 무작위 표본추출을 발생시키는 도구로 컴퓨터의 난수 발생장치를 활용한다. 본 사례에서는 Decisioneering社의 Crystall-Ball 2000[62]을 이용한다. 여기서 주의해야 할 사항은 시뮬레이션의 반복횟수이다. 100회 정도의 시뮬레이션을 실시하면 표준오차 5% 범위 내의 신뢰도를 달성할 수 있다고 하지만, 본 사례에서는 불확실성 변수가 다양하고 복잡하므로 신뢰도 1~1.5%를 충족시킬 때까지 시뮬레이션을 실시한다.

–예측 값 산정

- 재무성 평가지표로 FIRR, NPV 등이 있지만, 이들 값을 정확히 산출하기 위해서는 고도의 회계적 원리에 근거하여 작성된 재무모델(Financial Model)이 필요하다. 본 사례에서는 사업타당성 분석단계에서 추정 가능한 정도의 현금흐름 모델을 작성하는 것으로 한정한다.
- 경량전철의 운임수입과 기타 편익시설 및 부외 사업으로 발생하는 운영외 수입 등 매년 발생되는 수입은 현금유입(cash inflow)으로 보고, 건설기간 동안의 총사업비와 운영과정의

62) Decisioneering, 2000., “Crystal Ball 2000 User Manual–discover the risks and opportunities in your forecast”

인건비, 유지관리비, 경량전철 동력비 등의 운영비용 및 일반관리비 등은 현금유출(cash outflow)로 고려한다.

• 이를 바탕으로 전체 건설/양허 기간 동안 발생하는 현금흐름표를 작성하여 매년 현금 유입/유출의 차를 현가화시킨 값의 누적 합계인 NPV를 산출한다. 이러한 시뮬레이션 모델을 이용하면 해당 사업이 제반 불확실성으로 인해 어느 정도의 재무적 타당성을 갖게 되는지를 통계적으로 밝힐 수 있고, 재무적 타당성 평가를 위해 적용된 변수들 중 가장 신중히 고려해야 하는 변수를 파악할 수 있다.

■ 사례 적용 및 검증

－사업개요

표 27.2 U-시의 경량전철 민간투자사업 추진 개요

구 분	개 요
사 업 명	• U시 경량전철 민간투자사업
사업규모	• 총 연장 10.3Km, 정차장 13개소, 차량기지 1개소
사업기간	• 건설기간 : 2001년~2004년
	• 운영기간 : 2005년~2034년
추진방식	• BTO(Build-Transfer-Operate) 방식

－재무적 리스크 분석

• 연간 운영수입의 추정 : U-시의 경우, 기존 시가지와 5개의 새로운 택지개발지구가 연결된 지역을 경량전철노선이 통과하므로 장기 수요의 안정성이 기대된다. 단, 경량전철이 새로이 도입되는 교통수단이라는 점에서 초기의 이용수요 및 운임에 대한 지불 용의성 등의 리스크가 있을 것으로 예상된다. 그러나 U-시내의 50m 지점 어디에서든 경량전철

역사에 접근할 수 있는 접근성이 확보되어 있어 이용승객의 입장에서 인지되는 편익을 고려해 볼 때, 이용수요는 안정적으로 확보되어 있다고 판단할 수 있다.

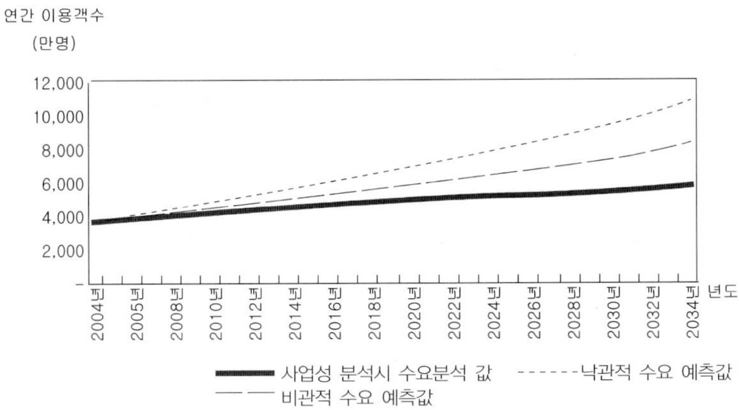

그림 27.4 U-시 경량전철 이용수요 추정의 불확실성

- 경량전철 이용수요에 영향을 미치는 리스크 인자들을 반영하여, 본 사례에서는 경량전철 운영 개시 5년 동안은 이용수요의 불확실성이 높다고 판단, 일양분포를 적용하고, 그 이후의 단계에서는 삼각분포를 적용하여 시뮬레이션을 한다. 또한 시간의 경과에 따라 정보의 불확실성이 증가하여 표준편차가 커지므로, 이용수요의 불확실성을 매년 1%씩 증가시켜 분포에 반영하였다. 몬테카를로 시뮬레이션은 95% 신뢰도 수준을 만족하도록 조건을 설정하고 500회를 반복하여 결과를 산출하였다.
- 결정론적 방법에 의해 수요를 추정하여 매출액을 산출한 기존의 재무적 타당성 분석에서는 총매출액의 경상가격 합계가 약 4조 2,506억 원으로 산출되었으나, 본 사례에서 가정

한 불확실성 변수의 확률분포를 시뮬레이션 한 결과, 평균 매출액은 약 4조2, 487억 원으로 계산되었고, 500회의 시뮬레이션 후 표준오차는 42를 보였으며, 변동계수는 0.02로 나타났다. 연간 이용객수 분포를 정의함에 있어서 특정 skewness를 상정하지 않고 완전 대칭형 분포를 갖는 것으로 가정하였다. 이러한 가정으로 인해 평균값은 결정론적 추정치와 크게 다른 결과를 보이지 않는다. 한편, 영업외 수입에 대해서는 운영수입의 5%를 평균으로 하는 정규분포를 적용하였다.

- **총사업비의 추정** : 총사업비에 영향을 미치는 프로젝트 리스크는 프로젝트 정의의 불명확성과 신기술 적용, 의사소통 등이 가장 크게 영향을 미치는 것으로 나타났다. 경량전철 시스템에 대한 국내 보유 기술수준이 높지 않기 때문에 기술적 리스크가 클 것으로 생각된다. 또한 외국社와의 협력체제로 사업이 진행되기 때문에 프로젝트 팀 간의 의사소통은 사업의 성공에 매우 큰 영향을 미친다. 총사업비를 구성하고 있는 항목 중 가장 높은 비중을 차지하는 순 공사비에 대해 먼저 시뮬레이션을 실시한다. 순 공사비는 궤도공사비, 노반 공사비, 정차장공사비, 차량기지공사비, 주박설비공사비 등 하위 불확실성 변수들로 구성되어 있어서 이들에 영향을 미치는 각 인자들을 찾아서 확률분포를 정의하였다. 재료비, 노무비, 경비, 자재비 등으로 구성된 노반, 정차장 공사비는 로그 정규분포와 일양분포를 적용하였고, 역사건축비는 삼각분포를 적용하였다. 이 단계가 끝난 후, 각 불확실성 변수의 추정값을 구하기 위해 95%의 신뢰도를 만족시키는 조건으로 500회의 시뮬레이션을 실시하였다. 이러한

조사비

Normal distribution with parameters:

Mean	600,000,000
Standard Dev.	60,000,000

Selected range is from –Infinity to +Infinity

보상비산출 (노반면적–평)

Uniform distribution with parameters:

Minimum	4,500
Maximum	5,500

보상비산출 (차량기지면적–평)

Normal distribution with parameters:

Mean	4,680
Standard Dev.	468

Selected range is from –Infinity to +Infinity

보상비산출 (노반 지가 – 원 / 평)

Uniform distribution with parameters:

Minimum	1,100,000
Maximum	1,450,000

보상비산출 (차량기지 지가– 원 / 평)

Normal distribution with parameters:

Mean	120,000
Standard Dev.	12,000

Selected range is from –Infinity to +Infinity

부대비

Normal distribution with parameters:

Mean	10,200,000,000
Standard Dev.	1,020,000,000

Selected range is from –Infinity to +Infinity

차량단가

Triangular distribution with parameters:

Minimum	1,281,500,000
Likeliest	1,535,000,000
Maximum	1,808,500,000

영업준비금

Normal distribution with parameters:

Mean	6,600,000,000
Standard Dev.	660,000,000

Selected range is from –Infinity to +Infinity

시스템 설비비 비율 (노반+정차장)

Uniform distribution with parameters:

Minimum	0.36
Maximum	0.44

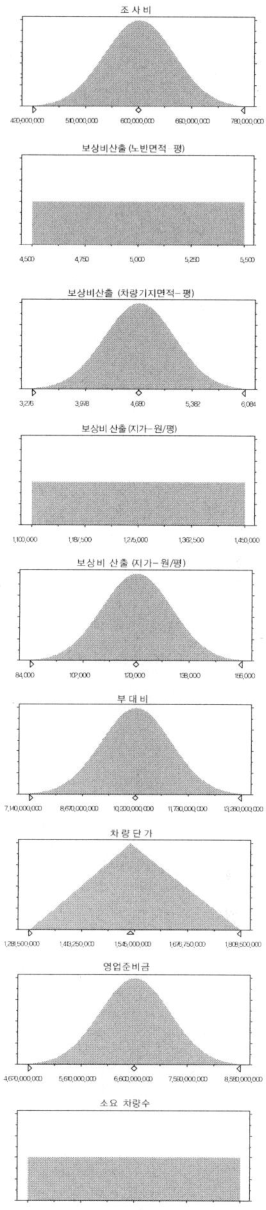

그림 27.5 총사업비를 결정하는 불확실성 변수의 확률분포

총 사업비

Summary:

Display Range is from 4,731 to 4,976 억원
Entire Range is from 4,713 to 5,005 억원
After 500 Trials, the Std. Error of the Mean is 2

Statistics:	Value	Percentile	억원
Trials	500	0%	4,713
Mean	4,855	10%	4,796
Median	4,854	20%	4,816
Standard Deviation	45	30%	4,829
Variance	2,065	40%	4,840
Skewness	0.17	50%	4,854
Kurtosis	2.85	60%	4,866
Coeff. of Variability	0.01	70%	4,878
Range Minimum	4,713	80%	4,894
Range Maximum	5,005	90%	4,915
Mean Std. Error	2.03	100%	5,005

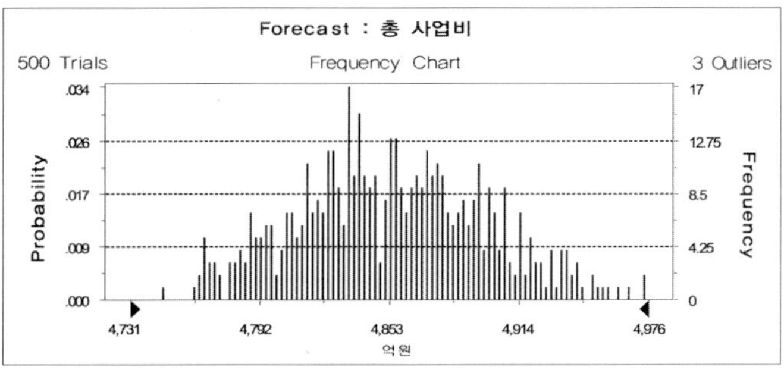

그림 27.6 총사업비의 시뮬레이션 결과

변수들 중에서 공사비에 가장 큰 영향을 미치는 변수는 운영설비비의 차량 구입비였는데, 이를 통해 이용수요가 매출액뿐만 아니라, 순 공사비에도 매우 큰 영향을 미친다는 사실을 유추할 수 있다. 왜냐하면 차량 수는 궁극적으로 첨두시 이용수요에 의해 가장 큰 영향을 받아 산출되기 때문이다. 순 공사비로는 약 2,160억 원의 중앙값을 갖는 것으로 도출되었다. 단일 값 추정에서는 2,174억 원이 나왔지만, 이보다 적은 결과가 나왔다. 이는 순 공사비는 경량전철시스

템의 인프라를 건설하는데 요되는 비용으로 과거의 경험 및 축적자료의 활용 가능성으로 인해 공사비 초과 리스크가 적다는 것을 알 수 있다. 순공사비에서 적용했던 방식과 유사하게 총사업비를 산출한다. 총사업비를 결정하는 불확실성 변수에 대한 확률분포는 다음과 같다. 총사업비에 대한 시뮬레이션 결과, 중앙값은 약 4,816억 원으로 산출되었다.

• 감도분석 결과 총사업비에 영향을 미치는 변수 중 차량의 단가와 소요 차량수는 사업비 변동에 가장 큰 민감도를 보였다. 이는 경량전철 건설공사에서 가장 중요하게 고려되어야 할 부분이 바로 차량시스템에 대한 부분이라는 일반적인 주장과 일치한다. 따라서 보다 합리적인 차량 선정 절차의 수립이 이루어져야 할 것으로 사료된다.

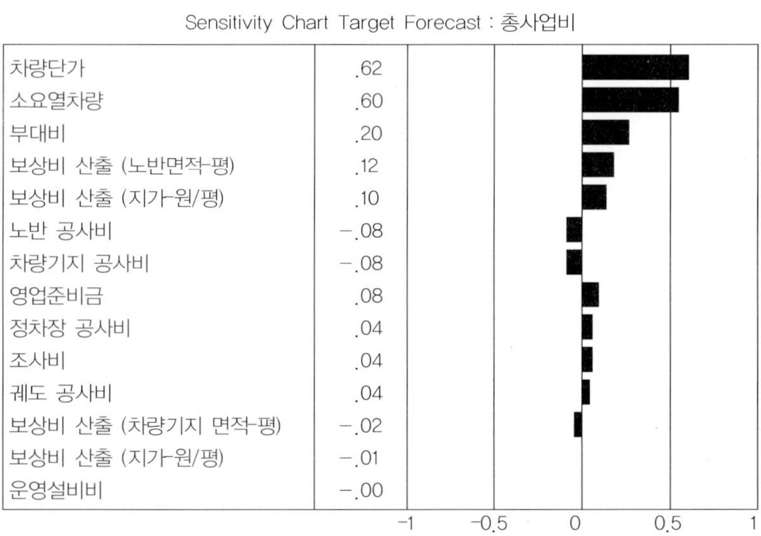

그림 27.7 총사업비에 대한 민감도 분석

– 모델의 적용사례 분석 및 평가

- 본 사례에서 제안한 재무적 리스크 분석 모델은 기존 모델의 결정론적 접근이 갖는 한계점을 극복하고, 경량전철 민간투자사업의 내 · 외부 불확실성 요인들의 영향을 보다 유연하게 반영하여 평가할 수 있는 방식이다.
- 본 모델이 활용되기 위해서는 리스크 식별 프로세스를 거쳐 민간투자사업에 영향을 미칠 수 있는 리스크를 파악하고, 재무적 타당성의 검토를 위해 작성된 재무모델을 확률적으로 활용하기 위한 변수의 분류과정, 즉, 불확실성 변수, 결정변수, 그리고 예측 값으로 분류하는 과정을 거쳐 확률적 추정 및 시뮬레이션을 거쳐야 한다. 그러나 이러한 프로세스의 실무 적용이 매우 복잡하므로 참여자들 사이의 의사소통체계 확립 및 효율적 모델링 작업노력이 요구된다.

27.6 산사태 리스크관리

– 주관적/객관적 리스크의 종합분석

■ 리스크 인자의 식별[63)]

a. 사면높이 : 암사면, 흙사면, 혼합사면으로 구분하고, 암사면은 높이에 0.5를, 그 외 사면은 높이에 1을 곱하여 점수로 환산한다. 우리나라의 산사태는 대부분 상부에서 작은 규모로 파괴가 시작되는 특성을 보이므로 점수의 상한값을 20점으로 제한한다.

b. 사면경사각 : 자연사면과 인공사면으로 구분하여 자연사면은 경사각 36도 이상에서 10점, 인공사면은 암사면인 경우 90도 이상에서 10점, 그 외의 사면에서는 60도 이상에서 최고 20점을 부여한다.

c. 사면 상부의 경사각 또는 구조물 유무 : 사면 상부의 경사각과 구조물의 유무에 따라 다른 가중치를 부여한다. 특히 사면 상부에 군사용 전술도로 등이 있을 경우는 최고 20점을 부여한다.

d. 불안정한 옹벽 : 옹벽이 있는 경우는 이전에 산사태가 발생하였던 지역일 가능성이 많아 높이에 2를 곱하여 점수를 산정한다.

e. 임분경급 : 사면내 식생상태를 기준으로 미림목지와 유수림

63) 홍콩의 안전도 평가기준, 건설기술연구원(1989), 최경(1986)의 연구결과를 참고로 우리나라 전방지역의 실정에 적합하도록 조정한다. 연구자료는 첨부된 부록을 참고할 수 있다.

인 경우 최고 10점을 부여한다. 특히 전술상 벌목을 한 경우 가산점 5점을 추가한다.

f. 횡단면형 : 산사태는 대부분 요형과 직선복합형에서 발생하며 철형에서는 산사태의 발생이 거의 없기 때문에 요형과 직선복합형의 지형에 최고 15점을 부여한다.

g. 사면상태 : 사면에 느슨한 암편이 있거나 균열이 발견되는 경우는 최고 10점, 사면상태가 불량한 경우는 5점을 부여한다.

h. 사면의 종단면형 : 산사태의 발생에 가장 큰 영향을 미친다. 특히 하강사면의 경우는 최고 20점을 부여한다.

I. 절리 : 사면을 형성하는 암반에 발달된 절리 방향이 사면방향과 같은 경우 5점을 부여한다. 이는 자연사면에서 발생하는 산사태는 표토층에서 집중강우시에 발생하여 암반의 절리가 산사태 발생에 많은 영향을 미치지 못하므로 점수의 비중이 적다.

j. 지질 : 우리나라 산사태는 통계상 화강암에서 발생빈도가 가장 적어 5점을 부여하고 그 외의 암은 모두 10점을 부여한다. 특히 암의 상부에 붕적층이 있는 경우 침식이 쉽게 발생할 수 있어 5점을 추가한다.

k. 불투수 암반 사면에 대한 배수로 : 불투수 암반 사면에 배수로가 없는 경우 최고 15점, 배수로가 있으나 불량한 경우는 5점을 부여한다.

l. 사면 상부에 물이 고일 수 있는 조건 : 사면 상부에 교통호, 벙커, 평지 등 물이 집수되고, 강우시 집수된 물이 암반면에 침투할 수 있는 조건의 경우 20점을 부여한다.

m. 사면에 배수로 : 일반 사면에 배수로가 전혀 없거나 있어도

큰 균열이 있는 경우 10점을 부여한다.

n. 물을 이동시키는 시설 : 사면에 상하수도관 등 물을 이동시키는 시설이 있는 경우 누수 위험이 있으므로 5점을 부여한다.

o. 용수상태 : 사면에 용출수가 있는 경우 절개사면과 자연사면 모두의 경우에 최고 15점을 부여한다.

■ 산사태 리스크 평가항목/평가기준 작성 및 적용

–상기 내용을 정리하여 산사태 리스크의 평가항목을 작성하면 다음 표와 같다.[64] 평가항목의 적용 예를 표시하면 그림(산사태 안전도 평가항목의 도시)와 같다.

–산사태 발생 등급에 따른 불안정 점수는 다음과 같다.

- 불안정 점수>110 산사태 발생 가능성이 매우 크다.
- 110>불안정 점수>90 산사태 발생 가능성이 크다.
- 90>불안정 점수 산사태 발생 가능성이 적다.

–사면파괴 가능지역 선정(※ 1 : 25,000 지형도 이용)

- 산지의 8-9부에서 완경사에서 급경사로의 변곡점
- 계곡 최상부로 배수로와 연결되는 부분
- 인공구조물(도로, 교통호, 벙커)의 측단 하부

–본 예에서 제시된 (표) 및 (그래프)는 용인, 안성지역을 대상으로 산사태 리스크를 평가한 실제사례이다.

64) 산사태 안전도 평가기준 작성시 다음 사항에 유념해야 한다.
- 과거의 오랜 경험과 자료 축적 필요
- 지역특성에 부합 필요
- 평가표의 사용자는 비전문가임.

■ 산사태 안전도 평가항목

분석요소	가중치	점수 산정
a) 사면높이(H)	20	흙사면=H×1, 암사면=H×0.5, 혼합사면=H×1
b) 사면경사각	20	자연사면 절개사면(암사면) 절개사면(이외사면) ≥36° =10 ≥90° =10 ≥60° =20 ≥31° =8 ≥80° =8 ≥55° =15 ≥26° =5 ≥70° =5 ≥45° =5 ≥21° =3 ≥60° =2 ≥35° =3 ≥20° =0 ≤60° =0 ≤35° =0
c) 사면상부 경사각 또는 사면상부 구조물	20	상부경사각 상부구조물 ≥45° 또는 전술도로 =20 ≥35° 또는 교통호, 벙커 =15 ≥20° =5 ≤20° =0
d) 불안정한 옹벽(전도, 균열)	10	옹벽의 높이(m) × 2
e) 임분경급	15	미림목지=10, 유수림=10, 소경목=5, 중경목=0 * 군전술상 벌목이 수행된 경우는 5점 추가
f) 횡단면형	15	요형=15, 직선복합형=15, 철형=0
g) 사면상태	10	느슨한 암편이 있는 경우 =10 사면 상부에 균열 발견 =10 사면상태가 불량 =5
h) 종단면형	20	하강형=20, 상승복합형=5, 평행형=0
i) 절리	5	사면방향과 일치하는 절 리가 있는 경우=5
j) 지질(기반암)	15	변성암=10, 화강암=5, 분출암=10 제3기암류=10, 퇴적암 =10 *상기암 상부에 붕적층으로 피복된 경우는 5점 추가
k) 불투수 암반사면에 대한 지표수의 배수로	15	전혀 없음=15, 50%(부분적)=8, 나쁨=5, 양호=0
l) 강우 침투 조건	20	사면 상부에 집수지, 교통호, 벙커 등이 있어 강우가 암반 면으로 직접 침투할 수 있는 조건
m) 흙사면에 배수로	10	전혀 없거나 완전하지 못함=10 완전하나 큰 균열이 있는 경우=10 높이 H 내에 있으면 5, 없으면0
n) 물을 이동시키는 시설(상수관 등)	5	높이 H 내에 있으면 5, 없으면 0
o) 용수상태 절개사면	15	위치 극심 보통 사면중간 15 10 사면하부 10 5
자연사면		자연사면 내에 용출수 확인=15
불안정점수=Σ{a, b, c, d, e, f, g, h, I, j, k, l, m, n, o}		

주) 한 요인이 여러 개 항목으로 나뉘는 경우 각 항목의 최대점수를 모두 더하여 얻은 값을 그 요인에서 얻을 수 있는 최고점수로 한다.

■ 산사태 안전도 평가항목의 도시

a) 사면높이

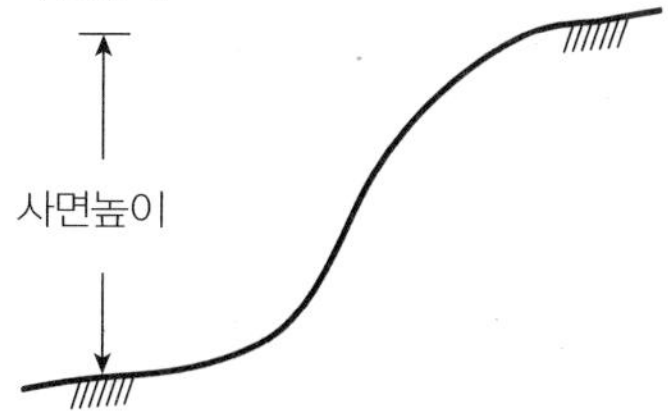

b) 사면경사각

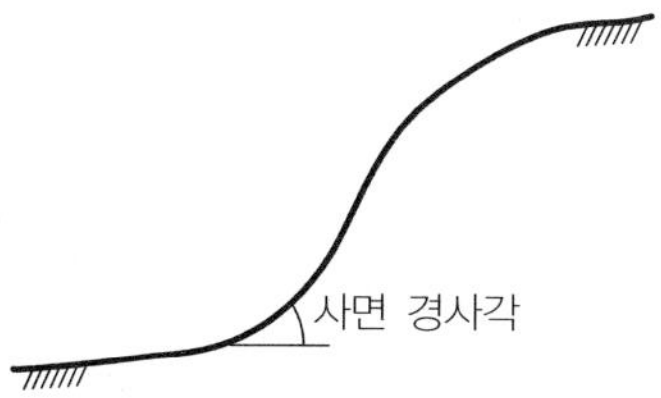

c) 상부 경사각, 구조물

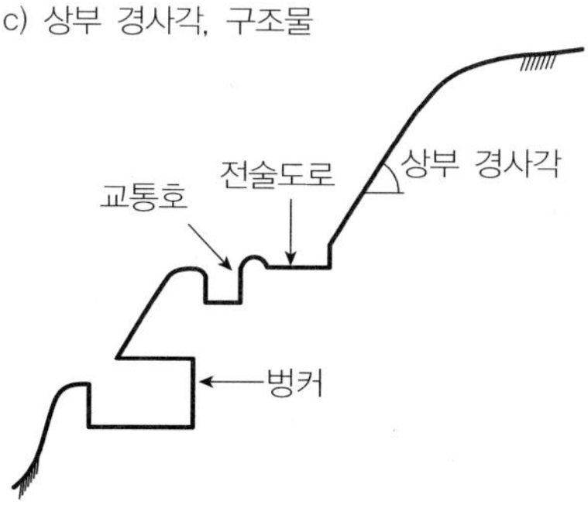

d) 불안정한 옹벽(전도, 균열)

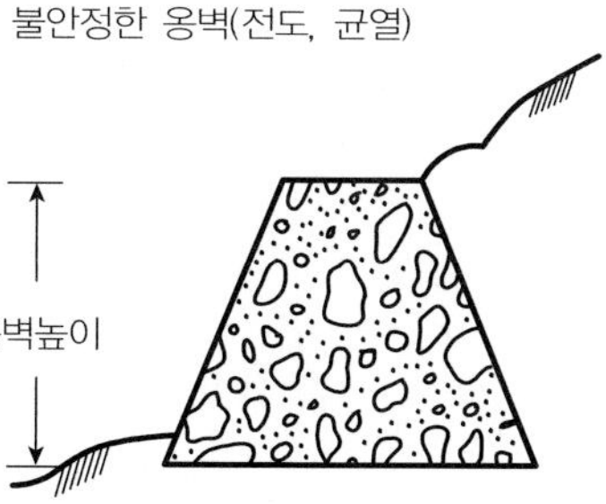

e) 임분경급

미림목지 : 수풀
유 수 림 : 잡목을 가리킴(높이 1m 이하)
소 경 목 : 흉고직경 5~7m
중 경 목 : 흉고직경 10~15m

f) 횡단면형

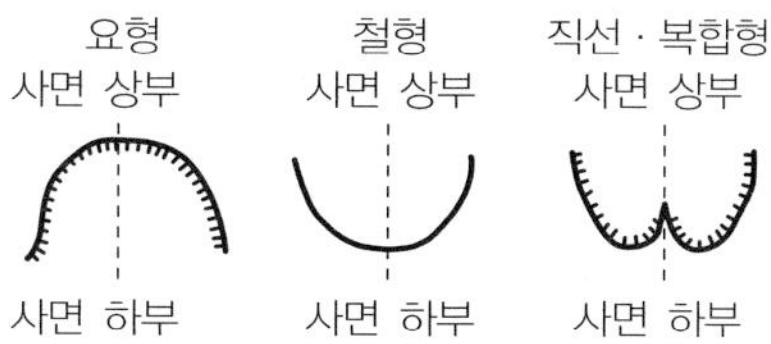

g) 사면상태

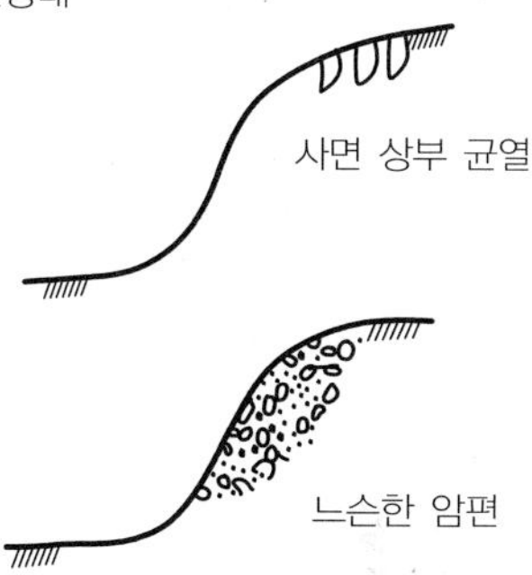

h) 종단면형

(계속)

i) 절리

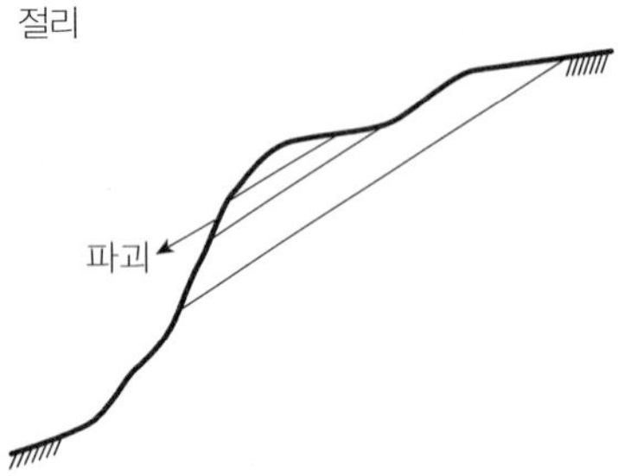

j) 지질(기반암)

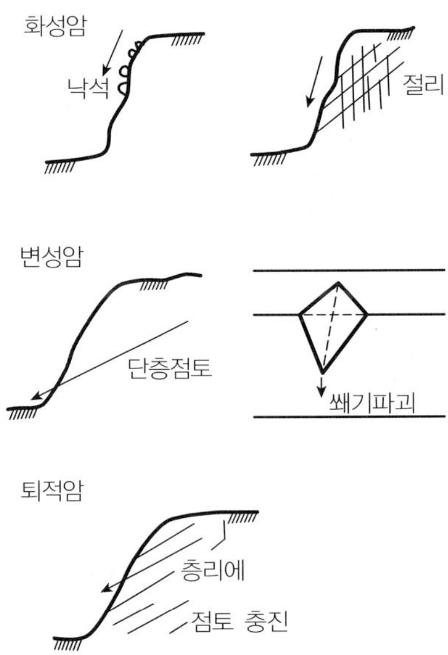

k) 불투수 암반사면의 배수로

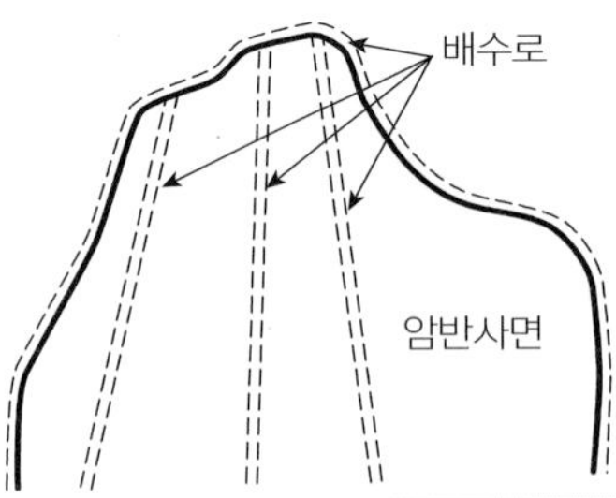

l) 집수지, 암반면으로 직접 침투조건

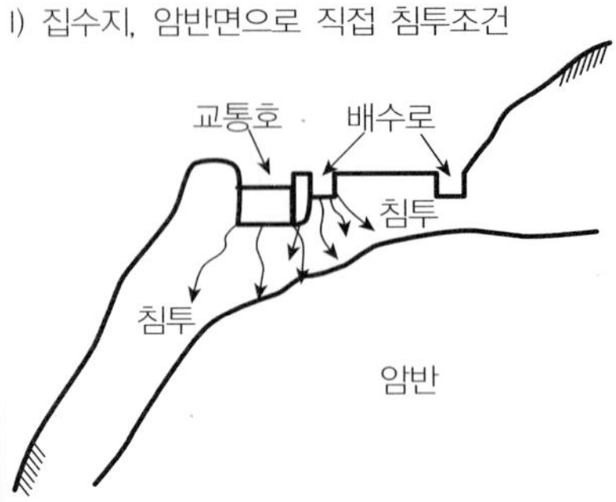

m) 흙사면에 배수로

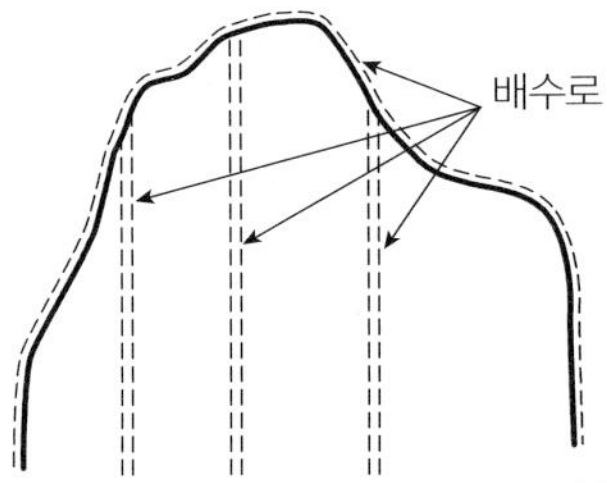

n) 물의 이동시설
(상수관 등)

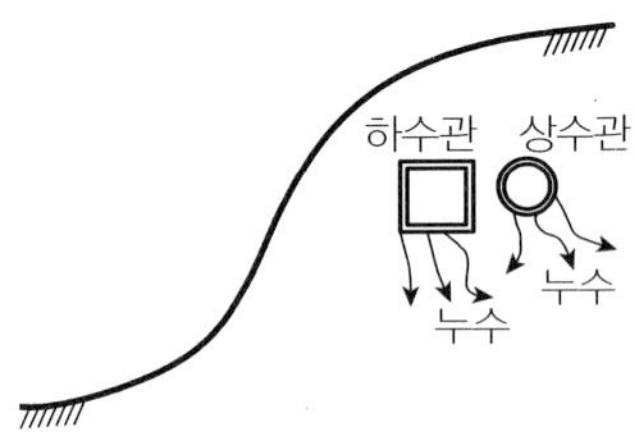

o) 용출수 확인

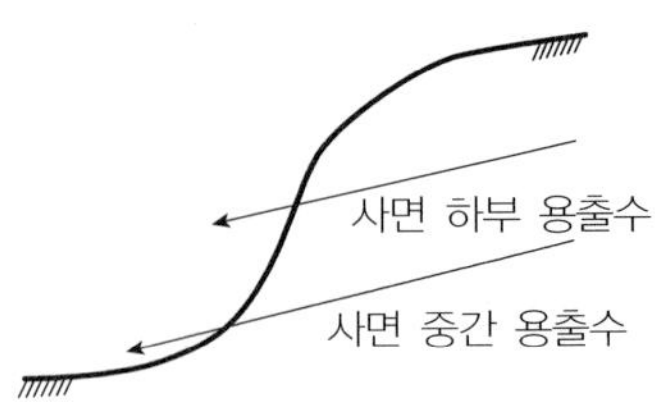

■ 산사태 리스크 평가 (예)

종합현황조사표			작성일자	1996.10.22
조사번호 1	사면위치 : 경기도 용인○○ 지역			
조사항목	점수	조사항목	점수	
a) 사면높이	20	i) 절리	0	
b) 사면경사각	10	j) 지질(기반암)	15	
c) 상부경사각, 구조물	15	k) 암반사면의 배수로	0	
d) 불안전한 옹벽 (전도, 균열)	0	l) 강우 침투	20	
e) 임분경급	5	m) 흙사면에 배수로	10	
f) 횡단면형	15	n) 물의 이동시설	0	
g) 사면상태	10	o) 용수상태	0	
h) 종단면형	5	불안정 점수= Σ(a,b,c,d,e,f,g,h,i,j,k,l,m,n,o)=125		
산사태 안전도 평가기준 • 불안정 점수>110 : A 산사태 발생 가능성이 매우 크다. • 110>불안정 점수>90 : B 산사태 발생 가능성이 크다. • 90>불안정 점수 : C 산사태의 발생 가능성이 작다.				
전에 사용한 보호공법	사면 아랫방향으로 지표 배수로			
산사태 주변상황	주위에 다수의 산사태 발생			
사면의 정밀조사 여부	필요 (o) 불필요 ( )	종합판정	A(o) B( ) C( )	
종합의견	• 산사태 발생 가능성 매우 큼 • 사변보호를 위해 사면배수로 정비 필요 • 동시에 옹벽, 말뚝공 등 사면저항력의 증가를 위한 안전율 증가공법의 시공 필요			
조사자	김 한 국 (인)	확인자	김 인 호 (인)	

주) 소수 현장조사를 기준한 것으로 지속적 검증 및 보완이 필요하고 토사 사면 및 토사/풍암 혼재사면에만 적용(암반사면에는 적용 지양)

■ 용인, 안성지역 산사태의 기준별 점수분포 (예시)

	창리1	창리2	묘봉리	덕성리	학일리	미리내	쌍지리
a	20	20	10	20	15	20	20
b	10	10	10	10	10	10	10
c	0	0	0	20	0	0	0
d	10	10	0	0	10	10	10
e	0	0	0	0	15	0	0
f	20	20	10	15	15	30	20
g	10	10	10	5	5	10	10
h	10	10	10	20	15	10	15
i	10	10	5	5	5	5	5
j	0	0	0	0	0	0	0
k	0	0	20	0	0	0	0
l	0	0	10	0	0	0	0
m	0	0	0	0	0	0	0
n	0	0	0	0	0	0	0
o	0	0	0	0	0	0	0
불안정점수	90	90	85	95	90	95	90

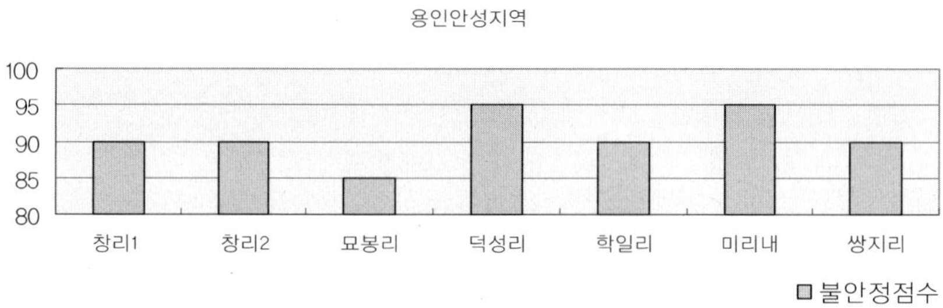

–불안정 점수 분포 범위 : 85~95

- 산사태 발생 가능성이 비교적 적음.

■ 홍콩의 안전도 평가표

분석요소	가중치	점수 산정
a) 사면높이(H)	무제한	흙사면=H×1, 암사면=H×0.5, 혼합사면=H×1
b) 사면경사각	20	자연사면 / 절개사면(암사면) / 절개사면(이외사면) ≥36° =10 / 90° =10 / ≥60° =20 ≥31° =8 / ≥80° =8 / ≥55° =15 ≥26° =5 / ≥70° =5 / ≥45° =5 ≥21° =3 / ≥60° =2 / ≥35° =3 ≥20° =0 / ≤60° =0 / ≤35° =0
c) 사면 상부경사각 또는 사면 상부 도로유무	15	상부 경사각 도로 유무 ≥45° =15 ≥35° 또는 고속국도 =10 ≥20° 또는 지방도로 =5 ≤20° =0
d) 옹벽이 있는 경우	무제한	옹벽의 높이(m)×2
e) 임분경급	15	미림목지=10, 유수림=10, 소경목=10 상기중 임지의 이용상태가 변경된 경우 5점 추가
f) 횡단면형	10	요형=10, 평행형=10, 철형=0
g) 사면상태	10	느슨한 암편=10, 파괴징후=10, 사면상태불량=5
h) 사면과 옹벽의 결합상태	10	불량=10, 보통=5, 양호=0
i) 절리	5	사면방향과 일치하는 절리가 있는 경우 =5
j) 지질	15	변성암=10, 화강암=10, 분출암=10, 제3기 암류=10, 퇴적암=0, 이들 암 상부가 붕적층으로 피복 : 5점 가산
k) 불투수성 사면에 대한 지표수의 배수로	15	전혀 없음=15, 50%(부분적)=8, 나쁨=5, 양호=0
l) 사면 상부에 물이 고이는 조건	5	사면 상부에 물이 고일 수 있는 조건이 형성=5

(표 계속)

분석요소	가중치	점수 산정
m) 사면에 배수로	10	전혀 없거나 불완전=10, 완전하나 큰 균열=10 완전한 경우=0
n) 물을 이동시킬 수 있는 시설	5	높이 'H' 내에 있으면 5, 없으면 0
o) 용수상태 (절개사면)	15	위치 / 극심 / 보통 사면 중간 내지 상부 15 10 사면 하부, 자연사면 10 5 용출수 확인 15
p) 사면 저부로부터 구조물, 도로, 운동장과의 거리(m)	무제한	구조물=실제거리, 도로=거리+2, 운동장=실제거리 또는 1/2H, 농경지=실제거리 또는 1/2H
q) 사면 상하부 상태	20	사면 상단부에 확장사면=0.5, 사면 상하단에 확장사면=20
r) 예상되는 피해 구조물	2	병원, 학교, 주거지역, 공장=2, 농경지, 운동장=1.0, 고속도로, 국도=1.0, 지방도로=0.5, 탁 트인 경우=0
s) 위험피해요소	1.25	인구밀집지역, 산사태로 붕괴예상=1.25, 그 외=1.0

불안정 점수=Σ{a,b,c,d,e,f,g,h,i,j,k,l,m,n,o}
예상피해점수=s[20r{1.5(a+d)-p}/1.5(a+d)+40r{(a+d)-p}/(a+d)+(q · r)+2(a+d)]
종합점수=불안정 점수+예상피해점수

－홍콩 안전도 평가표의 특성

- 8,441개소의 절개사면, 옹벽사면 조사결과 정리
- 사면 불안정성, 인명, 재산 고려 예상피해 점수화
- 종합점수 크기에 따라 대책을 위한 투자 우선
- 비전문가도 사용할 수 있는 쉬운 항목으로 구성
- 사면높이에 너무 큰 점수 부여한 결과 우리나라 사면에 적용하기에 부적합

■ 최경(1986)의 사면 안전도 평가표

	1	2	3	4	5
횡단면형	철형	요형	평행형	–	–
	0	3.38	3.97	–	–
경사길이 (m)	0-50	51-100	101-150	151-200	201 이상
	0	1.70	2.40	2.80	3.00
모 암	석회암	화강암	천매암	점판, 사질암	화강편마암
	0	1.61	1.67	1.68	3.38
경사위치	0~4/10	5~6/10	7~8/10	9~10/10	–
	0	1.07	1.60	2.00	–
경사도	15°~25°	26°~30°	31°~35°	36°~40°	41°~51°
	0.8	0.45	0.18	0.05	0.0
임분경급	미립목지	유수림	소경목	중경목	
	1.02	0.96	0.72	0.00	
종단면형	평형	상승, 복합형	화강		
	0.0	0.12	0.55		
예측방법	인자별 점수의 총계가 5.76 이상이면 산사태 발생				

– 최경(1986) 안전도 평가표의 특성

- 국내 10개 시, 군 지역의 현장조사 수행
- 317개 사면에 대하여 산사태 면적을 목적변량으로 고려
- 비전문가도 쉽게 사용 가능
- 사면붕괴와 관련된 문제만 다루어 예상피해 정도 고려 불가

■ 건설기술연구원(1989)의 안전도 평가표

분석요소	가중치	점수 산정
a) 사면높이(H)	무제한	흙사면=H×1, 암사면=H×0.5, 혼합사면=H×1
b) 사면경사각	20	절개사면(암사면) 절개사면(이외사면) 90° =10 ≥60° =20 ≥80° =8 ≥55° =15 ≥70° =5 ≥45° =5 ≥60° =2 ≥35° =3 ≤60° =0 ≤35° =0
c) 사면 상부 경사각 또는 사면 상부 도로 유무	15	상부 경사각 도로 유무 ≥45° =15 ≥35° 또는 고속국도 =10 ≥20° 또는 지방도로 =10 〈20° =0
d) 옹벽이 있는 경우	무제한	옹벽의 높이(m)×2
e) 경사면 상태	10	느슨한 암편=10, 파괴징후=10, 사면상태 불량=5
f) 경사면과 옹벽의 결합상태	10	불량=10, 보통=5, 양호=0
g) 절리	5	경사면 방향과 일치하는 절리가 있는 경우 =5
h) 지질	15	붕적층이 부서진 암편들로 이루어진 얇은 토층=15 두꺼운 화산암토층=10, 두꺼운 화강암토층=5 신선한 암(암반)=0
i) 불투수성 사면에 대한 지표수의 배수로	15	전혀 없음=15, 50%(부분적)=8, 나쁨=5, 양호=0
j) 사면 상부에 물이 고일 수 있는 조건	5	사면 상부에 물이 고일 수 있는 조건이 형성=5 아닌 경우=0
k) 사면에 배수로	10	전혀 없거나 불완전=10, 완전하나 큰 균열=10 완전한 경우=0
l) 물을 이동시킬 수 있는 시설	5	높이 'H' 내에 있으면 5, 없으면 0
m) 용수상태	15	위치 극심 보통 사면중간 내지 상부 15 3 사면하부 10 2

(표 계속)

분석요소	가중치	점수 산정
n) 사면 저부로부터 구조물, 도로, 운동장과의 거리(m)	무제한	구조물=실제거리, 도로=거리+2, 운동장=실제거리 또는 1/2H
o) 사면 상하부 상태	20	사면 상단부에 확장사면=0.5, 사면 상하단에 확장사면=20
p) 예상되는 피해 구조물	2	병원, 학교, 주거지역=2, 고앙, 운동장=1.5 주요도로=1.0, 일반도로=0.5, 탁 트인 경우=0
q) 위험피해요소	1.25	인구밀집지역, 산사태로 붕괴예상=1.25, 그 외=1.0

불안정 점수=Σ{a,b,c,d,e,f,g,h,i,j,k,l,m}
예상피해점수=q[20p{1.5(a+d)-n}/1.5(a+d)}+40p{(a+d)-n/(a+d)}+(o · p)+2(a+d)]

- 건설기술연구원(1989)의 안전도 평가표 특성
  - 홍콩의 위험사면 평가기준과 최경의 안전진단법을 34개소 현장에 적용하여 나타난 문제점 해결
  - 홍콩의 평가기준을 바탕으로 국내여건 고려/적용

IV

건설업과 CM

-건설경영의 제도적 표현-

제Ⅳ부 건설업과 CM

-건설경영의 제도적 표현-

28. 왜 CM인가?

-CM은 기존건설방식의 한계극복전략이다

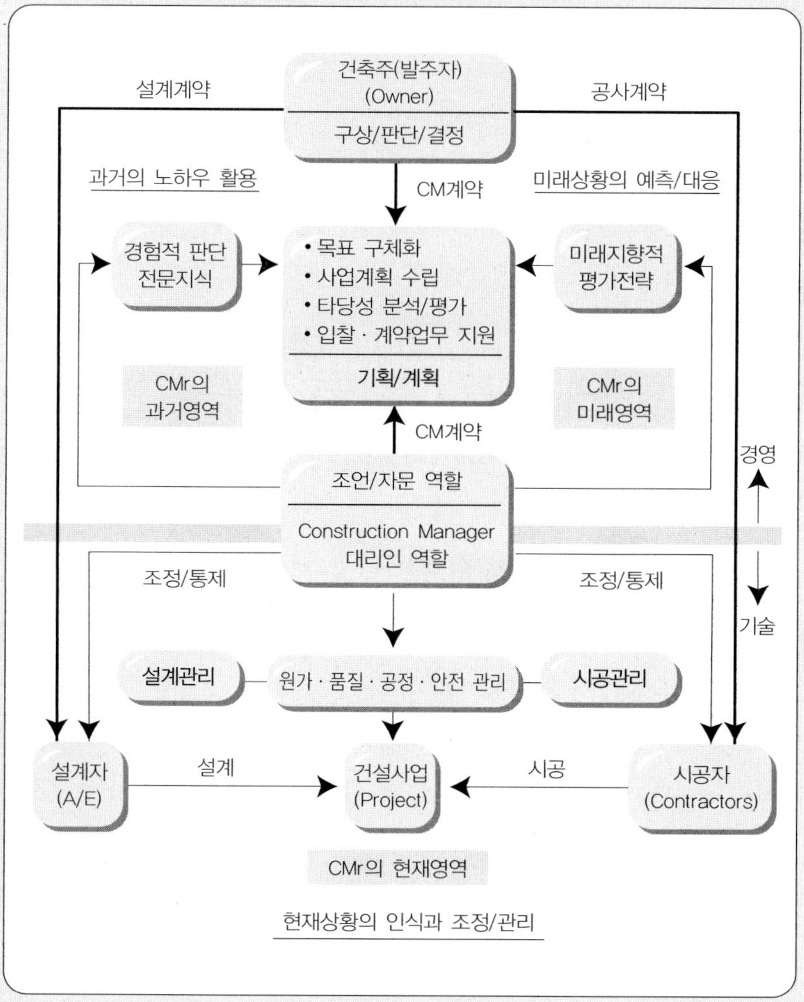

28. 왜 CM인가?

– CM은 기존건설방식의 한계극복전략이다

건설과정의 업무전반을 건축주(발주자)의 입장에서 종합적으로 조망하여 분절된 각 단계별 부분업무 사이의 유기적 상관관계를 명확히 파악하고 부분업무의 효율성과 건설과정 전체의 효과성이 서로 조화와 균형을 이루도록 할 수 있는 건설경영관리 시스템을 구축·운용하기 위해 CM방식의 도입이 필요하다.

CM은 발주자·설계자·시공자가 삼각구도를 형성하여 진행하는 기존 건설방식에 'CMr(construction manager)'이라는 별도의 개인·집단·조직을 개입시키고, CMr에게 (1)건설환경의 변화를 인식하여 적절한 방향으로 기획·계획이 이루어질 수 있도록 발주자를 조언하고 (2)발주자의 대리인 자격으로 설계자·시공자를 조정·통제할 수 있는 권한을 집중적으로 부여함으로써 (3)제한된 시간·예산의 범위 내에서 적정수준의 품질을 확실히 달성시킬 수 있도록 하는 것이다.

건설의 궁극적인 목적은 주변 환경을 보다 바람직한 방향으로 변화시켜서 사람들에게 더욱 더 풍요롭고 쾌적한 삶을 제공하는 것이다. 이러한 목적을 달성하기 위해 다양한 유형의 건설주체들은 수많은 리스크를 감수하면서 엄청난 규모의 시간·노력·재원을 투자한다. 따라서 이들이 건설의 과정과 결과를 통해 뿌듯한 정신적 보람과 풍족한 물질적 결실을 거둘 수 있어야 한다고 생각하는 것은 결코 무리가 아니라고 생각한다. 그러나 실제 건설상황에서 이러한 낙관적·긍정적 생각은 여지없이 무너지고 마는 것이 우리의 어쩔 수 없는 현실이다.

건설 초기단계에서의 목표설정, 사업계획의 수립 및 타당성 분석·평가, 투자예산범위 설정, 설계요구조건 작성에서부터 시작하여, 설계·시공을 거쳐 준공·사용에 이르는 건설과정 전반에는 건설사업의 성공 여부에 직·간접적 영향을 미치는 수많은 변수와 제약조건이 내재되어 복잡·다난한 문제를 지속적으로 야기시킨다.

이러한 문제를 해결하고 건설사업의 목표를 성공적으로 달성하기 위해 건축주(발주자)·설계자·시공자는 물론 각종 기술자와 자재·장비·제품 공급자는 건설과정에 개인·집단·조직의 형태로 참여한다. 이들 참여자들의 사고체계와 행동은 건축주(발주자)의 건설목적과 요구조건에 근거를 두어야 한다.

그러나 각자가 갖는 직업적 이해관계의 특성상 이들은 나름대로의 기대감과 동기를 가지고 있고, 교육적 배경과 성장과정 또한 서로 달리하고 있다. 따라서 건설과정에서 이들 각자는 주어진 상황과 여건을 다소 다르게 인식할 수 있다.

이러한 관점에서 보면 건설은 집단(조직)에 의해서 이루어지는 사회·경제적 활동이다. 참여자들 각자의 동기와 기대감이 일치될 수 있다면 더할 나위 없이 바람직하겠지만, 실제상황에서는 서로 다른 이해관계 때문에 갈등과 분쟁이 야기되기도 한다. 건설의 속성상 이러한 현상을 결코 부자연스런 것이라고 말할 수는 없다. 그러나 적절히 관리하지 못할 경우 그로 인한 폐해는 엄청나다는 사실에 유념해야 한다.

건설사업의 목적을 달성하지 못하여 건설 결과의 최대 수혜자가 되어야 할 건축주(발주자)가 예산낭비 · 공기지연 · 품질저하로 대표되는 실패한 건설의 가장 큰 피해자가 되는가 하면, 건설과정의 다양한 참여자들 또한 실패한 건설인이라는 오명을 지울 수 없게 된다. 그 뿐만이 아니다. 갈등과 분쟁이 심화 · 왜곡된 건설풍토가 고질화될 경우 엄청난 사회 · 경제적 파장과 인적 · 물적 손실을 유발시키는 대형참사가 야기될 수 있음을 우리는 실제로 경험해 왔다.

1990년대 중반 이후에 연속적으로 발생된 성수대교 붕괴, 삼풍백화점 붕괴, 구포무궁화호열차 전복, 대구가스참사, 등의 제반 건설사고 이면에는 사업추진조직(집단) 사이의 협의단절과 책임전가, 감리 · 감독 부실, 시설유지관리체계 미비, 부적절한 공법에 의한 공사 강행, 이해관계집단 상호간의 불법적 담합, 발주자 · 시공자 · 하도급자 사이의 팽배된 갈등, 위기상황에서의 적절한 대응조치 미비 등 어느 한 가지 관점으로는 도저히 파악할 수 없는 수많은 문제들이 복잡하게 얽혀 있었다.

건설과정에 내재되어 있는 재원 · 사람 · 기술 · 공법 · 시간 등의 제반요소가 전체적인 관점에서 조화 · 균형을 이루지 못해 발생하는 이러한 두통거리(headaches)는 'CM(construction management)'이라는 사업관리를 통해 대폭적으로 경감될 수 있다. CM의 요점은 건축주(발주자) · 설계자 · 시공자가 삼각구도를 형성하여 진행하는 기존 건설방식에 'CMr(construction manager)'이라는 별도의 인물 · 집단 · 조직을 개입시키고, CMr에게 (1)건설환경의 변화를 인식하여 적절한 방향으로 기획 · 계획이 이루어질 수 있도록 발주자를 조언하고, (2)발주자의 대리인 자격으로 설계자 · 시공자를 조정 · 통제할 수 있는 권한을 집중적으로 부여함으로써, (3)제한된 시간 · 예산의 범위 내에서 적정

수준의 품질을 확실히 달성시킬 수 있도록 하는 것으로, 그 효과는 이미 선진국의 수많은 선례를 통해 입증되고 있다.

그러나 CM은 우리와 정치 · 경제 · 사회 · 문화적 배경과 여건을 달리하는 유럽과 미국을 중심으로 활성화된 제도이다. 따라서 CM이 과연 우리의 건설환경에서도 동일한 결실을 가져다 줄 수 있을지 여부는 깊이 생각해 볼 문제이다. 이를 위해 우리는 CM방식의 도입을 불가피하게 한 우리의 건설상황을 파악하고, CM이 추구하는 기본정신을 이해해야 한다. 그리고 CM의 기본정신에 충실하려고 노력하는 한편, 우리 여건과 정서에 부합되지 않는 개념적 요소를 체계적으로 수정 · 보완하여 한국형 CM의 개념적 틀을 정립해야 한다. CM의 도입에 따른 제도 · 절차 · 법규의 마련은 이러한 노력의 결실로서 이루어져야 한다.

이러한 노력의 일환으로 필자는 본고에서 우선 CM의 도입배경을 파악한다. 그리고 CM의 기본정신과 학문적 · 실무적 의미를 규명한다. 이어서 CM이 활성화된 미국에서의 적용사례를 분석 · 평가하고, 이를 통해 얻을 수 있는 몇 가지 교훈을 제시한다. 마지막으로 CM의 업무영역을 한눈에 조명할 수 있는 CM 체계를 정립함과 아울러 CM 추진방향을 제시한다.

건설상황과 CM

최근 우리 건설업은 무한경쟁시대의 도래로 가속화된 경제 · 기술전쟁의 소용돌이 속에서 한치 앞도 정확히는 예측할 수 없는 불확실성에 휩싸여 있다. 예기치 못한 국내외 건설시장 환경의 변화로 자재비 · 노무비의 이상급등 현상이 생기는가 하면, 공사현장 관리자는 공기지연과 공사비 상승을 유발하는 크고 작은 사안들과 하루에도 수차례씩 직면한다. 자재비 · 노무비의 이상급등으로 월평균 1%의 공사비 상승이 예견되는 상황에서, 총사업비 100억 원인 건설공사에 6개월의 공기지연이 발생되었다고 가정해 보자.

실제 건설과정에서 이따금씩 직면하는 이러한 상황에서 발주자는 동일 수준의 건물(시설)을 얻기 위해, 당초 계획된 공사비 외에도 6억 원의 추가비용을 부담해야 한다. 이러한 경우 발주자는 예기치 못한 재정적 불이익뿐만 아니라, 공기지연에 의한 사업상 차질도 감수하지 않으면 안 된다.

공사비 상승과 공기지연 문제에 대처하기 위해 우리 건설업계는 지금까지 현장작업의 효율화를 도모할 수 있는 신기술의 도입 · 개발에 주력해 왔다. 정부는 건설기술력 향상을 위한 정책개발과 제도개선을 추진해 왔고, 기업 역시 나름대로의 기술개발전략을 수립 · 시행하는 한편, 건설기술연구소를 별도로 설치 · 운영하는 등의 노력을 통해 혁신적인 건설기술을 도입 · 개발해 왔다. 그러나 아직까지도 우리 건설업의 제반 문제점을 근원적으로 해결하여 실질적 효과를 거둘 수 있는 건설 신기술 도입 · 운용체계의 확고한 구축을 위해서는 수많은 시행착오를 동반하는 끊임없는 노력과 엄청난 규모의 재원투자, 그리고 결코 우리를 기다려 주지 않는 시간과의 치열한 격전이 불가피한 실정이다.

불확실성과 긴장감으로 가득 찬 건설상황에서 시간 · 비용을 상대로 싸워 요구수준의 품질을 차질 없이 확보하는 것이 우리 건설업계의 궁극적인 목표라면, 우리가 지금까지 고수해 온 기존의 건설방식은 이미 오래 전부터 한계를 드러내기 시작했다. 이런 한계를 극복하기 위해 구미 선진국에서는 60년대 중반부터 'CM(Construction Management)'이라는 사업관리방식을 건설업에 적용해 왔다.

이 방식은 80년대 초부터 우리나라에도 소개되기 시작하였지만, 그동안 관심 있는 몇몇 사람들에 의해서만 연구 · 검토되었을 뿐, 그다지 활성화되지 못하다가, 최근에 들어 (1)대외적으로 WTO체제의 출범과 건설시장 개방으로 도래된 무한경쟁체제에서 생존 · 발전해야 하는 급박한 상황이 전개되는 한편, (2)대내적으로는 잇단 건설사고를 동반한 부실공사 문제의 근원적 해결 필요성이 범국가적으로 확산되면서, 한국건설업의 경쟁력 강화를 위한 대안으로서 본격적으로 언급되기 시작하였다.

CM의 비용절감 · 공기단축 효과

특정 범위의 기술력만을 강화하기 위해서 활용될 수 있는 노하우를 얻기 위해 엄청난 시간 · 비용 · 노력을 투입해야 하고, 상황에 따라서는 행운까지 따라줘야 하는 기술혁신과는 달리, CM은 개념적으로 매우 단순하면서도 적용범위가 무척 넓을 뿐만 아니라, 대폭적인 비용 · 공기 절감효과도 동시에 제공할 수 있다는 사실이 이미 오래전부터 CM을 도입 · 운용해 온 구미지역 선진국을 중심으로 입증되기 시작하면서 한층 더 매력을 불러일으키고 있다.

1973년 Davis와 White는 Harvard Business Review지에 'How to avoid construction headaches'라는 논문의 기고를 통해, 당시 미국에서 CM의 도입으로 얻을 수 있었던 성공적 결과를 밝혀 놓았다.[1] 이

---

1) Davis, E. W., and White L, How to avoid construction headaches, Harvard Business Review, March-April, 1973.

에 의하면 CM의 적용대상 건설사업이 공사비 규모면에서 매우 다양하게 나타나고 있다. 매사추세츠 대학의 Columbia Point campus는 $3.55억, 시카고의 John Hancock Center는 $1.5억이 투입되었고, 기타 $180만의 공사비가 소요된 일리노이의 Wilmette 은행이 있는가 하면, 메릴랜드의 Annapolis 주차장은 $170만이 소요된 것으로 알려지고 있다.

공사비 규모면에서 뿐만 아니라 건설사업 유형별로도 CM 적용효과가 다양하게 나타나고 있다. Columbus의 Ohio State Office Building은 6개월의 공기단축과 수백만 달러의 공사비 절감효과를 얻었고, 펜실베이니아 대학의 기숙사 건설에서도 공사기간을 절반으로 줄일 수 있었다.

이러한 효과가 알려지면서 Los Angeles의 The Security Pacific National Bank와 New Jersey 의과대학 건물의 건설사업 등에도 CM 방식이 적용되어 성공적인 결과를 거두었다. 그 이후에도 CM에 대한 관심이 지속적으로 고조되어 IBM, GE, Massachusetts Department of Public Works, The Public Building Service of General Service Administration, 기타 하버드 대학을 중심으로 하는 여러 사립대학 등이 CM 방식의 도입과 운용 활성화를 위한 팀 · 조직을 구성하기 시작하였다.

기존 건설방식의 한계와 CM

CM의 본질적인 개념이 대체 무엇이기에 이와 같이 다양한 유형의 건설사업에 적용되어 비용 · 공기 면에서 대폭적 개선효과를 거둘 수 있었는가? 이를 알기 위해서는 우선 CM 방식의 적용을 통해 극복할 수 있었던 기존 건설방식의 한계점을 고찰해 볼 필요가 있다. 왜냐하면 기존 건설방식의 한계를 극복하기 위한 적극적인 전략으로서 태동된 것이 CM이기 때문이다.

기존 건설방식은 몇 가지 면에서 본질적인 한계점을 노출해 왔다. 첫째, 기존 방식에 의한 건설절차는 본질적으로 순차적(sequential)이다. 특정 단계의 참여자가 특정 시점에서 스스로의 역할을 완벽하게 수행한 후, 다음 단계의 사람에게 넘기는 업무처리 과정은 이어달리기 경주방식과 다름이 없다. 설계 · 입찰 · 시공의 순차적 과정은 (1) 발주자의 요구조건과 의도를 시공자에게 완벽히 전달할 수 있는 정확한 서류가 작성될 수 있고, (2)그 서류내용을 근거로 설계 · 시공과정의 모든 문제가 해결될 수 있다는 낙관적 가정을 포함하고 있다. 그러나 이러한 가정은 복잡 · 다양해지고 전문화되어 가고 있는 현 추세와 더불어 하루가 다르게 신기술 · 신자재 · 신공법이 출현하는 최근의 건설상황을 고려해 볼 때 설득력을 잃어 가고 있다.

둘째, 건설과정 전반에 걸쳐 발주자는 실질적 의미에서 시공자에 대한 조정 · 통제력을 거의 갖지 못하고 비용만 지불하게 되는 불합리를 경험해 왔다. 물론 발주자는 비용지불의 거절을 통해 시공자에 대한 조정 · 통제력을 확보할 수 있다는 주장이 전혀 설득력이 없는 것은 아니다. 그러나 발주자는 이러한 권한을 효과적으로 행사할 수 있을 정도의 기술력 · 전문지식 · 정보를 갖지 못하는 경우가 대부분이다.

예를 들면 설계과정에서 발주자는 설계자의 제안사항이 갖는 '비용의미(cost implications)'를 합리적으로 판단할 수 있는 객관적 절차를 갖지 못하는 경우가 많다. 설계자가 제시하는 대안은 설계과정은 물론, 시공과정까지 포함하는 건설과정 전체의 관점에서 볼 때 다소 비경제적인 것일 수도 있다. 더 간편하면서도 경제적 타당성이 돋보이는 다른 대안이 존재할 수 있지만 모르고 지나치는 경우가 많고, 알게 된다 할지라도 그 시점은 입찰 실시 이후 사업이 진행 중인 경우가 대부분이다. 따라서 발주자는 초기에 발견했으면 손쉽게 바로잡을 수 있었던 문제를 건설과정의 후반기에 들어서야 비로소 고쳐 나가기 위해 엄청난 시간과 노력, 그리고 당초에는 결코 예상하지 못했던 추가비용 지출과 공기지연을 감수해야 한다.

셋째, 설계자는 건설과정 전반을 조정 · 통제할 수 있는 권한과 지식체계를 갖지 못하고 있다. 예를 들어, 설계자는 계약조건에 따라 공사일정계획을 요구할 수는 있을지라도 (1)특정 분야의 세부 일정에 대한 이의를 제기하고, (2)그 일정계획에 따라 공사를 추진할 경우 과연 요구되는 품질 · 성능이 보장될 수 있을지 여부를 판단하고, (3)상황에 따라서는 시공자가 제시하는 대안을 거절하고 보다 효과적 대안을 제시할 수 있을 정도의 전문지식과 정보를 갖지 못하는 것이 어쩔 수 없는 현실이다. 같은 맥락에서 계획 · 설계 단계에서 설계자는 신공법 · 신기술 도입, 자재비 · 인건비 상승 등을 종합적으로 고려하여 공사비를 예측할 수 있는 지식체계를 보유하지 못하고 있는 경우가 많다. 이러한 지식체계가 계획 · 설계과정에서 활용되지 못할 경우, 발주자는 건설사업 기간 중에 물가 상승 · 설계변경 등에 의한 비용 상승이나 공기지연 문제에 직면하게 된다.

넷째, 시공자는 시공과정에서 공사비 절감의 동기를 얻기보다는 오히려 공사비를 증가시키고 싶은 유혹을 받는다. 시공자는 일단 낮은 가격으로 입찰하여 공사를 수주하고, 사후 설계변경을 통해 추가된 비용을 보상받고자 노력하기도 한다. 설계변경 과정에서도 시공자는 발주자의 입장에 서기보다는 지속적으로 업무관계를 맺어 온 하도급업자를 두둔하며 추가비용의 획득에 열을 올리는 경향을 보이기도 한다.

다섯째, 시공자는 공사 전반을 종합적으로 통제할 수 있는 관리체계를 갖지만, 이는 우선적으로 시공자 스스로의 이익보장을 위해서 활용되는 반면, 발주자의 조정 · 통제력을 강화시키기 위해서는 좀처럼 쓰이지 않는 경향이 있다. 시공자의 입장에서 싸고 좋은 것이 발주자에게도 유익한 것이라고 볼 수는 없다. 따라서 이러한 분위기에서 추진되는 공사 역시 발주자에게 반드시 이로운 것이라고 볼 수는 없다.

여섯째, 건설과정에 참여하는 집단(개인) 사이에 적대적인 분위기가 형성될 우려가 있다. 발주자는 시공과정에서 발생되는 문제의 책임을 회피하려는 경향을 보이고, 시공자는 경쟁심화로 인해 감소추세에 있는 이윤을 보상받기 위해 품질관리를 소홀히 하거나 설계변경과 클레임을 제기하기도 한다. 한편, 설계자는 시공자와 직접적 계약관계를 형성하지 않으면서도 시공자가 제기하는 클레임에 직 · 간접적 책임을 져야 하는 반면, 시공과정에 대한 실질적 통제력은 행사할 수 없는 위치에 있기 때문에 시공자를 적대적 시각으로 바라보기는 마찬가지이다.

지금까지 언급된 기존 건설방식의 문제점은 지속적으로 상승하고 있는 최근의 건설공사비 추세와 맞물려 발주자에게 심각한 두통거리(headaches)를 유발해 왔다. 이러한 두통거리를 심각한 문제점으로 인식하면서 발주자는 스스로를 이롭게 할 수 있는 건설사업관리방식을 모색해 왔다. 변화 추구의 기본방향은 (1)건설과정의 업무 전반을 발주자 입장에서 종합적으로 조망하여, (2)분절된 각 단계별 부분업무 사이의 유기적 상관관계를 명확히 파악하고, (3)부분업무의 효율성과 건설사업 전체의 효과성이 서로 조화 · 균형을 이루도록 할 수 있는 건설경영관리시스템을 구축하여 운용하는 것이었다. 즉, 수많은 공정을 거쳐 복합적으로 진행되는 건설사업 추진과정의 특정 단계 단위공정에서 발생된 정보가 철저히 파악된 후, 다시 종합적 건설사업관리시스템의 관점에서 분석될 수 있도록, 건설사업의 기획 · 계획, 설계, 시공, 운영 · 유지관리 업무 전체를 하나의 통합적 시각으로 관리하기 위해 CM이 필요하게 된 것이다.

제Ⅳ부 건설업과 CM

-건설경영의 제도적 표현-

29. CM의 기본정신

-무엇을 추구하는가?

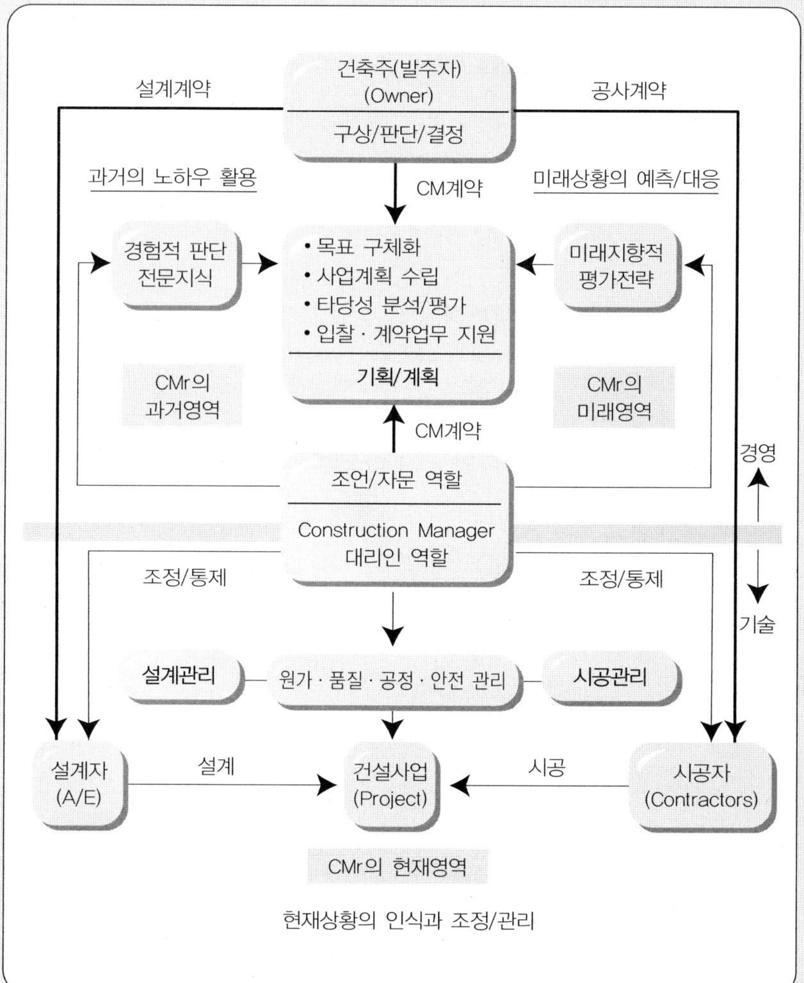

29. CM의 기본정신

– 무엇을 추구하는가?

CM의 기본정신은 기존 건설방식하에서의 도급자 우위상황을 건축주(발주자) 우위체제로 바꾸어 놓는 것이다. 이 세상에 존재하는 어떠한 방법, 제도, 절차도 장점만을 가질 수는 없다. CM도 예외가 아니다. 따라서 CM의 기본정신을 차질 없이 구현하기 위해서는 이 방식의 본질적 결점도 확실히 인식, 대처해야 한다.

CM방식의 특징 : CM의 본질적 특징은 발주자의 대리인(agent)임과 동시에 건설사업의 종합적 경영관리자인 CMr(Construction Manager)의 출현에 있다. CMr(Construction Manager)은 19세기 중엽 이전 유럽지역에서 건설사업 전 과정에 대한 총괄적 책임을 지고 설계 · 시공을 총괄하던 'Master Builder'의 역할과 비슷한 의미를 갖는다. 차이점이 있다면 CM에서는 'Master Builder'가 건설과정 전반에 대한 경영능력과 전문적 · 기술적 노하우를 갖춘 개인 · 집단 · 조직형태의 CMr로 바뀌었다는 것이다.

CM의 핵심적 위치에 있는 CMr은 기존 건설방식의 한계를 극복하기 위해 건설사업의 기획 · 계획단계에서 사업계획 수립 · 타당성 분석 · 평가 · 투자의사 결정 등의 업무지원을 통해 최적의 사업추진전략이 설정되도록 발주자를 자문한다. 설계 · 시공과정에서는 특정 사업 또는 공종의 수행에 적합한 설계 · 시공업체가 선정될 수 있도록 발주자를 조언한다. 또한 설계와 시공을 거쳐 최종 준공 · 인도에 이르기까지 발주자의 입장에서 건설참여집단의 기능과 역할을 종합적으로 조정 · 통제한다. 이러한 일련의 과정은 발주자의 건설목적을 효과적으로 달성하기 위해 CMr · 설계자 · 시공자로 구성된 '팀에 의한 접근법(team approach)'으로 묘사될 수 있다.

설계과정에서 CMr은 설계의사결정(design decision-making)에 대한 비용의 의미를 파악하여 재원의 가용 여부를 판단할 수 있도록 설계자를 조언하고, 발주자가 비용 · 리스크 · 품질 · 성능 · 안전 · 미관 등의 여러 평가기준을 종합적으로 고려하여 적절한 타협안을 추구할 수 있도록 자문해 준다. 시공과정에서도 CMr(construction manager)은 공사 전반을 관리하고, 발주자가 능력 있는 시공자와 합리적인 계약을 체결할 수 있도록 조언한다.

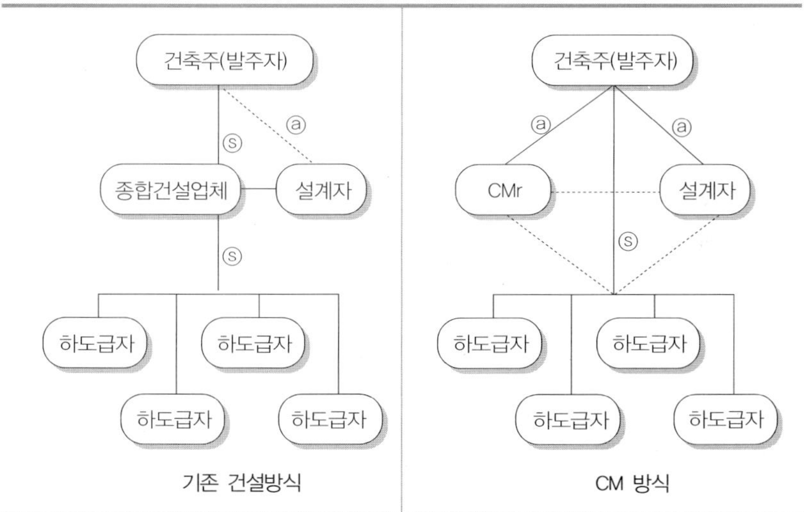

범례	실선(—) : 계약관계, 점선(···) : 조정/통제/협조관계 ⓢ 계약에 의한 주종관계 ⓐ 계약에 의한 대리인 관계

그림 29.1 기존 건설방식과 CM의 구성체계 비교

이러한 과정에서 나타나는 CM의 한 가지 분명한 특징은 시공자와 하도급자의 구분 없이 각 시공자가 발주자와 직접적인 계약관계를 형성한다는 것이다. 이러한 특징을 기존 방식과 비교해 보면 그림 29.1과 같다.

하도급과정 없이 발주자가 시공자와 직접 계약을 체결하는 것이 건설사업 추진과정에서 어떠한 의미를 갖는가? 발주자는 시공자와 하도급자 사이의 중간이윤을 배제시키는 한편, 입찰과정에서 경쟁을 유도함으로써 보다 많은 공사비를 절감할 수 있다. 또한 특정 공종의 시공자가 당초에 설정된 계약조건을 충실히 이행하지 못할 경우 발주자는 건설 전 과정에 그다지 심각한 영향을 주지 않으면서도, 능력 있는 다른 시공자로 즉시 교체함으로써 공사의 품질저하를 사전에 방지할 수 있다.

그 뿐만이 아니다. 발주자는 건설 전 과정을 종합적인 시각으로 조망할 수 있는 CMr의 능력에 힘입어 공간적으로 전체공사를 몇 개의 작업단위로 분할하여 계약을 체결하고, 각 단위별로 별도 관리할 수 있다. 또한 시간적으로는 전체 설계가 완전히 끝날 때까지 기다리지 않고, 설계가 완료된 부분부터 먼저 검토 · 승인하고 계약을 체결하여 공사를 착수하는 소위 '단계적 시공(Phased Construction)' 또는 '설계시공 동시발주(Fast Track)' 방식을 도입할 수 있다. 이러한 방식은 기존 건설방식이 갖는 순차성의 한계를 극복함으로써 대폭적인 공기단축 · 비용절감 효과를 동시에 제공해 준다.

이 방식에 의한 공사추진 개념을 기존 방식과 비교 · 표현하면 그림 29.2와 같다. 그림 29.2는 '설계시공 동시발주(Fast Track)' 방식에 의할 경우 설계부터 완공 및 사용에 이르는 기간이 대폭적으로 단축될

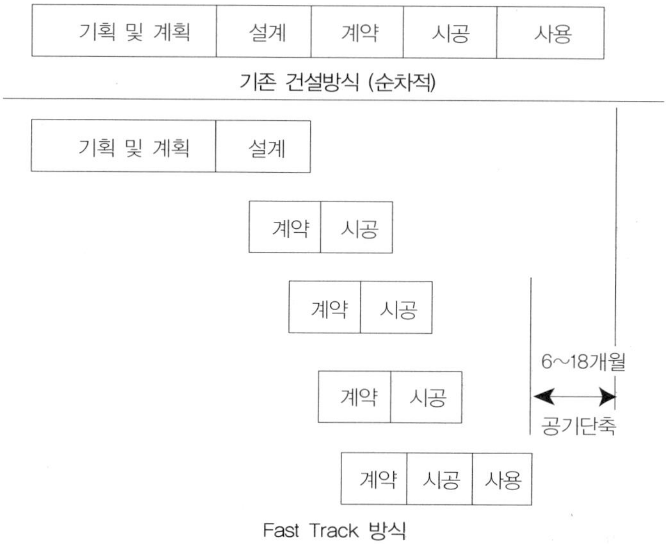

그림 29.2 순차적 방식과 Fast Track 방식의 비교

수 있음은 물론, 그에 따른 공사비 절감 효과도 함께 얻을 수 있음을 보여준다.

Davis와 White(1973)의 조사에 의하면, 뉴욕의 Stonybrook campus 건물공사에서 순차적(sequential) 방식을 따랐다면 3년 6개월의 시간과 1,200만 달러의 공사비가 들었을 것을, '설계시공 동시발주(Fast Track)' 방식을 적용하여 공기를 9개월로 단축하고, 아울러 780만 달러의 비용도 절감함으로써 78%의 공기단축과 65%의 비용절감 효과를 동시에 거둘 수 있었다고 한다. 여기서 주목할 만한 사실은 절감액 780만 달러 중에서 약 425만 달러는 공기단축을 통해 물가 상승의 영향을 피한 결과였고, 나머지 355만 달러는 공사의 조기완료로 보다 일찍 확보할 수 있었던 임대수익을 통해 공사비의 지출분을 상쇄할 수 있었기 때문에 가능했다는 것이다.

CM의 장단점

지금까지 언급된 내용을 포함하여 CM이 갖는 본질적 특징을 기존 건설방식과 비교 · 표현하면 표 29.1과 같다.

표 29.1 기존 건설방식과 CM 방식의 특징 비교

구분	기존 건설방식	CM 방식
계약방식	건축주(발주자)가 단일 시공자(종합건설업체)와 단일 계약	건축주(발주자)가 다수 하도급자와 직접 계약
설계/시공	설계 · 시공의 분절 추진으로 업무의 연속성 미비	설계 · 시공의 통합 추진으로 업무의 연속성 유지 가능
팀 관계	설계자 · 시공자 사이에 적대적 분위기 형성	CMr · 설계자 · 시공자 사이에 우호적 분위기 형성
보증절차	하도급자와 시공자, 시공자와 건축주(발주자) 사이에 다중 보증관계 형성으로 절차 복잡	하도급자와 건축주(발주자) 사이의 단일보증관계 형성으로 절차 단순
VE 실시	시공단계에서만 VE/원가관리 실시 가능	설계 · 시공 모두의 단계에서 VE/원가관리 실시 가능
총공사비 확정	건설 초기단계에 총공사비 확정 가능	CM for fee의 경우 건설 초기단계에서는 총공사비 미확정
발주방식	설계 · 시공의 분리 · 순차적 발주로 공기지연/공사비상승 발생	설계 · 시공의 통합 · 중복적 발주로 공기단축/공사비 절감 도모 가능
공사비 절감 동기	시공자의 공사비 절감 동기 유발 불가	VE 실시를 통한 공사비 절감 가능
비용/공기 관련정보	건축주(발주자)는 설계자에게만 전적으로 의존	초기단계부터 CMr을 통해 종합적 정보 획득 가능
발주자의 통제력	건축주(발주자)의 설계자 · 시공자 의 통제능력 미비	CMr 조언을 통한 설계자 · 시공자의 통제능력 구비

표 29.1에서 제시된 본질적 특징 외에도 CM은 다음과 같은 장점을 가지고 있기 때문에 건설사업 추진과정에서 발주자가 이로운 위치에 서게 할 수 있다.

첫째, 건설사업의 기획 · 계획단계에서 CMr의 사업계획 수립 · 타당성 분석 · 평가 · 투자의사결정과 관련된 업무지원을 통해 발주자는 최적의 설계대안을 선정할 수 있다. 설계과정에서도 CMr의 기술적 조언과 설계 · 시공성 검토로 다양한 공법과 기술을 적기에 도입하여 공사비 절감 및 공기단축 효과를 도모할 수 있다. 또한 서로 다른 이해관계로 인해 발주자와 설계자의 의견이 상반될 경우 CMr의 중립적인 조언으로 합리적 해결책을 모색할 수 있다. 시공과정에서도 CMr은 건축주(발주자) · 설계자 · 시공자 사이의 의사소통이 원만하게 이루어질 수 있도록 하여, 여러 곳에 흩어져 있는 다양한 유형의 정보 · 지식이 공사에 반영되도록 할 수 있다.

둘째, 공사비, 공사일정, 시공자의 공사수행능력 등에 관한 CMr의 독립적이고 객관적인 분석 · 평가를 통해 건축주(발주자)는 최적의 의사결정을 수행할 수 있다.

셋째, 기획 · 계획, 설계, 입찰 · 계약, 시공, 운영 · 유지관리 각 단계에서 CMr은 비용절감과 품질향상의 효과를 동시에 얻기 위해 가치공학(value Engineering)기법을 적용하고 수명주기비용 분석(Life Cycle Costing)을 실시하여 건축주(발주자)에게 실질적으로 이로운 대안을 제공할 수 있다[2)]

따라서 건축주(발주자)는 상기와 같은 특징과 장점을 보유한 CM을 도입 · 적용하여 다음과 같은 3가지 혜택을 기대할 수 있다.

- 건설사업 추진과정의 동태적(dynamic) 상황에서 복잡하게 얽혀

2) 예로써 수명주기비용 분석을 통해 초기비용이 다소 더 들더라도 건물(시설)의 사용기간에 걸쳐 발생되는 운영유지관리비를 대폭적으로 절감시킬 수 있는 대안을 제시함으로써 보다 장기적, 미래지향적 안목에서 건축주(발주자)를 이롭게 할 수 있다.

있는 돈, 시간, 사람, 기술, 자재, 공법 등의 제반요소를 체계적으로 분석 · 종합하여 건축주(발주자)의 이해관계에 부합되는 건설경영시스템을 구축할 수 있다.

- 설계 · 시공의 병행추진을 통해 기존방식이 갖는 순차성의 한계를 극복하여 공기 · 비용 동시절감 효과를 얻을 수 있도록 하는 종합적 경영관리를 실현할 수 있다.
- 시공단계에서 시공자(종합건설업체)가 활용하는 수준의 구체적 공사관련 정보와 전문지식을 건설 초기의 기획 · 계획단계에서부터 확보하여 설계과정에 반영함으로써 최적의 설계대안을 추구할 수 있다.

이러한 관점에서 보면 CM의 기본정신은 '기존 건설방식 하에서의 시공자 우위상황을 건축주(발주자) 우위체제로 바꾸어 놓는 것'이라고 표현될 수 있다.

그러나 이 세상에 존재하는 어떠한 방법 · 제도 · 절차도 장점만을 가질 수는 없다. CM도 예외가 아니다. 따라서 CM의 기본정신을 차질 없이 구현하기 위해서는 다음과 같은 본질적 결점을 확실히 인식하고 대처해야 한다.

- Phased Construction 또는 Fast Track 방식이 시도될 경우 건축주(발주자)는 공사 초기단계에 정확한 공사비를 파악하기 어렵다. 이러한 경우 공사의 진행과정에서 공사비가 증가될 우려가 있기 때문에 다소 일찍 공사를 마무리한다 하더라도 그 실질적 효과는 저감될 수 있다.
- 대부분의 건축주(발주자)는 건설사업의 추진과정에서 예산부족 문제에 직면한다. 따라서 공사비 증가 리스크를 회피하기 위해

기존 방식의 총액계약방법을 더 선호할 수 있다.

• CM에서는 건축주(발주자)가 수시로 건설사업 추진과정에 개입하여 사업의 성공여부에 직접적 영향을 미치는 주요결정을 신속히 내려야 한다. 따라서 CM을 도입 결정하고 CMr의 조언을 받아 시의 적절하게 판단 · 결정을 수행해야 하는 건축주(발주자) 측의 경험과 능력은 CM의 성공여부를 결정짓는 가장 중요한 요소 중의 하나이다. 따라서 CMr의 전문지식과 정보능력 못지않게 건축주(발주자)의 판단능력도 상당수준으로 보강되어야 한다. 그렇지 못할 경우 건축주(발주자)는 스스로 내린 결정에 책임을 져야 한다는 업무적 부담에서 결코 자유로울 수 없다.

• 건설사업의 성공 여부는 CMr의 기획 · 조정 및 설계 · 공사관리 능력에 달려있다고 해도 과언이 아니다. 그럼에도 순수한 의미의 CM 방식에서는 통상 CMr이 공사비와 품질에 대한 법적책임을 지지 않는 것이 상례이다. 따라서 능력이 부족한 CMr이 선정되었을 경우에 나타나는 문제점은 기존 건설방식에서 보다 훨씬 더 심각하다.

CMr의 선정과 관련된 문제

상기 내용의 마지막에서 언급된 CMr의 선정과 관련된 문제는 보다 심층적으로 검토될 필요가 있다. 왜냐 하면 CMr은 건축주(발주자) · 설계자 · 시공자 사이의 삼각관계에 추가 개입하는 제4의 인물(조직)이라는 점에서 CM의 주요 문제점이 'CMr의 선정'과 직결되어 있기 때문이다. 따라서 건축주(발주자)는 CMr의 선정과정에서 비롯되는 다음 문제점을 사전에 심층 검토해야 한다.

첫째, 광범위한 CM 업무영역에 비추어 볼 때, CM 서비스는 개인 · 집단 · 조직에 의해 여러 가지 형태로 제공될 수 있다. 부동산개발, 건축 · 토목분야 설계 · 시공분야의 종사자는 물론 다양한 유형의 경영 컨설선트들도 CM 서비스업에 발을 들여 놓을 수 있다는 것은 이미 외국의 선례를 통해 파악할 수 있다. 그러나 이들 모두가 CMr에게 요구되는 수준의 경험과 능력을 갖고 있다고 보기는 지극히 어렵다.

둘째, CM의 적용대상을 잘못 선정하면 비용 과다지출의 우려가 따른다. CM방식은 공사규모가 크고 공사 난이도가 높아 체계적인 관리를 통해 비용절감 및 공기단축이 가능한 건설사업에 적용되었을 경우에만 효과가 극대화된다.

공사비 규모가 작은 경우는 대개 공사기간도 짧기 때문에 CM 적용을 통한 공사비 절감 기회가 적음은 물론, 오히려 비용이 효과를 초과할 수도 있다. CM에서는 대규모 공사의 경우 공간적으로 공구를 분할하여 시간적 간격을 두고 단계별로 추진한다. 이러한 경우 동시다발적으로 이루어지는 계약 · 구매 · 조달 행위와 중점관리를 요하는 주요시설(건물), 그리고 공종 상호간의 연결부위 등을 체계적으로 관리하여 공사비 절감 및 공기단축 효과를 거둘 수 있다.

또한 공사 난이도가 높아 건설사업 추진과정에서 예기치 못한 문제점의 발생이 예상되는 경우 CMr의 면밀한 사전계획과 설계검토, 문서 · 계약관리, 시공과정의 조정 · 통제가 절실히 요구된다.

공기와 관련해서는 공사기간이 길어 공기단축의 필요성이 강력히 제기될 경우에 한해서, 공기단축과 공사비 절감과 연계시킬 수 있다. 이러한 경우 대상 건물(시설)의 조기사용을 통해 간접적으로 비용절감과 편익향상을 도모할 수 있다.

셋째, CMr에 대한 객관적 보수기준이 명확하게 설정되어 있지 않은 상태에서 일관성 없이 다양한 보수가 지급될 수 있다. CM 서비스에 대한 보수수준은 외국의 선례에 비추어 볼 때 '원가정산이익확정계약(cost-plus-fixed-fee contract)' 방식에 의해 총사업비의 2~6% 범위 정도이다. 따라서 건축주(발주자)는 CM 계약체결에 앞서 적절한 공사비 분류체계에 따라 공사비가 산정되었는지 여부를 철저히 검토해야 한다.

넷째, CM 업무수행을 위해서는 건설사업이 전개되는 특정지역에 관한 지식 · 정보의 획득이 무척 중요하다. 외부지역에서 영입된 CMr은 해당지역에서의 공사비 소요, 가용인력 · 자재, 교통 · 지리여건 등에 대한 상황과 정보에 친숙하지 못하다. 따라서 어떤 업체는 특정지역 이외의 CM 업무수행에는 적합하지 못한 경우가 있다.

다섯째, CMr에게 결과에 대한 직접적 책임을 물을 수 있느냐 하는 문제가 제기된다. 순수한 의미의 CM에서는 CMr에게 공사비 부족, 공기지연 등으로 인해 유발되는 문제에 대하여 법적책임을 물을 수 없다는 것이 통례이다. 따라서 CMr은 제한된 예산과 시간의 범위 내에서 건설사업을 완료해야 한다는 압력을 받지 않는다고 볼 수 있다. 따라서 건축주(발주자)는 건설사업의 착수에 앞서 공사비 범위를 명확히 설정하고 필요에 따라 '위험부담 형태의 CM(CM at risk)[3]' 방식 도입도 검토해 볼 필요가 있다.

끝으로 '건설과정의 어느 단계에 CM을 적용해야 하는가?' 하는 문제를 충분히 고려해야 한다. CM의 적용단계는 건축주(발주자)가 보

3) CMr이 직접 시공자를 고용하여 책임시공을 하고 공사에서 발생되는 이윤을 취하는 CM방식으로 구체적 언급은 다음 회에서 이루어진다.

유하고 있는 집단(조직)의 사업수행 능력과 개별프로젝트의 특성에 따라 달라진다. 그러나 지배적 견해는 CM 서비스를 일찍 받을수록 더 유리하다는 것이다. 초기단계부터 CM을 도입할 경우 CMr은 건설사업 추진과정 전반의 제반활동을 포괄하는 '경영관리의 틀(management framework)'을 일찍부터 설정하여 건설사업을 체계적으로 관리할 수 있다. 건설사업의 초기에 이루어지는 의사결정이 건설 전 과정에 가장 큰 영향을 준다는 점에서 보다 중시되어야 하는 반면, 건축주(발주자)가 이 단계에서 사업의 목표 · 범위 설정, 타당성 분석 · 평가 등 업무를 효과적으로 수행하기에는 적지 않은 무리가 따른다. 이 경우 CMr은 보다 세련된 사업계획을 수립하여 타당성 여부를 평가하고, 이를 성공적으로 구체화시킬 수 있는 설계 · 시공업체를 선정할 수 있도록 건축주(발주자)를 조언할 수 있다.

지금까지 CM의 기본정신을 파악하기 위해서 이 방식의 여러 가지 특징과 장단점을 파악해 보았다. 이제 지금까지 언급된 개념을 보다 체계화시킬 수 있도록 CM의 학문적 · 실무적 의미를 파악해 보자.

제Ⅳ부 | 건설업과 CM

-건설경영의 제도적 표현-

30. CM의 개념

-학문적 의미와 실무적 의의

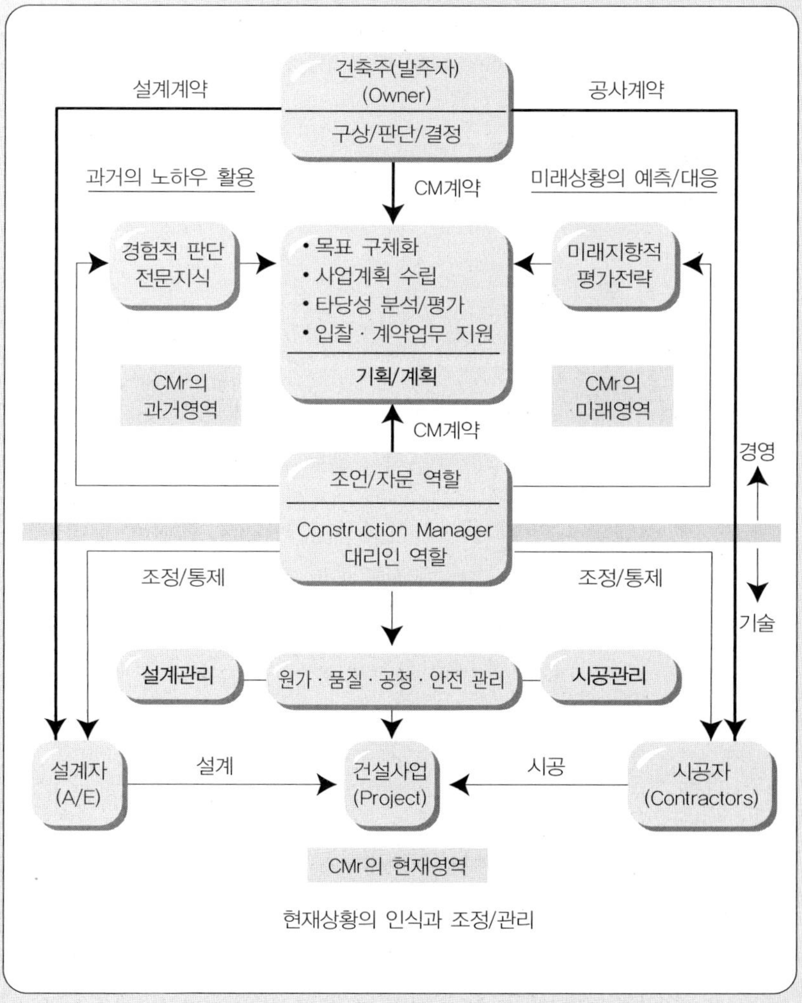

30. CM의 개념

– 학문적 의미와 실무적 의의

학문적 의미의 CM은 건설분야 기술요소를 경영이론과 접목시킴으로써 무한한 발전 가능성을 보유한 새로운 차원의 학문체계를 제시하고 있다. 한편 CM의 실무적 의미는 하나의 계약형태로 이해될 수 있다. 설계 · 시공을 분리발주하는 전통적 계약방법이나 다소 진전된 형태인 턴키(turn-key) 계약방법의 한계극복을 위한 대안으로 고려될 수 있다.

CM의 학문적 의미

지금까지 필자는 CM의 도입배경과 기본정신을 살펴보았다. 여기서는 CM에 대한 보다 구체적 · 체계적 이해를 도모하기 위해 CM(construction management)의 학문적 · 실무적 개념을 파악한다.

미국종합건설협회는 CM을 (1)건설사업 목적의 효과적 달성을 위해 전문가 집단의 통합된 관리기술을 활용하는 것, (2)건설사업의 기획 · 계획, 설계, 시공의 각 단계별 업무를 하나의 통합된 형태로 다루는 것, (3)건설사업의 가치를 경제적 시간범위 내에서 극대화하기 위해 기획 · 계획 단계에서부터 대안의 품질 · 비용 · 공기를 종합적으로 검토하는 것[4]으로 정의함으로써 '건설사업 초기단계에서부터

4) 미국종합건설협회(Associate General Contractors of America)는 다음과 같이 CM의 개념을 제시한다.
…one effective method of satisfying an owner's needs. It treats the project planning,

통합적 관리가 이루어져야 한다'는 것을 강조한다.

O'Brien(1978)은 CM을 '건물(시설)의 설계 · 건설 과정에서 시간 · 비용 · 품질의 종합적 관리를 위한 모든 방법을 포함하는 개념'[5)]이라고 언급함으로써 '시간 · 비용 · 품질의 종합적 관리' 측면을 중시한다.

미국건축가협회(AIA : American Institute of Architects)는 건설과정에 참여하는 여러 이해관계 집단의 입장을 반영하여 CM을 '건설 참여자들에게 합리적 수준의 이익보장이 가능하도록 하면서 최소의 비용으로 건축주(발주자)의 건설목적을 달성할 수 있도록 하기 위해 설계 · 시공 과정을 관리하는 것'이라고 정의한다.[6)]

한편, Tenah와 Guevera(1985)[7)]는 '팀에 의한 접근(team approach)'과

---

design, and construction phases as integrated tasks within a construction system ···Interactions between construction costs, quality, and completion schedule are carefully examined by the team so that a project of maximum value to the owner is realized in the most economic time frame....The CM proposes construction alternatives to be studied by the construction team during the planning phase and accurately predicts the effects of these alternatives on the project cost and schedule....

AGCA, Special Report on Construction Management in Construction Methods & Equipment, March/April, 1972.

5) O'Brien (1971)은 다음과 같이 CM을 정의한다.

···the composite of all modern project management methodologies having as their objective, the control of time, cost and quality in the design and construction of a new fracility.

O'Brien James, et al., Construction Management : A Professional Approach, McGraw-Hill, New York, 1971.

6) 미국건축가협회는 CM을 다음과 같이 정의한다.

Managing the design and construction of a stated project to achieve an architectural and construction program at the lowest beneficial cost to the owner within a reasonable profit framework for the participants.

DeGoff, R. A., and Friedman, H. A., Construction Management : Basic Principles for Architects, Engineers, and Owners, John Wiley & Sons, 1985.

7) Tenah와 Guevera의 정의를 발췌하면 다음과 같다.

··· a special team effort of owner, architect/engineer and construction manager : it is a technical and business management service required for planning, implementation,

'기술 · 경영의 접목'이라는 관점을 강조하여 CM을 '(1)건축주(발주자) · 설계자(A/E) · CMr로 구성되는 팀의 노력(team effort)' (2)설계 초기 단계부터 건설사업 종료시까지 소요되는 인적 · 물적 자원의 효율적 활용계획을 수립하여 시행하는 과정에서 이루어지는 기술 및 경영관리 서비스(technical and management service)라고 정의한다. 여기서 CMr (Construction Manager)은 건축주(발주자)와 계약관계를 유지하면서 '건설사업의 기획 · 계획단계에서부터 시작하여 설계 · 시공과정을 거쳐 완공 · 사용에 이르기까지 건축주(발주자)에게 필요한 모든 행정 · 기술 · 경영관리 서비스를 제공하는 집단 · 개인 · 조직'[8]으로 이해될 수 있다.

상기와 같은 여러 정의로부터 공통요소를 추출해 보면 CM은 (1)건축주(발주자) · 설계자(A/E) · CMr로 구성된 팀(team)의 노력을 통해서 건설사업의 기획 · 계획, 설계, 건설 전 과정을 통합 · 조정 · 관리하는 기술 · 경영 서비스로서, (2)그 목적은 건축주(발주자)의 요구조건과 관심사를 최대한 충족시키기 위한 것이다. (3)이를 위해 건설사업의 초기단계부터 품질 · 비용 · 공기의 최적화를 도모함과 아울러, (4)건설과정에 참여하는 다양한 이해관계 집단(개인)이 각자의 투입노력에 대한 합리적 수준의 이익을 보장받을 수 있도록 하는 것을 핵심

---

and control of the use of the resources necessary from the start of design to the completion of construction.
Tenah, K. A., and Guevera, J. M., Fundamentals of Construction Management and Organization, Rseton Publishing Co., Inc, 1985. p.385.

8) 이에 대한 구체적 정의를 살펴보면 다음과 같다.
…construction manager may be defined as a specialized firm or organization which furnished all the administrative and management services of a general contracting organization as well as all of the consulting services necessary and as required by the owner from planning through design and construction to commissioning.
Tenah, K. A., and Guevera, J. M., Fundamentals of Construction Management and Organization, Rseton Publishing Co., Inc, 1985. p.385.

개념으로 가지고 있다.

학문적 의미에서의 CM은 건설분야의 기술요소를 경영이론과 접목시킴으로써 무한한 발전 가능성을 보유한 새로운 차원의 학문체계를 제시하고 있다. 건설기술의 차원을 넘어 기술관리, 경영 · 의사결정 전략, 건설풍토, 기업문화, 그리고 거시적 관점의 산업구조 및 건설경제분석까지 포괄하는 광범위한 영역을 다루는 것으로 이해할 수 있다.

CM의 실무적 의의

그러나 CM의 개념에 대한 학문적 고찰은 이를 당장 도입해서 운용해야 하는 현실적 여건에 처한 사람들에게 다소 추상적으로 여겨질 수 있기 때문에 CM에 대한 실무적 접근이 불가피하다.

CM의 실무적 의미는 하나의 계약형태로 이해될 수 있다. 설계와 시공을 분리 발주하는 전통적 계약방법이나 다소 진전된 형태인 턴키(turn-key)계약 방식의 한계를 극복하기 위한 대안으로 고려될 수 있다.

기획 · 계획, 설계, 시공, 감리 업무가 서로 다른 조직(집단)에게 분리 · 할당되어 순차적(sequential)으로 이루어지는 기존의 계약방식은 오랜 기간에 걸쳐 우리와 친숙해진 제도로서 (1)착공 전에 정확한 예정가격의 산출이 가능하고, (2)경쟁 유도를 통한 공사비 절감을 도모할 수 있고, (3)일단 계약이 체결되면 건축주(발주자)의 위험부담이 감소된다는 장점을 갖는다.

그럼에도 기존 건설방식은 (1)기획 · 계획 과정에 설계자가 참여하지 못하여 건설사업의 성공여부에 중대한 영향을 미치는 문제점이 조기에 검토 · 시정될 수 없다. (2)같은 맥락에서 설계단계에 시공자가 합류할 수 없어 시공성 향상을 도모할 수 있는 바람직한 대안이 설계단계에서 반영될 수 없고, (3)순차적 진행으로 인해 공사기간 장기화와 공사비 증가현상 발생의 우려가 따르며, (4)다양한 참여집단(조직)의 이해관계 차이로 유발되는 갈등을 중립적 위치에서 합리적으로 조정해 주는 역할의 수행자가 없다는 결함을 갖는다.

이러한 문제점을 해소하기 위해 다소 진전된 계약형태로 나타난 것이 턴키(turn-key)방식이다. 이 방식은 설계와 시공을 하나로 묶어 일괄계약으로 처리함으로써, 시공자의 전문지식과 공사경험이 설계단계에서부터 반영될 수 있도록 하는 동시에 설계 · 시공 동시발주(fast tracking) 또는 단계적 시공(phased construction) 방식을 도입하여 공기단축효과도 도모할 수 있다. 또한 시공과정에서 불가피하게 발생되는 설계변경도 용이하게 처리할 수 있다.

그러나 턴키방식도 나름대로의 단점을 노출해 왔다. 이에 의할 경우 (1)일정시점에 이르러서야 비로소 정확한 공사비 규모를 파악할 수 있고, (2)일반적으로 총액계약방식을 따르기 때문에 시공자는 공사품질보다 스스로의 이익확보에 더 치중하는 경향을 보이기도 한다. (3)또한 설계 · 시공을 동일한 업체가 수행하기 때문에 참여집단(조직) 상호간의 견제를 통한 검토가 불가능하여, (4)공기와 공사비에 직접적 영향을 미치는 중대한 사안이 사전에 노출되지 않을 우려가 따른다.

이러한 계약방식의 장점을 극대화하면서 단점을 극복하기 위해 제시된 CM방식의 계약철학은 상호 신뢰관계를 전제로 하고 있다. CMr

은 건축주(발주자)의 조언자로서 건설사업의 사업계획 수립 · 타당성 분석 · 평가 · 투자의사결정에 대한 업무를 지원하고 참여집단 사이의 갈등 · 상충을 조정하는 리더 역할을 수행하며, 설계 · 계약단계에서는 가치공학(Value Engineering), 수명주기비용 분석(Life Cycle Costing) 등의 기법을 적용하여 품질향상과 원가절감 효과를 동시에 추구할 수 있도록 한다.

CM 계약은 건설사업의 특성과 집행여건에 따라 CMr과 건축주(발주자)가 상호 협의하여 체결되어야 하기 때문에 매우 다양한 형태를 띨 수 있다. 그럼에도 대표적인 유형은 CM for fee와 CM at risk의 두 가지로 구분된다. 이를 그림으로 표시하면 그림 30.1과 같다.

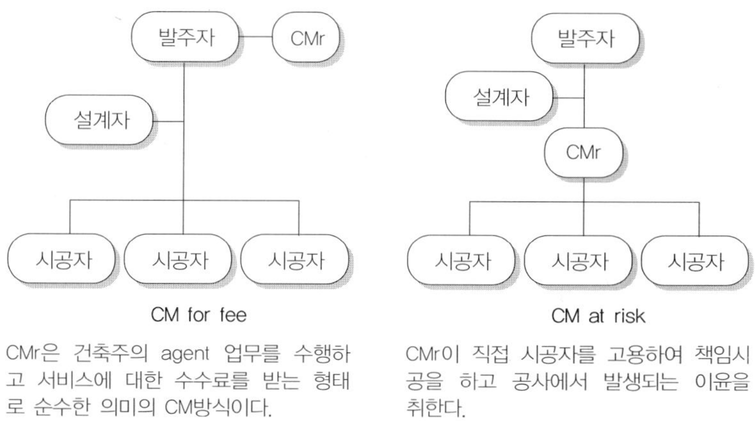

그림 30.1 CM for fee 방식과 CM at risk 방식의 비교

CM for fee 방식은 순수형태의 CM 계약이다. CMr은 설계 · 시공에 관여하지 않고, 건축주(발주자)의 능력보완 차원에서 사업계획 수립 · 타당성 분석 · 평가 · 투자의사결정과 관련된 업무지원과 설계와 시공의 조정 · 통제 역할만 하고, 총공사비의 2~6% 수준의 수수료

를 받는다. 따라서 CMr · 설계자 · 시공자 사이에서 대립이 발생되는 경우가 거의 없다는 장점을 갖는다. 그러나 CM for fee 계약의 경우 공사결과에 대한 궁극적 책임은 발주자에게 귀속된다. 따라서 능력이 미달되는 CMr이 선정될 경우 건설사업의 실패 가능성은 상대적으로 높아질 수밖에 없다.

이에 대한 대안으로 제시된 CM at risk 방식은 건축주(발주자)가 제시한 공사비와 당초 합의된 계약조건 하에서 CMr이 시공자 역할을 수행하고, 공사결과 발생되는 이윤을 추구할 수 있도록 하는 방식이다. 그러나 어떠한 방식에 따르든 설계자는 건축주(발주자)에 의해 독립적으로 고용된다.

두 가지 계약방식 중 어떤 것이 더 바람직한 것인가 하는 판단은 건설사업의 특성과 여건 그리고 건축주(발주자)의 건설목표에 따라 달라진다.

건축주(발주자) 입장에서 특정 공사에 대한 풍부한 시공경험이 요구될 때에는 CM at risk 방식이 보다 효과적이다. 그러나 이에 의할 경우 시공자에 대한 건축주(발주자)의 견제능력이 약화될 수 있다는 단점을 갖는다.

CM for fee 방식은 건축주(발주자)의 기획 · 조정 기능을 강화하기 위해 바람직한 방식인 반면, CMr이 공사 전반에 대한 최종적인 책임을 지지 않기 때문에 확고한 신뢰관계를 전제로 계약이 이루어져야 한다는 점에 유의해야 한다.

따라서 어느 한 가지 계약방식을 적극적으로 도입해야 한다고 주장하기보다는, 궁극적으로 건축주(발주자)와 CMr이 상호 협의하여 결정하는 것으로 보아야 한다. 그럼에도 어떤 방식이든 CMr이 설계 또는 시공에 직 · 간접적으로 참여하기 때문에 건축주(발주자)는 CMr · 설계자 · 시공자 사이의 조화 · 균형이 깨어지지 않도록 각자가 갖는 책임과 권한의 한계를 명확히 규정할 필요가 있다.

우리나라의 경우 CM for fee와 CM at risk 중 어느 계약형태가 적합할 것인가? 이는 CM의 기본정신에 비추어 판단해야 할 사항이라고 사료된다. 기본적으로 CM방식은 시공자에 비해 기술과 전문지식 면에서 상대적으로 열세에 있다고 할 수 있는 건축주(발주자)의 능력을 보강하기 위해 태동된 것이다. 실질적으로 비용을 지불하는 건축주(발주자)가 진정한 의미에서 건설사업 결과의 수혜자가 될 수 있도록 하기 위해, 시공자 우위상황을 건축주(발주자) 우위체제로 바꾸어 놓은 것이 CM 방식임을 고려해 볼 때, 우리의 건설여건에서 시공자에게 CM 기능을 부여하는 것은 합리적 접근방식으로 고려되기 어렵다.

그러나 이론적 관점을 잠시 떠나 우리 건설업 현황을 살펴보자. 실질적으로 CM을 책임 있게 수행할 수 있는 정도의 기술력 · 자본력을 갖추고 있는 조직은 상위 도급순위를 점유하고 있는 대형 건설업체들인 반면, CM for fee 업무를 수행할 것으로 예상되는 엔지니어링 업체들은 모든 면에서 상대적으로 취약하다는 것이 어쩔 수 없는 우리의 현실이다.

그렇다면 CM의 기본정신에 가능한 충실하면서도 우리의 여건에 맞는 대안은 없는가? 바람직한 접근법은 우리 여건에서 건설경쟁력 강화의 주도적 역할을 수행하는 대형 건설업체에게 CM at risk 형태의 업무를 담당할 수 있도록 하는 한편, CM의 기본정신에 위배되지 않도록 하기 위해 '발주자 우위'의 체계가 손상되지 않도록 법과 제도를 정비하는 것이라고 사료된다.

상기 내용을 보다 구체화시키기 위해, 우리 건설상황에서 누가 CM의 추진주체가 될 수 있을 것인가를 생각해 보자. CM 서비스 내용의 광범위성과 다양성을 고려해 볼 때, 조직의 규모와 특성에 따라 나름대로의 역할분담이 이루어질 수 있을 것으로 생각된다.

외국의 경우 CM 업무수행을 위한 특정면허의 보유나 시설 · 인력 구비 등을 전제로 하고 있지는 않다. 다소간의 예외는 있지만 누구나 CM 서비스 시장에 뛰어들 수 있도록 되어 있다.

우리 여건에서 CM for fee의 경우 대규모 설계회사도 기존의 설계 · 계약관리 및 공사감리 업무를 특성화시켜 CM 시장에 진입하고 있다. 앞으로 부동산 개발회사, 산업공학분야 전문가, 컴퓨터 소프트웨어 개발 회사는 물론 다양한 분야에서 활동하는 경영 컨설턴트들도 스스로의 영역을 차별화 · 특성화하여 건설사업의 목적이나 발주자의 요구조건에 부합시킬 수 있다면 모두 CM 서비스를 제공할 수 있을 것으로 사료된다.

서비스 영역의 다양성은 CM 방식이 갖는 특징 중의 하나이다. 따라서 CM 방식의 원활한 국내정착을 유도하기 위해 CM 서비스 제공집단(조직)에 대한 포괄적 기준을 설정하기보다는, 사업의 특성과 건축주(발주자)의 여건에 따라 다양한 CM 서비스 기능을 선별적으로 선정하여 계약할 수 있도록 제도를 설정하는 것이 바람직할 것으로 생각된다. 특히 CM 계약을 필요로 하는 건축주(발주자)는 대개 상당 수준의 자체능력을 보유한 경우가 대부분이기 때문에, 나름대로 필요한 서비스 기능을 선별할 수 있을 것이라고 생각된다.

CM 방식을 적용하면 CM 수수료의 추가지불로 인해 건설사업비가 대폭적으로 상승될 것이라는 주장이 있다. 물론 외적으로는 기존 건설방식에서 불필요했던 추가수수료, 즉 CM fee가 건축주(발주자)에게 부담을 안겨 주는 것으로 여겨질 수 있다. 그러나 적어도 시공단계에서의 CM fee는 감리비로 충당될 수 있을 것으로 판단되기 때문에, 순수 증가비는 기획 · 계획 · 설계 단계의 수수료로 국한될 수 있을 것이다.

아울러 총사업비의 2~6%에 해당되는 CM 서비스 수수료는 (1)사업계획 수립 · 타당성 분석 · 평가 · 투자의사결정과 관련된 업무지원을 통한 경제적 설계대안의 설정, (2)설계 · 시공의 병행추진(fast track)에 의한 공기단축 및 비용절감, (3)체계적인 품질관리를 통한 공사의 질적 수준 향상, (4)건설과정의 분쟁(claim) 최소화 등 정량적 측면의 이익은 물론 돈으로 환산할 수 없는 정성적 혜택을 통해 충분히 상쇄되고 남음이 있는 것으로 알려지고 있다.

선진국의 실례에서도 건설사업비 절감 측면이 강조되고 있다. 설계과정에서 6~8%, 시공단계에서 5~6% 정도의 비용을 절감할 수 있어, 건설사업 전반을 통해서는 최소 10~12%의 비용절감 효과가 있는 것으로 알려지고 있다. 따라서 CM 방식의 적용을 통해 오히려 보다 실질적 의미의 경제성 추구가 가능하다고 볼 수 있다.

책임감리, CM, 공사관리 그리고 PM

CM의 실무적 의미를 파악하는 과정에서 비교 · 검토하지 않으면 안 될 몇 가지 기존 개념과 용어가 있다.

먼저 책임감리와 CM의 차이점을 파악해 보자. 책임감리는 건축주(발주자)가 부담하는 비용으로 감리자가 시공단계에 국한하여 건축주(발주자)의 대리인으로 공정 · 품질 · 원가 · 안전관리를 실시하는 것인 반면, CM은 건축주(발주자)의 추가비용 부담으로 고용된 CMr이 기획 · 계획, 입찰, 설계, 시공 및 시운전에 이르는 건설과정 전반에 걸쳐 건축주(발주자)를 대신하여 사업계획 수립 · 타당성 분석 · 평가 · 투자의사결정 지원 및 공정 · 품질 · 원가 · 안전 관리를 실시한다는 점에서 그 활동범위가 훨씬 포괄적인 것으로 이해될 수 있다.

여기서 유념해야 할 사항은 우리나라의 경우 책임감리영역이 법적으로는 상당히 포괄적으로 규정되어 있음에도, 실제로는 시공 전후의 검사기능에 그 업무 초점이 맞춰져 있다는 것이다. 따라서 책임감리는 건설과정 전반을 시스템적으로 조명하여 총괄적인 경영관리 및 기획 · 조정 업무를 주관하는 CM과 비교 · 이해되어야 한다.

한편 CM, 공사관리, PM(project management)의 개념적 차이를 이해할 필요가 있다.

우선 CM과 공사관리의 차이점을 파악하기 위해 서비스의 활용 주체와 제공시점을 생각해 보자. CM은 건축주(발주자) 측의 추가비용 부담으로 고용된 CMr이 기획 · 계획 · 설계 · 시공의 전 과정에 걸쳐 제공하는 종합적 · 총괄적 서비스인 반면, 공사관리는 건축주(발주자) 측의 추가비용 부담 없이 시공자가 시공단계에서 건축주(발주자)와의 계약조건 이행과 스스로의 이익 확보를 위해 공정 · 원가 · 품질 · 안전 관리를 수행하는 것이다.

한편, PM은 활용 주체와 무관하게 모든 유형의 사업관리를 총괄적으로 지칭하는 포괄적 개념인 반면, CM은 건설사업에 국한하여 적용되는 개념이다.

그렇다고 PM의 범위가 CM보다 더 광범위한 것이라고 말할 수는 없다. PM이 프로젝트 단위로 이루어지는 업무를 다루는 것이라면

CM은 PM에서 다룰 수 없는 건설조직, 전략, 기업문화 등을 포함하는 별도의 업역을 다루기 때문이다. 즉 CM은 광범위한 PM의 업무 중에서 건설이라는 특성화된 영역을 확보하는 한편 새로운 업무내용을 추가하여 독립한 것으로 볼 수 있다. 따라서 이 시점에서 CM과 PM을 명확히 비교하여 이해하고자 하는 시도는 별 의미가 없을 것 같다. 같은 맥락에서 우리나라의 관련법에서도 CM과 PM이 결합한 CPM (Construction Project Management)의 의미를 갖는 '건설사업관리'라는 용어를 채택하였음에 유념할 필요가 있다고 사료된다.

제Ⅳ부 건설업과 CM
-건설경영의 제도적 표현-

31. CM의 적용과 평가
-CM 성공/실패 사례 분석과 교훈

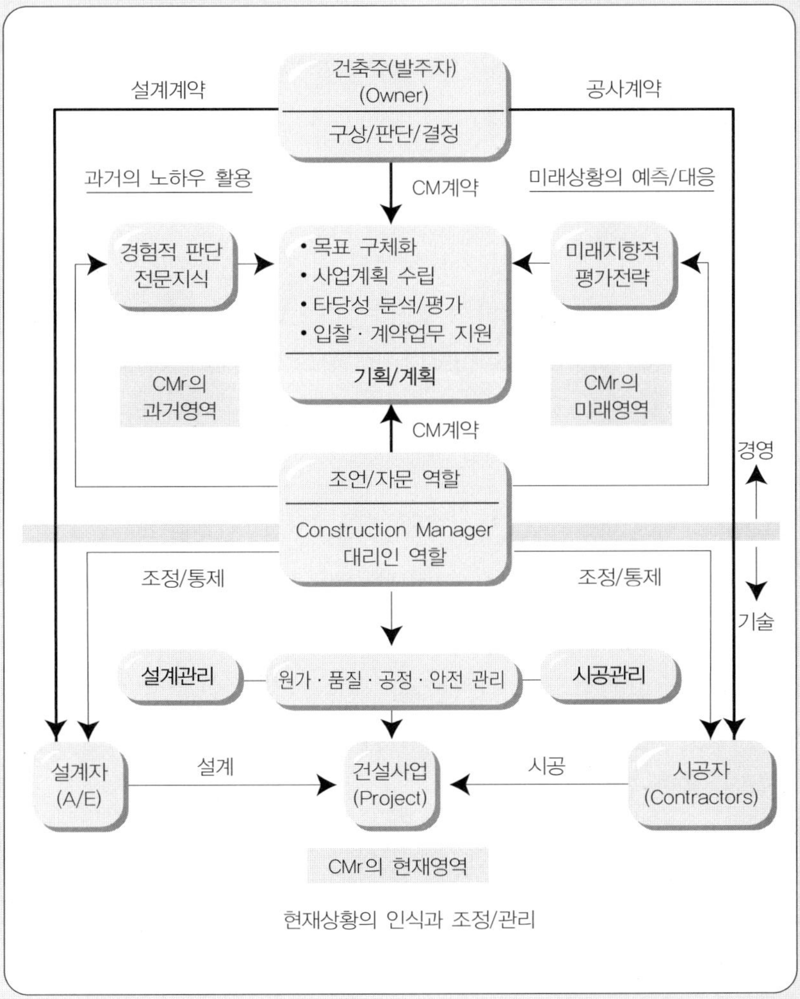

31. CM의 적용과 평가

– CM 성공/실패 사례 분석과 교훈

CM방식이 도입·적용되어 그 뿌리를 내리는 과정은 결코 용이하지 않을 것이다. CM방식의 도입을 선도해 온 미국에서도 이를 운용하는 과정에서 성공적 결과 못지않게 수많은 실패사례를 기록하였다. 따라서 CM적용의 성공가능성을 높이기 위해서는 그 성공사례와 실패사례 모두에서 나름대로의 교훈을 얻을 필요가 있다.

이제 앞서 언급된 CM의 기본정신과 개념에 유념하면서 (1)CM 적용의 긍정적 사례를 분석하고, (2)아울러 CM이 그 기본정신에 위배되는 방향으로 운용될 경우 빚어질 수 있는 부정적 영향도 파악하여, (3)CM 적용의 성공 가능성을 높이기 위해 필요한 몇 가지 교훈을 얻고자 한다.

적어도 개념적으로는 CM을 전혀 새로운 방식으로 보기 어렵다. CM은 과거의 십장(chief workman)과 유사한 의미를 갖는 master builder에 의한 건설방식으로 회귀하는 대신 설계 · 시공 과정에서 시간 · 비용 · 품질을 효과적으로 관리하고, 건축주(발주자)가 건설과정에서 부담하는 각종 리스크를 최소화시키기 위해 첨단기술과 경영관리방법을 수용한 것이다.

그러나 개념적으로 단순한 CM 방식이 실제상황에 도입 · 적용되어 뿌리를 내리는 과정은 결코 용이하지 않을 것임에 유의해야 한다.

CM의 도입 및 적용을 선도해 온 미국에서도 이를 운용하는 과정에서 성공적인 결과 못지않게 수많은 실패사례를 기록하였다. 미국 정부기관으로서는 처음으로 CM을 도입한 GSA(General Services Administration)는 수차례의 실패를 경험한 끝에, 1970년도에는 이 방식의 적용을 중단하지 않으면 안 될 정도에까지 이르게 되었다. 민간분야에서도 CM 방식의 적용 실패로 인해 발생된 수많은 법정투쟁이 발생되었다.

이제 과거 미국에서 기록한 몇 가지 성공 · 실패 사례의 분석 · 평가를 통해 CM 방식이 갖는 명암을 살펴보고, 이를 통해 얻을 수 있는 나름대로의 교훈을 되짚어 보자.

CM 적용 성공사례

먼저 성공사례로 플로리다 대학교의 'The Engineering Sciences Library and Computer Facility'의 건설사업을 살펴보자. 5층 콘크리트 건물 2동으로 이루어진 이 시설의 면적규모는 약 230,000ft^2(약 21,368m^2)에 이른다. 총사업비는 2,400만 달러로 1982년에 설계에 착수하여 약 700일이 경과한 1984년 4월에 사업을 완료할 계획이었다. CMr은 설계완료 이후에 선정되어 최대보증가격(Guaranteed Maximum Price)으로 건설공사비, CM fee, 예비비 등을 포함하여 19,925,188달러를 제시하였다.

이 사업은 CMr이 설계완료 이후에 선정되었기 때문에 건축주(발주자)는 설계대안에 대한 VE(value engineering) 실시를 통해 얻을 수 있는 잠재적 혜택을 상실하였다. 또한 보다 근본적인 의미에서 설계 이전에 이루어지면서도 건설사업의 성공 여부에 훨씬 더 중대한 영향을 미치는 사업계획 수립 · 타당성 분석 · 평가 · 투자의사결정의 과정을 거쳐 얻을 수 있는 최적설계대안의 선정기회도 잃고 말았다.

본 사업은 입찰 · 시공 단계에서 집중적으로 이루어진 CMr의 기여를 통해 책정된 예산과 공기 내에 공사가 성공적으로 완료되었다는 점에서 나름대로 성공적이었다는 평가를 받을 수 있었다. 그러나 엄격한 의미에서 이 사업은 CM 방식이 적용된 것으로 볼 수 없다. 왜냐하면 첫째, 사업계획 수립 및 설계가 끝난 이후에 CMr이 선정되었기 때문이고, 둘째는 최대보증가격(Guaranteed Maximum Price)이 이해관계당사자인 CMr에 의해서 제시되었기 때문이다.

또 다른 성공사례로 'San Diego Metropolitan Correctional Center'를 생각할 수 있다.[9] 이 건물의 연면적은 224,787ft^2(20,687m^2)로 단계별 시공(Phased construction) 방식이 적용되었다. 그 결과 공사과정에서 발생된 몇 차례의 파업과 열악한 기후여건에도 불구하고 약 150만 달러를 절감할 수 있었다.

이 사업의 성공적 수행에 기여한 CM 적용방식의 특징을 요약하면 다음과 같다.

- CMr이 설계계약보다 약 1.5개월 앞서 고용되었다.
- 건축주(발주자)가 관리 · 계약 · 예산 · 행정에 걸친 제반업무를 무리 없이 조정 · 통제해 주는 소위 프로젝트 매니저(Project Manager) 수준의 역할을 수행하였다. 그 결과 정부발주공사에서 흔히 보이는 관료주의현상이나 업무의 병목현상 등을 찾아 볼 수 없었다.

9) Chandra, J. K., and Macedo, M. C.,Construction Management Principles and Practices, First Edition, New York, Wiley Inter-Science, 1977.

• 설계자는 설계과정에서 CMr의 합리적인 조언을 받아들여 무리 없이 정상적 업무수행을 할 수 있었다. 또한 CMr은 설계자에게 건설기술 · 시장 상황 · 입찰 등에 관련된 정보를 시의 적절하게 제공하였다.
• 시공단계에서 CMr은 공사 전체를 종합적으로 조망하면서 체계적인 감독을 실시했고 현장인도까지 장시간이 소요될 것으로 예상되는 공종에 대해서는 그 필요성을 분석하여 사전에 발주해 둠으로써 현장 적기조달에 무리가 없도록 조치하였다.
• 기획 · 계획, 설계, 시공 전 과정에 걸쳐서 CMr은 예산의 조정 · 통제, 공사비 견적, 공기관리 등의 업무에 깊숙이 관여하였다. 전산화된 건설관리시스템(Construction Management Control System)을 사용하여 공정관리, 비용관리(project cost control), 재무관리(project financial control)를 실시하였다. 이 시스템은 GSA가 개발한 것으로 건설과정 전체의 관점에서 설계 · 시공단계의 의사결정을 신속하게 지원하기 위한 것이었다.

본 사업은 순수 CM 방식이 적용된 전형적 사례에 해당된다. (1)CMr은 설계자에 앞서 건설사업에 참여하였고, (2)CM 추진과정에 참여한 구성원들 모두는 유능하고 자격을 갖춘 사람들로서 각자의 역할을 신속하고 정확하게 수행하였으며, (3)건축주(발주자)도 스스로의 역할에 대한 중요성을 충분히 인식하고 시의적절한 의사결정을 하여 주었다.

CM 적용 실패사례

지금까지 CM 적용의 성공적 사례를 언급하였다. 그러나 성공적 결과 못지않게 CM이 과연 기존 건설방식의 한계를 극복할 수 있는 대안이 될 수 있는지 여부를 재검토해 보아야 할 정도로 많은 실패사례도 낳았음에 유의해야 한다. 다음의 실패사례 분석을 통해 CM의 적용과정에서 무엇을 경계해야 하는가를 살펴보도록 하자.

먼저 'The Federal Reserve Bank of San Francisco' 건설사업의 실패사례를 보자.[10] 연면적 635,000ft^2(58,438m^2), 층수 12층인 이 건물의 건설은 설계시공 동시발주(Fast Track) 방식으로, 1980년 1월에 착수하여 1981년 12월까지 완공될 계획이었다. 그러나 당초의 계획보다 훨씬 지연되어 1983년 2월에 이르러서야 비로소 사업 완료되었다.

본 사업의 추진을 위해 CMr은 1977년에 이미 단위공사비를 85달러/ft^{2}로 제시하여, 총사업비 53,975,000달러가 책정되었다. 그러나 1980년 초에 본 사업비는 110달러/ft^{2}로 수정되어 당초 제시된 사업비의 29.4%에 해당되는 15,875,000달러가 추가되었고, 그 결과 총사업비는 결국 69,850,000달러로 증가되었다. 그러자 건축주(발주자)는 (1)공기지연에 의한 사업의 차질, (2)부적절한 사업관리, (3)조정 · 통제력 부족 등을 이유로 CMr에게 1,800만 달러의 손해배상을 청구하는 소송을 제기하기에 이르렀다.

본 사업은 계획보다 14개월 지연되었고, 실제 투입비용 또한 당초 계획된 사업비를 훨씬 초과한 대표적인 실패사례이다. 가장 중요한 실패요인은 (1)부적절한 사업비 산정, (2)비현실적인 공기 설정, (3)자격 및 능력 미달 요원의 참여 등으로 분석되었다.

---

10) Engineering News Record, July 21, 1983, p.16.

당시에 Fast Track 방식의 적용이 부적합하다는 지적이 있었다. Fast Track에 의해 추진되는 공사는 설계도서와 시방서가 완료되기 이전에 착수된다. 공사계약 역시 실시설계가 완료되기 이전에 체결된다. 따라서 CMr은 설계과정에서 발생될 수 있는 예기치 못한 상황에 대비하기 위해 필요한 예비비(contingency cost)를 편성해 두어야 한다.

즉 Fast Track 방식에 의할 경우는 총액입찰방식보다 사업비 확정에 더 많은 불확실성이 따르고, 시간도 더 많이 소요된다. 이러한 문제점에 대처하기 위해 CMr은 첨단의 공사비 예측방식과 견적기법을 능숙하게 활용하여 보다 현실적인 사업비를 신속하고 정확하게 산정할 수 있는 능력을 구비해야 한다.

상기 사업과 유사한 실패사례로 'New York City Convention Center'가 있다.[11] 이 건물의 건설사업비는 당초 375,000,000달러로 책정되었으나 결과적으로는 약 2년여의 공기지연과 125,000,000달러의 공사비 초과현상이 발생되었다. 이는 비현실적으로 산정된 공기와 부적절하게 책정된 사업비로 인한 또 다른 실패사례에 해당된다.

상기 예에서 살펴보았듯이 CM 적용의 실패는 주로 비현실적인 공기 산정과 부적절한 공사비 책정에서 비롯된다. 미국에서 이러한 원인을 가장 신랄하게 보여주는 또 하나의 사례는 미시간의 'The Detroit People Mover' 건설사업이다.[12]

이 사업은 1983년 137,500,000달러의 예산으로 착수되어 1985년에 완료될 예정이었다. 그러나 완료시점인 1985년도 당시의 공정은 전체의 68%에 그쳤다. 결국 본 사업은 당초 계획보다 약 2년 정도 늦어

11) Engineering News Record, July 28, 1983, p.5.
12) Engineering News Record, June 26, 1986, p.5.

졌고 총공사비도 72,500,000달러가 증가된 210,000,000달러가 투입되었다.

CM 적용의 실패원인은 이미 앞에서 언급된 공기 · 공사비 산정상의 오류 외에도 부적절한 계약체결에 기인하는 경우도 있다. 이에 대한 예로서 Nevada의 Clark County가 발주한 'Advanced Wastewater Treatment Plant'가 있다.[13] 본 사업은 계획보다 2년이나 지연되었고, 그 결과는 소송으로 이어졌다.

시공자 측에서는 공기지연에 의한 공사비 증가를 이유로 소송을 제기하여, 약 6년여 기간의 투쟁 끝에 25,000,000달러의 추가비용을 보상받았다. 반면에 건축주(발주자)인 Clark County는 이 소송을 포함한 유사한 사안에 대응하기 위해 약 8,000,000달러의 비용을 부담해야 했다.

본 사업의 문제점은 건설 초기단계에서부터 싹트기 시작하였다. CMr은 당초 68,000,000달러를 총사업비로 제시하였고 건축주(발주자)는 이를 기준으로 CM fee를 산정하여 Nevada Environmental Consultants와 당초 계획된 총사업비보다 15,000,000달러가 적은 52,300,000달러로 CM계약을 체결하였다. 그러나 후속적으로 설계자를 선정하는 과정에서 CMr은 입찰 이전에 제시된 총사업비인 68,000,000달러를 기준으로 설계비를 산정한다는 조건에 동의한 반면, 건축주(발주자)는 입찰이후 가격인 52,300,000달러를 기준으로 해야 한다고 주장하였다.

이러한 의견 차이로 인해 첫 번째 선정된 설계자와 건축주(발주자) 사이에 분쟁이 야기되어 결국 계약이 파기되고 말았다. 그럼에도 CMr

---

13) Engineering News Record, September 25, 1986, p.13.

은 당초 계약조건에 따라 건설사업을 이행하기 위해 조속히 설계를 진행시켜야 한다고 판단하고 다른 설계자를 고용하였다. 그러나 건축주(발주자) 역시 나름대로 판단하여 별도의 설계자를 고용하였다.

결국 난립된 계약 때문에 공사추진이 지연되었고, 시공자는 이로 인해 비용 상승은 물론 기타 직 · 간접적인 피해를 입었다는 이유를 내세워 소송을 제기하였다. 그 후 약 6년 동안에 걸친 법정공방 끝에 귀책사유는 건축주(발주자)인 Clark County에 있다고 판정되었다.

지금까지 언급된 실패사례를 극복하기 위해 건축주(발주자)는 CM 방식을 적절히 활용할 수 있는 대책을 강구해야 한다. 이러한 노력의 일환으로 미국의 GSA(General Service Administration)는 설계자의 선정에 앞서 CM 계약을 먼저 체결하고, 이어서 CMr의 도움을 받아 총공사비를 산정하도록 하고 있다. 이 경우 CMr 선정과정에는 제시가격을 포함하는 제반조건들의 심층적 검토와 함께 경쟁이 이루어진다.

즉 GSA는 CM의 성공적 수행을 위해 설계 이전에 CMr을 먼저 고용하고, 그로 하여금 사업계획 전반에 대한 검토를 하도록 하여, 미숙한 관리로 인해 발생할 수 있는 공기지연 · 비용상승 · 품질저하를 사전에 방지할 수 있도록 하고 있는 것이다.

미국에서 CM 방식은 무척 다양한 계약형태를 띠면서 발전되어 왔다. 각 계약방식은 나름대로 장단점을 포함하고 있기 때문에 이를 객관적으로 평가하기는 대단히 어렵다. 그럼에도 가장 보편적인 계약형태는 CM at risk 방식이라고 할 수 있다.

이는 건축주(발주자)와 CMr이 협의 · 결정한 최대보증가격(Guaranteed Maximum Price)의 범위 내에서 최종 산출물 인도를 보장하는 방식으로, 만약 건축주(발주자)나 설계자에 의해서 야기된 문제 이외의 어떤 사유로 인해 공사비 부족현상이 발생될 경우, 그에 대한 책임은 CMr이 부담하게 된다. 반면에 CMr이 나름대로의 방법을 동원하여 당초 설정된 예산 이하로 사업을 완수한다면, 통상 그 절감액을 건축주(발주자)와 50 : 50, 70 : 30, 40 : 60 등의 비율로 분배하는 규정을 계약조건에 포함하고 있다.

이러한 계약방식은 건축주(발주자)에게 매우 매력적인 것으로 여겨질 수 있다. 그러나 이 방법이 안고 있는 가장 큰 문제점은 CMr이 절감액의 배분을 가능한 많이 받기 위해 과다한 최대보증가격(Guaranteed Maximum Price)을 제시할 우려가 있다는 것이다. 이러한 문제를 사전에 방지하기 위해 건축주(발주자)는 별도로 컨설턴트의 도움을 받아 현실적으로 타당한 총사업비를 산정한 후, 이를 CMr에게 제시할 필요가 있다고 생각된다.

CM방식의 적용과정에서 건축주(발주자)는 불합리한 관습의 제물이 될 우려가 있다. 그 사례로서 수십억 달러의 사업비가 투입된 미국의 'Amusement Facility'를 생각할 수 있다.

본 사업의 추진과정에서 CMr은 '절감액의 상호분배규정(share-saving incentive clause)'을 계약조건에 포함시켰다. 그리고 사업추진과정에서 CMr은 최대한 많은 금액의 절감을 통한 추가이익 확보를 위해 경쟁입찰을 실시하여 극히 낮은 금액으로 상당수의 주요 시공자들과 계약을 체결하였다. 그 결과 엄청난 금액의 절감이 이루어져 CMr과 건축주(발주자)는 절감액의 상호분배를 통해 적지 않은 금전적 혜택을 얻을 수 있었지만, 해당 사업에 참여한 도급업체의 대부분은 파산할 수밖에 없는 상황에 이르게 되었다.

이러한 경우를 CMr의 입장에서 볼 때는 성공적인 사례로 이해할 수도 있을 것이다. 그러나 이러한 관행이 지속되는 상황에서는 결코 바람직한 CM계약 질서가 뿌리를 내릴 수 없을 것이다.

분석 및 교훈

CM방식도 다른 제도와 마찬가지로 장점과 단점을 함께 갖는다. 따라서 본 장에서 제시된 성공사례와 실패사례 모두에서 나름대로의 교훈을 얻을 필요가 있다. 이 교훈은 CM 적용의 성공 가능성을 높이기 위해 건축주(발주자)가 스스로의 역할에 대한 중요성을 깊이 인식하고, 다음과 같은 사항에 유념해야 한다는 것이다.

- **건축주(발주자) 역할** : 건축주(발주자)는 CM추진 팀에 참여하는 각 구성원의 역할과 책임한계를 명확히 하여 발생할 수 있는 분쟁의 소지를 최소화해야 한다. 또한 CMr과 설계자 사이의 직업적 · 업무적 관계를 균형적으로 유지하도록 하면서, 필요할 때는 언제든지 시의 적절한 결정을 내려줘야 한다.

- **CMr 선정** : 건축주(발주자)는 설계자의 선정에 앞서 CMr을 먼저 고용하는 것이 바람직하다. 미국의 경우 CM 서비스는 종합건설업체, 설계업체, 그리고 기타 다양한 유형의 컨설턴트 등을 통해 제공된다. 이들 각 집단은 나름대로의 강점과 약점을 갖기 때문에 건축주(발주자)는 서비스 제공에 대한 과거경험, 재정능력, 인적 능력, 현재 작업상황, 서비스를 제공받은 적이 있는 건축주(발주자)의 의견, CMr의 제안, 가격, 요구조건의 충족 불가시 보상근거 등을 고려하여 종합적인 평가기준을 정립해야 한다.
- **CMr의 주요업무** : CMr은 기획 · 계획 단계에서 사업계획 수립 · 타당성 분석 · 평가 · 투자의사결정 등을 대행하여 주고, 아울러

건축주(발주자)의 설계자 · 시공자의 선정 지원업무도 수행한다. 설계단계에서는 공사비견적, 예산판단, 비용관리(cost control), VE 실시, 설계대안 및 시공성의 평가, 예산집행 등을 담당한다. 입찰과정에서는 노무량 · 자재량의 가용여부 판단, 시공자 능력의 사전심사(pre-qualification), 입찰 · 계약단위 설정, 계약시행 및 보상 등에 관한 업무를 주관한다. 또한 시공단계에서는 작업준비 및 착수시기 결정, 검사, 시공자의 조정 · 통제, 비용관리, 공정관리, 설계변경관리, 성능 · 품질관리, 작업종료시기 결정 등의 역할을 수행한다.

- **건축주(발주자) · 설계자 · CMr의 관계** : CMr은 설계자의 작업내용과 역할을 충분히 이해하고 협조 · 지원해야 한다. 설계자 역시 CMr을 동일한 목적의 수행을 위해 공존하는 동일 조직의 구성원으로 이해하고, 최대한 협조하여 적대적인 분위기가 형성되지 않도록 해야 한다.

- **예산 및 공기 설정** : CMr은 설계자와 함께 건설과정의 각 단계에 투입되는 비용규모를 판단하고 결정하는 한편, 현실적으로 준수 가능한 공기를 설정해야 한다. 특히 최대보증가격을 정하여 CM 계약을 체결하는 경우 건축주(발주자)는 계약체결 당사자인 CMr이 아닌 별도의 조직이나 집단(개인)으로부터 총사업비 판단근거를 제공받아 사업비 규모 설정의 객관성을 높일 필요가 있다.

- **불합리한 관습** : '절감액의 상호분배규정(costsharing incentive clause)'을 계약조건에 포함시킬 경우에는 보다 많은 절감액을 얻어내기 위해 총사업비를 부풀리는 불합리한 관행이 싹틀 우려가 있다. 따라서 절감액의 범위를 VE 실시에 의한 것으로 한정시키는 것이 바람직하다.

제IV부 건설업과 CM

-건설경영의 제도적 표현-

32. CM 시스템 정립

-CM 구성원의 역할과 CMr의 업무체계

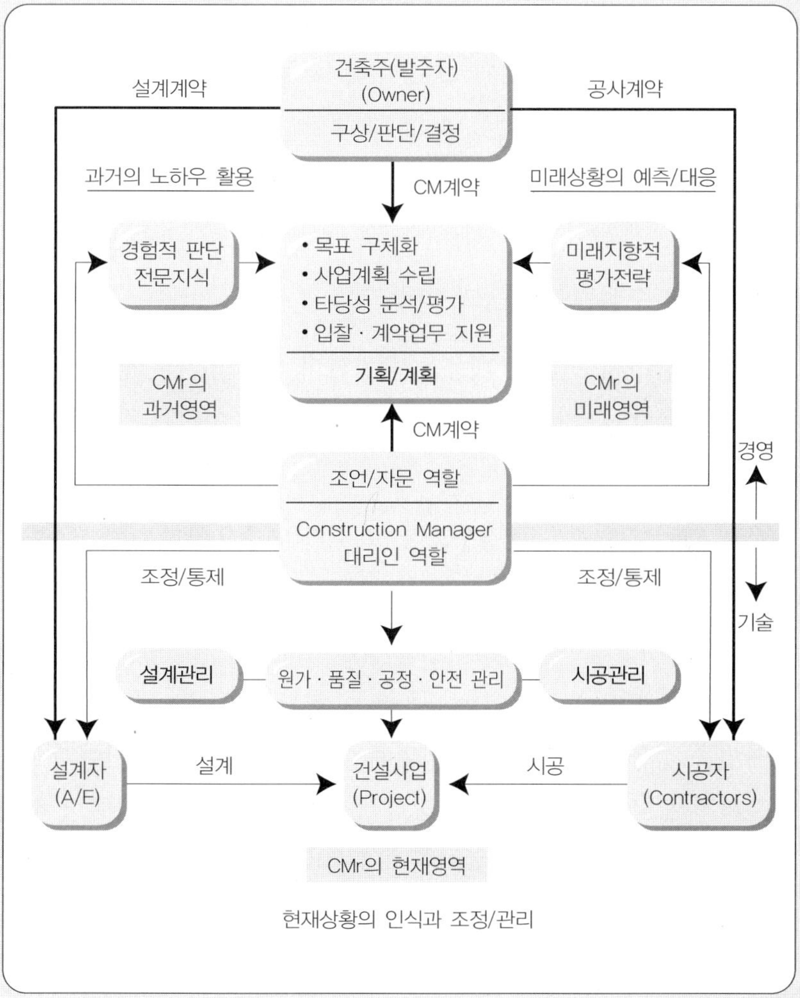

32. CM 시스템 정립

-CM 구성원의 역할과 CMr의 업무체계

CMr은 건설사업의 기획 · 계획단계에서부터 참여하여 건축주(발주자)가 적절한 사업목표를 수립할 수 있도록 해주고 사업추진을 저해하는 내외부 제약조건을 체계적으로 인식 · 대처해야 한다. 이를 위해서는 건축주(발주자) · CMr · 설계자 · 도급자의 상호연계체제를 체계적으로 표현해 주는 '개념적 틀(conceptual framework)'의 설정이 필요하다.

CM 추진팀 구성원의 기능과 역할

이제 지금까지 언급된 내용을 종합하여 CM 업무의 개념적 틀을 정립하고자 한다. 이를 위해 먼저 CM 추진팀 구성원의 기능과 역할부터 파악해 보자.

우선 기존 건설방식의 경우보다 그 역할의 중요성이 한층 더 증대된 건축주(발주자)의 역할부터 살펴보자.

건축주(발주자)는 건설사업의 특성에 부합되는 추진방식을 결정하고, 그 방식에 따라 사업수행 능력을 갖춘 CMr을 선정해야 한다. 건설사업을 성공적으로 수행하기 위해 CMr은 건설사업 초기단계에서 이루어지는 사업계획 수립 · 타당성 분석 · 평가 · 투자의사결정 지원 업무 수행능력과 설계 · 시공과정에서 요구되는 원가 · 공정 · 비용 · 품질의 관리능력을 갖춰야 한다. 또한 건축주(발주자) · 설계자 · 시공자 사이에서 유발되는 갈등 · 상충의 조정능력도 구비해야 한다.

건축주(발주자)는 참여자 각자의 역할과 책임한계를 계약서에 구체적으로 명시해 둠으로써 건설과정에서의 분쟁을 최소화시켜야 한다. CMr의 건의를 받아 공사목표 · 계약방식 · 공사비 범위 · 공기 · 지출경비 등을 확정 · 승인해야 하며, 공공 · 정부기관과의 협의 업무도 적극적으로 지원해야 한다. 그리고 설계자 · 시공자 · CMr의 업무 추진방향이 사업목표 · 계약조건에 부합되는지 여부를 감독해야 한다.

그럼에도 건축주(발주자)는 일단 CMr에게 넘겨준 의사결정영역의 업무에 대해서 CMr과 사전협의 없이 각 구성원들에게 직접적인 지시를 하거나 임의적 · 독단적 변경조치를 취하는 일이 없도록 해야 한다.

이러한 기본업무의 철저한 수행과 함께 CM의 성공적 추진을 위해 건축주(발주자)가 항상 유념해야 할 사항으로 다음과 같은 사항을 들 수 있다.

- CMr에게 건축주(발주자)는 총사업비의 2~6% 수준의 CM 수수료를 추가로 지불해야 한다. 따라서 기대혜택이 추가 부담액을 충분히 상쇄하고 남음이 있을 것으로 판단될 경우에 한하여 CM 방식을 도입해야 한다.

- CM 방식에서는 시공자와 하도급자의 구분 없이 모두 건축주(발주자)와 직접 계약을 체결하기 때문에 재정보증요건의 구비는 각 시공자들에 의해 자체적으로 이루어져야 한다. 그러나 전문업체는 대개 재정능력이 취약한 경우가 많아, 건축주(발주자)의 요구수준에 부합되는 요건을 갖춘다는 것이 결코 쉬운 일이 아니다. 따라서 재정적 능력은 다소 미약하더라도 실질적 기술 경

쟁력을 갖춘 전문업체가 입찰과정에서 배제될 우려가 많다.

- 순수 CM에 해당하는 CM for fee 방식의 경우 CMr과 시공자 사이에는 직접적인 계약관계를 형성하지 않기 때문에, CMr은 시공자를 조정 · 통제하여 건축주(발주자) 우위를 확보하기 위한 리더십 발휘에 한계를 느낄 수도 있다. 따라서 건축주(발주자)는 계약조건 범위 내에서 CMr이 실질적인 조정 · 통제력을 행사할 수 있도록 의사결정권을 넘겨줘야 한다.
- 설계 · 시공 동시발주계약(phased or fast-trackcontracts)에 따를 경우 다중계약의 조정 · 관리를 위해 각별한 노력이 요구된다. 이러한 계약방식에 따를 경우 직면하는 문제점은 (1)중복 공사영역에 대한 책임한계 구분 곤란, (2)시공자의 역할을 직접 수행해야 하는 전문업체의 책임 증대에 따른 어려움, (3)재정적으로 취약한 전문업체로부터 재정보증요건을 확보하기 위해 필요한 시간과 노력 등이다.
- CMr은 공사비 · 공기에 대하여 극히 제한적인 책임만을 부담한다. 공사완료를 보증할 수 있는 최대금액이 사전에 확정되지 않을 경우 공사비 초과나 공기지연에 대한 책임을 CMr에게 물을 수 없기 때문에 건설여건과 사업성격에 따라 위험부담형태 계약, 즉 CM at risk 방식의 도입도 신중히 고려해 볼 필요가 있다.
- CMr의 리더십과 경영관리능력은 공사 참여자들 사이의 의사소통과 협조관계 유지에 직접적인 영향을 미칠 뿐만 아니라, CM 업무의 효과성과 효율성에도 지대한 영향을 미친다. 권위적인 CMr이 바람직하지 않은 것과 마찬가지로 너무 유약하거나 민주적 성격의 CMr도 성공적인 CM 추진을 위해 그다지 바람직하지

않다. 따라서 리더십과 경영관리능력을 겸비한 유능한 CMr의 선정이 무엇보다 중요한 관건이다.

• 가격 위주의 CMr 선정은 매우 위험한 결과를 초래할 수 있다. 일거리가 부족한 CMr은 매우 낮은 가격이라도 계약에 응하겠지만, 결과적으로 건설사업을 효과적으로 추진하지 못하여 건축주(발주자)에게 큰 손해를 입힐 수 있다.

이제 설계자 역할을 살펴보자. CMr과 설계자 사이의 업무한계를 명확히 구분해 놓지 않으면 건설과정에서 적지 않은 문제점이 발생될 우려가 있다.

우선적으로 설계자는 설계의도가 공사과정에 적절히 반영되고 있는지 여부를 확인하고, 설계변경에 대한 검토 · 승인을 해야 한다. 둘째, CMr에게 설계의도를 정확히 전달하여 다른 업무와의 사전조율이 원만히 이루어질 수 있도록 하는 한편, 시공자가 작성한 시공도면이 설계방향과 일치하는지 여부를 판단해야 한다. 셋째, CMr이 시공성 검토를 통해 설계변경을 제시할 경우, 변경내용이 전체적인 설계맥락에 비추어 그다지 큰 차질을 빚지 않는다면 적극적으로 협조해야 한다.

한편, 시공자의 역할은 기존 건설방식에서의 경우와 큰 차이가 없다. 공사내용을 파악하여 추진계획을 수립하고, 적절한 공법과 장비를 선정하여 활용하고, 인력 · 자재 수급, 품질 · 안전성 확보 등에 관한 책임과 권한을 유지하며, CMr의 요구에 최대한 협조해야 한다.

CMr의 역할 조명

이제 CM 방식의 핵심인 CMr의 역할을 조명하여 CM 시스템을 정립해 보자.

CMr은

1) 건축주(발주자)가 합리적인 사업계획을 수립하여 시행할 수 있도록 스스로의 경험적 능력과 전문지식을 최대한 활용하는 한편, 향후 건설상황을 예측하여 미래지향적으로 경쟁력을 갖춘 건물(시설)의 건설이 이루어질 수 있도록 기획 · 계획단계에서 사업계획 수립 · 타당성 분석 · 평가 · 투자의사결정 업무지원을 통해 최적의 설계대안이 선정될 수 있도록 건축주(발주자)를 조언하고
2) 설계 · 공사 입찰의 실시를 통해, 해당건물(시설)의 설계 · 공사 업무수행에 적합한 건축주(발주자)를 선정하여 준다.
3) 설계 · 시공 과정에서는 품질 · 공정 · 원가 · 안전 관리업무를 주도하고
4) 완공된 건물(시설)의 시운전을 통해 모든 기능 · 품질 · 성능이 설계도서와 시방서에 제시된 수준으로 작동하는지 여부를 점검하고
5) 건축주(발주자) · 설계자 · 시공자 중심의 기존 건설방식에서 빚어질 수 있는 갈등 · 대립을 중립적 위치에서 조정 · 통제하고
6) 건축주(발주자)의 대리인으로서 건설과정의 제반문제를 분석 · 종합 · 평가하여 해결을 도모하는 의사결정자의 역할을 해야 한다.

즉 CMr은 건설사업의 기획 · 계획단계에서부터 참여하여 건축주(발주자)가 적절한 사업목표를 수립할 수 있도록 하여 주고, 사업추진을 저해하는 내외부의 제약조건을 체계적으로 인식하고 대처해야 한다.

이를 위해서는 건축주(발주자) · CMr · 설계자 · 시공자들 사이의 상호 연계성을 종합적 · 체계적으로 표현해 주는 개념적 틀(conceptual framework)을 설정해야 한다. 이러한 개념적 틀을 CMr의 역할을 중심으로 설정해 보면 그림 32.1과 같다.

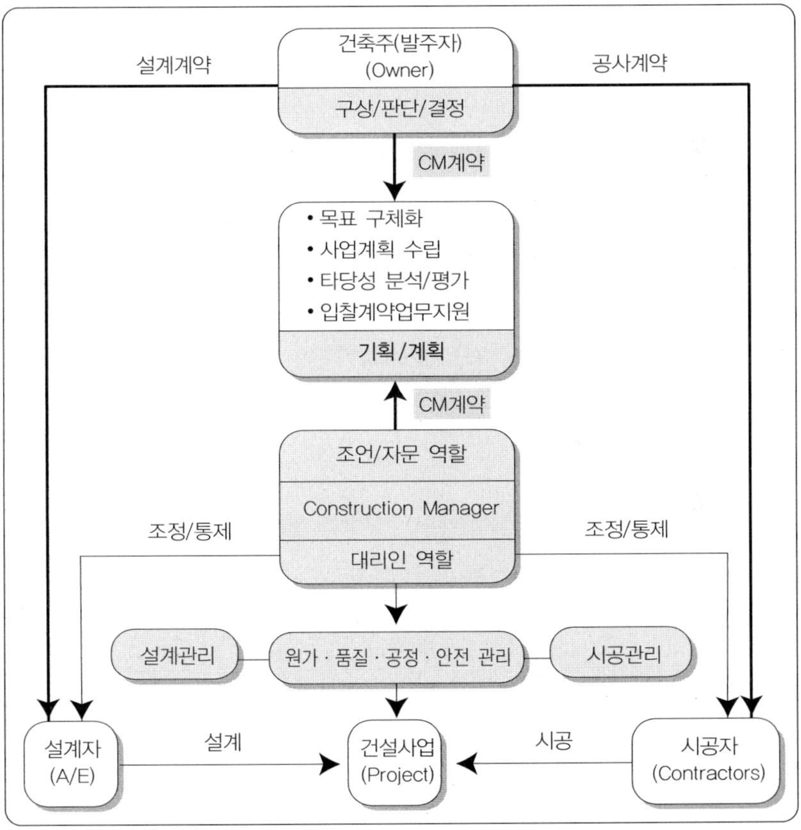

그림 32.1 CMr의 역할에 대한 개념적 틀

그림 32.1에서 제시된 개념적 틀에 의거 CMr의 역할을 파악하여 보자. 기획 · 계획 단계에서 가장 중요한 역할은 관련정보의 흐름과 절차를 설계하고, 각 참여집단(개인)에게 전문지식과 서비스를 중립적인 위치에서 제공하는 것이다.

건축주(발주자)를 조언하여 건설사업의 추진목표를 명확히 하고, 이 목표의 달성을 가능하게 하는 사업계획을 수립한다. 사업계획의 타당성을 분석하고 대안을 설정 · 평가하여 건축주(발주자) 입장에서 최적의 설계대안이 선정되도록 한다. 건설사업의 추진상황을 전체적 관점에서 파악하여 건축주(발주자)에게 최근의 상황에 관한 정보를 수시로 제공토록 한다.

또한 건물(시설)의 수명주기(life cycle)에 걸친 건설 및 운용 과정에 걸쳐 비용 · 리스크 · 성능 면에서 경쟁력이 유지될 수 있도록 하기 위한 평가기준을 설정한다. 예를 들면, 건물(시설)의 건설 및 운용 과정에서 발생될 것으로 예상되는 문제점을 기획 · 계획 · 설계단계에서부터 검토한다. 사업성 검토를 위한 할인율(dicounted factor)을 결정하고, 상황에 따라서는 특정 지역의 시장조사(market survey)까지도 실시한다.

설계단계에서 CMr은 설계자와 긴밀한 협조를 유지하면서 전문지식 · 경험을 동원하여 설계를 검토하고, 특정 건물(시설)의 시스템과 구성요소(components), 공법(construction methods) 등에 대한 제안을 한다. 또한 특정 지역의 건설공사비 추세, 자재 · 인력의 가용여부 등에 대한 최신정보를 제공한다.

예를 들어 불필요하게 높은 비용이 소요되는 반면, 그 역할과 기능이 미약한 부분을 찾아 예산을 대폭적으로 절감시킬 수 있는 대안을 제시하기 위해 가치공학(value Engineering) 기법을 활용한다.

또한 타당성 분석단계에서 검토된 사항을 구체화시켜 추진일정을 작성하고, 설계 · 시공 동시추진을 통해 공기단축 · 예산절감을 기할 수 있는 부분을 찾아내어 하나의 입찰단위로 통합함으로써 조기집행이 이루어질 수 있도록 한다. 같은 맥락에서 자재구매 · 현장조달을 위해 장시간이 소요되는 작업부분을 사전에 파악하여 무리 없는 시공이 이루어질 수 있도록 하는 일정계획을 마련한다.

입찰과정에서 CMr은 도급업체의 자격과 능력을 사전심사한다. 특정 분야 전문업체의 재정능력, 시공실적, 유사 공종 시공결과의 품질수준 등에 대한 구체적인 평가를 실시한다. 만약 계약단위가 너무 커서 특정지역 도급업체의 시공능력 범위를 초과할 경우는 전체공종을 공사특성 · 시공지역에 따라 몇 개 단위로 분리하여 발주하기도 한다.

일반적으로 낙찰가격은 입찰참여업체의 수와 밀접한 관련이 있다. 따라서 특정지역의 도급업체로 입찰참여 자격을 제한할 경우에는, 참여업체능력과 제한 필요성을 충분히 검토해야 한다. 또한 특정상황에서 건축주(발주자)는 단일계약을 보다 구체적인 계약단위로 세분하여 다수 소규모업체의 참여를 원하기도 한다. 이러한 경우 CMr은 참여업체가 특정 사업에 대한 요구조건과 제한사항을 충분히 파악할 수 있도록 필요한 정보를 제공하고 제약조건을 제시한다. 입찰 직후 계약 체결 이전에도 CMr은 참여업체가 제시한 공사비와 공기를 스스로의 분석결과와 비교 · 검토하여 공사계획에 반영한다.

시공단계에서 CMr은 건축주(발주자) · 설계자(A/E) · 시공자 · CMr 사이에 조직적이고 체계적인 업무협조가 이루어질 수 있도록 업무수행절차와 검토 · 승인부서를 명확히 하여 '현장 내에서의 의사소통(on-site communication)'이 원활하게 이루어질 수 있도록 한다.

무리 없는 공사추진을 위해 가능한 일찍 도급업체와 협의하여 공사추진 일정계획을 수립하고, 이 추진계획을 실제공정과 비교 · 검토하여 진행상황에 부합되는 계획으로 발전시켜 나간다. 또한 현장작업도면을 검토하고, 공사추진과정에서 소요되는 제품 · 자재의 현장 인도 가능시기를 판단하여 이를 구매 · 계약으로 연결시킨다.

공사 진행과정에서 CMr은 품질 · 공정 · 안전 관리계획을 점검하고 노무수급계획을 수립한다. 지불사항을 결재하고 건축주(발주자)의 변경요구사항을 시공자와 협의 · 반영하여 추가비용의 지불계획을 수립 · 시행하며 필요시 공공기관과의 협의도 주관한다.

즉 시공과정 전반에 걸쳐 CMr은 현장 내의 제반상황을 파악하고 발생 가능한 문제점에 대응할 수 있도록 만반의 조치를 취해 두어야 한다. 그럼에도 불구하고 불가피한 상황에서 예기치 못한 문제가 발생되었을 경우 CMr은 '문제해결사(trouble shooter)' 역할을 해야 하는 한편, 현장 내외부의 정보흐름을 철저히 파악 · 관리하여 공정의 병목(bottleneck)현상과 비용부족문제가 사전에 예측 · 방지될 수 있도록 한다. 이러한 노력에도 불구하고 일단 문제가 발생된 경우에는 중립적인 입장에서 공정하게 처리한다. 예를 들어 설계도서의 오류로 인해 불이익을 당한 시공자가 클레임을 제기했을 경우 신속 · 정확하게 보상을 해주어야 한다.

CMr은 상기의 기본업무 외에도 스스로의 책임영역을 인식해야 한다. 계약서에 명시된 업무를 소홀히 하여 건축주(발주자)에게 직 · 간접적인 피해를 입힌 경우 CMr은 실질적인 책임을 져야 한다. 예를 들어 설계검토 업무에 부주의한 경우 설계자와 대등한 수준의 책임을 져야 한다. 또 실제 투입된 공사비가 예상 공사비를 훨씬 초과하여 건축주(발주자)가 피해를 입었을 경우 어떠한 형태로든 책임을 져야 한다.

CM for fee 방식의 경우 공정계획에 맞춰 다수 시공자들의 활동을 조정 · 통제할 책임은 궁극적으로 건축주(발주자)에게 있지만, CMr은 건축주(발주자)의 대리인이기 때문에 나름대로의 책임을 부담해야 한다. 감리업무도 공사과정의 점검, 검사, 계측 등 시공분야에 중점을 두고 이루어지는 반면, 설계자는 이러한 업무를 점차 회피하는 추세에 있음을 고려해 볼 때 CMr의 책임은 점차 가중될 것으로 생각된다. 안전관리의 경우도 마찬가지이다. 현장근무자들의 안전사고에 대한 근본적 책임은 시공자에게 있지만, CMr에게 안전관리계획의 검토 의무가 있기 때문에 그에 대한 책임을 완전히 면할 수는 없다.

CM시스템 설정 및 운용 방향

지금까지 CM 추진 집단(조직) 구성원 각자의 역할을 언급하고, 이들 업무 사이의 상관관계를 규명해 주는 CM시스템을 설정하였다. 아울러 CM의 성공적인 추진을 위해 건축주(발주자)와 CMr이 함께 유념할 사항을 제시하였다.

이제 본 장의 마무리를 위해 앞에서 설정된 CM시스템의 설정 및 운용 방향을 지금까지 언급된 CM의 기본개념에 입각하여 제시해 보면 다음과 같다.

- **건설사업의 종합경영관리시스템 구축** : 건축주 (발주자)의 사업구상에서부터 완공까지 관여함으로써, CMr은 공사비 · 공기 · 품질에 영향을 미치는 관련변수의 상관관계를 파악하고 조정할

수 있어야 한다.

- **초기단계부터 CMr의 지식과 능력 반영** : 건설사업의 초기단계에서부터 CMr의 사업계획 수립, 타당성 분석 · 평가를 통해 최적 설계대안을 설정하고, VE기법, LCC 분석기법 등을 적용하여 건축주(발주자) 입장에서 비용 · 공기 · 품질의 관계를 최적화시킬 수 있어야 한다.
- **CMr의 상시 참여** : CMr은 건설과정에 항상 참여함으로써 설계자(A/E)보다 더 구체적 정보를 보유할 수 있다. 이러한 정보를 활용하여 더욱 더 신뢰성 있는 공사비 견적과 공기 판단을 실시함으로써 설계의 질적수준 향상은 물론 설계변경, 공사비 초과, 공기지연 등의 문제를 사전에 방지할 수 있어야 한다.
- **독립적 · 객관적인 서비스 제공** : CMr은 건축주(발주자)에게 독립적이면서도 객관적인 서비스를 제공함으로써 전체사업에 대한 단일통합관리를 실현해야 한다. CMr의 경영관리기술은 설계자의 설계기술과 시공자의 시공기술을 보완하여 최적의 설계 · 시공을 구현해야 한다.
- **건축주(발주자) 자체 보유 조직의 최소화** : CM 방식의 도입을 통해 건축주(발주자)는 건설사업 관련 의사결정권을 CMr에게 위임함으로써 자체 보유 조직을 최소화시킬 수 있다. 이를 위해 건설사업의 범위 · 예산을 확정한 후, CMr이건설사업의 기획 · 계획, 설계변경사항 처리, 시공자 선정, 자금조달, 건축주(발주자)의 자금상황 점검 등을 포함하는 건설 전반의 의사결정을 수행해야 한다. 그럼에도 건축주(발주자)에 따라서는 건설과정에 적극적인 개입을 원할 수도 있다. 따라서 CM 추진조직은 건축

주(발주자)의 요구와 필요에 따라 개입을 최대한 허용할 수도 있고 최소화할 수도 있는 유연성을 갖춰야 한다.

- **건설과정의 문제점 사전방지** : 건설사업 전반에 대한 CMr의 지식체계를 활용함으로써 건축주(발주자)는 건설과정에서 발생될 수 있는 자재 · 노무량 부족, 사업지연, 자재비 상승 등과 관련된 문제를 사전에 방지할 수 있다. CMr은 계약체결 전에 자재 및 노무의 가용여부와 비용 추세를 파악하는 한편, 구매 및 조달에 장기간이 소요되는 항목은 미리 발주하여 필요한 물량의 자재 · 장비 · 제품 등이 적기에 조달될 수 있도록 조치해야 한다.

- **역할과 책임의 합리적 분담** : CM 방식에서 각 구성원들은 나름대로의 역할과 책임에 충실해야 한다. 특히 공사비 견적과 입찰 및 계약과정에 설계자의 개입을 최소화시킴으로써 설계비 절감을 도모할 수 있다.

- **간접비 배제와 경쟁 유도를 통한 비용절감** : CM 방식에서는 전문업체가 건축주(발주자)와 직접 계약을 체결하기 때문에 종합건설업체와 하도급 업체 사이에서 발생되는 간접비를 배제할 수 있다. 또한 입찰과정에서는 시공자 · 하도급자 사이에서 발생되는 불합리한 관행과 절차도 제거할 수 있어 입찰 · 계약의 공정성을 한층 더 높일 수 있다. 그리고 거의 모든 공종을 대상으로 경쟁입찰을 실시함으로써 건축주(발주자)는 공사비 절감 기회를 보다 많이 확보할 수 있다.

- **시공자 운용자금의 조기지원** : 전문도급업체는 건축주(발주자)와의 직접적인 계약체결을 통해 보다 일찍 기성금을 지불받을 수 있기 때문에 자금운용에 도움이 된다.

- **우호적 분위기 조성** : CM을 통해 기존 건설방식에서 빚어지는 참여자들 사이의 적대관계를 경감시킬 수 있다. 팀에 의한 작업을 강조함으로써 CMr은 참여자들로 하여금 서로 적대적 분위기에서 일하지 않도록 상호협조하는 분위기를 조성함으로써 조화로운 팀워크(team work)를 구현할 수 있다.

- **설계 · 시공 동시발주(fast track)** : 시공자와 건축주 (발주자)가 직접 계약을 체결하고, 설계와 시공의 동시발주를 실시할 수 있다. CMr은 초기단계에 참여하는 시공자로부터 작업계획을 받아 검토 · 승인하여 건설사업 전체에 대한 설계완료 이전에 터파기, 기초공사 등을 진행할 수 있다. 이와 같이 설계 · 입찰 · 시공을 중복 진행시킴으로써 공기를 대폭적으로 줄일 수 있음은 물론, 그에 따른 인플레이션의 영향을 줄일 수 있어, 결과적으로는 공사비 절감을 도모할 수 있다.

33. CMr 위상과 역할

-시간 · 공간 차원의 역할 조명

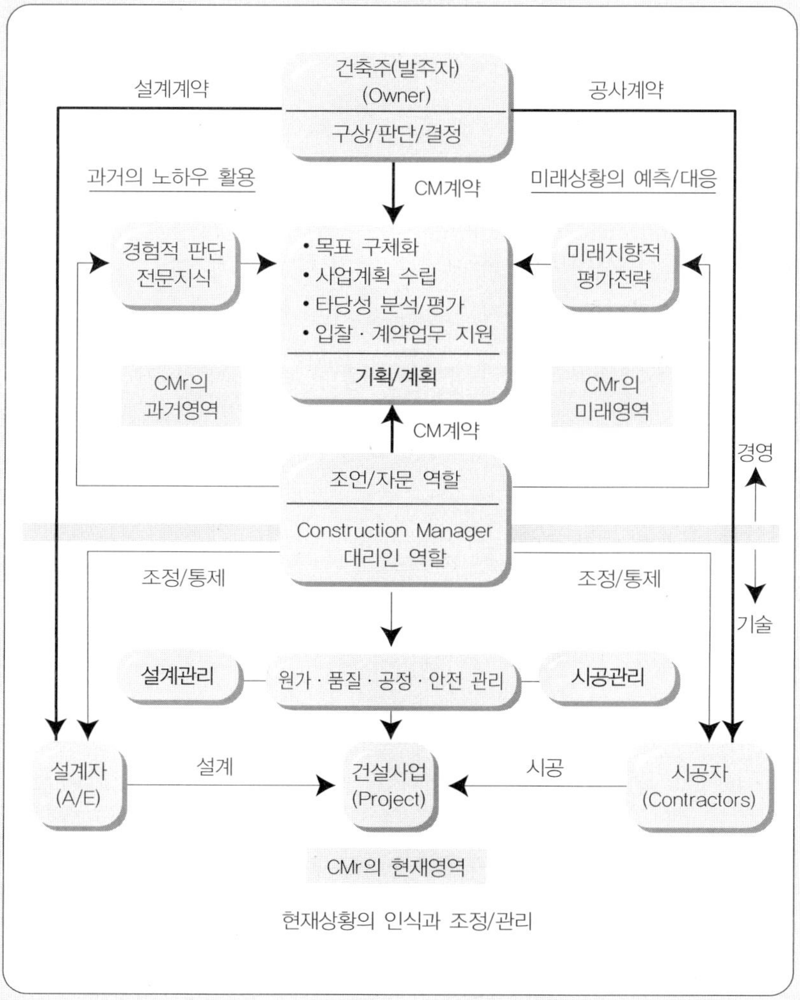

33. CMr 위상과 역할

–시간 · 공간 차원의 역할 조명

CMr의 업무영역은 기술지향적 성격을 띠고 있는 설계 · 시공관리 측면과 더 나아가서 그 기술의 적용상황 해석과 추진전략 수립에 관련된 경영관리 측면을 동시에 내포하고 있다. 이 두 가지 성격의 업무 모두를 다루는 CMr은 경영자인가 아니면 기술자인가? CMr은 기술적 영역을 다루는 경영자이다.

CM제도를 운용하여 건축주(발주자)의 목표를 제한된 시간과 예산 범위 내에서 최대한 효과적으로 달성할 수 있는가의 여부는 상당 부분 CMr의 문제해결 능력에 달려 있다.[14)]

CMr은 건설상황을 정확히 분석하여 문제의 원인과 결과 사이에 존재하는 인과관계를 명확히 파악하고, 그 상황에서 가장 적합한 해결 대안을 강구할 수 있어야 한다.

이러한 관점에서 본 장에서는 CMr이 건설상황에서 직면하는 합리적 CM 추진의 저해요인을 살펴보고, 이에 대응할 수 있는 다각적 전략을 모색해 보고자 한다.

---

14) 물론 CMr 능력 못지않게 건축주(발주자)의 역할도 더할 나위 없이 중요하다. 그러나 이 책에서 필자는 건축주(발주자)의 대리인(agent)으로서의 CMr 역할을 강조하고자 한다. 즉 건축주(발주자)와 CMr을 서로 분리시켜 생각하기보다는 오히려 CMr을 건축주(발주자) 대신 건설사업을 관리하는 전문경영자로서 고려하고자 한다. CMr의 역할은 건축주(발주자)의 역할이기도 하고, 아울러 건설사업 참여자 모두가 유념해야 할 사항으로 폭넓게 이해되었으면 한다.

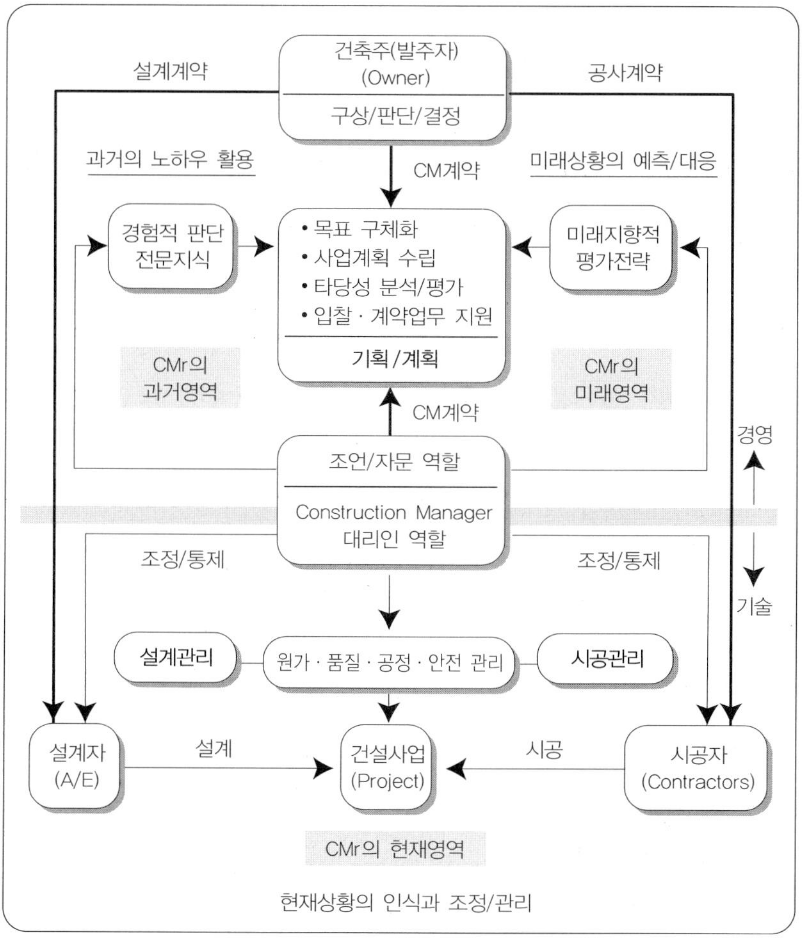

그림 33.1 CMr의 역할에 대한 공간적/시간적 구분

우선 CMr의 위상과 역할을 조명해 보자. 이를 위해 필자는 '그림 32.1 CMr의 역할에 대한 개념적 틀'을 그림 33.1와 같이 보완 · 수정하였다.

그림 33.1의 의미를 해석하기 위해 우선 이 그림을 수평으로 이등분하여 상 · 하부 업무영역의 특성을 조명해 보자. 하부영역은 설계자

와 시공자를 대상으로 하는 CMr의 설계 · 시공 관리 측면으로 업무특성상 기술지향적(technology-oriented)인 성격을 강하게 띠고 있는 반면, 상부영역은 기술 자체보다는 그 기술의 적용상황 해석 및 추진전략 수립과 관련된 경영관리적 특성을 내포하고 있다. 그렇다면 상기 그림의 상 · 하부 업무영역 모두를 다루는 CMr은 경영자인가 아니면 기술자인가? 필자는 CMr을 '기술적 업무영역을 포함하는 사업관리 전반을 어우르는 경영자' 위치에 있는 사람(조직)으로 이해하고자 한다.

이제 CMr의 업무영역을 현재 · 과거 · 미래로 구분해 보자. 상기 그림의 하부는 현존 기술 · 공법으로 건설과정의 설계와 시공을 관리하는 CMr의 현재영역이다. 현재영역에서 CMr이 직면하는 건설상황은 과거에 획득한 경험과 전문지식의 장(場)으로 인식되는 과거영역(그림의 좌측 상단부), 그리고 보다 경쟁력 있는 건설사업의 추진을 위해 장기적 · 미래지향적 안목의 평가전략을 구사해야 하는 미래영역(그림의 우측 상단부)과 시간적으로 연결되어 있다.

결언-CM의 기술적 의미와 속성을 명확히 파악 · 활용하자

이제 끝으로 CM의 본질을 보다 명확히 알고 대처하기 위해 CM의 기술적 의미와 속성을 파악해 보자.

첫째, CM은 관리기술이다. 건설분야의 특정기술 자체보다는 다양한 기술의 특성과 기대효과 그리고 강 · 약점을 종합적으로 파악하여 주어진 건설여건에 맞추어 나가는 방법이 CM이기 때문에 관리기술이라고 말할 수 있다.

둘째, CM은 시스템 기술이다. 적어도 이론적으로는 특정 분야의 요소기술은 노력을 통해 모두 확보할 수 있다고 보는 것이 CM의 기본전제이다. 국내에 없으면 해외에서 구하고, 비싼 기술이라면 많은 돈을 들여 도입하면 된다고 볼 수 있기 때문이다. 반면에 주어진 건설상황을 정확히 파악하여 특정 분야의 요소기술을 필요시점에 필요한 곳에 적절히 배열함으로써 각 분야별 요소기술 사이의 상호작용이 원활하게 이루어지도록 하는 한편, 시스템적인 관점에서 부분적 요소기술의 효율성(efficiency)과 건설사업 전반의 효과성(effectiveness)이 서로 조화와 균형을 이루도록 함으로써 생성되는 시너지효과(synergy effect)를 얻고자 하는 것이 바로 CM이다. 따라서 CM을 기존의 하드분야 시공기술과 유사한 것으로 인식하여 접근하겠다는 사고체계부터 우선적으로 바꾸는 것이 급선무이다.

셋째, CM은 무형자산이다. CM 수행을 위한 각종 매뉴얼이나 지침은 볼 수 있지만, 정작 이들의 사용근거와 활용전략을 제공하는 CM 체계는 해당기업의 전략적 요소를 포함한다. CM 체계의 구축은 무척 많은 시간과 노력을 필요로 하는 힘든 작업이지만, 일단 구축되면 동시다발적으로 사용하여 기업경쟁력을 대폭적으로 향상시킬 수 있다는 매력을 갖는다. 이러한 이유 때문에 기술유형이 어떤 것이든 정형적 절차에 따라 운용하면 소기의 성과를 거둘 수 있는 시공분야 하드(hard)기술과 달리, 외국의 CM 제도를 한국에 도입하여 바로 적용할 수 없고, 특정 기업의 CM 체계를 즉시 활용할 수도 없다. 또한 같은 CM 체계 내에서 활동하더라도 주어진 건설환경과 상황이 어떠한가에 따라, 그리고 CMr(Construction Manager)의 능력이 어느 정도인가에 따라 엄청난 차이를 유발한다. 능력 있는 CMr의 양성이 CM의 성공적 추진을 위해 무엇보다 중요하다는 것도 이러한 연유에서 비롯된다. CM의 성공적인 수행을 위해서는 기업의 문화와 정서, 그리고 소속 구성원의 가치체계와 융합하는 과정이 반드시 필요하다. 이러한 과정은 수많은 시행착오를 동반하기 때문에 결코 쉽지도 않고 단기간에 끝낼 수 있는 일도 아니다. 따라서 조직 전반에 CM에서 요구하는 건설경영 마인드를 주입하여 기존의 업무체계를 CM 체계로 바꾸어 나가는 것이 우선적으로 요구된다. 그리고 광범위한 CM 영역 중에서 가장 잘할 수 있는 부분을 선정하여 주력화 시킴으로써 특성화된 자기영역 확보의 노력을 기술여야 할 것이다.

넷째, CM은 생산성 위주의 기존 건설방식에 마케팅(marketing)의 개념을 부가하여 창의성에 입각한 건설방식으로 전환해야 한다는 적극적 의미를 내포한다. 선진 외국의 CM 회사들이 작성 · 활용하고 있는 CM 관련 매뉴얼을 음미해 보면 마케팅 개념에 따라 건축주(발주자)의 요구조건(needs)을 정확히 파악하여 주어진 시장여건에서 보다 많은 혜택을 발주자에게 보장해 주겠다는 정신이 짙게 배어 있음을 어렵지 않게 파악할 수 있다. 따라서 CM의 도입과 관련하여 이슈화되는 모든 사안은 발주자에게 보다 많은 혜택을 줄 수 있느냐 여부에 중점을 두고 검토되어야 한다. 정부의 강조사항인 부실공사 방지와 건설경쟁력 향상도 결국 건축주(발주자)의 요구조건을 보다 확실히 충족시키기 위한 것이다. 따라서 기업은 CM을 통해 '사업영역을 확장함으로써 이익창출의 기회를 보다 넓힐 수 있지 않을까?'라는 생각을 하기보다는 이익을 건축주(발주자)에게 더 많은 혜택을 제공할 수 있는 대안을 제시함으로써 얻어지는 수단이나 결과로 인식해야 한다. 설계업계와 감리업계 또한 CM의 시행과 관련하여 파생되는 이해관계 득실을 저울질하기보다는 다수의 말없는 건축주(발주자) 입장에게 꼭 필요하면서도 충족되지 못해 불편을 유발하는 부분, 즉 '필요의 진공(vacuum of needs)'을 먼저 파악하여 대처하겠다는 적극적인 자세를 가져야 한다.

건설경영과 의사결정전략

2008년 9월 15일 1판 1쇄 인쇄
2008년 9월 20일 1판 1쇄 발행

저　　자　김 인 호
발 행 인　강 해 작
발 행 처　기 문 당
주　　소　서울시 성동구 공명길 39
　　　　　(하왕십리동 966-22)
전　　화　02)2295-6171(代)~5
팩　　스　02)2296-8188
출판등록　1976. 10. 7(1976-2)
홈페이지　http : //기문당
　　　　　http : //www.kimoondang.com
I S B N　978-89-6225-072-5　93540
정　　가　38,000원